塑料成型工艺与模具设计

主　编　董海东
副主编　贾娟娟　王仙萌　熊　毅
参　编　郭康康（企业）　成亚飞（企业）
主　审　李宏林

北京理工大学出版社
BEIJING INSTITUTE OF TECHNOLOGY PRESS

内 容 简 介

本书以塑料模具设计工作流程为主线，系统、详细地讲解了塑料模具设计所必备的知识，重点强化塑料模具设计方面实用技术的介绍和综合能力的培养，所选实例既有典型性，又有实用性和代表性；同时本书兼顾课程设计与理论知识的有机融合，可实现"教、学、做"一体化，使内容更加丰富、完整和实用。

本书共分课程导学、项目一~项目三等 4 个部分，包含 18 个任务，主要内容包括塑件结构分析、塑件材料分析、塑件成型工艺分析、注射机初选、分型面选择、成型零件设计、浇注系统设计、推出机构设计、模架选取与标准件选用、模具温度控制系统设计、模具工程图绘制及材料选择、侧向分型与抽芯机构设计、热流道注射模设计、气体辅助注射模设计、压缩模设计、压注模设计、挤出模设计及气动成型模具设计。每个任务配套相应的设计范例、思考与练习题。

本书为高等院校模具设计与制造专业、机械类相关专业的教学用书，也可供相关专业人员参考。

本书有配套电子课件（内含大量的图片、动画及视频，部分资源以二维码的形式嵌入书中）。

图书在版编目（CIP）数据

塑料成型工艺与模具设计 / 董海东主编. -- 北京 ：

北京理工大学出版社，2025. 1.

ISBN 978-7-5763-4659-6

Ⅰ. TQ320.66

中国国家版本馆 CIP 数据核字第 2025YV0660 号

责任编辑：赵　岩		文案编辑：孙富国	
责任校对：周瑞红		责任印制：李志强	

出版发行 / 北京理工大学出版社有限责任公司

社　　址 / 北京市丰台区四合庄路 6 号

邮　　编 / 100070

电　　话 / （010）68914026（教材售后服务热线）

　　　　　　（010）63726648（课件资源服务热线）

网　　址 / http://www.bitpress.com.cn

版 印 次 / 2025 年 1 月第 1 版第 1 次印刷

印　　刷 / 河北盛世彩捷印刷有限公司

开　　本 / 787 mm×1092 mm　1/16

印　　张 / 23.5

字　　数 / 609 千字

定　　价 / 96.00 元

图书出现印装质量问题，请拨打售后服务热线，负责调换

前　言

　　"塑料成型工艺与模具设计"是高等院校模具设计与制造、材料成型及控制工程等专业的一门专业核心课程。为贯彻落实《习近平新时代中国特色社会主义思想进课程教材指南》文件要求和党的二十大精神，本书是在"工学六融合"人才培养模式的实践和国家级骨干专业建设的基础上，基于模具和相关专业毕业生主要工作岗位职业标准要求，以培养学生综合素质为目标，依据"塑料成型工艺与模具设计"课程标准编写的，被评为陕西省"十四五"职业教育规划教材。

　　本书根据企业模具设计岗位的主要工作流程编排课程内容，包括课程导学、项目一~项目三等4个部分，共18个任务，以够用、实用为原则，引入企业实际生产案例，着重培养学生合理编制塑料成型工艺规程、优化塑料模具结构设计、解决生产实际问题的能力。

　　本书以塑料模具设计工作流程为主线，分析典型工作任务，构建学习领域。编写时每个任务均包含理论知识与模具设计能力的相关要求，既强调知识的系统性，又强调任务完成的质量，注重培养学生的职业能力。在内容结构上，本书通过任务目标、任务导入、知识准备、任务实施、任务评价、任务拓展、扩展阅读、思考与练习等模块不断强化学生的模具设计能力，体现任务驱动、"教、学、做"一体化的高职教育理念。

　　本书的参考学时为48~72学时，建议采用理论联系实际的一体化教学模式。各项目的参考学时见下面的学时分配表。

教学项目	学习任务	载体	学习成果	素养素材	学时
课程导学	《塑料成型工艺与模具设计》课程学习内容、目标		分析报告	我国古代模具技术	2
项目一 塑料及其成型工艺	塑件结构分析	开关盒面板	分析报告	大国工匠——霍威	4
	塑件材料分析	塑料导向筒	分析报告	垃圾分类，人人有责	2~4
	塑件成型工艺分析	塑料罩盖	工艺卡片	塑料模具技术领军人物——李德群	2
项目二 注射模设计	注射机初选	香皂盒底	实训产品	世界上怕就怕"认真"二字	2~4
	分型面选择	香皂盒底	实训产品	当代青年能否选择躺平	2~4
	成型零件设计	香皂盒底	实训产品	中国"天眼"项目首席科学家——南仁东	4
	浇注系统设计	香皂盒底	实训产品	洲际导弹之父，"两弹一星"元勋——屠守锷	2~4
	推出机构设计	香皂盒底	实训产品	"雕刻火药"的大国工匠——徐立平	2~4
	模架选取与标准件选用	香皂盒底	实训产品	神舟十八号载人飞船发射取得圆满成功	2~4

教学项目	学习任务	载体	学习成果	素养素材	学时
项目二 注射模 设计	模具温度控制系统设计	香皂盒底	实训产品	"中国青年五四奖章"获得者——何小虎	4
	模具工程图绘制及材料选择	香皂盒底	实训产品	中国核潜艇之父——黄旭华	4
	侧向分型与抽芯机构设计	名片盒	实训产品	大国重器，探秘未来空间	4~6
	热流道注射模设计	印制电路板封装外壳（第一壳体）	装配图	保护海洋环境，从减少使用塑料瓶做起	2~4
	气体辅助注射模设计	储物箱	装配图	大国工匠——郑朝阳	2
项目三 其他类型 塑料模设计	压缩模设计	塑料盒形件	装配图	中华神功 倪志福钻头发威	2~4
	压注模设计	圆形塑料罩壳	装配图	国家级领军人才——北京理工大学教授胡伟东	2~4
	挤出模设计	扣板塑料型材	装配图	国家卓越工程师——万步炎	2~4
	气动成型模具设计	中空瓶	实训产品	清华大学基础工业训练中心实践课教师——邢小颖	2~4
课时总计					48~72

本书由陕西工业职业技术学院董海东担任主编，陕西工业职业技术学院贾娟娟、西安航空职业技术学院王仙萌、江苏信息职业技术学院熊毅任副主编，汉达精密电子（昆山）有限公司郭康康、深圳模德宝科技有限公司成亚飞负责资料搜集、案例撰写、资料整理、图表绘制等。全书由董海东负责统稿，西安理工大学李宏林教授对全书内容进行审定。具体编写任务：陕西工业职业技术学院董海东编写课程导学、项目一、项目二任务一~任务四、项目三任务一~任务三及附录，陕西工业职业技术学院贾娟娟编写项目二任务五~任务七，西安航空职业技术学院王仙萌编写项目二任务八~任务九、项目三任务四，江苏信息职业技术学院熊毅编写项目二任务十~任务十一。本书得到陕西工业职业技术学院李云教授、陕西群力电工有限责任公司工模具分公司霍威高级工程师、陕西黄河工模具有限公司朱五省高级工程师、汉达精密电子（昆山）有限公司模具分公司郭康康总经理、深圳模德宝科技有限公司成亚飞总经理的大力支持与帮助，以及众多专家的热情指导和鼎力支持，谨此表示衷心感谢！

本教材的在线课程可供参考网址为 https://www.xueyinonline.com/detail/227650016。

由于编者水平有限，书中不妥和错误之处在所难免，敬请读者批评指正。

编　者

数字化资源清单

序号	名称	二维码	序号	名称	二维码
课程导学					
动画 0-1	注射成型		动画 0-5	气动成型	
动画 0-2	挤出成型		微课 0-1	课程简介	
动画 0-3	压缩成型		微课 0-2	课程导学	
动画 0-4	压注成型				
项目一　塑料及其成型工艺 任务一　塑件结构分析					
动画 1-1	塑件收缩		动画 1-9	异形孔的成型 3	
动画 1-2	塑件外形设计		动画 1-10	异形孔的成型 4	
动画 1-3	强行脱模		微课 1-1	塑件结构设计的 一般原则	
动画 1-4	孔的成型 1		微课 1-2	塑件的尺寸、 精度与表面质量	

序号	名称	二维码	序号	名称	二维码
动画 1-5	孔的成型 2		微课 1-3	塑件常见结构设计（形状-脱模斜度）	
动画 1-6	孔的成型 3		微课 1-4	塑件常见结构设计（壁厚-加强筋）	
动画 1-7	异形孔的成型 1		微课 1-5	塑件常见结构设计（圆角-孔-螺纹）	
动画 1-8	异形孔的成型 2		微课 1-6	塑件常见结构设计（嵌件-花纹文字符号-塑料齿轮）	
任务二　塑件材料分析					
动画 1-11	冲击试验		动画 1-16	结晶模型	
动画 1-12	成型收缩的方向性		微课 1-7	塑料概念、组成及分类	
动画 1-13	塑料状态与加工性		微课 1-8	塑料的性能及用途	
动画 1-14	熔融指数测定原理		微课 1-9	常用塑料及其特性	
动画 1-15	流动性				

序号	名称	二维码	序号	名称	二维码
任务三　塑件成型工艺分析					
动画 1-17	注射成型原理		动画 1-24	注射成型压力曲线	
动画 1-18	注射成型+模具		动画 1-25	注射成型时间压力曲线	
动画 1-19	柱塞式注射机成型 1		动画 1-26	注射成型时间温度曲线	
动画 1-20	柱塞式注射机成型 2		微课 1-10	注射成型工艺	
动画 1-21	螺杆式注射机成型 1		微课 1-11	压缩成型工艺	
动画 1-22	螺杆式注射机成型 2		微课 1-12	压注成型工艺	
动画 1-23	注射成型工艺		微课 1-13	挤出成型工艺	
项目二　注射模设计 任务一　注射机初选					
动画 2-1	开合模机构 1		动画 2-9	螺杆式注射机成型原理	
动画 2-2	开合模机构 2		微课 2-1	注塑机的基本结构及规格	

序号	名称	二维码	序号	名称	二维码
动画 2-3	开合模机构 3		微课 2-2	带嵌件的塑件注射成型	
动画 2-4	卧式注射机		微课 2-3	立式注塑机上潜伏式浇口注射模的安装与调试	
动画 2-5	立式注射机		微课 2-4	线圈架二级推出注射模成型工艺与安装调试	
动画 2-6	角式注射机 1		微课 2-5	线圈架斜导柱加滑块内侧抽芯注射模成型工艺与调试	
动画 2-7	角式注射机 2		微课 2-6	罩盖斜顶抽芯注射模成型工艺与调试	
动画 2-8	柱塞式注射机成型原理				
任务二　分型面选择					
动画 2-10	单分型面注射模结构		动画 2-23	侧抽芯模工作原理	
动画 2-11	单分型面注射模成型零件		动画 2-24	无流道凝料注射模工作原理	
动画 2-12	单分型面注射模工作原理		动画 2-25	定距顺序分型机构	

序号	名称	二维码	序号	名称	二维码
动画 2-13	二板模 1		动画 2-26	分型面选择 1	
动画 2-14	二板模 2		动画 2-27	分型面选择 2	
动画 2-15	双分型面注射模结构 1		动画 2-28	分型面选择 3	
动画 2-16	双分型面注射模结构 2		动画 2-29	分型面选择 4	
动画 2-17	双分型面注射模零件组成		动画 2-30	分型面选择 5	
动画 2-18	双分型面注射模工作原理		动画 2-31	分型面选择 6	
动画 2-19	三板模 1		微课 2-7	型腔数目确定与布置	
动画 2-20	三板模 2		微课 2-8	分型面选择	
动画 2-21	三板模 3		微课 2-9	分型面选择的原则	
动画 2-22	二板半模工作原理				

序号	名称	二维码	序号	名称	二维码
任务三　成型零件设计					
动画 2-32	单分型面注射模成型零件		微课 2-11	成型零件工作尺寸确定	
微课 2-10	成型零件结构设计		微课 2-12	成型零件强度、刚度计算	
任务四　浇注系统设计					
动画 2-33	潜伏浇口 1		微课 2-6	拉料杆与冷料穴设计	
动画 2-34	潜伏浇口 2		微课 2-7	浇口设计 1	
动画 2-35	不引气		微课 2-8	浇口设计 2	
动画 2-36	引气		微课 2-9	排气系统概念、作用及设计原则	
微课 2-13	浇注系统的组成及设计原则		微课 2-20	排气系统设计	
微课 2-14	主流道设计		微课 2-21	引气系统设计	
微课 2-15	分流道设计				

序号	名称	二维码	序号	名称	二维码
任务五　推出机构设计					
动画 2-37	推杆设置		动画 2-57	摆杆二级推出机构	
动画 2-38	推出盘		动画 2-58	斜楔二级推出机构	
动画 2-39	推出耳		动画 2-59	八字摆杆超前二级推出机构	
动画 2-40	组合推杆		动画 2-60	液压联合二级推出机构	
动画 2-41	复位		动画 2-61	剪切浇口	
动画 2-42	推管固定 1		动画 2-62	三板模拉料杆脱凝料	
动画 2-43	推管固定 2		动画 2-63	三板模托板拉断凝料 1	
动画 2-44	推管固定 3		动画 2-64	三板模托板拉断凝料 2	
动画 2-45	推件板推出机构 1		动画 2-65	托板拉断浇口凝料	

序号	名称	二维码	序号	名称	二维码
动画 2-46	推件板推出机构 2		动画 2-66	斜窝拉断点浇口	
动画 2-47	推件板不引气		动画 2-67	潜伏式浇口 1	
动画 2-48	推件板引气		动画 2-68	潜伏式浇口 2	
动画 2-49	推块推出机构 1		微课 2-22	推出机构的组成、分类及设计原则	
动画 2-50	推块推出机构 2		微课 2-23	脱模力的计算	
动画 2-51	推块推出机构 3		微课 2-24	简单推出机构	
动画 2-52	双推出机构 1		微课 2-25	定模推出机构	
动画 2-53	双推出机构 2		微课 2-26	二级推出机构	

序号	名称	二维码	序号	名称	二维码
动画 2-54	双推出机构 3		微课 2-27	螺纹制品推出机构	
动画 2-55	联合推出机构		微课 2-28	浇注系统凝料的取出	
动画 2-56	弹簧二级推出机构				
任务六　模架选取与标准件选用					
微课 2-29	塑料注射模模架		微课 2-31	合模导向机构设计	
微课 2-30	塑料注射模模架的选用		微课 2-32	模架标准件的选择	
任务七　模具温度控制系统设计					
动画 2-69	冷却水进出口设置		动画 2-74	冷却水路 2	
动画 2-70	喷流冷却水路		动画 2-75	冷却水路 3	
动画 2-71	间接冷却水路 1		微课 2-33	模具温度调节的重要性	

序号	名称	二维码	序号	名称	二维码
动画 2-72	间接冷却水路 2		微课 2-34	模具冷却系统设计	
动画 2-73	冷却水路 1		微课 2-35	模具加热系统设计	
任务八　模具工程图绘制及材料选择					
微课 2-36	模具装配图绘制		微课 2-37	模具零件图绘制	
任务九　侧向分型与抽芯机构设计					
动画 2-76	斜导柱抽芯机构 1		动画 2-89	斜槽导板抽芯机构	
动画 2-77	斜导柱抽芯机构 2		动画 2-90	齿轮齿条抽芯机构 1	
动画 2-78	斜导柱抽芯机构 3		动画 2-91	齿轮齿条抽芯机构 2	
动画 2-79	斜导柱抽芯机构 4		动画 2-92	齿轮齿条抽芯机构 3	
动画 2-80	干涉现象		动画 2-93	斜导杆+弹簧抽芯机构	
动画 2-81	线圈骨架抽芯模具		微课 2-38	侧向分型抽芯机构概述	

序号	名称	二维码	序号	名称	二维码
动画 2-82	斜导柱抽芯机构（二板模）		微课 2-39	斜导柱侧向分型抽芯机构设计 1	
动画 2-83	楔形先复位机构		微课 2-40	斜导柱侧向分型抽芯机构设计 2	
动画 2-84	斜导柱在动模抽芯机构 1		微课 2-41	斜导柱侧向分型抽芯机构设计 3	
动画 2-85	斜导柱在动模抽芯机构 2		微课 2-42	机动侧向分型抽芯机构设计 1	
动画 2-86	斜导柱抽芯机构（二板半模）		微课 2-43	机动侧向分型抽芯机构设计 2	
动画 2-87	顺序开模机构		微课 2-44	机动侧向分型抽芯机构设计 3	
动画 2-88	斜滑块抽芯机构				
任务十　热流道注射模设计					
微课 2-45	热流道注射模概述		微课 2-46	热流道注射模设计	

序号	名称	二维码	序号	名称	二维码
任务十一　气体辅助注射模设计					
微课 2-47	气动辅助注射成型概述		微课 2-48	气动辅助注射模设计	
项目三　其他类型塑料模设计 任务一　压缩模设计					
动画 3-1	溢式压缩模		动画 3-12	加压方向 7	
动画 3-2	不溢式压缩模		动画 3-13	加压方向 8	
动画 3-3	半溢式压缩模		动画 3-14	垂直分型面压缩模卸模架	
动画 3-4	移动式压缩模		动画 3-15	单分型压缩模卸模架	
动画 3-5	垂直分型压缩模		动画 3-16	双分型压缩模卸模架	
动画 3-6	加压方向 1		动画 3-17	压缩模二级推出机构	
动画 3-7	加压方向 2		微课 3-1	压缩模概述	
动画 3-8	加压方向 3		微课 3-2	压缩模设计 1	

序号	名称	二维码	序号	名称	二维码
动画 3-9	加压方向 4		微课 3-3	压缩模设计 2	
动画 3-10	加压方向 5		微课 3-4	基座类零件压缩成型工艺与成型	
动画 3-11	加压方向 6				
任务二　压注模设计					
动画 3-18	压缩与压注成型		动画 3-21	移动式压注模	
动画 3-19	下压式压缩模（压缩空气吹件）		微课 3-5	压注模概述	
动画 3-20	柱塞式压注模		微课 3-6	压注模设计 1	
			微课 3-7	压注模设计 2	
任务三　挤出模设计					
动画 3-22	管材挤出机头		微课 3-8	挤出成型模具概述	
动画 3-23	管材挤出机头零件		微课 3-9	挤出成型模具设计	

序号	名称	二维码	序号	名称	二维码
任务四　气动成型模具设计					
动画 3-24	挤出吹塑		动画 3-29	凹模真空成型	
动画 3-25	注射吹塑 1		动画 3-30	真空成型模具	
动画 3-26	注射吹塑 2		微课 3-10	气动成型模具概述	
动画 3-27	压缩空气成型		微课 3-11	气动成型模具设计	
动画 3-28	凸模真空成型		微课 3-12	五合一成型机组的结构认知和操作	

目　　录

任务目标

能力目标

1. 掌握常用塑料的成型性能及工艺特点，具备设计塑料模具的能力。

2. 具备分析、解决生产现场出现的质量问题的能力。

3. 逐步培养参与生产实践的基本技能，分析问题、解决问题的能力，创新能力和与他人合作的能力。

知识目标

1. 了解塑料成型在塑料工业中的重要地位。

2. 熟悉塑料制品的生产系统和常用的塑料成型方法、模具。

3. 熟悉塑料成型技术的发展趋势。

课程简介

素质目标

1. 使学生了解塑料模具的新技术、新工艺和新材料的发展动态，学习和掌握新知识，为振兴我国的塑料成型加工技术作出贡献。

2. 使学生了解塑料模具新技术对机械制造业发展的重大意义，树立"干一行、爱一行、精一行"的职业意识。

塑料成型工艺与模具设计是一门从生产实践中发展起来，又直接服务于生产的应用型科学技术。它主要研究如何使塑料原料成型的工艺及所用工装（模具）的设计。把塑料原料变成具有一定形状和尺寸精度的塑料制品的过程称为塑料成型。

一、塑料成型在塑料工业中的重要地位

塑料工业是一门新兴的工业，其生产系统主要由塑料的成型、机械加工、修饰和装配4个连续过程组成，如图0-1所示。而塑料模具（简称塑料模）是塑料成型所用的工具。

世界塑料工业仅有100多年的历史。据统计，塑料用量近几十年来几乎每5年翻一番，塑料制品广泛用于工业、农业、电子、国防、建筑以及日常生活等各个领域，并作为一种原材料替代部分钢材、铝材、木材和水泥等其他材料。

塑料工业的发展之所以如此迅猛，主要原因在于塑料具有很多优良特性，如塑料的质量小、化学稳定性好、耐冲击性好，并且有较好的透明性、耐磨性、着色性等。人们根据塑料的固有特性，利用各种方法，使其成为具有一定形状又有使用价值的塑料制品。塑料工业生产系统一般由塑料的成型（挤出、注射、压缩等）、机械加工（车削、铣削等）、修饰（锉削、滚光等）和装配（黏合、焊接等）等组成。其中塑料成型（见图0-2）是最重要的一个环节，是一切塑料制品生产必经的过程。通常将塑料制品成型后的机械加工、修饰、装配3个环节统称为二次加工。

塑料成型设备操作简便，生产率高，原材料消耗少，生产成本低，易于实现机械化、自动化，从而使塑料工业能够快速稳定地发展。

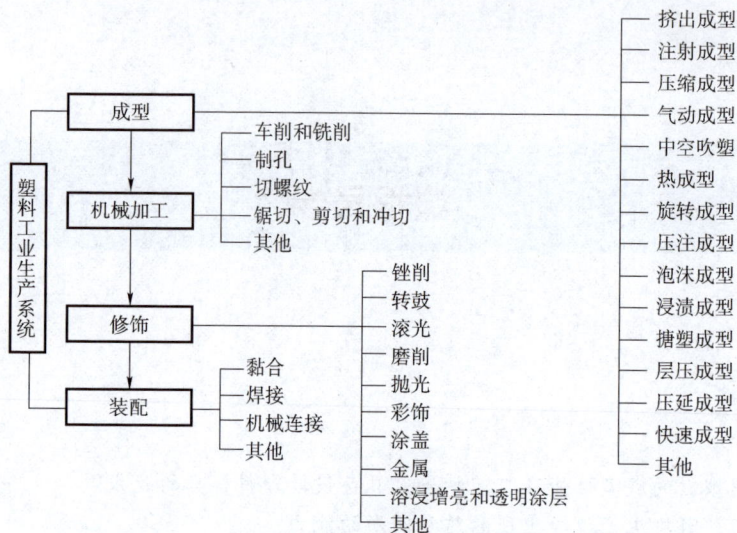

图 0-1　塑料工业生产系统

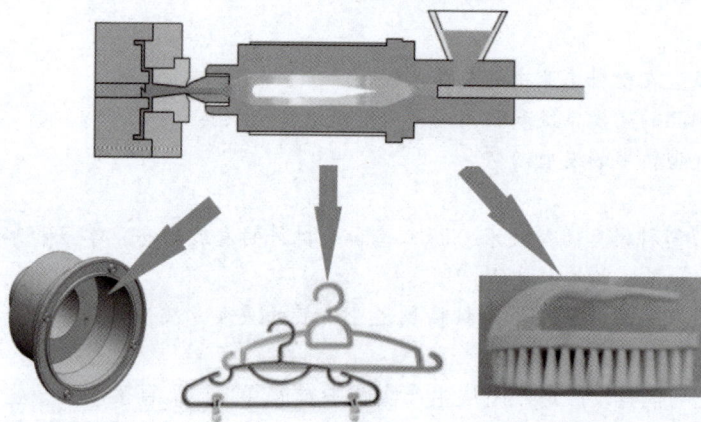

图 0-2　塑料成型

二、塑料成型方法简介

塑料成型方法主要包括各种模塑成型、层压成型和压延成型等。其中模塑成型种类较多，表 0-1 列出常用的模塑成型加工方法，如注射成型、挤出成型、压缩成型、压注成型、气动成型等，用以上方法加工的塑料制品占全部数量的 90% 以上。通常所说的塑料成型即模塑成型，是指利用模具成型具有一定形状和尺寸精度的塑料制品。成型塑料制品所用的工装称为塑料成型模具（简称塑料模具）。

表 0-1　常用的模塑成型加工方法

序号	成型方法	成型模具	用途
1	注射成型	注射模	适用于批量生产电视机外壳、食品周转箱、塑料盆、塑料桶、汽车仪表盘等形状复杂的制品
2	挤出成型	口模（机头）	适用于生产棒、管、板、薄膜、电缆护套、异型材（百叶窗叶片、扶手）等断面形状各异且长度较大的各类型材

序号	成型方法	成型模具	用途
3	压缩成型	压缩模	主要适用于热固性塑料生产的塑件，如电器支座、开关等，不适合生产精度高的制品
4	压注成型	压注模	主要适用于热固性塑料生产的塑件，但设备和模具成本高，原料损失大，生产大尺寸制品受到限制
5	气动成型	中空、吹塑模具	适用于生产中空或管状制品，如瓶子、容器及形状较复杂的中空制品（如玩具等）
		真空成型模具	适用于生产形状简单的容器类制品，此方法可供选择的原料较少
		压缩空气成型模具	

塑料成型生产中，正确的加工工艺、高效率的设备和先进的模具是影响塑料制品质量的三大重要因素。塑料成型工艺通过成型设备和塑料模具来实现，塑料模具保证塑料制品的形状、尺寸及公差，高效率全自动的设备只有配备了合适的模具才能充分发挥其效能。快速发展的塑料工业对塑料制品的品种、质量和产量的要求越来越高，所以对塑料模具也提出了越来越高的要求，促使塑料模具生产技术不断向前发展。

三、塑料成型技术发展趋势

我国塑料工业经历了从无到有、从弱到强的发展历程。目前我国塑料树脂、塑料加工机械的产量位居世界第一，塑料制品产量始终位于世界前列，已经成为世界塑料生产大国。塑料工业的发展带动了塑料成型机械和塑料模具的快速发展，但与先进国家相比还存在着较大差距，如国产模具精度低、寿命短、制造周期长，塑料成型设备相对陈旧、规格品种少，塑料材料及模具材料性能差。为改变我国塑料工业的落后状况，赶超世界先进水平，必须从以下几方面大力发展塑料成型技术。

（1）开展模具 CAD/CAE/CAM 技术的研究、推广和应用。模具 CAD/CAE/CAM 一体化技术的应用提高了模具的设计制造水平和质量，节省了时间，提高了生产率，降低了生产成本。

（2）加强塑料成型基础理论和工艺原理的研究，发展大型、微型、高精度、高寿命的模具，以适应不断扩大的塑料应用领域的需要。

（3）使模具通用零件标准化、系列化、商品化，以适应大规模生产塑料成型模具的需要。我国已修订完善了符合企业需求的塑料模具国家标准，并且已有众多模具企业生产各种规格的标准模架及配套标准件。

（4）开发、研究和应用先进的模具加工、装配、测量技术及设备，提高塑料模具的加工精度和缩短加工周期。

四、塑料模具设计工作流程

模具设计与制造专业毕业生的工作岗位包括塑料模具设计员、模具制造车间工艺员、模具装配调试操作工、模具加工数控设备操作工、模具生产管理与计划调度员等。本书以塑料模具设计员的工作任务为主线组织教学内容，突出培养适应工作岗位的职业能力。

企业模具设计与制造工作流程如图 0-3 所示，其中塑件成型工艺是模具设计的依据，模具制造是模具设计的保证。

接受任务 → 编制塑件成型工艺 → 模具设计 → 模具制造 → 模具装配并调试更改 → 模具认可并生产 → 按批量交付

图 0-3 企业模具设计与制造工作流程

对于企业塑料模具设计员，其主要工作任务与工作流程如图0-4所示。

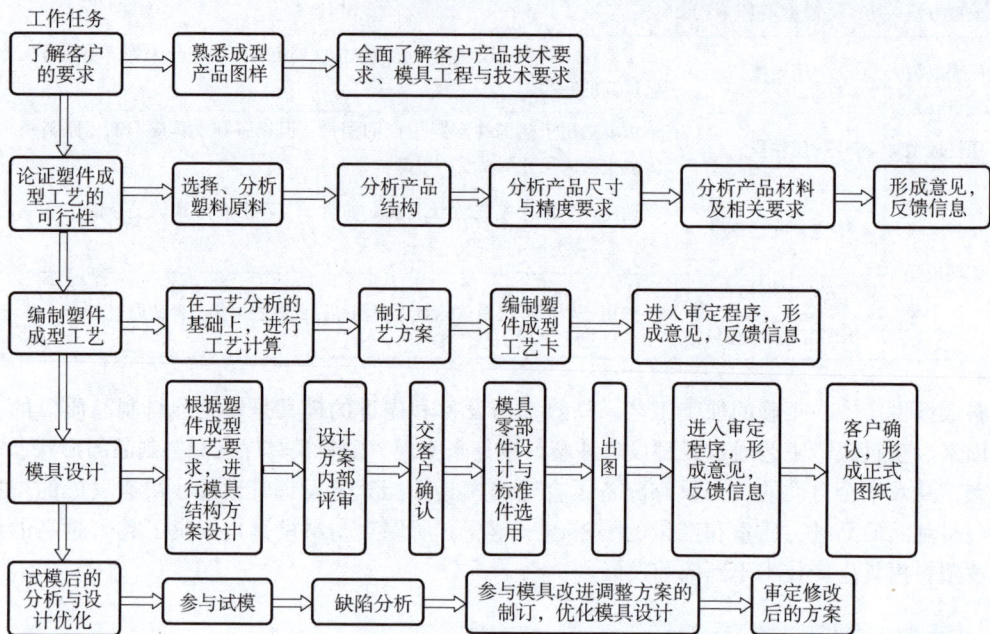

工作任务

了解客户
的要求 → 熟悉成型
产品图样 → 全面了解客户产品技术要
求、模具工程与技术要求

论证塑件成
型工艺的
可行性 → 选择、分析
塑料原料 → 分析产品
结构 → 分析产品尺寸
与精度要求 → 分析产品材料
及相关要求 → 形成意见，
反馈信息

编制塑件
成型工艺 → 在工艺分析的
基础上，进行
工艺计算 → 制订工
艺方案 → 编制塑
件成型
工艺卡 → 进入审定程序，形
成意见，反馈信息

模具设计 → 根据塑件成型
工艺要
求，进
行模具
结构方
案设计 → 设计
方案
内部
评审 → 交客
户确
认 → 模具
零部
件设
计与
标准
件选
用 → 出
图 → 进入审
定程
序，形
成意
见，
反馈信息 → 客户确
认，形
成正式
图纸

试模后的
分析与设
计优化 → 参与试模 → 缺陷分析 → 参与模具改进调整方案的
制订，优化模具设计 → 审定修改
后的方案

图 0-4 企业塑料模具设计员的主要工作任务与工作流程

课程导学

五、课程任务与学习目标

本课程主要通过选择与分析塑料原料、确定塑料成型工艺、确定模具结构类型及模架、模具结构设计、模具工程图绘制等方面的训练，在学习塑料模具设计相关知识的基础上完成塑料成型工艺与模具设计的一套完整的工作过程训练。

通过本课程的学习，应达到以下能力目标。

（1）能应用塑料流变基础理论及塑料特性，分析塑料成型工艺条件，具有编制合理、可行的塑料成型工艺的能力。

（2）能合理选择塑料成型设备。

（3）能应用学到的设计知识，通过查阅和使用有关设计手册及参考资料，设计中等复杂程度的模具，具有编写模具设计相关技术文件的能力。

（4）能正确安装模具、调试工艺和操作设备，能够分析和处理试模过程中产生的有关技术方面问题。

此外，还应了解塑料成型新技术、新工艺和新材料的发展动态，学习和掌握新知识，为发展我国的塑料成型技术作出贡献。

扩展阅读

我国古代模具技术

项目一　塑料及其成型工艺

任务一　塑件结构分析

任务目标

能力目标

1. 具有合理分析塑件精度，以及按国标标注塑件尺寸公差的能力。

2. 会分析塑件结构工艺性。

3. 初步具有根据塑件结构工艺性，优化塑件结构的能力。

知识目标

1. 熟悉塑件尺寸公差国标的使用方法及相关规定。

2. 掌握塑件结构设计原则。

3. 了解塑件局部结构设计的要点。

素质目标

1. 培养学生的专业实践能力，同时使学生对专业职业能力有深入的理解，能够分析塑件结构工艺性，优化塑件结构。

2. 培养学生分析问题、解决问题的能力和严谨、科学的工作态度。

任务导入

在产品研究、开发和生产过程中，产品设计员与模具设计员往往不是同一人，大家按自己的立场去设计完善产品。如果两人对其他领域不是很了解，将有可能使设计出来的产品存在技术和经济方面的问题。本任务学习的目的就是使塑料制品的设计不仅能满足使用要求，而且能符合塑料的成型工艺特点，并且尽可能使模具结构简化。这样既可简化成型工艺，保证塑料制品的质量，又可降低生产成本。

【案例】某公司委托模具厂设计开关盒面板（见图1-1）注射模，本任务需完成开关盒面板结构工艺分析。通过学习，掌握塑料制品结构设计的相关知识，能分析塑件结构的工艺合理性，并对不合理结构进行改进。

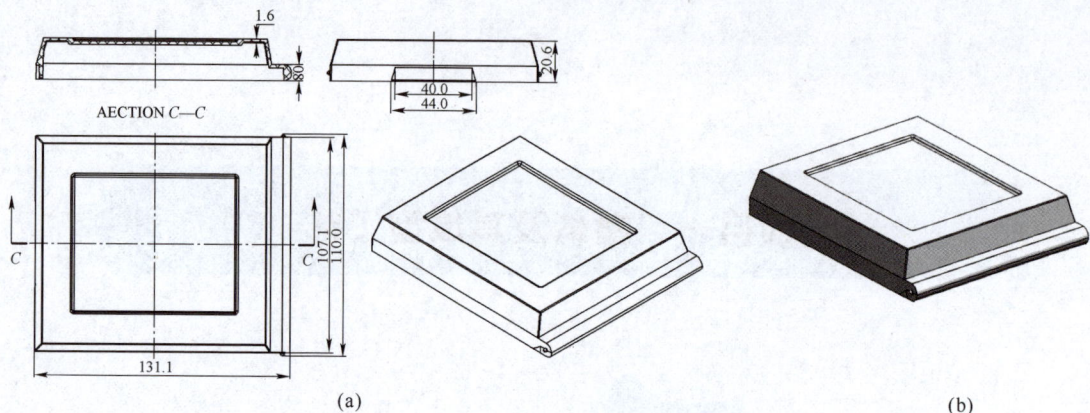

图 1-1 开关盒面板

（a）开关盒面板零件图；（b）开关盒面板三维模型

知识准备

一、塑件结构设计的一般原则

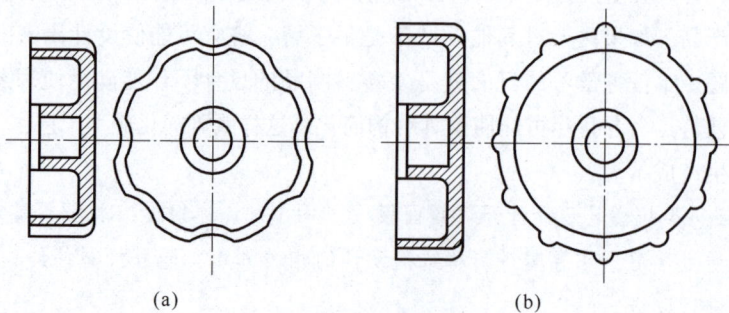

塑件的结构不仅要充分体现其使用功能，而且必须符合塑料成型工艺要求，并尽可能使模具结构简单，便于制造。因此，塑件的结构设计必须满足下述基本原则。

1. 力求结构简单，易于成型

（1）结构及分型面力求简单。简单的结构及分型面有利于模具的设计制造，并且在生产时可防止溢料，避免产生飞边。图 1-2（a）所示的分型面较复杂，图 1-2（b）所示的分型面则相对简单。

（2）成型零件力求简单、易于加工。图 1-3（a）所示的型芯不便于加工，图 1-3（b）所示的型芯则便于加工。

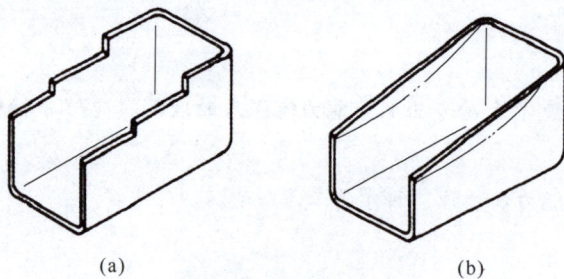

图 1-2 分型面比较

（a）复杂的分型面；（b）简单的分型面

塑件结构设计的一般原则

图 1-3 型芯比较

（a）不便于加工的型芯；（b）便于加工的型芯

（3）尽量避免侧向凹凸结构。在满足功能的前提下，塑件结构应尽量简单，避免侧向的凹凸结构，以简化模具。塑件侧向凹凸结构的改进示例见表1-1。

表1-1　塑件侧向凹凸结构的改进示例

序号	不合理	合理
1		
2		
3		

（4）避免尖角或薄弱结构。模具上的尖角或薄弱结构会影响模具强度及使用寿命，在设计塑件时要尽量避免。如图1-4所示，塑件中的封闭加强筋会导致模具镶件结构薄弱，容易在塑料熔体的冲击下发生变形断裂，可以通过采用开放式加强筋或加大封闭空间来进行改进。图1-5（a）所示的型芯尖角处强度低，容易变形，在加工、装配、使用、维修的过程中极易损坏，改进后的结构如图1-5（b）所示，则更加合理。

镶件结构薄弱，在塑料熔体冲击下易变形断裂

改进后结构

图1-4　塑件薄弱结构

2. 力求壁厚均匀

塑件应有一定的壁厚才能满足使用时的强度和刚度要求，脱模时也能承受一定的脱模力。壁厚应设计合理，壁厚过小，成型时流动阻力大，大型复杂塑件难以充满型腔；壁厚过大，塑件内部会产生气泡，外部会产生凹陷等缺陷，同时增加了成本。壁厚不均匀将造成收缩不一致，导致塑件变形或翘曲，所以同一塑件的壁厚应尽可能均匀一致。塑件壁厚的改进示例见表1-2。

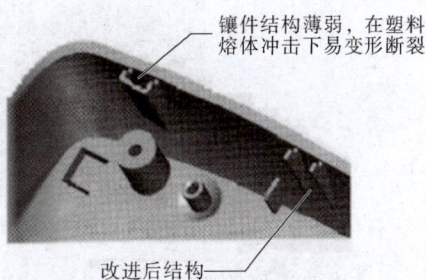

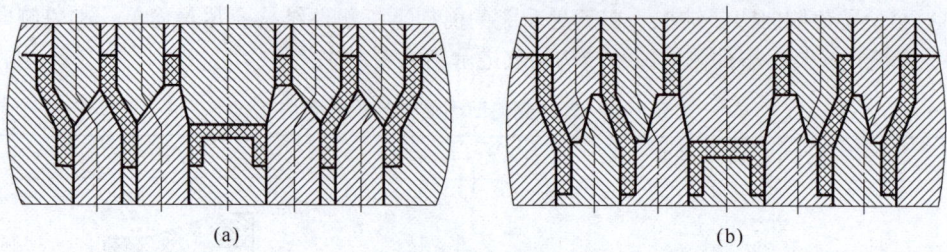

图 1-5 避免尖角

（a）易损坏的型芯；（b）改进后的型芯

表 1-2 塑件壁厚的改进示例

序号	不合理	合理
1		
2		
3		

3. 保证强度和刚度

提高塑件强度和刚度最简单的方法是设计加强筋。加强筋的加强方式包括侧壁加强、边缘加强和底部加强等，如图 1-6 所示。

图 1-6 加强筋加强方式

提高容器类塑件强度和刚度的方法通常是设计边缘加强，同时将底部做成球面或拱形结构，如图 1-7 所示。

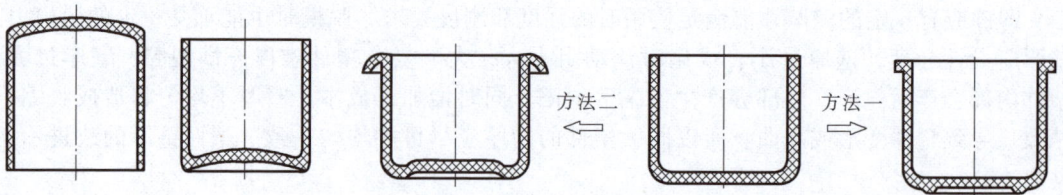

图 1-7 容器类塑件提高强度和刚度的方法

4. 装配间隙合理

各塑件之间的装配间隙应均匀，固定件之间的配合间隙通常为 0.05~0.1 mm，如图 1-8 所示。面壳、底壳的止口间隙通常为 0.05~0.1 mm，如图 1-9 所示。直径≤15 mm 的规则按键的活动间隙（单边）通常为 0.1~0.2 mm；直径>15 mm 的规则按键的活动间隙（单边）通常为 0.15~0.25 mm；异形按键的活动间隙（单边）通常为 0.3~0.35 mm，如图 1-10 所示。

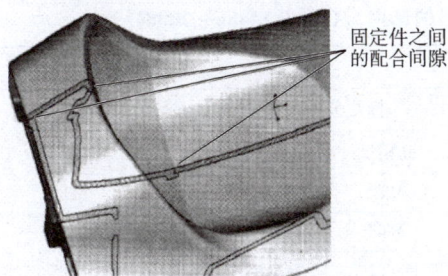

图 1-8　固定件之间的配合间隙

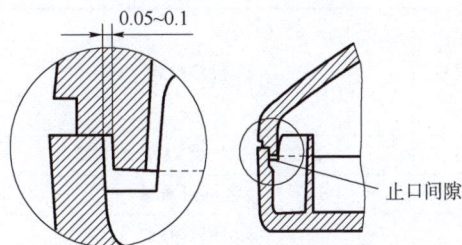

图 1-9　面壳、底壳的止口间隙

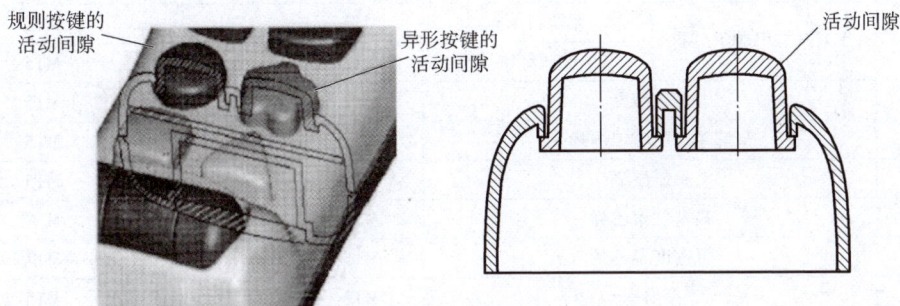

图 1-10　按键的活动间隙

5. 其他原则

（1）塑件的形状、尺寸、外观及材料由其功能决定，当塑件外观要求较高时，应先设计外观再设计内部结构。

（2）塑件应尽量设计成回转体或对称结构。

（3）在满足功能的前提下，塑件所有转角应尽量做成圆角或者用圆弧过渡。

二、塑件的尺寸精度与表面质量

1. 塑件的尺寸精度

塑件的尺寸精度是指所获得的塑件尺寸与产品图中尺寸的符合程度，即所获塑件尺寸的准确度。影响塑件尺寸精度的因素通常包括以下几点。

（1）材料：成型收缩率（简称收缩率）及其波动范围小的塑料，能获得较高精度。

（2）塑件结构：合理的结构设计，可降低塑件的内应力及收缩率，提高塑件的形状及尺寸的稳定性。

（3）模具：模具零件的加工、模具的磨损、模具的装配以及模具结构设计的合理性等，都会影响塑件的形状与尺寸精度。

（4）成型工艺：成型前的准备，成型过程中的温度、压力及各个阶段的持续时间，成型后的处理等，都会影响塑件的形状与尺寸精度。

（5）成型设备：成型设备的自动化程度、控制精度越高，所成型塑件的尺寸精度也越高。

塑件的尺寸、精度与表面质量

许多工业化国家都根据塑料特性制定了塑件的尺寸公差，我国也于2008年修订了国标《塑料模塑件尺寸公差》（GB/T 14486—2008），设计者可根据所选塑料原料和塑件的使用要求，结合该标准，确定塑件的尺寸公差。由于影响塑件尺寸精度的因素很多，因此，在塑件设计中合理确定尺寸公差是非常重要的。一般情况下，在保证功能的前提下，塑件精度应尽量设计得低一些。常用材料模塑件尺寸公差等级的选用见表1-3，塑料模塑尺寸公差见表1-4。

表1-3　常用材料模塑件尺寸公差等级的选用（GB/T 14486—2008）

材料代号	模塑材料		公差等级		
			标注公差尺寸		未注公差尺寸
			高精度	一般精度	
ABS	丙烯腈-丁二烯-苯乙烯共聚物		MT2	MT3	MT5
CA	乙酸纤维素		MT3	MT4	MT6
EP	环氧树脂		MT2	MT3	MT5
PA	聚酰胺	无填料填充	MT3	MT4	MT6
		30%玻璃纤维填充	MT2	MT3	MT5
PBT	聚对苯二甲酸丁二酯	无填料填充	MT3	MT4	MT6
		30%玻璃纤维填充	MT2	MT3	MT5
PC	聚碳酸酯		MT2	MT3	MT5
PDAP	聚邻苯二甲酸二丙烯酯		MT2	MT3	MT5
PEEK	聚醚醚酮		MT2	MT3	MT5
PE-HD	高密度聚乙烯		MT4	MT5	MT7
PE-LD	低密度聚乙烯		MT5	MT6	MT7
PESU	聚醚砜		MT2	MT3	MT5
PET	聚对苯二甲酸乙二酯	无填料填充	MT3	MT4	MT6
		30%玻璃纤维填充	MT2	MT3	MT5
PF	苯酚-甲醛树脂	无机填料填充	MT2	MT3	MT5
		有机填料填充	MT3	MT4	MT6
PMMA	聚甲基丙烯酸甲酯		MT2	MT3	MT5
POM	聚甲醛	≤150 mm	MT3	MT4	MT6
		>150 mm	MT4	MT5	MT7
PP	聚丙烯	无填料填充	MT4	MT5	MT7
		30%无机填料填充	MT2	MT3	MT5
PPO	聚苯醚；聚亚苯醚		MT2	MT3	MT5
PPS	聚苯硫醚		MT2	MT3	MT5
PS	聚苯乙烯		MT2	MT3	MT5
PSU	聚砜		MT2	MT3	MT5
PUR-P	热塑性聚氨酯		MT4	MT5	MT7
PVC-P	软质聚氯乙烯		MT5	MT6	MT7
PVC-U	硬质聚氯乙烯		MT2	MT3	MT5
SAN	丙烯腈-苯乙烯共聚物		MT2	MT3	MT5
UF	脲-甲醛树脂	无机填料填充	MT2	MT3	MT5
		有机填料填充	MT3	MT4	MT6
UP	不饱和聚酯	30%玻璃纤维填充	MT2	MT3	MT5

表1-4 塑料模塑制件尺寸公差（GB/T 14486—2008）

基本尺寸

标注公差的尺寸公差值

公差等级	公差种类	>0~3	>3~6	>6~10	>10~14	>14~18	>18~24	>24~30	>30~40	>40~50	>50~65	>65~80	>80~100	>100~120	>120~140	>140~160	>160~180	>180~200	>200~225	>225~250	>250~280	>280~315	>315~355	>355~400	>400~450	>450~500	>500~630	>630~800	>800~1000
MT1	a	0.07	0.08	0.09	0.10	0.11	0.12	0.14	0.16	0.18	0.20	0.23	0.26	0.29	0.32	0.36	0.40	0.44	0.48	0.52	0.56	0.60	0.64	0.70	0.78	0.86	0.97	1.16	1.39
MT1	b	0.14	0.16	0.18	0.20	0.21	0.22	0.24	0.26	0.28	0.30	0.33	0.36	0.39	0.42	0.46	0.50	0.54	0.58	0.62	0.66	0.70	0.74	0.80	0.88	0.96	1.07	1.26	1.49
MT2	a	0.10	0.12	0.14	0.16	0.18	0.20	0.22	0.24	0.26	0.30	0.34	0.38	0.42	0.46	0.50	0.54	0.60	0.66	0.72	0.76	0.84	0.92	1.00	1.10	1.20	1.40	1.70	2.10
MT2	b	0.20	0.22	0.24	0.26	0.28	0.30	0.32	0.34	0.36	0.40	0.44	0.48	0.52	0.56	0.60	0.64	0.70	0.76	0.82	0.86	0.94	1.02	1.10	1.20	1.30	1.50	1.80	2.20
MT3	a	0.12	0.14	0.16	0.18	0.20	0.22	0.26	0.30	0.34	0.40	0.46	0.52	0.58	0.64	0.70	0.78	0.86	0.92	1.00	1.10	1.20	1.30	1.44	1.60	1.74	2.00	2.40	3.00
MT3	b	0.32	0.34	0.36	0.38	0.40	0.42	0.46	0.50	0.54	0.60	0.66	0.72	0.78	0.84	0.90	0.98	1.06	1.12	1.20	1.30	1.40	1.50	1.64	1.80	1.94	2.20	2.60	3.20
MT4	a	0.16	0.18	0.20	0.24	0.26	0.30	0.32	0.36	0.42	0.48	0.56	0.64	0.72	0.82	0.92	1.12	1.24	1.36	1.48	1.62	1.80	2.00	2.20	2.40	2.60	3.10	3.80	4.60
MT4	b	0.36	0.38	0.40	0.44	0.48	0.52	0.56	0.62	0.68	0.76	0.86	0.92	1.02	1.12	1.22	1.32	1.44	1.56	1.68	1.82	2.00	2.20	2.40	2.60	2.80	3.30	4.00	4.80
MT5	a	0.20	0.24	0.28	0.32	0.38	0.44	0.50	0.56	0.64	0.74	0.86	1.00	1.14	1.28	1.44	1.60	1.76	1.92	2.10	2.30	2.50	2.80	3.10	3.50	3.90	4.50	5.60	6.90
MT5	b	0.40	0.44	0.48	0.52	0.58	0.64	0.70	0.76	0.84	0.94	1.06	1.20	1.34	1.48	1.64	1.80	1.96	2.12	2.30	2.50	2.70	3.00	3.30	3.70	4.10	4.70	5.80	7.10
MT6	a	0.26	0.32	0.38	0.46	0.52	0.60	0.72	0.80	0.94	1.10	1.28	1.48	1.72	2.00	2.20	2.40	2.60	2.90	3.20	3.50	3.90	4.30	4.80	5.30	5.90	6.90	8.50	10.60
MT6	b	0.46	0.52	0.58	0.66	0.72	0.80	0.92	1.00	1.14	1.30	1.48	1.68	1.92	2.20	2.40	2.60	2.80	3.10	3.40	3.70	4.10	4.50	5.00	5.50	6.10	7.10	8.70	10.80
MT7	a	0.38	0.46	0.56	0.66	0.76	0.86	0.98	1.12	1.32	1.54	1.80	2.10	2.40	2.70	3.00	3.30	3.70	4.10	4.50	4.90	5.40	6.00	6.70	7.40	8.20	9.60	11.90	14.80
MT7	b	0.58	0.66	0.76	0.86	0.96	1.06	1.18	1.32	1.52	1.74	2.00	2.30	2.60	2.90	3.20	3.50	3.90	4.30	4.70	5.10	5.60	6.20	6.90	7.60	8.40	9.80	12.10	15.00

未注公差的尺寸允偏差

公差等级	公差种类	>0~3	>3~6	>6~10	>10~14	>14~18	>18~24	>24~30	>30~40	>40~50	>50~65	>65~80	>80~100	>100~120	>120~140	>140~160	>160~180	>180~200	>200~225	>225~250	>250~280	>280~315	>315~355	>355~400	>400~450	>450~500	>500~630	>630~800	>800~1000
MT5	a	±0.10	±0.12	±0.14	±0.16	±0.19	±0.22	±0.25	±0.28	±0.32	±0.37	±0.43	±0.50	±0.57	±0.64	±0.72	±0.80	±0.88	±0.96	±1.05	±1.15	±1.25	±1.40	±1.55	±1.75	±1.95	±2.25	±2.80	±3.45
MT5	b	±0.20	±0.22	±0.24	±0.26	±0.29	±0.32	±0.35	±0.38	±0.42	±0.47	±0.53	±0.60	±0.67	±0.74	±0.82	±0.90	±0.98	±1.06	±1.15	±1.25	±1.35	±1.50	±1.65	±1.85	±2.05	±2.35	±2.90	±3.55
MT6	a	±0.13	±0.16	±0.19	±0.23	±0.26	±0.30	±0.35	±0.40	±0.47	±0.55	±0.64	±0.74	±0.86	±1.00	±1.10	±1.20	±1.30	±1.45	±1.60	±1.75	±1.95	±2.15	±2.40	±2.65	±2.95	±3.45	±4.25	±5.30
MT6	b	±0.23	±0.26	±0.29	±0.33	±0.36	±0.40	±0.45	±0.50	±0.57	±0.65	±0.74	±0.84	±0.96	±1.10	±1.20	±1.30	±1.40	±1.55	±1.70	±1.85	±2.05	±2.25	±2.50	±2.75	±3.05	±3.55	±4.35	±5.40
MT7	a	±0.19	±0.23	±0.28	±0.33	±0.38	±0.43	±0.49	±0.56	±0.66	±0.77	±0.90	±1.05	±1.20	±1.35	±1.50	±1.65	±1.85	±2.05	±2.25	±2.45	±2.70	±3.00	±3.35	±3.70	±4.10	±4.80	±5.95	±7.40
MT7	b	±0.29	±0.33	±0.38	±0.43	±0.48	±0.53	±0.59	±0.66	±0.76	±0.87	±1.00	±1.15	±1.30	±1.45	±1.60	±1.75	±1.95	±2.15	±2.35	±2.55	±2.80	±3.10	±3.45	±3.80	±4.20	±4.90	±6.05	±7.50

注：1. a为不受模具活动部分影响的尺寸公差值；b为受模具活动部分影响的尺寸公差值。

2. MT1级为精密级，只有采用严密的工艺控制措施和高精度的模具、设备、原料时才有可能选用。

2. 塑件的表面质量

塑件的表面质量主要指塑件的表面缺陷和表面粗糙度。

（1）塑件的表面缺陷。塑件的表面缺陷（如缺料、溢料、飞边、凹陷、起泡、银纹、斑纹、色泽不均、熔接痕、翘曲、龟裂等）与塑件原材料和成型工艺条件的选择、模具总体结构设计等多种因素相关。

（2）塑件的表面粗糙度。塑件的表面粗糙度主要取决于模具型腔的表面粗糙度，模具型腔的表面粗糙度应比塑件的表面粗糙度低 1~2 级。塑件的表面粗糙度越低，对模具型腔表面的制造加工要求就越高，模具成本也相应增加。一般对塑件表面粗糙度的要求应根据工程需要来定，目前，注射成型塑件的表面粗糙度可取 0.02~1.25 μm。表 1-5 列出了注射成型时不同材料所能达到的表面粗糙度。

表 1-5　注射成型时不同材料所能达到的表面粗糙度

材料		Ra 值/μm										
		0.025	0.050	0.100	0.200	0.40	0.80	1.60	3.20	6.30	12.50	25
热塑性塑料	PMMA	☆	☆	☆	☆	☆	☆	☆				
	ABS	☆	☆	☆	☆	☆	☆	☆				
	AS	☆	☆	☆	☆	☆	☆	☆				
	聚碳酸酯		☆	☆	☆	☆	☆	☆				
	聚苯乙烯		☆	☆	☆	☆	☆	☆	☆			
	聚丙烯			☆	☆	☆	☆	☆				
	尼龙				☆	☆	☆	☆				
	聚乙烯			☆	☆	☆	☆	☆	☆	☆		
	聚甲醛		☆	☆	☆	☆	☆	☆	☆			
	聚砜				☆	☆	☆	☆				
	聚氯乙烯				☆	☆	☆	☆	☆			
	聚苯醚				☆	☆	☆	☆	☆			
	氯化聚醚				☆	☆	☆	☆	☆			
	PBT				☆	☆	☆	☆	☆			
热固性塑料	氨基塑料				☆	☆	☆	☆	☆			
	酚醛塑料				☆	☆	☆	☆	☆			
	硅酮塑料				☆	☆	☆	☆	☆			

三、塑件常见结构设计

1. 脱模斜度

由于塑件冷却后产生收缩，会紧紧地包住模具型芯或型腔中凸出的部分，因此为了使塑件易于从模具内脱出，防止塑件表面在脱模时划伤、擦毛等，在设计时沿脱模方向应具有合理的脱模斜度。

一般情况下，脱模斜度不包括在塑件尺寸公差范围内，否则在图样上应予以说明。在塑件图样上标注时，内孔以小端为基准，斜度由扩大方向取得；外形以大端为基准，斜度由缩小方向取得，如图 1-11 所示。

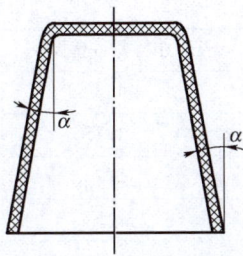

图 1-11 脱模斜度

塑件常见结构设计（形状–脱模斜度）

脱模斜度一般依靠经验数据选取，其大小与塑料品种、塑件形状及模具结构等因素有关，通常情况下脱模斜度取 30′~1°30′，最小为 15′~20′，成型型芯较长或型腔较深，则脱模斜度应取偏小值；反之可选用偏大值。塑件高度不大（小于 2~3 mm）时，可不设计脱模斜度。常用材料最小脱模斜度的推荐值见表 1-6。

表 1-6 常用材料最小脱模斜度的推荐值

材料	脱模斜度	
	型腔	型芯
PA	25′~40′	20′~40′
PE	25′~45′	20′~45′
PS	35′~1°40′	30′~1°
PMMA	35′~1°40′	30′~1°
ABS	40′~1°20′	35′~1°
PC	35′~1°	30′~50′
POM	35′~1°30′	30′~1°
热固性塑料	25′~1°	20′~50′

2. 壁厚

塑件应有一定的壁厚才能满足使用时的强度和刚度要求，脱模时也能承受一定的脱模力。壁厚应设计合理，壁厚过小，成型时流动阻力大，大型复杂塑件难以充满型腔；壁厚过大，塑件内部会产生气泡、缩孔，外部会产生凹陷等缺陷，同时增加了成型时的冷却时间。因此在保证塑件具有足够的强度和刚度以及成型时有良好的流动状态的条件下，塑件要有合适的厚度。热固性塑件的壁厚一般为 1~6 mm，最大不超过 13 mm；热塑性塑件的壁厚一般为 2~4 mm。常用塑件的壁厚推荐值见表 1-7。

塑件常见结构设计（壁厚–加强筋）

表 1-7 常用塑件的壁厚推荐值 mm

塑件材料	最小塑件壁厚	小塑件壁厚	中等塑件壁厚	大型塑件壁厚
PA	0.45	0.75	1.6	2.4~3.2
PE	0.6	1.25	1.6	2.4~3.2
PS	0.75	1.25	1.6	3.2~5.4
改性聚苯乙烯	0.75	1.25	1.6	3.2~5.4
PMMA	0.8	1.5	2.2	4~6.5

塑件材料	最小塑件壁厚	小塑件壁厚	中等塑件壁厚	大型塑件壁厚
PVC-U	1.15	1.6	1.8	3.2~5.8
PP	0.85	1.45	1.75	2.4~3.2
PC	0.95	1.8	2.2	3~4.5
PPO	1.2	1.75	2.5	3.5~6.4
CPT	0.85	1.25	1.8	2.5~3.4
CA	0.7	1.25	1.9	3.2~4.8
EC	0.9	1.25	1.6	2.4~3.2
PAA	0.7	0.9	2.4	3.0~6.0
POM	0.8	1.4	1.6	3.2~5.4
PSU	0.95	1.8	2.2	3.0~4.5

3. 加强筋

加强筋的作用是在不增加壁厚的条件下,增加塑件的刚度和强度,避免塑件变形或翘曲。此外,合理布置加强筋还可以改善充模流动性,减少内应力,避免气孔、缩孔和凹陷等缺陷。

加强筋的形状和尺寸如图1-12所示。其高度$h \leqslant 3t$(t为塑件壁厚),脱模斜度α为$2° \sim 3°$,筋的顶部应为圆角,筋的底部也必须用圆角R向周围壁部过渡,R不应小于$0.25t$,筋的宽度b应小于t,通常取塑件壁厚的0.5倍左右。需设置多条加强筋时,加强筋的间距要大于2倍的壁厚,其端部不应与塑件支承面平齐,而应缩进0.5 mm,如图1-13所示,以免影响使用效果。如果一个塑件中需设置许多加强筋,则其分布排列应相互错开,以免收缩不均引起破裂。此外,各条加强筋的厚度应尽量相同或相近,这样可防止因熔体流动局部集中而引起缩孔和气泡。图1-14(b)比图1-14(a)加强筋的设计要合理。图1-15所示为采用加强筋改善塑件壁厚和刚度,图1-15(a)所示为不合理结构,图1-15(b)所示为合理结构。

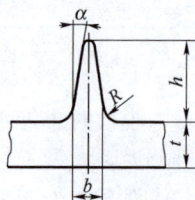

图1-12 加强筋的形状和尺寸

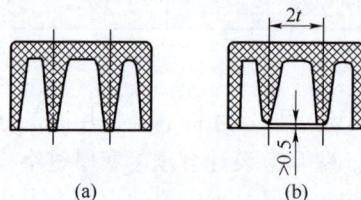

图1-13 加强筋与支承面
(a)不合理;(b)合理

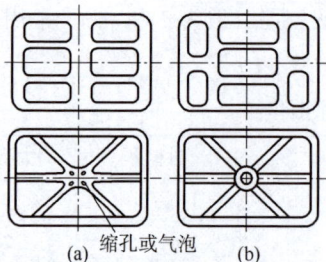

(a)缩孔或气泡 (b)

图1-14 加强筋的布置
(a)不合理;(b)合理

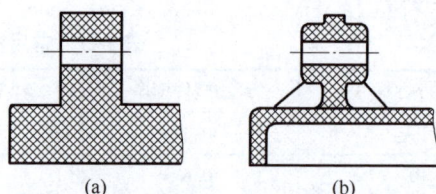

(a) (b)

图1-15 采用加强筋改善塑件壁厚和刚度
(a)不合理;(b)合理

4. 圆角

为了避免应力集中,提高塑件的强度,改善注射过程熔体的流动情况和便于脱模,在塑件各内外表面的连接处，均应采用圆角过渡。塑件无特殊要求时，各连接处均应有半径不小于 0.5~1 mm 的圆角，一般外圆角半径应取壁厚的 1.5 倍，内圆角半径取壁厚的 0.5 倍。

5. 孔

（1）通孔。通孔的成型与其形状和尺寸大小有关。一般有三种方法，图 1-16（a）所示为一端固定的型芯成型，用于较浅通孔的成型；图 1-16（b）所示为对接型芯，用于较深通孔的成型，这种方法容易使上下孔出现偏心；图 1-16（c）所示为一端固定，一端导向支承，这种方法既能使型芯有较好的强度和刚度，又能保证同轴度，较为常用，但导向部分周围由于磨损易产生圆周纵向溢料。型芯不论采用何种方法固定，孔深均不能太大，否则型芯易弯曲。压缩成型时尤其注意通孔深度不得超过孔径的 3.75 倍。

塑件常见结构设计
（圆角-孔-螺纹）

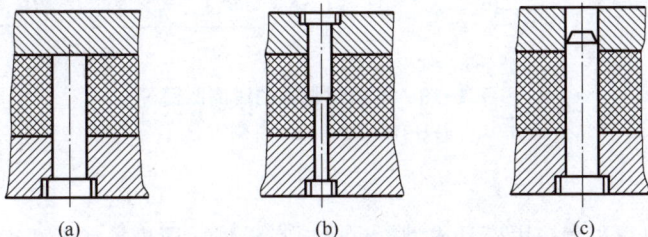

图 1-16 通孔的成型方法

（2）盲孔。盲孔只能用一端固定的型芯成型，如果孔径较小而深度又很大，则成型时型芯易弯曲或折断。根据经验，孔深度应不超过孔径的 4 倍。压缩成型时，孔深度应不超过孔径的 2.5 倍。当孔径较小而深度又太大时，该盲孔只能用成型后再进行机械加工的方法获得。

（3）异型孔。当塑件孔为异型孔（斜度孔或复杂形状的孔）时，常采用型芯拼合的方法来成型，图 1-17 所示为几个典型的例子。

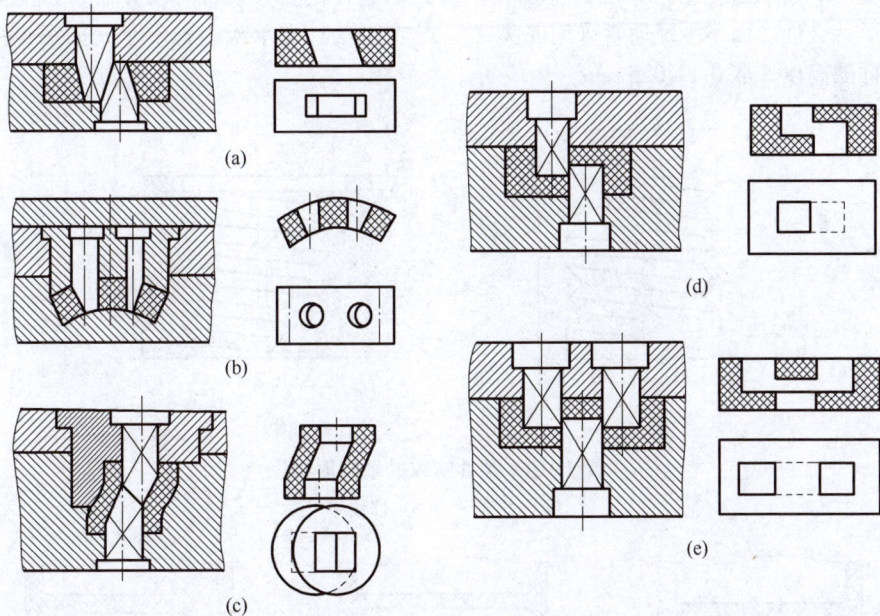

图 1-17 异型孔的成型方法

当塑件侧壁内（外）侧凹槽较浅并允许有圆角，且塑件在脱模温度下具有足够的弹性时，可采用强制脱模的方法脱出，而不必采用组合型芯的方法。聚甲醛（POM）、聚乙烯（PE）、聚丙烯

（PP）等塑件均可带有可强制脱模的浅侧凹槽，图 1-18（a）所示为内侧凹槽，图 1-18（b）所示为外侧凹槽，其中 A 与 B 的关系应满足

$$\frac{A-B}{B}\times100\%\leqslant50\%\qquad\qquad(1-1)$$

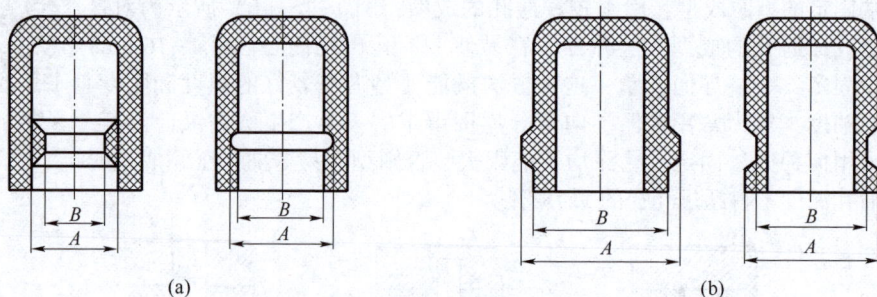

图 1-18　可强制脱模的浅侧凹槽

（a）内侧凹槽；（b）外侧凹槽

6. 螺纹

塑件上的螺纹既可以直接用模具成型，也可以在成型后用机械加工获得，对于需要经常拆装和受力较大的螺纹，应采用金属螺纹嵌件。

塑件上的螺纹，一般直径要求不小于 2 mm，精度不超过 IT7 级，并选用较大螺距。细牙螺纹应尽量不采用直接成型，而应采用金属螺纹嵌件。

为了增加塑件螺纹的强度，防止最外圈螺纹崩裂或变形，螺纹始端和末端均不应突然开始和结束，应有过渡段。塑件螺纹的结构形状如图 1-19 所示。

7. 支承面及凸台

设计塑件的支承面应充分保证其稳定性。不宜以塑件的整个底面作支承面，因为塑件稍许翘曲或变形就会使底面不平。通常采用底脚（三点或四点）支承或边框支承，如图 1-20 所示。底脚或边框的高度 S 取 0.3~0.5 mm。

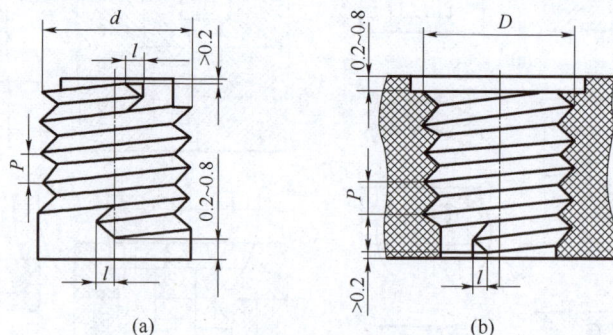

图 1-19　塑件螺纹的结构形状

（a）外螺纹；（b）内螺纹

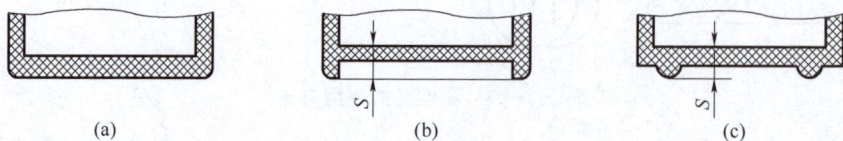

图 1-20　支承面

（a）不合理；（b）边框支承；（c）底脚支承

凸台是用来增强孔或装配附件的凸出部分。凸台应有足够的强度，同时应避免因凸台尺寸过渡而在其周围发生形状突变。例如，图 1-21（b）的设计比图 1-21（a）合理。

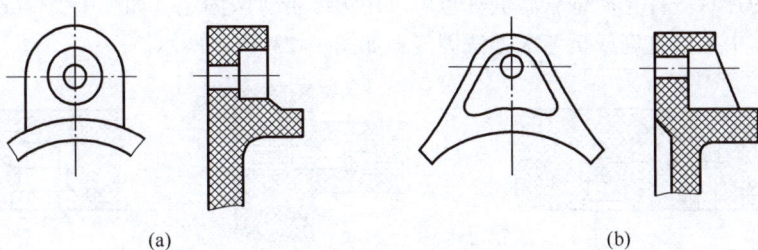

图 1-21　凸台

（a）不合理；（b）合理

8. 嵌件

在塑件中嵌入零件形成不可拆的连接，所嵌入的零件称为嵌件。塑件中镶入嵌件有的是为了提高塑件局部的强度、硬度、耐磨度、导电性、导磁性等，有的是为了增加塑件的尺寸和形状的稳定性，有的是为了降低塑料的消耗。嵌件的材料有金属、玻璃、木材和已成型的塑料等，其中金属嵌件的使用最广泛。常见的嵌件种类如图 1-22 所示。其中图 1-22（a）所示为圆筒形嵌件；图 1-22（b）所示为圆柱形嵌件；图 1-22（c）所示为板状或片状嵌件；图 1-22（d）所示为细杆状贯穿嵌件，如汽车方向盘。

塑件常见结构设计
（嵌件-花纹文字
符号-塑料齿轮）

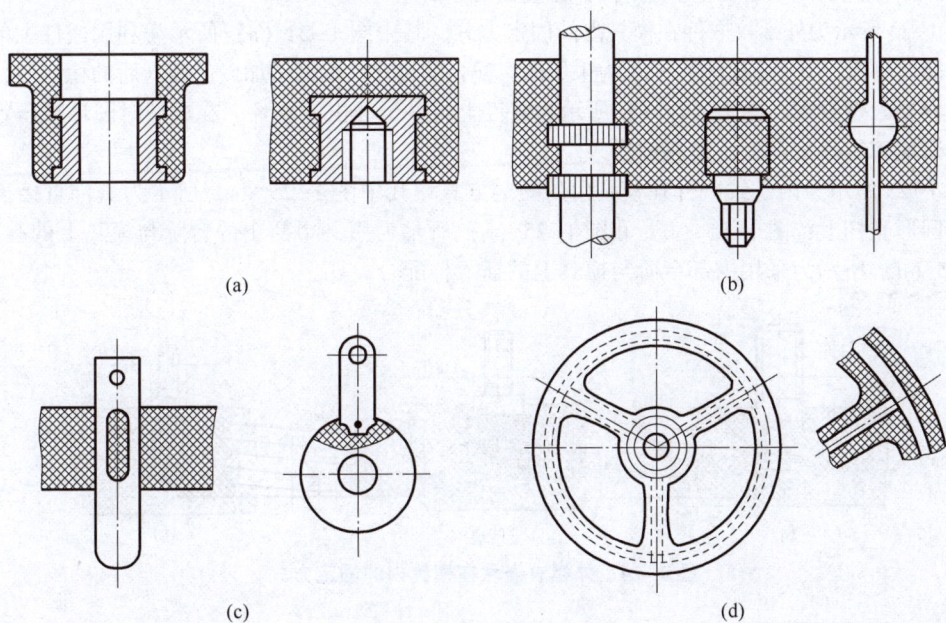

图 1-22　常见的嵌件种类

（a）圆筒形嵌件；（b）圆柱形嵌件；（c）板状或片状嵌件；（d）细杆状贯穿嵌件

金属嵌件的设计原则包括以下几点。

（1）嵌件应牢固地固定在塑件中。为了防止嵌件受力时在塑件内转动或脱出，嵌件表面必须设计适当的凹凸形状。图 1-23（a）所示为最常用的菱形滚花，其抗拉和抗扭强度都较大；图 1-23（b）所示为直纹滚花，这种滚花在嵌件较长时，允许塑件沿轴线少许伸长，以降低这一方向的内应力，但在这种嵌件上必须开有环形沟槽，以免在受力时被拔出；图 1-23（c）所示为六角形嵌件，因其尖角处易产生应力集中，故较少采用；图 1-23（d）所示为用孔眼、切口或局部折弯来固定的片状嵌件；薄壁管状嵌件也可以用边缘折弯法固定，如图 1-23（e）所示；针状嵌件可采用将其中一段扎扁或折弯的办法固定，如图 1-23（f）所示。

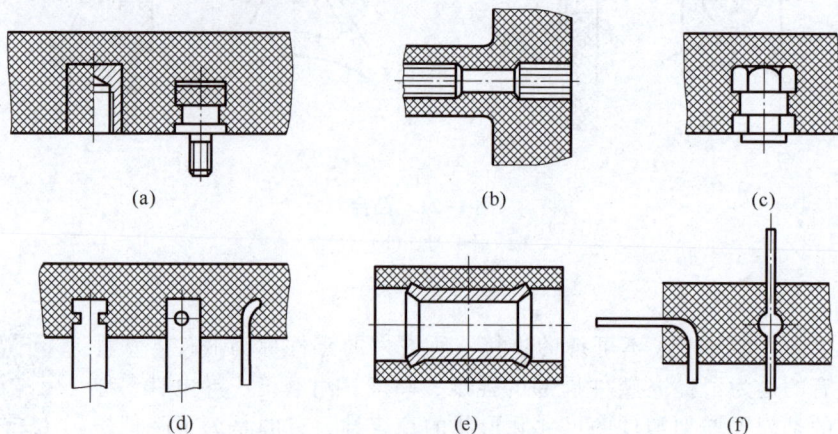

图 1-23　嵌件在塑件中的固定方式

（2）模具内的嵌件应定位可靠。模具内的嵌件在成型时要受到高压熔体的冲击，可能发生位移和变形，同时熔体还可能挤入嵌件上预制的孔或螺纹线中，影响嵌件的使用，因此嵌件必须可靠定位，并要求嵌件的高度不超过其定位部分直径的 2 倍。

图 1-24 所示为外螺纹嵌件在模具内的固定方式。其中图 1-24（a）所示为利用嵌件上的光杆部分和模具配合；图 1-24（b）所示为采用凸肩配合的形式，既可增加嵌件插入后的稳定性，又可防止塑料流入螺纹中；图 1-24（c）所示为嵌件上有一个凸出的圆环，在成型时圆环被压紧在模具上而形成密封环，以阻止塑料的流入。

图 1-25 所示为内螺纹嵌件在模具内的固定方式。其中图 1-25（a）所示为嵌件直接插在模具内的圆形光杆上；图 1-25（b）和图 1-25（c）所示为用一个凸出的台阶与模具上的孔配合；图 1-25（d）所示为采用内部台阶与模具上的插入杆配合。

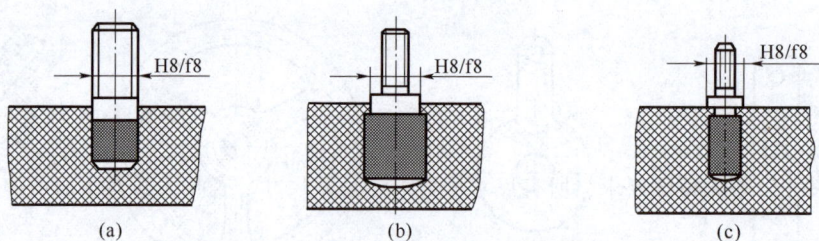

图 1-24　外螺纹嵌件在模具内的固定方式

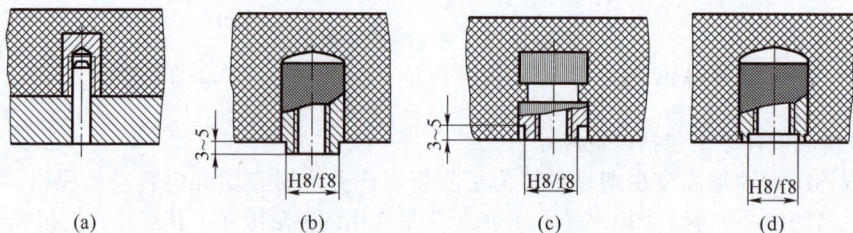

图 1-25　内螺纹嵌件在模具内的固定方式

（3）嵌件周围应有足够的塑料层厚度。由于金属嵌件与塑件的收缩率相差较大，因此嵌件周围的塑料存在很大的内应力，如果设计不当，则会造成塑件的开裂，而保持嵌件周围适当的塑料层厚度可以减少塑件的开裂倾向。

热塑性塑料注射成型时，应将大型嵌件预热到接近物料温度。对于应力难以消除的塑料，可在嵌件周围覆盖一层高聚物弹性体或在成型后进行退火。嵌件的顶部也应有足够的塑料层厚度，否则会出现鼓泡或裂纹。

成型带嵌件的塑件会降低生产率，使生产不易实现自动化，因此在设计塑件时应尽可能避免使用嵌件。

9. 花纹、标志及符号

由于装潢或某些特殊要求，塑件上常需直接制出文字、符号和花纹等。为了有利于成型和脱模，花纹的纹向应设计为与脱模方向一致。例如，图1-26（b）的设计比图1-26（a）合理。

塑件的标志或符号有凸形和凹形两类，凸形的标志或符号容易磨损，而凹形的标志或符号加工困难，从便于制造和避免碰坏凸起的标志或符号考虑，常将凸起的标志或符号设在凹坑内。

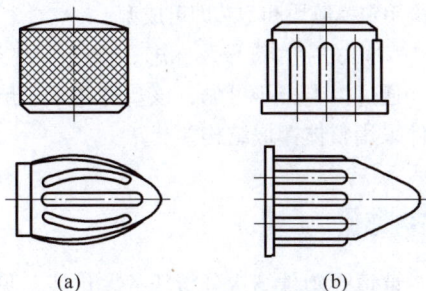

图1-26　塑件上花纹的设计
（a）不合理；（b）合理

10. 火山口

加强筋或柱体的根部与塑件连接处的壁厚会突然加大，导致塑件的表面产生凹陷。这时，要在加强筋或柱位的根部适当减小壁厚，减少胶位，这种结构俗称火山口，如图1-27所示。

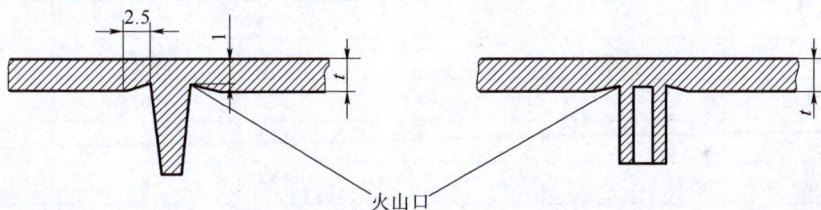

火山口

图1-27　塑件上火山口结构

任务实施

1. 塑件的尺寸精度分析

该塑件尺寸公差无特殊要求，所有尺寸均为未注公差尺寸，查相关模具手册或表1-3可知，ABS的公差等级为MT5。

2. 塑件的表面质量分析

查表1-5可知，ABS注射成型时，表面粗糙度 Ra 的范围在 $0.025\sim1.60\ \mu m$ 之间，而该塑件的表面粗糙度无要求，因此取 Ra 为 $0.8\ \mu m$，且塑件内部也没有较高的表面粗糙度要求。

3. 塑件的结构设计

（1）壁厚。塑件各处壁厚均为1.6 mm，有利于零件的成型。

（2）圆角。该塑件在物料转角处均采用大圆角过渡，避免应力集中，结构合理。

（3）加强筋。该塑件较小，且结构较为简单，自身结构具有加强筋作用，强度足够。

（4）脱模斜度。查表1-6可知，材料为ABS的塑件，其型腔脱模斜度一般为 $40'\sim1°20'$，型芯脱模斜度为 $35'\sim1°$。该塑件为开口薄壳类零件，深度为20.6 mm，侧壁上半部分与竖直面的夹角为26°，侧壁下半部分设计有1°的脱模斜度，如图1-28所示。

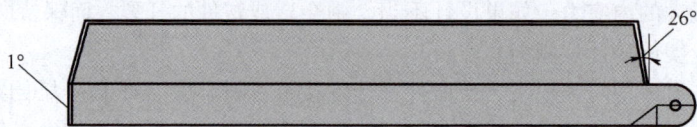

图1-28　开关盒面板脱模斜度

（5）孔。该塑件无孔，不需要考虑小型芯及插穿和碰穿问题。

（6）侧孔和侧凹。该塑件有侧孔或侧凹，但不需要侧向分型与抽芯机构（简称侧向抽芯机构），直接用定模镶块和型芯即可成型。

（7）文字、符号及标志。该塑件无文字、符号及标志。

通过以上分析可见，该塑件属于一般精度、结构简单的塑件，其结构工艺性较为合理，成型零件采用整体镶嵌结构。

任务评价

请填写塑件结构分析任务评价表，见表1-8。

表1-8　塑件结构分析任务评价表

项目名称			
任务名称			
姓名		班级	
组别		学号	
评价项目		分值	得分
塑件结构设计的一般原则		6	
脱模斜度设计要点		8	
壁厚设计要点		8	
加强筋设计要点		8	
圆角设计要点		8	
支承面设计原则		8	
孔的类型及成型方法		8	
嵌件设计要点		8	
标志或符号的设计		8	
工作实效及文明操作		10	
工作表现		10	
创新思维		10	
总计		100	
个人的工作时间		提前完成	
		准时完成	
		超时完成	
个人认为完成最好的方面			

个人认为完成最不满意的方面		
值得改进的方面		
自我评价	非常满意	
	满意	
	不太满意	
	不满意	
记录		

任务拓展

自攻螺柱的设计

扩展阅读

大国工匠——霍威

思考与练习

1. 简答题

（1）塑件结构的设计原则是什么？

（2）塑件的尺寸精度取决于哪些因素？

（3）设计塑件壁厚应注意哪些方面？

（4）简述加强筋的设计原则。

（5）螺纹有哪些设计原则？

（6）确定脱模斜度时，要注意哪些因素？

（7）有嵌件的制品，模具设计时应注意哪些问题？

2. 综合题

（1）什么是塑件的结构工艺性？对图1-29所示塑件的设计进行合理化分析，并对不合理设计进行修改。

（2）现有一塑件——连接座，如图1-30所示。该连接座塑件为某电器产品配套零件，材料选用 ABS，大批量生产，型腔数为2，表面粗糙度为 1.6 μm，脱模斜度为1°，制件要求壁厚均匀、外形美观、使用方便、质量小、品质可靠。要求完成以下内容。

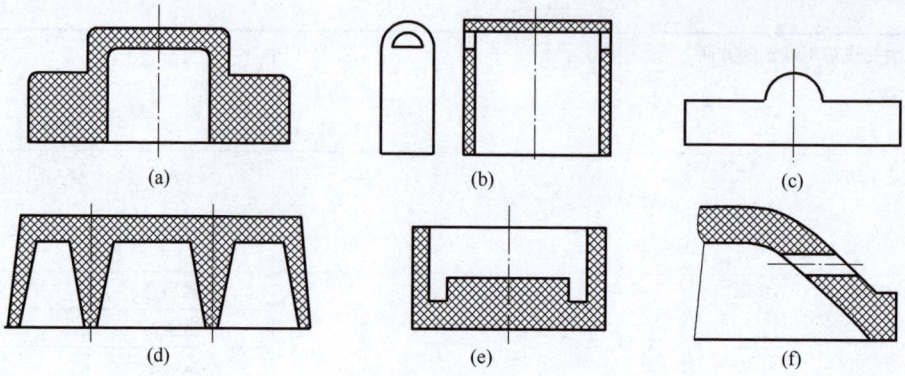

图 1-29 塑件图

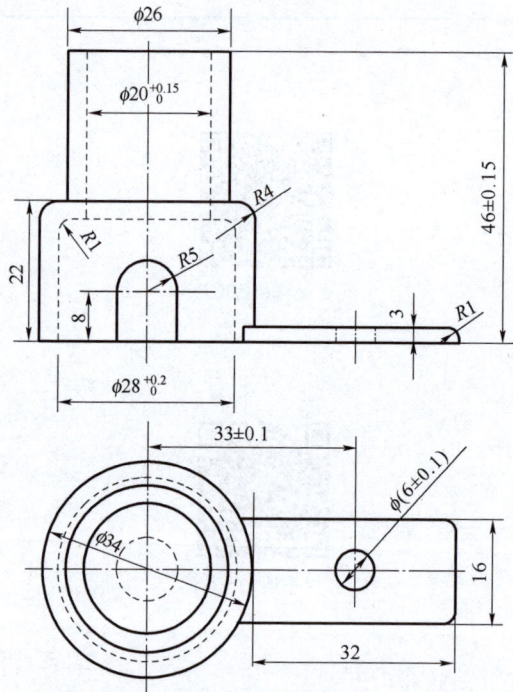

图 1-30 连接座

① 分析塑件尺寸精度，塑件各尺寸公差（未注公差等级标明 A 类、B 类）。
② 分析塑件的结构工艺性。

任务目标

能力目标

1. 会分析并选择塑料种类。

2. 会分析给定塑料的使用性能和工艺性能。

知识目标

1. 掌握塑料的概念和其所具有的优良性能。

2. 熟悉塑料的组成。

3. 掌握热固性塑料、热塑性塑料的概念以及两者的区别。

4. 了解热固性塑料和热塑性塑料的成型特性。

5. 掌握常用塑料的名称和代号。

6. 熟悉常用塑料的基本特性、成型特点和主要用途。

素质目标

1. 培养学生综合运用专业理论知识分析问题、解决问题的能力和严谨、科学的工作态度，使学生能够与他人合作、交流。

2. 培养学生搜集、整理、利用各类信息资源的能力。

任务导入

自20世纪初人类发明第一种塑料，至今100多年的时间，塑料的发展已取得了飞速进步，据不完全统计，全球目前正在使用的塑料品种有几万种，常用的塑料也有300多种。在科技最发达的美国，塑料的使用量已经超过钢铁，在工程材料中位居第一。在世界汽车工业中，塑料制品的用量约占汽车自重的1/10。在航空航天领域中，塑料制品也占有一定的比重。在日常生活中，塑料制品已经成为不可或缺的生活资源。本任务的内容重在介绍塑料的基本知识及常用塑料的性能、用途，这些是从事模具设计必备的基础知识。

本任务针对图1-31所示的塑料导向筒制品进行塑件材料分析，了解塑件材料的性能、用途，为后续成型工艺参数确定及模具设计做准备。通过学习，学生应掌握塑料的相关知识，具备对塑件原材料进行使用性能和成型性能分析的能力。

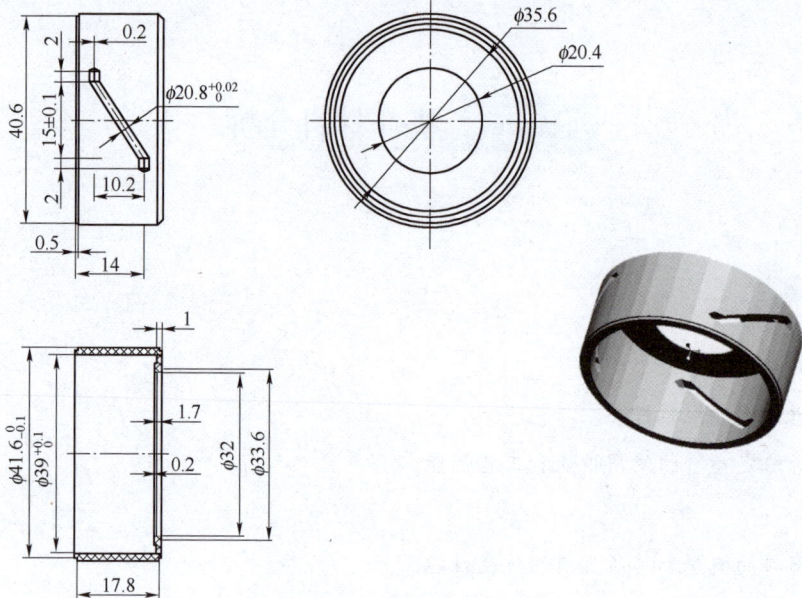

图 1-31　塑料导向筒制品

一、塑料的概念

1. 塑料的组成

塑料以树脂为主要成分，加入各种能改善其加工性能和使用性能的添加剂，在一定温度、压力或溶剂等条件下，利用模具成型为具有一定几何形状和尺寸制件的原材料。塑料制件的原料种类繁多、性能各异，其原料形状主要呈粉状、粒状、纤维状、溶液和分散体等，如图 1-32 所示。

塑料概念、
组成及分类

图 1-32　塑料原料

（1）合成树脂。合成树脂是人们模仿天然树脂（来自植物或动物分泌的有机物质，如松香、虫胶等）的成分，用化学方法人工制取得到的。它是塑料的基本成分，决定了塑料的基本性能，并将塑料中的其他成分黏合为一个整体，使其具有一定的力学性能。

（2）填充剂。为了降低塑料成本，改善加工性能和使用性能，在合成树脂中加入的材料，称为填充剂，又称填料。填料可以改善塑料的硬度、刚度、冲击强度、电绝缘性、耐热性、收缩率等。常用的填料有木粉、石棉、玻璃纤维等。

（3）增塑剂。为了增加塑料的柔韧性，改善流动性，在聚合物中加入的液态或低熔点的固态有机化合物，称为增塑剂。增塑剂的加入会降低塑料的稳定性、介电性能和机械强度，因此在塑料中应尽可能地减少增塑剂的含量。大多数塑料一般不添加增塑剂，只有软质聚氯乙烯含有大量的增塑剂，其增塑剂的含量达 80% 以上。常用的增塑剂有甲酸酯类、磷酸酯类、邻苯二甲酸酯等。

（4）增强剂。增强剂用于改善塑料的力学性能。但增强剂的使用会带来流动性的下降，劣化成型加工性能，降低模具的寿命，并且在流动充型时会带来纤维填料的定向问题。常用的增强剂有纤维类材料及其织物，如玻璃纤维、石棉纤维、亚麻、棉花、碳纤维等，其中玻璃纤维及其织物用得最多。

（5）稳定剂。添加稳定剂的作用是提高塑料抵抗光、热、氧及霉菌等外界因素作用的能力，阻缓塑料在成型或使用过程中的变质。根据外界因素作用所引起的变质倾向与程度，稳定剂主要有热稳定剂、光稳定剂、抗氧化剂等几大种类，其中热稳定剂有有机锡化合物等，光稳定剂有炭黑等。

（6）润滑剂。润滑剂对塑料的表面起润滑作用，防止熔融的塑料在成型过程中黏附在成型设备或模具上。在塑料中添加润滑剂还可以改进熔体的流动性能，同时也可以提高制品表面的光亮度。

（7）着色剂。合成树脂的本色大多是白色半透明或无色透明的。在工业生产中常利用着色剂来增加塑料制品的色彩。对着色剂的要求是，耐热、耐光，性能稳定，不分解、不变色、不与其他成分发生不良化学反应，易扩散，着色力强，与合成树脂有良好的相溶性，不发生析出现象。常用的着色剂有有机颜料和矿物颜料两类。

（8）固化剂。在热固性塑料成型时，有时要加入一种可以使合成树脂完成交联反应而固化的物质，这类物质称为固化剂或交联剂。

2. 塑料的分类

（1）根据合成树脂的分子结构分类，塑料可分为热塑性塑料和热固性塑料两类。

1）热塑性塑料。热塑性塑料可以经多次加热、加压，反复成型。热塑性塑料在多次成型的过程中，只有物理变化而无化学变化，其变化过程是可逆的，其合成树脂分子结构是线型或支链型的二维结构。热塑性塑料加工过程中产生的边角料及废品可以回收，掺入原料中继续使用。

2）热固性塑料。热固性塑料中合成树脂分子最终呈体型结构。受热之初，因分子呈线型结构，塑料具有可塑性和可熔性，可成型为一定形状；当继续加热时，线型高聚物分子主链间形成化学键结合（即交联），分子呈网型结构；当温度达到一定值后，交联反应进一步发展，分子结构最终呈体型结构。这种分子结构从线型或支链型的二维结构变成网状体型的三维结构，使塑料变得既不熔融也不溶解，继续加热也不再变化的过程，称为固化。热固性塑料成型过程中既有物理变化也有化学变化，其变化过程是不可逆的。热固性塑料制品一经损坏便不能回收再用。

（2）根据用途分类，塑料可分为通用塑料、工程塑料和特种塑料三大类。

1）通用塑料。通用塑料是产量大、用途广而又廉价的塑料，常用的通用塑料有聚乙烯、聚丙烯、聚苯乙烯（PS）、聚氯乙烯（PVC）和酚醛塑料等。

2）工程塑料。工程塑料可用来制作具有一定尺寸精度和强度要求、在高低温下变形小、能保持良好性能的工程零件，常用的工程塑料有 ABS、聚碳酸酯（PC）、聚酰胺（PA）和聚甲醛等。

3）特种塑料。特种塑料是具有特种功能的塑料，可耐高低温，具有高强度以及导电、导磁、吸波、光敏、记忆性和超导等功能。

二、塑料的特性

1. 塑料的物理和力学性能

与钢铁等工程材料相比，塑料具有以下特性。

（1）密度小。塑料的密度一般为 $0.8 \sim 2.2 \ g/cm^3$，大多数塑料的密度为 $1 \ g/cm^3$ 左右，泡沫塑料的密度更小，只有 $0.1 \ g/cm^3$，故在车辆、船舶、飞机和宇宙飞船等领域得到了广泛使用。

塑料的性能及用途

（2）比强度和比刚度高。塑料的强度和刚度虽然不如金属高，但由于密度比金属小很多，所以其比强度和比刚度就比金属高很多。在空间技术领域，塑料的这一特性具有非常重要的意义。

（3）化学稳定性好。在一般条件下，塑料不与其他物质发生化学反应，因此，塑料在化工设备及防腐设备中应用广泛。例如，未增塑聚氯乙烯管道与容器已广泛用于防腐领域及建筑给水、排水工程中。

（4）电绝缘性能好。几乎所有的塑料都具有良好的电绝缘性能和极低的介质损耗性能，可与陶瓷和橡胶媲美。因此塑料广泛应用于电力、电机和电子工业中，制作绝缘材料和结构零件，如电线电缆、旋钮、插座、电器外壳等。

（5）耐磨性和自润滑性能好。大多数塑料的摩擦因数都很小，耐磨性好且有良好的自润滑性能，加之比强度高，传动噪声小，因此可以制成齿轮、凸轮和滑轮等机器零件。例如，纺织机中的许多铸铁齿轮已被塑料齿轮替代。

（6）成型及着色性能好。在一定条件下，塑料具有良好的可塑性，这为其成型加工创造了有利的条件。塑料的着色比较容易，而且着色范围广，可根据需要染成各种颜色。有些塑料，如聚甲基丙烯酸甲酯（PMMA）、聚苯乙烯、聚碳酸酯等，还具有良好的光学透明性。

（7）多种防护性能。塑料具有防腐、防水、防潮、防透气、防振、防辐射等多种防护性能，尤其改性后的塑料优点更多，应用也更广泛。

（8）保温性能好。由于塑料比热大，热导率小，不易传热，故其保温及隔热性能好。

（9）产品制造成本低。

除了上述优点外，塑料也有一些不足之处：受成型工艺的影响，塑料收缩率难以控制，成型塑件的尺寸精度较低；塑料耐热性比金属材料差，塑料一般仅在100 ℃以下的温度条件下使用；塑料的热膨胀系数比金属大3～10倍，容易因温度变化影响尺寸的稳定性；塑料还具有吸水性大、不耐压、易老化、表面易损伤等缺点。基于塑料的优点，并针对其不足之处进行改进，耐热、高强度的新型复合塑料不断发展，使塑料应用越来越广泛。

2. 塑料的工艺性能

（1）收缩性。不论采用热塑性塑料还是热固性塑料，脱模后塑件的室温尺寸都小于模具型腔尺寸，这是由于温度变化引起了塑件热胀冷缩，此外，合成树脂分子结构的变化也会引起塑件体积的变化。

塑件成型后的收缩程度用收缩率来表示，常用塑料的收缩率见表1-9。

表1-9　常用塑料的收缩率

分类		成型材料	线膨胀系数/（×10^{-5}℃$^{-1}$）	收缩率（%）
热塑性塑料	非结晶型	ABS	6.0～9.3	0.4～0.7
		SAN（AS）	6.0～8.0	0.2～0.7
		聚苯乙烯	6.0～8.0	0.5～0.6
		聚苯乙烯（耐冲击型）	3.4～21.0	0.3～0.6
		乙酸纤维素	0.8～16.0	0.3～0.42
		乙酸丁酸纤维素	11.0～17.0	0.2～0.5
		乙基纤维素	10.0～20.0	0.5～0.9
		聚碳酸酯	6.6	0.5～0.7
		聚砜	5.2～5.6	0.5～0.6
		聚丙烯酸酯	5.0～8.0	0.3～0.4
		聚氯乙烯（未增塑）	5.0～18.5	0.6～1.0
		聚氯乙烯（软质）	7.5～25.0	1.5～2.5
		聚偏二氯乙烯	19	0.5～2.5

分类		成型材料		线膨胀系数/（×10⁻⁵℃⁻¹）	收缩率（%）
热塑性塑料	结晶型	聚乙烯（高密度）		11.0~13.0	1.5~3.0
		聚乙烯（中密度）		14.0~16.0	1.5~5.0
		聚乙烯（低密度）		10.0~20.0	1.5~3.6
		聚丙烯		5.8~10.2	1.0~3.0
		聚酰胺（PA6）		8.3	0.6~1.4
		聚酰胺（PA66）		8.0	1.5
		聚酰胺（PA610）		9.0	1.0~2.0
		聚酰胺（PA11）		10.0	1.0~2.0
		聚甲醛（均聚POM）		8.1	1.5~3.0
		聚甲醛（共聚POM）		8.5	2.0
		聚对苯二甲酸丁二醇酯		6.0~9.5	1.5~2.0
热固性塑料		酚醛树脂	木炭棉	3.0~4.5	0.4~0.9
		酚醛树脂	石棉	0.8~4.0	0.05~0.4
		酚醛树脂	云母	1.9~2.6	0.05~0.5
		酚醛树脂	玻璃纤维	0.8~1.0	0.01~0.4
		尿素树脂	σ纤维素	2.2~3.6	0.6~1.4
		三聚氰胺	σ纤维素	4.0	0.5~1.5
		聚酯	玻璃纤维	2.0~5.0	0.1~0.2
		聚酯	预混合	2.5~3.3	0.2~0.6
		有机硅树脂	玻璃纤维	0.8	0~0.05
		聚邻苯二甲酸二烯丙酯	玻璃纤维	1.0~3.6	0.1~0.5
		环氧树脂	玻璃纤维	1.1~3.5	0.1~0.5

影响塑料收缩性的基本因素有以下几个方面。

1）塑料品种。有些热塑性塑料在成型过程中存在着结晶性，其收缩率不仅大于热固性塑料，而且也大于其他非结晶型热塑性塑料。对于热固性塑料，即使属于同一塑料品种，但由于填充料、各组分配比的不同，因此收缩率也不同。

2）塑件的结构形状。塑件的形状、尺寸、壁厚能引起本身不同部位的收缩差异。另外，塑件内有无金属嵌件、嵌件数量、嵌件的布局等因素都会直接影响料流的方向、塑件密度的均匀性及收缩阻力的大小，从而引起收缩的差异。

3）填料含量。塑料中加入填料后，收缩率一般都会降低。热固性塑料几乎离不开填料，玻璃纤维、石棉、矿石粉等无机填料的效果较好。填料的含量应适当，否则，过量的填料将使塑料中的合成树脂含量相对减少，导致成型时熔料流动困难，塑件强度下降。

4）模具结构。模具的分型面、加压方向、浇注系统、温度控制系统等因素对塑料的收缩率及收缩的方向性均有较大影响，采用注射成型和挤出成型时尤为明显。

5）成型工艺。对于热塑性塑料，如果模具温度（模温）高，熔料冷却慢，则塑件的密度大，收缩率也大（结晶型塑料收缩率也大）；型腔内压力的大小和保压时间的长短对塑料的收缩率也有影响，压力大且保压时间长，则塑料收缩率小但方向性明显；此外，料温高则收缩率大，但方向性小。为获得合格的塑件，设计模具时必须考虑塑料的收缩率及收缩的复杂性。

（2）流动性。塑料在一定温度和压力下填充模具型腔的能力称为流动性。根据模具的设计要求，基于流动性能将常用的热塑性塑料分为三类：流动性好的热塑性塑料，如尼龙、聚乙烯、聚苯乙烯、聚丙烯等；流动性中等的热塑性塑料，如 ABS、聚甲基丙烯酸甲酯、聚甲醛等；流动性差的热塑性塑料，如未增塑聚氯乙烯、聚碳酸酯、聚苯醚、聚砜等。

影响塑料流动性的主要因素有以下几个方面。

1）塑料品种。塑料成型时的流动性主要取决于合成树脂的性能，但各种添加剂对流动性也有影响，如增塑剂、润滑剂能增强流动性。此外，填料的形状和大小对流动性也会有一定的影响。

2）模具结构。模具浇注系统的结构与尺寸、冷却系统的布局及模具腔体结构的复杂程度等因素都会直接影响塑料在模具中的流动性。

3）成型工艺。注射压力对流动性的影响显著，提高注射压力可以增强塑料的流动性，尤其对聚乙烯、聚甲醛等塑料效果更明显。料温升高，塑料流动性也相应提高，聚苯乙烯、聚丙烯、未增塑聚氯乙烯、聚碳酸酯、聚苯醚（PPO）、聚砜、ABS、酚醛塑料等塑料的流动性受温度变化的影响较大。

（3）结晶性。塑料有结晶型和非结晶型之分，它们是以熔融状态的塑料在冷却凝固时是否结晶来区分的。结晶现象主要发生在某些热塑性塑料中，判别结晶型塑料和非结晶型塑料的外观标准是观察纯树脂（未添加添加剂）厚壁塑件的透明度。一般情况下，不透明或半透明的是结晶型塑料，如聚甲醛、聚乙烯、聚酰胺、氯化聚醚等；透明的是非结晶型塑料，如聚甲基丙烯酸甲酯、聚苯乙烯、聚碳酸酯、聚砜等；但也有例外，如 ABS 属非结晶型塑料，但不透明。结晶型塑件的性能在很大程度上和成型工艺（主要是冷却速度）有关系。塑料熔体的温度高，若模具温度也高，熔体在模具内冷却速度较慢，则塑件的结晶度大，密度大，硬度和刚度高，抗拉和抗弯强度大，耐磨性好，耐化学腐蚀性和绝缘性能好。反之，塑料熔体的温度高，但模具温度低，则熔体冷却速度快，塑件的结晶度小，柔软性、透明度、延伸率提高，抗冲击强度增大。因此，在塑料制品的成型过程中，适当改变塑料熔体的冷却速度，可以改变塑件的某些性能，使之适应特定的要求。

（4）吸湿性。根据塑料对水分亲疏程度的不同，大致可以将热塑性塑料分为两种类型：一类是既能吸收潮湿，表面又易黏附水分的塑料，如聚甲基丙烯酸甲酯、聚酰胺、聚碳酸酯、聚砜等；另一类是既不吸收潮湿，表面也不易黏附水分的塑料，如聚苯乙烯、聚氯乙烯、聚甲醛、聚氯醚、氟塑料等。

吸湿性强的塑料，尤其是聚碳酸酯、聚甲基丙烯酸甲酯、聚酰胺等，在成型加工前必须进行干燥处理，否则不仅成型困难，而且还会使塑件的外观质量和机械强度显著下降。

塑料的含水量一般在 0.2%~0.5%之间，常用的干燥方法有循环热风干燥、红外线干燥、真空干燥等。经干燥处理后的塑料，如果在空气中露置过久（30 min 以上），则有可能从空气中吸收水分，故应妥善保管或重新干燥。对于不吸湿的塑料，在成型前最好也进行干燥处理。

热固性塑料也有可能受潮吸湿，一般在成型前要进行预热处理，既能去除水分及挥发物，又能改善成型时熔料的流动性，缩短成型时间。

（5）热稳定性。在成型加工时，某些塑料因长期处于高温状态，会发生分解，使材料的各项性能变差，影响塑件质量，甚至使塑件报废。塑料热分解产生的产物往往又是加速该塑料分解的催化剂，不仅严重影响塑件质量，而且分解产生的气体有强烈的刺激性和腐蚀性，对人体健康、机械设备维护和模具保养都不利。热稳定性差的塑料有聚氯乙烯、聚甲醛等。在成型过程中，可通过加入稳定剂（如在聚氯乙烯中加入三盐基硫酸铅，在聚甲醛中加入双氰胺）、选择合适的加工设备（如选用有螺杆的注射机）、正确控制成型加工温度及周期、及时清除分解产物并降低成型温度等方法，从工艺上和塑料组分上对热稳定性差的塑料采取防范措施。

三、常用塑料的性能及用途

1. 热塑性塑料

热塑性塑料的品种很多，常用热塑性塑料的性能及用途见表1-10。

表1-10　常用热塑性塑料的性能及用途

序号	塑料材料	性能	用途
1	未增塑聚氯乙烯	强度高，电绝缘性能优良，耐酸碱能力极强，化学稳定性好，但软化点低	适用于制作棒、管、板、输油管及其他耐酸碱零件
2	软质聚氯乙烯	伸长率大，机械强度、耐蚀性、电绝缘性均低于未增塑聚氯乙烯，且易老化	适用于制作薄板、薄膜、电线电缆绝缘层
3	聚乙烯	耐蚀性、电绝缘性（尤其高频绝缘性）优良，可以氯化、交联改性，可用玻璃纤维增强。高密度聚乙烯（PE-HD）熔点、刚度、硬度和强度较高，吸水性差，有突出的电绝缘性能和良好的化学稳定性；低密度聚乙烯（PE-LD）柔软性好，伸长率、冲击韧度不高，透明性较好；超高分子量聚乙烯冲击韧度高，耐疲劳，耐磨，可冷轧烧结成型	PE-HD适用于制作耐腐蚀零件和绝缘零件；PE-LD适用于制作薄膜；超高分子量聚乙烯适用于制作减摩、耐磨零件和传动零件
4	聚丙烯	强度、刚度、强度、耐热性均优于PE-HD，可在100℃左右的温度条件下使用。具有优良的耐蚀性和良好的高频绝缘性，不受湿度影响，但低温条件易变脆，不耐磨，易老化	适用于制作一般机械零件、耐腐蚀零件和绝缘零件
5	聚苯乙烯	电绝缘性（尤其高频绝缘性）优良，无色透明，透光率仅次于聚甲基丙烯酸甲酯（有机玻璃），着色性、耐水性、化学稳定性良好，但机械强度一般，质脆，易发生应力碎裂，不耐苯、汽油等有机溶剂腐蚀	适用于制作绝缘透明件、装饰件，以及化学仪器、光学仪器的相关零件
6	聚苯乙烯改性有机玻璃	透明性好、强度较高，有一定的耐热性、耐寒性和耐候性，耐腐蚀	适用于制作绝缘零件，透明度和强度要求一般的零件
7	丙烯腈-丁二烯-苯乙烯共聚物	综合性能较好，冲击韧度、强度较高，尺寸稳定，耐化学性、电绝缘性能良好；易于成型和机械加工，与372有机玻璃的熔接性良好，可制作双色成型塑料，且可表面镀铬	适用于制作一般机械零件，减摩、耐磨零件，传动零件和电子部件
8	苯乙烯-丙烯腈共聚物	冲击强度比聚乙烯高，耐热、耐油、耐蚀性能好，弹性模量为现有热塑性塑料中较高的一种，并能很好地耐某些使聚苯乙烯应力开裂的烃类溶剂	适用于制作耐油、耐热、耐化学腐蚀的零件及电气仪表的结构零件
9	聚酰胺	坚韧、耐磨、耐疲劳、耐油、耐水、抗真菌性能好，吸水性好。PA6弹性好、冲击强度高、吸水性较好；PA66强度高、耐磨性好；PA610与PA66相似，但吸水性较差、刚度较低；PA1010半透明，吸水性较差，耐寒性较好	适用于制作一般机械零件，减摩、耐磨零件，传动零件，化工零件，以及仪器仪表零件

序号	塑料材料	性能	用途
10	聚甲醛	综合性能良好，强度、刚度高，抗冲击、抗疲劳、抗蠕变性能较好，减摩、耐磨性好，吸水性差，尺寸稳定性好，热稳定性差，易燃烧，长期在空气中暴晒会老化	适用于制作减摩零件、传动零件、化工容器及仪器仪表外壳
11	聚碳酸酯	冲击韧度高，并具有较高的弹性模量和尺寸稳定性。无色透明，着色性好，耐热性比聚酰胺、聚甲醛好，抗蠕变和电绝缘性能较好，耐蚀性、耐磨性良好，但自润性差，不耐碱、酮、芳香烃类有机溶剂，有应力开裂倾向，高温易水解，与其他树脂相容性差	适用于制作仪表小零件、绝缘透明件和耐冲击零件
12	氯化聚醚	耐蚀性突出（略次于氟塑料），摩擦因数低，吸水性很差，尺寸稳定性高，耐热性比未增塑聚氯乙烯好，抗氧化性比聚酰胺好，可焊接、喷涂，但低温性能差	适用于制作腐蚀介质中的减摩、耐磨零件，传动零件以及一般机械及精密机械零件
13	聚砜	耐热、耐寒、抗蠕变及尺寸稳定性优良，耐酸、耐碱、耐高温蒸汽。硬度和冲击韧度高，可在 $-65\sim135\ ℃$ 稳定条件下长期使用，在水、湿空气及高温下仍能保持良好的绝缘性，但不耐芳香烃和卤代烃有机溶剂。聚芳砜耐热、耐寒性好，可在 $-240\sim260\ ℃$ 稳定条件下使用，硬度高，耐辐射	适用于制作耐热件，绝缘件，减摩、耐磨零件，传动零件，以及一般机械及精密机械零件
14	聚苯醚	综合性能好良好，抗拉强度高，刚度高，抗蠕变及耐热性好，冲击强度较高，可在 $120\ ℃$ 蒸汽中使用。电绝缘性优越，受温度及频率变化的影响很小，吸水性差，有应力开裂倾向。改性聚苯醚可消除应力开裂，成型加工性好，但耐热性略差	适用于制作耐热件，绝缘件，减摩、耐磨零件，传动零件，医疗器械零件和电子设备零件
15	氟塑料	耐蚀性、耐老化及电绝缘性优越，吸水性很差。聚四氟乙烯对所有化学药品都有耐蚀性，摩擦因数在塑料中最低，无黏性，不吸水，可在 $-195\sim250\ ℃$ 温度条件下长期使用；聚三氟氯乙烯耐蚀、耐热和电绝缘性略次于聚四氟乙烯，可在 $-180\sim190\ ℃$ 温度条件下长期使用，可注塑成型，在芳香烃和卤代烃有机溶剂中稍微溶胀；除使用温度外，聚全氟乙丙烯几乎具有聚四氟乙烯所有的优点，且可挤塑、压塑及注塑成型，自黏性好，可热焊	适用于制作耐腐蚀件，减摩、耐磨零件，密封件，绝缘件和医疗器械零件
16	乙酸纤维素	强韧性好，耐油、耐稀酸，透明有光泽，尺寸稳定性好，易涂饰、染色、黏合、切削，在低温下冲击韧度和抗拉强度会下降	适用于制作汽车、飞机、建筑用品，机械、工具用品，化妆器具，照相、电影胶卷
17	聚酰亚胺	综合性能优良，强度高，抗蠕变，耐热性好，可在 $200\sim260\ ℃$ 温度条件下长期使用，减摩、耐磨、电绝缘性能优良，耐辐射、耐电晕、耐稀酸，但不耐碱、强氧化剂和高压蒸汽。均苯型聚酰亚胺成型困难；醚酐型聚酰亚胺可挤塑、压塑、注塑成型	适用于制作减摩、耐磨零件，传动零件，绝缘零件，耐热零件，可用作防辐射材料、涂料和绝缘薄膜

2. 热固性塑料

常用热固性塑料的性能及用途见表1-11。

表1-11　常用热固性塑料的性能及用途

序号	塑料材料	性能	用途
1	酚醛树脂	可塑性和成型性能良好，冲击韧度大，耐油、耐磨、耐水、耐酸性能好，介电性能好，电绝缘性能优良，强度大。适于压缩成型，也可压注成型	适用于制作日用电器的绝缘结构件、文教用品、耐磨零件、工作温度较高的电气绝缘件和电热仪器零件（适宜在湿热带使用）
2	氨基树脂	脲-甲醛塑料可制成各种色彩，外观光亮，部分透明，表面硬度较高，耐电弧性能好，耐矿物油，但耐水性较差，在水中长期浸泡后电绝缘性能下降。三聚氢胺-甲醛塑料可制成各种色彩，耐光、耐弧，无毒，在-20~100℃温度范围内性能变化小，塑件质量小，不易碎，耐茶、咖啡等物质。适于压注成型	脲-甲醛适用于压制日用品、电气照明设备及电气绝缘件。三聚氰胺-甲醛适用于制作餐具、电器开关、灭弧罩及防爆电器等
3	环氧树脂	强度高、电绝缘性能优良、化学稳定性和耐有机溶剂性好，对许多材料的黏结力强，但性能受填料品种和用量的影响大。用环氧树脂配以石英粉等材料来浇铸各种模具，适于浇注成型和低压压注成型	适用于作金属和非金属材料的黏合剂，可用于封闭各种电子元件，还可作为各种产品的防腐涂料
4	聚氨酯	包括硬质聚氨酯塑料、软质聚氨酯塑料、聚氨酯弹性体等多种形态，分为热塑性和热固性两大类。其原料一般以树脂状态呈现。聚氨酯弹性体是一种合成橡胶，具有优异的性能	主要用于温度低、要求绝缘性能好的场合，如用在低温运输车辆中作保冷层，还可用于建材、家具等领域

任务实施

塑料导向筒制品是双筒望远镜上的一个外观件，表面要求较高；尺寸 $\phi 41.6_{-0.1}^{0}$ mm 与其他零件配合，要求装配后完全吻合，不允许出现凹凸不平的现象，尺寸 $\phi 20.8_{0}^{+0.02}$ mm 要求严格；塑料制品壁厚最大为 1.3 mm，最小为 0.7 mm，属薄壁塑料制品，材料选用聚碳酸酯。

聚碳酸酯为无色透明粒料，密度为 1.02~1.05 g/cm³。聚碳酸酯是一种性能优良的热塑性工程塑料，韧而刚，抗冲击性在热塑性塑料中名列前茅；成型零件可达到很好的尺寸精度，并能在很宽的温度范围内保持其尺寸的稳定性；抗蠕变、耐磨、耐热、耐寒；脆化温度在-100℃以下，长期工作温度为 120℃；材料透明，可见光的透光率接近 90%。其缺点是耐疲劳强度较差，成型后制品的内应力较大，容易开裂。

聚碳酸酯熔融温度高，熔体黏度大、流动性差，因此成型时要求有较高的温度和压力；熔体黏度对温度十分敏感，一般用提高温度的方法来增加熔融塑料的流动性。

聚碳酸酯主要用于制作各种齿轮、蜗轮、蜗杆、齿条等机械材料，还可制作电机零件、风扇零件、拨号盘、仪表壳等电气零件，以及照明灯、高温透镜等光学零件。

请填写塑件材料分析任务评价表，见表1-12。

表 1-12　塑件材料分析任务评价表

项目名称			
任务名称			
姓名		班级	
组别		学号	
评价项目		分值	得分
塑料的组成		10	
塑料的分类		10	
塑料的物理和力学性能		10	
塑料的工艺性能		10	
热塑性塑料的性能及用途		15	
热固性塑料的性能及用途		15	
工作实效及文明操作		10	
工作表现		10	
团队合作		10	
总计		100	
个人的工作时间		提前完成	
		准时完成	
		超时完成	
个人认为完成最好的方面			
个人认为完成最不满意的方面			
值得改进的方面			
自我评价		非常满意	
		满意	
		不太满意	
		不满意	
记录			

任务拓展

塑料的简易鉴别法

垃圾分类，人人有责

思考与练习

1. 选择题

（1）下列塑料可用于制作齿轮、轴承耐磨件的有（　　）。

A. PA
B. POM

C. PC
D. PPO

（2）下列塑料可用于制作透明塑件的有（　　）。

A. PS
B. PMMA

C. PP
D. PC

2. 判断题（正确的打"√"，错误的打"×"）

（1）ABS 综合性能好，机械强度高，抗冲击能力强，抗蠕变性能好，有一定的表面硬度，耐磨性好，耐低温，可在-40℃温度条件下使用，电镀性能好。（　　）

（2）PE 的特点是软性、无毒、价廉、加工方便、吸水性差、无须干燥、半透明。（　　）

（3）PP 在常用塑料中密度最大，进行表面涂漆、粘贴、电镀加工相当容易。（　　）

（4）PS、ABS、PC、PPO 的收缩率可取 0.5%，PE、POM、PP、PVC 的收缩率可取 2%。（　　）

（5）PC 的耐冲击性是塑料之冠，长期工作温度可达 120~130 ℃。（　　）

（6）PMMA 最大的缺点是质脆（比 PS 还脆）。（　　）

（7）PVC 可用于设计缓冲（击）类塑件，如凉鞋、防振垫等。（　　）

（8）PS 的透光性好；吸水性差，可不用烘料；流动性好，易成型加工；最大缺点是质脆。（　　）

（9）填料是塑料中必不可少的成分。（　　）

（10）POM 的抗疲劳强度高，尺寸稳定性好，可反复扭曲，具有突出的回弹能力。（　　）

3. 简答题

（1）塑料有哪些特性？

（2）增塑剂的作用是什么？

（3）润滑剂的作用是什么？

（4）填料的作用是什么？

（5）塑料是如何进行分类的？热塑性塑料和热固性塑料有什么区别？

（6）PS 有哪些性能？可实际应用于哪些方面？

（7）ABS 有哪些性能？可实际应用于哪些方面？

任务目标

能力目标

1. 具有合理选择塑料成型方式的初步能力。
2. 具有编制塑件成型工艺规程的能力。

知识目标

1. 掌握模塑成型工作原理、工艺过程及特点。
2. 了解其他各类塑料成型工作原理、工艺过程及特点。

素质目标

1. 培养学生在掌握塑件成型工艺分析相关要求的过程中，养成不能忽视每一个小细节的求真态度。
2. 培养学生善于总结、不断改进、追求卓越的良好职业习惯。

任务导入

塑料制品成型方式有很多，确定塑料制品成型方式时应考虑所选择塑料的种类、制品结构特征、生产批量、模具成本以及不同成型方式的特点、应用范围，然后根据塑料的成型工艺特点、不同成型方式的工艺过程确定所生产制品的成型工艺。

本任务针对图 1-33 所示的塑料罩盖制品。该塑件采用热塑性塑料 ABS，成型方式为注射成型，大批量生产，要求分析该塑件原材料的成型工艺性能，并编制注射成型工艺规程，填写注射成型工艺卡片。

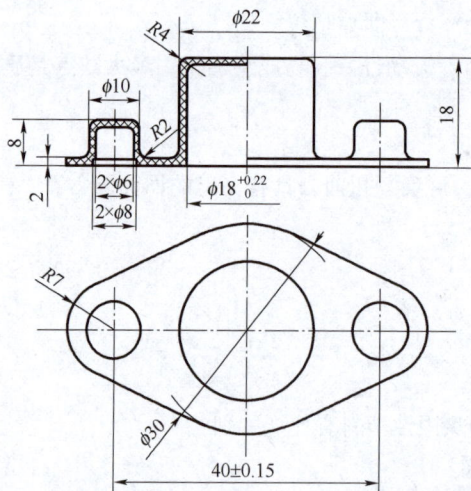

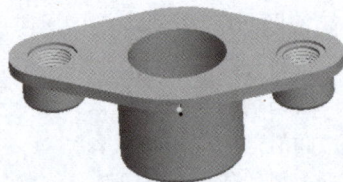

技术要求
未注圆角为R1，脱模斜度外表面为30′，内表面为1°。

图 1-33　塑料罩盖制品

一、注射成型工艺

1. 注射成型原理

注射成型是热塑性塑料成型的一种主要方法，能一次成型形状复杂、尺寸精度高、带有金属或非金属嵌件的塑件。注射成型周期短、生产率高、易实现自动化生产。到目前为止，除氟塑料外，几乎所有的热塑性塑料以及一些流动性好的热固性塑料都可以采用注射成型方法成型。

注射成型工艺

（1）柱塞式注射机的成型原理。

柱塞式注射机的成型原理如图 1-34 所示。首先，注射机合模机构带动模具的活动部分（动模）与固定部分（定模）闭合（见图 1-34（b））。然后，注射机的柱塞将料斗中落入料筒的粒料或粉料推进料筒中加热；同时，料筒中已经熔融成黏流态的塑料，在柱塞的高压、高速推动下，通过料筒前端的喷嘴和模具的浇注系统射入已经闭合的型腔中。充满型腔的熔体在受压情况下，经冷却固化而成型为型腔所赋予的形状。最后，柱塞复位，料斗中的粒料或者粉料继续落入料筒中；合模机构带动模具动模部分打开模具，并由推件板将塑件推出模具（见图 1-34（c））。至此，完成一个注射成型周期。周而复始地重复上述动作，可连续进行注射成型。

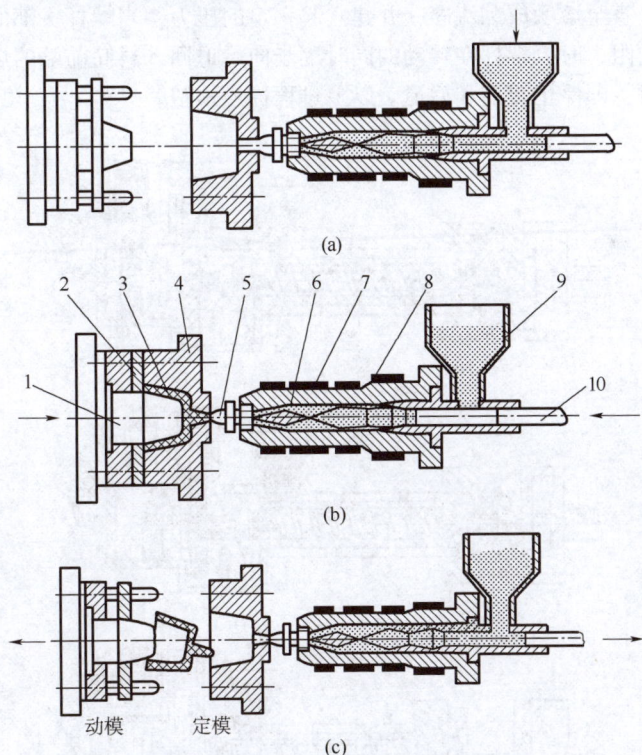

图 1-34　柱塞式注射机的成型原理

1—型芯；2—推件板；3—塑件；4—凹模；5—喷嘴；6—分流梭；7—加热器；8—料筒；9—料斗；10—柱塞

柱塞式注射机的成型原理简单，但在成型过程中存在以下问题。

1）塑化不均匀。塑化是指塑料在料筒内加热，由固体粉料或粒料转换成黏流态，并具有良好可塑性的均匀熔体的过程。塑料在柱塞式注射机料筒中的移动仅依靠柱塞的推动，几乎没有混合作用。塑料与料筒、分流梭相接触的外层温度较高，因为塑料导热性较差，所以当塑料内层熔融时，其外层可能因长时间高温受热而降解，对于热敏性塑料该问题尤其突出。塑化不均匀将使塑件的内应力较大。

2）注射压力损失大。柱塞式注射机的注射压力虽然很高，但相当部分的压力消耗于压实固体塑料和克服塑料与料筒内壁之间的摩擦阻力，传到模具型腔内的有效压力仅为理论注射压力的 30%～50%。

3）注射量的提高受到限制。柱塞式注射机的单次最大注射量取决于料筒的塑化能力、柱塞的直径和行程，塑化能力又与塑料受热面积有关。要提高塑化能力，主要是增加料筒直径和长度，但这会使塑料塑化更不均匀，使塑料发生降解的可能性增大，故塑化能力提高受到限制，从而限制了注射量的提高。另外，柱塞式注射机注射成型时，塑料的流动状态并不理想，料筒清理较困难，单次注射量一般都在 60 g 以下。

（2）螺杆式注射机的成型原理。

螺杆式注射机的成型原理如图 1-35 所示。首先，模具动模与定模闭合。然后，液压缸活塞带动螺杆，按要求的压力和速度将已经熔融并积存于料筒前端的塑料经喷嘴射入模具型腔中，此时螺杆自身不转动（见图 1-35（a））。当熔体充满模具型腔后，螺杆对熔体仍保持一定压力（即保压），以阻止其倒流；之后向型腔内补充塑件冷却收缩后所需要的熔体（见图 1-35（b））。经过一定时间的保压后，活塞的压力消失，螺杆开始转动；此时由料斗落入料筒的塑料将随着螺杆的转动沿着螺杆向前输送。在向料筒前端输送的过程中，塑料受加热器加热和螺杆剪切摩擦的影响而逐渐升温，直至熔融成黏流态，并建立起一定的压力。当螺杆头部的熔体压力达到能克服液压缸活塞退回的阻力时，螺杆在转动的同时逐步向后退回，料筒前端的熔体也逐渐增多；当螺杆退到预定位置时，即停止转动和后退。以上过程称为预塑。

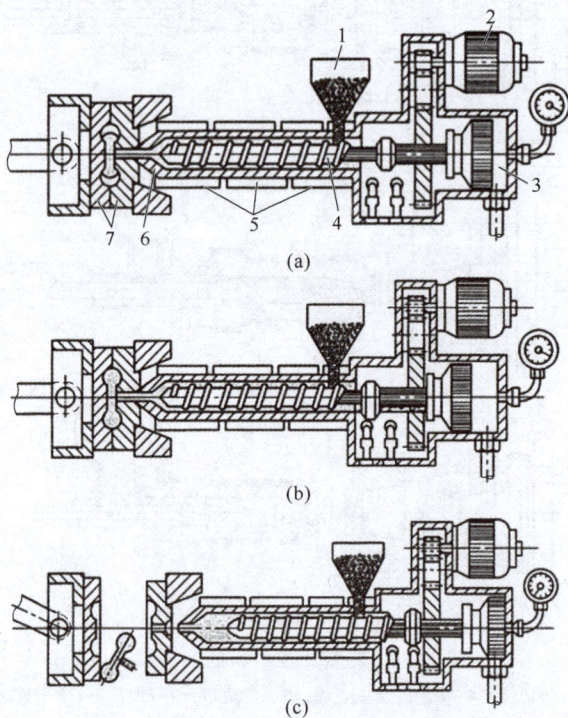

图 1-35　螺杆式注射机的成型原理

1—料斗；2—螺杆传动装置；3—液压缸；4—螺杆；5—加热器；6—喷嘴；7—模具

在预塑过程中或再稍长的时间内，已成型的塑件在模具内逐渐冷却固化。当塑件完全冷却固化后，打开模具，在推出机构作用下将塑件推出模具（见图 1-35（c））。至此完成一个成型周期。

与柱塞式注射机相比，螺杆式注射机注射成型可使塑料在料筒内得到良好的混合与塑化，改善成型工艺，提高塑件质量；同时还能扩大注射成型塑料品种的范围、提高最大注射量。对于热敏性塑料、流动性差的塑料，以及大中型塑件，一般均采用螺杆式注射机注射成型。

2. 注射成型工艺过程

注射成型工艺过程主要包括成型前的准备、注射成型过程和塑件的后处理，如图 1-36 所示。

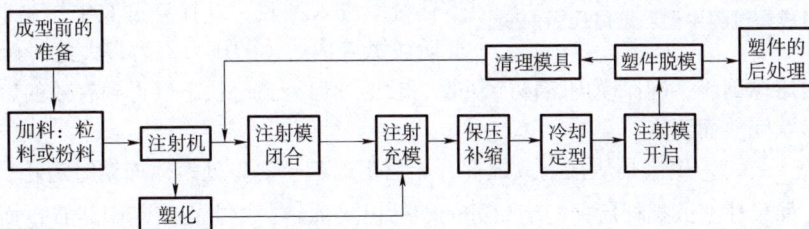

图 1-36 注射成型工艺过程

（1）成型前的准备。

1）原材料的检验与预处理。

① 原材料的检验。

a. 所用原材料是否正确（品种、规格、牌号等）。

b. 原材料外观检验（色泽、颗粒度及其均匀性、有无杂质等）。

c. 原材料工艺性能检验（熔体流动性、收缩率等）。

② 原材料的预处理。

原材料的预处理包括对原材料进行混炼、造粒；对原材料进行染色；对吸湿性塑料（如 PA、PC 等）和对水有黏附性的塑料（如 ABS 等）进行干燥处理等。

2）料筒的清洗。

① 螺杆式注射机料筒的清洗：直接换料清洗，连续对空注射，直至排尽筒内残料。

② 柱塞式注射机料筒的清洗：必须拆卸清洗或更换专用料筒。

3）加料。

加料是指塑料原料由注射机料斗落入料筒内的过程。此外，还有嵌件的预热与安放、脱模剂的选用与喷涂等。

（2）注射成型过程。

完整的注射成型过程包括加料、塑化、注射充模、保压补缩、冷却定型、脱模等步骤，但从实质上讲主要是塑化、注射充模和冷却定型等基本过程。

1）塑化。

塑化是指塑料在料筒内加热，由固体粉料或粒料转变为黏流态，并具有良好可塑性的过程。对塑化的要求是，塑料在进入模具型腔之前，既要达到规定的成型温度，又要使熔体各点温度均匀一致，并在规定时间内提供上述质量的足够的熔融塑料以保证生产连续顺利地进行。

2）注射充模和冷却定型。

注射充模和冷却定型是指塑料在注射机料筒内经过加热、塑化达到流动状态后，由模具浇注系统注入模具型腔的过程，可分为充模、保压补缩、倒流、浇口冻结后的冷却等几个阶段。在这个过程中塑料熔体的温度将不断降低，其压力的变化如图 1-37 所示。

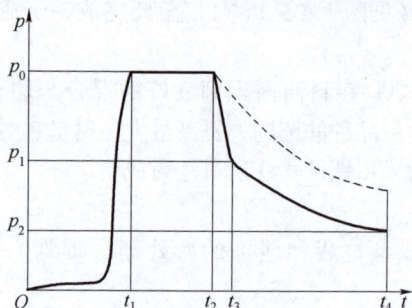

图 1-37 注射成型过程中塑料熔体压力的变化

① 充模（$0 \sim t_1$）。将塑化好的塑料熔体在柱塞或螺杆的推动下，经注射机喷嘴及模具浇注系统注入模具型腔并充满型腔，这一阶段称为充模。其压力变化是，当熔体未注入模具型腔时，型腔内压力基本为零；待型腔充满时压力达到最大值 p_0。

② 保压补缩（$t_1 \sim t_2$）。保压补缩是从熔体充满型腔时起至柱塞或螺杆开始退回时为止。在柱塞或螺杆的推动下，熔体仍然保持压力进行补料，使料筒中的熔体继续进入型腔，以补充型腔中塑料收缩的需要。此阶段型腔内熔体的压力仍为最大值。保压补缩的目的：防止模内熔体倒流；确保模内熔体冷却收缩时继续保持施压状态以得到有效的熔体补充；确保所得塑件形状完整而致密。

③ 倒流（$t_2 \sim t_3$）。倒流是从柱塞或螺杆开始后退时起至浇口处熔体冻结时为止，p_1 为浇口冻结时的压力。如果柱塞或螺杆后退时浇口处的熔体已经冻结，或者在喷嘴中装有止逆阀，则倒流阶段不存在，就不会出现 $t_2 \sim t_3$ 压力下降曲线，而是图 1-37 中的虚线部分。

④ 浇口冻结后的冷却（$t_3 \sim t_4$）。浇口冻结后的冷却是从浇口处塑料完全冻结起到塑件脱模取出时为止。在冷却阶段中，随着温度的继续下降，型腔内的塑料体积收缩，压力也逐渐下降。开模时，型腔内的压力不一定等于外界大气压力。把型腔内的压力与外界大气压力之差称为残余应力（图 1-37 中 p_2）。当残余应力为正值时，脱模比较困难，塑件容易被刮伤甚至破裂；当残余应力为负值时，塑件表面出现凹陷或内部产生真空泡；当残余应力接近零时，塑件不仅脱模方便，而且质量较好。

（3）塑件的后处理。

1）退火处理。

① 定义：退火处理是将塑件放在一定温度的加热液体介质（如水、矿物油、甘油、乙二醇等）或热空气循环箱中一段时间，然后缓慢冷却的过程。

② 目的：减小由于塑化不均或塑件在型腔中冷却不均而产生的塑件内应力。

2）调湿处理。

① 定义：调湿处理是指将刚脱模的塑件放在沸水或醋酸钾水溶液（其沸点为 121 ℃）中，在隔绝空气防止氧化的条件下，加快塑件吸湿平衡的处理过程。

② 目的：尽快稳定塑件的颜色、性能及形状尺寸；消除残余应力，适量的水分还可起到类似增塑的作用，从而改善塑件的柔韧性，使冲击强度和拉伸强度有所增加。

3. 注射成型工艺参数

（1）温度。

在注射成型过程中，需要控制的温度主要有料筒温度、喷嘴温度和模具温度。前两种温度主要影响塑料的塑化与流动，后一种温度主要影响塑料的流动与冷却定型。

1）料筒温度 T_t。

料筒温度是保证塑化质量的关键工艺参数之一。合理的料筒温度应保证塑料塑化良好，能顺利实现注射而又不引起塑料分解。确定料筒温度时应考虑的因素主要有塑料的热性能、塑料对温度的敏感性、注射机类型、塑件的壁厚及形状尺寸、模具结构等，应注意以下几方面。

① 根据塑料的热性能，应将料筒温度控制在塑料的黏流化温度 T_f（或熔点 T_r）与热分解温

度 T_d 之间。螺杆式注射机由于有螺杆搅拌混合，有较多摩擦热产生，传热效率高；而柱塞式注射机仅靠料筒壁和分流梭表面传热，传热效率低，故前者应比后者的料筒温度低 10~20 ℃。

② 对于热敏性塑料（如 PVC、POM 等），若料筒温度过高，时间过长，则塑料受热降解的程度就会加大，因此，除严格控制料筒的最高温度外，同时还应严格控制塑料在料筒中的停留时间。

③ 塑件结构复杂、壁薄、尺寸较大时，熔体注射的阻力大，冷却速度快，料筒温度宜取高些；反之，注射壁厚塑件时，料筒温度可降低些。

料筒温度的选择还应考虑注射机的注射压力，若选用较低的注射压力，为保证塑料流动，应适当提高料筒温度；反之料筒温度偏低时，就需要较高的注射压力。

2）喷嘴温度 T_z。

喷嘴温度一般应略低于料筒温度，因为注射时熔体高速通过喷嘴产生的摩擦热会使熔体温度升高，同时采用略低的喷嘴温度，可防止在直通式喷嘴上发生流涎现象。但喷嘴温度也不能过低，否则喷嘴中的冷料会堵塞喷嘴孔和模具浇注系统（特别是浇口），若冷料进入模具型腔还会影响塑件的质量。

3）模具温度 T_m。

模具温度通常由冷却介质（常用水）的温度与流量来控制，也有靠熔体注入自然升温与自然散热达到平衡而保持一定温度的。

① 对于非结晶型塑料，通常在保证熔体能顺利充满型腔的前提下，采用较低的模具温度以缩短冷却时间，提高生产率。对熔体填充型腔难度大的情况，如复杂、长流程的塑件，应采用较高的模具温度，以保证型腔能被充满；而对于熔体黏度较低或中等的塑料，宜选择较低的模具温度；对于厚壁塑件，宜采用较高的模具温度，以减小内应力和防止塑件出现凹陷等缺陷。

② 对于结晶型塑料，模具温度除了考虑熔体的充模流动外，还应考虑结晶对塑件性能的影响。模具温度较高，冷却速度慢，塑件结晶度高、硬度高、刚度大、耐磨性好，但成型周期长，收缩率大；相反，模具温度较低，塑件结晶度较低。所以，结晶型塑料的模具温度一般选取中等为宜。

（2）压力。

注射成型工艺过程中的压力包括塑化压力和注射压力。

1）塑化压力。

① 定义：塑化压力是指采用螺杆式注射机时，螺杆前端熔体在螺杆旋转后退时所受的压力，又称背压，其大小可通过注射机液压系统中的溢流阀来调整。

② 选取：塑化压力的大小随螺杆结构、塑料品种、塑件质量等的不同而不同。通常，塑化压力的确定应在保证塑化质量的前提下越低越好，一般很少超过 6 MPa。

2）注射压力。

① 定义：注射压力是指注射机注射时，柱塞或螺杆前端对塑料熔体所施加的压力，一般在 40~130 MPa 之间，其作用是克服塑料熔体从料筒流向型腔的流动阻力，确保熔体以一定的充模速度填充模具型腔并得以压实。

② 选取：通常对熔体黏度高的塑料，以及壁薄、尺寸较大、形状复杂的塑件或精度要求较高的塑件均采用较高的注射压力；当模具温度偏低时，应采用较高的注射压力；柱塞式注射机所采用的注射压力应比螺杆式注射机高等。

③ 与注射速度的关系：高压注射时注射速度高，低压注射时注射速度低。当熔体充满型腔后，注射压力的作用就是对型腔内塑料进行保压补缩，使熔体得以压实。在生产中，取保压压力小于或等于注射时所用的注射压力。

（3）时间（成型周期）。

完成一次注射成型过程所需的时间称为成型周期。注射成型周期由以下时间组成。

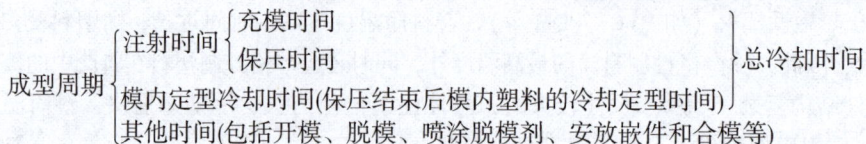

$$
\text{成型周期}\begin{cases}\text{注射时间}\begin{cases}\text{充模时间}\\\text{保压时间}\end{cases}\\\text{模内定型冷却时间(保压结束后模内塑料的冷却定型时间)}\\\text{其他时间(包括开模、脱模、喷涂脱模剂、安放嵌件和合模等)}\end{cases}\Big\}\text{总冷却时间}
$$

成型周期直接影响生产效率与模具、设备的利用率。在生产中，应在保证塑件质量的前提下，尽可能缩短成型过程中各个阶段的时间，缩短成型周期。

在整个成型周期中，注射时间与冷却时间占主要部分，它们对塑件质量有着决定性的影响。充模时间受注射速度与塑件大小的影响，充模时间一般为 $3\sim5\ \mathrm{s}$。保压时间一般取 $20\sim120\ \mathrm{s}$；而对于某些特厚塑件，保压可持续长达数分钟；高速注射一些形状简单的塑件时，其保压时间可短至几秒钟。总之保压时间的长短与料温、模温、塑件壁厚、模具的流道和浇口大小有关，且对塑件的密度和尺寸精度有直接影响。

模内定型冷却时间是指保压结束后，模内塑件继续冷却至脱模温度所需的时间。因为热塑性塑料熔体的温度总是高于模具温度，所以熔体一旦进入模具后，便将受到低温模具的冷却作用。所以总的冷却时间应包括注射过程中的充模时间和保压时间。模内定型冷却时间主要取决于塑件的壁厚、塑料的热性能和结晶性、模具的温度等因素。冷却时间的长短应以塑件脱模时不产生变形为原则。模内定型冷却时间一般为 $30\sim120\ \mathrm{s}$。冷却时间过长，不仅会使生产率降低，还会导致脱模困难。

二、压缩成型工艺

1. 压缩成型原理

压缩成型又称压制成型、压塑成型、模压成型等。压缩成型是将松散状（粉状、粒状、碎屑状及纤维状）的固态塑料直接加入成型温度条件下的模具型腔中（见图 1-38（a）），然后合模加压（见图 1-38（b）），使塑料受热逐渐软化熔融，并在压力下使塑料充满型腔，塑料产生化学交联反应，经固化转变为塑件（见图 1-38（c））。

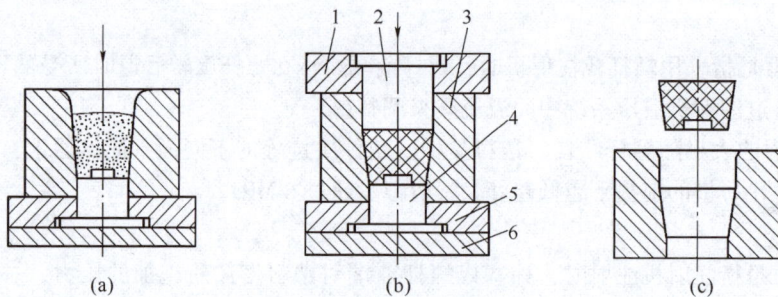

图 1-38 压缩成型原理

（a）加料；（b）压缩；（c）塑件脱模

1—上模座板；2—上凸模；3—凹模；4—下凸模；5—下模板；6—下模座板

压缩成型工艺

压缩成型既可用于热固性塑料的成型，也可用于热塑性塑料的成型。压制热固性塑料时，置于型腔中的热固性塑料在高温、高压的作用下，由固态变成黏流态，并在这种状态下充满型腔；同时高聚物产生交联反应，随着交联反应的深化，黏流态的塑料逐步变为固态，最后脱模获得塑件。压缩成型的工作循环如图 1-39 所示。

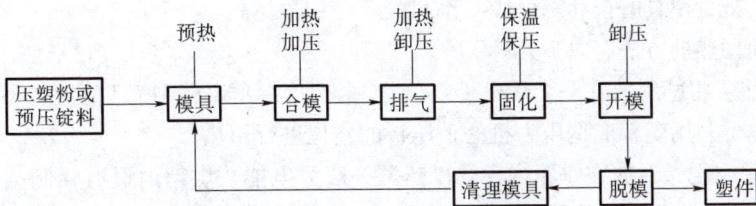

图 1-39　压缩成型的工作循环

热塑性塑料的压缩成型同样存在固态变为黏流态而充满型腔的过程，但不存在交联反应，所以在塑料充满型腔后，需将模具冷却，使塑料凝固，才能脱模获得塑件。由于热塑性塑料压缩成型时模具需要交替地加热和冷却，生产周期长、生产率低，因此热塑性塑料的成型采用注射成型更经济，只有不宜采用高温注射成型的硝化纤维塑料以及一些流动性很差的热塑性塑料（如聚四氟乙烯等）才采用压缩成型。

压缩成型的特点是塑料直接加入型腔内，压力机的压力通过凸模直接传递给塑料，模具是在塑料最终成型时才完全闭合的。其优点是没有浇注系统，料耗少，使用的设备为一般的压力机，模具比较简单，可以压制较大平面的塑件，或利用多型腔模，一次压制多个塑件。压制时，因为塑料在型腔内直接受压成型，所以有利于压缩成型流动性较差的以纤维为填料的塑料，而且塑件收缩率较小、变形小，各项性能比较均匀。压缩成型的缺点是生产周期长、生产率低，不易压制形状复杂、壁厚相差较大的塑件，不易获得尺寸精确尤其是尺寸精度要求高的塑件，而且不能压制带有精细和易断嵌件的塑件。用于压缩成型的塑料包括酚醛塑料、氨基塑料、不饱和聚酯塑料、聚酰亚胺等，其中以酚醛塑料和氨基塑料使用最广泛。

2. 压缩成型工艺过程

压缩成型工艺过程包括成型前的准备、压缩成型过程和塑件的后处理 3 个阶段。

（1）成型前的准备。成型前的准备包括预压、预热与干燥等预处理工序。

1）预压。压缩成型前，为了成型时操作方便和提高塑件质量，可利用预压模将粉状或纤维状的热固性塑料在预压机上压成质量一定、形状一致的锭料。在压制时将一定数目的锭料放入压缩模（又称压塑模）的型腔中，锭料的形状一般以能十分紧凑地放入模具中便于预热为宜。目前广泛采用的是圆片状锭料，也可用长条形、扁球形、空心体或与塑件形状相似的锭料。

压缩成型采用预压锭料的优点是加料简单、迅速、准确，可避免因加料太多或太少而造成废品；降低压制时塑料的收缩率，减小模具的加料腔尺寸；可以提高预热温度，且预压锭料中空气含量较粉料少，传热更快，可以缩短预热和固化时间，避免产生气泡，提高塑件的质量；便于压制形状复杂或带精细嵌件的塑件；避免加料过程中压塑粉飞扬，改善劳动条件。

用于预压锭料的压塑粉须具备必要的预压性能，同时又要满足压缩成型工艺的要求。压塑粉应含有一定的水分和润滑剂，以利于预压成型，但水分不宜过多；压塑粉的颗粒应大小相同，不宜有过多的大颗粒或小颗粒；压塑粉的压缩比一般为 3.0。

预压一般在室温下进行，但如果在室温下进行有困难，也可加热到 50~90 ℃进行预压。预压的压力范围为 40~200 MPa，压力大小的选择应以能使锭料的密度达到塑件最大密度的 80% 为原则，这样的锭料预压效果好，并且具有足够的强度。

尽管预压有许多优点，但生产过程复杂，在实际生产中一般只适用于大批量生产。

2）预热与干燥。有的塑料在成型前需要进行加热，加热不仅能够去除水分和挥发物（即干燥），还能为压缩成型提供热塑料（即预热）。通过预热与干燥可以缩短压缩成型周期，提高塑件内部固化的均匀性，从而提高塑件的物理性能和力学性能；同时还能提高塑料熔体的流动性，降低成型压力，减少模具磨损和降低废品率。

压缩成型前预热的方法有以下几种。

① 热板预热：将塑料放在一个用电、煤气或蒸汽加热到规定温度且能做水平转动的金属板上进行预热，也可利用塑料成型压力机的下压板的空位进行预热。

② 烘箱预热：把塑料放在烘箱内预热。热源一般为电能，烘箱内设有强制空气循环和控温装置，其温度可在 40~230 ℃ 范围内任意调节。

③ 红外线预热：利用红外线灯照射进行预热。由于是辐射传热，因此加热效率高，但应防止塑料表层因过热而分解。

④ 高频加热：高频加热的预热时间短，温度容易调节，塑料受热均匀，预热的塑料在压缩成型时，固化时间较短。但由于高频加热升温快，塑料中的水分不易去除，因此塑件中的含水量较大，电性能不如烘箱预热后制成的塑件好。高频加热法用于极性分子聚合物的预热，而不用于干燥。

（2）压缩成型过程。压缩成型过程一般包括加料、合模、排气、固化、脱模、模具清理等步骤。如果塑件中有嵌件，则应在加料前将嵌件放入模具型腔内一起预热。首件生产时需将压缩模放在压力机上预热至成型温度。

1）嵌件的安放。塑件中的嵌件通常用于导电或使塑件与其他零件相连。常用的嵌件有轴套、螺钉、螺母和接线柱等。嵌件在安放前应放在预热设备或压力机加热板上预热，小型嵌件可以不预热。嵌件安放时要求位置正确和平稳，以免造成废品或损坏模具。

2）加料。加料的关键是加料量，加料量的多少直接影响塑件的尺寸和密度，所以必须严格定量。定量方法有质量法、滴液法、记数法三种。质量法比较准确，但比较麻烦，每次加料前必须称料；滴液法不如质量法准确，但操作方便；记数法只用于预压锭料的加料，实质上也是滴液法。塑料加入型腔时，应根据成型时塑料在型腔中的流动情况和各部位需要量的大致情况做合理堆放，以免造成塑件局部疏松等缺陷，流动性差的塑料更要注意。

3）合模。加料完成后进行合模，即通过压力机使模具内成型零件闭合成与塑件形状一致的型腔。在凸模接触塑料之前，应尽量加快合模速度，以缩短成型周期和避免塑料过早固化。而在凸模接触塑料以后，合模速度应放慢，以免模具中的嵌件和成型零件发生位移和损坏，并使模具中的空气顺利排放。

4）排气。压缩成型热固性塑料时，必须排除塑料中水分和挥发物变成的气体，以及化学反应产生的副产物，以免影响塑件的性能和表面质量。为此，在合模之后，最好将压缩模松动少许时间，以便排出气体。排气操作应力求迅速，并在塑料处于可塑状态时进行。排气的次数和时间应根据实际需要而定，通常排气次数为 1~2 次，每次时间为几秒，最长为 20 s。

5）固化。热固性塑料压缩成型对固化阶段的要求是，在成型压力与温度下保持一定时间，使高分子交联反应进行到要求的程度，达到塑件性能好、生产率高的目的。为此，必须注意固化速度和固化程度。

固化速度通常以试样硬化 1 mm 的厚度所需要的时间表示。在一定的情况下，可以通过调整成型工艺条件、预热、预压来控制固化速度。固化速度慢，则成型周期长，生产率低；固化速度过快，塑料未充满型腔就已经固化，不能成型形状很复杂的塑件。对于固化速度不高的塑料，可在塑件能够完整地脱模时就结束压制过程，然后用烘干的方法完成全部固化，以缩短成型周期，提高压力机的利用率。

固化程度对塑件的质量影响很大。固化不足（俗称"欠熟"）或固化过度（俗称"过熟"）的塑件质量都不好。固化不足的塑件，其强度、耐蠕变性、耐热性、耐化学性、电绝缘性等性能均下降，热膨胀、后收缩增加，有时还会产生裂纹；固化过度的塑件，其强度不高，脆性大，变色，表面会出现密集小泡。固化不足和固化过度可能发生在同一塑件上，为了获得合格的塑件必须确定适当的固化时间。鉴定固化程度的常用方法有脱模后硬度检验法、密度法、导电率测验法、红外线辐射法和超声波法等，其中超声波法最好。

6）脱模。脱模的方法有机动推出脱模和手动推出脱模。对于有嵌件的塑件，需要先将成型杆拧脱，而后再脱模。如果塑件由于冷却不均匀产生翘曲，则可将脱模后的塑件放在形状与之相吻合的型面间，在加压的情况下冷却。由于冷却不均匀，有的塑件内部产生较大的内应力，此时可将塑件放在烘箱中进行缓慢冷却。

7）模具清理。脱模后，必要时需要用铜刀或铜刷去除残留在模具内的塑料废边，然后用压缩空气吹净模具。如果塑料有黏模现象，用上述方法不易清理时，则用抛光剂刷拭。

（3）塑件的后处理。塑件的后处理主要是退火处理，是指在热固性塑件脱模后，将其置于较高温度下保持一段时间，以提高塑件质量。后处理的目的是使塑料固化趋于完全，减小或消除塑件内应力，去除水分和挥发物，提高塑件的力学性能及电性能。

3. 压缩成型工艺条件

压缩成型工艺条件主要包括成型压力、成型温度和模压时间。其中，成型温度和模压时间有密切关系。

（1）成型压力。成型压力是指压力机施加在塑件投影面积上的压力，其作用是使塑料充满型腔并让黏流态的塑料在压力作用下固化。成型压力对塑件密度及性能影响甚大。成型压力大，塑件密度高，但密度达到一定程度后随压力的增加有限。密度大的塑件，其力学性能一般较高。成型压力小的塑件易产生气孔。

成型压力主要根据塑料种类、塑料形态（粉料或锭料）、塑件形状及尺寸、成型温度和压缩模结构等因素而定。塑料的填料纤维越长，流动性越小，固化速度越快，成型压力越大；收缩率高的塑料所需的成型压力比收缩率低的大；经过正确预热的塑料所需的成型压力比不预热或预热温度过高的小。塑件结构复杂、厚度大、压缩模型腔深，所需的成型压力大。在一定的温度范围内提高模具温度，有利于降低成型压力；但模具温度过高时，靠近模壁的塑料会提前固化，不利于降低成型压力，同时还可能使塑料过热，影响塑件的性能。

综上所述，提高成型压力有利于提高塑料流动性，使其充满型腔，并能加快交联固化速度。但成型压力过高，会导致消耗能量多，易损坏嵌件和模具，因而压缩成型时应选择适当的成型压力。

成型压力是选择压力机与调整压力机压力的依据，也是设计模具尺寸、校核模具强度和刚度的依据。

（2）成型温度。成型温度是指压缩成型时所需的模具温度。在这个温度下，塑料由玻璃态变为黏流态，再变为固态。与热塑性塑料成型相比，热固性塑料成型时的模具温度更重要。模具温度不等于型腔内塑料的温度。热固性塑料在模具型腔中的温度变化规律如图1-40中曲线 a 所示（以试样中心温度为依据）。温度变化情况表明，热固性塑料的最高温度比成型温度高是塑料交联反应放热的结果。而热塑性塑料压缩成型时，型腔中塑料的温度则以模具温度为上限。

塑件强度随压缩成型时间的变化如图1-40中曲线 b 所示。时间过长会使塑件强度下降（图1-40中曲线 b 最高点 A 的右侧）。在一定的成型压力下，不同的成型温度所得到的强度变化规律是一致的，但强度最大值是不同的，成型温

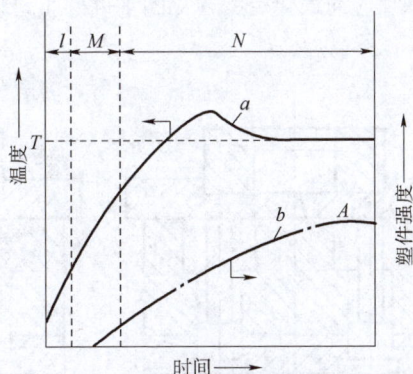

图1-40 热固性塑料温度和塑件强度
随时间变化示意图

T—成型温度；a—热固性塑料温度随时间的变化；
b—塑件强度随时间的变化；l—热固性塑料受压流动阶段；
M—热固性塑料受热膨胀阶段；N—热固性塑料固化阶段

度过高或过低都会使强度最大值降低。成型温度过高，虽然固化加快，模压时间短，但充满型腔困难，还会使塑件表面暗淡、无光泽，甚至使塑件发生肿胀、变形、开裂；成型温度过低，固化速度慢，模压时间长。所以，成型温度与塑件质量和模压时间关系极大。

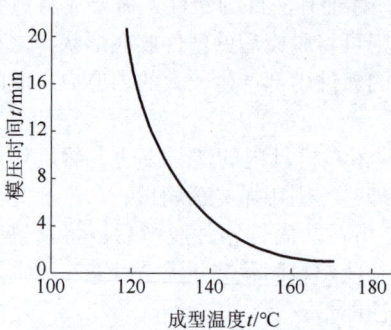

图1-41 以木粉为填料的酚醛塑料粉压缩成型时，成型温度与模压时间的关系

（3）模压时间。成型温度越高，模压时间越短。图1-41所示为以木粉为填料的酚醛塑料粉压缩成型时，成型温度与模压时间的关系，其他热固性塑料也有类似的关系。在保证塑件质量的前提下，提高成型温度，可以缩短模压时间，从而提高生产率。模压时间不仅取决于成型温度，而且与塑料种类、塑件形状及尺寸、压缩模结构、预压和预热、成型压力等因素有关。对于复杂的塑件，由于塑料在型腔中的受热面积大，塑料流动时摩擦热多，因此模压时间反而短，但应控制适当的固化速度，以保证塑料充满型腔；对于厚度大的塑件，模压时间要长，否则会造成塑件内层固化程度不足；采用不溢式压缩模时，排出气体和挥发物困难，模压时间较采用溢式压缩模时长；采用预压锭料和预热塑料时，模压时间比采用粉料和不预热的塑料时短；成型压力大时，模压时间短。

实践证明，增加模压时间，对塑件物理与力学性能的增强并无好处，相反还会降低塑件的强度和电性能。但模压时间过短，会造成塑件"欠熟"，影响塑件质量。

综上所述，成型温度和模压时间有密切关系，而且两者对塑件质量都有极大影响。成型温度过高或过低，塑件质量都不高；模压时间过长或过短，塑件的质量也都不高。关键是既要保证应有的固化程度，又要防止塑件"过熟"。因此在保证塑件质量的前提下，应力求缩短模压时间。

三、压注成型工艺

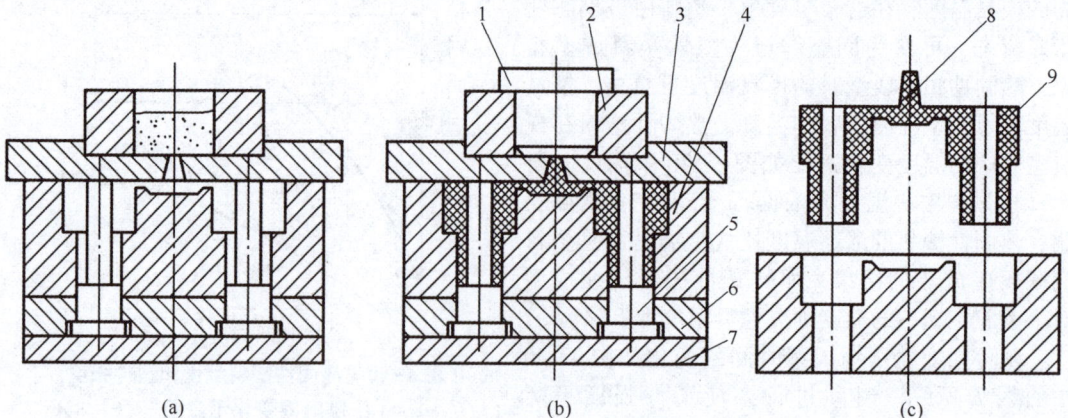

1. 压注成型原理

压注成型又称传递成型，是在压缩成型的基础上发展起来的一种热固性塑料成型方法，成型原理如图1-42所示。先将固态塑料（通常为预压锭料或预热塑料）加入模具的加料腔内（见图1-42（a）），使其受热软化成黏流态，然后在柱塞压力作用下，经浇注系统充满型腔，塑料在型腔内继续受热、受压，发生交联反应而固化定型（见图1-42（b））。最后打开模具，取出塑件（见图1-42（c））。

压注成型工艺

图1-42 压注成型原理

（a）加料；（b）压注；（c）塑件脱模

1—柱塞；2—加料腔；3—上模板；4—凹模；5—凸模；6—凸模固定板；7—下模板；8—浇注系统凝料；9—塑件

2. 压注成型工艺过程

压注成型工艺过程和压缩成型工艺过程基本相同,但改进了压缩成型的缺点,吸收了注射成型的优点。压注成型的工艺过程如图1-43所示。压注成型过程中,模具在塑料开始成型之前已经完全闭合,塑料的加热熔融在加料腔内进行。压力机在成型开始时只施压于加料腔内的塑料,使之通过浇注系统快速射入型腔;当塑料完全充满型腔后,型腔与加料腔中的压力趋于平衡。

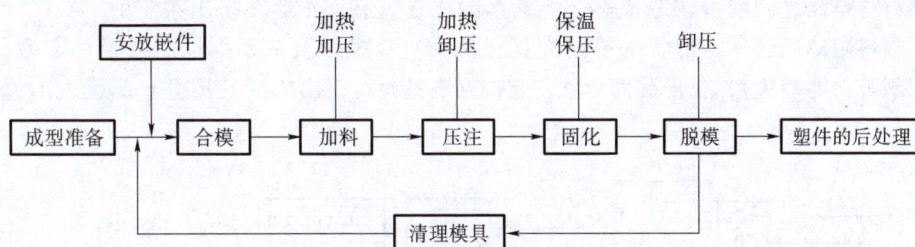

图1-43 压注成型的工艺过程

3. 压注成型工艺条件

压注成型的工艺条件与压缩成型的工艺条件有一定的区别。

(1)成型压力。由于有浇注系统的消耗,因此压注成型的压力一般为压缩成型压力的2~3倍。采用压注成型时,成型压力随塑料种类、模具结构及塑件形状的不同而不同。

(2)模具温度。压注成型的模具温度通常比压缩成型的模具温度低15~30 ℃,一般为130~190 ℃。这是因为塑料通过浇注系统时会产生一部分摩擦热,所以加料腔和模具温度可以低一些。

(3)压注时间及保压时间。一般情况下,压注时间为10~50 s。保压时间与压注时间比较,可以短一些,因为塑料在热和压力作用下,通过浇口的料量少,加热迅速而均匀,化学反应也较均匀,所以当塑料进入型腔时已临近树脂固化的最后温度。

4. 压注成型的特点及应用

压注成型与压缩成型有许多相同之处,一般情况下,两者的加工对象一般情况下都是热固性塑料,但是压注成型与压缩成型相比具有以下特点。

(1)成型周期短,生产率高。塑料在加料腔中首先被加热塑化,成型时,塑料高速通过浇注系统挤入型腔,未完全塑化的塑料与高温的浇注系统摩擦接触,快速而均匀地升温,因此有利于塑料在型腔内迅速固化,从而缩短了固化时间。压注成型的固化时间只相当于压缩成型时的1/5~1/3。

(2)塑件的尺寸精度高,表面质量好。压注成型时塑料受热均匀,交联固化充分,改善了塑件的力学性能,使塑件的强度、电性能都得以提高。塑件高度方向的尺寸精度较高,边很薄。

(3)适用于成型壁薄、高度方向尺寸大而嵌件又多的复杂塑件。压注成型时塑料以熔融状态压入型腔,对细长型芯、嵌件等零部件产生的压力比压缩成型时小,可成型孔深不大于直径10倍的通孔、孔深不大于直径3倍的盲孔。

(4)原料消耗大。由于存在浇注系统凝料,同时为了传递压力,压注成型后总有一部分余料留在加料腔,使原料消耗增大,对于小型塑件尤为突出,因此模具宜采用多型腔结构。

(5)压注成型的收缩率比压缩成型大。一般酚醛塑料压缩成型时的收缩率为0.8%,压注成型时则为0.9%~1%。同时,压注成型时塑件收缩的方向性也较明显。

(6)压注模(又称传递膜或挤塑模)的结构比压缩模复杂,成型压力大,操作较麻烦,因此,只有压缩成型无法达到要求时才采用压注成型。

四、挤出成型工艺

挤出成型又称挤出模塑。在热塑性塑料的成型中,挤出成型是一种用途广泛、使用比例很大的重要加工方法，主要用于管材、棒材、板材、片材、线材和薄膜等连续型材的成型加工。

1. 挤出成型原理

挤出成型原理如图1-44所示（以管材挤出为例）。首先将粉状或粒状塑料加入料斗中，在挤出机旋转螺杆的作用下，塑料通过螺杆的螺旋槽向前方输送；在此过程中，塑料不断地接受外加热，同时吸收螺杆与物料之间、物料与物料之间、物料与料筒之间的剪切摩擦热，逐渐熔融成黏流态；然后在挤出系统的作用下，塑料熔体通过一定形状的挤出模具（机头）口模以及一系列辅助装置（定型、冷却、牵引、切割等功能装置），获得截面形状一定的塑料型材。挤出成型主要用于成型热塑性塑件。

图1-44　挤出成型原理

1—挤出机料筒；2—机头；3—定型装置；4—冷却装置；5—牵引装置；6—塑料管；7—切割装置

2. 挤出成型工艺过程

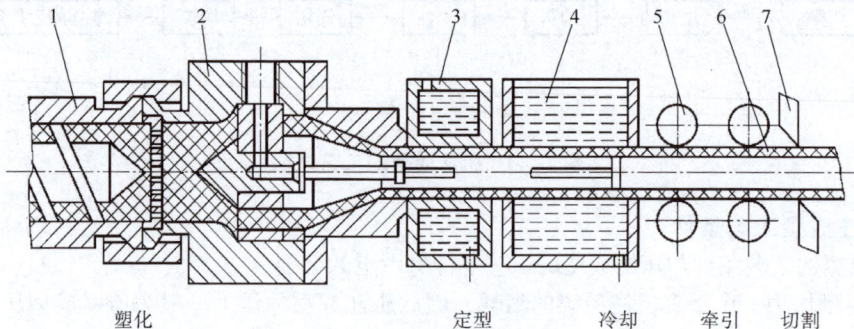

挤出成型的工艺过程可分为三个阶段。

第一阶段为塑化阶段。经过干燥处理的塑料原料由挤出机料斗进入料筒后，在料筒加热器和螺杆旋转、压实及混合的作用下，由粉状或粒状转变成具有一定流动性的黏流态物质，这种塑化方法称为干法塑化。将固体塑料在机外溶解于有机溶剂中而成为具有一定流动性的黏流态物质，然后再加入挤出机料筒中，这种塑化方法称为湿法塑化。生产中，通常采用干法塑化方式。

第二阶段为成型阶段。均匀塑化的塑料熔体随挤出机螺杆的旋转向料筒前端移动，在螺杆的旋转挤压作用下，熔体以一定的速度和压力连续通过成型机头口模，从而获得具有一定截面形状的连续型材。

第三阶段为定型阶段。该阶段通过适当的处理方法，如定型处理、冷却处理等，使已挤出的塑料连续型材固化为塑件。

下面详细介绍热塑性塑料的干法塑化挤出成型工艺过程。

（1）原料的准备和预处理挤出成型所用的热塑性塑料原料通常是粉状或粒状塑料。原料中可能含有水分，将会影响挤出成型的正常进行，也会影响塑件质量，使塑件出现气泡、表面黯淡无光、出现流痕、力学性能下降等。因此，加工前应对原料进行预热和干燥。不同塑料允许的含水量不同，一般原料含水量控制在0.5%以下。原料中的金属及其他杂质应尽可能去除。原料的预热和干燥通常在烘箱或烘房内进行。

（2）挤出成型首先将挤出机加热到预定温度，然后开启螺杆驱动电动机，同时加入原料。料筒中的塑料在外加热和剪切摩擦热作用下熔融塑化。螺杆旋转时对塑料不断推挤，迫使塑料经过滤板上的过滤网，再通过机头口模成型为具有一定截面形状的连续型材。初期的挤出质量较差，外观也欠佳，要调整工艺条件及设备装置，达到正常状态后才能投入正式生产。在挤出成型过程中，料筒内的温度和剪切摩擦热对塑件质量有很大的影响。

（3）冷却与定型。挤出物离开机头口模后仍处于高温熔融状态，具有很大的塑性变形能力，应立即进行冷却与定型。若冷却与定型不及时，塑件在自身重力作用下会变形，出现凹陷或扭曲等现象。在大多数情况下，冷却与定型同时进行，只有在挤出各种棒材和管材时，才有一个独立的定型过程；而挤出薄膜、单丝等型材时无须定型，仅冷却便可。未经定型的挤出物必须用冷却装置及时降温，以固定挤出物的形状和尺寸；已定型的挤出物由于在定型装置（定型模）中的冷却并不充分，因此仍需用冷却装置进一步冷却。冷却介质一般采用空气或冷水。冷却速度对塑件性能有较大影响，硬质塑件不能冷却过快，否则易产生内应力，并影响外观；软质或结晶型塑件则要求及时冷却，以免塑件变形。

（4）塑件的牵引和卷取（切割）。热塑性塑料挤出物离开机头口模后，冷却收缩和离模膨胀双重作用，使挤出物的截面与口模断面形状尺寸并不一致。此外，塑件连续不断挤出，其质量越来越大，如不及时引出，则会造成物料堵塞，挤出不能顺利进行或塑件变形。因此，在挤出生产的同时，要连续而均匀地将挤出物引出，这就是牵引。牵引过程由挤出机辅机的牵引装置完成，牵引速度要与挤出速度相适应。冷却定型后应根据塑件的要求进行卷取或切割。软质塑件在卷取到给定长度或质量后切断，硬质型材从牵引装置送出达到一定长度后切断。

3. 挤出成型工艺条件

挤出成型工艺条件主要包括温度、压力、挤出速度和牵引速度。

（1）温度。温度是挤出成型得以顺利进行的重要条件之一。从粉状或粒状的固态物料到机头口模中挤出的高温塑料，原料经历了一个复杂的温度变化过程。严格来讲，挤出成型温度应指塑料熔体的温度，但该温度却在很大程度上取决于料筒和螺杆的温度。因为熔体受料筒中混合时产生的摩擦热的影响较小，所以经常用料筒温度近似表示挤出成型温度。

由于料筒和塑料的温度在螺杆各段是有差异的，为了使塑料在料筒中输送、熔融、均化和挤出的过程顺利进行，以便高效率地生产高质量塑件，因此要控制好料筒各段温度。料筒温度的调节依靠挤出机的加热冷却系统和温度控制系统来实现。机头温度必须控制在塑料热分解温度以下，口模处的温度可比机头温度稍微低一些，但应保证塑料熔体具有良好的流动性。

此外，成型过程中温度的波动和温差都会使塑件产生残余应力、各点强度不均匀和表面黯淡无光。产生温度波动和温差的因素很多，如加热冷却系统不稳定、螺杆转速的变化等，其中螺杆设计和选用的好坏影响最大。

（2）压力。在挤出过程中，由于料流的阻力、螺杆槽深度的变化，以及过滤网、过滤板和机头口模的阻力，在沿料筒轴线方向的塑料内部会产生一定的压力。这种压力是塑料变为均匀熔体并得到致密塑件的重要条件之一。

增大机头压力可以提高挤出熔体的混合均匀性和稳定性，提高产品致密度，但机头压力过大将影响产量。和温度一样，压力也会随时间产生周期性波动，这种波动对塑件质量同样有不利影响。螺杆转速的变化，加热冷却系统的不稳定都是产生压力波动的原因。为了减小压力波动，应合理控制螺杆转速，保证加热和冷却装置的温度控制精度。

（3）挤出速度。挤出速度是单位时间内机头口模挤出的塑料质量（单位为 kg/h）或长度（单位为 m/min），其大小表征挤出机生产能力的高低。

影响挤出速度的因素很多，如机头、螺杆和料筒的结构，螺杆转速，加热冷却系统的结构和塑料的特性等。理论和实践证明，挤出速度随螺杆直径、螺杆槽深度、均化段长度和螺杆转速的增大而增大，随螺杆末端熔体压力、螺杆与料筒间隙的增大而减小。在挤出机的结构、塑料品种及塑件类型已确定的情况下，挤出速度仅与螺杆转速有关，因此，调整螺杆转速是控制挤出速度的主要措施。

生产过程中的挤出速度也存在波动现象，会影响塑件的几何形状和尺寸精度。因此，除了正确确定螺杆结构和尺寸参数之外，还应严格控制螺杆转速和加热冷却系统的稳定性，防止因温度改变而引起挤出压力和熔体黏度变化，进而导致挤出速度的波动。

（4）牵引速度。挤出成型主要生产连续的塑件，因此必须设置牵引装置。从机头口模中挤出的塑件，在牵引力作用下将会发生拉伸取向。拉伸取向程度越高，塑件沿取向方向的拉伸强度也越大，但冷却后长度收缩也大。通常，牵引速度可与挤出速度相当。牵引速度与挤出速度的比值称为牵引比，其值必须大于或等于1。

4. 挤出成型的特点及应用

挤出成型适用于连续生产，其产量大、生产率高、成本低、经济效益显著；塑件的几何形状简单，横截面形状不变，所以模具结构也简单，制造维修方便；塑件内部组织均匀致密，尺寸比较稳定准确；适应性强，除氟塑料外，所有的热塑性塑料都可采用挤出成型工艺，部分热固性塑料也可挤出成型。变更机头口模，产品的截面形状和尺寸可相应改变，这样就能生产不同规格的各种塑件。挤出成型工艺所用设备结构简单，操作方便，应用广泛。

5. 吹塑薄膜成型

吹塑薄膜成型作为一种薄膜生产方法，先用挤出成型工艺将塑料挤成管坯，然后向管内吹入压缩空气，使其连续膨胀到一定尺寸而形成管状薄膜，冷却后薄膜合拢为具有一定宽度的管膜。吹塑薄膜成型的关键是挤出与吹胀，以及工艺条件的控制。

（1）挤出与吹胀。吹塑薄膜成型所用的设备和装置包括挤出机及机头、冷却装置（冷却风环）、夹板（人字板）、牵引辊、导辊、卷取装置（卷取辊）等，具体设备结构如图1-45所示。

设备中吹塑薄膜成型模具是机头（口模套），冷却和定型则依靠冷却风环。塑料熔体由口模套中口模与芯模形成的环形间隙挤出，形成薄壁管坯。挤出的管坯由芯模引进的压缩空气吹胀成管状薄膜，并以压缩空气的压力来控制管状薄膜的壁厚。吹成的管状薄膜经冷却风环进行冷却定型。已定型的管状薄膜被牵引辊牵引一定距离后，通过人字板和牵引辊夹拢，再经过导辊，最后卷取成捆。吹塑薄膜成型是连续性的生产。

吹塑薄膜成型通常采用单螺杆挤出机挤出，其规格根据塑料特性和薄膜的宽度及厚度确定。为保证薄膜的质量，一种规格的挤出机只能用于吹塑少数几种规格的塑件。这是因为以大的挤出速度生产窄而薄的薄膜时，在快速牵引条件下冷却较困难；而以小的挤出速度生产宽而厚的薄膜时，塑料处于高温状态下的时间较长，塑件质量差，生产率低。

吹塑薄膜机头按熔体流动方向和机头结构分为直向型和横向式直角型两类。直向型机头适用于熔体黏度大的塑料和热敏性塑料。工业中常用的是横向式直角型机头，图1-45所示的机头即横向式直角型机头。机头中熔体的流动过程与管材挤出机头中熔体的流动过程有相同之处，也有分流和成型的过程。因此，为保证机头中熔体流动状态良好及塑料薄膜的质量，必须正确设计机头结构和几何参数，如口模与芯模之间的缝隙宽度和平直部分的长度等。

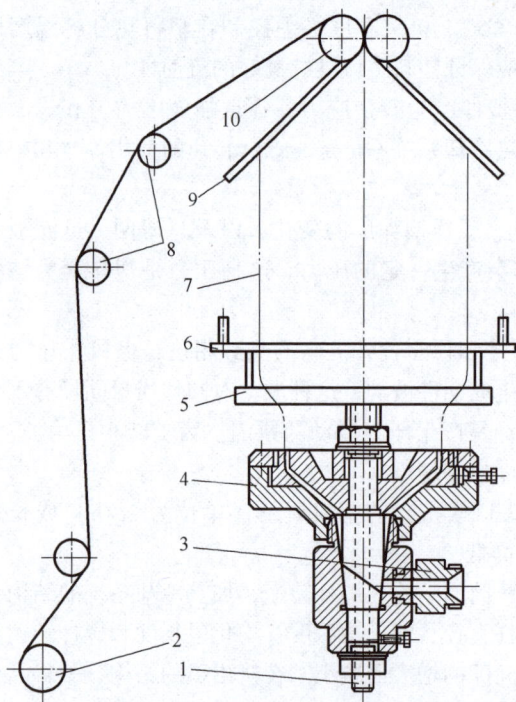

图1-45　吹塑薄膜成型设备结构

1—进气孔；2—卷取辊；3—机颈；4—口模套（上机头体）；
5—冷却风环；6—调节器；7—吹胀管膜；8—导辊；
9—人字板；10—牵引辊

（2）吹塑薄膜成型工艺条件。

1）温度。吹塑薄膜时，料筒、机头和机颈的温度都应予以控制。温度高低主要取决于塑料的种类。温度过高，所得薄膜发脆，拉伸强度明显下降；温度过低，塑料塑化不充分，熔体流动和吹胀不良，薄膜拉伸强度和冲击强度也低，表面光泽度差，透明度下降，甚至出现如木材年轮一样的花纹或明显的熔接痕。

2）吹胀比与牵伸比。吹塑薄膜时，吹胀比是吹胀管膜直径与口模直径的比值，牵伸比是薄膜纵向伸长的倍数（即薄膜通过牵引辊的速度与挤出速度之比）。实践证明，吹胀比越大，薄膜的透明度和光泽度也越好。但吹胀比过大会导致吹胀管膜不稳定，致使薄膜厚度不均匀，甚至会产生皱纹，通常吹胀比为 2~3。由于吹胀比不宜随意增加，因此为使塑件厚度符合要求，必须调整牵伸比，牵伸比通常控制为 4~6。为了保证薄膜的纵向性能和横向性能一致，可以适当控制冷却速度和口模温度等工艺参数。

3）冷却速度。冷却速度的控制靠调节冷却装置实现。冷却速度越快，吹胀管膜上的冷冻线（指吹胀管膜上已经冷却定型的线，对于结晶型塑料为已经产生结晶的线）离口模越近；冷却速度越慢，冷冻线离口模越远。冷冻线离口模远，薄膜容易横向撕裂；冷却速度适当，冷冻线位置适中，薄膜冷却均匀，透明度和表面光泽度好。冷冻线离口模距离的远近还与牵引速度、挤出温度和薄膜厚度等因素有关。牵引速度越大，挤出温度越高，薄膜厚度越大，则冷冻线离口模越远；相反就越近。

吹塑薄膜法与压延法、狭缝机头挤出法等生产塑料薄膜的方法相比较，其所用的设备紧凑，薄膜的宽度和厚度容易调节，不必整边，所以吹塑薄膜成型广泛应用于生产聚氯乙烯和聚乙烯等塑料薄膜。但这种成型方法的冷却速度一般偏小，制得的塑件透明度较差，厚度偏差较大。

任务实施

1. 分析塑件原材料性能

ABS 是丙烯腈（A）、丁二烯（B）、苯乙烯（S）三种单体的共聚物，属热塑性非结晶型塑料，不透明。因为其是由三种组分组成的，故有三种组分的综合力学性能。ABS 无毒、无味，呈微黄色或白色不透明粒料，成型的塑件有较好的光泽，密度为 $1.02~1.05 \text{ g/cm}^3$。

ABS 有极好的抗冲击性，良好的力学性能和一定的耐磨性、耐寒性、耐油性、耐水性、化学稳定性和电气性能；酸、碱和无机盐对 ABS 几乎无影响；有一定的硬度和尺寸稳定性，易于成型加工。ABS 的缺点是耐热性不高，连续工作温度为 70 ℃左右，热变形温度为 93 ℃左右，且耐气候性差，在紫外线作用下易变硬发脆。

2. 分析塑件成型工艺性能

ABS 在升温时黏度增高，所以成型压力较大，故塑件上的脱模斜度应稍大；易吸水，表面会出现斑痕、云纹等缺陷，因此成型加工前应进行干燥处理；壁厚、熔料温度对收缩率影响极小；要求塑件精度高时，模具温度可控制在 50~60 ℃之间；比热容低，塑化效率高，凝固快，成型周期短；表观黏度对剪切速度的依赖性很强，模具设计大都采用点浇口形式。

3. 填写注射成型工艺卡片

（1）工艺分析。

采用注射成型，ABS 中的水分和挥发物含量虽然不大，但成型前仍应烘干处理。烘干温度为 80~85 ℃，保温时间为 2~3 h。

ABS 成型过程中有较大的内应力产生，成型后应进行退火处理；在 70 ℃的烘箱内保温 0.3~1 h。该塑件的结构不复杂，成型工艺性良好。根据生产批量，采用一模四腔。

（2）工艺路线制定。

根据上述工艺分析，该塑件的工艺路线由三道工序组成：原料干燥、注射成型和塑件去应力退火。

（3）选择工艺参数。

本任务材料为 ABS，无特殊要求，注射成型工艺参数：模具温度为 50~70 ℃；注射压力为 60~100 MPa；注射机料筒温度前段为 200~210 ℃、中段为 180~190 ℃、后段为 150~170 ℃；喷嘴温度为 180~190 ℃；注射时间为 2~5 s，保压时间为 5~10 s，冷却时间为 5~15 s。

（4）选择注射机。本任务塑件体积经粗略计算为 6 cm³，一模四件共为 24 cm³，加上浇注系统用料，可选择 XS-Z-60 型注射机。

（5）填写工艺卡片。

将以上各项内容填入罩盖注射成型工艺卡片，见表 1-13。

表 1-13　罩盖注射成型工艺卡片

名称		注射成型工艺卡片			产品名称		零件名称	罩盖
					产品图号		零件图号	
原料	名称	形状	单件质量	每模件数	每模用量	原料及塑件后处理		
	ABS	粒料	6 g	4	24 g	名称	设备	温度/℃	时间/h
嵌件	图号		名称		数量	预处理	烘箱	80~85	2~3
						后处理	烘箱	70	0.3~1
工艺参数								
温度/℃					注射压力/ MPa	时间/s		
喷嘴	料筒前段	料筒中段	料筒后段	模具		注射	保压	冷却
180~190	200~210	180~190	150~170	50~70	60~100	2~5	5~10	5~15
车间	工序	工序名称及内容		设备	模具	工具	准备~终结 时间/min	单件额定 工时/min
	1	干燥		烘箱				
	2	注射成型		XS-Z-60	注射模			
	3	退火处理		烘箱				

塑件简图

更改标记	数量	更改单号	签名	日期		签名	日期	共 1 页
				制定				
				审核				第 1 页
				批准				

请填写塑件成型工艺分析任务评价表，见表1-14。

表1-14　塑件成型工艺分析任务评价表

项目名称			
任务名称			
姓名		班级	
组别		学号	
评价项目		分值	得分
注射成型工艺		25	
压缩成型工艺		15	
压注成型工艺		15	
挤出成型工艺		15	
工作实效及文明操作		10	
工作表现		10	
团队合作		10	
总计		100	
个人的工作时间		提前完成	
		准时完成	
		超时完成	
个人认为完成最好的方面			
个人认为完成最不满意的方面			
值得改进的方面			
自我评价		非常满意	
		满意	
		不太满意	
		不满意	
记录			

任务拓展

中空塑件的工艺分析

扩展阅读

塑料模具技术领军人物——李德群

思考与练习

1. 选择题

（1）在生产过程中，塑件表面出现银纹，其原因可能是（   ）。

A. 塑料内有水汽　　　　　　　　　　B. 料温高，塑料质量差，产生分解气体

C. 注射压力过大　　　　　　　　　　D. 成型周期太长

（2）试模时，塑件出现填充不足的现象，其原因可能是（   ）。

A. 加料量不足　　　　　　　　　　　B. 注射压力不足

C. 模具温度太低　　　　　　　　　　D. 料筒喷嘴未对准模具主流道

2. 简答题

（1）阐述注射成型的成型原理和工艺过程。

（2）什么是固化？固化对塑料成型和塑件质量有什么影响？

（3）压缩成型和压注成型有何不同？

（4）挤出成型有什么特点？

（5）什么是塑件的后处理？后处理有哪些方式？

（6）列举日常生活中常用的塑件，并根据塑料种类、塑件结构等条件初步确定成型方法、成型工艺过程。

（7）如何评价塑件是否合格？

（8）使塑件产生缺陷的原因有哪些？其中什么原因是最主要的，也是最难解决的？

（9）推出塑件时经常会出现什么问题？如何解决？

项目二　注射模设计

任务一　注射机初选

任务导入

注射模（又称注塑模）必须安装在注射机上才能注射成型塑件。注射机是生产热塑性塑件的主要设备，近年来在成型热固性塑件中也得到应用。注射成型的特点是成型速度快，成型周期短，尺寸容易控制，能一次成型外形复杂、尺寸精密、带有嵌件的塑件，对各种塑料的适应性强，生产率高，产品质量稳定，易于实现自动化生产。注射成型是目前应用最普遍的塑料成型方法，但注射成型设备及模具制造费用较高，不适合单件及批量较小的塑件的生产。

合理选择注射机首先需要了解注射机的结构、分类和主要参数等方面的内容，使所设计模具与注射机相互适应。本任务以香皂盒底（见图2-1）为载体（材料为PP），为其初选注射机。通过学习，学生应掌握注射机的结构和主要参数，具备合理选择成型设备的能力。

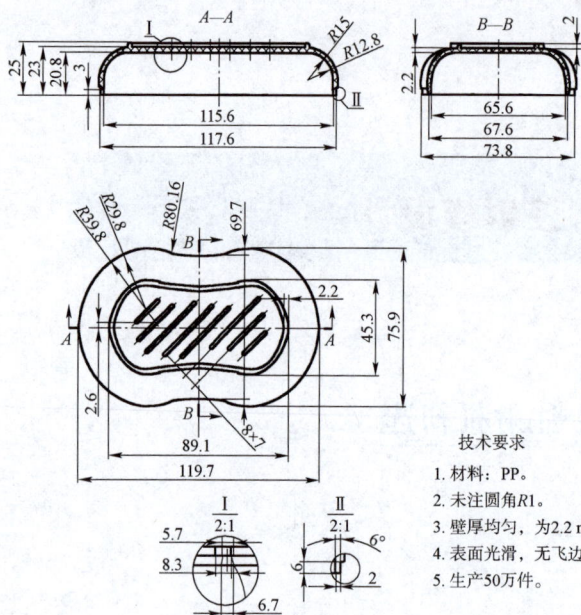

技术要求

1. 材料：PP。
2. 未注圆角R1。
3. 壁厚均匀，为2.2 mm。
4. 表面光滑，无飞边。
5. 生产50万件。

（a）　　　　　　　　　　　　　　　　　　　　　　　　　　　　　　（b）

图2-1　香皂盒底

（a）香皂盒底平面图；（b）香皂盒底立体图

知识准备

一、注射机的分类

（1）按注射机的外形可以将注射机分为三类。

1）卧式注射机：注射装置和合模装置均沿水平方向布置的注射机，如图2-2（a）所示。此类注射机机身较低，容易操纵和维修；机床因重心较低，稳定性较好；塑件顶出后可利用其重力自动落下，容易实现全自动操作。其缺点是模具安装、嵌件安放不方便；机床占地面积较大。此类注射机一般为大中型注射机，目前应用较多。

2）立式注射机：注射装置和合模装置均垂直于地面安装的注射机，如图2-2（b）所示。此类注射机的主要优点是占地面积小，模具拆装方便，嵌件易于安放。其缺点是塑件顶出后不能靠重力下落，需人工取出，不易实现全自动操作；因机身较高，故机床稳定性较差，加料和机床维修也不方便。此类注射机主要为注射量在60 cm³以下的小型注射机。

3）角式注射机：注射装置与合模装置相互垂直，故又称直角式注射机，如图2-2（c）、图2-2（d)所示。此类注射机的优缺点介于立式注射机和卧式注射机之间，主要适用于成型中心部位不允许留有浇口痕迹的平面塑件，同时可利用开模时丝杆的转动来驱动螺纹型芯或型环旋转，以便脱出螺纹塑件。

（2）按塑料在料筒中的塑化方式可以将注射机分为柱塞式注射机和螺杆式注射机。

1）柱塞式注射机示意图如图2-3所示。柱塞是直径为20~100 mm的金属圆杆，在料筒内仅做往复运动，其作用是将熔融塑料注入模具。分流梭装在料筒靠前端的中心部分，其作用是将料筒内流经该处的塑料分成薄层，均匀加热，并在剪切作用下使塑料进一步混合和塑化。

塑料的导热性差，若料筒内塑料层过厚，则塑料外层熔融塑化时，它的内层尚未塑化，若要等到内层熔融塑化，则外层就会因受热时间过长而分解，因此，柱塞式注射机的注射量不宜过大，一般为30~60 cm³，而且不宜用来成型流动性差和热敏性强的塑料。

2）螺杆式注射机示意图如图2-4所示。螺杆的作用是送料、压实、塑化与传压。螺杆在料筒内旋转，将进料口中的塑料卷入，逐渐压实、排气和塑化，并不断地将塑料熔体推向料筒前端，使熔体积存在料筒顶部与喷嘴之间，螺杆本身受到熔体的压力而缓慢后退。当积存的熔体达到预定的注射量时，螺杆停止转动，并在液压缸的驱动下向前推动，将熔体注入模具。

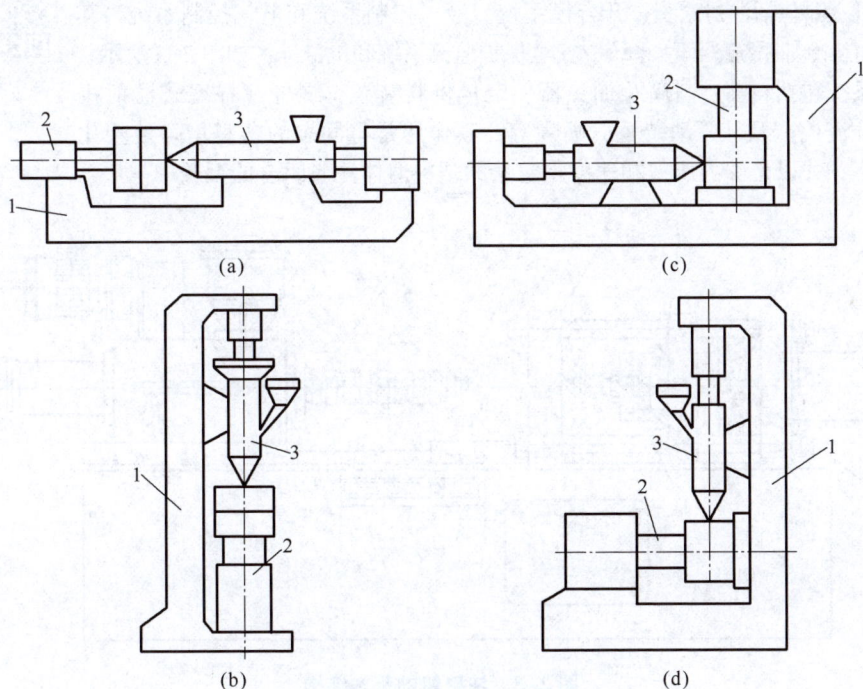

图 2-2 注射机类型示意图

（a）卧式；（b）立式；（c），（d）角式
1—机身；2—合模装置；3—注射装置

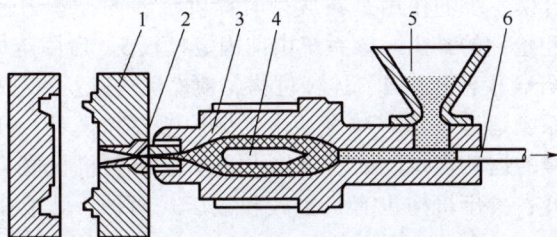

图 2-3 柱塞式注射机示意图

1—注射模；2—喷嘴；3—料筒；4—分流梭；5—料斗；6—柱塞

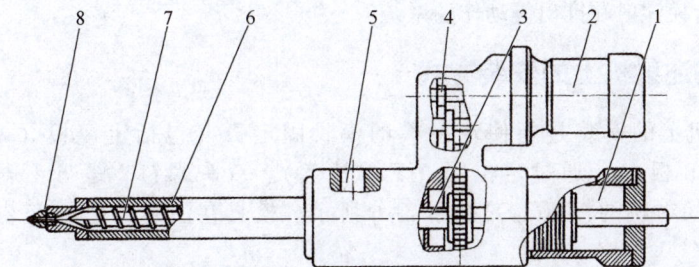

图 2-4 螺杆式注射机示意图

1—液压缸；2—螺杆传动装置；3—滑动销；4—传动齿轮；5—进料口；6—料筒；7—螺杆；8—喷嘴

通常，立式注射机和角式注射机的结构为柱塞式，而卧式注射机的结构多为螺杆式。

二、注射机的基本结构

注射机主要包括注射系统、开合模系统、液压控制系统和电气控制系统，其他还包括加热冷却系统、润滑系统、安全保护监测系统和机身等，如图2-5所示。

注射系统包括料斗、料筒及加热器、定量供料装置、螺杆（柱塞式注射机为柱塞和分流梭）及其驱动装置、喷嘴等，其作用是将固态的塑料均匀地塑化成熔融状态，并以足够的压力和速度将定量的塑料熔体注入闭合的型腔中。

注射机的基本结构及规格

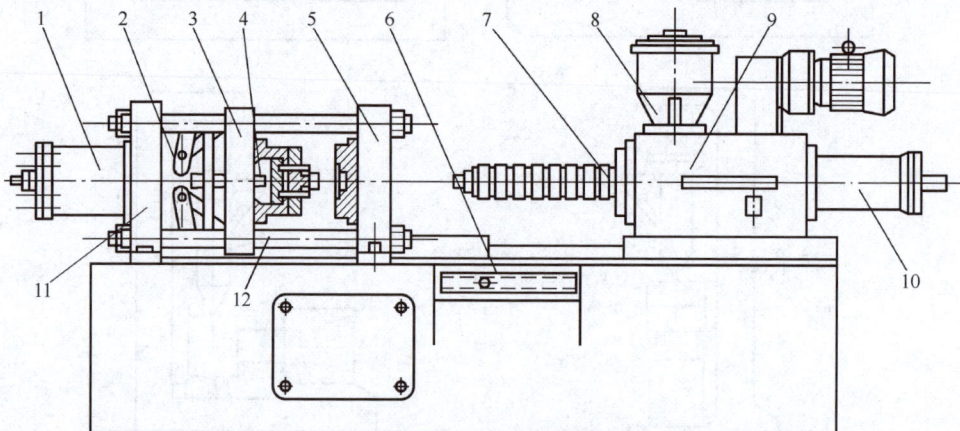

图 2-5　注射机的基本结构

1—开合模液压缸；2—锁模机构；3—移动模板；4—推杆；5—前固定模板；6—控制台；
7—料筒及加热器；8—料斗；9—定量供料装置；10—注射液压缸；11—后固定模板；12—拉杆

塑料注射模的基本结构（一）

开合模系统的作用是在成型时提供足够的夹紧力使模具锁紧，实现模具的开合和塑件的推出。该系统由前固定模板5、后固定模板11、移动模板、拉杆12、开合模液压缸1、连杆机构、锁模机构以及制品推出机构等组成。为使开合模系统运动平稳、减少冲击、保护塑件和模具，开合模运动一般要求慢—快—慢的运动规律。锁模机构可采用液压和机械联合作用方式，也可采用全液压式；推出机构也有机械式和液压式两种，其液压式推出有单点推出和多点推出两种形式。

液压控制系统和电气控制系统的作用是保证注射成型按照预定的工艺要求（压力、速度、时间、温度）和程序准确进行。液压控制系统是注射机的动力系统，电气控制系统则是控制各个液压缸完成开合模注射和推出等动作的系统。

三、模具在注射机上的安装方式

模具在注射机上的安装是指使注射模的模具固定板（包括定模板（A板）和动模板（B板）），通过定位圈（又称法兰）、双头螺钉、螺母、压块、螺钉装配在注射机的模板上，如图2-6所示。模具在注射机上的安装形式有三种。

塑料注射模的基本结构（二）

（1）压块（又称码模铁）固定。模具固定板在需要安放压板的外侧附近有螺孔时就能采用压块固定。压块固定具有较大的灵活性。

（2）螺钉固定。采用螺钉固定时，应注意模具固定板与注射机固定模板上的螺孔应完全吻合。

（3）压块与螺钉联合固定。对于质量较大的模具（模宽大于 250 mm），仅采用压块或螺钉单一固定还不够安全，必须在用螺钉紧固后再加压块固定，如图 2-6 所示。

四、注射机与模具的参数校核

注射机的选用包含两个方面的内容：①确定注射机的型号，使材料、塑件、注射模及注射工艺等所要求的注射机规格参数，在所选注射机规格参数的可调范围内；②调整注射机的技术参数至所需要的参数值。

注射机的尺寸必须与模具的尺寸相匹配。注射机尺寸太小，难以生产出合格的塑件；注射机尺寸太大，运转费用高，且动作缓慢，增加了塑件的生产成本。在选用注射机时，一般要校核其最大注射量、注射压力、锁模力、模具与注射机安装部分相关尺寸、开模行程与顶出装置等。

图 2-6　模具在注射机上的安装

1—注射机料筒；2—定位圈；3—螺母；
4—双头螺钉（8个）；5—定模座板；
6—压块（8块）；7—螺钉；8—定模板；
9—动模板；10—动模座板

1. 最大注射量的校核

注射机的最大注射量和塑件的质量（或体积）有关，两者必须相适应，否则会影响塑件的产量和质量。若最大注射量小于塑件质量，就会造成塑件的形状不完整或内部组织疏松、塑件强度下降等缺陷；若注射量过大，则注射机的利用率过低，浪费能量，并有可能导致塑料长时间处于高温状态下而分解。因此，为了保证正常的注射成型，注射机的最大注射量应稍大于塑件的质量（或体积，包括流道凝料）。通常，注射机的实际注射量最好在注射机最大注射量的 80% 以内。

当注射机的最大注射量以最大注射质量标定时，其校核公式为

$$Km_0 \geqslant m = \sum_{i=1}^{n} m_i + m_{流} \tag{2-1}$$

式中　m_0——注射机的最大注射质量，g；

　　　m——塑件的总质量，即塑件、流道凝料的质量之和，g；

　　　m_i——单个塑件的质量，g；

　　　$m_{流}$——流道凝料的质量，g；

　　　n——型腔数目；

　　　K——注射机最大利用系数，一般取 0.8。

当注射机的最大注射量以最大注射容积标定时，其校核公式为

$$KV_0 \geqslant V = \sum_{i=1}^{n} V_i + V_{流} \tag{2-2}$$

式中　V_0——注射机的最大注射容积，cm^3；

　　　V——塑件的总体积，即塑件、流道凝料的体积之和，cm^3；

　　　V_i——单个塑件的体积，cm^3；

　　　$V_{流}$——流道凝料的体积，cm^3。

其他符号意义同前。

以上计算中，注射机的最大注射量是以成型聚苯乙烯为标准而规定的。由于各种塑料的密度和压缩比不同，因而实际最大注射量是随着塑料种类的不同而变化的，但经过实践证明，塑料

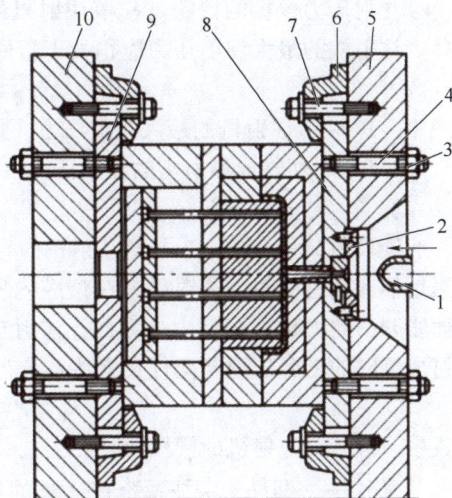

密度和压缩比对注射机最大注射量影响不大，一般可以不予考虑。

2. 注射压力的校核

注射压力校核的目的是校核注射机的最大注射压力能否满足塑件成型的需要。注射机的最大注射压力应稍大于塑件成型所需的注射压力，即

$$P_0 \geqslant P \tag{2-3}$$

式中　P_0——注射机的最大注射压力，MPa；

　　　P——塑件成型所需的注射压力，MPa。

线圈架二级推出注射模成型工艺与安装调试

3. 锁模力的校核

锁模力又称合模力，是指注射机的合模机构对模具所能施加的最大夹紧力。当熔体充满型腔时，注射压力在型腔内所产生的作用力总是力图使模具沿分型面胀开，此力称为胀型力，为此，注射机的锁模力必须大于胀型力，即大于注射成型时的型腔压力与塑件及浇注系统在分型面上投影面积之和的乘积，即

$$F_0 \geqslant F = A_{分} P_{模} \tag{2-4}$$

式中　F_0——注射机的锁模力，kN；

　　　$A_{分}$——塑件、浇注系统在分型面上的投影面积之和，mm^2；

　　　$P_{模}$——塑料注射成型时的型腔压力，MPa，具体数值见表 2-1。

线圈架斜导柱加滑块内侧抽芯注射模成型工艺与调试

表 2-1　常用塑料注射成型时的型腔压力

塑料代号	型腔压力/MPa	塑料代号	型腔压力/MPa
PE-LD	15~30	PA	42
PE-HD	23~29	POM	45
PP	20	PMMA	30
PS	25	PC	50
ABS	40		

4. 模具与注射机安装部分相关尺寸的校核

设计模具时应加以校核的主要尺寸有喷嘴尺寸、定位圈（浇口套凸缘）尺寸、模具最大厚度和最小厚度、模板上安装螺孔的尺寸等。

（1）注射机喷嘴与模具浇口套（主流道衬套）的关系如图 2-7（a）所示，注射机喷嘴前端孔径 d 和球面半径 r 与模具浇口套的小端直径 D 和球面半径 R 一般应满足如下关系

$$R = r + (1 \sim 2) \, mm \tag{2-5}$$

$$D = d + (0.5 \sim 1) \, mm \tag{2-6}$$

以保证注射成型时在浇口套处不形成死角，无熔料积存，并便于主流道凝料的脱模。图 2-7（b）所示的配合是不合理的。

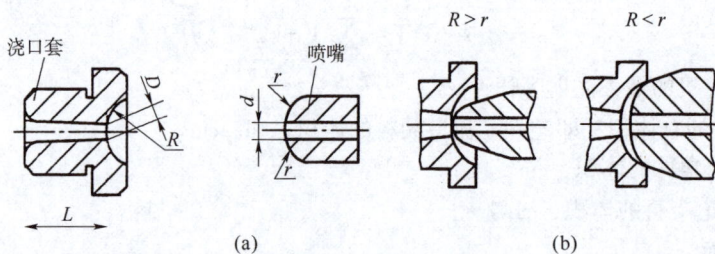

图 2-7　注射机喷嘴与模具浇口套的关系

（2）注射机模板的定位孔与模具定位圈的关系。注射机固定模板的定位孔与模具定位圈按H9/f9配合，以保证模具主流道的轴线与注射机喷嘴轴线重合，否则将产生溢料并造成流道凝料脱模困难。小型模具的定位圈高度 h 为 8~10 mm，大型模具的定位圈高度 h 为 10~15 mm。

（3）模具闭合厚度与注射机装模空间的关系。各种规格的注射机，其可安装模具的最大厚度和最小厚度一般都有限制（国产机械合模的角式注射机的最小模具厚度无限制），所设计的模具闭合厚度必须在模具最大厚度与最小厚度之间（见图 2-8），即各尺寸应满足如下关系

$$H_{max} = H_{min} + l \tag{2-7}$$
$$H_{min} \leqslant H \leqslant H_{max} \tag{2-8}$$

式中　H_{max}——注射机允许的最大模具厚度；

　　　H_{min}——注射机允许的最小模具厚度；

　　　H——模具闭合厚度；

　　　l——注射机在模具厚度方向的长度调节量。

当 $H < H_{min}$ 时，可采用垫板来调整，以使模具闭合。当 $H > H_{max}$ 时，则模具无法锁紧或影响开模行程，尤其是采用液压肘杆式机构合模的注射机，其肘杆无法撑直，这是不允许的。

（4）拉杆空间。模具的外形尺寸不应超出注射机的模板尺寸，并应小于注射机的拉杆间距，以便模具的安装与调整，如图 2-9 所示，即 $A > C$。

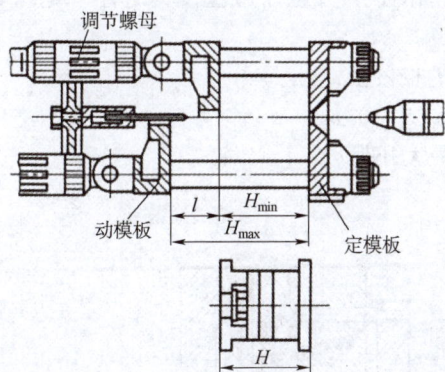

图 2-8　模具闭合厚度与注射机装模空间的关系　　　图 2-9　模具尺寸与拉杆间距

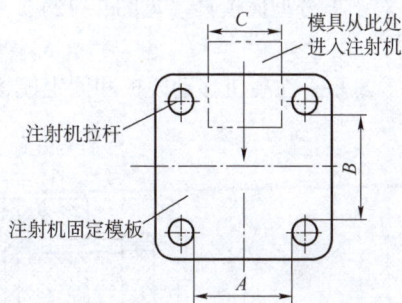

5. 开模行程的校核

注射机的开模行程是有限的，取出塑件所需的开模行程必须小于注射机的最大开模距离。开模行程的校核分为下面几种情况。

（1）注射机的最大开模行程与模具厚度无关。最大开模行程与模具厚度无关的注射机，其合模机构主要采用液压、机械联合作用的方式，如 XS-Z-30、XS-Z-60、XS-ZY-125、XS-ZY-500、XS-ZY-1000 和 G54-S200 等，其最大开模行程的大小由连杆机构（或移模缸）的最大行程决定。

对于单分型面模具（见图 2-10），开模行程的校核公式为

$$S \geqslant H_1 + H_2 + (5~10)\,mm \tag{2-9}$$

式中　S——注射机最大开模行程（动模板行程）；

　　　H_1——塑件的推出距离；

　　　H_2——塑件的总高度。

对于双分型面模具（见图 2-11），开模行程需要增加取出浇注系统凝料时定模板与中间板的分离距离 a，此时，开模行程的校核公式为

$$S \geqslant H_1 + H_2 + a + (5 \sim 10)\,\text{mm} \tag{2-10}$$

式中　　a——取出浇注系统凝料时定模板与中间板的分离距离。

塑件推出距离 H_1 一般等于型芯高度，但对于内表面为阶梯形的塑件，推出距离可以不必等于型芯的高度，如图 2-10 所示。

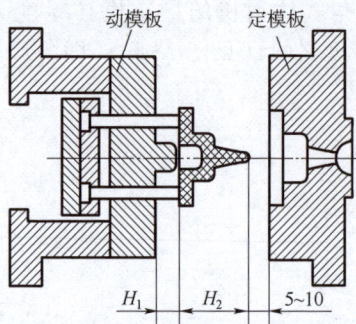

图 2-10　单分型面模具开模行程的校核　　图 2-11　双分型面模具开模行程的校核

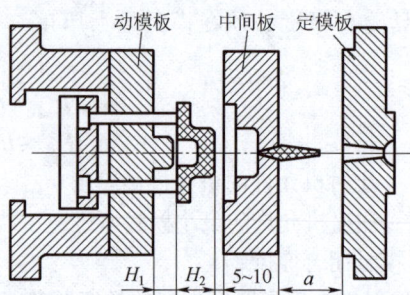

（2）注射机最大开模行程与模具厚度有关。最大开模行程与模具厚度有关的注射机，主要是指采用全液压合模机构的注射机（如 XS-ZY-250）和采用机械合模机构的角式注射机（如 SYS-20、SYS-45 等），其移动模板和固定模板之间的最大开距 S_0 减去模具闭合厚度 H 等于注射机的最大开模行程 S，即 $S = S_0 - H$。

对于单分型面模具（见图 2-12），开模行程的校核公式为

$$S_0 \geqslant H_1 + H_2 + H + (5 \sim 10)\,\text{mm} \tag{2-11}$$

式中　　S_0——注射机移动模板和固定模板之间的最大开距。

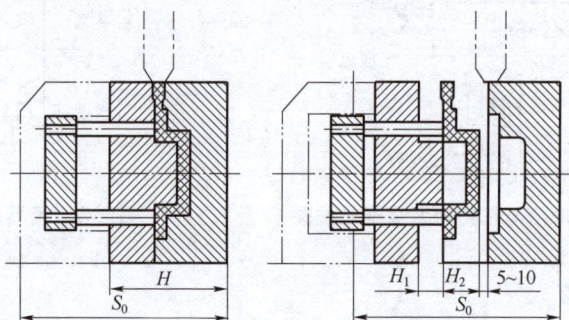

图 2-12　注射机最大开模行程与模具厚度有关时开模行程的校核（单分型面模具）

同样，对于双分型面模具，开模行程的校核公式为

$$S_0 \geqslant H_1 + H_2 + H + a + (5 \sim 10)\,\text{mm} \tag{2-12}$$

（3）有侧向抽芯时开模行程的校核。有些模具的侧向抽芯是利用注射机的开模动作，通过斜导柱（或齿轮齿条等形式）侧向分型与抽芯机构来完成的。这时所需的开模行程必须根据侧向抽芯机构抽拔距离的需要和塑件高度、推出距离、模具厚度等因素来确定。图 2-13 所示的斜导柱侧向抽芯机构，其完成侧向抽芯的距离 $S_{抽}$ 所需的开模行程为 H_4。当 $H_4 > H_1 + H_2$ 时，对于单分型面模具，开模行程的校核公式为

$$S \geqslant H_4 + (5 \sim 10)\,\text{mm} \tag{2-13}$$

若 $H_4 > H_1 + H_2$，且为双分型面模具，则开模行程的校核公式为

$$S \geqslant H_4 + a + (5 \sim 10)\,\text{mm} \tag{2-14}$$

式中　*a*——取出浇注系统凝料所需行程。

当 $H_4 < H_1 + H_2$ 时，则按最大开模行程与模具厚度无关的注射机的开模行程校核。

应当注意，当抽芯方向不与开模方向垂直，而是与之呈一定角度时，开模行程的校核公式有所不同，应根据抽芯机构的具体结构及几何参数进行计算。

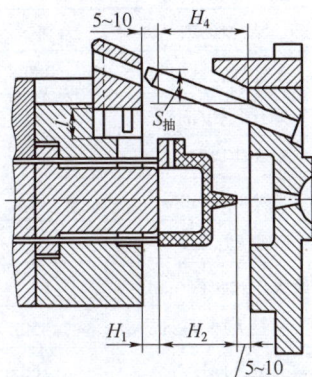

图 2-13　有侧向抽芯时开模
行程的校核（单分型面模具）

6. 顶出装置的校核

各型号注射机顶出装置的结构形式、最大顶出距离等参数是不同的。设计模具时，必须了解注射机顶出装置的类型、顶杆直径和顶杆位置。

国产注射机的顶出装置大致可分为以下几类。

（1）中心顶杆机械顶出。

（2）两侧双顶杆机械顶出。

（3）中心顶杆液压顶出与两侧双顶杆机械顶出联合作用。

（4）中心顶杆液压顶出与其他开模辅助液压杆联合作用。

对于采用中心顶杆机械顶出的注射机，模具应对称地固定在移动模板中心位置上，以便注射机的顶杆顶在模具的推板中心位置上。而对于采用两侧双顶杆机械顶出的注射机，模具的推板应足够长，以使注射机的顶杆能顶到模具的推板。

任务实施

初选注射机，其规格通常依据注射机的最大注射量、锁模力及塑件外形尺寸等因素确定，习惯上选择一个因素作为选择依据，其余因素作为校核依据。

1. 按最大注射量初选注射机

通常保证塑件所需注射量小于或等于注射机最大注射量的 80%，而注射机能够处理的最小注射量通常大于最大注射量的 20%。

（1）计算香皂盒底的体积和质量。PP 的密度 ρ 取 0.91 g/cm³，根据形状尺寸计算出香皂盒底的体积 V_S 约为 26 cm³，则单个香皂盒底的质量 M_S 为

$$M_S = 0.91 \times 26 \text{ } g = 23.66 \text{ } g$$

（2）估算浇注系统凝料的体积和质量。虽然浇注系统凝料的体积在设计之前不能确定具体的数值，但是可以根据经验按照塑件体积的 0.2~1 倍来估算。考虑到该塑件尺寸中等，可以按照塑件体积的 0.4 倍进行估算，则浇注系统凝料的体积 V_N 为

$$V_N = 0.4 V_S = 0.4 \times 26 \text{ cm}^3 = 10.4 \text{ cm}^3$$

则浇注系统凝料的质量 M_N 为

$$M_N = 0.91 \times 10.4 \text{ } g \approx 9.46 \text{ } g$$

（3）计算一个成型周期所需的塑料总质量。PP 的流动性较好，且该塑件的形状不复杂，尺寸中等，根据生产批量的要求，结合生产企业已有的注射机规格，初步确定采用一模两腔的模具结构，则一次注入模具型腔的塑料熔体的总质量 $M_{总}$（浇注系统凝料与单个塑件的质量总和）为

$$M_{总} = M_S + M_N = (23.66 + 9.46) \text{ } g = 33.12 \text{ } g$$

（4）注射机初选。注射成型一次所需的注射量应该不大于注射机最大注射量的 80%，根据上述计算可知香皂盒底一次注射所需的注射量大约为 33.12 g/0.8 = 41.4 g，因此选择的注射机的最大注射量应大于 41.4 g（33.12/0.8 = 41.4 g）g。初选最大注射量为 300 g 的 JB168-E 卧式螺杆注射机，其主要技术参数见表 2-2。

表 2-2　JN168-E 卧式螺杆注射机的主要技术参数

结构形式	卧式	最大开模行程/mm		400
注射方式	螺杆式	喷嘴	球面半径/mm	18
螺杆直径/mm	45		孔直径/mm	4
最大注射量/g	300	定位圈直径/mm		100
注射压力/MPa	147	顶出形式		中心顶杆机械顶出
锁模力/kN	1 600	合模方式		液压-机械
最大注射面积/cm³	645	拉杆空间（长×宽）/（mm×mm）		368×290
模具最大厚度/mm	450	定、动模座板尺寸（长×宽）/（mm×mm）		634×532
模具最小厚度/mm	160	机器外形尺寸（长×宽×高）/（mm×mm×mm）		4 300×1 100×2 000

2. 校核锁模力

当熔体充满型腔时，注射压力在型腔内所产生的胀型力会使模具沿分型面胀开，因此胀型力应该小于注射机的锁模力，通常为注射机锁模力的80%左右，以免注射时发生溢料或胀模现象。

如图 2-1 所示，香皂盒底在分型面上的投影面积为塑件的最大投影面积 A_S，则

$$A_S = 119.7 \times 75.9 \ \text{mm}^2 \approx 9\ 085 \ \text{mm}^2$$

浇注系统在模具分型面上的投影面积 A_j，可按照投影形状为矩形进行估算。由于香皂盒底在型腔中的布局为一模一腔的形式，因此初步估算长为 35 mm、宽为 8 mm，则 A_j 为 280 mm²。由表 2-1 查得 PP 成型时产生的型腔压力 $P_模$ 为 20 MPa，则胀型力 $F = (A_S + A_j)P_模 = (9\ 085 + 280) \times 20$ N = 187.3 kN，估算注射成型香皂盒底所需的注射机锁模力为 $F/0.8 = 187.3$ kN/0.8 = 234 kN，由表 2-2 可知 JN168-E 卧式螺杆注射机的锁模力为 1 600 kN，远大于 234 kN，满足要求。综合以上计算和校核结果，选择型号为 JN168-E 卧式螺杆注射机可行。

3. 校核注射压力

PP 在注射成型时所需的注射压力为 70~120 MPa，香皂盒底成型的压力应在此范围内进行选择，选择注射压力为 100 MPa。由表 2-2 可知 JN168-E 卧式螺杆注射压力为 147 MPa，满足 PP 香皂盒底的成型要求。其余的各项参数，在完成模架选择之后再进行校核。

任务评价

请填写注射机初选任务评价表，见表 2-3。

表 2-3　注射机初选任务评价表

项目名称			
任务名称			
姓名		班级	
组别		学号	
评价项目		分值	得分
注射机的分类		10	
注射机的基本结构		10	
注射机的规格和技术参数		10	
注射机的选用方法		10	
模具在注射机上的安装方式		10	

评价项目	分值	得分
注射成型工艺参数确定	10	
注射机与模具的参数校核	10	
工作实效及文明操作	10	
工作表现	10	
团队合作	10	
总计	100	
个人的工作时间	提前完成	
	准时完成	
	超时完成	
个人认为完成最好的方面		
个人认为完成最不满意的方面		
值得改进的方面		
自我评价	非常满意	
	满意	
	不太满意	
	不满意	
记录		

任务拓展

注射机的规格和技术参数

扩展阅读

世界上怕就怕"认真"二字

1. 简答题

（1）注射机分哪几类？各自有何特点？

（2）注射机由哪几部分组成？各组成部分的作用是什么？

（3）简述卧式注射机的优缺点及常用的技术参数。

（4）模具安装在注射机上时需要考虑哪些因素？

（5）注射机与模具的参数校核包括哪些方面？

2. 综合题

如图 2-14 所示，电流线圈架制件为某电器产品配套零件，材料为增强聚丙烯，需求量大，要求产品表面不得有毛刺、内部不得有导电杂质、外形美观、使用方便、质量小、品质可靠，该产品倾角处允许 $R_{max}=0.5$ mm，A—A 视图中尺寸为 4.1 mm×1.2 mm 处为两个通孔，初选适用于其批量生产的注射机，并校核锁模力。

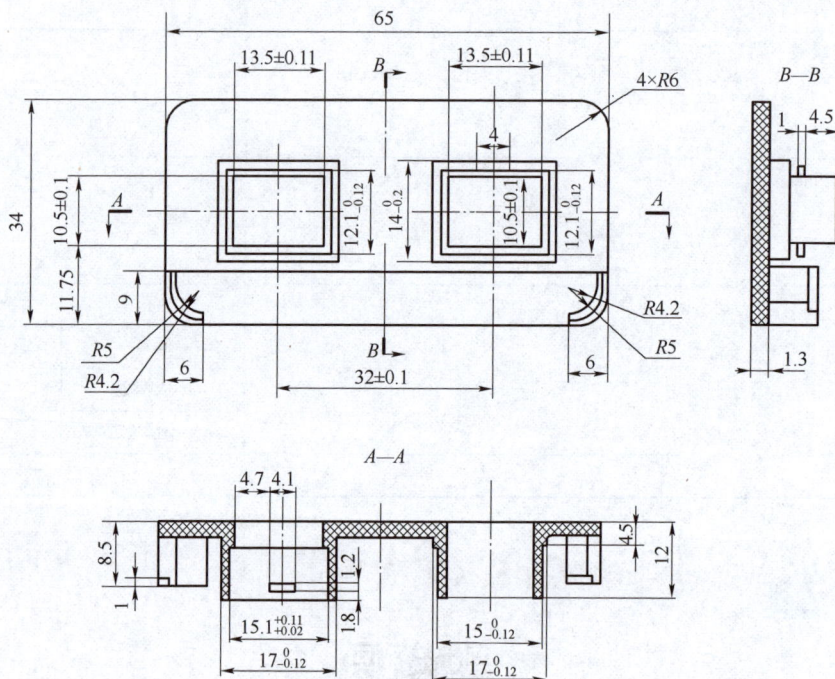

图 2-14 电流线圈架制件

任务目标

能力目标

1. 能够辨别塑料模具的类型。

2. 能够掌握注射模的类型和组成零件的名称、功能。

3. 具有合理选择分型面的能力。

知识目标

1. 了解塑料模具的类型、用途。

2. 了解分型线与模具分型面的关系，以及模具分型面的定义。

3. 熟悉注射模的类型、各组成零件的名称及作用。

4. 掌握模具分型面的设计要点和选择原则。

素质目标

1. 通过分型面选择的学习，培养学生理论联系实际、学以致用、实事求是的态度，并将其运用到模具结构创新设计中。

2. 通过大国工匠案例教学引导学生树立"科技自立自强"必定有我、将小我融入大我的社会意识和奉献精神。

任务导入

对模具而言，分型面是指塑件成型后，定、动模相对塑件分开的面。对塑件而言，分型线（PL）决定塑件哪部分在定模成型，哪部分在动模成型。在塑料注射模设计过程中，分型面的确定是一个很复杂的问题，受到许多因素的制约，常常会顾此失彼，所以在选择分型面时应抓住主要因素，放弃次要因素。

本任务针对图 2-1 所示的香皂盒底，材料为 PP，大批量生产，要求塑件外侧表面光滑，下端外沿不允许有浇口痕迹，选择防护罩模具的分型线，并确定模具分型面。通过学习，学生应掌握分型面的选择原则，具备针对不同塑件正确选择分型面的能力。

知识准备

一、塑料模具分类及注射模基本组成

1. 塑料模具分类

（1）按模塑方法分类。

1）压缩模。压缩模主要用于热固性塑料制品的成型，有时也用于热塑性塑料制品的成型。

2）压注模。压注模用于热固性塑料制品的成型。压注模较压缩模增加了柱塞和浇注系统等结构，因此比压缩模复杂，造价更高。

3）注射模。注射模主要用于热塑性塑料制品的成型，也可用于热固性塑料制品的成型。注

射模结构一般比较复杂，造价高。

4）机头口模。机头口模主要用于热塑性塑料制品的挤出成型，较少用于热固性塑料制品的成型。

除上述种类外，塑料模具还有中空吹塑成型模、真空成型模、浇铸模等类型。

（2）按模具在成型设备上的安装方式分类。

1）移动式模具。移动式模具不固定地安装在设备上。使用移动式模具时，在整个模塑周期中，加热和加压在设备上进行，而安装嵌件、装料、合模、开模、取出制品、清理模具等均在设备外进行。常见的移动式模具有用于生产批量不大的小型热固性塑料制品的压缩模、压注模和立式注射机上的小型注射模。

移动式模具的结构一般较简单，通常为单型腔模具，造价低，便于成型带有较多嵌件和形状复杂的塑料制品，但工人劳动强度大，生产率较低；成型温度波动大，能源利用率较低；模具容易磨损，寿命较短。

2）固定式模具。固定式模具固定安装在设备上。使用固定式模具时，整个模塑周期内的动作都在设备上进行。固定式模具广泛应用于压缩模、压注模、注射模及挤出模，此外，卧式注射机和挤出机上使用的模具都是固定式模具。固定式注射模的基本结构如图2-15所示。

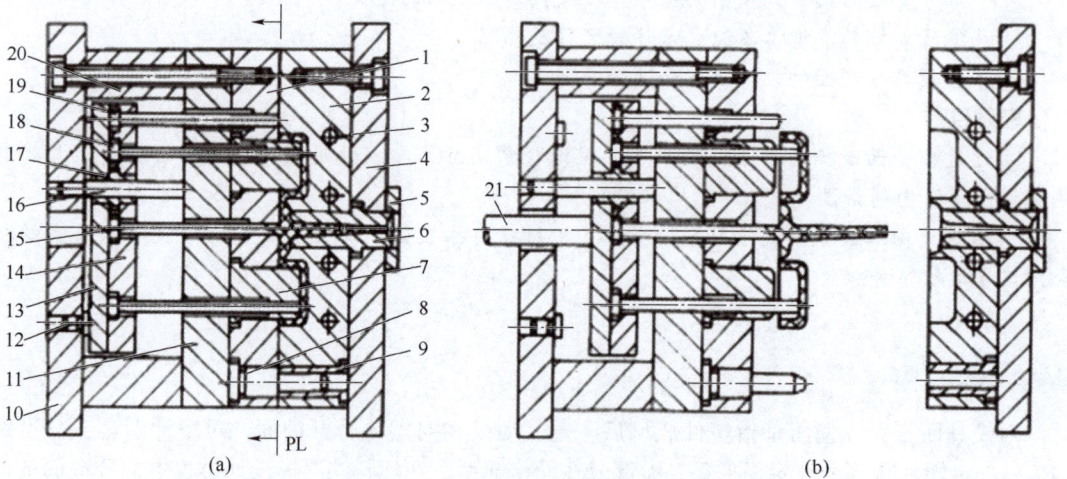

图2-15 固定式注射模的基本结构

（a）合模；（b）开模

1—动模板；2—定模板；3—冷却水道；4—定模座板；5—定位圈；6—浇口套；7—型芯；
8—导柱；9—导套；10—动模座板；11—支承板；12—限位钉；13—推板；14—推杆固定板；
15—拉料杆；16—推板导柱；17—推板导套；18—推杆；19—复位杆；20—垫块；21—注射机顶杆

固定式模具的质量不受工人体力限制，但成型的制品尺寸受设备的限制。根据设备类型及技术参数，它可以成型不同生产批量和尺寸的塑料制品；可以制成多型腔模具，易于实现自动化生产，生产率高；成型工艺条件波动小，能源利用率高；磨损小，寿命较长。但模具本身结构较复杂，造价高，不便成型嵌件较多的制品，且更换产品时换模与调整比较麻烦。

注射模的工作原理

3）半固定式模具。半固定式模具的一部分在开模时可以移出，一部分则始终固定在设备上。半固定式模具兼有移动式模具和固定式模具的一些优点，多见于成型热固性塑料制品的压缩模和压注模。

（3）按型腔数目分类。

1）单型腔模具。单型腔模具是指在一副塑料模具中只有一个型腔，一个模塑周期内只生产一个制品的模具。与多型腔模具相比，单型腔模具结构较简单，造价较低，但生产率较低，往往不能充分发挥设备潜力。单型腔模具主要用于大型塑件和形状复杂或嵌件较多的塑件的生产，以及生产批量不大的场合。

2）多型腔模具。多型腔模具是指在一副塑料模具中有两个或两个以上型腔，一个模塑周期内能够同时生产两个或两个以上制品的模具。这种模具生产率高，但结构较复杂，造价较高。多型腔模具主要用于塑件较小、生产批量较大的场合。

除上述分类方法外，各种塑料模具还可根据使用设备的不同或模具自身的结构特点进行分类。

2. 注射模的分类

注射模的分类方法有很多，按注射模浇注系统基本结构的不同可分为三类：第一类是两板模（在我国某些地区（如广东）又称大水口模）；第二类是三板模（在我国某些地区（如广东）又称细水口模）；第三类是无流道模。其他模具，如有侧向抽芯机构的模具、有内螺纹机动推出机构的模具、定模推出的模具和复合脱模的模具等，都是由这三类模具演变而来的。

（1）两板模。两板模又称单分型面模，是注射模中最简单、应用最普遍的一种模具，它以分型面为界，将整个模具分为动模和定模两部分。主流道开设在定模，分流道开设在分型面上。开模后，制品和流道留在动模，制品和浇注系统凝料可从同一分型面内取出；动模部分设有推出系统，开模后将制品推离模具。两板模结构示意图如图2-16所示。

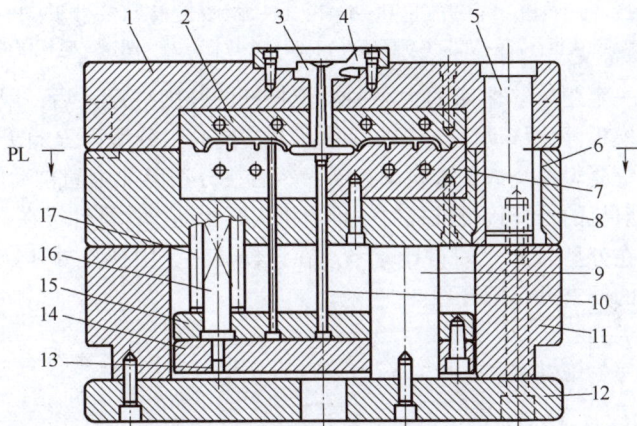

图2-16 两板模结构示意图

1—定模板（型腔板）；2—凹模（定模镶件）；3—浇口套；4—定位圈；5—导柱；6—导套；
7—型芯（动模镶件）；8—动模板；9—支承柱；10—流道拉杆；11—垫块；12—动模座板；
13—限位钉；14—推板；15—推杆固定板；16—复位杆；17—复位弹簧

（2）三板模。三板模又称双分型面模，模具开模后分成三部分，较两板模增加了一块流道推板（中间板），适用于制品的四周要求无浇口痕迹或投影面积较大、需要多点进浇的场合。这种模具采用点浇口，所以又称细水口模，结构比较复杂，需要增加定距分型拉紧机构。三板模结构示意图如图2-17所示。

对于双分型面或多分型面的模具，根据塑件的某些要求（如脱出浇注系统凝料或侧向抽芯），常需要先使定模分型，然后再使定、动模分型，最后通过推出机构将塑件推出，这一类机构称为定距分型拉紧机构，又称顺序推出机构。

1）定距分型拉紧机构的类型。

① 弹簧—拉杆式定距分型拉紧机构。

如图2-18所示，弹簧—拉杆式定距分型拉紧机构主要由弹簧和限位拉杆组成。模具开模时，弹簧使分型面A先打开，凹模板随动模一起移动，主流道凝料随之被拉出并与凹模板一起移

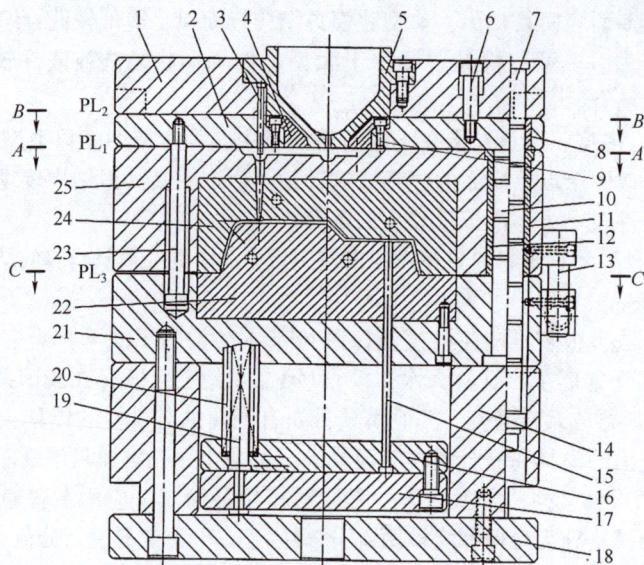

图 2-17　三板模结构示意图

1—定模座板；2—中间板（脱胶板）；3—流道拉杆；4—衬套；5—浇口套；6—限位钉；7—定模导柱；8，11，12—导套；9—紧固螺钉；10—动模导柱；13—扣基；14—方铁；15—推杆；16—推杆固定板；17—推板；18—动模座板；19—复位杆；20—复位弹簧；21—动模板；22—型芯（动模镶件）；23—小拉杆；24—凹模（定模镶件）；25—定模板

动。当动模部分移动一定距离（距离的大小由限位拉杆的长度决定）后，限位拉杆端部的螺母挡住了凹模板，使凹模板停止移动。动模继续移动，模具的主分型面 B 打开。因塑件包裹在型芯上，故此时浇注系统凝料在浇口处被自动拉断，然后在分型面 A 之间自动脱落或由人工取出。动模继续移动，当注射机的推杆接触推板时，推出机构开始动作，推件板在推杆的推动下将塑件从型芯上推出，塑件在分型面 B 之间自行落下。在该模具中，限位拉杆还兼作定模导柱，它与凹模板应按导向机构的要求进行配合导向。

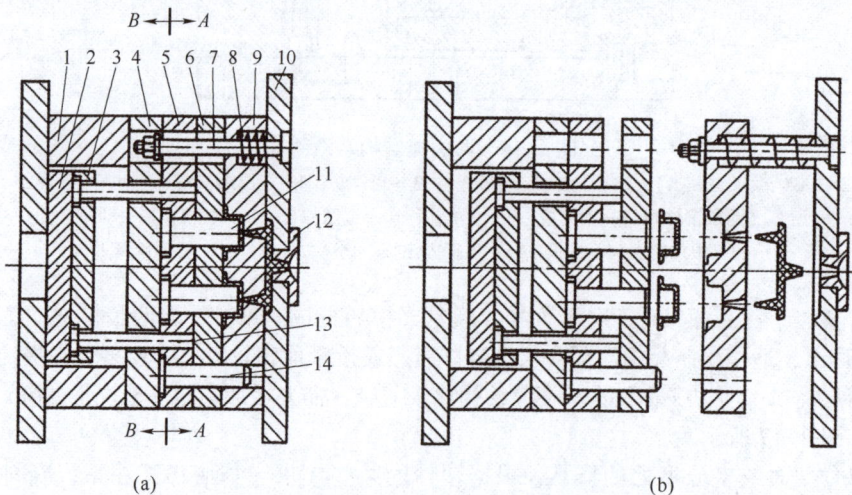

(a)　　　　　　　　　　　　　　(b)

图 2-18　弹簧—拉杆式定距分型拉紧机构

（a）合模状态；（b）开模状态

1—垫块；2—推板；3—推杆固定板；4—支承板；5—型芯固定板；6—推件板；7—限位拉杆；8—弹簧；9—凹模板（中间板）；10—定模座板；11—型芯；12—浇口套；13—推杆；14—导柱

② 弹簧—滚柱式定距分型拉紧机构。

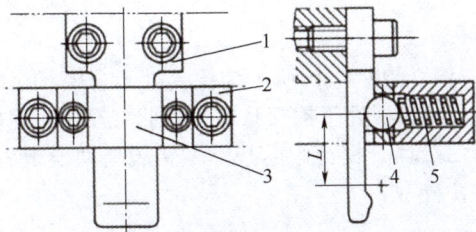

图 2-19 弹簧—滚柱式定距分型拉紧机构

1—拉板；2—支座；3—弹簧座；4—滚柱；5—弹簧

图 2-19 所示为弹簧—滚柱式定距分型拉紧机构，拉板插入支座内，弹簧推动滚柱将拉板卡住。开模时，模具在拉板的空行程 L 距离内进行第一次分型。模具继续开模，拉板在滚柱及弹簧的作用下受阻，从而实现模具的第二次分型。弹簧—滚柱式定距分型拉紧机构的结构简单，适用性强，已成为标准系列化产品，由专门的厂家生产，用户采购后直接安装于模具外侧即可。

③ 弹簧—摆钩式定距分型拉紧机构。

图 2-20 所示为弹簧—摆钩式定距分型拉紧机构，该机构利用摆钩与拉板的锁紧力增大开模力，以控制模具分型面的开模顺序。开模时，摆钩在弹簧的作用下钩住拉板，确保模具进行第一次分型。随后，在模具内定距拉杆的作用下，拉板强行使摆钩转动，并从摆钩中脱出，模具进行第二次分型。弹簧对摆钩的压力可由调节螺钉控制。弹簧—摆钩式定距分型拉紧机构适用性强，也已成为标准系列化产品。

④ 压块—摆钩式定距分型拉紧机构。

图 2-21 所示的模具利用压块—摆钩式定距分型拉紧机构来控制分型面 A 和 B 的打开顺序，以保证浇注系统凝料和塑件的顺序脱出。压块—摆钩式定距分型拉紧机构主要由挡块、摆钩、压块、弹簧和限位钉组成。模具开模时，由于固定在凹模板上的摆钩拉住支承板上的挡块，因此模具只能从分型面 A 分型，浇注系统凝料脱出。模具继续开模一定距离后，在压块的作用下摆钩摆动并与挡块脱开（见图 2-21（b）），同时凹模板在限位钉的限制下停止移动，模具的主分型面 B 打开。

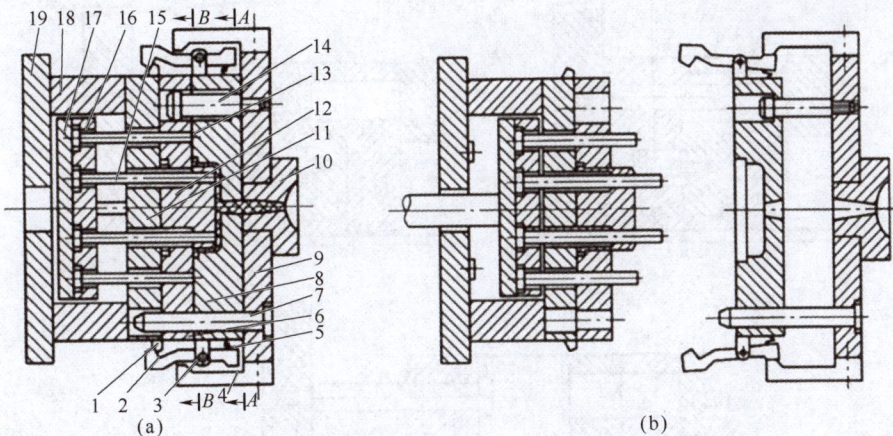

图 2-20 弹簧—摆钩式定距分型拉紧机构

1—拉板；2—摆钩；3—弹簧；4—调节螺钉；5—支架

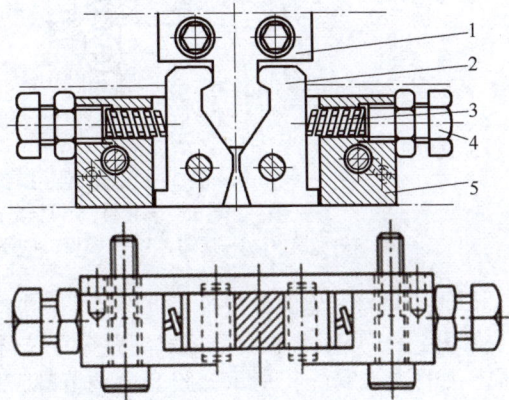

图 2-21 压块—摆钩式定距分型拉紧机构

（a）合模状态；（b）开模状态

1—挡块；2—摆钩；3—转轴；4—压块；5—弹簧；6—型芯固定板；7—导柱；
8—凹模板（中间板）；9—定模座板；10—浇口套；11—支承板；12—型芯；13—复位杆；
14—限位钉；15—推杆；16—推杆固定板；17—推板；18—垫块；19—动模座板

在设计压块—摆钩式定距分型拉紧机构时，应注意挡块与摆钩的钩接处应有 1°～3° 的斜度，并将摆钩和挡块对称布置在模具的两侧。

⑤ 滚轮—摆钩式定距分型拉紧机构。

图 2-22 所示为滚轮—摆钩式定距分型拉紧机构。图 2-22（a）所示为模具处于合模状态时由摆钩在弹簧的作用下锁紧模具。开模时，由于摆钩与动模板处于钩锁状态，因此定模板与定模座板首先分型，即分型面 A 打开，如图 2-22（b）所示。当开模至滚轮拨动摆钩脱离动模板后，由于限位钉限制了定模板的运动，因此模具沿分型面 B 分型。

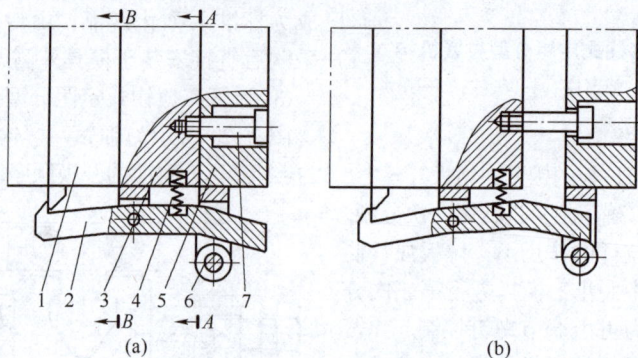

图 2-22　滚轮—摆钩式定距分型拉紧机构
（a）合模状态；（b）开模状态
1—动模板；2—摆钩；3—定模板；4—弹簧；5—定模座板；6—滚轮；7—限位钉

⑥ 胶套摩擦式定距分型拉紧机构。

如图 2-23 所示，胶套摩擦式定距分型拉紧机构主要由胶套、调节螺钉和定距拉杆等零件组成。如图 2-23（a）所示，胶套由调节螺钉固定在动模板上，调节螺钉的锥面与胶套的锥孔配合，拧紧调节螺钉可使胶套的直径胀大，胶套与动模板孔的摩擦力随之增大；反之，摩擦力会减小。模具闭合时，胶套被完全压入定模板的孔内。模具开模时，由于胶套与孔内摩擦力的作用，分型面 B 被拉紧，分型面 A 首先被打开，即定模座板与定模板脱开，主流道凝料被

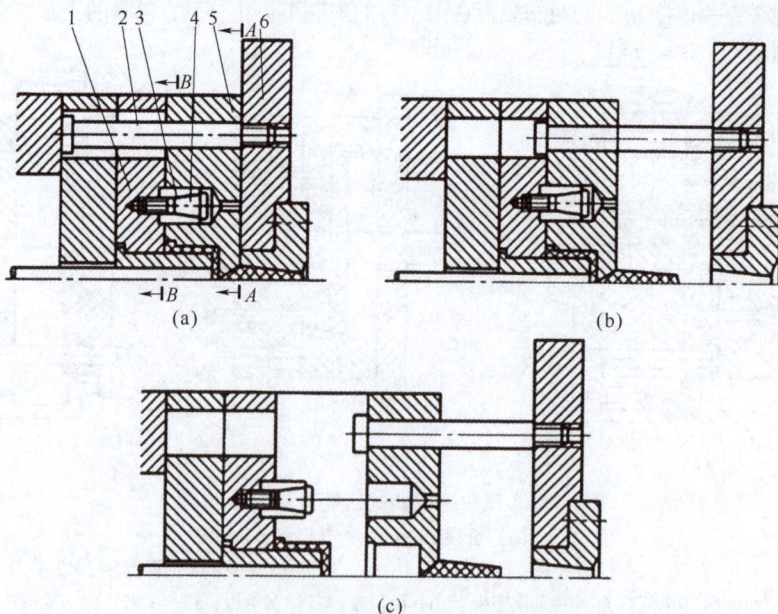

图 2-23　胶套摩擦式定距分型拉紧机构
（a）合模状态；（b）分型面 A 打开；（c）分型面 B 打开
1—动模板；2—定距拉杆；3—胶套；4—调节螺钉；5—定模板；6—定模座板

拉出，如图 2-23（b）所示。当定距拉杆的头部与定模板接触后，定模板停止移动，胶套从孔中脱出，模具沿分型面 *B* 分型，即可取出塑件，如图 2-23（c）所示。

胶套摩擦式定距分型拉紧机构又称开闭器，已成为标准系列化产品，其实物如图 2-24（a）所示，这类配件由专门的标准件生产企业生产，用户采购后直接安装于模具内即可，如图 2-24（b）所示。

2）三板模拉杆行程的计算。

如图 2-25 所示，水口拉杆即为定距拉杆，三板模拉杆行程应按以下规则进行计算

水口拉杆行程 L_1 ＝水口总长＋10 mm

大拉杆行程 L ＝水口拉杆行程 L_1 ＋10 mm

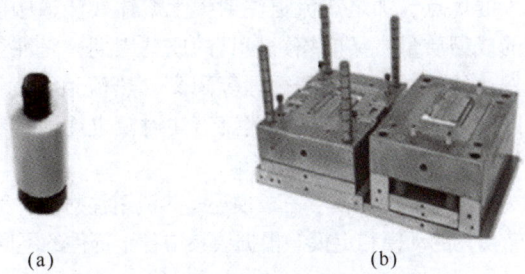

图 2-24　开闭器的结构与安装

（a）开闭器实物；（b）开闭器在模具上的安装

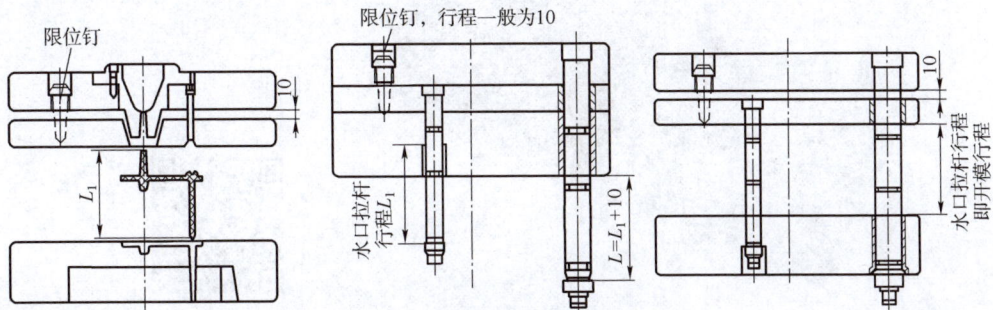

图 2-25　三板模拉杆行程

（3）无流道模。无流道模包括绝热流道注射模和热流道注射模（见图 2-26）。这种模具的

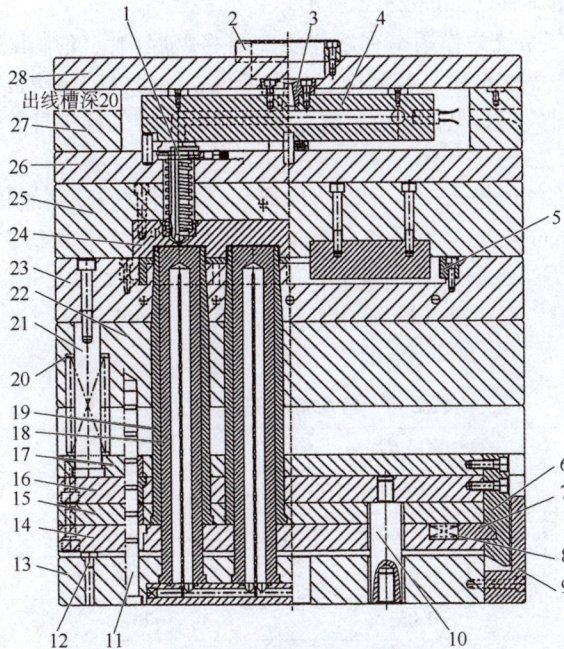

图 2-26　热流道注射模

1—二级热喷嘴；2—定位圈；3——级热喷嘴；4—热流道板；5—压块；6—拉钩；7—卡块；8—弹簧；9—推块；10—顶棍连接柱（注射机顶杆连接柱）；11—推杆板导柱；12—限位钉；13—底板；14—侧型芯底板；15—侧型芯固定板；16—复位杆底板；17—复位杆固定板；18—固定型芯；19—侧型芯；20—弹簧；21—复位杆；22—托板；23—动模板；24—定模镶件；25—定模板；26—二级热喷嘴固定板；27—支承板；28—定模座板

浇注系统中的塑料始终处于熔融状态，故在生产过程中不会像两板模和三板模一样产生浇注系统凝料。热流道注射模既有两板模动作简单的优点，又有三板模熔体可以从型腔内任意一点进入的优点，加之热流道注射模无熔体在流道中的压力、温度和时间的损失，所以它既能提高模具的成型质量，又能缩短模具的成型周期，是注射模浇注系统技术的重大革新。在注射模技术高度发达的日本、美国和德国等国家，热流道注射模的使用非常广泛，所占比例约为70%。随着我国注射模技术的发展，热流道注射模也逐渐得到非常普遍的应用。

3. 注射模的基本组成

不管是两板模、三板模还是热流道注射模，都由动模和定模两大部分组成，图2-27所示为塑料齿轮模具的动模和定模。根据模具中各个部件的不同作用，注射模一般可以分成8个基本组成部分。

图2-27　塑料齿轮模具的动模和定模

注射模零件的作用

（1）成型零件。成型零件是构成模具型腔部分的零件，包括凹模、型芯和侧型芯等，它们是成型塑件形状和尺寸的零件，如图2-28所示。

（2）排气系统。排气系统的作用是在熔体填充时将型腔内空气排出模具，在开模时让空气及时进入型腔，从而避免型腔产生真空结构。一般来说，能排气的结构也能进气。注射模的排气方式包括分型面排气、排气槽排气、镶件排气、推杆排气和排气杆排气等，其中分型面排气可用排气槽，如图2-29所示。

一级排气槽中只允许气体排出，不允许熔体泄漏，靠近型腔。一级排气槽深度 C 小于塑料溢边值，长度通常在 5 mm 左右。为了气体排出通畅，在一级排气槽之后，将排气槽加深至 0.5 mm，加深的部分称为二级排气槽。排气槽一定要和模具外面的大气相通，当排气槽很长时，有时还要设计三级排气槽，三级排气槽的深度应比二级排气槽更深，可达 1~3 mm。常用塑料的排气槽深度见表2-4。

表2-4　常用塑料的排气槽深度

塑料代号	排气槽深度/mm	塑料代号	排气槽深度/mm
PE	0.02	PA（含玻璃纤维）	0.03~0.04
PP	0.02~0.03	PA	0.02
PS	0.02	PC（含玻璃纤维）	0.05~0.07
ABS	0.03	PC	0.04
SAN	0.03	PBT（含玻璃纤维）	0.03~0.04
ASA	0.03	PBT	0.02
POM	0.02	PMMA	0.04

图 2-28 成型零件

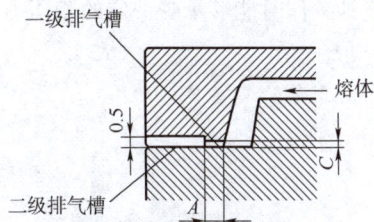

图 2-29 分型面排气

（3）结构件。结构件包括模架、限位件等。模架分为定模和动模，其中定模包括定模座板（面板）、流道推板、定模板；动模包括推板、动模板、支承板（托板）、垫块（方铁、撑铁）、动模座板（底板）、推板固定板、支承柱（撑柱）等。限位件包括定距分型机构、开闭器、限位钉、先复位机构、复位弹簧、复位杆等。

（4）侧向抽芯机构。当塑件的侧面有孔或凹凸等结构时，在塑件被推出之前，必须先抽出侧型芯（或镶件），才能使塑件顺利脱模。侧向抽芯机构包括斜导柱、滑块、斜滑块、斜顶（又称斜推杆）、弯销、T 形块、液压缸及弹簧等零件。侧型芯本身也是成型零件，但该零件结构比较复杂，且形式多样，可作为模具的一个重要组成部分单独研究。侧向抽芯机构如图 2-30 所示。

（5）浇注系统。浇注系统是塑料熔体进入模具型腔的通道，其作用是将熔融塑料由注射机喷嘴顺利引入模具型腔。浇注系统的设计直接影响模具的生产率和塑件的成型质量。浇注系统的浇口形式、位置和数量决定模架的组合形式。浇注系统包括普通浇注系统和热流道浇注系统。普通浇注系统包括主流道、分流道、浇口和冷料穴，其凝料如图 2-31 所示；热流道浇注系统包括热流道板和喷嘴等机构，如图 2-32 所示。

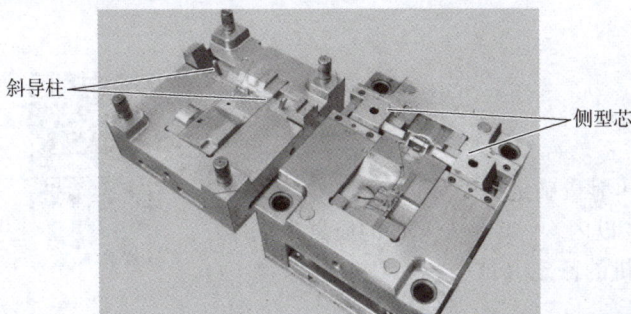

图 2-30 侧向抽芯机构

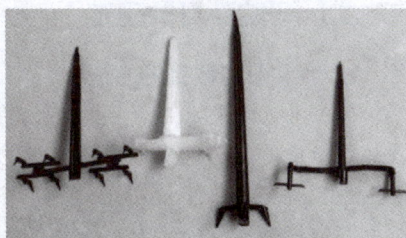

图 2-31 普通浇注系统凝料

（6）温度控制系统。注射模的温度控制系统包括冷却系统和加热系统。大多数情况下，注射模需要设计冷却系统，因为进入模具型腔的塑料熔体温度一般为 200~300 ℃，而塑件从模具中推出时的温度一般为 60~80 ℃，熔体释放的热量都被模具吸收，导致模具的温度升高。为了使模具温度满足注射成型工艺的要求，需要将模具内的热量带走，以便对模具温度进行比较精确的控制，所以需要设置冷却系统。冷却系统包括水管冷却、铍青铜冷却、喷流冷却等形式，温度控制介质有水、油、铍青铜、空气等。图 2-33 所示为注射模的冷却系统。

（7）脱模系统。脱模系统又称推出机构，可帮助塑件从模具型腔中安全无损地脱离出来。推出机构结构比较复杂，形式多样，最常用的机构有推杆、推管、推块、推件板，气动、液压、螺纹自动脱模机构及复位推出机构等。图 2-34 所示为推杆与推块等零部件共同作用的推出机构。

（8）导向定位系统。导向定位系统主要包括动模和定模的导柱、导套，侧向抽芯机构的导向槽，以及锥面定位机构等，其作用是保证动模与定模闭合时能够准确定位，脱模时运动可靠，并在模具工作时能够承受一定的侧压力。典型导向定位系统如图2-35所示。

图 2-32　热流道浇注系统

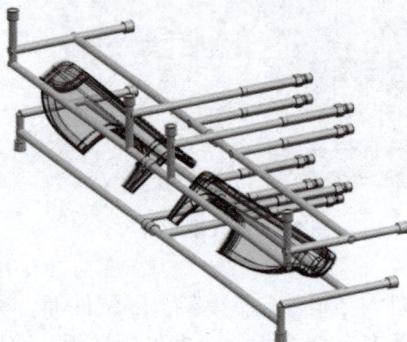

图 2-33　注射模的冷却系统

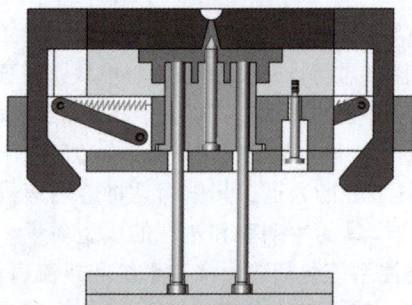

图 2-34　推杆与推块等零部件
共同作用的推出机构

图 2-35　典型导向定位系统

二、型腔数目的确定

1. 确定型腔数目的方法

（1）根据注射机的额定（或公称）注射量确定型腔数目。通常注射机的实际注射量最好在注射机最大注射量的80%以内。假定单个塑件的质量为$M_塑(g)$，浇注系统凝料的总质量为$M_流(g)$，注射机的额定（或公称）注射量为$M_0(g)$，则型腔数目的计算公式为

型腔数目确定与布置

$$n \leqslant \frac{0.8 M_0 - M_流}{M_塑} \tag{2-15}$$

需要注意的是，算出的数值不能四舍五入，只能取较大的整数。

（2）根据注射机的额定（或公称）锁模力确定型腔数目。假设单个塑件在分型面上的投影面积为$A_塑(mm^2)$，浇注系统凝料在分型面上的投影面积为$A_流(mm^2)$，注射机的额定（或公称）锁模力为$F_锁(kN)$，注射成型时的型腔压力为$P_模(MPa)$，则型腔数目的计算公式为

$$n \leqslant \frac{\dfrac{F_锁}{P_模} - A_流}{A_塑} \tag{2-16}$$

常用塑料注射成型时的型腔压力见表2-1。

（3）根据塑件的精度确定型腔数目。生产经验表明，每增加一个型腔，塑件的尺寸精度将降低4%~8%。成型高精度的制品时，型腔不宜过多，通常不超过4腔，因为多型腔将导致各个型腔的成型条件不一致。对于一般要求的塑件，不宜超过16腔。即使各个型腔塑件相同、尺寸

较小、成型容易，如果每模超过 24 腔也是必须慎重考虑的。

2. 确定型腔数目需要考虑的因素

在确定模具型腔数目时，必须兼顾经济及技术各方面诸多因素，虽然有关文献也有详尽的计算公式，但计算结果必须依据设计员的经验和实际情况进行修正。在确定型腔数目时，应考虑以下因素。

（1）塑件精度。由于分流道和浇口存在制造误差，因此即使分流道采用平衡布置的方式，也很难将各个型腔的注射工艺参数同时调整到最佳，从而无法保证各个型腔塑件的收缩均匀一致，对于精度要求很高的塑件，其互换性也会受到严重影响。

（2）经济性。型腔数目越多，模具的外形尺寸就相对越大，与之匹配的注射机也必须增大。大型注射机价格高，运转费用高，且动作缓慢，用于多型腔注射模未必有利。此外，型腔数目越多，模具的制造费用就越高，制造难度也越大，质量难以保证。

（3）成型工艺。型腔数目的增加使分流道增长，熔体到达型腔前热量将会有较大的损失。若分流道及浇口尺寸设计不合理，就会发生一腔或多腔注射不满的情况，即使注满，也会存在诸如熔接不良或内部组织疏松等缺陷；若调高注射压力，又容易使其他型腔产生飞边。

（4）保养和维修。模具型腔数目越多，故障发生率也就越高，任何一腔出了问题，都必须立即修理，否则会破坏模具原有的压力和温度平衡，甚至会对注射机和模具造成永久的损害。而经常性的停机修模，又会影响模具生产率的提高。

三、分型面的选择

1. 塑件分型线与模具分型面的关系

应根据塑件形状确定分型线。分型线就是将塑件分为两部分的分界线，使一部分塑件在定模内成型，一部分塑件在动模内成型。将分型线向定、动模四周延拓就可得到模具的分型面。

构建模具分型面的注意事项有以下几点。

分型面选择

（1）如果塑件的分型线在同一个平面内，则模具的分型面就是一个平面，如图 2-36 所示。

（2）塑件分型线在具有单一特性的曲面（如柱面）上时，则按照图 2-37 所示的形式将曲面沿曲率方向伸展一定距离（通常不小于 5 mm），构建模具的分型面。

凹模
塑件
型芯

分型面

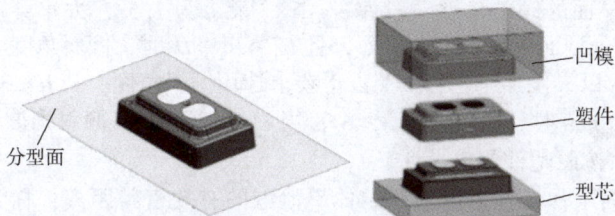

图 2-36　平面分型面

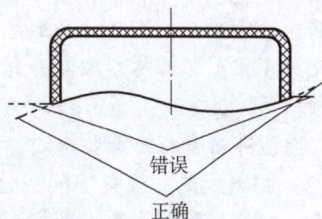

错误
正确

图 2-37　曲面分型面

（3）如果塑件分型线为复杂的空间曲线，则无法沿曲面的曲率方向伸展一定的距离，否则会产生如图 2-38（a）和图 2-39（a）所示的尖角及台阶，此时应该沿曲率方向构建一个较平滑的分型面，如图 2-38（b）和图 2-39（b）所示，这种分型面易于加工，不易损坏。由此可知，同一个塑件，即使分型线相同，因设计方法不同，模具分型面也会有所不同。

2. 模具分型面的定义

在模具中，能够取出塑件或浇注系统凝料的可分离的表面，称为分型面。单分型面模具的分型面是模具的全部分型面，即定、动模板的接触面。双分型面模具的分型面为可分别取出塑件和流道凝料的可分离表面，即流道板与定模座板、流道板与动模的接触面。

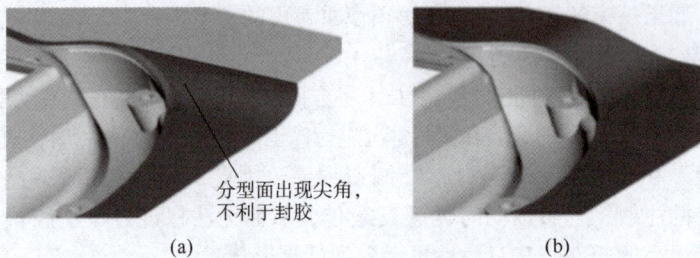

图 2-38 空间曲面分型面（一）

(a) 不正确；(b) 正确

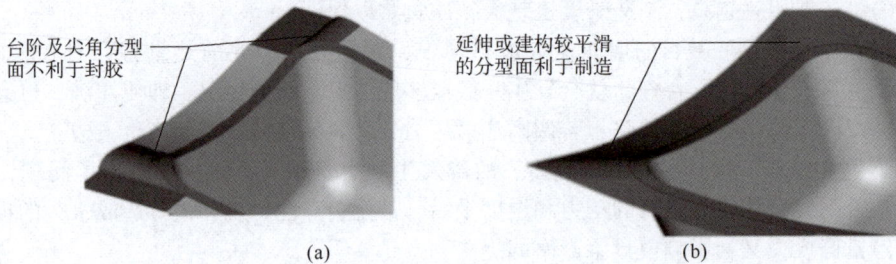

图 2-39 空间曲面分型面（二）

(a) 不正确；(b) 正确

分型面可以是平面、斜面、阶梯面、曲面，也可以是它们的组合。分型面既可以与开模方向垂直，也可以与开模方向呈一定的倾斜角度，但最好不要与开模方向平行，否则会导致模具制造困难，也容易导致定、动模的内模镶件磨损而产生飞边。曲面或斜面分型面的两端都要设计成平面，或者加设定位结构，以方便内模镶件的加工，保证内模镶件的定位及刚度。

分型面一般用箭头表示。当模具分开时，若分型面两侧的模板都移动，用符号"←┼→"；若其中一侧不动，另一侧移动，用符号"←┼"表示，箭头指向移动的方向；若有多个分型面，则应该按照分型的先后顺序，标示出 Ⅰ、Ⅱ、Ⅲ 或 A、B、C 等。

3. 模具分型面的设计要点

（1）台阶分型面。台阶分型面插穿面的倾斜角度一般为 3°～5°，最少为 1.5°，太小会使模具制造比较困难。如图 2-40 所示，当分型面中有多个台阶面，且 $H_1 \geq H_2 \geq H_3$ 时，倾斜角度 A 应满足 $A_1 \leq A_2 \leq A_3$，并尽量取同一角度，以方便加工。应按照以下要求选用倾斜角度：当 $H \leq 3$ mm 时，倾斜角度 $A \geq 5°$；当 3 mm $\leq H \leq 10$ mm 时，倾斜角度 $A \geq 3°$；当 $H > 10$ mm 时，倾斜角度 $A \geq 1.5°$。当塑件斜度有特殊要求时，应该按照塑件要求设计。

（2）封料距离。模具中同一分型面上保证注射时塑料熔体不泄漏的有效密封距离，称为封料距离，也称封胶距离。一般情况下，封料距离 $L \geq 5$ mm，如图 2-41 所示。

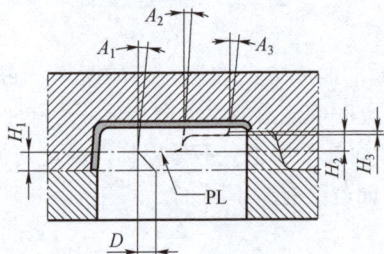

图 2-40 台阶分型面

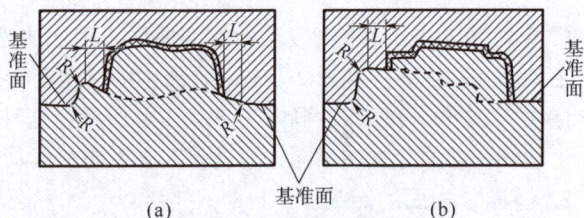

图 2-41 封料距离

(a) 曲面封料距离；(b) 平面封料距离

（3）基准面。模具中含有斜面、台阶、曲面等有高度差异的一个或多个分型面时，必须设计一个基准面，以方便加工和测量，如图2-42和图2-43所示。

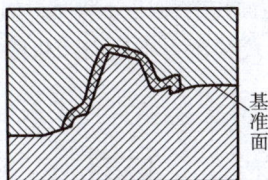

图 2-42 斜面分型面的基准面　　图 2-43 分型面加锥面定位的基准面

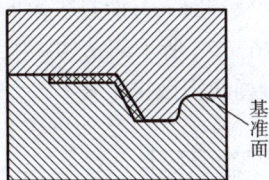

（4）平衡侧向压力。由于型腔产生的侧向压力不能自身平衡，容易引起定、动模在受力方向上的错位，因此一般通过增加锥面定位机构，利用定、动模的刚性平衡侧向压力，如图2-43所示。锁紧斜面在合模时要求完全贴合，锁紧斜面的倾斜角度一般为10°~15°，斜度越大，平衡效果越差。

4. 分型面选择的一般原则

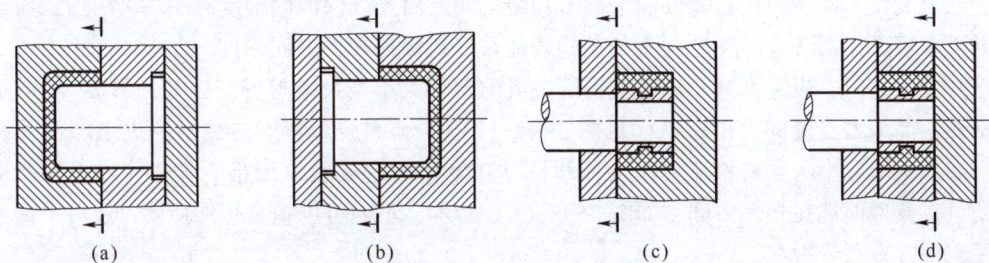

分型面选择合理与否对模具零件制造与组装、模具生产和塑件质量有很大影响，是模具设计中非常重要的步骤。模具分型面的选择应遵循以下原则。

分型面选择的原则

（1）有利于脱模。开模后塑件应尽量留在动模上，以方便脱模，如图2-44（b）所示。图2-44（a）所示的塑件容易黏在定模上，不易脱模。当塑件带有金属嵌件时，应将型腔设置在动模一侧，因为嵌件不会收缩包紧型芯，如图2-44（d）所示。图2-44（c）所示的塑件开模后会留在定模，脱模困难。

图 2-44 保证塑件留在动模

当塑件的外形简单，但内形有较多的孔或复杂结构时，开模后塑件必须留在动模上。此时，选择分型面时，尽量做到定模镶件成型塑件外表面，动模镶件成型内部结构。这种模具俗称"天地模"，如图2-45所示，图2-45（b）所示结构较好，便于脱模。

（2）有利于侧向分型和抽芯。塑料制品有侧孔时，应尽可能将滑块设计在动模部分，避免定模抽芯，使模具结构复杂化。如图2-46（a）所示，开模前需要先将侧型芯抽出，若将侧型芯放置在动模，则在开模时侧型芯随动模一起移动，可简化模具结构，如图2-46（b）所示。同时，除了液压抽芯机构能获得较大的抽芯距外，一般侧向抽芯机构的抽芯距较小，因而选择分型面时，应将抽芯或分型距离较大的方向设为与开模方向平行，而将抽芯距较小的方向设为开模方向垂直，图2-46（c）所示的分型面选择合理，而图2-46（d）所示的分型面是不

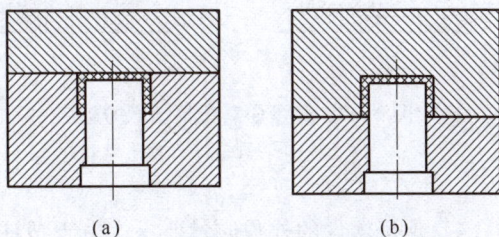

图 2-45 留模方式对塑件脱模的影响

妥的。

　　由于侧滑块合模时的锁紧力较小，因此对于需要侧向抽芯的大型制品，应将投影面积大的分型面设在垂直于合模方向上，而将投影面积较小的分型面作为侧向分型面，如图 2-46（e）所示。如果采用图 2-46（f）所示的结构，则可能由于侧滑块锁紧力不足而产生溢料，为了防止溢料，侧滑块的锁紧机构必须做得很大。

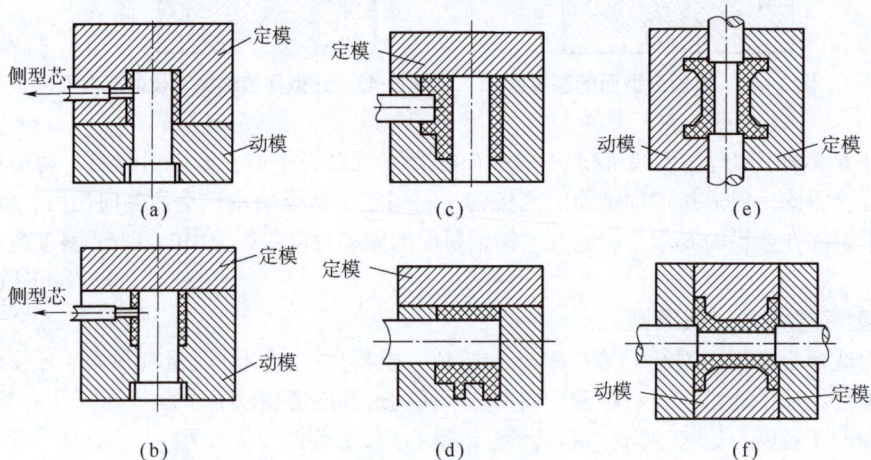

图 2-46　分型面对侧向分型与抽芯的影响

　　（3）保证塑件的尺寸精度。有同轴度要求的塑件应该全部放在动模或定模成型，若分别放在定、动模成型，则会因模具零件制造误差和装配误差而难以保证同轴度。图 2-47（a）所示的结构并不合理，而图 2-47（b）所示的结构则能很好地保证塑件的同轴度。

　　选择分型面时，应考虑减小由脱模斜度造成的塑件大小端尺寸差异。例如，图 2-48 所示的长筒塑件，如果型腔全部设在定模（见图 2-48（a）），会因脱模斜度造成塑件大小端尺寸相差较大；如果采用较小的脱模斜度，又会使塑件黏在定模而造成脱模困难。若塑件外观无严格要求，则可将分型面选在塑件中间，如图 2-48（b）所示，不但可以提高塑件精度，还可采用较大的脱模斜度，有利于脱模。

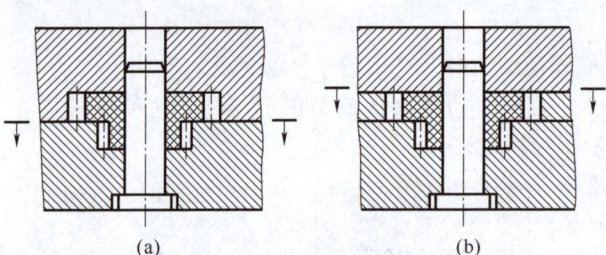

图 2-47　分型面对塑件精度的影响
（a）不合理；（b）合理

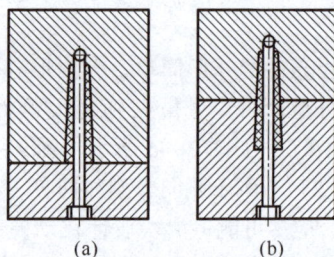

图 2-48　脱模斜度对塑件精度的影响
（a）不合理；（b）合理

　　（4）保证塑件的外观质量要求。由于塑件在分型面处会不可避免地留下飞边，因此分型面应尽可能选择在不影响塑件外观的部位，以及光亮平滑的外表面或带圆弧的转角处，以免影响塑件的外观质量。图 2-49（a）所示的分型面，产生的飞边不易清除且影响塑件的外观，若按图 2-49（b）所示分型面进行分型，飞边处于大圆柱面与小圆柱面的交界处，不影响外观质量。

（5）有利于模具结构简化。熔体在分流道内的能量损失最小，布置分流道的分型面起伏不宜过大。分型面应尽可能与料流的末端重合，有利于气体的排出，如图 2-50（b）所示。而图 2-50（a）所示的分型面下侧的气体排出困难。此外，嵌件位置应尽量靠近分型面，以方便安放。为使模具总体结构简化，还应尽量减少分型面的数目。

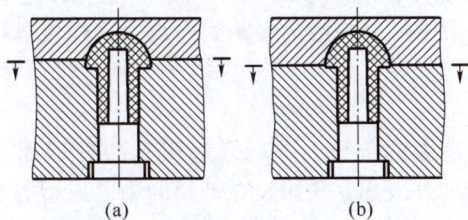

图 2-49　分型面对塑件外观的影响
（a）不合理；（b）合理

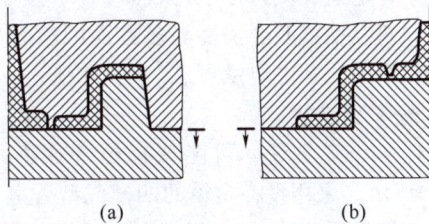

图 2-50　分型面对排气的影响
（a）不合理；（b）合理

（6）分型面上尽量避免尖角。如图 2-38、图 2-39 所示的制品，其边缘圆角处若分型面设置不合理，则模具上易出现尖角。若分型面沿圆弧法线方向伸展构建，则可避免尖角。

（7）便于成型零件加工。为使型芯易于加工，可将分型面做成斜面，如图 2-51（b）所示。而图 2-51（a）所示的分型面加工方便，但型芯加工比较困难。

（8）满足注射机技术规格的要求。

1）锁模力最小。尽可能减少塑件在分型面上的投影面积，当塑件在分型面上的投影面积接近于注射机的最大注射面积时，可能会产生溢料，如图 2-52（a）所示。在保证不溢料的情况下，应尽可能减少分型面接触面积，以增加分型面的接触压力，并简化分型面的加工，如图 2-52（b）所示。

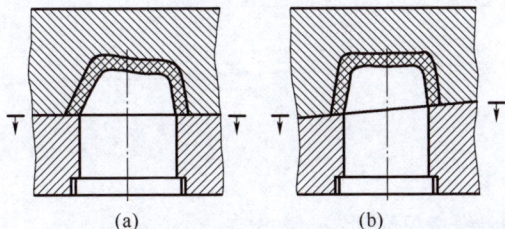

图 2-51　分型面对成型零件加工的影响
（a）不合理；（b）合理

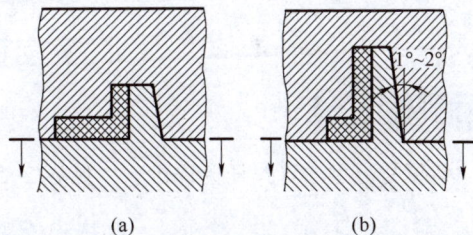

图 2-52　分型面对锁模力的影响
（a）不合理；（b）合理

2）开模行程最短。当制品很深，注射机的开模行程无法满足要求时，分型面要保证定、动模开模行程最短。图 2-53（a）所示的结构开模行程长，需要较大的注射机成型；图 2-53（b）所示的结构则可以采用较小的注射机保证开模行程最短，而且注射机越小，运转费用越低，动作越快。

对于某些塑件，以上分型面选择原则有时可能互相矛盾，不能全部符合，在这种情况下，应根据实际情况，以满足塑件的主要要求为宜。

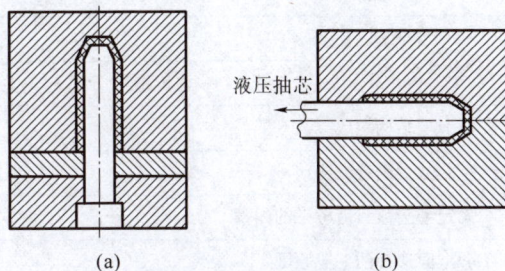

图 2-53　分型面对开模行程的影响
（a）不合理；（b）合理

1. 确定型腔数目及布局

由于香皂盒底塑件形状比较简单，质量较小，生产批量大，因此可采用多型腔模具。综合香皂盒底材料、精度及经济性等多方面因素考虑，采用一模一腔的平衡式布局，这样模具尺寸较小，生产率高，塑件质量可靠，成本较低。

2. 分型面选择

本任务分型面应尽可能选择位于截面尺寸最大的部位，香皂盒底模具的分型面选择如图 2-54 所示。采用设在定模的凹模成型香皂盒底的外表面，采用设在动模的型芯成型香皂盒底的内形，模具结构简单，便于脱模，可保证香皂盒底的外观质量，排气顺畅。

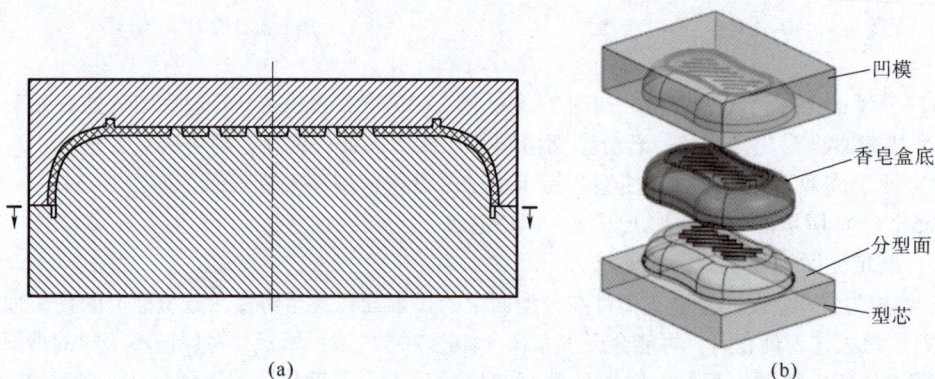

(a)　　　　　　　　　　　　　(b)

图 2-54　香皂盒底模具的分型面选择

（a）香皂盒底模具 2D 分型面；（b）香皂盒底模具 3D 分型面

任务评价

请填写分型面选择任务评价表，见表 2-5。

表 2-5　分型面选择任务评价表

项目名称			
任务名称			
姓名		班级	
组别		学号	
评价项目		分值	得分
注射模结构组成		10	
型腔数目确定方法		10	
确定型腔数目需考虑的因素		10	
分型面选择的一般原则		10	
分型面概念		10	
分型面形状		10	
分型面设计要点		10	

评价项目	分值	得分
工作实效及文明操作	10	
工作表现	10	
团队合作	10	
总计	100	
个人的工作时间	提前完成	
	准时完成	
	超时完成	
个人认为完成最好的方面		
个人认为完成最不满意的方面		
值得改进的方面		
自我评价	非常满意	
	满意	
	不太满意	
	不满意	
记录		

任务拓展

分型面设计要点

扩展阅读

当代青年能否选择躺平

思考与练习

1. 简答题

（1）确定型腔数目的方法有哪些？如何优化确定？

（2）什么是模具分型面？它与塑件分型线有什么关系？

（3）分型面选择的一般原则有哪些？请举例说明。

（4）什么是定距分型拉紧机构？

（5）常用的定距分型拉紧机构有哪些？

（6）如何计算三板模拉杆行程？

2. 综合题

现有塑料连接座，如图 2-55 所示。该连接座制件为某电器产品配套零件，需求量大，要求外形美观、使用方便、质量小、品质可靠。要求完成以下内容。

（1）确定型腔数目及布置方式。

（2）选择分型面。

（3）设计浇注系统。

（4）设计排气系统。

（5）设计引气系统。

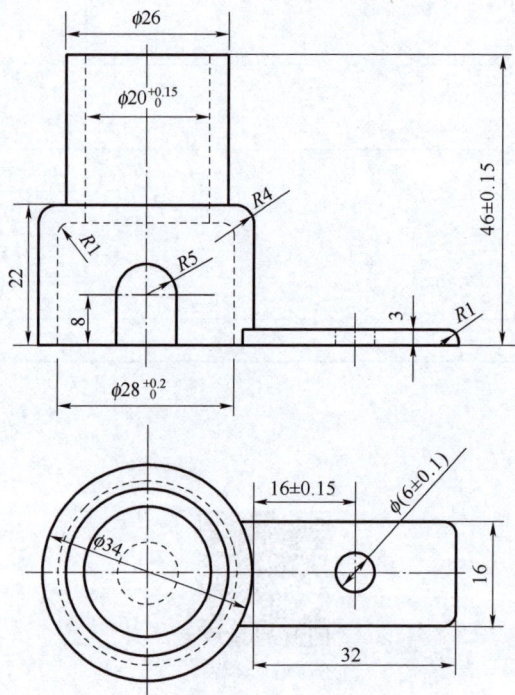

图 2-55　塑料连接座

任务三 成型零件设计

任务目标

能力目标

1. 会设计成型零件结构。

2. 会合理计算和校核成型零件工作部分尺寸，并标注尺寸公差。

3. 会分析型腔壁厚和底板厚度受力情况，会运用公式计算和查表法确定型腔壁厚和底板厚度。

知识目标

1. 熟悉成型零件工作部分尺寸计算公式中各字符的含义。

2. 掌握各种凹模和型芯的结构特点、适用范围、装配要求。

3. 了解成型零件强度、刚度的计算原则。

素质目标

1. 通过成型零件设计的学习，培养学生理论联系实际、学以致用、实事求是的态度，并将其运用到模具结构创新设计中。

2. 引导学生向大国工匠学习，培养学生精益求精、追求极致的工匠初心，以及严谨细致、缜密周全的工匠作风。

任务导入

直接与塑料接触构成制品形状的零件称为成型零件，其中构成制品外形的成型零件称为凹模，构成制品内部形状的成型零件称为型芯。成型零件工作时直接与塑料熔体接触，要承受熔融塑料流的高压冲刷、脱模摩擦等，因此，成型零件不仅要求有正确的几何形状、较高的尺寸精度和较低的表面粗糙度，而且还要求有合理的结构和较高的强度、刚度及较好的耐磨性。

塑料制件注射成型后的结构与尺寸精度，主要取决于注射模成型零件。设计注射模的成型零件时，应根据塑件的结构和型腔布局确定型腔结构，根据塑件的尺寸精度确定成型零件的尺寸精度，并对关键部位进行强度和刚度校核。

本任务以香皂盒底（见图2-1）为载体，合理设计模具成型零件的结构形式，准确计算成型零件的尺寸和公差，并保证其具有足够的强度、刚度。通过学习，学生应具备正确设计模具成型零件的能力。

知识准备

一、成型零件结构设计

在注射模中，用于成型塑件外表面的腔体零件称为凹模，包括凹模板、凹模镶件、螺纹型环等。用于成型塑件内表面的零件称为型芯，包括主型芯、小型芯、螺纹型芯、侧型芯等。

成型零件结构设计

1. 凹模结构设计

根据塑件成型的需要和加工装配的工艺要求，凹模有整体式和组合式两类。

（1）整体式凹模。整体式凹模直接在模板上加工而成，如图 2-56 所示。其特点是结构简单，成型的塑件质量较好；但是消耗的模具钢多，对于形状复杂的型腔，其机械加工工艺性较差。随着数控加工技术和电加工技术的发展与应用，整体式凹模的应用越来越多。日用品中的脸盆、水桶、储物箱等塑件的成型模具大多采用整体式凹模结构。

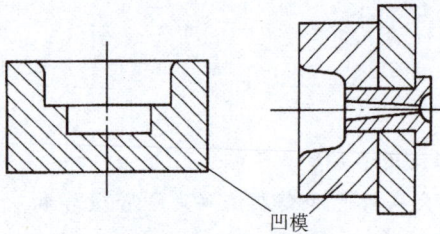

图 2-56　整体式凹模

（2）组合式凹模。组合式凹模由两个或两个以上的零部件组合而成。常见的组合式凹模有以下几种。

1）嵌入式组合凹模。嵌入式组合凹模分为整体嵌入式凹模及局部嵌入式凹模。

如图 2-57 所示，整体嵌入式凹模广泛应用于批量生产、高精度要求及结构复杂塑件的模具。这种结构加工效率高，装拆方便，可以保证各个型腔的形状尺寸一致。图 2-57（a）～图 2-57（c）所示为通孔台肩式结构，即凹模带有台肩，嵌入定模板后用垫板与螺钉紧固。如果凹模是回转体，则需要用销钉或键止转定位。图 2-57（b）所示凹模采用销钉定位，结构简单，装拆方便。图 2-57（d）所示凹模是盲孔式，凹模嵌入固定板后直接用螺钉定位，在固定板下部设计有装拆凹模用的工艺通孔，这种结构可省去垫板。

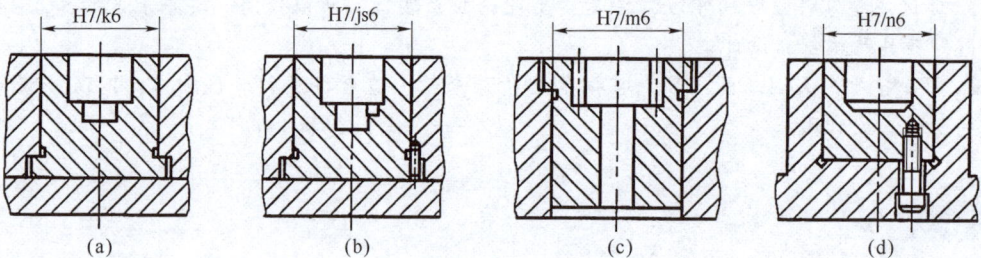

图 2-57　整体嵌入式凹模

需要说明的是，H7/k6 为过渡配合。整体嵌入式凹模镶件需要修理或更换时，需通过压力机缓慢压出或压入（切勿使用锤子随意敲打）进行拆装，这样仍能保持 H7/k6 的配合精度。H7/m6 虽然在公差带上为过渡配合，但在模具使用时为过盈配合（即凹模镶件配合部位的尺寸比模板上加工的安装孔尺寸大），装配时强行压入，拆下时强行压出，拆下之后的配合精度被破坏，所以 H7/m6 的配合精度只能使用一次。

为了加工方便，或由于某一部分容易损坏而导致凹模需要经常更换时，应采用局部嵌入式凹模。常见局部嵌入式凹模的结构如图 2-58 所示。图 2-58（a）所示为异形凹模，先加工周围小孔，再在小孔内装入芯棒并加工打孔，之后取出芯棒，将型芯镶入小孔，与大孔组成凹模；图 2-58（b）所示为局部凸起结构凹模，将凸起结构单独加工，然后通过圆形槽或 T 形槽镶进圆形凹模内；图 2-58（c）、图 2-58（d）所示为单独加工的型腔底部，用螺钉紧固；图 2-58（e）所示为长条形凹模，用螺钉紧固；图 2-58（f）所示凹模采用台肩式结构。

2）镶拼组合式凹模。为了方便加工制造、研磨抛光、减少热处理变形及节约优质钢材，比较复杂或尺寸较大的型腔可以由几部分零部件镶拼而成。当凹模型腔的底部形状比较复杂或面积很大时，可将其底部与四周分离出来单独加工，以降低加工难度，如图 2-59 所示。

对于大型和形状复杂的凹模，为了便于加工、利于淬透、减少热处理变形和节省模具钢，可将四壁和底板分别进行加工，再镶入模板，用垫板和螺钉紧固，如图 2-60 所示。侧壁之间采用

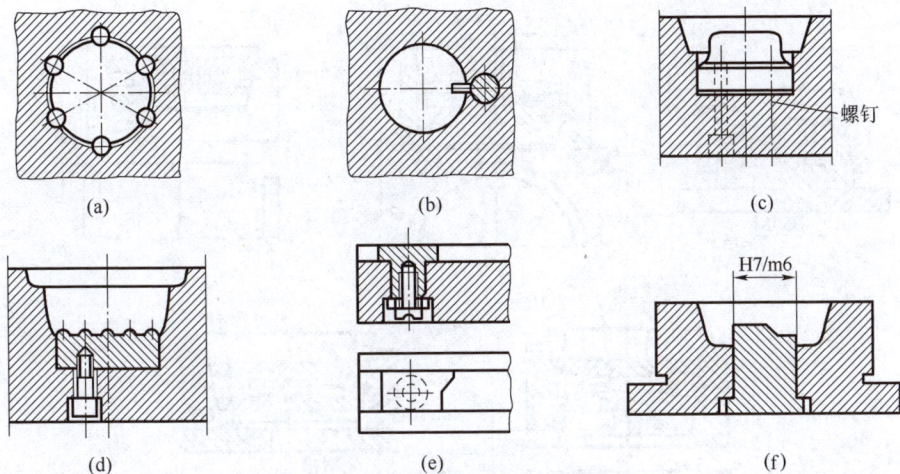

图 2-58 局部嵌入式凹模

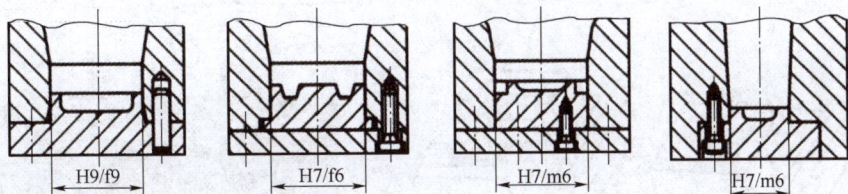

图 2-59 底部镶拼组合式凹模

扣锁连接，以保证装配的准确性，减少塑料挤入接缝。

3）瓣合式凹模。对于侧壁带凹的塑件（如线圈骨架），为了便于脱模，可将凹模做成两瓣或多瓣组合形式，成型时瓣合，脱模时瓣开，如图 2-61 所示。常见的瓣合式凹模是两瓣组合式，由两瓣对拼镶块、定位销和模套组成，这种凹模通常称为哈夫（Half）凹模。图 2-61（a）所示凹模用于移动式压缩模，使用时先将两拼块合拢，利用模套与拼块 8°～10°的斜面配合而锁紧拼块，压制成型后松开模套，然后水平分开拼块，取出制品；图 2-61（b）所示凹模用于单型腔压注小型塑件且成型压力不大的场合；图 2-61（c）所示为多型腔的矩形凹模拼块；图 2-61（d）和图 2-61（e）所示为封闭式模套的瓣合式凹模，利用 12°斜面或斜滑槽分开拼块，取出制品，这种结构适用于成型尺寸较大的制品或多型腔成型压力较大的场

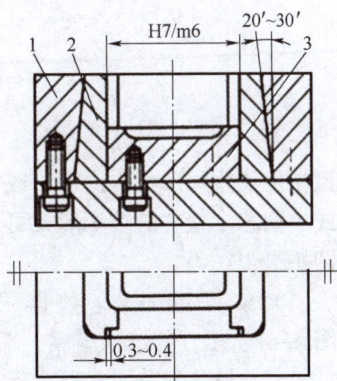

图 2-60 侧壁镶拼组合式凹模

合；图 2-61（f）所示为立体的瓣合式凹模；图 2-61（g）所示为注射模瓣合式凹模实例，在实际生产中应用效果很好。

综上所述，采用组合式凹模可简化复杂凹模的加工工艺，减少热处理变形，有利于排气，便于模具维修，节省贵重的模具钢。为了保证组合后型腔尺寸的精度和装配的牢固、减少塑件上的镶拼痕迹，镶块的尺寸、形状和位置公差等级要求较高，组合结构必须牢固，镶块的机械加工工艺性要好。因此，选择合理的组合镶拼结构非常重要。

2. 型芯结构设计

型芯是用来成型塑件内形的零部件。一般将成型塑件整体内形的模具零部件称为主型芯，

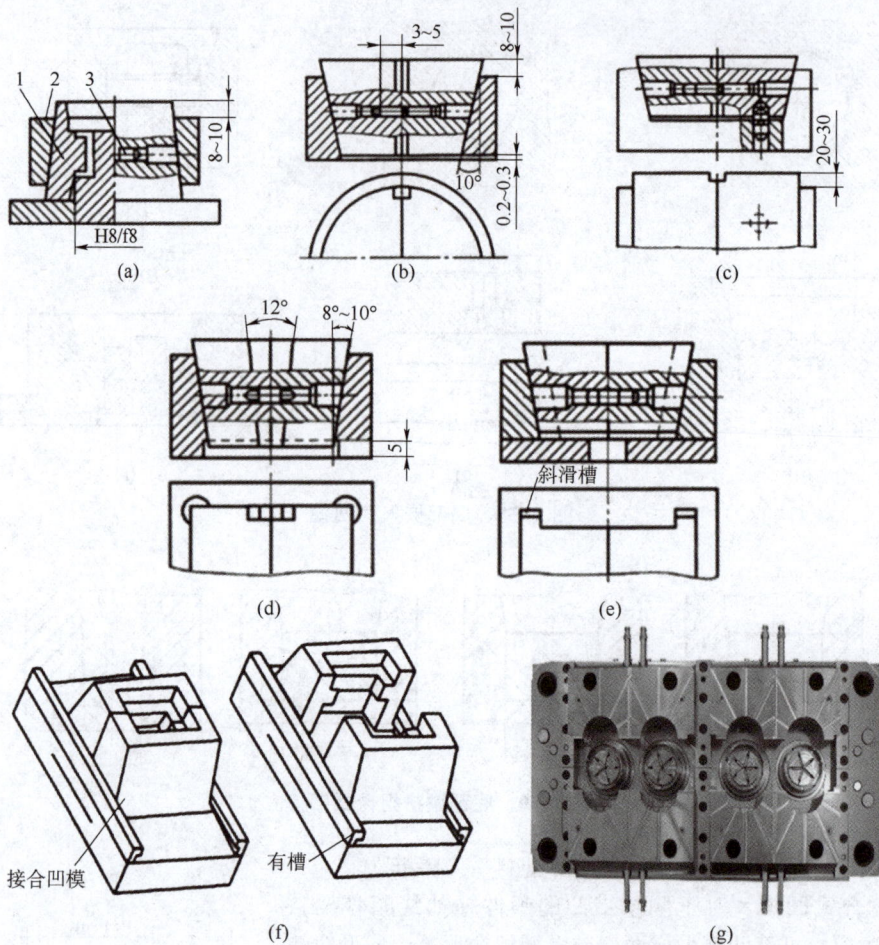

图 2-61　瓣合式凹模
1—斜滑块；2—模套；3—定位销

成型塑件某些局部特殊内形，或局部孔、槽等形状所用的模具零部件称为成型杆或小型芯。型芯的结构形式可分为整体式和组合式，组合式包括整体镶拼式和镶拼组合式等。

（1）整体式型芯。整体式型芯是指直接在动模板上加工出的型芯，如图 2-62 所示，其结构牢靠、不易变形、成型出来的塑件不会有镶拼接缝的痕迹。但型芯形状复杂时，不容易进行整体加工，而且消耗的模具材料较多，因此整体式型芯主要用于工艺试验或小型模具上的简单形状。

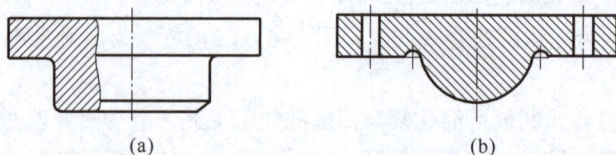

图 2-62　整体式型芯

（2）组合式型芯。

1）整体镶拼式型芯。对于一些大中型塑件，为方便机械加工和热处理，或节省优质模具材料，可以将型芯的成型部分与安装固定部分分开加工，然后再用紧固件连接起来形成整体镶拼式型芯，如图 2-63 所示。图 2-63（a）所示型芯结构用螺钉连接，结构简单；图 2-63（b）所示型芯结构采用局部嵌入固定，其牢固程度较图 2-63（a）好；图 2-63（c）所示型芯结构采用台阶连接，连接牢固，比较常用，但结构较复杂，为防止固定部分为圆形而成型部分为非圆形的型芯在固定板内转动，必须装防转销止转。

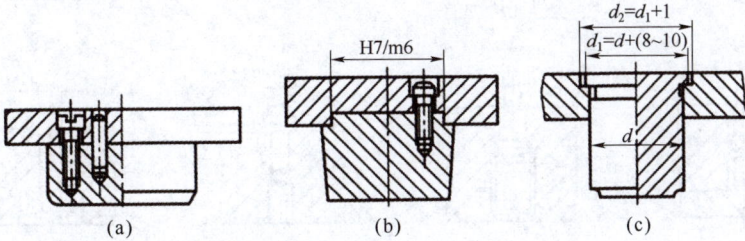

图 2-63　整体镶拼式型芯
（a）螺钉连接；（b）局部嵌入固定；（c）台阶连接

2）镶拼组合式型芯。图 2-64 所示形状复杂的型芯，如果采用整体式结构，加工较困难，而采用镶拼组合式结构可简化加工工艺。镶拼组合式型芯的优缺点与镶拼组合式凹模基本相同。设计和制造这类型芯时，必须注意保证拼块的加工和热处理工艺性，拼接必须牢靠、严密。图 2-64（a）中两个小型芯如果靠得太近，可采用图 2-64（b）所示的结构，以免在热处理时薄壁处开裂。图 2-64（c）所示为典型的镶拼组合式型芯。

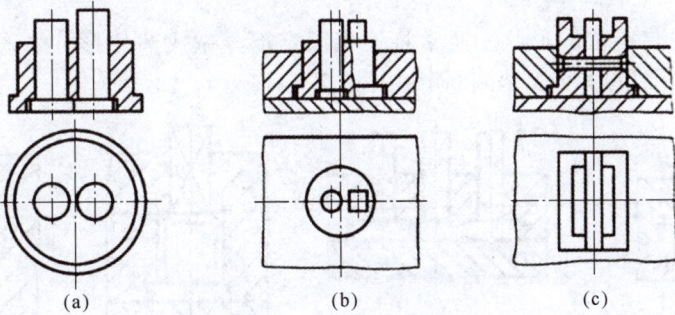

图 2-64　镶拼组合式型芯

（3）小型芯（成型杆）。小型芯用来成型塑料制品上的小孔或槽。小型芯单独制造后，再嵌入模板中。小型芯（含螺纹小型芯）典型的固定结构如图 2-65 所示。其中图 2-65（a）所示为铆接结构，可防止型芯在制品脱模时被拔出，但熔体容易从图中所示位置渗入型芯底面，为防止发生这种现象，可将型芯嵌入固定板内一定距离，如图 2-65（b）所示。图 2-65（b）所示为压入式结构，是一种最简单的固定方式，但型芯松动后可能会被拔出。图 2-65（c）所示的固定方式较常用，型芯与固定板之间留有 0.5 mm 的双边间隙，这是为了方便加工和装配，型芯下段加粗是为了提高小而长的型芯的强度。图 2-65（d）所示为带推件板型芯的固定方法。图 2-65（e）和图 2-65（f）所示分别为采用顶销和紧定螺钉的固定方法。对于尺寸较大的型芯，可以采用图 2-65（g）~图 2-65（j）所示的固定方式；当局部有小型芯时，可采用图 2-65（k）、图 2-65（l）所示的固定方式，即使小型芯嵌入垫板，以缩短型芯尺寸及其配合长度。

多个紧密排列的小型芯用台肩固定时，如果台肩发生重叠干涉（见图 2-66（a）），可将台肩的干涉部分切去磨平，将型芯固定板的台阶孔加工成大圆台阶孔或长腰圆形台阶孔，然后再将型芯镶入其中，如图 2-66（b）所示。

对于异形型芯或异形成型镶块，可只将成型部分按照塑件形状加工，而将安装部分做成圆

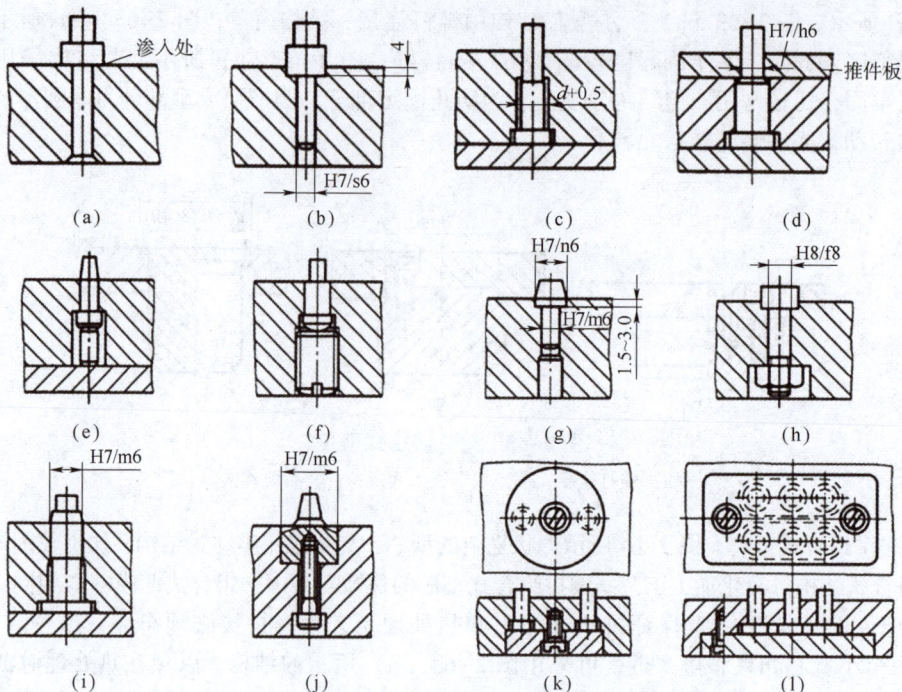

图 2-65　小型芯（含螺纹小型芯）典型的固定结构

柱形或其他容易安装定位的形状。通常将连接固定部分做成圆柱形，并采用台阶固定（见图 2-67（a）），或用螺母和弹簧垫圈固定（见图 2-67（b））。

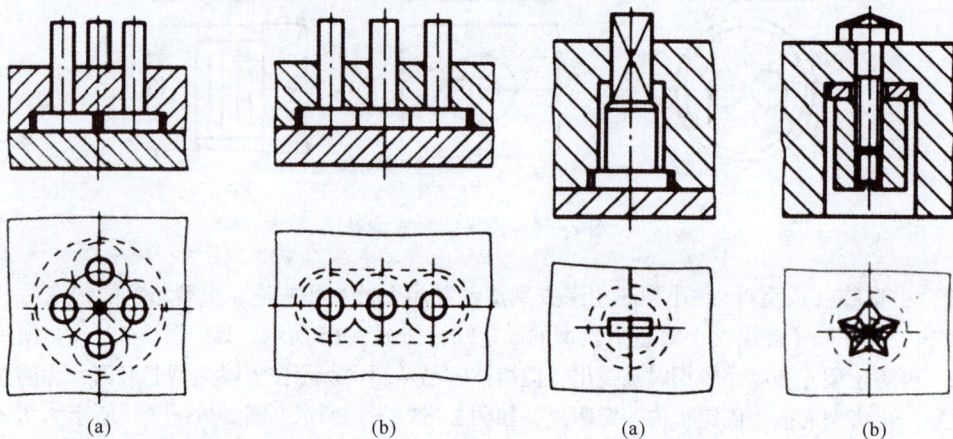

图 2-66　多个小型芯紧密排列　　　　图 2-67　异形型芯的固定

3. 螺纹型芯和螺纹型环的结构设计

塑件上的内螺纹采用螺纹型芯成型，外螺纹采用螺纹型环成型。螺纹型芯和螺纹型环还可以用来固定带螺孔和螺杆的镶件。螺纹型芯和螺纹型环在塑件成型之后必须卸除，卸除方法分为强制脱卸、机动脱卸和手动脱卸三种。这里只介绍手动脱卸螺纹型芯和螺纹型环的结构及其固定方法。

（1）螺纹型芯。螺纹型芯分为两类：一类用来成型塑件上的内螺纹；另一类用来在模内固定有内螺纹的金属嵌件。两种螺纹型芯在结构上没有本质区别，但前一种螺纹型芯在设计时要求塑件的收缩率、型芯表面粗糙度要小（Ra 为 $0.1~\mu m$），始端和末端应按塑件结构要求设计；而后一种螺纹型芯在设计时不必考虑塑件收缩率，且表面粗糙度可以放大些（Ra 为 $0.8~\mu m$ 即可）。

螺纹型芯的固定结构如图 2-68 所示。图 2-68（a）~图 2-68（c）所示为成型内螺纹的螺纹型芯，图 2-68（d）~图 2-68（f）所示为固定有内螺纹金属嵌件的螺纹型芯。图 2-68（a）所示是利用锥面定位和支承的形式；图 2-68（b）所示是利用大圆柱面定位和台阶支承的形式；图 2-68（c）所示是用圆柱面定位和垫板支承的形式；图 2-68（d）所示是利用嵌件与模具的接触面起支承作用，防止型芯受压下沉的形式；图 2-68（e）所示是将嵌件下端以锥面镶入模板中，以增强嵌件的稳定性，并防止塑料挤入嵌件螺孔的形式；图 2-68（f）所示是将小直径螺纹嵌件直接插入固定在模具上的光杆型芯上的形式，因螺牙沟槽很细小，故塑料仅能挤入一小段，并不妨碍使用，这样省去模外脱卸螺纹的操作。螺纹型芯的非成型端应制成方形，或将相应的两边磨成两个平面，以便在模外用工具将其旋下。

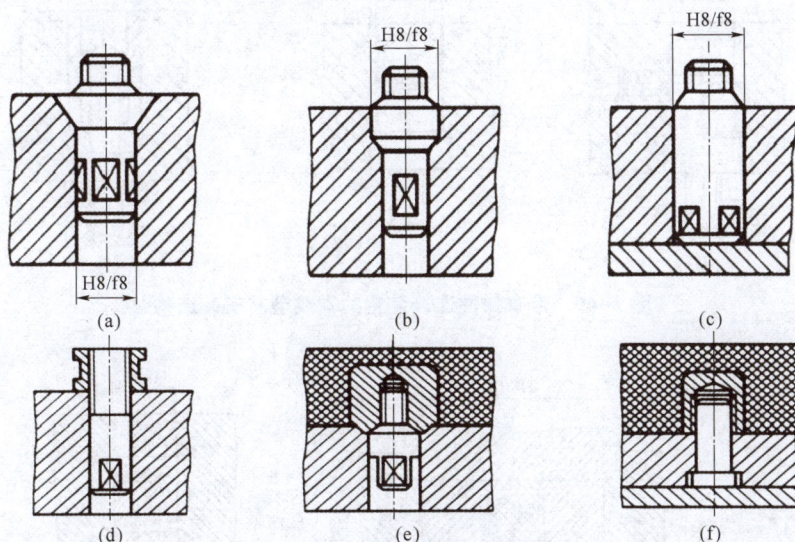

图 2-68　螺纹型芯的固定结构

当螺纹型芯固定在立式注射机的上模或卧式注射机的动模上时，由于合模时冲击振动大，因此螺纹型芯插入时应有弹性连接装置，以免造成型芯脱落或移动。带有弹性连接装置的螺纹型芯安装结构如图 2-69 所示。图 2-69（a）、图 2-69（b）所示为豁口柄结构；图 2-69（c）所示为弹簧钢丝定位结构，常用于直径为 5~10 mm 的型芯；图 2-69（d）所示为钢球弹簧固定结构，用于直径大于 10 mm 的型芯；图 2-69（e）所示为利用弹簧卡圈固定型芯的结构；图 2-69（f）所示为利用弹簧夹头固定型芯的结构。

（2）螺纹型环。螺纹型环按其用途也分为两类：一类直接用于成型塑件上的外螺纹；另一类则用来在模内固定有外螺纹的金属嵌件。两种螺纹型环在模内的安装固定方法如图 2-70 所示。螺纹型环的工作部分实际上相当于一个凹模，因此它也可分为整体式和组合式两种结构。图 2-71（a）所示为整体式螺纹型环，其外表面呈台阶状，大端部分与模具上的固定孔配合，配合高度为 3~5 mm，其余部分可加工成锥形；小端部分用来与扳手配合，以便成型后将制品与螺纹型环旋开。图 2-71（b）所示为组合式螺纹型环，由两瓣拼合而成，并用定位销定位；成型后，可将尖状卸模器楔入螺纹型环两边的楔形槽撬口内，使螺纹型环分开，这种方法快而省力，但会在成型的塑件外螺纹上留下难以修整的拼合痕迹。

二、成型零件工作尺寸确定

成型零件的工作尺寸，是指成型零件上直接用于成型塑件部分的尺寸，主要有型腔和型芯的径向尺寸（包括矩形和异形零件的长和宽）、深度和高度尺寸、孔间距、孔或凸台至某成型表

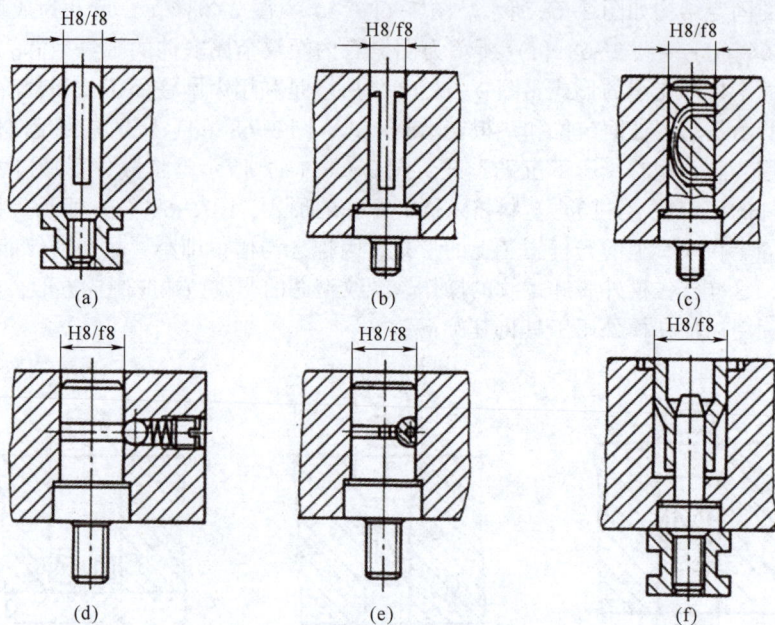

图 2-69　带有弹性连接装置的螺纹型芯安装结构

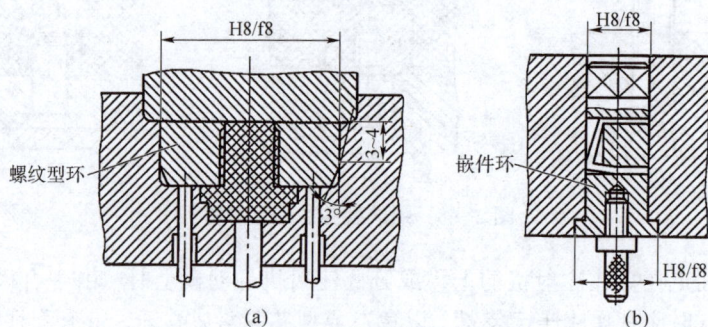

图 2-70　螺纹型环在模内的安装固定方法

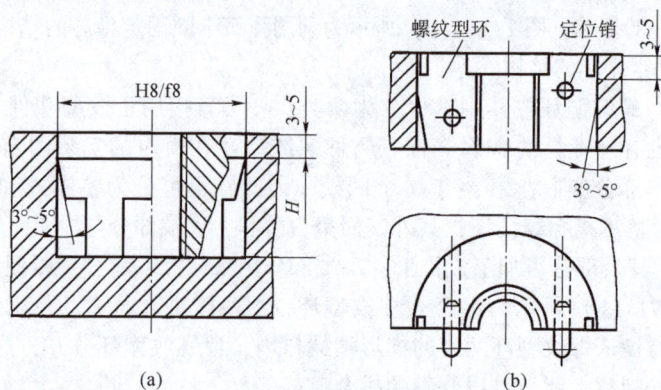

图 2-71　螺纹型环的结构

（a）整体式；（b）组合式

面的距离、螺纹成型零件的径向尺寸和螺距等。

1. 影响塑件尺寸精度的因素

（1）成型零件的制造公差。成型零件的制造精度直接影响塑件的尺寸精度，成型零件的制造公差等级越低，塑件的尺寸公差等级也越低。实验表明，成型零件的制造公差约占塑件总公差的1/3，因而在确定成型零件的工作尺寸公差时，可取塑件尺寸公差的1/3。组合式成型零件的制造公差应根据尺寸链加以确定。

成型零件工作尺寸确定

（2）成型零件的磨损。成型零件磨损的结果是型腔尺寸变大，型芯尺寸变小，中心距基本保持不变。影响成型零件磨损的因素有脱模过程中塑件与成型零件表面的相对摩擦、熔体在充模过程中的冲刷、成型过程中可能产生的腐蚀气体的腐蚀作用，以及由上述原因造成成型零件表面粗糙度变大而需打磨抛光导致的零件实体尺寸的减小。磨损程度还与塑料的品种、模具的材料及其热处理有关。上述影响磨损的诸因素中，塑件脱模过程中的摩擦磨损是主要的。因而，为了简化计算，垂直于脱模方向的成型零件表面可不考虑磨损，只考虑平行于脱模方向表面的磨损。

计算成型零件的尺寸时，磨损量应根据塑件的产量，结合磨损的影响因素来确定。塑件生产批量小时，磨损量取小值，甚至可以不考虑磨损量；成型玻璃纤维等增强塑料时，磨损量应取较大值；成型摩擦因数小的热塑性塑料（如聚乙烯、聚丙烯、聚酰胺、聚甲醛）时，磨损量取小值；模具材料耐磨性好，表面若进行镀铬或氮化等强化处理，磨损量可取小值。对于中小型塑件，最大磨损量可取塑件尺寸公差的1/6，即 $\delta_c = \Delta/6$（δ_c 为成型零件允许的最大磨损量）；对于大型塑件，则取 $\Delta/6$ 以下。

（3）收缩率的偏差和波动。收缩率是指室温下塑件尺寸与模具型腔尺寸的相对差。塑料收缩率与塑料品种，塑件的形状、尺寸、壁厚、成型工艺条件、模具结构等因素有关，所以确定准确的收缩率是很困难的。上述各因素发生变化都会引起收缩率的波动，进而产生尺寸误差，通常收缩率波动所引起的塑件尺寸误差为

$$\delta_s = (S_{max} - S_{min})L_s \tag{2-17}$$

式中　δ_s——塑料收缩率波动引起的塑件尺寸误差；

　　　S_{max}——塑料的最大收缩率；

　　　S_{min}——塑料的最小收缩率；

　　　L_s——塑件室温下的基本尺寸。

由于实际收缩率与计算收缩率会有差异，按照一般要求，塑料收缩率波动所引起的误差应小于塑件尺寸公差的1/3。

（4）成型零件的安装配合误差。模具成型零件的安装误差，或成型过程中成型零件间隙的变化，都会影响塑件尺寸的精确性。例如，上模与下模，或动模与定模合模位置不准确，就会影响塑件壁厚等尺寸误差；又如，螺纹型芯如果按间隙配合安放在模具中，那么制品中螺纹孔的位置公差就会受配合间隙的影响。

（5）水平飞边厚度的波动。对于压缩成型，如果采用溢料式或半溢料式模具，其飞边厚度常因成型工艺条件的变化而变化，从而导致制品高度尺寸的误差。对于压注成型和注射成型，水平飞边厚度很薄，甚至没有飞边，故对制品高度尺寸影响不大。

综上所述，塑件可能产生的最大误差为上述各种误差的总和。即

$$\delta = \delta_z + \delta_c + \delta_s + \delta_j + \delta_f \tag{2-18}$$

式中　δ——塑件可能产生的最大误差；

　　　δ_z——成型零件的制造公差；

　　　δ_c——成型零件的最大磨损量；

δ_s——塑料收缩率波动引起的塑件尺寸误差；

δ_j——成型零件的安装配合误差；

δ_f——水平飞边厚度的波动所造成的误差。

由此看来，塑件的尺寸精度难以精确保证。设计塑件时，其公差的选择不仅要从塑件的装配和使用需要出发，而且要充分考虑塑件在成型过程中可能产生的误差。换句话说，塑件的尺寸公差要求受可能产生的误差限制。塑件的尺寸公差应大于或等于上述各因素所引起的积累误差，即

$$\Delta \geqslant \delta \qquad\qquad (2-19)$$

否则将给模具制造和成型工艺条件的控制带来困难。

一般情况下，在以上影响塑件尺寸公差的因素中，成型零件的制造公差、磨损和收缩率的波动是主要的，而且并不是塑件的所有尺寸都受上述各因素的影响。例如，采用整体式凹模成型时，塑件的外径尺寸（宽或长）只受 δ_z、δ_c、δ_s 的影响，而高度尺寸则受 δ_z、δ_s 的影响（压缩成型制品的高度尺寸还受 δ_f 的影响）。

还应注意到，收缩率波动引起的误差 δ_s 是随着塑件尺寸的增大而增大的。因此，当生产大型塑件时，收缩率的波动对塑件尺寸公差影响很大。在这种情况下，应着重设法稳定工艺条件并选择收缩率波动较小的塑料，单靠提高成型零件的制造精度是不经济的。相反，当生产小型塑件时，模具成型零件的制造精度和磨损对塑件尺寸公差的影响较突出，因此，应注意提高成型零件的制造精度并减小磨损量。在精密成型中，如何减小成型工艺条件的波动是一个很重要的问题，单纯地根据塑件尺寸公差来确定模具成型零件的尺寸公差是难以达到要求的。

2. 型芯、型腔工作尺寸的确定

一般情况下，成型零件的制造公差、磨损和收缩率的波动是影响塑件尺寸公差的主要因素，成型零件的工作尺寸应根据以上三项因素进行计算。

（1）成型零件工作尺寸的一般计算方法。成型零件工作尺寸的计算方法有两种：一种是按平均收缩率、平均制造公差和平均磨损量进行计算；另一种是按极限收缩率、极限制造公差和极限磨损量进行计算。前一种计算方法简便，但可能有误差，在精密塑件的模具设计中受到一定限制；后一种计算方法能保证所成型的塑件在规定的公差范围内，但计算比较复杂。下面简单介绍基于参数平均值的计算方法。

在计算成型零件的工作尺寸时，塑件和成型零件的尺寸均取单边极限，如果塑件的公差带为双向分布，则按这个要求加以换算，而中心距尺寸应按公差带对称分布的原则进行计算。

图 2-72 所示为模具成型零件工作尺寸与塑件尺寸的关系。

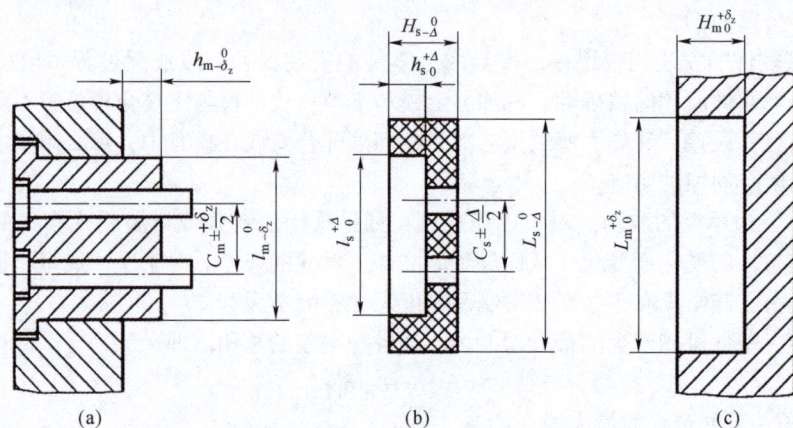

图 2-72　模具成型零件工作尺寸与塑件尺寸的关系
（a）型芯尺寸；（b）塑件尺寸；（c）型腔尺寸

成型零件工作尺寸的计算常采用平均收缩率法，是按塑件收缩率、成型零件制造公差和磨损量为平均值时，塑件获得平均尺寸来计算的，其计算公式见表2-6。

表 2-6　成型零件工作尺寸的计算公式　　　　　　　　　　　mm

尺寸类型		计算公式	说明
径向尺寸	型腔内形径向尺寸 L_m	$L_m = \left(L_s + L_s S - \dfrac{3}{4}\Delta\right)_{0}^{+\delta_z}$	式中　L_m——型腔的内形径向尺寸，公差为 $_0^{+\delta_z}$； L_s——塑件的外形径向尺寸，公差为 $_{-\Delta}^{0}$； H_m——型腔的深度尺寸，公差为 $_0^{+\delta_z}$； H_s——塑件的外形高度尺寸，公差为 $_{-\Delta}^{0}$； l_m——型芯的外形径向尺寸，公差为 $_{-\delta_z}^{0}$； l_s——塑件的内形径向尺寸，公差为 $_0^{+\Delta}$； h_m——型芯的高度尺寸，公差为 $_{-\delta_z}^{0}$； h_s——塑件的内形高度尺寸，公差为 $_0^{+\Delta}$； C_m——型芯的中心距尺寸，公差为 $\pm\dfrac{1}{2}\delta_z$； C_s——塑件的中心距尺寸，公差为 $\pm\dfrac{1}{2}\Delta$； S——塑料的平均收缩率，$S = \dfrac{S_{max}+S_{min}}{2}$； Δ——塑件的尺寸公差，mm； δ_z——成型零件的制造公差，一般取 $\delta_z = \Delta/3$
	型芯外形径向尺寸 l_m	$l_m = \left(l_s + l_s S + \dfrac{3}{4}\Delta\right)_{-\delta_z}^{0}$	
深度及高度尺寸	型腔深度尺寸 H_m	$H_m = \left(H_s + H_s S - \dfrac{2}{3}\Delta\right)_{0}^{+\delta_z}$	
	型芯高度尺寸 h_m	$h_m = \left(h_s + h_s S + \dfrac{2}{3}\Delta\right)_{-\delta_z}^{0}$	
中心距尺寸		$C_m = (C_s + C_s S) \pm \dfrac{1}{2}\delta_z$	

注：下标 s、m 分别代表塑件和模具。

（2）成型零件工作尺寸的其他估算方法。

1）塑件尺寸为自由公差时，有

$$L_m = L_s(1+S) \tag{2-20}$$

式中　L_m——型腔的内形径向尺寸，公差为 $_0^{+\delta_z}$；

L_s——塑件的外形径向尺寸，公差为 $_{-\Delta}^{0}$；

S——塑料的平均收缩率，$S = \dfrac{S_{max}+S_{min}}{2}$。

型腔的尺寸公差等级通常取 IT6~IT8。

2）塑件尺寸为非自由公差时，有两种估算方法：一种方法是对型腔的基本尺寸按照自由公差条件计算，但型腔的尺寸公差取塑件尺寸公差的 $\dfrac{1}{3}$~$\dfrac{1}{2}$；另一种方法是对型腔的基本尺寸按照下面的公式进行计算

$$L_m = \frac{L_{smax}+L_{smin}}{2}(1+S) \tag{2-21}$$

式中　L_{smax}——塑件的最大极限尺寸；

L_{smin}——塑件的最小极限尺寸。

型腔的尺寸公差仍然取塑件尺寸公差的 $\dfrac{1}{3}$~$\dfrac{1}{2}$，精密注射模常采用这种方法计算。

3. 螺纹型芯和螺纹型环工作尺寸的计算

螺纹连接的种类很多，配合性质也不相同。对塑料螺纹来说，影响其连接的因素很复杂，目前尚无塑料螺纹的统一标准，也没有成熟的计算方法，因而目前要满足塑料螺纹配合的准确要求，难

度较大。

下面介绍公制普通螺纹型芯和螺纹型环工作尺寸的计算方法，对应的几何参数如图 2-73 所示。

（1）螺纹型芯工作尺寸计算。按照平均值计算法计算，螺纹型芯的中径、大径、小径、螺距计算公式如下

$$中径\ d_{2m} = (D_{2s} + D_{2s}S + b)_{-\delta_z}^{0} \qquad (2-22)$$

$$大径\ d_m = (D_s + D_sS + b)_{-\delta_z}^{0} \qquad (2-23)$$

$$小径\ d_{1m} = (D_{1s} + D_{1s}S + b)_{-\delta_z}^{0} \qquad (2-24)$$

$$螺距\ P_m = (P_s + P_sS) \pm \frac{1}{2}\delta'_z \qquad (2-25)$$

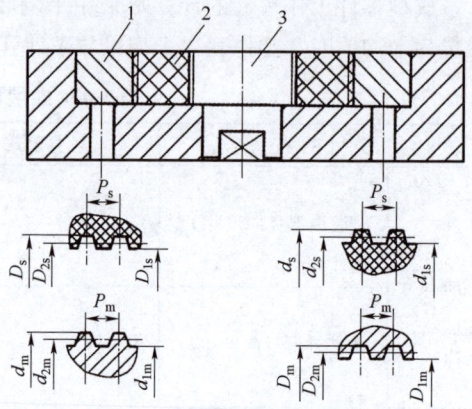

图 2-73 公制普通螺纹型芯和螺纹型环的几何参数

1—螺纹型环；2—塑件；3—螺纹型芯

式中　d_{2m}、d_m、d_{1m}、P_m——分别为螺纹型芯的中径、大径、小径、螺距；

D_{2m}、D_s、D_{1s}、P_s——分别为塑件内螺纹的中径、大径、小径、螺距；

S——塑料的平均收缩率；

b——塑件内螺纹中径公差，目前我国尚无塑料螺纹的公差标准，可参照金属螺纹公差标准中精度最低值选用，其值可查国标《普通螺纹公差》（GB/T 197—2018）。

δ_z——螺纹型芯的直径制造公差，对于螺纹型芯中径，其值应小于塑件的尺寸公差，一般取 $\delta_z = b/5$，或查表 2-7；对于螺纹型芯大径、小径，一般取 $\delta_z = b/4$，或查表 2-7；

δ'_z——螺纹型芯的螺距制造公差，其值可查表 2-8。

表 2-7 普通螺纹型芯和螺纹型环的直径制造公差

螺纹类型	螺纹直径（d 或 D）/mm	制造公差 δ_z/mm		
		大径	中径	小径
粗牙	3~12	0.03	0.02	0.03
	14~33	0.04	0.03	0.04
	36~45	0.05	0.04	0.05
	48~68	0.06	0.05	0.06
细牙	4~22	0.03	0.02	0.03
	24~52	0.04	0.03	0.04
	56~68	0.05	0.04	0.05

表 2-8 螺纹型芯和螺纹型环的螺距制造公差

螺纹直径（d 或 D）/mm	配合长度 L/mm	制造公差/mm
3~10	≤12	0.01~0.03
12~22	>12~20	0.02~0.04
24~68	>20	0.03~0.05

（2）螺纹型环工作尺寸计算。按照平均值计算法计算，螺纹型环中径、大径、小径的计算公式为

$$中径 D_{2m} = (d_{2s}+d_{2s}S-b)^{+\delta_z}_{0} \tag{2-26}$$

$$大径 D_m = (d_s+d_s S-b)^{+\delta_z}_{0} \tag{2-27}$$

$$小径 D_{1m} = (d_{1s}+d_{1s}S-b)^{+\delta_z}_{0} \tag{2-28}$$

式中　D_{2m}、D_m、D_{1m}——分别为螺纹型环的中径、大径、小径；

　　　d_{2s}、d_s、d_{1s}——分别为塑件外螺纹的中径、大径、小径；

　　　S——塑料的平均收缩率；

　　　b——塑件的外螺纹中径公差，与螺纹型芯工作尺寸计算中的塑件内螺纹中径公差的取值方法相同；

　　　δ_z——螺纹型环的直径制造公差，对于螺纹型环中径，其值应小于塑件的尺寸公差，一般取 $\delta_z = b/5$，或查表 2-7；对于螺纹型环大径、小径，一般取 $\delta_z = b/4$，或查表 2-7。

螺纹型环的螺距计算与螺纹型芯的螺距计算完全相同。

由于考虑了塑料的收缩率，因此计算所得螺距带有不规则的小数，加工这样的螺纹型芯和螺纹型环很困难。为此，当收缩率相同或相近的塑料外螺纹与塑料内螺纹配合时，计算螺距时可以不考虑收缩率。当塑料螺纹与金属螺纹配合时，可在中径公差范围内，用上述方法加大螺纹型芯中径或缩小螺纹型环中径（大径和小径也同样按比例增大或缩小）来补偿塑料螺纹螺距的累计误差，但配合使用的螺纹长度 L 有一定限制，其极限值为

$$L_{max} \leqslant \frac{0.432b}{S} \tag{2-29}$$

式中　L_{max}——配合使用的螺纹极限长度；

　　　b——塑料螺纹的中径公差；

　　　S——塑料的平均收缩率。

虽然特殊螺距的螺纹型芯和螺纹型环加工困难，但必要时还是可以采用在车床上配置特殊齿数的变速交换齿轮等方法进行加工。

三、成型零件的强度、刚度计算

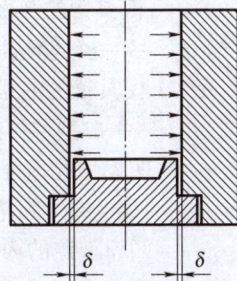

1. 计算成型零件强度、刚度时考虑的因素

若型腔侧壁和底板厚度过小，则可能会因强度不够而产生塑性变形，甚至破损，也可能会因刚度不足而产生挠曲变形，导致溢料和飞边，从而降低塑件尺寸精度并影响顺利脱模。因此，应通过强度和刚度计算来确定型腔侧壁和底板厚度，尤其对于精度要求高的大型模具型腔，更不能单纯地凭经验来确定型腔侧壁和底板厚度。

成型零件强度、刚度计算

理论分析和生产实践表明，对于大尺寸模具型腔，刚度不足是主要矛盾，设计型腔壁厚应以满足刚度条件为准；而对于小尺寸的模具型腔，在其发生弹性变形之前，内应力往往已经超过许用应力，因而强度不足是主要矛盾，所以，设计型腔壁厚应以满足强度为准。

型腔的强度计算条件是型腔在各种受力形式下的应力值不得超过模具材料的许用应力，即 $\sigma_{max} \leqslant [\sigma]$。型腔的刚度计算条件是型腔的弹性变形不得超过允许变形量，即 $\delta_{max} \leqslant [\delta]$，计算条件主要基于以下三方面考虑。

（1）成型过程不发生溢料。当高压熔体注入型腔时，模具型腔的某些配合面会产生可能发生溢料的间隙，如图 2-74 所示。这时，应根据塑料的黏度特性，在不发生溢料的前提下，将允许的最大间隙 $[\delta]$ 作为型腔的刚度条件。不发生溢料的间隙值见表 2-9。

图 2-74　型腔弹性变形与溢料的发生

（2）保证塑件的尺寸精度。精度高的塑件要求模具型腔具有良好的刚性，以保证塑料熔体注入型腔时不产生过大的弹性变形。此时，型腔的允许变形量 $[\delta]$ 受塑件尺寸和公差的限制。保证塑件尺寸精度的型腔允许变形量见表2-10。

表2-9　不发生溢料的间隙值

黏度特性	塑料品种举例	不发生溢料的间隙值/mm
低黏度塑料	PA、PE、PP、POM	≤0.025~0.04
中等黏度塑料	PS、ABS、PMMA	≤0.05
高黏度塑料	PC、PSF、PPE	≤0.06~0.08

表2-10　保证塑件尺寸精度的型腔允许变形量

塑件尺寸/mm	型腔允许变形量/mm	塑件尺寸/mm	型腔允许变形量/mm
≤10	$\Delta/3$	>200~500	$\Delta/[10\times(1+\Delta)]$
>10~50	$\Delta/[3\times(1+\Delta)]$	>500~1000	$\Delta/[15\times(1+\Delta)]$
>50~200	$\Delta/[5\times(1+\Delta)]$	>1 000~2 000	$\Delta/[20\times(1+\Delta)]$

（3）保证塑件顺利脱模。如果型腔刚度不足，成型时变形大，当变形量超过塑件的收缩量时，塑件周边将被型腔紧紧包住而难以脱模，此时，型腔的允许变形量应小于塑件壁厚的收缩量，即

$$[\delta] < tS \tag{2-30}$$

式中　$[\delta]$——保证塑件顺利脱模的型腔允许变形量；

　　　t——塑件壁厚；

　　　S——塑料收缩率。

在一般情况下，塑料的收缩率较大，型腔的弹性变形量不会超过塑料冷却时的收缩量，因此，型腔的刚度要求主要是由不溢料和塑件尺寸精度来决定的。

以强度计算所需壁厚和以刚度计算所需壁厚相等时的型腔内腔尺寸即强度计算和刚度计算的分界值。在分界值不明确的情况下，则应该按照强度条件和刚度条件分别计算出壁厚，然后取较大值作为型腔的壁厚。

2. 强度和刚度校核

常用型腔侧壁和底板厚度、型芯半径的计算公式，见表2-11，式中各个符号的意义如下。

P——型腔压力，MPa；

E——模具钢的弹性模量，一般中碳钢 $E=2.1\times10^5$ MPa，预硬化模具钢 $E=2.2\times10^5$ MPa；

$[\sigma]$——模具钢的许用应力，一般中碳钢 $[\sigma]=160$ MPa，预硬化模具钢 $[\sigma]=300$ MPa；

μ——模具钢的泊松比，一般 $\mu=0.25$；

$[\delta]$——成型零件的允许变形量，mm；

r——凹模型腔内径或型芯外圆的半径，mm；

R——凹模的外部轮廓半径，mm；

l——凹模型腔的内孔（矩形）长边尺寸，mm；

L——型芯的长度或模具支承块（垫块）的间距，mm；

H_1——凹模型腔的深度，mm；

H——凹模外形的高度，mm；

b——凹模型腔的内孔（矩形）短边尺寸，或其底面的受压宽度，mm；

B——凹模外侧底面的宽度，mm；

t——凹模型腔侧壁的计算厚度，mm；

h——凹模型腔底板的计算厚度，mm。

系数 a、a'、c、c' 的取值见表 2-12~表 2-15。

表 2-11　常用型腔侧壁和底板厚度、型芯半径的计算公式

类型		图示	部位	按强度条件计算	按刚度条件计算
圆形凹模	整体式		侧壁	$t=\left(\sqrt{\dfrac{[\sigma]}{[\sigma]-2P}}-1\right)$	$t=r\left(\sqrt{\dfrac{\dfrac{E[\delta]}{rP}-(\mu-1)}{\dfrac{E[\delta]}{rP}-(\mu+1)}}-1\right)$
			底板	$h=r\sqrt{\dfrac{3P}{4[\sigma]}}$	$h=\sqrt[3]{\dfrac{0.175Pr^2}{E[\delta]}}$
	镶拼组合式		侧壁	$t=r\left(\sqrt{\dfrac{[\sigma]}{[\sigma]-2P}}-1\right)$	$t=r\left(\sqrt{\dfrac{\dfrac{E[\delta]}{rP}-(\mu-1)}{\dfrac{E[\delta]}{rP}+(\mu-1)}}-1\right)$
			底板	$h=r\sqrt{\dfrac{1.22P}{[\sigma]}}$	$h=\sqrt[3]{\dfrac{0.74Pr^4}{E[\delta]}}$
矩形凹模	整体式		侧壁	$t=H_1\sqrt{\dfrac{aP}{[\sigma]}}$	$t=\sqrt[3]{\dfrac{cPH_1^4}{E[\delta]}}$
			底板	$h=b\sqrt{\dfrac{a'P}{[\sigma]}}$	$h=\sqrt[3]{\dfrac{c'Pb^4}{E[\delta]}}$
	镶拼组合式		侧壁	$t=l\sqrt{\dfrac{PH_1}{2H[\sigma]}}$	$t=\sqrt[3]{\dfrac{PH_1l^4}{32EH[\delta]}}$
			底板	$h=L\sqrt{\dfrac{3Pb}{4B[\sigma]}}$	$h=\sqrt[3]{\dfrac{5PbL^4}{32EB[\delta]}}$
型芯	悬臂式		半径	$r=2L\sqrt{\dfrac{P}{\pi[\sigma]}}$	$r=\sqrt[3]{\dfrac{PL^4}{\pi E[\delta]}}$
	悬臂+简支梁		半径	$r=L\sqrt{\dfrac{P}{\pi[\sigma]}}$	$r=\sqrt[3]{\dfrac{0.0432PL^2}{\pi E[\delta]}}$

表 2-12 　系数 a 取值

L/H_1	0.25	0.50	0.75	1.0	1.5	2.0	3.0
a	0.020	0.081	0.173	0.321	0.727	1.266	2.105

表 2-13 　系数 a' 取值

L/b	1.0	1.2	1.4	1.6	1.8	2.0	2.0
a'	0.307 8	0.383 4	0.435 6	0.468 0	0.487 2	0.497 4	0.500 0

表 2-14 　系数 c 取值

H_1/l	c	H_1/l	c
0.3	0.930	0.9	0.045
0.4	0.570	1.0	0.031
0.5	0.330	1.2	0.015
0.6	0.188	1.5	0.006
0.7	0.117	2.0	0.002
0.8	0.073		

表 2-15 　系数 c' 取值

l/b	c'	l/b	c'
1	0.013 8	1.6	0.025 1
1.1	0.016 4	1.7	0.026 0
1.2	0.018 8	1.8	0.026 7
1.3	0.020 9	1.9	0.027 2
1.4	0.022 6	2.0	0.027 7
1.5	0.024 0		

由于型腔壁厚计算比较麻烦，附表 2 和附表 3 分别列举了矩形和圆形凹模壁厚尺寸的经验推荐数据，供设计者参考。

任务实施

1. 香皂盒底分析

香皂盒底（见图 2-1）尺寸中等，生产批量大，成型香皂盒底外形的凹模采用整体式结构，并在凹模一侧的正中设置有潜伏式浇口；成型香皂盒底内形的型芯采用螺钉固定的整体镶拼式结构，将其固定在动模板上。香皂盒底的成型零件结构如图 2-75 所示。

2. 常用的成型零件工作尺寸计算方法

常用的成型零件工作尺寸计算方法有平均值法和极限值法两种，由于平均值法计算比较简单，在此根据平均值法进行计算。

根据表 1-9 查得聚丙烯的收缩率为 1.0% ~ 3.0%，则可知聚丙烯材料的平均收缩率 $S = \dfrac{1.0+3.0}{2} \times 100\% = 2.0\%$，根据成型零件工作尺寸计算公式可知：制造公差 $\delta_z = \dfrac{\Delta}{3}$，磨损量 $\delta_c =$

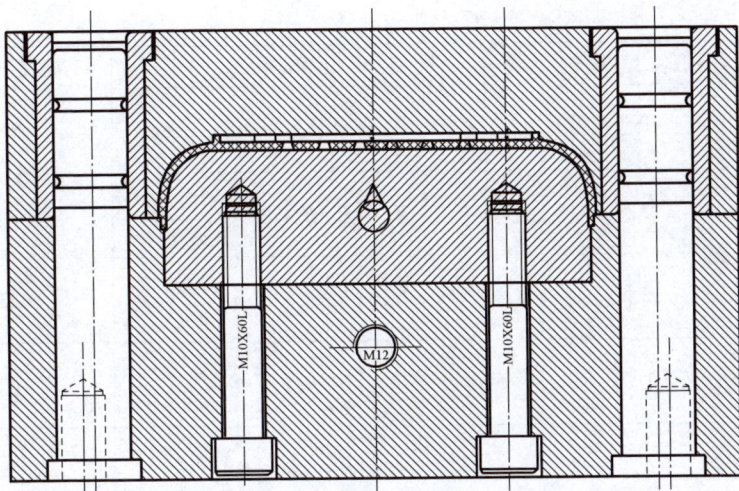

图 2-75　香皂盒底的成型零件结构

$\dfrac{\Delta}{6}$，其中 Δ 为塑件的尺寸公差。

　　由于香皂盒底的尺寸较多，计算较为麻烦，在此，只重点展示香皂盒底关键的几个尺寸，而圆角、漏水孔、凸台、斜度等相关尺寸在此略过。

　　查表 1-3 可知聚丙烯材料常用的精度等级，由于香皂盒底的尺寸精度要求不高，可以选择一般精度或者低精度，在此选择一般精度，即 MT5 级。由表 1-4 可查得香皂盒底各个尺寸的相关公差。凹模与型芯的工作尺寸计算见表 2-16。

表 2-16　凹模与型芯的工作尺寸计算

成型零件	香皂盒底尺寸（取整）/mm	计算公式	成型零件工作尺寸/mm
凹模	$120_{-1.14}^{\ 0}$	$L_m=\left(L_s+L_sS-\dfrac{3}{4}\Delta\right)_{\ 0}^{+\delta_z}$	$120.94_{\ 0}^{+0.38}$
	$89_{-1.00}^{\ 0}$	$L_m=\left(L_s+L_sS-\dfrac{3}{4}\Delta\right)_{\ 0}^{+\delta_z}$	$89.91_{\ 0}^{+0.33}$
	$76_{-0.86}^{\ 0}$	$L_m=\left(L_s+L_sS-\dfrac{3}{4}\Delta\right)_{\ 0}^{+\delta_z}$	$76.58_{\ 0}^{+0.29}$
	$70_{-0.86}^{\ 0}$	$L_m=\left(L_s+L_sS-\dfrac{3}{4}\Delta\right)_{\ 0}^{+\delta_z}$	$70.58_{\ 0}^{+0.29}$
	$45_{-0.64}^{\ 0}$	$L_m=\left(L_s+L_sS-\dfrac{3}{4}\Delta\right)_{\ 0}^{+\delta_z}$	$45.61_{\ 0}^{+0.21}$
	$118_{-1.14}^{\ 0}$	$L_m=\left(L_s+L_sS-\dfrac{3}{4}\Delta\right)_{\ 0}^{+\delta_z}$	$118.80_{\ 0}^{+0.38}$
	$74_{-0.86}^{\ 0}$	$L_m=\left(L_s+L_sS-\dfrac{3}{4}\Delta\right)_{\ 0}^{+\delta_z}$	$74.44_{\ 0}^{+0.29}$
	$68_{-0.86}^{\ 0}$	$L_m=\left(L_s+L_sS-\dfrac{3}{4}\Delta\right)_{\ 0}^{+\delta_z}$	$68.14_{\ 0}^{+0.29}$
	$R40_{-0.56}^{\ 0}$	$L_m=\left(L_s+L_sS-\dfrac{3}{4}\Delta\right)_{\ 0}^{+\delta_z}$	$R40.28_{\ 0}^{+0.19}$
	$R30_{-0.50}^{\ 0}$	$L_m=\left(L_s+L_sS-\dfrac{3}{4}\Delta\right)_{\ 0}^{+\delta_z}$	$R30.15_{\ 0}^{+0.17}$
	$R80_{-0.86}^{\ 0}$	$L_m=\left(L_s+L_sS-\dfrac{3}{4}\Delta\right)_{\ 0}^{+\delta_z}$	$R80.75_{\ 0}^{+0.29}$

成型零件	香皂盒底尺寸（取整）/mm	计算公式	成型零件工作尺寸/mm
凹模	$R15_{-0.38}^{0}$	$L_m = \left(L_s + L_s S - \dfrac{3}{4}\Delta\right)_{0}^{+\delta_z}$	$R14.97_{0}^{+0.13}$
	$25_{-0.70}^{0}$	$H_m = \left(H_s + H_s S - \dfrac{2}{3}\Delta\right)_{0}^{+\delta_z}$	$24.97_{0}^{+0.23}$
	$23_{-0.64}^{0}$	$H_m = \left(H_s + H_s S - \dfrac{2}{3}\Delta\right)_{0}^{+\delta_z}$	$23.40_{0}^{+0.21}$
	$3_{-0.40}^{0}$	$H_m = \left(H_s + H_s S - \dfrac{2}{3}\Delta\right)_{0}^{+\delta_z}$	$2.78_{0}^{+0.13}$
	$2_{-0.40}^{0}$	$H_m = \left(H_s + H_s S - \dfrac{2}{3}\Delta\right)_{0}^{+\delta_z}$	$1.77_{0}^{+0.13}$
	$6_{-0.44}^{0}$	$H_m = \left(H_s + H_s S - \dfrac{2}{3}\Delta\right)_{0}^{+\delta_z}$	$5.82_{0}^{+0.15}$
型芯	$116_{0}^{+1.14}$	$l_m = \left(l_m + l_s S + \dfrac{3}{4}\Delta\right)_{-\delta_z}^{0}$	$118.89_{-0.38}^{0}$
	$66_{0}^{+0.86}$	$l_m = \left(l_m + l_s S + \dfrac{3}{4}\Delta\right)_{-\delta_z}^{0}$	$67.40_{-0.29}^{0}$
	$8_{0}^{+0.28}$	$l_m = \left(l_m + l_s S + \dfrac{3}{4}\Delta\right)_{-\delta_z}^{0}$	$8.14_{-0.09}^{0}$
	$6_{0}^{+0.24}$	$l_m = \left(l_m + l_s S + \dfrac{3}{4}\Delta\right)_{-\delta_z}^{0}$	$6.29_{-0.08}^{0}$
	$7_{0}^{+0.28}$	$l_m = \left(l_m + l_s S + \dfrac{3}{4}\Delta\right)_{-\delta_z}^{0}$	$7.33_{-0.09}^{0}$
	$20.8_{0}^{+0.64}$	$h_m = \left(h_m + h_s S + \dfrac{2}{3}\Delta\right)_{-\delta_z}^{0}$	$21.60_{-0.21}^{0}$
	7 ± 0.14	$C_m = \left(C_s + C_s S\right)\pm\dfrac{1}{2}\delta_z$	7.12 ± 0.05

3. 成型零件的强度和刚度校核

成型零件的强度和刚度校核实质上是以强度和刚度为条件来计算成型零件所需的侧壁和底板厚度。

香皂盒底的外形为矩形结构，尺寸中等，型腔采用组合式结构，型腔内壁短边尺寸为 $89.91_{0}^{+0.33}$ mm，查附表 2 可得凹模壁厚为 13~14 mm，模套壁厚为 40~45 mm，在此均选较大值，凹模壁厚选 14 mm，模套壁厚选 45 mm。

型腔的底板厚度可以根据公式来计算。由表 2-11 可知型腔底板厚度按照强度条件的计算公式为 $h = L\sqrt{\dfrac{3Pb}{4B[\sigma]}}$。$L$ 取型腔长边，由表 2-16 得 120.94 mm；b 为型腔短边，为 89.91 mm；B 为底板宽度，为 $(89.91+14+14)$ mm = 117.91 mm。香皂盒底材料为聚丙烯，由表 2-1 可知型腔压力 P 为 20.0 MPa。$[\sigma]$ 为模具钢的许用应力，选预硬化模具钢 P20，$[\sigma] = 300$ MPa，则底板厚度为

$$h = L\sqrt{\frac{3Pb}{4B[\sigma]}} = 120.94 \times \sqrt{\frac{3 \times 20.0 \times 89.91}{4 \times 117.91 \times 300}} \text{ mm} = 23.61 \text{ mm}$$

任务评价

请填写成型零件设计任务评价表，见表 2-17。

表 2-17 成型零件设计任务评价表

项目名称				
任务名称				
姓名		班级		
组别		学号		
评价项目		分值		得分
凹模结构		10		
型芯结构		10		
成型零件结构示意图		10		
成型零件工作尺寸计算		10		
型腔侧壁和底板厚度计算		10		
成型零件强度校核		10		
成型零件刚度校核		10		
工作实效及文明操作		10		
工作表现		10		
团队合作		10		
总计		100		
个人的工作时间		提前完成		
		准时完成		
		超时完成		
个人认为完成最好的方面				
个人认为完成最不满意的方面				
值得改进的方面				
自我评价		非常满意		
		满意		
		不太满意		
		不满意		
记录				

动模镶件典型结构的镶拼方式

扩展阅读

中国"天眼"项目首席科学家——南仁东

思考与练习

1. 简答题

（1）整体式型腔、型芯与组合式型腔、型芯各有何特点？

（2）影响成型零件工作尺寸的因素有哪些？如何校核成型零件工作尺寸公差？

（3）什么是凹模和型芯？绘出整体嵌入式凹模和整体镶拼式型芯的三种基本结构，并标注配合精度。

（4）小型芯常用的固定方法有哪几种形式？分别适用于什么场合？

（5）型腔侧壁和底板厚度的计算依据是什么？

（6）螺纹型芯在结构设计上应注意哪些问题？

（7）在设计组合式螺纹型环时应注意哪些问题？

2. 综合题

（1）图 2-76 所示的塑料罩盖，材料为 PE-LD，大批量生产，未注圆角为 $R2\sim3$ mm。试确

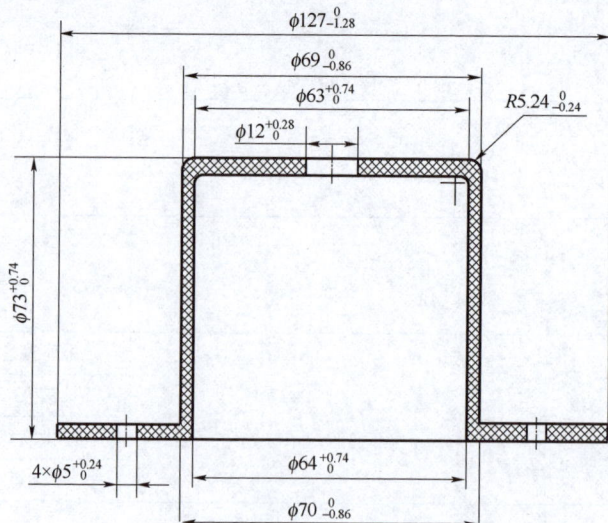

$\phi127_{-1.28}^{0}$

$\phi69_{-0.86}^{0}$

$\phi63_{0}^{+0.74}$

$\phi12_{0}^{+0.28}$

$R5.24_{-0.24}^{0}$

$\phi73_{0}^{+0.74}$

$4\times\phi5_{0}^{+0.24}$

$\phi64_{0}^{+0.74}$

$\phi70_{-0.86}^{0}$

图 2-76　塑料罩盖

定型芯、凹模结构，计算型芯、凹模的工作尺寸，并绘制其结构简图。

（2）图 2-77 所示的盒盖塑件，材料为 ABS，收缩率为 0.3%～0.8%。请按照平均值法计算该塑件注射模型芯与凹模的工作尺寸，计算结果保留到小数点后第二位；绘出成型零件的结构示意图，并标注工作尺寸。

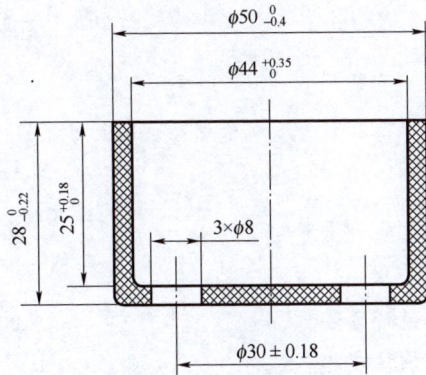

图 2-77　盒盖塑件

任务目标

能力目标

1. 能够设计浇注系统。
2. 能够设计排气与引气系统。

知识目标

1. 掌握注射模浇注系统的设计方法。
2. 掌握排气与引气系统的设计方法。

素质目标

1. 在浇注系统设计中，培养学生的团队合作意识、勇于克服困难的精神，并提高学生动手能力。

2. 培养学生严谨细致、不怕失败的钻研精神，以及持之以恒的工作态度和爱岗敬业的工匠情怀。

任务导入

模具浇注系统的作用是让塑料熔体在高压条件下快速进入模具型腔，实现型腔填充。模具的进料方式、浇口的形式和数量，往往决定了模架的规格型号。浇注系统的设计合理与否直接影响成型塑件的外观、内部质量、尺寸精度和成型周期，其重要性不言而喻。

本任务针对图 2-1 所示的香皂盒底，合理设计其成型模具的浇注系统。通过学习，学生应掌握浇注系统设计的相关知识，具备合理设计模具浇注系统的能力。

知识准备

模具的浇注系统是指从注射机喷嘴到模具型腔入口的一段熔体通道，可分为普通流道浇注系统和热流道浇注系统两大类型。普通流道浇注系统又分为侧浇口浇注系统和点浇口浇注系统。热流道浇注系统的熔体经过热流道板和喷嘴直接由浇口进入型腔，具体结构将在本项目任务十中介绍。本任务主要介绍普通流道浇注系统。

一、浇注系统的组成及设计原则

1. 浇注系统的组成

注射模结构不同，浇注系统的组成也有所不同，但通常由主流道、分流道、浇口及冷料穴四个部分组成。特殊情况下可不设分流道或冷料穴。图 2-78 所示为卧式或立式注射机常用模具的普通浇注系统，图 2-79 所示为角式注射机常用模具的普通浇注系统。

（1）主流道。主流道是指从注射机喷嘴与模具接触的部位到分流道为止的

浇注系统的组成
及设计原则

一段流道。它与注射机喷嘴在同一轴线上，熔体在主流道中不改变流动方向。主流道是熔体最先经过的流道，它的大小直接影响熔体的流动速度和充模时间。

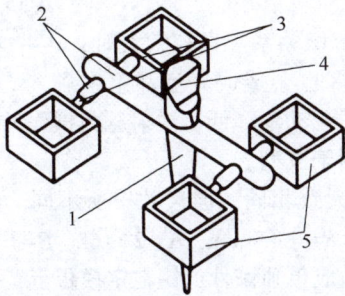

图2-78　卧式或立式注射机常用模具的普通浇注系统
1—主流道；2—分流道；3—浇口；4—冷料穴；5—塑件

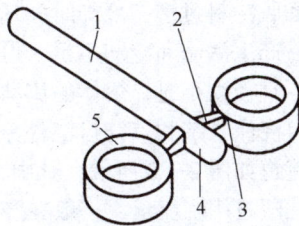

图2-79　角式注射机常用模具的普通浇注系统
1—主流道；2—分流道；3—浇口；4—冷料穴；5—塑件

（2）分流道。分流道是介于主流道和浇口之间的一段流道。它是熔体由主流道流入型腔的过渡通道，也是浇注系统的截面发生变化和熔体流动转向的过渡通道。

（3）浇口。浇口是分流道与型腔之间最狭窄、短小的一段流道。浇口既能使由分流道流入的熔体加速，形成理想的流动状态而充满型腔，又便于注射成型后的制品与浇口分离。

（4）冷料穴。注射成型操作是周期性的。在注射成型间歇时间内，喷嘴口部有冷料产生，为了防止在下一次注射成型时，冷料被带进型腔而影响制品质量，一般在主流道或分流道的末端设置冷料穴，以储藏冷料并使熔体顺利充满型腔。

2. 浇注系统的设计原则

设计注射模时，浇注系统应遵循以下基本原则。

（1）适应塑料的工艺特性。应深入了解塑料的工艺特性，以便设计出适合塑料工艺特性的理想的浇注系统，保证塑料制品的质量。

（2）排气良好。排气的顺利与否直接影响成型过程和制品质量。排气不畅会导致充型不满或产生明显的熔接痕等缺陷。因此，浇注系统应该引导熔体顺利充满型腔，并在填充过程中不产生紊流或湍流，使型腔内的气体顺利排出。

（3）流程要短。在保证成型质量和满足良好排气的前提下，尽量缩短熔体的流程并减少拐弯，以减少熔体压力和热量损失，保证填充型腔的压力和速度，缩短填充及冷却时间，提高效率，减少塑料用量。对于大型塑料制品，可采用多浇口进料，从而缩短流程。

（4）避免料流直冲型芯或嵌件。高速熔体进入型腔时，要尽量避免料流直冲型芯或嵌件，防止型芯或嵌件变形和位移。

（5）修整方便，保证制品外观质量。设计浇注系统时，要结合制品大小、结构形状、壁厚及技术要求，确定浇注系统的结构形式、浇口数量和位置，保证浇口去除、修整方便，无损制品的美观和使用。例如，电视机、录音机等电器外壳，浇口绝不能开设在对外观有严重影响的外表面上，而应设在隐蔽处。

（6）防止塑料制品变形。冷却收缩的不均匀性或多浇口进料可能会引起制品变形，设计时应采取适当的浇注系统和浇口位置，以减少或消除制品变形。

（7）浇注系统在分型面上的投影面积和容积应尽量小。这样既能减少塑料用量，又能减少所需的锁模力。

（8）浇注系统的位置尽量关于模具的轴线对称，浇注系统与型腔的布置应尽量减小模具的尺寸。

二、主流道设计

1. 主流道的结构设计

主流道直径的大小与熔体流速及填充时间的长短有密切关系。直径太大时，容易造成回收冷料过多，冷却时间增长，而流道空气过多也会造成气泡和组织松散，容易产生涡流和冷却不足，熔体的热量损失增大、流动性降低，注射压力损失增大，造成成型困难；直径太小时，熔体的流动阻力增大，同样不利于成型。

侧浇口浇注系统和点浇口浇注系统中的主流道形状大致相同，但尺寸有所不同。典型浇注系统的主流道如图 2-80 所示，其中，D_1、$E_1 = 3 \sim 6$ mm，$R = 1 \sim 3$ mm，$\alpha = 2° \sim 6°$，$\beta = 6° \sim 10°$。

热塑性塑料用主流道，一般在浇口套内，浇口套可做成单独镶件，镶在定模板上；但一些小型模具可直接在定模板上开设主流道，而不使用浇口套。浇口套可分为两板模浇口套和三板模浇口套两大类。

（1）两板模浇口套。两板模浇口套是标准件，通常根据模具成型塑件所需的塑料质量、浇口套长度来选择。所需塑料多时，浇口套选大些，反之选小些。主流道的锥度根据浇口套的长度来选择，以方便浇口套末端孔径与主流道的直径匹配。一般情况下，浇口套的直径根据模架尺寸选取，模架尺寸为 400 mm×400 mm 以下时，选用 $D = 12$ mm（或 1/2 in[1]）的浇口套；模架尺寸为 400 mm×400 mm 以上时，选用 $D = 16$ mm（或 5/8 in）的浇口套。浇口套的长度由模板的厚度确定。两板模浇口套装配图如图 2-81 所示。

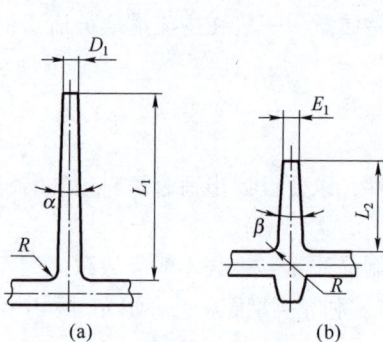

图 2-80　典型浇注系统的主流道

（a）侧浇口浇注系统主流道；
（b）点浇口浇注系统主流道

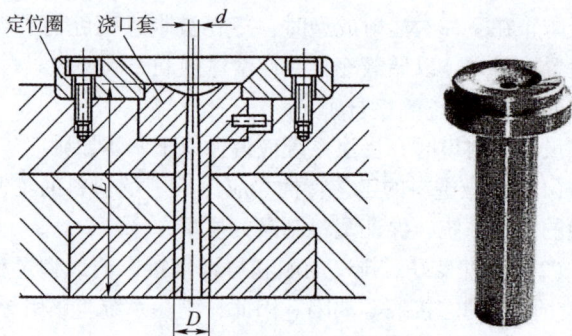

图 2-81　两板模浇口套装配图

（2）三板模浇口套。三板模浇口套内的主流道较短，模架不需要安装定位圈。三板模浇口套装配图如图 2-82 所示。三板模浇口套在开模时要脱离流道推板，因此设计成 90° 锥面与之配合，以减少合模时的摩擦，外径 D 与两板模浇口套外径尺寸相同。

2. 主流道的设计原则

（1）主流道的长度越短越好。主流道越短，模具排气负担就越小，流道凝料就越少，成型周期就越短，熔体的能量（温度和压力）损失就越少。尤其对于点浇口浇注系统和流动性差的塑料，主流道应尽可能短。

（2）主流道为圆锥形，便于将凝料拉出主流道，如图 2-83 所示，锥度需适当，锥度太大造成熔体流速小，形成涡流，易混入空气，产生气孔；锥度过小，会使流速增大，造成注射困难，还会使主流道凝料脱模困难。主流道的表面粗糙度通常为 0.8 ~ 1.6 μm。

---

① 1 in = 25.4 mm。

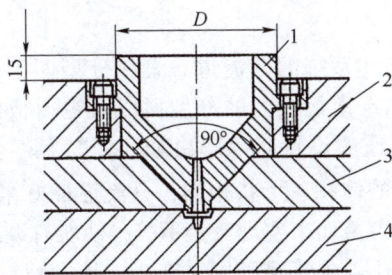

图 2-82　三板模浇口套装配图

1—浇口套；2—定模座板；3—流道推板；4—定模板

（3）主流道尺寸要满足装配要求。如图 2-83 所示，在注射成型时，为了避免主流道与注射机喷嘴之间发生溢料而影响脱模，主流道小端直径 D_1 要比注射机喷嘴前端孔径 D_2 大 0.5~1 mm，大端直径比最大分流道直径大10%~20%；主流道小端球面半径 SR_1 比注射机喷嘴球面半径 SR_2 大1~2 mm，以保证塑料熔体能顺利进入流道。

（4）主流道应设计在浇口套内，尽量避免将主流道直接做在模板上，可采用镶拼结构，注意防止塑料进入接缝而造成脱模困难。

（5）主流道应尽量和模具中心重合，这样有利于浇注系统的对称布置。

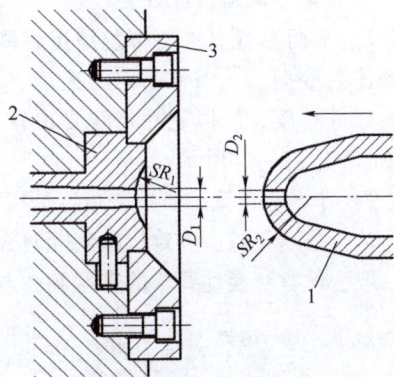

图 2-83　注射机喷嘴与浇口套

1—注射机喷嘴；2—浇口套；3—定位圈

3. 倾斜式主流道设计

一般地，要求主流道的位置应尽量与模具中心重合，否则会有如下不良后果。

（1）主流道偏离模具中心时，会导致锁模力和胀型力不在一条线上，使模具在生产时受到扭矩的作用，这个扭矩会使模具一侧张开产生飞边，或者使型芯错位变形，最终还会导致模具导柱，甚至是注射机拉杆变形等严重后果。

（2）主流道偏离模具中心时，顶棍孔也会偏离模具中心，此时推出制品，推杆板会受到一个扭力的作用，导致磨损，甚至断裂。

因此，设计时应尽量避免主流道偏离模具中心，但在侧浇口浇注系统中，常由于以下原因，主流道位置必须偏离模具中心：

1）一模多腔中制品大小悬殊；

2）单型腔，制品较大，中间有较大的碰穿孔，可以从内侧进料，但中间碰穿孔偏离模具中心。

如果主流道偏离模具中心不可避免，那么，可以采取以下三种措施，来避免或减轻不良后果对模具的影响：

① 增加推杆固定板导柱（中托边）来承受顶棍孔偏心产生的扭力；

② 模具较大时，可采用双顶棍孔或多顶棍孔，使推杆固定板受到多点推力的作用，从而较易平衡推出；

③ 采用倾斜式主流道，避免顶棍孔偏心（见图 2-84）。

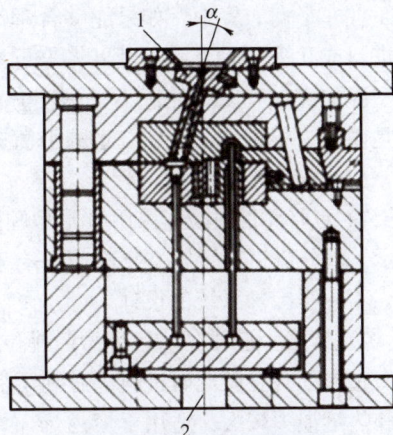

图 2-84　倾斜式主流道

1—斜浇口套；2—顶棍孔

三、分流道设计

分流道起分流和转向作用。侧浇口浇注系统的分流道布置在分型面上，点浇口浇注系统的分流道布置在流道推板和定模板之间的分型面以及定模板内的竖直方向上。在一模多腔的模具中，分流道的设计必须解决如何使塑料熔体对

所有型腔同时填充的问题。如果所有型腔的体积、形状相同，分流道最好采用等截面和等距离；反之，在流速相等的条件下，必须采用不等截面来实现流量不等，使所有型腔几乎同时充满。有时还可以通过改变流道长度来调节阻力大小，保证型腔同时充满。熔融塑料在分流道中流动时，热量损失要尽量小，流动阻力要尽可能低，并将熔体均衡地分配到各个型腔。

1. 分流道的布置

（1）按分流道特性分类。

1）平衡布置。平衡布置是指熔体进入各型腔的距离相等。这种布置使各个型腔可以在相同的注射成型工艺条件下同时充满、同时冷却、同时固化，制品收缩率相同，有利于保证制品的尺寸精度，所以制品精度要求较高或有互换性要求时，多型腔注射模一般要求采用平衡布置，如图 2-85 所示。

2）非平衡布置。非平衡布置是指熔体进入各型腔的距离不相等。其优点是分流道整体布置较简洁，缺点是各型腔难以做到同时充满，制品收缩率难以达到一致，因此它常用于制品精度要求一般、没有互换性要求的多型腔注射模，如图 2-86 所示。

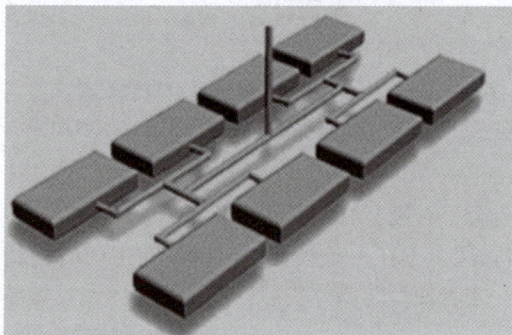

图 2-85　分流道平衡布置

图 2-86　分流道非平衡布置

在非平衡布置中，如果能够合理改变分流道的截面大小或浇口宽度，也可以保证各型腔同时进料或几乎同时充满。可以将靠近主流道的分流道的直径适当取小一些，或者将靠近主流道的型腔的浇口宽度（注意不是深度）适当取小一些，以达到各型腔进料平衡，但这种平衡进料只是微调，很难完全做到真正的平衡进料。

（2）按型腔排位的形状分类。

1）O 形型腔排位。采用 O 形型腔排位时，模具中每个型腔均匀分布在同一圆周上，如图 2-87 所示，其分流道布置属平衡布置，有利于保证制品的尺寸精度，但不能充分利用模具的有效面积，不便于冷却系统的设计。

2）H 形型腔排位。H 形型腔排位有平衡布置和非平衡布置两种，如图 2-88 所示。分流道平衡布置的各型腔同时进料，有利于保证制品的尺寸精度；但分流道转折多，流程较长，压力损失和热量损失较大，适用于聚丙烯、聚乙烯和聚酰胺等塑料。分流道非平衡布置的型腔排列紧凑，分流道设计简单，便于冷却系统的设计，但浇口大小必须调整，以保证各型腔几乎同时充满。

3）X形型腔排位。如图2-89所示，X形型腔排位的分流道转折较少，热量损失和压力损失较少，但对模具面积的利用不如H形充分。

4）S形型腔排位。S形型腔排位可满足模具温度与压力的平衡，但流程较长，适用于滑块对开多型腔模具的分流道排列。如图2-90所示，对于平板类制品，如果熔体直冲型腔，制品易产生蛇纹等流痕，而采用S形型腔排位可避免此类问题。

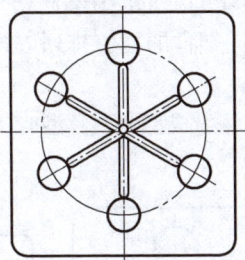

图2-87　O形型腔排位

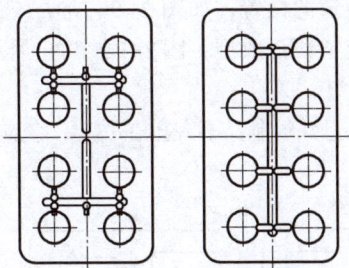

图2-88　H形型腔排位

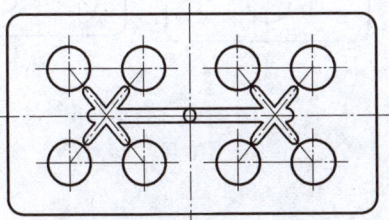

图2-89　X形型腔排位

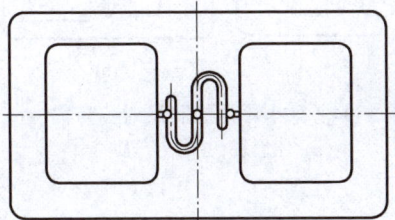

图2-90　S形型腔排位

2. 型腔的排列方式及分流道布置原则

注射模型腔的排列方式和分流道布置，在实际设计中应遵循以下原则。

（1）力求平衡、对称。一模多腔的模具，尽量采用平衡布置，使各型腔在相同温度下同时充模，如图2-91所示。流道要平衡布置，图2-92（b）和图2-93（b）所示的结构更合理。大小不同的制品应该对称布置，保证模具型腔的压力和温度平衡，使注射压力中心和锁模力中心（主流道中心）重合，防止产生飞边，图2-94（b）所示的布置方式更合理，而图2-94（a）所示的布置方式则不合理。

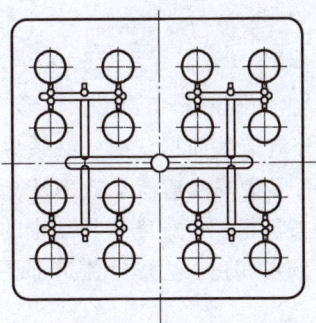

图2-91　型腔平衡布置

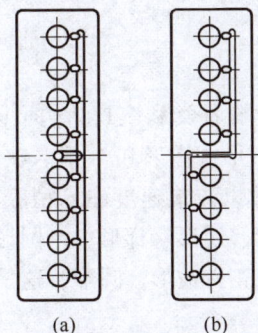

（a）　　　　　　（b）

图2-92　流道平衡布置1
（a）不合理；（b）合理

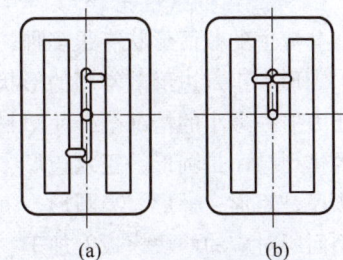

（a）　　　　　　（b）

图2-93　流道平衡布置2
（a）不合理；（b）合理

（2）分流道尽可能短，以降低浇注系统凝料比例、缩短成型周期和减少热量损失。

（3）对于高精度制品，型腔数目应尽量少。因为每增加 1 个型腔，制品精度将下降 5%，精密模具的型腔数以 4 个为宜，一般不超过 8 个。

（4）结构紧凑，节约模具钢。如图 2-95 所示，图 2-95（b）所示的布置方式比图 2-95（a）所示的布置方式合理。

（5）一副模具成型的塑件，不管是同一种产品，还是不同的产品，都尽量将大的塑件或塑件的大端靠近主流道的位置，如图 2-96 所示。图 2-96（a）所示为不同塑件的型腔排列方式，大的塑件靠近主流道便于成型；图 2-96（b）所示为相同塑件的型腔排列方式，塑件大端靠近主流道较好。

（6）高度相差悬殊的制品不宜排在一起，会影响产品注射成型及模具型腔压力平衡，如图 2-97 所示。

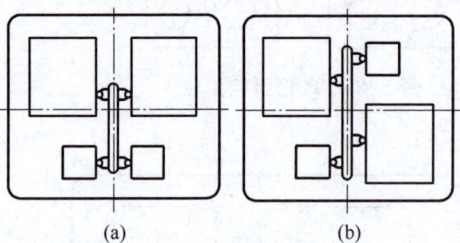

图 2-94　大小不同的制品对称布置
（a）不合理；（b）合理

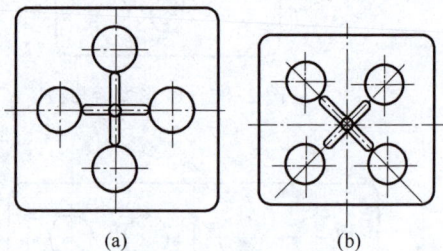

图 2-95　紧凑布置
（a）不合理；（b）合理

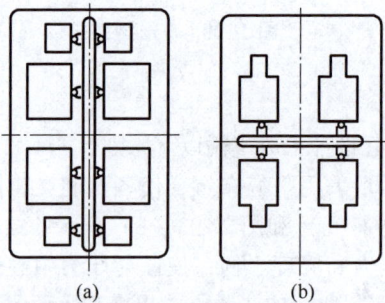

图 2-96　大塑件或塑件大端靠近主流道
（a）不同塑件；（b）相同塑件

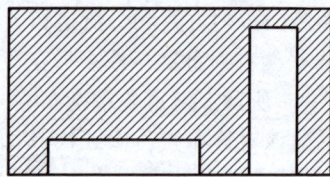

图 2-97　型腔深度相差太大

3. 分流道的截面形状

分流道的截面形状有很多种，因塑料种类和模具结构不同而异，如圆形、半圆形、梯形、U 形、矩形和正六边形。常用的形状有圆形、梯形和 U 形。在选取分流道截面形状时，必须确保在压力损失最小的情况下，使塑料熔体以较快速度注入型腔。截面形状按流道流动效率从高到低的排列顺序是圆形、正六边形、U 形、矩形、梯形、半圆形。但按流道加工难度从易到难的排列顺序是矩形、梯形、半圆形、U 形、正六边形、圆形，这是因为圆形和正六边形分流道都要在分型面所对应的两块模板上加工。

综合考虑各截面形状分流道的流动效率和成型效果，通常采用以下 3 种截面形状的分流道。

（1）圆形截面。圆形截面分流道一般用比表面积来衡量流道的流动效率，比表面积越小、流动效率越高。流动比表面积是指周长与截面面积的比值（即流道表面积与其体积的比值）。圆形截面的孔口做成 15° 是为了防止流道口出现倒刺而影响流道凝料脱模。

圆形截面分流道的优点是比表面积最小，体积大且与模具的接触面积小，阻力小，有助于熔体的流动并可减少热量传导，广泛应用于侧浇口模具中（有推件板的侧浇口模具除外）。其缺点是需同时开设在定、动模上，而且要互相吻合，故制造较困难、较费时。

（2）梯形截面。梯形截面分流道的优点是在模具的单侧进行加工，较省时。一般应用在以下3种场合：①三板式点浇口模具中，设计在流道推板和定模板之间的分流道；②带有瓣合凹模的侧浇口模具中，设计在瓣合凹模分型面上的分流道；③有推件板的两板模中，设计在凹模上的分流道。

与相同截面面积的圆形截面分流道相比较，梯形截面分流道的缺点是与模具有较大的接触面积，加大了熔体与分流道的摩擦力及热量损失。

（3）U形截面。U形截面分流道的流动效率低于圆形与正六边形截面，但加工容易，又比圆形和正六边形截面流道容易脱模，所以U形截面分流道具有优良的综合性能。U形截面分流道中，熔体与分流道的摩擦力及热量损失较梯形截面分流道要小，是梯形截面的改良。能用梯形截面分流道的场合都可以采用U形截面分流道。U形截面外形尺寸 H 可与圆形截面的直径 D 相等。

常用分流道的截面形状及设计参数见表2-18。

表 2-18　常用分流道的截面形状及设计参数

分流道截面形状				
设计参数/mm	常用 D 值：3、4、5、6、8、10	B / 3 / 4 / 5 / 6 / 8	H / 2.5 / 3 / 4 / 5 / 6	常用 H 值：3、4、5、6、8、10

4. 分流道的截面尺寸

塑件的材料及尺寸不同，分流道截面尺寸也会不同，但必须保证分流道的比表面积最小。常用塑料的圆形截面分流道直径见表2-19。

表 2-19　常用塑料的圆形截面分流道直径

塑料代号	分流道直径/mm	塑料代号	分流道直径/mm
ABS、AS	4.8~9.5	PP	4.8~9.5
POM	3.2~9.5	PE	1.6~9.5
PMMA	8.0~9.5	PPE	6.4~9.5
耐冲击 PMMA	8.0~12.7	PS	3.2~9.5
PA	1.6~9.5	PVC	3.2~9.5
PC	4.8~9.5		

在设计分流道截面尺寸时，应考虑以下因素。

（1）制品的大小、壁厚、形状。制品的质量及投影面积越大，壁厚越厚时，分流道截面面积应设计得大一些，反之应设计得小一些。

（2）塑料的工艺性能。对于流动性好的塑料，如 PP、PE、PS、PS-HI、ABS、PA、POM、AS 和 PE-C 等，分流道截面面积可适当取小一些；对于流动性差的塑料，如 PC、未增塑 PVC、PPE 和 PSU 等，分流道应设计得短一些，截面面积应大一些，而且尽量采用圆形截面分流道，以减少熔体在分流道内的损失。常见壁厚为 1.5~2.0 mm 的塑件，采用圆形截面分流道的直径一般为 3.5~7.0 mm；对于流动性好的塑料，分流道很短时，直径最小可取 2.5 mm；对于流动性差的塑料，分流道较长时，直径可取 8~10 mm。实验证明，对于多数塑料，分流道直径在 5 mm 以下时，增大直径对熔体流动性的影响最大；但直径为 8.0 mm 以上时，再增大直径，对改善熔体流动性的影响很小，而且分流道直径超过 10 mm 时，流道熔体难以冷却，效率较低。

（3）为了减小分流道的阻力以及实现正常的保压，要求分流道在不分支时，截面面积不应有很大的突变。分流道的最小横截面面积必须大于浇口处的最小截面面积。

（4）分流道应修整方便。设计分流道时，应先取较小尺寸，以便试模后有修正余量。

5. 分流道的设计要点

（1）尽量减少熔体的能量损失。分流道的长度应尽量短，容积（截面面积）应尽可能小，转角处应采用圆弧过渡。

（2）分流道末端应设计冷料穴。冷料穴用于容纳冷料和防止空气进入，冷料穴上一般会设置拉料杆，以便流道凝料脱模。

（3）分流道应尽量采用平衡布置。一模多腔时，如果各型腔相同或大致相同，则应尽量采用平衡布置，各型腔的分流道流程应尽量相等，以保证各型腔同时充满；如果分流道采用非平衡布置，或因配置等原因导致各型腔的体积不相同，则一般可通过改变分流道的截面尺寸来调节流量，以保证各型腔同时充满。

（4）薄片制品成型时应避免熔体直冲型腔。镜面透明制品（如 PS、PMMA、PC）的熔体不能直冲型腔，一般采取通过 S 形流道（见图 2-98），或采用扇形浇口（见图 2-99）进料，避免制品表面产生蛇纹、振纹等缺陷。

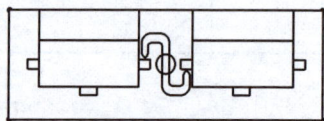

图 2-98　S 形流道　　　图 2-99　扇形浇口

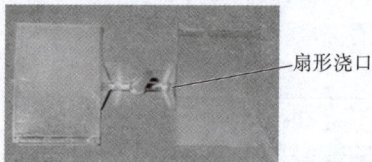

（5）合理确定表面粗糙度。成型热塑性塑料时，分流道表面不必修得很光滑，表面粗糙度 Ra 一般为 1.6 μm 即可，这样，流道内熔体的外层流速较低，容易冷却而形成固定表皮层，有利于流道保温（相当于外层塑料起绝热层作用）。成型热固性塑料时，分流道表面粗糙度 Ra 要求尽可能小，因为热固性塑料注射成型时，分流道不需要形成固定表皮层。

四、拉料杆与冷料穴设计

1. 拉料杆的设计

拉料杆的作用是开模时将流道凝料留在需要的地方。拉料杆按其结构分为直身拉料杆、钩形拉料杆、球头拉料杆、圆锥拉料杆和塔形拉料杆等；按其装配位置又分为主流道拉料杆和分流道拉料杆。

拉料杆与
冷料穴设计

（1）主流道拉料杆的设计。一般只有侧浇口浇注系统的主流道才用拉料杆，其作用是将主流道内的凝料拉出，确保将浇注系统凝料、制品留在动模一侧。图 2-100（a）所示为钩形（Z

形) 拉料杆，开模时，由钩形部分将凝料钩住，可使主流道凝料从浇口套中脱出。因为拉料杆的另一端固定在推杆固定板上，所以在推出制品的同时将凝料从动模中一同推出。取出制品时，手动朝着钩形部分的侧向稍加移动，就可将浇注系统凝料和制品一起取下。这种拉料杆常与推杆、推管等推出机构同时使用，但不适用于制品形状受限制、脱模时不能左右移动的情况。

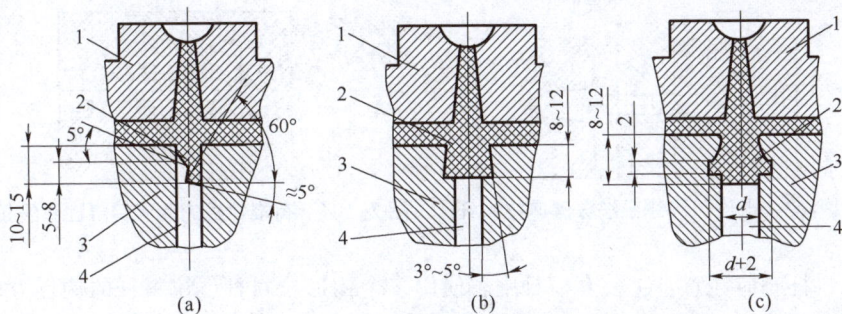

图 2-100　拉料杆和底部带推杆的冷料穴

(a) 钩形（Z形）拉料杆；(b) 倒锥形冷料穴；(c) 圆环槽冷料穴
1—定模；2—冷料穴；3—动模；4—拉料杆（推杆）

起相同作用的还有倒锥形冷料穴（见图 2-100（b））和圆环槽冷料穴（见图 2-100（c））。开模时，倒锥和圆环槽部分起拉料作用，然后利用推杆强制推出制品和凝料。显然，这两种结构在取出主流道凝料时无须做横向移动，因而可实现自动化操作。但倒锥和圆环槽尺寸不宜太大，宜按图 2-100（b）、图 2-100（c）所示的尺寸确定。这两种结构适用于弹性较好的塑料成型。

有推件板和没有推件板的拉料杆是不同的。有推件板的拉料杆用于制品以推件板推出的模具中。如图 2-101（a）所示，熔体进入冷料穴后紧包在球头上，开模时，球头将主流道凝料从浇口套中拉出。由于球头拉料杆的另一端固定在型芯固定板上，并不随推件板移动，因此，推件板推动制品时，也将主流道凝料从球头上强行脱出。为了减小球头的制造难度，由球头拉料杆演变出菌头拉料杆（见图 2-101（b））和锥形拉料杆（见图 2-102）两种形式。锥形拉料杆无储存冷料的作用，靠塑料收缩的包紧力将主流道凝料拉出，所以可靠性较差；但其锥形可起分流作用，常用于带有中心孔制品的单型腔模，如齿轮注射模。

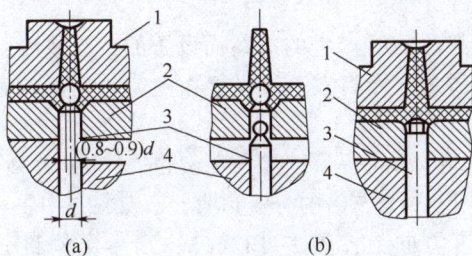

图 2-101　有推件板的拉料杆和冷料穴
1—凹模；2—推件板；3—拉料杆；4—动模板

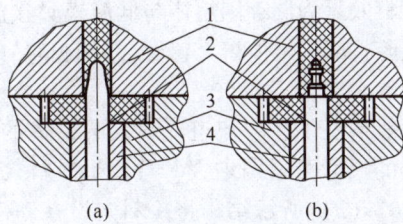

图 2-102　锥形拉料杆
1—凹模；2—拉料杆（推管型芯）；3—动模板；4—推管

（2）分流道拉料杆的设计。

1）侧浇口浇注系统分流道的拉料杆即推杆，其直径等于分流道直径，安装在推杆固定板上。

2）点浇口浇注系统分流道的拉料杆如图 2-103 所示，用无头螺钉固定在定模座板上，直径为 5 mm（或 3/16 in），头部磨成球形，其作用是在流道推板和定模板分离时，将浇口凝料拉出定模板，使浇口凝料和制品自动切断。

3）侧浇口模具有推件板时，分流道必须设在凹模上。如图 2-104 所示，拉料杆固定在动模板或动模板内的镶件上，直径为 5 mm（或 3/16 in），头部磨成球形。

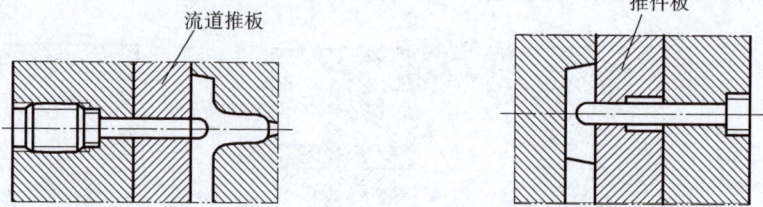

图 2-103　点浇口浇注系统分流道拉料杆　　图 2-104　有推件板的侧浇口浇注系统拉料杆

　　使用拉料杆时应注意：①一套模具中若使用多个钩形拉料杆，拉料杆的钩形方向要一致，对于在脱模时无法做横向移动的制品，应避免使用钩形拉料杆；②流道处的钩形拉料杆，必须预留一定的空间作为冷料穴，一般预留尺寸如图 2-100（a）所示；③使用球头拉料杆时，应注意图 2-105 所示的 D、L 尺寸，若尺寸 D 较小，则拉料杆的头部会阻滞塑料的流动；若尺寸 L 较小，则流道脱离拉料杆时易拉裂。增大尺寸 D 的方法，一是采用直径较小的拉料杆，但拉料杆直径不宜小于 4 mm；二是减小尺寸 H，一般要求 H 大于 3.0 mm；三是增大尺寸 R；四是增大分流道局部尺寸，如图 2-106 所示。

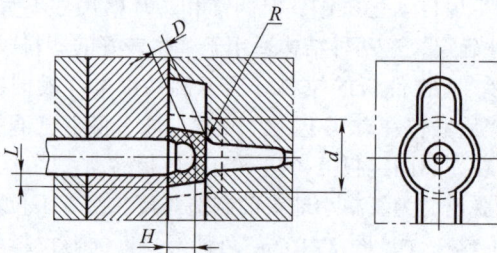

图 2-105　球头拉料杆尺寸　　　　图 2-106　增大分流道局部尺寸

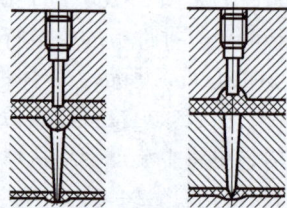

2. 冷料穴的设计

　　冷料穴是为储存因熔体与低温模具接触而在料流前锋产生的冷料而设置的，这些冷料如果进入型腔将减慢熔体填充速度，影响制品的成型质量。冷料穴一般设置在主流道的末端和较长分流道的末端。

　　一般情况下，主流道冷料穴圆柱体的直径为 5~6 mm，深度为 5~6 mm。对于大型制品，冷料穴的尺寸可适当增大。分流道冷料穴的长度为 1~1.5 倍的分流道直径，如图 2-107 所示。图 2-107（a）所示结构将冷料穴设在动模的深度方向上；图 2-107（b）所示结构将分流道在分型面上延伸成为冷料穴。

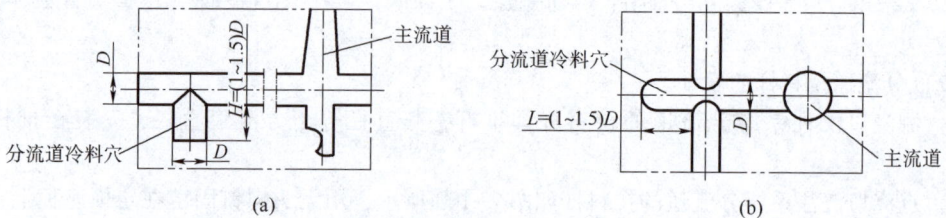

(a)　　　　　　　　　　　　　(b)

图 2-107　分流道冷料穴

除了底部带推杆的冷料穴和推件板推出的冷料穴外，还有无拉料杆的冷料穴。对于具有垂直分型面的注射模（两边抽芯的哈夫模），冷料穴置于左右两半模的接触面上，开模时分型面左右分开，制品与冷料一起拔出，冷料穴不必设置拉料杆，如图 2-108 所示。

五、浇口的设计

浇口的基本作用是使从分流道来的熔体加速，以快速充满型腔。由于一般浇口尺寸比型腔尺寸小得多，所以熔体总是在浇口处先凝固，只要保压时间足够，熔体凝固封闭后的浇口就能防止熔体倒流，而且也便于浇口凝料与制品的分离。

浇口在大多数情况下是整个浇注系统中截面尺寸最小的（除直浇口外）。当熔体通过狭小浇口时，其剪切速度增大，同时由于摩擦作用，熔体温度升高，黏度降低，流动性提高，有利于填充型腔，获得外形清晰的塑料制品。

图 2-108　无拉料杆的冷料穴

浇口的形式、大小、数量及位置的确定在很大程度上决定制品质量的好坏，也影响成型周期的长短。一般来说，小浇口优点较多，应用较广泛。其优点是可以加快熔体通过的流速，使充模容易，对于熔体黏度对剪切速度较敏感的塑料（如聚乙烯、聚苯乙烯、ABS 等），尤其有利；小浇口对熔体有较大的摩擦阻力，可使熔体温度明显上升，黏度降低，流动性增强，有利于薄壁复杂制品的成型；小浇口可以控制并缩短保压补缩时间，以减小制品内

浇口设计 1

应力，防止变形和破裂；对于多型腔模具，小浇口可以做到各型腔同时充模，使制品性能一致；小浇口便于流道凝料与制品的分离，以及自动切断浇口和修整制品。小浇口的缺点是熔体流动阻力大，压力损失大，会延长充模时间，因此对于收缩率大的高黏度塑料、要求补缩作用强的塑料以及热敏性塑料的成型，浇口尺寸不宜过小。如果浇口横截面尺寸过小，压力损失大，冷凝快，补缩困难，则会造成制品缺料，产生缩孔等缺陷，甚至还会产生熔体破裂，形成喷射现象，使制品表面凹凸不平。对于热敏性塑料，如聚氯乙烯，当浇口尺寸过小时，在浇口处的塑料会因过热而变质，在这种情况下，应适当增大浇口横截面尺寸；但浇口过大时，注射速度降低，熔体温度下降，制品可能产生明显的熔接痕和表面云层。因此，浇口尺寸必须根据塑料特性、制品结构及尺寸等因素确定。

常见的浇口截面形状有矩形和圆形，矩形和圆形的形状和尺寸精度容易保证，加工方便，因而应用较广。一般浇口的横截面面积与分流道的横截面面积之比为 0.03~0.09，浇口的表面粗糙度 Ra 不大于 0.4 μm。

1. 浇口的类型

注射模的浇口结构形式较多，按浇口宽度可分为窄浇口和宽浇口；按浇口特征可分为非限制浇口（又称直浇口或主流道型浇口）和限制浇口；按浇口在制品中的位置可分为中心浇口和侧浇口；按浇口形状可分为扇形浇口、环形浇口、盘形浇口、轮辐式浇口、薄片式浇口、点浇口；按浇口的特殊性又可分为潜伏式浇口、护耳浇口等。

（1）侧浇口。侧浇口又称普通浇口，或大水口，或边缘浇口，如图 2-109 所示。一般情况下，侧浇口均开设在模具的分型面上，即从制品侧面边缘进料。通过调整浇口尺寸，可控制剪切速度和浇口封闭时间，其是一种广泛采用的浇口形式。侧浇口的横截面形状通常为矩形。

侧浇口适用于多种塑料的成型，如 PE、PP、未增塑 PVC、PC、PS、PA、POM、ABS、PMMA 等，尤其适用于一模多腔的模具。需要注意的是，侧浇口深度尺寸的微小变化可使塑料熔体的流量发生较大改变。所以，侧浇口的尺寸精度对成型制品的质量及生产率有很大影响。

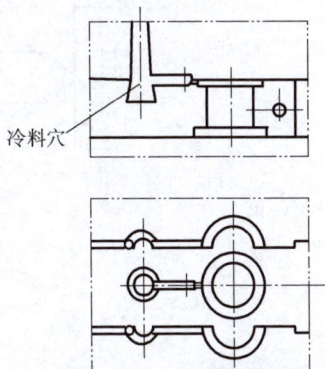

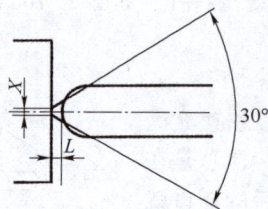

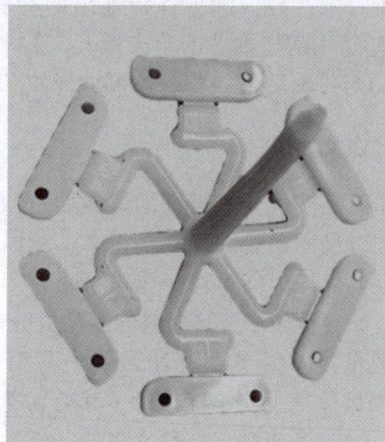

图 2-109 侧浇口

1）侧浇口的特点。侧浇口具有与成型制品分离容易、分流道较短、加工修整方便等优点。但是，侧浇口的位置容易受到一定的限制，浇口到型腔的局部距离有时较长，熔体压力损失较大；流动性差的塑料（如 PC）容易出现填充不足或半途固化；对于平板状或面积较大的制品，由于浇口狭小，易出现气泡或流痕等不良现象；去除浇口时易留下明显痕迹。

2）侧浇口设计参数。侧浇口应设计成锥面形状，如图 2-109 所示，其长、宽、高经验值见表 2-20。

表 2-20 侧浇口设计参数的经验值

塑件质量/g	浇口高度 γ/mm	浇口宽度 X/mm	浇口长度 L/mm
0~5	0.25~0.5	0.75~1.5	0.5~0.8
5~40	0.5~0.75	1.5~2	0.5~0.8
40~200	0.75~1	2~3	0.8~1
>200	1~1.2	3~4	1~2

3）侧浇口的演变形式。

① 搭接式浇口。搭接式浇口又称重叠式浇口，是侧浇口的一种演变形式，具有侧浇口的各种优点，结构如图 2-110 所示，W 等于分流道直径，$L = 0.5~2$ mm。它是典型的冲击型浇口，可有效防止塑料熔体的喷射流动，如图 2-111 所示。对于平板类制品，若采用图 2-111（a）所示的浇口，塑件表面容易产生纹痕，而采用图 2-111（b）所示的搭接式浇口，塑料熔体喷到型腔表面时会受阻，从而改变方向，降低流速，均匀填充型腔。搭接式浇口不能实现浇口和制品的自行分离，容易留下明显的浇口痕迹。

② 扇形浇口。扇形浇口从分流道到型腔方向逐渐放大呈扇形，如图 2-112 所示，适用于平板类、壳形和盒形制品，如标尺、盖板、托盘等，其流程较短，填充效果较好。扇形浇口沿进料方向逐渐变薄变宽，与制品连接处最薄，熔体均匀地通过长约 1 mm 的台阶进入型腔；同时浇口宽度在与制品连接处最宽，其扇形角大小的选取以不产生涡流为原则。浇口的厚度由制品的形状、尺寸及塑料特性确定，一般 $a = 0.25~1$ mm，或取制品壁厚 t 的 1/3~2/3，但浇口的横截面面积应小于分流道横截面面积。这种浇口的特点是熔体进入型腔的速度较均匀，可降低制品的内应力和减少带入空气的可能性，去除浇口方便，适用于一模多腔的场合。

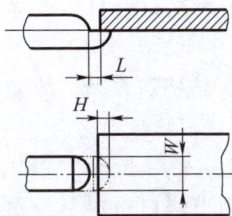

图 2-110　搭接式浇口

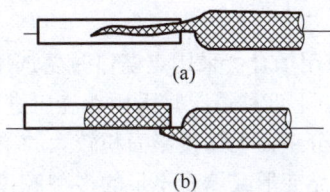

图 2-111　避免产生喷射
（a）不合理；（b）合理

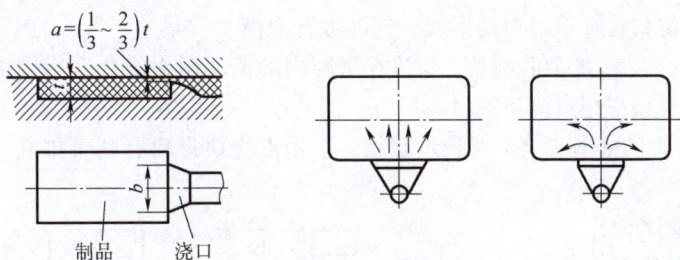

图 2-112　扇形浇口

③ 薄片式浇口。薄片式浇口又称平缝式浇口，如图 2-113 所示。熔体通过开设的平行流道，以较低的线速度呈平行流态均匀地进入型腔，因而制品的内应力小，尤其是减少了因高分子取向而产生的翘曲变形、气泡和流纹等缺陷。浇口厚度 a 很小（$a = H/4 \sim H/3$，H 为塑件的壁厚），熔体通过薄片浇口颈部时，因剪切摩擦升温而进一步塑化。成型后的制品表面光泽清晰，但浇口去除工作量大且痕迹明显。浇口宽度通常为型腔宽度的 $75\% \sim 100\%$，或更宽；浇口台阶长度 L 小于 $1.5\,mm$，一般取 $0.6 \sim 0.7\,mm$。这种浇口特别适用于成型透明平板类制品，如仪表面板、各种表面装饰板等。

（2）点浇口。点浇口（见图 2-114）常用于三板模的浇注系统，熔体可由型腔顶面任意一点或多点进入型腔，适合 PE、PP、PS、PA、POM、ABS 等多种塑料。

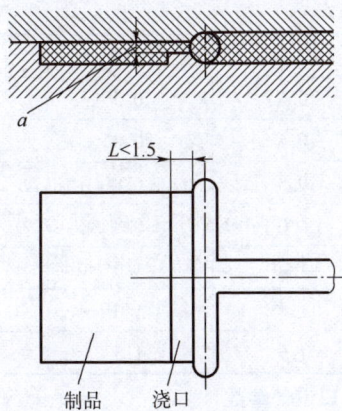

图 2-113　薄片式浇口

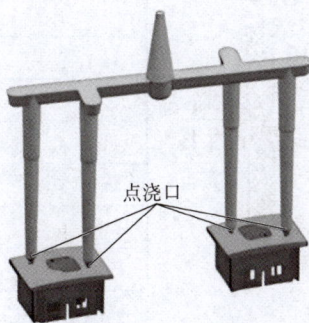

图 2-114　点浇口

1）点浇口的特点。点浇口的位置有较大的自由度，可以多点进料。分流道在流道推板和定模板之间，不受凹模、型芯的阻碍，对于大型、须避免成型变形的制品，以及一模多腔且分型面处不允许有浇口痕迹的制品，非常适合。点浇口可自行脱落，留痕小，在成型制品上几乎看不出浇口痕迹；开模时，在定距分型拉紧机构的作用下，浇口被自动切断，可以实现全自动化生产。

但点浇口模具的注射压力损失较大，流道凝料多；相对于侧浇口模具，点浇口模具的结构较复杂，制作成本高。

2）点浇口的使用场合。采用点浇口时要选用三板模，结构较复杂，故能用侧浇口时尽量避免采用点浇口，但以下五种情况宜采用点浇口进料。

① 成型制品在分型面上的投影面积较大的单型腔模具应采用点浇口进料。

② 容易引起制品变形或填充不足的多型腔模具应采用点浇口进料，否则会导致排气不畅或填充不足，影响塑件外观；各型腔大小相差悬殊的侧浇口模具需采用偏离模具中心的大尺寸浇口套，成型时容易产生飞边或变形，宜采用点浇口进料。

③ 塑料齿轮大多采用点浇口进料。为了提高齿轮的尺寸精度，常采用三点进料。多型腔的玩具轮胎常采用点浇口转环形浇口的形式，气动强行脱模。

④ 对于壁厚小、结构复杂的制品，熔体在型腔内的流动阻力大，采用侧浇口难以填满或难以保证成型质量，应该采用点浇口进料。

⑤ 对高度尺寸大的桶形、盒形及壳形制品，采用点浇口进料有利于排气，可以提高成型质量，缩短成型周期。

3）点浇口的设计要点。

① 在制品表面允许的条件下，点浇口尽量设置在制品表面较高处，如图 2-115 所示，使流道凝料尺寸 C 最小。图 2-115 中各尺寸关系为 $L \geqslant A+B$，其中 $A = 6 \sim 10$ mm，$B = C + 30$ mm。

② 为了不影响外观，可将点浇口设置于隐蔽处，如有纹理的哑光表面，或封闭的字母图形中，或雕刻的装饰图案中，或某些装配后被遮住的部位。

③ 为改善塑料熔体流动状况以及安全起见，点浇口处需要做凹坑，俗称"肚脐眼"，如图 2-116 所示，其中 $\alpha = 20° \sim 30°$。

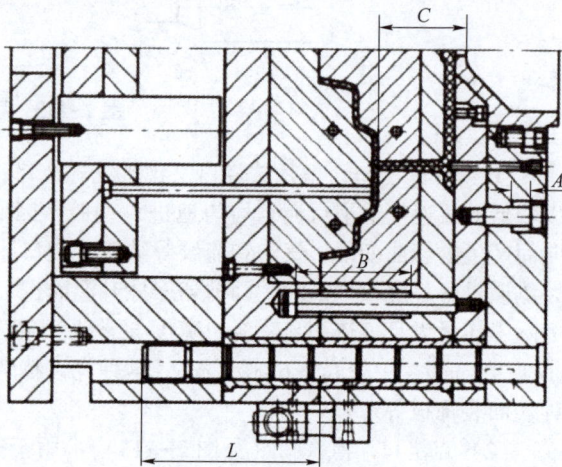

图 2-115　点浇口模具

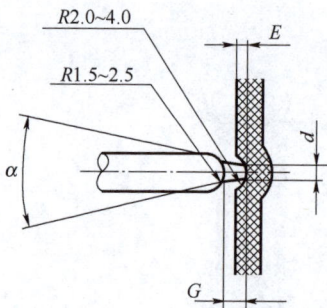

序号	d/mm	E/mm	G/mm
1	0.5	0.5	1.5
2	0.6	0.8	1.5
3	0.8	0.8	1.5
4	1.0	0.8	1.5
5	1.2	1.0	2.0
6	1.4	1.0	2.0
7	1.6	1.5	2.5

图 2-116　点浇口设计参数

（3）潜伏式浇口。潜伏式浇口又称隧道式浇口或剪切浇口。采用这种浇口的流道设置在分型面上；浇口设在制品侧面不影响外观的隐蔽部位，并与流道呈一定角度（一般不超过45°），潜入分型面下面（或上面），斜向进入型腔，形成能切断浇口的刀口（见图2-117）。开模时，流道凝料由推出机构推出，并

浇口设计 2

与制品自动切断，省掉了切除浇口的工序。

1）潜伏式浇口的种类。

① 潜凹模。潜凹模是指熔体由凹模进入型腔，如图 2-117（b）所示。开模后，在拉料杆和型芯包紧力的作用下，浇口和制品被凹模切断，实现浇口和制品的自动分离。此种浇口的优点是能改善熔体流动性能，适用于高度尺寸不大的盒形、壳形、桶形类制品；缺点是会在制品的外表面留下痕迹。

② 潜动模。潜动模是指熔体由动模进入型腔，如图 2-118 所示。开模后，制品和浇口分别由推杆推出，实现自动分离。

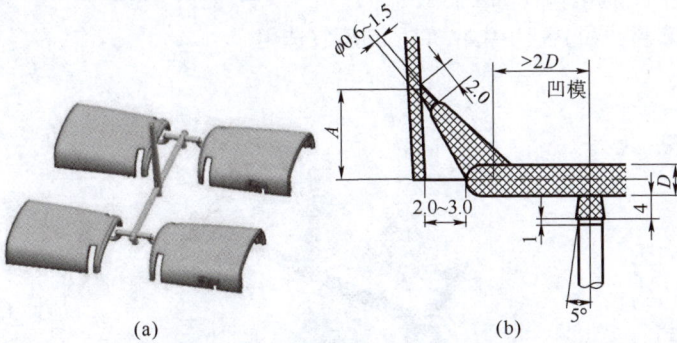

图 2-117　潜伏式浇口（潜凹模）

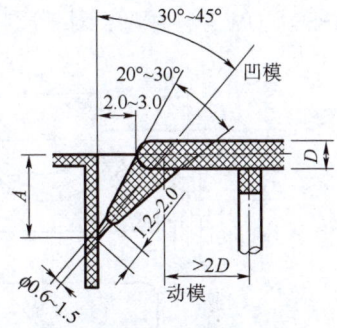

图 2-118　潜动模

③ 潜小推杆。潜小推杆是指熔体经过推杆孔进入型腔，如图 2-119 所示。小推杆直径通常取 2.5~3 mm（或 3/32~7/64 in）。如果直径太大，制品表面会有收缩凹痕。

④ 潜大推杆。潜大推杆是指熔体经过推杆的磨削部位进入型腔，如图 2-120 所示。大推杆的直径不宜小于 5 mm（或 3/16 in）。这种结构可采用延时推出的方法实现浇口和制品的自动分离。

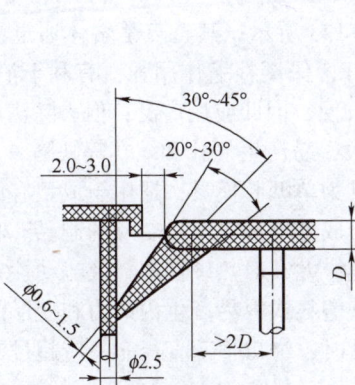

图 2-119　潜小推杆

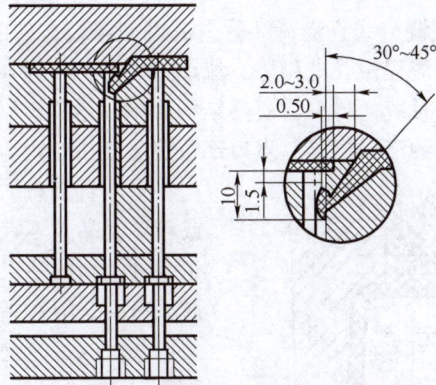

图 2-120　潜大推杆

⑤ 潜筋。潜筋是指熔体经过制品的加强筋进入型腔，如图 2-121 所示。这个筋可以是制品原有的，也可以是为进料而增设的，成型后可再切除。

⑥ 圆弧形（牛角）潜伏式浇口。如图 2-122 所示，此种浇口的进料口设置于制品内表面，注射时产生的熔体喷射会在制品外表面（进料点正上方）产生斑痕。由于此种浇口加工较复杂，所以除非制品有特殊要求（如外表面不允许有浇口痕迹，而内表面又无筋、柱及顶杆），否则尽量避免使用。制作此种浇口时，需设计成两部分镶拼结构，用螺钉固定或用镶块通底加台阶

固定。

2）潜伏式浇口的特点。潜伏式浇口的进料位置较灵活，且在制品分型面处没有浇口痕迹。制品经冷却固化后，从模具中推出时，潜伏式浇口会被自动切断，无须后处理，可以实现全自动化注射生产。潜伏式浇口不会在制品表面留有因喷射带来的喷痕和气纹等缺陷。潜伏式浇口具有点浇口的优点，又有侧浇口的简便（采用两板模架）。潜伏式浇口的位置可根据塑件的结构及相关要求进行自由选择。但潜伏式浇口的注射压力损失大，因此只适用于软质塑料（如 PE、PP、ABS、POM 等）成型，对于质脆的塑料，如 PS、PMMA 等，则不宜选用。

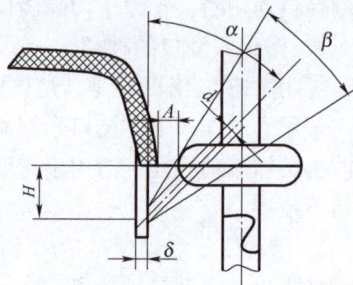

图 2-121　潜筋

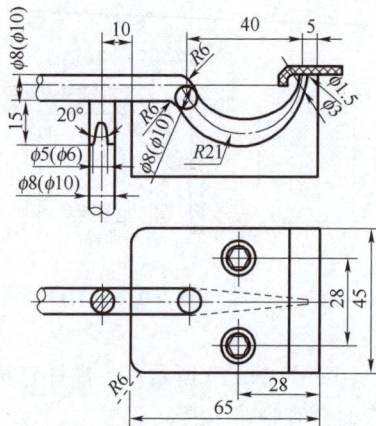

图 2-122　圆弧形（牛角）潜伏式浇口

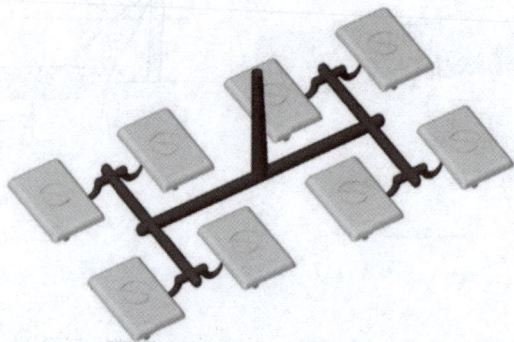

3）潜伏式浇口的重要参数。图 2-121 所示的结构中，$a = 30° \sim 45°$，$\beta = 20° \sim 30°$，$A = 2 \sim 3\ mm$，$d = 0.6 \sim 1.5\ mm$，$\delta = 1.0 \sim 1.5\ mm$，$H$ 的取值应尽量小。

（4）直浇口。直浇口又称主流道型浇口，如图 2-123 所示。其特点是熔体通过主流道直接进入型腔，流程短，进料快，流动阻力小，传递压力好，保压补缩作用强，有利于消除熔接痕；同时，浇注系统耗料少，模具结构简单、紧凑，制造方便，因此应用广泛；但去除浇口不便，制品上有明显的浇口痕迹，浇口部位热量集中，内应力大，易产生气孔和缩孔等缺陷。

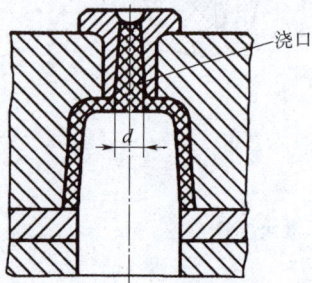

图 2-123　直浇口

采用直浇口的模具为单型腔模具，适用于成型有深腔的壳形或箱形制品，不宜用于成型平薄或容易变形的制品。直浇口适用于各种塑料的注射成型，尤其对热敏性塑料及流动性差的塑料的成型有利，但对结晶型塑料或容易产生内应力和变形的塑料的成型不利。成型薄壁制品时，浇口根部直径 d 不应超过制品壁厚的 2 倍。

（5）中心浇口。中心浇口是直浇口的演变形式，熔体直接从流道中心流向型腔。它具有与直浇口相同的优点，但去除浇口较方便。当制品内部有通孔时，可利用通孔设分流锥，将浇口设置于制品的顶端。这类浇口一般用于单型腔注射模，适用于圆筒形、圆环形等中心带孔的制品成型。根据制品形状及尺寸大小，中心浇口有多种演变形式，如图 2-124 所示。

图 2-124（a）、图 2-124（b）所示为盘形浇口，它具有进料均匀、不容易产生熔接痕、排气条件好等优点。这种浇口适用于圆筒形带有比主流道直径大的孔的制品成型。采用图 2-124（a）

所示的浇口时，模具型芯还能起到分流作用，充模条件较理想，但料耗较多。图 2-124（c）所示为由旁侧进料的环形浇口。这种浇口可使熔体环绕型芯均匀进料，避免了单侧进料可能产生的熔接痕。这种浇口主要用于成型长管类制品的多型腔注射模。盘形浇口和环形浇口的凝料去除较难，常用切削加工方法去除，有时可用冲切法去除。

轮辐式浇口如图 2-124（d）所示，它将整个圆周进料改成几个小段圆弧进料，去除浇口方便，且浇注系统的凝料少。但制品容易产生熔接痕，从而影响了制品的强度与外观。这种浇口适用于圆筒形、扁平状和浅杯形制品的成型。

爪形浇口如图 2-124（e）所示，它是轮辐式浇口的演变形式，主要用于长管类或同轴度要求较高、孔径较小的制品成型。它除了具有中心浇口的特点外，型芯还具有定位作用，避免了型芯的弯曲变形，保证了制品内外形同轴度和壁厚均匀性；因浇口尺寸较小，故去除浇口方便，但制品也容易产生熔接痕。

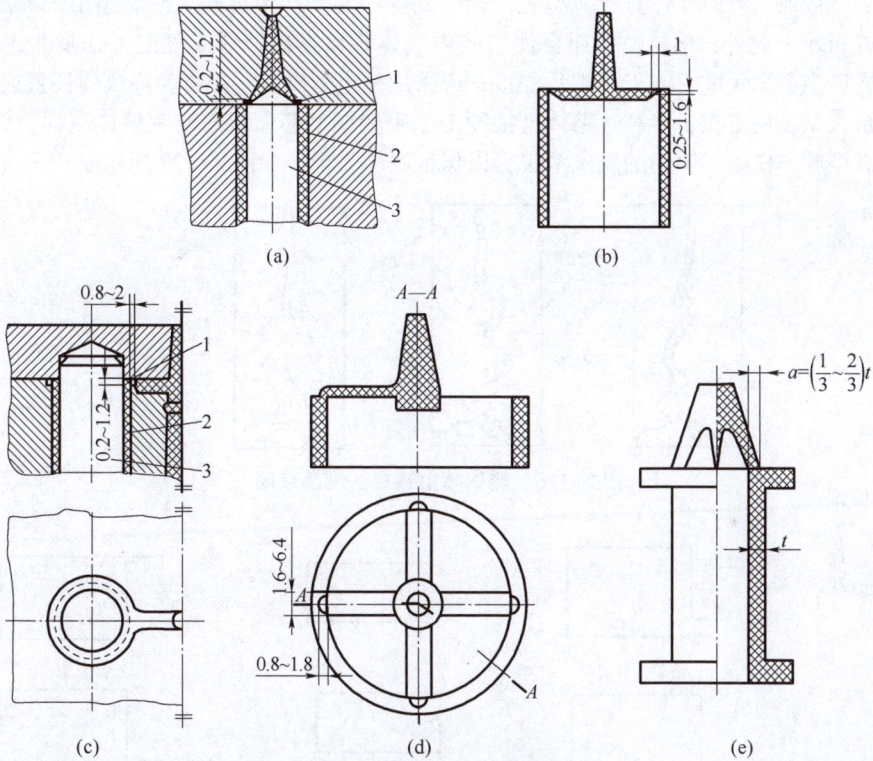

图 2-124　中心浇口

（a），（b）盘形浇口；（c）环形浇口；（d）轮辐式浇口；（e）爪形浇口

1—浇口；2—制品；3—型芯

（6）护耳浇口。护耳浇口又称调整片式浇口或分接式浇口，专用于透明度高和要求无内应力的制品成型。这类制品如采用小浇口，则高速流动的熔体通过浇口时，会受到很高的剪切应力的作用，产生喷射和蛇形流等现象，在制品表面留下明显流痕和气纹。为消除这一缺陷并降低成型难度，可采用图 2-125 所示的护耳浇口。护耳浇口将流痕、气纹控制在护耳上，可采用后加工方法去除，使制品外观保持完好。护耳浇口主要适用于聚碳酸酯、ABS、有机玻璃和未增塑聚氯乙烯等流动性差和对应力较敏感的塑料。

护耳浇口可以消除收缩凹陷，避免过剩填充所致的应变及流痕的发生，消除制品浇口附近的应力集中，熔体通过浇口时产生的摩擦热可再次提升熔体温度。但采用护耳浇口时，熔体压力损失较大，浇口凝料切除较困难。图 2-125 所示的结构中，$A = 10 \sim 13$ mm，$B = 6 \sim 8$ mm，$L = 0.8 \sim 1.5$ mm，$H = 0.6 \sim 1.2$ mm，$W = 2 \sim 3$ mm。

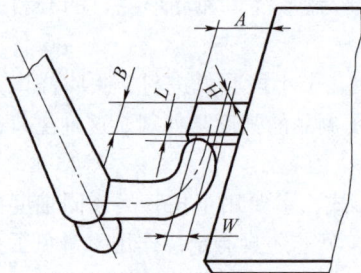

图 2-125　护耳浇口

2. 浇口位置设计原则

浇口位置主要根据制品的几何形状和技术要求，并分析熔体在流道和型腔中的流动、填充、补缩及排气状态等因素后确定。一般应遵循如下原则。

（1）避免制品产生缺陷。如果横截面尺寸较小的浇口正对着一个宽度和厚度都较大的型腔，则熔体高速流过浇口时，由于受到很高的剪切应力的作用，将会产生喷射和蠕动（蛇形流）等现象。这些喷射出的高度定向的细丝或断裂物很快冷却变硬，与后进入型腔的熔体不能很好熔合，使制品出现明显的熔接痕。有时熔体直接从型腔一端喷到另一端，产生折叠，使制品出现波纹状痕迹，如图 2-126 所示。此外，熔体喷射还会使型腔内气体难以排出，形成气泡。克服上述缺陷的办法是加大浇口横截面尺寸，或采用护耳浇口，或采用冲击型浇口。冲击型浇口的位置应设在正对型腔壁或粗大型芯的方位，使高速熔体直接冲击型腔壁或型芯，从而改变熔体流向，降低流速，平稳地充满型腔，使熔体喷射的现象消失，以保证制品质量，如图 2-127 所示。

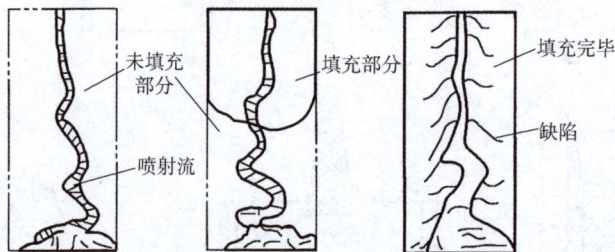

图 2-126　熔体喷射造成的制品缺陷

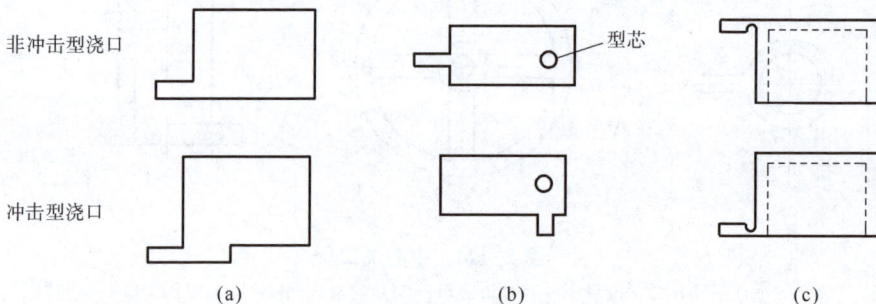

图 2-127　冲击型浇口克服熔体喷射现象

（2）浇口开设的位置应有利于熔体填充和补缩。当同一制品的各处壁厚相差较大时，为了保证注射成型过程中最终压力能有效地传递到制品较厚部位以防止缩孔，在避免产生喷射的前提下，浇口的位置应开设在制品横截面最厚处，以利于熔体填充及补缩。对于厚薄不均匀的制品，如果采用图 2-128（a）所示的浇口位置，由于收缩时得不到补料，制品会出现凹痕；图 2-128（b）所示的浇口位置选在厚壁处，可以克服凹痕的缺陷；图 2-128（c）所示为直浇口，可以大大改善熔体的充模条件，补缩作用大，但去除浇口凝料比较困难。

熔体由薄壁型腔进入厚壁型腔时，会出现再喷射现象，使熔体的速度和温度突然下降，而不利于填充和补缩。这种情况下，应避免采用图 2-129（a）所示的不合理浇口位置，而图 2-129（b）

所示的浇口位置则较合理。

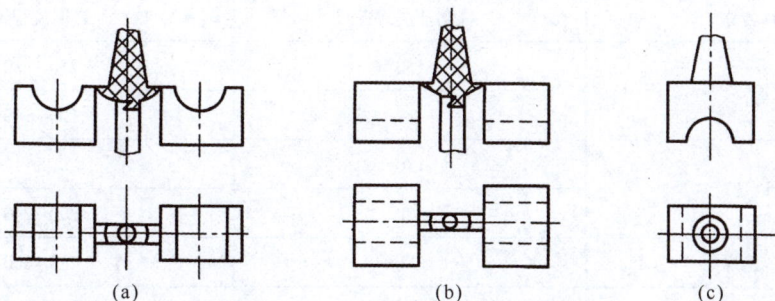

图 2-128　浇口位置对制品收缩的影响

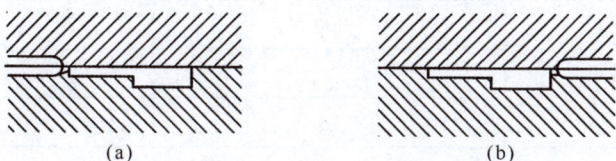

图 2-129　浇口位置应利于熔体填充和补缩
（a）不合理；（b）合理

（3）浇口位置应设在熔体流动时，能量损失最小的部位。在保证型腔得到良好填充的前提下，应使熔体流程最短，流向变化最少，以减少能量的损失。采用图 2-130（a）所示的浇口位置，熔体流程长，流向变化多，充模条件差，且不利于排气，往往会造成制品顶部缺料或产生气泡等缺陷。对于这类制品，一般采用中心进料为宜，可缩短熔体流程，有利于排气，避免产生熔接痕。图 2-130（b）所示为点浇口，图 2-130（c）所示为直浇口，这两种浇口形式均可克服图 2-130（a）所示浇口结构可能产生的缺陷。

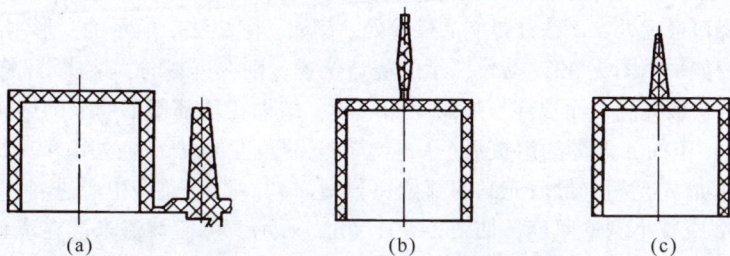

图 2-130　浇口位置对填充的影响

设计浇口位置时，必要时应进行流动比（又称流程比）的校核，即熔体流程长度与厚度之比的校核，其计算公式为

$$流程比 = \sum_{i=1}^{n} \frac{L_i}{t_i} \qquad (2-31)$$

式中　L_i——熔体各段流程的长度；

　　　t_i——熔体各段流程的厚度。

设计浇口位置时，为保证熔体完全充型，流程比不能太大，实际流程比应小于许用流程比。许用流程比是随着塑料性质、成型温度、压力、浇口种类等因素而变化的。常用塑料许用流程比见表 2-21。设计时，如果实际流程比大于许用值，则应改变浇口位置或增加制品的壁厚。

表 2-21　常用塑料许用流程比

塑料名称	注射压力/MPa	许用流程比
聚乙烯	150	250~280
	60	100~140
聚丙烯	120	280
	70	200~240
聚苯乙烯	90	280~300
聚酰胺	90	200~360
聚甲醛	100	110~210
未增塑聚氯乙烯	130	130~170
	90	100~140
	70	70~110
软聚氯乙烯	90	200~280
	70	160~240
聚碳酸酯	130	120~180
	90	90~130

（4）浇口位置应有利于型腔内气体的排出。如果进入型腔的熔体过早地封闭排气通道，型腔内的气体就不能顺利排出，会在制品上形成气泡、产生疏松，或出现充不满、熔接不牢等缺陷，甚至在注射成型时，气体被压缩而产生高温，使塑料制品局部烧焦炭化。因此，在型腔最后充满处，应设排气槽。由于型腔各处的充模阻力不一致，熔体首先充满阻力最小的空间，因此，最后充满的地方不一定是离浇口最远处，而往往是制品最薄处。例如，图 2-131 所示的盒形制品，由于侧壁厚度大于顶部厚度，如采用图 2-131（a）所示的浇口位置，则在进料时，熔体沿侧壁流速比顶部流速快，因而侧壁很快被充满，而顶部形成封闭的气囊，结果在顶部留下明显的熔接痕或烧焦的痕迹。图 2-131（a）中的 A 处即为熔接痕。从便于排气的角度出发，应改用图 2-131（c）所示的中心浇口，使顶部最先充满，最后充满的部位在分型面处。若不允许中心进料，仍采用侧浇口，则应增大顶部厚度或减小侧壁厚度，如图 2-131（b）所示，可使料流末端在浇口对面的分型面处，利于排气。另外，也可在顶部开设排气结构，如采用组合式型腔，利用配合间隙排气，或在空气汇集处镶入多孔的粉末冶金材料，利用微孔的透气作用排气，效果较好。

（5）避免塑料制品产生熔接痕。严格来说，熔体在充型过程中都有料流间的熔接存在，应增加熔接的强度，避免产生熔接痕，以保证制品的强度。产生熔接痕的原因很多，就浇口数量的设置而言，浇口数量多，产生熔接痕的可能性就大，如图 2-132 所示。因而在熔体流程不太长的情况下，如无特殊要求，最好不设两个或两个以上浇口。但浇口数量多，料流的流程就会缩短，熔接的强度也相应提高。这是因为熔接的强度与熔接时的料温有关，料温高熔接痕不明显且熔接强度高；反之，熔接痕明显且熔接强度低。因此，对于大型制品，采用多点进料有利于提高熔接的强度；对于大型板状制品，为了减小内应力和翘曲变形，必要时也应设置多个浇口，如图 2-133 所示。在可能产生熔接痕的情况下，应采取工艺和模具设计的措施，增加熔接强度。如图 2-134 所示，在料流末端（可能产生熔接痕处）开设溢料槽，便于料流前端的冷料溢出型腔，避免产生熔接痕。

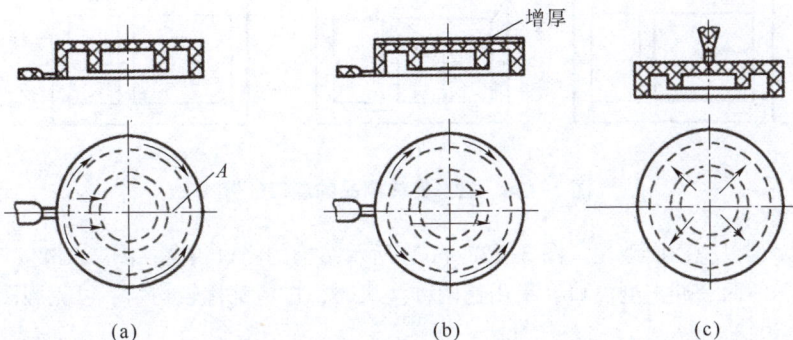

(a)   (b)   (c)

图 2-131　浇口位置对排气的影响

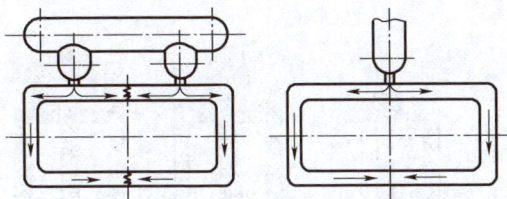

图 2-132　浇口数量对熔接痕的影响

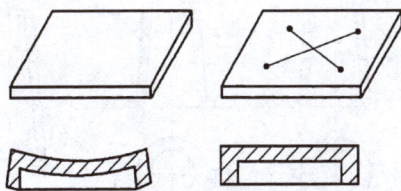

图 2-133　设置多浇口以减小变形

在设计模具时，可以通过正确设置浇口的位置来达到防止熔接痕产生或控制料流熔接的目的。图 2-135 所示的齿轮类制品，一般不允许有熔接痕存在，否则会产生应力集中，影响其强度。如图 2-135 （a）所示，以侧浇口进料时，不但可能产生熔接痕，而且去除浇口时容易损伤齿部。采用图 2-135 （b）所示的中心浇口，不仅可以避免产生熔接痕，而且齿形也不会因清除浇口而受损。图 2-136 所示的箱形壳体制品，浇口位置不仅影响其料流的流程长度，而且会影响熔接的方位和熔接的强度。采用图 2-136 （a）所示的浇口位置，成型时料流的流程长，压力损失大，温度下降多，料流末端处已失去熔接能力，会产生明显的熔接痕，熔接强度低。采用图 2-136 （b）所示的浇口位置，各处熔接条件差不多，有利于成型和熔接，但去除浇口较难。采用图 2-136 （c）所示的浇口位置，料流的流程较短，且可在熔接处开设溢流槽，以增加熔接强度。

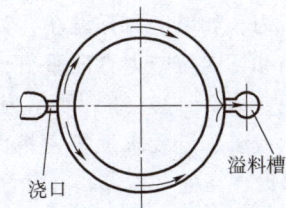

浇口　　　　　　　溢料槽

图 2-134　开设溢料槽以避免熔接痕

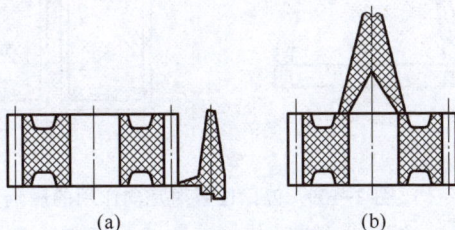

(a)   (b)

图 2-135　齿轮类制品的浇口位置
(a) 不合理；(b) 合理

（6）防止料流将型芯或嵌件挤压变形。对于具有细长型芯的筒形制品，应避免偏心进料，以防止型芯弯曲。图 2-137 （a）所示为单侧进料，料流单边冲击型芯，易使型芯偏斜，导致制品壁厚不均；图 2-137 （b）所示为两侧对称进料，可防止型芯弯曲，但与图 2-137 （a）所示结构一样也存在排气不良的问题。采用图 2-137 （c）所示的中心进料，效果最好。对于材料为聚碳酸酯的矿灯壳体，当采用图 2-138 （a）所示浇口位置由顶部进料时，浇口尺寸较小，中部进料快，两侧进料慢，从而会产生侧向力 F_1 和 F_2，如型芯的长径比大于 5，则型芯会产生较大弹性变形，

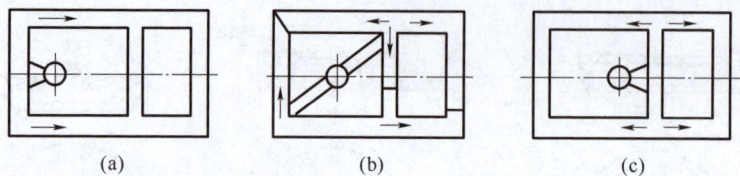

图 2-136　箱形壳体制品的浇口位置

成型后，制品因难以脱模而破裂。图 2-138（b）所示结构的浇口较宽，图 2-138（c）所示结构采用了正对型芯的两个冲击型浇口，采用这两种浇口时，进料都比较均匀，可克服图 2-138（a）所示结构的缺点。

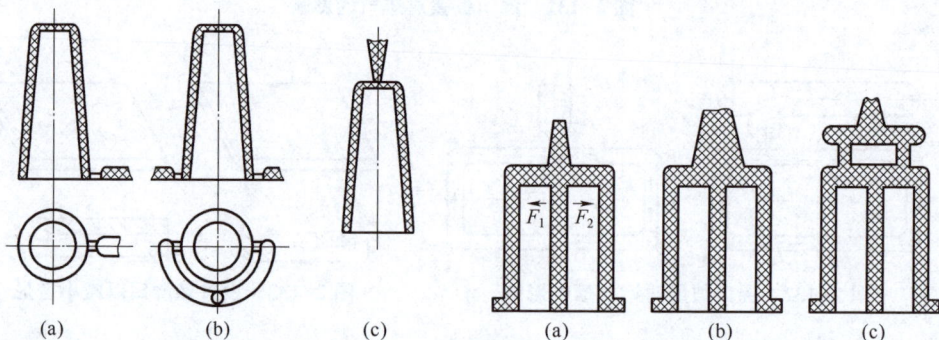

图 2-137　改变浇口位置防止型芯变形
（a）单侧进料；（b）两侧对称进料；（c）中心进料

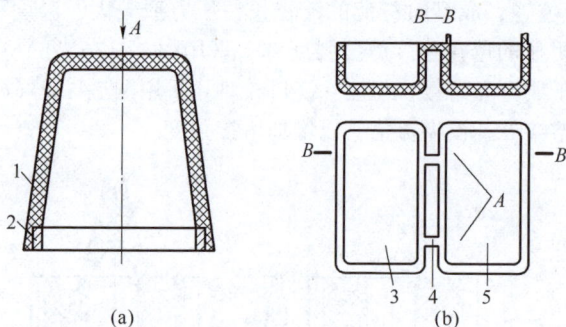

图 2-138　改变浇口形式和位置防止型芯变形

（7）应考虑高分子取向对塑料制品性能的影响。注射成型时，应尽量减小高分子沿流动方向的定向作用，避免影响制品性能、应力开裂和收缩等问题的方向性。但要完全避免高分子在模

图 2-139　浇口位置对定向作用的影响
1—盒盖；2—金属嵌件；3—盖；4—"铰链"；5—盒体

塑时的取向是不可能的，因而必须恰当设置浇口位置，尽量避免由定向作用造成的不利影响。图 2-139（a）所示为口部带有金属嵌件的聚苯乙烯制品，成型收缩会使金属嵌件周围的塑料层产生很大的切向拉应力，如果浇口开设在 A 处，则高分子定向和切向拉应力方向垂直，该制品容易开裂。图 2-139（b）所示为聚丙烯盒子，其"铰链"处要求反复弯折而不断裂，把浇口设在 A 处（两点），注射成型时，熔体通过很薄的"铰链"（厚度约 0.25 mm）充满盖部型腔，在"铰链"处产生高度的定向，可达到反复弯折而不断裂的要求。

六、排气与引气系统设计

1. 排气系统的设计

排气系统的作用是将型腔和浇注系统中原有的空气和成型过程中固化反应产生的气体顺利地排出模具之外，以保证注射过程的顺利进行。尤其对于高速注射成型和热固性塑料注射成型，排气是很有必要的，否则，压缩气体所产生的高温将引起制品局部烧焦炭化或产生气泡、熔接痕等缺陷。

排气系统概念、
作用及设计原则

排气方式有开设排气槽和利用模具零件的配合间隙自然排气。排气槽通常设置在充型料流的末端处，而熔体在型腔内的填充情况与浇口的位置有关，因此，确定浇口位置时，同时要考虑排气槽的开设是否方便。

排气槽最好开设在分型面上，可使分型面上因设排气槽而产生的飞边容易随制品脱出。通常在分型面凹模一侧开设排气槽，其槽深为 0.025~0.1 mm，槽宽为 1.5~6 mm，具体尺寸视塑料性质而定，以不产生飞边为限。排气槽须与大气相通。当型腔最后充满部分不在分型面上，且附近又无配合间隙可排气时，可在型腔相应部位镶嵌多孔粉末冶金件，或改变浇口位置以改变料流末端的位置。另外，排气槽最好开设在靠近嵌件或制品壁最薄处，这是因为这些部位容易形成熔接痕，应排尽气体并排出部分冷料。

在大多数情况下，可以利用模具分型面或模具零件之间的配合间隙自然排气，这时，可不另开排气槽。图 2-140 所示结构就是利用模具分型面及其配合间隙排气的几种形式，其间隙值通常在 0.01~0.03 mm 范围内，以不产生溢料为限。

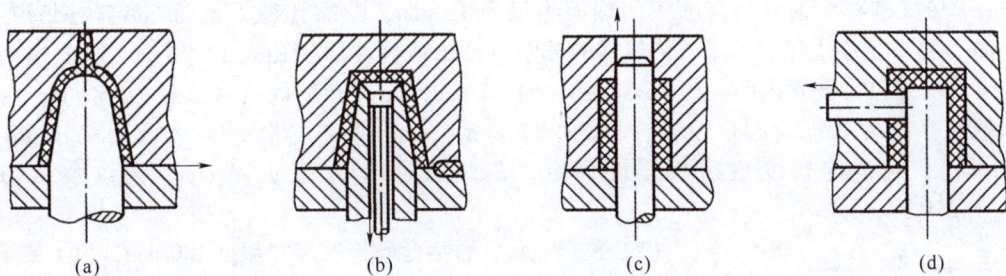

(a)　　　　　(b)　　　　　(c)　　　　　(d)

图 2-140　自然排气方式

2. 引气系统的设计

排气是制品成型的需要，而引气则是制品脱模的需要。对于一些大型深壳形制品，注射成型后，型腔内气体被排除，在推出制品的初始状态，型芯外表面与制品内表面之间基本上真空，造成制品脱模困难，如果强行脱模，制品势必变形或损坏，因此必须设置引气装置。对于热固性塑料等收缩微小的塑料注

射成型，制品黏附型腔的情况较严重，开模时也应设置引气装置（尤其是整体结构的深型腔）。

常见的引气方式有以下几种。

（1）镶拼式侧隙引气。在利用模具分型面及模具零件配合间隙排气的场合，其排气间隙即为引气间隙，但在镶块或型芯与其他成型零件为过盈配合的情况下，空气是无法引入型腔的，如将配合间隙放大，则镶块的位置精度将受到影响，所以只能在镶块侧面的局部位置开设引气槽，如图 2-141（a）所示。引气槽的深度应不大于 0.05 mm，以免溢料堵塞而起不到应有的作用。引气槽必须延伸到模外，其长度为 0.2~0.8 mm。这种引气方式结构简单，但引气槽容易堵塞，应该严格控制其深度。

（2）气阀式引气。这种引气方式主要依靠阀门的开启与关闭实现引气。开模时，制品与型腔内表面之间的真空度使阀门开启，空气便能引入；而当熔体注射充模时，熔体的压力作用将阀门紧紧压住，使其处于关闭状态。由于接触面为锥形，所以不产生缝隙。这种引气方式比较理想，但对阀门锥面的加工要求较高。显然，型芯与制品内表面之间必要时也可以采用图 2-141（b）所示的引气方式。应该指出，在有诸多推杆推出作用的情况下，可由推杆的配合间隙引气。

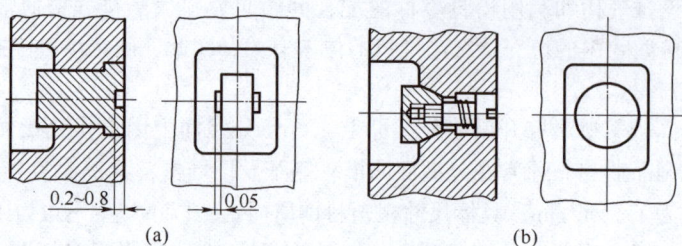

图 2-141　引气方式

（a）镶拼式侧隙引气；（b）气阀式引气

任务实施

1. 浇注系统设计

（1）主流道设计。根据本项目任务一的分析和计算，香皂盒底塑件成型选择的注射机为 JB168-E 卧式螺杆注射机，其喷嘴的球面半径为 18 mm，喷嘴孔径为 4 mm，定位圈直径为 100 mm。可得主流道尺寸参数：浇口套的球面半径比喷嘴球面半径大 1~2 mm，取值 19 mm；主流道小端直径比喷嘴孔径大 0.5~1 mm，取值 5 mm；浇口套的固定端直径为 35 mm，与定位圈的配合尺寸为 $\phi25$ mm，外径尺寸为 12 mm；主流道锥度取 3°，表面粗糙度 Ra 取 0.8 μm；主流道的长度由模板厚度确定，在此初定总长度为 90 mm。浇口套结构如图 2-142 所示。

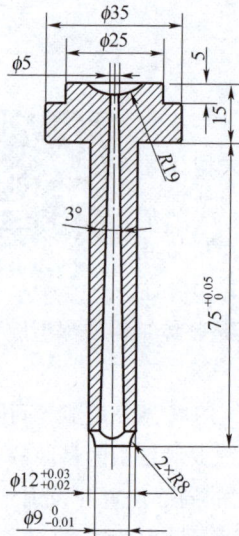

图 2-142　浇口套结构

（2）浇口设计。香皂盒底长度尺寸超过 100 mm，为了便于充型，保证塑件质量，在每个香皂盒底长度方向上设计 1 个浇口位置，浇口形状选择潜伏式浇口。潜伏式浇口进料位置隐蔽，利于防止塑件表面产生缺陷，塑件尺寸易于保证，模具结构简单。浇口厚度应为香皂盒底壁厚（2 mm）的 1/3~2/3，因此浇口厚度取为 0.6 mm，浇口宽度取为 2 mm。

（3）分流道设计。根据本项目任务二的设计方案，香皂盒底注射模选择的是一模一腔的布局结构，因此，分流道选择非平衡式布局，在型腔内侧潜伏进胶（见图 2-143），分流道表面不必修得很光滑，表面粗糙度 Ra 一般为 1.6 μm。分流道的截面形状选择圆形。圆形截面的分流道须同时开设在定、动模上，加工较困难，但是比表面积最小，体积最大，与模具的接触面积最小，阻力小，有助于熔体流动并可减少热量损失，分流道直径为 8 mm。

（4）冷料穴设计。香皂盒底高度尺寸为 20 mm，有凹凸结构及一定的斜度，塑件对型芯的包紧力不是很大，因此可以采用圆锥形拉料杆及底部带推杆的冷料穴，其结构比较简单，使用广泛。

主流道末端设置拉料杆，用于将主流道凝料拉出定模。香皂盒底采用的 PP，具有弹性，选用倒锥形的冷料穴，其锥度为 3°，长度为 10 mm。拉料杆的直径比主流道大端直径稍小，便于将凝料推出，选取拉料杆直径为 8 mm。

分流道上的冷料穴通常布置在熔体流动方向的转折处，以便导入并储存冷料，冷料穴的长度一般为分流道直径的 1.5~2 倍，因此分流道末端的冷料穴长度取 10.5 mm。分流道上的拉料杆直径根据分流道的直径确定，为便于顶出凝料，分流道上布置两根拉料杆，放置在分流道的拐角处，直径为 8 mm。

综上所述，香皂盒底注射成型的浇注系统示意图如图 2-143 所示。

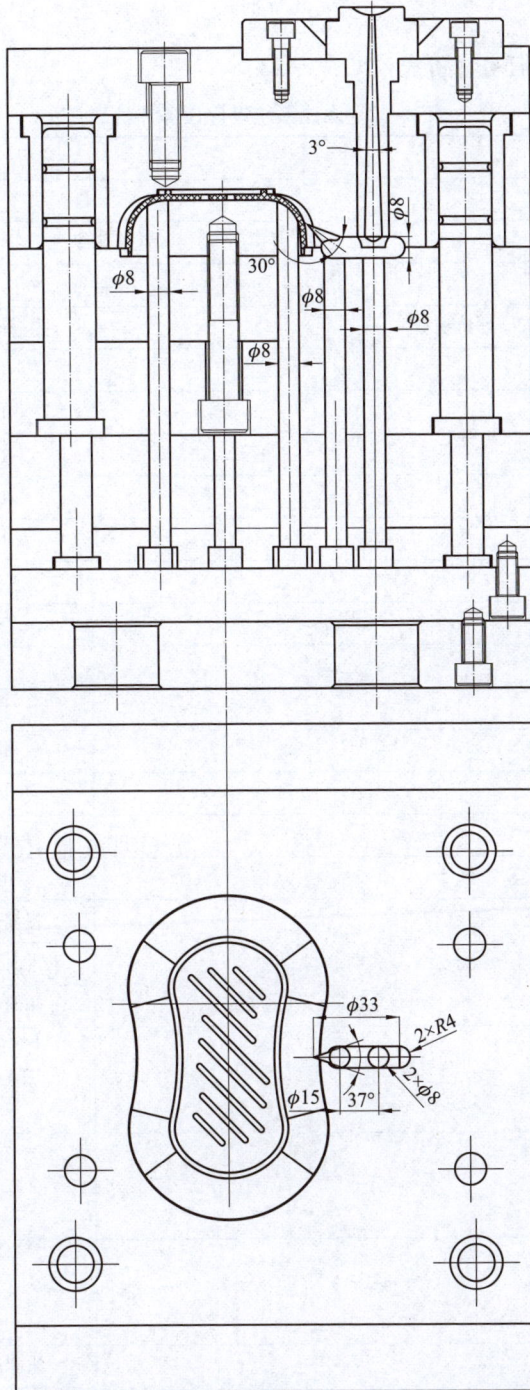

图 2-143　香皂盒底注射成型的浇注系统示意图

2. 排气系统和引气系统设计

香皂盒底塑件尺寸中等，塑件上有一些成型孔，可以通过模具分型面、模具零件之间的配合间隙自然排气，不用单独设计排气槽。在开模过程中，塑件与成型零件之间不会形成真空，不需要设计引气系统。

请填写浇注系统设计任务评价表，见表 2-22。

表 2-22　浇注系统设计任务评价表

项目名称				
任务名称				
姓名		班级		
组别		学号		
评价项目			分值	得分
浇注系统的组成			10	
浇注系统的设计原则			10	
主流道设计			10	
分流道设计			10	
冷料穴设计			10	
浇口的作用			3	
浇口的类型			3	
浇口位置设计原则			4	
排气与引气系统设计			10	
工作实效及文明操作			10	
工作表现			10	
团队合作			10	
总计			100	
个人的工作时间			提前完成	
			准时完成	
			超时完成	
个人认为完成最好的方面				
个人认为完成最不满意的方面				
值得改进的方面				
自我评价			非常满意	
			满意	
			不太满意	
			不满意	
记录				

任务拓展

倾斜式主流道设计

扩展阅读

洲际导弹之父，"两弹一星"元勋——屠守锷

思考与练习

1. 选择题

（1）采用直浇口的单型腔模具，适用于成型（　　）塑件，不宜用来成型（　　）塑件。

A. 平薄易变形　　　　　　　　　B. 壳形

C. 箱形　　　　　　　　　　　　D. 盒形

（2）直浇口适用于各种塑料的注射成型，尤其对（　　）有利。

A. 结晶型或易产生内应力的塑料　　B. 热敏性塑料

C. 流动性差的塑料　　　　　　　　D. 易变形的塑料

（3）护耳浇口专门用于透明度高和要求无内应力的塑件，它主要用于（　　）等流动性差和对应力较敏感的塑料。

A. ABS　　　　　　　　　　　　　B. 有机玻璃

C. 尼龙　　　　　　　　　　　　　D. 聚碳酸酯和未增塑聚氯乙烯

2. 判断题（正确的打"√"，错误的打"×"）

（1）为了减小分流道对熔体流动的阻力，分流道表面必须修得很光滑。　　　　（　　）

（2）浇口的主要作用是防止熔体倒流，便于凝料与塑件分离。　　　　　　　　（　　）

（3）中心浇口适用于圆筒形、圆环形等中心带孔的塑件成型。属于这类浇口的有盘形浇口、环形浇口、爪形浇口和轮辐式浇口。　　　　　　　　　　　　　　　　　　　（　　）

（4）侧浇口可分为扇形浇口和薄片式浇口，扇形浇口常用来成型宽度较大的薄片状塑件；薄片式浇口常用来成型大面积薄板塑件。　　　　　　　　　　　　　　　　　（　　）

（5）点浇口适用于流动性差的塑料和热敏性塑料，且利于平薄易变形和形状复杂塑件的注射成型。　　　　　　　　　　　　　　　　　　　　　　　　　　　　　　　　　（　　）

（6）潜伏式浇口是由点浇口变化而来的，浇口位置常设在塑件侧面的较隐蔽部位，不影响塑件外观。　　　　　　　　　　　　　　　　　　　　　　　　　　　　　　　　（　　）

（7）浇口的截面尺寸越小越好。　　　　　　　　　　　　　　　　　　　　　（　　）

（8）浇口的位置应使熔体的流程最短，流向变化最少。　　　　　　　　　　　（　　）

（9）浇口的数量越多越好，因为这样可使熔体很快充满型腔。　　　　　　　　（　　）

3. 简答题

（1）简述浇注系统的分类和基本组成。

（2）比较点浇口浇注系统和侧浇口浇注系统的异同点。

（3）在注射模中，主流道是一段圆锥通道，简述这段圆锥通道的锥角和小端直径如何确定。

（4）分流道常用的截面形状有哪些？如何选用？

（5）简述分流道的作用和设计要点。

（6）简述冷料穴的作用和设计要点。

（7）简述浇口的作用、种类及设计要点。

（8）侧浇口和点浇口各有什么优缺点？什么情况下采用点浇口？

（9）如何理解"主流道和分流道应尽量短，截面面积要尽量小"这句话？

（10）简述分流道平衡布置和非平衡布置的优缺点。

能力目标

1. 能读懂各种推出机构结构图。

2. 具有设计或选择各类推出机构零件的能力。

3. 能够合理选择各类推出机构。

知识目标

1. 掌握各种简单推出机构的类型及动作原理。

2. 了解其他推出机构的设计原则、分类、特点和应用范围。

素质目标

1. 在推出机构设计中，培养学生的团队合作意识、勇于克服困难的精神，并提高学生的动手能力。

2. 培养学生严谨细致、不怕失败的钻研精神，以及持之以恒的工作态度和爱岗敬业的工匠情怀。

任务导入

在注射动作结束后，塑料熔体在模具型腔内冷却成型，由于体积收缩，对型芯产生包紧力，当其从模具中推出时，就必须克服因包紧力而产生的摩擦力。对于不带通孔的筒类、壳类塑件，脱模时还需克服大气压力。

在注射模中，将成型塑件及浇注系统凝料从模具中安全无损坏地推出模具的机构称为推出机构，也称推出系统或顶出系统。安全无损坏是指塑件被推出时不变形，无乱花，不黏模，无顶白，推杆痕迹不影响塑件美观，塑件被推出时不会对人或模具产生安全事故。推出机构的动作方向与模具的开模方向是一致的。

本任务针对图 2-1 所示的香皂盒底，合理设计其成型模具的推出机构。通过学习，学生应掌握推出机构的相关知识，具备合理设计推出机构的能力。

知识准备

一、推出机构的组成、分类及设计原则

1. 推出机构的组成

注射模的推出机构包括推杆、推管、推板、推块等推出零件；复位杆、复位弹簧及先复位机构等推出零件的复位零件；推杆固定板和推板等推出零件的固定零件；用于高压气体推出的气阀等配件；内螺纹推出机构中的齿轮、齿条、马达、液压缸等配件。图 2-144 所示为典型推出机构，由推杆、推杆固定板、推板、推板导柱、推板导套、拉料杆、复位杆、限位钉（又称垃圾钉）等零件组成。其中推杆直接与制品接触，将制品从型芯上推出。推杆由推杆固定板和推板经螺栓连接后固定。注射机上的顶杆作用在推板上，经推杆传递脱模力将制品从型芯上推出。为使推出

推出机构的组成、分类及设计原则

平稳，减少制品在推出过程中的变形，避免卡滞和磨损，应在推板上设置导柱导向机构。拉料杆在开模瞬间拉住浇注系统凝料，使其随同制品留在动模一侧，脱模时再将凝料推出。合模时，复位杆被定模分型面推回，使整个推出机构复位。模具中还装有限位钉，对推出机构起支承和调整作用，并防止推出机构在复位时受异物阻碍。

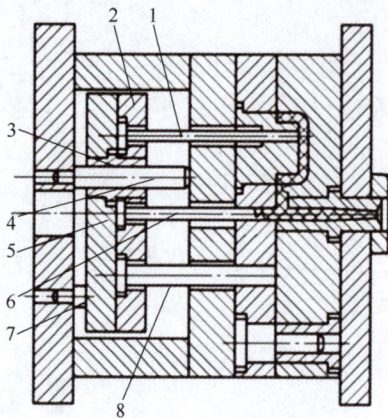

图 2-144　典型推出机构

1—推杆；2—推杆固定板；3—推板导套；4—推板导柱；
5—推板；6—拉料杆；7—限位钉；8—复位杆

2. 推出机构的分类

制品在推出时受制品材料及形状等因素影响，由于制品复杂多变，要求不一，因此制品的推出机构也多种多样。

（1）按结构分类。

1）简单推出机构：又称一次推出机构，如常见的推杆、推管和推件板等推出机构。

2）二级推出机构：一些形状特殊的制品，如果采用一次推出，易使其变形、损坏，甚至不能从模内脱出，在这种情况下，须对制品进行第二次推出。

3）双推出机构：是指定模和动模两边均设有简单推出机构。

4）顺序推出机构：成型形状复杂制品的模具，一般会有多个分型面，此时应顺序分型和推出，才能使制品从模内顺利脱出。

5）螺纹制品推出机构：使制品从螺纹型芯或螺纹型环上脱出的机构。

（2）按动力来源分类。

1）手动推出机构：是指当模具分开后，须通过人工操纵推出机构使制品脱出的机构，具体可分为模内手工推出机构和模外手工推出机构两种。模内手工推出机构常用于 PVC 塑件的脱模；模外手工推出机构适用于形状复杂、不能设置推出机构的模具或制品结构简单、产量小的情况，目前很少采用。

2）机动推出机构：即依靠注射机的开模动作驱动模具的推出机构，实现制品自动推出。这类推出机构结构复杂，多用于生产批量大的情况，是目前应用最广泛的一种推出机构，也是本任务的重点内容。机动推出机构包括推杆、推管、推件板、内螺纹机动推出机构及复合推出机构等。

3）液压或气动推出机构：是指在注射机或模具上设有专用液压或气动装置，将制品推出模外或将制品吹出模外的机构。

3. 推出机构的设计原则

（1）由于开模时制品应尽可能留在动模一侧，且注射机的顶杆安装在动模一侧，所以注射模的推出机构一般设在动模。这种模具结构简单，动作稳定可靠。

特殊情况下，考虑塑件结构及使用要求等因素，需要采用定模推出，此时制品开模后必须留在定模，需要设计定模推出机构。

（2）防止制品变形或损坏。需正确分析制品对型芯的包紧力和对型腔的黏附力，有针对性地选择合适的推出机构，以及合理的推出方式和推出部位。由于制品在收缩时包紧型芯，因此推出力的作用点应尽量靠近型芯，同时推出力应施于制品刚度和强度最大的部位，推出面积也应尽可能大一些，以防制品变形或损坏。

（3）力求制品外观良好。在选择推出位置时，应尽量选择制品的内部或对制品外观影响不大的部位。

（4）结构合理，工作稳定可靠。推出机构应推出可靠，复位准确，运动灵活，制造方便，更换容易，且具有足够的强度和刚度。推出零件在做推出动作时，会与成型零件发生摩擦，因此需要有良好的耐磨性和较长的寿命。

（5）推出行程合理。推出机构必须将制品完全推出，制品在重力作用下可自由落下。推出行程取决于制品的形状。对于锥度很小或没有锥度的制品，推出行程应等于动模型芯的最大高度加 5～10 mm 的安全距离，如图 2-145（a）所示。对于锥度很大的制品，推出行程可以小些，一般取动模型芯高度的 1/2～2/3，如图 2-145（b）所示。

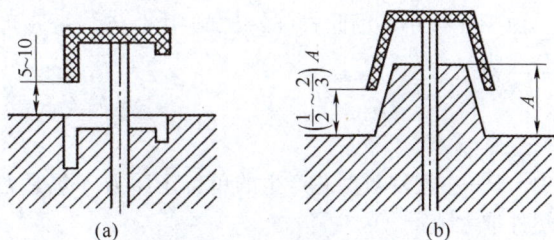

图 2-145　推出行程
（a）锥度很小或没有锥度的制品；（b）锥度很大的制品

推出行程受到模架垫块高度的限制，垫块高度已随模架标准化。如果推出行程很大，而垫块不够高，应在订购模架时加高垫块高度，并在技术要求中写明。

二、脱模力的计算

脱模力是指使塑件从模内脱出所需的力，等于脱出制品时所需克服的阻力，包括型芯包紧力、真空吸力、黏附力和推出机构本身的运动阻力。脱模力是设计推出机构的重要依据之一。

脱模力的计算

包紧力是指制品在冷却固化过程中，因体积收缩而产生的对型芯的包紧力。真空吸力是指脱模时由封闭的壳类制品与型芯之间形成真空与大气压的压差产生的阻力。黏附力是指脱模时，制品表面与模具钢表面之间的吸附力。

脱模力分为初始脱模力和相继脱模力。初始脱模力是指开始推出塑件的瞬间需要克服的阻力。相继脱模力是指后续脱模所需的脱模力，比初始脱模力小很多。计算脱模力时，一般计算初始脱模力。

脱模力与制品结构、材料有关。制品壁厚越厚，型芯长度越长，垂直于推出方向上制品的投影面积越大，则脱模力越大。制品收缩率越大，弹性模量 E 越大，则脱模力越大。制品与型芯摩擦力越大，则脱模力越大。推出斜度越小的制品，脱模力越大。此外，透明制品冷却固化时对型芯的包紧力较大，相应所需脱模力也越大。

图 2-146　型芯的受力情况

当塑件收缩包紧型芯时，型芯的受力情况如图 2-146所示。未脱模时，正压力就是塑件对型芯的包紧力，此时的最大静摩擦阻力 $F_{阻}=fF_{正}$。由于型芯有锥度，故在脱模力的作用下，塑件对型芯的正压力降低了，即变成 $F_{正}-F_{脱}\sin\alpha$，此时的摩擦阻力为

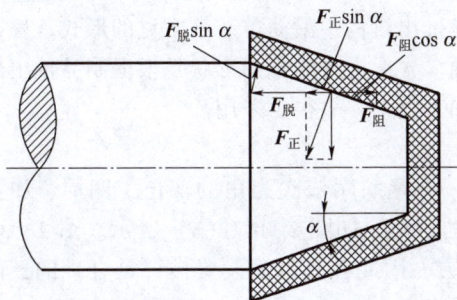

$$F_{阻}=f(F_{正}-F_{脱}\sin\alpha)=fF_{正}-fF_{脱}\sin\alpha \tag{2-32}$$

式中　$F_{阻}$——摩擦阻力，N；

$\quad\quad F_{正}$——塑件收缩对型芯产生的正压力（即包紧力），N；

$\quad\quad f$——摩擦因数，一般取 0.15～1.0；

$\quad\quad F_{脱}$——脱模力，N；

$\quad\quad \alpha$——脱模斜度，一般取 1°～2°。

根据型芯受力分析图可以列出以下平衡方程式

$$\sum F = 0 \tag{2-33}$$

即
$$F_{脱} + F_{正} \sin \alpha = F_{阻} \cos \alpha \tag{2-34}$$

由于 α 很小，因此式（2-32）中的 $fF_{脱} \sin \alpha$ 可以忽略不计，则有 $F_{阻} = fF_{正}$，则脱模力的计算公式为

$$F_{脱} = F_{正}(f\cos \alpha - \sin \alpha) \tag{2-35}$$

$$F_{正} = PA \tag{2-36}$$

式中　P——塑件对型芯产生的单位正压力（包紧力），一般为 8~12 MPa，薄壁塑件取小值，厚壁塑件取大值；

A——塑件包紧型芯的面积，mm^2。

无通孔的壳形塑件脱模时，还需要克服大气压力造成的阻力（N），其值为

$$F_{气} = 0.1A' \tag{2-37}$$

式中　A'——型芯端面面积，mm^2。

此时脱模力为

$$F_{总} = PA(f\cos \alpha - \sin \alpha) + 0.1A' \tag{2-38}$$

三、简单推出机构

简单推出机构是应用最广的结构形式，包括推杆推出机构、推管推出机构、推件板推出机构、推块推出机构、活动镶件或凹模板推出机构、联合推出机构等类型，现分述如下。

1. 推杆推出机构

推杆推出机构是推出机构中最常见的一种形式。由于推杆加工简单、安装方便、维修容易、使用寿命长、脱模效果好，因此在生产中应用广泛；但由于它与塑件的接触面积一般比较小，设计不当易引起应力集中而顶穿塑件或使塑件变形，因此不适用于脱模斜度小和脱模力大的管状或箱类塑件，此类塑件必须采用推杆推出机构时，需要增加推杆数量，以增大接触面积。

推杆包括圆推杆、扁推杆及异形推杆。其中圆推杆推出时运动阻力小，推出动作灵活可靠，损坏后也便于更换，因此应用广泛。圆推杆推出机构是推出机构中最简单、最常见的形式。扁推杆的截面为长方形，加工成本高，易磨损，维修不方便。异形推杆的截面形状是根据制品推出部位的形状而设计的，如三角形、弧形、半圆形等，因加工复杂，故很少采用。

（1）推杆推出机构设计要点。

1）推杆的推出位置应设在塑件脱模力大的地方，布置顺序依次为角的部位、四周、加强筋、螺柱等。推杆不能太靠边，要与边保持 1~2 mm 的距离，如图 2-147（a）所示。图 2-147（b）所示的盖类或箱类塑件，侧壁是脱模力最大的地方，因此在其端面设置推杆是合理的，而在盖子里面设置推杆时，以靠近侧壁的位置为佳。如果只在中心部位推出，则塑件可能会出现裂纹或被顶穿。设置多个推杆时，应根据各处脱模力的大小，合理布置推杆，使塑件脱模时受力均匀，避免变形。图 2-148 所示结构是在局部有细而深的凸台或加强筋的底部设置推杆。

2）推杆不宜设在塑件最薄处，以免塑件变形或损坏。需要在薄壁处设置推杆时，可通过增大推出面积来改善塑件受力状况。图 2-149 所示是采用锥形推杆推出塑件。

3）推杆端面应和型腔在同一平面上或高出型腔表面 0.05~0.10 mm，否则会影响塑件外观和使用。

4）为保证塑件质量，应多设推杆，以减小各个推杆作用在塑件上的应力，从而减小变形，减少应力开裂、发白等现象。当塑件上不允许有推出痕迹时，可采用推出耳的形式，如图 2-150 所示，塑件脱模后再将推出耳剪掉。

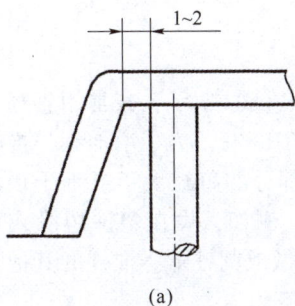

图 2-147 推杆推出位置

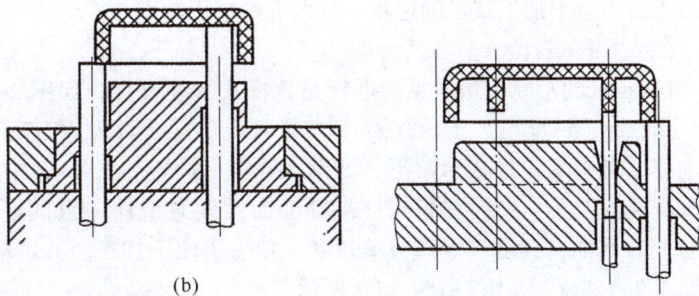

图 2-148 在局部有细而深的凸台
或加强筋的底部设置推杆

5）尽量避免在斜面上布置推杆。若必须在斜面上布置推杆，为防止推出时推杆滑行，推杆的上端面要磨出"+"形或设计平行的台阶（见图 2-151），同时底部须加防转销（俗称"管位"）防转。推杆防转结构通常有三种，如图 2-152 所示。

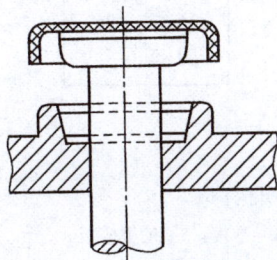

图 2-149 采用锥形推杆推出塑件

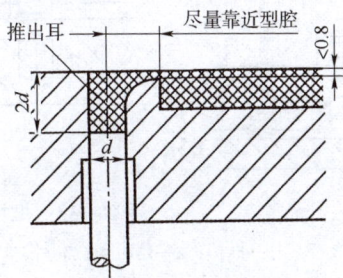

图 2-150 推出耳

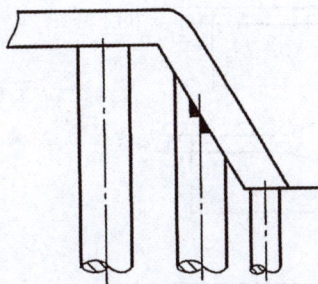

图 2-151 斜面推杆布置

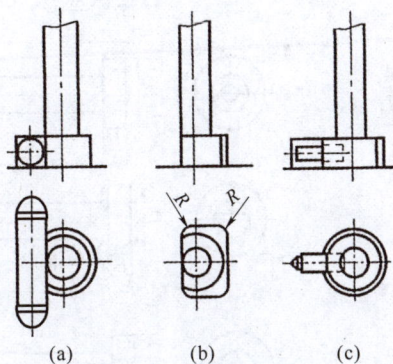

图 2-152 推杆防转结构

6）圆推杆与推块联合使用可实现延时推出。图 2-153 所示为一种常见的推杆延时推出机构，适用于成型电视机外壳等塑件的大型模具。它先利用推块将制品推出一定距离 S，再由推杆和推块一起作用将制品推出。

7）推杆直径应尽量取大些，这样脱模力大而平稳。除特殊情况外，模具应避免使用直径为 1.5 mm（或 1/16 in）以下的推杆，这是因为细长推杆易弯、易断。使用的细推杆要经淬火处理，使其具有足够的强度与耐磨性。直径为 4~6 mm（或 1/8~1/4 in）的推杆用得较多；制品特别大时，可用直径为 12 mm（或 1/2 in）的推杆，或视需要采用更大直径的推杆。

8）推杆的端面形状除了最常用的圆形外，还有各种特殊的形状，这类推杆的加工和热处理较困难，但由于加工技术的进步，异形推杆应用越来越广泛。

（2）推杆设计。

1）推杆的形状。最常见的推杆是直杆式圆柱推杆，如图 2-154（a）所示，其常用直径为 1.5~25 mm，长度不大于 600 mm，与推杆孔的配合可采用 H7/f7 或 H8/f8。为了增加细长推杆的刚度，可将其设计成台阶形，如图 2-154（b）所示，一般扩粗部分的直径大于或等于顶出部分直径的 2 倍。有时需将推杆端部截面做成与塑件一致的形状。例如，设在塑件边缘或加强筋上的推杆，其上端需做成薄片状，但为了便于加工，其下端仍做成圆柱形。推杆的其他形状如图 2-154（c）~图2-154（f）所示。

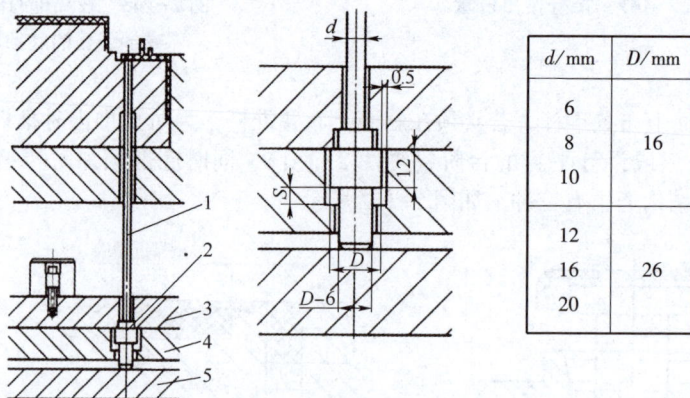

d/mm	D/mm
6	
8	16
10	
12	
16	26
20	

图 2-153　推杆延时推出机构

1—推杆；2—延时销；3—推杆固定板；4—推板；5—动模座板

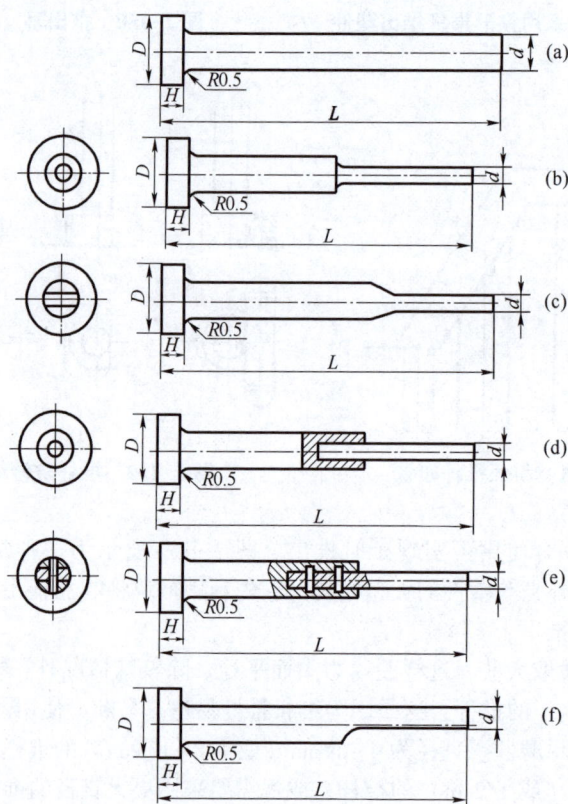

图 2-154　推杆形状

2）推杆的固定形式。推杆和推杆固定板常采用轴肩连接，推杆与固定孔之间设计有较大的配合间隙（0.8~1.0 mm），如图 2-155（a）所示，安装时推杆轴线可做少许位移，以确保与型腔上配合孔的同轴度，当推板上有多个推杆时，这样的设计给安装和使用带来方便。为了避免发生磨损烧死（咬蚀），推杆与型芯的有效配合长度一般为推杆直径的 2~3 倍，但最小不能小于 10 mm，最大不宜大于 20 mm。图 2-155（b）所示的结构将与轴肩厚度相同的垫圈置于推杆固定板和推板之间，这样推杆固定板不再加工凹坑，不但制作方便，而且易于保证两板之间的平行度。推杆与推杆固定板之间还可采用铆接（见图 2-155（c））、过盈配合（见图 2-155（d）），也可采用螺钉或螺母连接（见图 2-155（e）、图 2-155（f）、图 2-155（g）），这些固定形式的共同点是省去了推板。

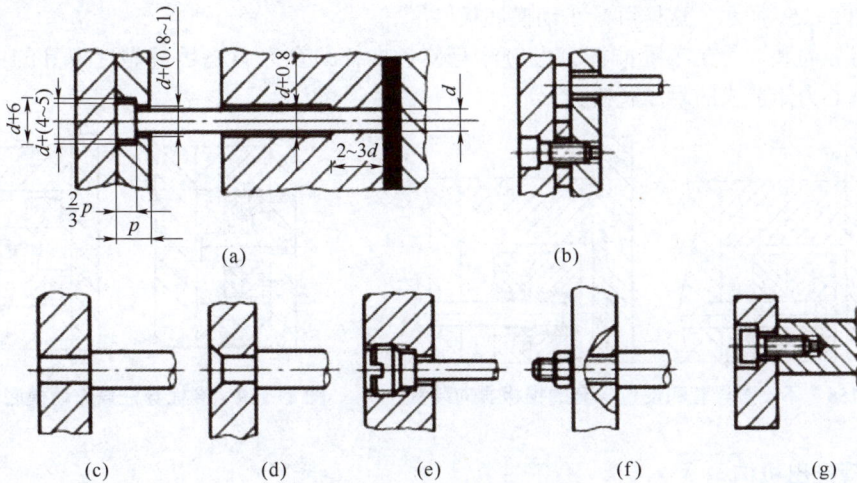

(a)　　　　　　　　　　(b)

(c)　　　(d)　　　(e)　　　(f)　　　(g)

图 2-155　推杆的固定形式

3）推杆的选材。大部分推杆用热作模具钢制造，最后进行表面氮化处理，推杆上段表面硬度应达 60~65 HRC，这样可防止推杆与配合孔拉毛咬死。此外，也可采用退火工具钢 T8A、T10A 或弹簧钢制造推杆，其头部局部淬火，配合段表面粗糙度 Ra 为 0.8 μm，其余部分要求可低些。

（3）推杆复位装置。

1）复位杆复位。推杆推出机构常采用复位杆复位，复位杆应对称布置，常取 2~4 根，但最好多于 2 根。与复位杆头部接触的定模板应淬火或局部镶入淬火镶块。采用复位杆复位时，只有当模具完全闭合，复位动作才可完成。某些模具要求在模具完全闭合之前完成复位动作，这时应采用特殊的先复位机构。

2）弹簧复位。弹簧复位是一种简单的复位方法，具有先复位的功能，数根弹簧装在动模垫板与推板之间，如图 2-156 所示。推出塑件时，弹簧被压缩，当注射机的顶杆后退时，弹簧即将推板推回。弹簧复位的缺点是可靠性较差，特别是推杆数量较多时易发生卡滞现象，因此常与复位杆共同使用。

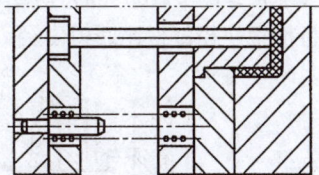

图 2-156　推杆弹簧复位装置

3）推杆兼作复位杆。成型壳形制品的模具，其推杆可同时兼作复位杆，推杆端面的一半起推杆作用，另一半复位时与定模板的分型面接触，起复位作用。图 2-147（b）所示左边的推杆、图 2-148 所示右边的推杆及图 2-157 中的推杆均兼作复位杆，这时不但推杆头部需淬火，而且型腔及其周边也应进行热处理，使边缘具有足够的硬度，否则将影响塑件的脱出。

（4）推出导向装置。大型模具或推杆较多的模具，为避免推板运动时发生偏斜，造成运动卡滞或推杆弯曲、损坏等问题，可设计推出导向装置。中小型模具常采用 2 根导柱，大型模具可

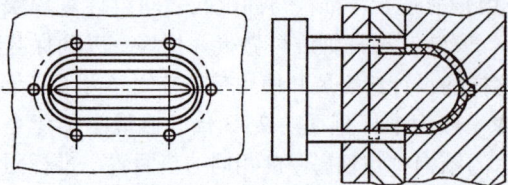

图 2-157 推杆兼作复位杆

采用 4 根导柱。

1）不设置导套和设置导套的推板导向装置。导向孔内可设置或不设置导套，如图 2-158 所示。为了加工方便，不设置导套时，导柱与导向孔的配合部位一般只设计在推板上，而与推杆固定板采用较大的配合间隙；设置导套时，导套也仅与推板上的装配孔采用过渡配合，而与推杆固定板采用较松动的配合，导套与导柱之间也需有一段间隙配合。

2）推板导柱兼作动模底板支柱。当动模底板支架间跨度较大时，推板导柱可兼作动模底板支柱，如图 2-159 所示，这样可减小动模底板厚度。

即使有导向装置，在布置推杆时也应注意使各推杆的合力中心尽量靠近模具的中心轴线，以减少由偏心力矩造成的附加脱模力。

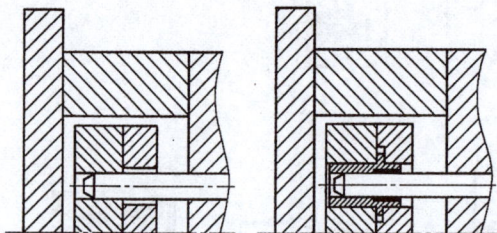

图 2-158 不设置导套和设置导套的推板导向装置

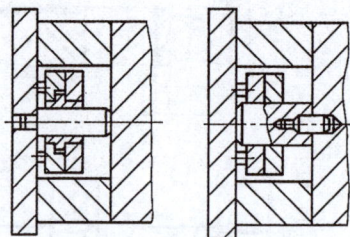

图 2-159 推板导柱兼作动模底板支柱

2. 推管推出机构

推管又称司筒，适用于环形、筒形或中间带孔的塑件，其中以圆形截面推管使用较多。推管推出机构的特点是整个推管周边与塑件接触，故塑件受力均匀、不易变形；推出塑件时平衡可靠，也不会在塑件上留下明显的接触痕迹；推管需与复位杆配合使用；采用推管时，主型芯和凹模可以同时设计在动模一侧，有利于提高内外表面的同轴度。该机构按照主型芯固定方式的不同常有以下三种结构形式。

（1）主型芯固定在动模座板上。主型芯固定在动模座板上时，必须穿过推板，如图 2-160 所示。为减小型芯与推管的配合长度，可将型芯后段直径减小（见图 2-160（a）），也可不改变型芯直径而将推管后段内孔扩大（见图 2-160（b））。为了保护凹模和型芯的成型表面，推出动作时推管不宜与成型表面摩擦，为此，推管配合外径宜稍小于凹模内径，推管配合内径应稍大于型芯外径，图 2-160（a）所示的凹模设在定模，推出时不存在凹模内径与推管摩擦的问题，这里将推管外径做得比凹模内径大，使其在合模时兼有复位杆的作用。

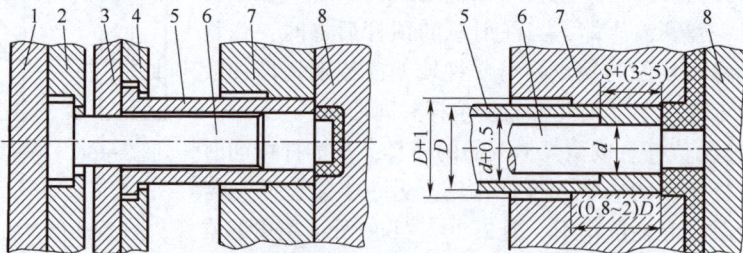

图 2-160 主型芯固定在动模座板上的推管推出机构

（a）后段直径减小；（b）后段内孔扩大

1—动模座板；2—主型芯固定板；3—推板；4—推管固定板；5—推管；
6—型芯；7—动模板；8—定模板；S—推出行程

（2）主型芯固定在型芯固定板上。如图 2-161 所示，采用这种结构的推管推出机构，型芯长度可大大缩短，但动模板厚度却相应增大。为了固定型芯，可增加一块垫板（见图 2-161（a）），也可将型芯凸缘加大固定（见图 2-161（b）），或采用螺栓固定（见图 2-161（c）），可省去一块垫板。

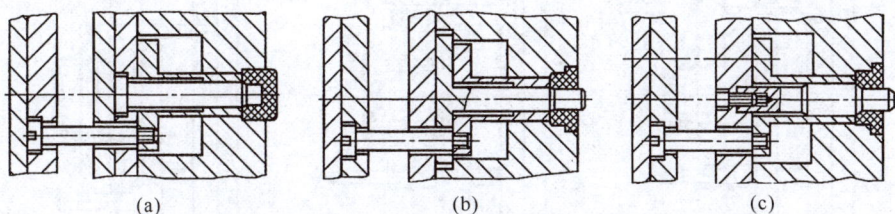

图 2-161　主型芯固定在型芯固定板上的推管推出机构
（a）增加垫板；（b）加大凸缘；（c）螺栓固定

（3）主型芯用横销或带缺口的凸缘固定。如图 2-162 所示，为了使推管与横销或凸缘互不干涉，该推管推出机构在推管上开设长槽，这种设计既不增加主型芯的长度，也不增大动模板的厚度。图 2-162（a）所示结构的缺点是主型芯连接强度较弱、定位精度较差，不宜用于受力大的型芯，其中的固定销除方销外也可用圆销。图 2-162（b）中的推管强度较弱，不宜用于推出力较大的场合，特别是当塑件壁较薄（小于 2 mm）时，推管壁也相应变薄，强度比较差。

推管材料的选择和热处理可参照推杆进行。推管内径和型芯的配合、外径和模板的配合可按 H8/f7 或 H8/f8 选用，大直径时可选用较高的配合精度，以免间隙过大而溢料。推管和型芯的配合长度为推出行程再加上 3~5 mm，推管和模板的配合长度取（0.8~2.0）D（D 为推管外径），其余部分扩孔留出间隙；当推管内径 d 扩为 $d+0.5$mm 时，模板孔扩为 $D+1$ mm，如图 2-162 所示。

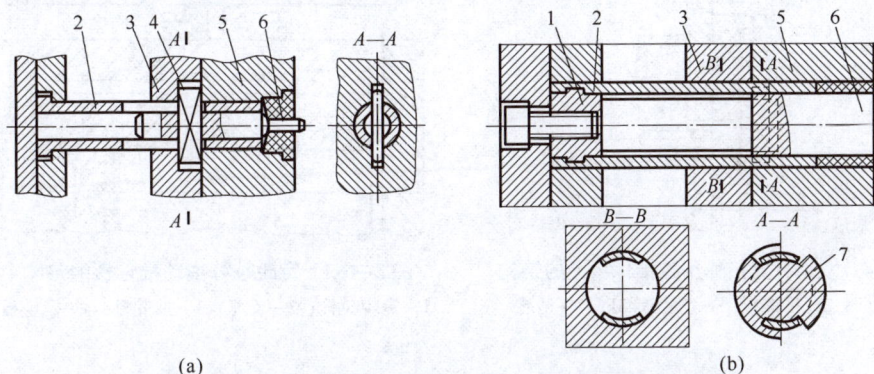

图 2-162　主型芯用横销或带缺口的凸缘固定的推管推出机构
1—压块；2—推管；3—支承板；4—横销；5—动模；6—主型芯；7—带缺口的凸缘

3. 推件板推出机构

推件板推出机构适用于各种薄壁容器、筒形制品、大型罩壳及其他带一个或多个孔的塑件。推件板推出机构的特点是推出力大而均匀，运动平稳，且不会在塑件表面留下推出痕迹，因此应用十分普遍。对于非圆形的塑件或异型孔，推件板上的孔可用线切割加工，制作十分方便，比推管推出机构更简单。图 2-163 所示为典型的推件板推出机构。推件板由模具的推杆（一般为 4 根）推动向前运动，将塑件从型芯上脱下。推件板推出机构无须另设复位杆，合模时推件板被压回原位，推杆和推板也相应复位。推件板向前平移时需要有可靠的支承，一般推件板上有 4 个导向孔与模具的 4 根导柱配合，可在导柱上滑动，因此在设计导柱长度时应考虑推出距离。推杆的前端可以是平头的，与推件板不相连，如图 2-163（a）所示；也可以在推杆前端加工螺纹或利用螺钉等与推板相连，如图 2-163（b）、图 2-163（c）所示，这样可防止推件板推件时因运动惯性而从导柱上滑落。

当推杆与推件板采用螺纹连接时，可以靠推杆本身支承导向，而不必靠模具的导柱来支承。

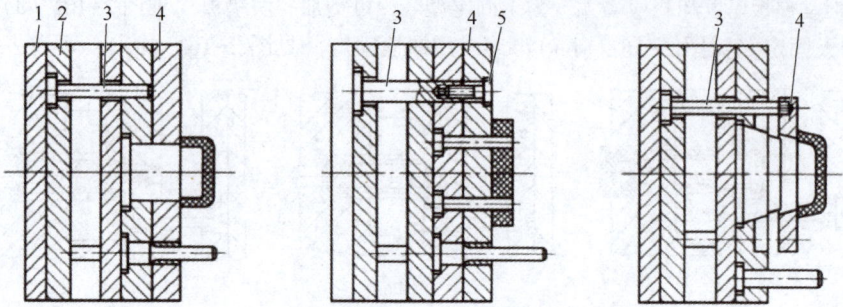

图 2-163　推件板推出机构
1—推板；2—推杆固定板；3—推杆；4—推件板；5—螺钉

利用推件板脱模的模具在适当的时候可以省去推板和推杆，以节省模具的推出空间，这样可使模具的高度大大降低，简化结构，同时动模座板直接和注射机动模板接触，动模座板不再发生弯曲变形，厚度可明显减薄。具体形式：①当模具装有有双顶杆的注射机时，可将推件板两边延长，使注射机双顶杆直接顶在推件板上，如图 2-164 所示；②在推件板两侧采用螺钉或定距拉杆和定模板相连，当分型到一定距离时，靠开模力拖动推件板，脱出塑件，如图 2-165 所示。

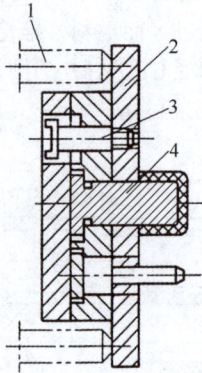

图 2-164　双顶杆直接作用在推件板上的结构
1—顶杆；2—推件板；3—定距螺钉；4—型芯

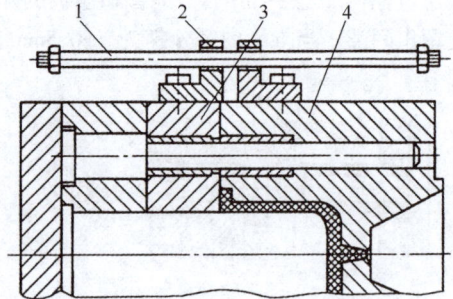

图 2-165　定距拉杆拖动推件板的结构
1—定距拉杆；2—支座；3—推件板；4—定模板

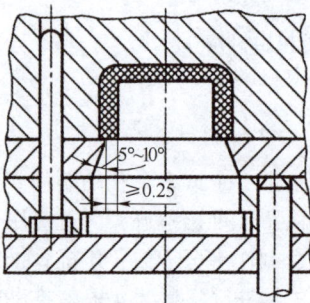

图 2-166　推件板内孔与型芯
锥面配合的结构

推件板脱模时，应避免推件板孔的内表面与型芯的成型面相摩擦，造成型芯擦伤，推件板内孔直径应比型芯成型部分外径大 0.25 mm，这对透明制品尤其重要。若将推件板与型芯成型面以下的配合段做成锥面，则效果更好。如图 2-166 所示，锥面能准确定位，防止推件板偏心，从而避免溢料，其单边斜度宜大于 5°，此结构适用于大型模具。

对于大型深腔薄壁壳体，特别是软质塑料成型的壳形件，若采用推件板脱模，应设置引气装置，以防止推件过程中因壳体内形成真空而造成脱模困难，甚至使塑件在压差作用下变形损坏。最常见的引气装置是在型芯上安装菌形阀，如图 2-167 所示。脱模时，阀芯前后的压差将菌形阀推开，空气进入塑件内腔，破坏真空，脱模后该阀靠弹簧复位（见图 2-167（a））。有的模具中菌形阀与推杆合为一体（见图 2-167（b）），此时菌形阀起着推件和进气的双重作用。

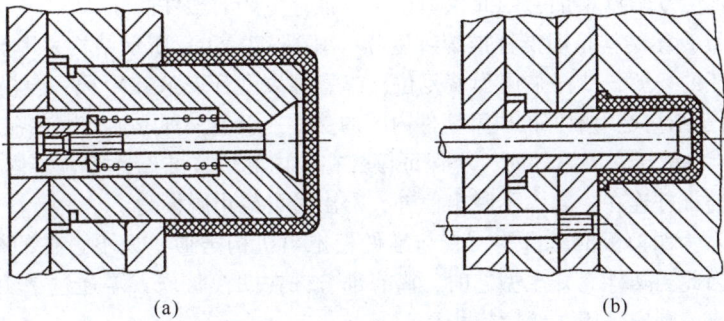

(a) (b)

图 2-167 型芯安装菌形阀

(a) 菌形阀靠弹簧复位；(b) 菌形阀与推杆合为一体

简化的点浇口模架没有推件板，制品需要采用推件板推出时，可采用嵌入式（又称埋入式）推件板，如图 2-168 所示。定、动模打开后，顶杆通过推板推动推杆固定板，推杆固定板通过连接推杆推动嵌入式推件板，从而将制品推出。为减少摩擦，以及复位可靠，嵌入式推件板四周要做出斜度为 5°的斜面，型芯和嵌入式推件板之间也采用斜面配合。

4. 推块推出机构

需要推出平板状或盒形带凸缘的制品时，若推件板难以加工，或制品会黏附模具，则应使用推块推出机构。推块也是型腔的组成部分，所以应具有较高的硬度和较低的表面粗糙度。如图 2-169 所示，推块的复位形式有两种：一种是依靠塑料成型压力和型腔压力复位（见图 2-169 (a)），一种是采用复位杆复位（见图 2-196 (b)、图 2-169 (c)）。

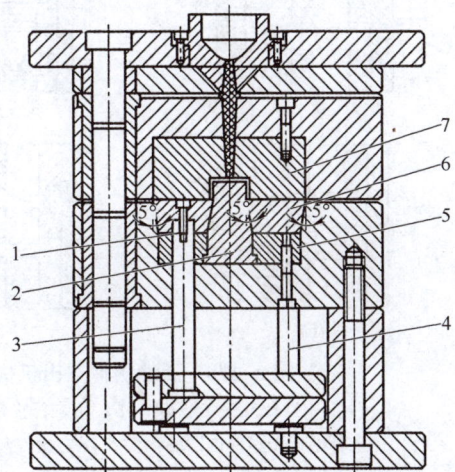

图 2-168 嵌入式推件板推出机构

1—螺钉；2—型芯；3—连接推杆；4—复位杆；
5—动模镶件；6—嵌入式推件板；7—凹模

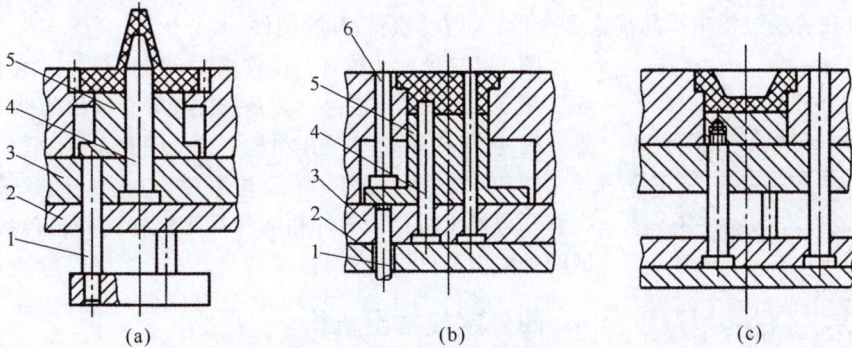

(a) (b) (c)

图 2-169 推块推出机构

(a) 依靠塑料成型压力和型腔压力复位；(b)，(c) 采用复位杆复位

1—连接推杆；2—支承板；3—型芯固定板；4—型芯；5—推块；6—复位杆

5. 活动镶件或凹模板推出机构

有的塑件采用螺纹型芯、螺纹型环或成型侧凹或侧孔的镶块成型，这时将推杆设置在这些镶件之下，靠推动镶件带出整个塑件，推出时塑件受力均匀。活动镶件推出机构通过在模外取出镶件，然后重新安置于模内的办法，避免了模内侧抽芯或模内旋螺纹，可使模具结构大大简化；

其缺点是操作者的劳动强度增加，因此仅适用于小批量生产的塑件。

图 2-170（a）所示结构是用推杆推螺纹型芯；图 2-170（b）所示结构是用推杆推螺纹型环，为了便于螺纹型环的安放，推杆采用弹簧复位，或将螺纹型环安放在定模，合模时再进入动模；图 2-170（c）所示结构是用推杆推成型塑件内凹的镶件。以上三种形式的镶件在脱模时都和塑件一同被推出模外，在重新安放镶件时，应保证镶件在模内的位置准确并定位牢固。图 2-170（d）所示结构的镶件与推杆连在一起，不脱出模外，推出时可减小脱模力。

图 2-171 所示为凹模板推出机构，它与推件板推出机构类似，只不过在凹模板上加工有塑件的部分型腔，因此当塑件离开主型芯时，尚有部分嵌在凹模板内，需通过手工或机械手取出，若需完全自动脱出，则应采用二级脱模机构。

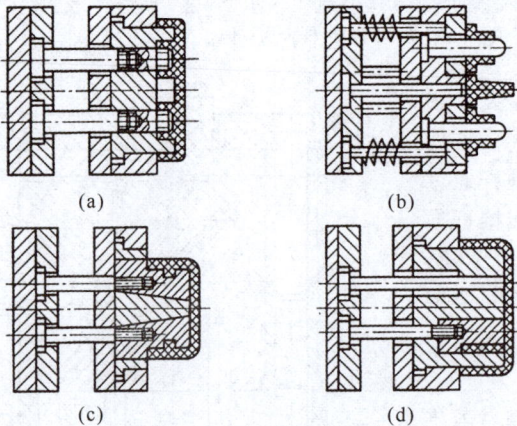

（a）   （b）

（c）   （d）

图 2-170　活动镶件推出机构　　　　**图 2-171　凹模板推出机构**

（a）用推杆推螺纹型芯；（b）用推杆推螺纹型环；
（c）用推杆推成型塑件内凹的镶件；（d）镶件与推杆连接在一起

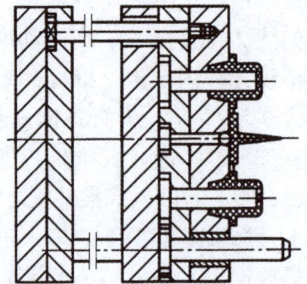

6. 联合推出机构

有的制品形状和结构比较复杂，若仅采用一种推出机构，易使塑件局部受力过大而变形，甚至发生局部破裂，难以脱模。若采用多种推出零件同时脱模，则塑件的受力部位分散，受力面积增大，塑件在脱模过程中不易损伤和变形，可获得高精度的塑件。

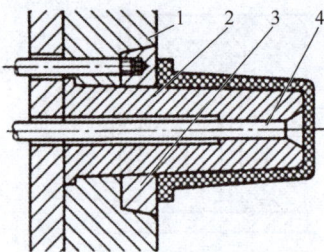

**图 2-172　推杆与推件板
联合推出机构**

1—动模板；2—型芯；
3—推件板；4—推杆

图 2-172 所示为推杆与推件板联合推出机构，用于脱模斜度小、深度较大的筒形制品。凡是推件板联合使用的推出机构，当推件板复位时可使整个推出机构复位，因此无须另设复位杆。

图 2-173 所示塑件中心部位脱模力较大，因此采用推杆与推管联合推出机构，推杆和推管都固定在同一推件板上，可保证两种推出零件同步运动。

四、定模推出机构

塑件在开模后一般都留在动模，普通模具的推出机构也设在动模，但个别情况下，塑件因形状特殊而必须留在定模。图 2-174 所示为定模推件板推出机构，用于一次成型塑料刷子的成型模具。因主流道设在刷背，在分型时成型的刷毛需要从型腔内拔出，分型后塑件留在定模，所以需要在定模设置推件板，并在继续分型的过程中利用定距拉杆或定距螺钉拉动推件板，将塑件从型芯上强制脱下。

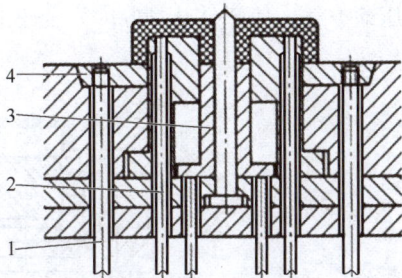

图 2-173　推杆与推管联合推出机构

1—连接推杆；2—推杆；3—推管；4—推件板

定模推出机构

图 2-175 所示的塑件外观要求很高，不允许在正面开设主流道，分型时塑件由于热收缩包紧定模型芯，因此需在定模设推杆推出机构，推板可以利用开模力在定距拉杆（图 2-175 中未表示）拖动下启动。

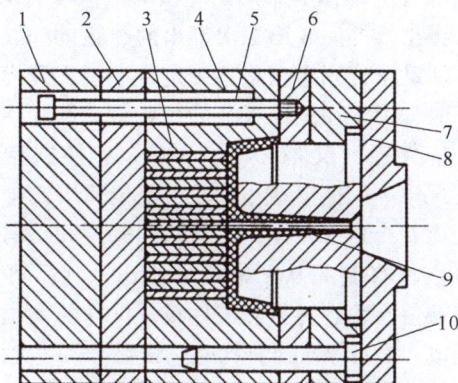

图 2-174　定模推件板推出机构

1—支架；2—动模垫板（支承板）；3—成型镶件；4—动模板；
5—定距螺钉；6—推件板；7—定模板；8—定模座板；
9—主流道；10—导柱

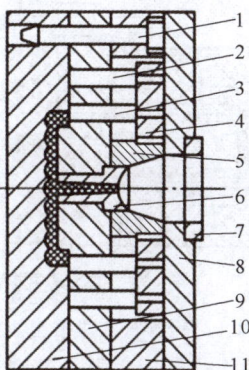

图 2-175　定模推杆推出机构

1—导柱；2—反推杆；3—推杆；4—推板；
5，11—支承板；6—浇口套；7—定位圈；
8—定模座板；9—定模板；10—动模板

五、二级推出机构

有些制品由于形状特殊或自动化生产的需要，在一次推出动作完成后，仍难以从型腔取出或不能自动脱落，此时就必须再增加一次或数次推出动作才能使制品脱落；有时为避免一次推出使制品受力过大，也采用多次推出，以保证制品质量。多次推出塑料制品的机构称为多次推出机构，常用的多次推出机构为二级推出机构，也有三级或四级推出机构。

二级推出机构

二级推出机构用于大型薄壁制品一次推出时容易变形的情况，也用于制品有圆弧形倒扣时一次推出后再强行推出会损伤倒扣的情形，还用于在自动化生产时制品安全脱落的场合。

1. 弹簧二级推出机构

图 2-176 所示为双推板弹簧二级推出机构，塑件在脱模时首先受到推件板的推动而脱离型芯。模具中的碟形弹簧必须有足够的刚性，以保证在第一次推出时不被压缩。一级推板接触到型芯支承板后停止前进，弹簧在一级推板的作用下被压缩，二级推板推动推杆，将塑件完全推出。

2. 机械-气动二级推出机构

最简单的二级推出机构可采用机械-气动联合推出的办法，如图 2-177 所示的机构，推杆将凹模板推出一段距离后，再向凹模内通入压缩空气，使塑件从型腔内完全脱出。

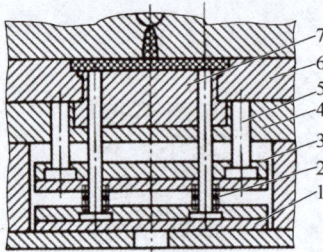

图 2-176　双推板弹簧二级推出机构

1—二级推板；2—碟形弹簧；3—一级推板；
4—型芯支承板；5—推杆；6—推件板；7—型芯

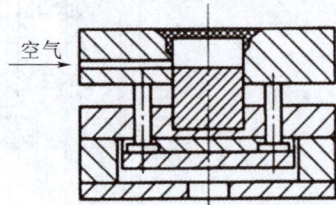

图 2-177　机械-气动联合二级推出机构

3. 凸轮推杆二级推出机构

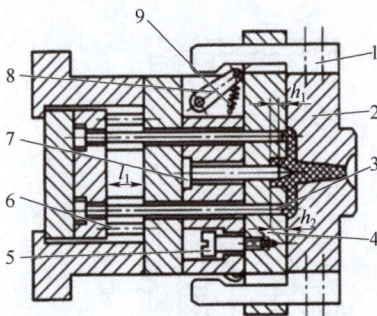

图 2-178　凸轮推杆二级推出机构

1—拉钩；2—定模板；3—推杆；4—推件板；
5—限位钉；6—复位杆；7—型芯；
8—凸轮；9—弹簧

图 2-178 所示为采用凸轮顶动推件板实现第一次推出，再由推杆完成第二次推出的凸轮推杆二级推出机构。活动摆杆固定在型芯固定板上。当开模达到一定距离时，固定在定模板上的拉钩带动凸轮，迫使凸轮顶动推件板（又是凹模板）移动，使制品脱离型芯，实现第一次推出动作，并由限位钉限制推件板的移动距离 l_1；继续开模，拉钩与凸轮脱开。第二次动作是由推杆将制品从凹模板中推出，制品可自由落下。弹簧使凸轮始终紧靠推件板。推杆的复位由复位杆来完成。设计该推出机构时应做到：第一次推出时，推件板移动距离 l_1 应大于 h_1（h_1 为制品孔深）；第二次推出时，推杆移动距离应大于 l_1 与 h_2（h_2 为制品在凹模中的高度）之和。

六、螺纹制品推出机构

塑件的螺纹分为外螺纹和内螺纹两种，精度不高的外螺纹一般用哈夫块成型，采用侧向抽芯机构，如图 2-179 所示。内螺纹由螺纹型芯成型，其推出机构可根据塑件中螺纹的牙形、直径大小和塑料品种等因素分为手动推出机构和机动推出机构两种形式，机动推出机构又包括强制推出机构和自动脱螺纹机构。内螺纹强制推出机构须满足以下条件：伸长率=[（螺纹大径-螺纹小径）/螺纹小径]×100%≤A，其中 A 值取决于塑料品种；ABS 的 A 值为 8%、POM 的 A 值为 5%、PA 的 A 值为 9%、PE-LD 的 A 值为 21%、PE-HD 的 A 值为 6%、PP 的 A 值为 5%。

图 2-179　外螺纹成型机构

1—压块；2—斜导柱；3—定模镶件；4—滑块；
5—锁紧块；6—挡销；7—动模镶件；8—推杆

制品成型后要从螺纹型芯或螺纹型环上脱出，两者必须做相对运动，为此，塑料制品的外形或端面须有防止转动的花纹或图案，如图 2-180 所示。

1. 强制推出机构

强制推出机构利用塑料弹性通过推件板将塑件从螺纹型芯或螺纹型环上脱

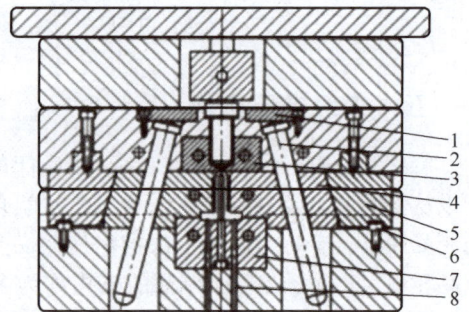

螺纹制品推出机构

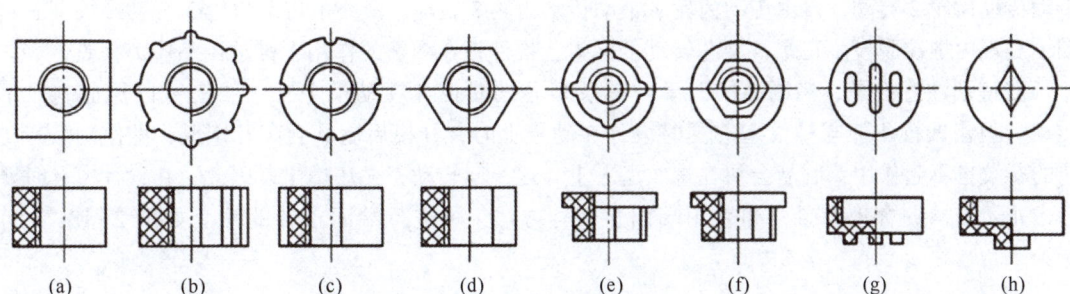

图 2-180　塑件的外形止转结构

出。这种结构比较简单，用于精度要求不高、螺纹形状比较容易脱出的圆形粗牙螺纹，且要求塑件选用聚乙烯、聚丙烯等弹性较好的塑料；常用于内螺纹塑件的脱出。图 2-181 所示结构适用于聚乙烯、聚丙烯等具有较好弹性的塑料制品，通常采用推件板推出，但应尽量避免采用图 2-181（c）所示的圆弧形曲面作为推动制品的接触面，否则制品脱模困难。需强制推出的塑件的螺纹牙型侧面必须具有足够的斜度或采用圆牙螺纹；矩形或接近矩形的螺纹牙型在强制推出时易被剪断；对于标准的三角形螺纹，由于牙尖很薄，强制推出时容易变形或刮伤，因此可将牙尖去掉一小段。

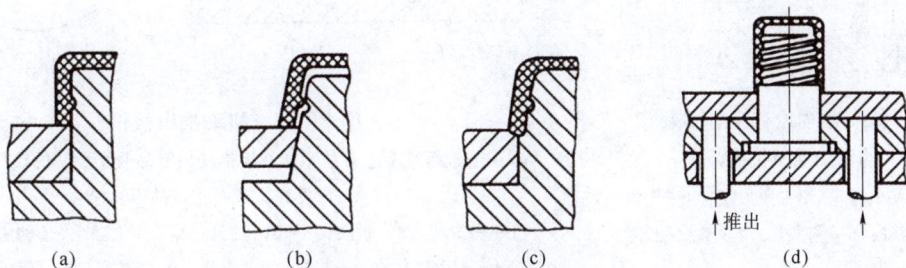

图 2-181　强制推出机构

2. 手动推出机构

图 2-182 所示为手动推出机构的三种常见形式。图 2-182（a）所示为模内手动推出螺纹型芯的形式，在制品脱模之前必须拧脱螺纹型芯，设计时必须使螺纹型芯两端的螺距相等。图 2-182（b）和图 2-182（c）所示为活动的螺纹型芯和螺纹型环开模后随制品一起被推出，在机外脱模，其模具结构简单，

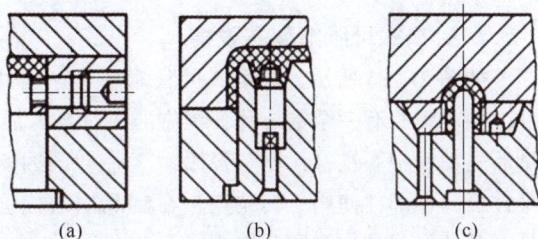

图 2-182　手动推出机构的三种常见形式

但操作麻烦，需备有若干个螺纹型芯或螺纹型环交替使用，且机外需设预热装置和辅助取出螺纹型芯或螺纹型环的装置。

图 2-183 所示为模内设有变向机构的手动推出机构。开模后，用手转动轴，通过小齿轮和大齿轮的转动，螺纹型芯按旋出制品需要的方向转动。弹簧在推出过程中始终顶住侧型芯，使它随制品向脱出方向移动，从而使制品随着螺纹型芯转动，保证制品顺利脱出。

3. 机动推出机构

机动推出机构利用开模时的直线运动和齿轮齿条或螺杆的传动，或角式注射机开、合模螺杆传动，带动螺纹型芯做旋转运动而推出塑料制品。

图 2-184（a）所示为通过螺纹型芯转动和推件板推动使制品脱离型芯的模具结构。由齿条

带动传动齿轮2转动，再由传动齿轮1带动传动齿轮3转动，最终由传动齿轮3带动螺纹型芯转动，实现内螺纹脱模。在螺纹型芯转动的同时，推件板在弹簧的作用下推动制品脱离模具。

需特别注意的是，当制品的凹模与螺纹型芯同时设计在动模上时，凹模可以保证制品不转动。但当凹模不能与螺纹型芯同时设计在动模上时，开模后制品会离开定模，即使制品有防转的花纹也不起作用，制品会留在螺纹型芯上与之一起转动，无法推出。因此，在设计模具时要考虑止转结构的合理设置，如采用端面止转等方法，可进行端面止转的镶套如图2-184（b）所示。

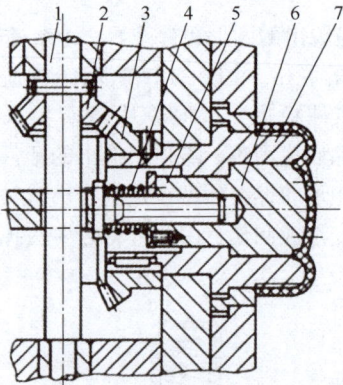

图 2-183　模内设有变向机构
的手动推出机构

1—轴；2—小齿轮；3—大齿轮；4—弹簧；
5—花键轴；6—侧型芯；7—螺纹型芯

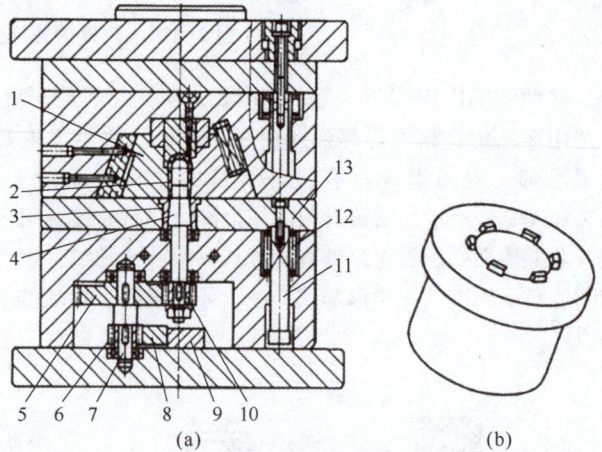

图 2-184　机动推出机构

（a）通过螺纹型芯转动和推件板推动使制品脱离型芯的模具结构；
（b）可进行端面止转的镶套

1—斜滑块；2—制品；3—镶套；4—螺纹型芯；5—传动齿轮1；
6—传动齿轮2；7—齿轮轴；8—齿条；9—挡块；10—传动齿轮3；
11—拉杆；12—弹簧；13—推件板

4. 分瓣式可胀缩型芯脱模

如图2-185所示，分瓣式可胀缩型芯在国外是一类批量生产的标准件，用来成型中小型塑件。型芯中心有一个锥形孔，当中心锥杆插入后，型芯各瓣紧密排列成一圈，可成型内螺纹；成型后先抽回中心锥杆，型芯各瓣由于弹性向内侧间隔错开回缩而与塑件分离，这种结构需配合推件板等零部件使用。其缺点是在制品内表面会留下少许拼合线痕迹。该型芯也可用来成型塑件上其他形式的内侧凹凸结构。

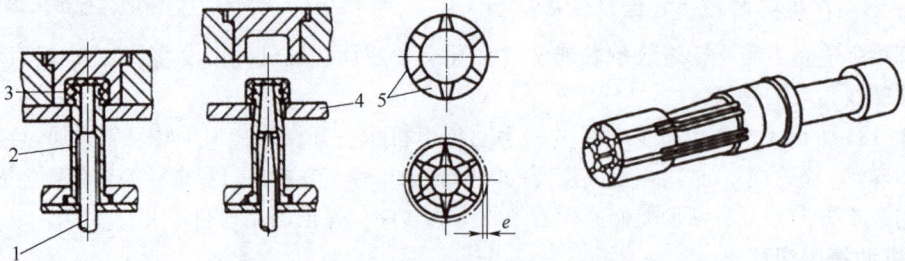

图 2-185　分瓣式可胀缩型芯

1—锥杆；2—伸缩套；3—凹模；4—推板；5—扇形体

七、浇注系统凝料的取出

为了保证模具自动化生产，除了要求塑件能顺利脱模外，浇注系统凝料也应能够自动脱出。对于普通两板模，分型时主流道凝料从定模拔出，整个浇注系统凝料和塑件通过浇口连接在一起，推出塑件和冷料穴中的凝料，浇注系统凝料即可随塑件一同脱出。当分流道较长时，可在分流道下面增设推杆。对于采用潜伏式浇口的两板模和采用点浇口的三板模，则需单独考虑浇注系统凝料的取出问题。

1. 潜伏式浇口浇注系统凝料的取出

对于采用潜伏式浇口的模具，脱模时塑件和浇注系统凝料是从浇口处被切断后分别推出的，浇口的切断分为分型切断和推出切断两种情况。分型切断如图 2-186 所示，浇口被切断后，塑件和浇注系统凝料都留在动模，可用推杆将其推出。推出切断时，塑件可以用推杆、推管或推件板推出，而浇注系统凝料一般用推杆推出。当分流道长度很短时，浇注系统凝料可以利用冷料穴的中心推杆推出。

图 2-187 所示的潜伏式浇口从塑件内圆面进料，成型后塑件用推杆推出，浇注系统凝料采用中心推杆推出。图 2-188 所示为生产活塞环的模具，潜伏浇口开设在主型芯上，从塑件内圆柱面三点进料，成型后塑件用推件板推出，流道凝料用中心推杆推出。图 2-189 所示为生产聚乙烯圆垫片的注射模型腔，潜伏式浇口从圆垫片的外圆面进料，塑件用推管推出，浇注系统凝料用多个推杆同步推出。

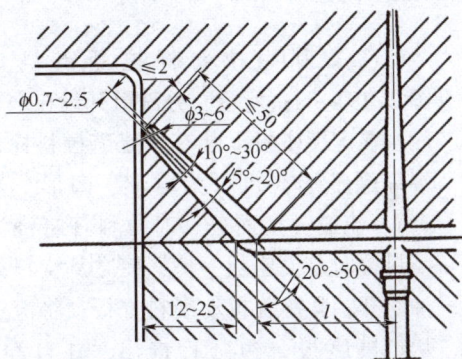

图 2-186　分型切断潜伏式浇口

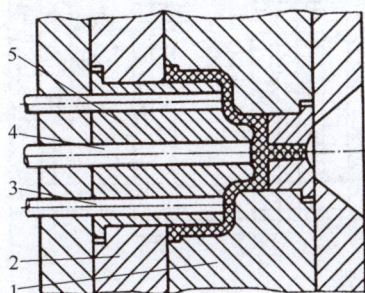

图 2-187　推杆推出切断潜伏式浇口

1—定模板；2—型芯固定板；3—推杆；
4—中心推杆；5—型芯

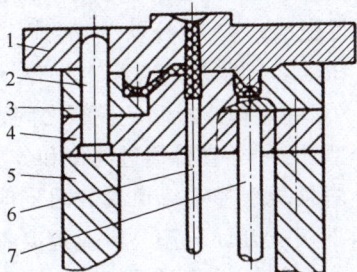

图 2-188　推件板和推杆推出切断潜伏式浇口

1—定模板；2—导柱；3—推件板；4—动模板；
5—支架；6—中心推杆；7—推杆

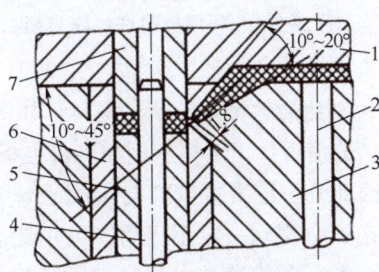

图 2-189　推管和推杆推出切断潜伏式浇口

1—定模板；2—推杆；3—动模板；4—型芯；
5—推管；6—动模镶件；7—定模镶件

2. 点浇口浇注系统凝料的取出

（1）利用斜孔拉断点浇口。图2-190所示结构利用斜孔和倒锥头（或球头）拉料杆，推出浇注系统凝料。在定模座板上的分流道尽头钻一个斜孔，第一次分型时由于斜孔内凝料的限制，分流道凝料被拉向定模座板，流道凝料在点浇口处与塑件断开；分型到一定距离后凝料从斜孔内脱出，倒锥头拉料杆也将主流道凝料拔出，整个浇注系统凝料附着在定模板上。当主分型面分型时，倒锥头拉料杆的头部缩回，浇注系统凝料脱落。分流道最好开设在定模座板上，如开在定模板的背面则凝料难以自动掉落。斜孔部分的形状尺寸如图2-190的放大图所示，直径取3~5 mm，斜角取30°~45°。

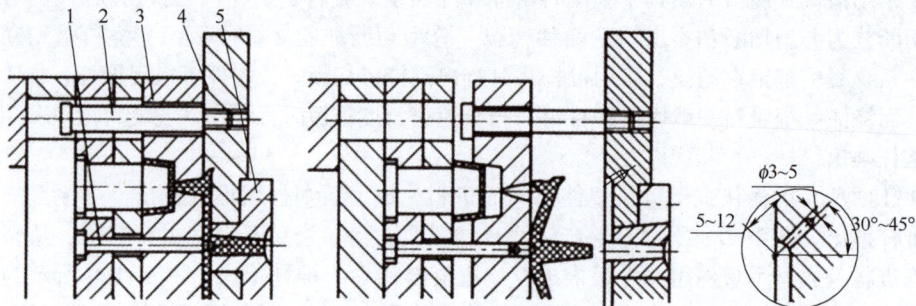

图2-190　利用斜孔拉断点浇口

1—倒锥头拉料杆；2—定距拉杆；3—定模板；4—定模座板；5—浇口套

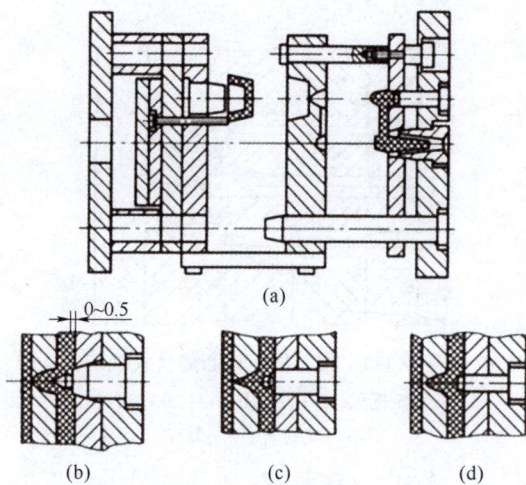

（a）

（b）　　　　（c）　　　　（d）

图2-191　利用拉料杆拉断点浇口

（2）利用拉料杆拉断点浇口。如图2-191（a）所示，分流道开设在定模板背面，在定模座板上装有分流道拉料杆，其前端呈倒锥形（也可为球形、菌形、菱锥形等），流道分型面分开时拉料杆将浇注系统凝料拉向定模座板一侧，使之从浇口处与塑件断开；紧接着拉动凝料推板，将流道凝料从定模座板一边强行推出，并自动掉落。图2-191（b）~图2-191（d）给出了其他几种常见拉料杆的放大图，其中有菱锥头、球头和菌头拉料杆。拉料杆和凝料推板孔除了采用圆柱面配合外，也可采用精度更高的锥面配合。拉料杆头部都应淬火，具有50 HRC以上的硬度。

（3）利用凝料推板拉断点浇口。如图2-192所示，可在定模座板和定模板之间设置一块凝料推板，分流道位于定模座板和凝料推板之间。A面分型时，由于塑件通过浇口和分流道凝料相连接，因此分流道凝料被拉向定模板一边，附着在凝料推板上，主流道凝料也同时从浇口套中被拉出；分型到一定距离后，由定距拉杆拖动凝料推板从B面分型，将流道凝料从浇口处与塑件拉断，并继续推出。定模板浇口周围凸起部分与凝料推板孔采用锥面配合，当定模板受定距拉杆限位时，模具最终从C面（主分型面）打开，此时塑件留于动模型芯上，并通过推出机构推出。

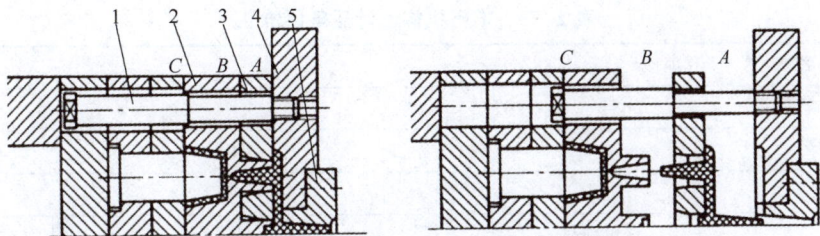

图 2-192 利用凝料推板拉断点浇口

1—定距拉杆；2—定模板；3—凝料推板；4—定模座板；5—浇口套

任务实施

根据本项目任务二的内容可知，香皂盒底一部分在定模成型，一部分在动模的型芯成型，脱模时塑件留在动模。

香皂盒底部平齐，考虑到脱模时应受力均匀，不发生变形，且不在香皂盒底表面留下推出痕迹，不影响塑件的表面质量，因此选用推件板作用于香皂盒底外边缘进行脱模。在选择模架时，直接选用有推件板的模架。

香皂盒底内部有凹凸结构，为了保证推出时受力均匀，采用推杆配合推件板推出。将推杆放置在结构较厚的部位，并对称布置。推杆为标准件，在此选择直径为 8 mm 的推杆，一个塑件设置 8 根。装配时，根据要求确定推杆长度，推杆要高出型芯顶面 0.05 mm。香皂盒底推出机构示意图如图 2-193 所示。

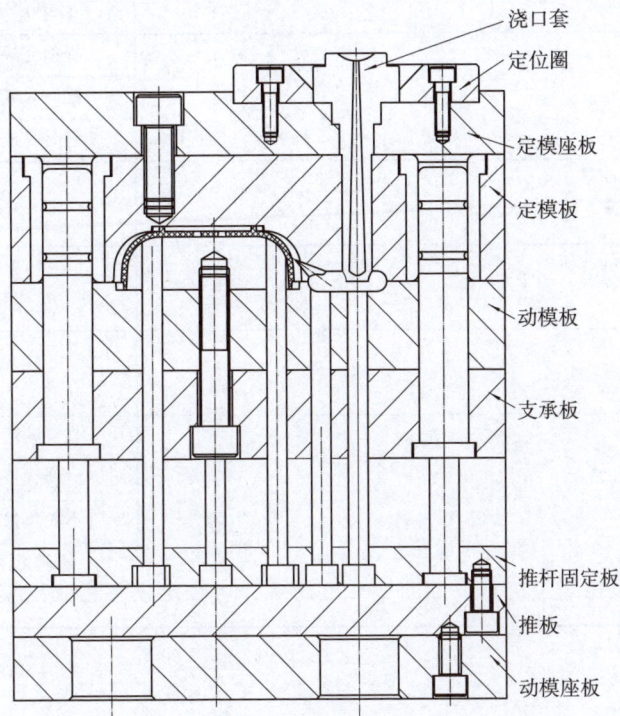

图 2-193 香皂盒底推出机构示意图

任务评价

请填写推出机构设计任务评价表，见表 2-23。

表 2-23 推出机构设计任务评价表

项目名称				
任务名称				
姓名		班级		
组别		学号		
评价项目		分值		得分
推出机构分类		10		
推杆推出机构		10		
推管推出机构		10		
推件板推出机构		10		
联合推出机构		10		
定模推出机构		3		
二级推出机构		3		
螺纹制品推出机构		4		
浇注系统凝料的取出		10		
工作实效及文明操作		10		
工作表现		10		
团队合作		10		
总计		100		
个人的工作时间		提前完成		
		准时完成		
		超时完成		
个人认为完成最好的方面				
个人认为完成最不满意的方面				
值得改进的方面				
自我评价		非常满意		
		满意		
		不太满意		
		不满意		
记录				

任务拓展

推块脱模设计实例

"雕刻火药"的大国工匠——徐立平

思考与练习

1. 选择题

（1）大型深腔容器，特别是软质塑料成型的塑件，用推件板推出时，应设（　　）装置。

A. 先复位　　　　　B. 顺序　　　　　C. 联合　　　　　D. 二级推出

（2）成型软质塑料（如聚乙烯、软质聚氯乙烯等）时，不宜采用单一的推管推出机构推出塑件，尤其是薄壁深筒形塑件，通常需采用（　　）推出机构。

A. 推件板　　　　　B. 引气　　　　　C. 排气　　　　　D. 二级

2. 判断题（正确的打"√"，错误的打"×"）

（1）脱模斜度小、脱模力大的筒形和箱形塑件，应尽量选用推杆推出。（　　）

（2）采用推件板推出时，推件板与塑件接触的部位有一定的硬度和表面粗糙度要求，为防止整体淬火引起变形，常用镶拼的组合结构。（　　）

（3）推出机构中的联合推出机构，是指推杆与推块同时推出塑件的推出机构。（　　）

3. 填空题

（1）为了便于塑件的推出，在一般情况下，应使塑件在开模时留在_____或_____上。

（2）设计注射模时，要求塑件开模时留在动模上，但由于结构形状的关系，塑件开模时既有可能留在定模上，也有可能留在动模上，此时须设_____机构。

（3）硬质塑料塑件比软质塑料塑件的脱模斜度_____（"大"或"小"）；收缩率大的塑件比收缩率小的塑件的脱模斜度_____（"大"或"小"）；精度要求越高，脱模斜度要越_____（"大"或"小"）。

4. 简答题

（1）影响推出力的因素有哪些？

（2）推出机构有哪些类型？各适用于什么场合？

（3）推杆推出机构由哪几部分组成？各部分的作用是什么？

（4）如何用推杆推出机构推加强筋、边和螺柱？

（5）推管推出机构成本高、制作复杂，故尽量避免使用，但什么情况下必须采用推管推出机构？

（6）何时采用推件板推出机构？推件板推出机构的设计要点有哪些？

（7）内螺纹机动推出机构的动力来源有哪些？简述内螺纹机动推出机构的工作原理。

（8）制品在推出时容易出现哪些问题？如何解决？

（9）什么是二级推出机构？二级推出机构有哪些种类？

任务目标

能力目标

1. 具有合理选择模架的能力。
2. 能够根据标准模架确定各结构零件的尺寸。

知识目标

1. 熟悉模架主要零部件的功能。
2. 掌握模架的分类、功能及标记方法。

素质目标

1. 在模架选取与标准件选用中，培养学生树立"干一行、爱一行、精一行"的职业意识，并提高学生动手能力。
2. 培养学生严谨细致、不怕失败的钻研精神，以及持之以恒的工作态度和爱岗敬业的工匠情怀。

任务导入

模架是设计、制造塑料注射模的基础部件。为适应大规模批量生产塑料成型模具，提高模具精度和降低模具成本，模具的标准化工作是十分必要的。注射模的基本结构有很多共同点，所以模具标准的制定工作现在已经基本完成，目前市场上已有非常多的标准件出售。全球比较知名的三大标准模架是美国的 DME、德国的 HASCO 以及日本的 FUTABA 标准模架。国内的模具生产厂家大多选用中国香港的龙记集团（LKM）标准模架。

模架的选择依据模具结构、型腔分布、流道布置等因素来考虑。本任务针对图 2-1 所示的香皂盒底，分析其配套模具结构，并进行模架选取和标准件选用。通过学习，学生应掌握模架的基本知识，具备正确选用模架及标准件的能力。

知识准备

一、标准模架

1. 塑料注射模模架的结构

塑料注射模模架按其在模具中的应用方式分类，可分为直浇口模架（又称大水口模架）与点浇口模架（又称细水口模架）两种形式，对应的组成零件分别如图 2-194 和图 2-195 所示。

塑料注射模模架

2. 模架的主要组成零件的功能

（1）动模座板和定模座板。

动模座板和定模座板是动模和定模的基座，也是塑料模具与成型设备连接的模板。为保证注射机喷嘴中心和浇口套中心重合，定模座板上的定位圈与注射机前固定模板的定位孔有配合

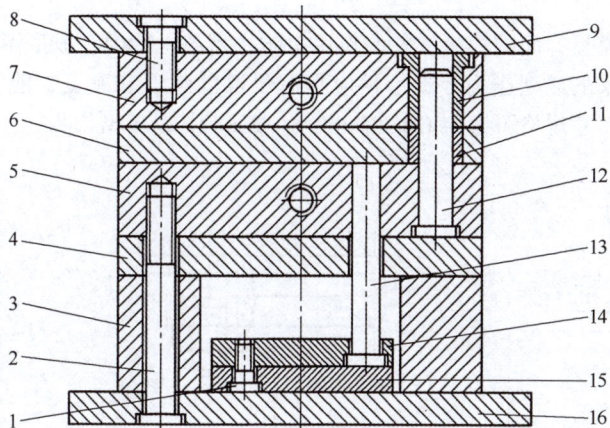

图 2-194 直浇口模架组成零件

1，2，8—螺钉；3—垫块；4—支承板；5—动模板；6—推件板；7—定模板；9—定模座板；
10—带头导套；11—直导套；12—带头导柱；13—复位杆；14—推杆固定板；15—推板；16—动模座板

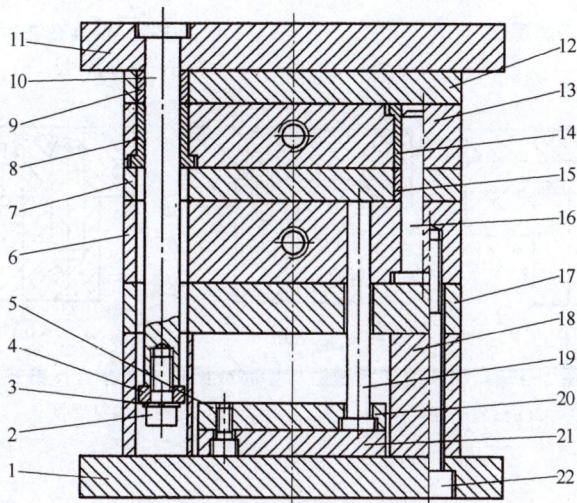

图 2-195 点浇口模架组成零件

1—动模座板；2，5，22—内六角圆柱头螺钉；3—弹簧垫圈；4—挡环；6—支承板；
7—推件板；8，14—带头导套；9，15—直导套；10—拉杆导柱；11—定模座板；12—中间板；
13—定模板；16—带头导柱；17—支承板；18—垫块；19—复位杆；20—推杆固定板；21—推板

要求（较松动的间隙配合或留有 0.1~0.3 mm 的间隙），如图 2-196 所示。定模座板、动模座板在注射机上安装时要可靠，常用螺钉或压板紧固，如图 2-197 所示。注射模的动模座板和定模座板尺寸规格可参照国标《塑料注射模零件　第 8 部分：模板》（GB/T 4169.8—2006）中的 B 型模板。

（2）定模板和动模板。

定模板、动模板习惯上称为 A 板、B 板，其作用是固定型芯、凹模、导柱、导套等零件，所以又称固定板。注射模的类型及结构不同，动模板和定模板的工作条件也有所不同。为了保证凹模、型芯等零件安装稳固，动模板和定模板应有足够的厚度。

动模板和定模板与型芯或凹模的基本连接方式如图 2-198 所示。动模板和定模板的尺寸规格可参照国标 GB/T 4169.8—2006 中的 A 型模板。

（3）支承板。

支承板是垫在动模板背面的模板。它的作用是防止型芯、凹模、成型镶块等零件脱出，并承受型芯和凹模等传递来的成型压力。支承板应具有足够的强度和刚度，能够承受成型压力而不过度变形。支承板的尺寸规格可参照 GB/T 4169.8—2006 中的 A 型模板。

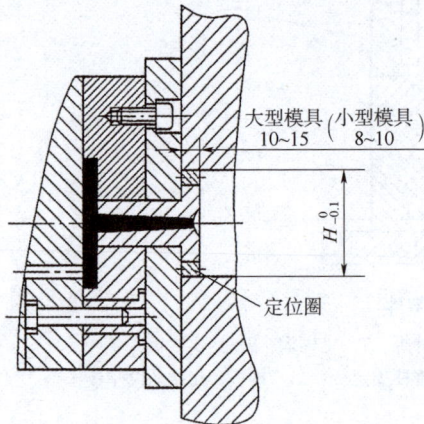

图 2-196　模具的安装定位

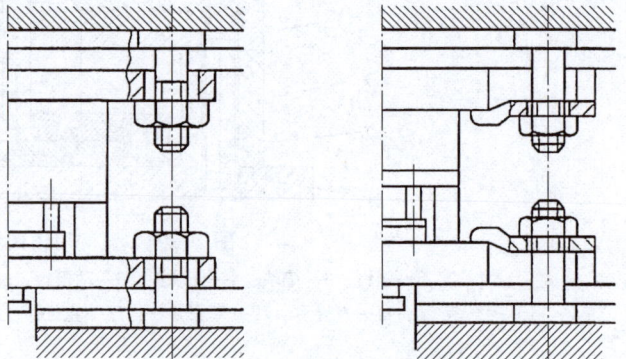

图 2-197　模具在注射机上的安装

（a）螺钉紧固；（b）压板紧固

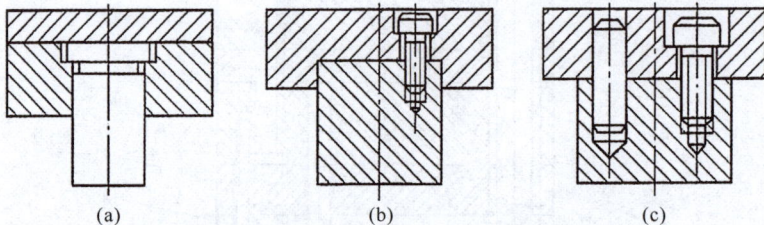

图 2-198　动模板和定模板与型芯或凹模的基本连接方式

（a）台肩连接；（b）螺钉连接；（c）螺钉加销钉连接

（4）垫块。

垫块（习惯上又称 C 板）的作用是使动模支承板与动模座板之间形成推出机构运动的空间或调节模具总高度以适应成型设备上模具安装空间对模具总高度的要求。垫块与支承板和座板的连接方式如图 2-199 所示。

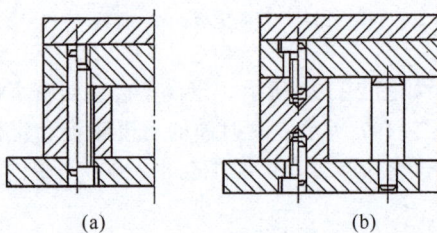

图 2-199　垫块与支承板和座板的连接方式

（a）螺钉加销钉连接；（b）支承柱辅助支承

为了增强动模的刚度，大型模具可在动模支承板和动模座板之间采用支承柱（见图 2-199（b））。垫块和支承柱的尺寸可分别参照国标《塑料注射模零件　第 6 部分：垫块》（GB/T 4169.6—2006）、《塑料注射模零件　第 10 部分：支承柱》（GB/T 4169.10—2006）。

3. 模架的组合形式

国标《塑料注射模模架技术条件》（GB/T 12556—2006）中将注射模模架按结构特征分为 36 种主要结构，其中直浇口模架 12 种、点浇口模架 16 种、简化点浇口模架 8 种。

（1）直浇口模架。直浇口模架共有 12 种，其中直浇口基本型 4 种，直身基本型 4 种，直身无定模座板型 4 种。直浇口基本型分为 A 型、B 型、C 型和 D 型，这 4 种类型模架的共同特点是定模均有两块板，区别在于动模。A 型模架动模有两块模板；B 型模架动模有两块模板，加装推件板；C 型模架动模仅有一块模板；D 型模架动模有一块模板，加装推件板。直身基本型分为 ZA 型、ZB 型、ZC 型和 ZD 型，与直浇口基本型结构一一对应，只是定模座板和动模座板的尺寸分别与定模板和动模板的尺寸相同。直身无定模座板型分为 ZAZ 型、ZBZ 型、ZCZ 型和 ZDZ 型，与直身基本型结构一一对应，区别是没有定模座板。直浇口基本型模架的组合形式见表 2-24。

表 2-24　直浇口基本型模架的组合形式

组合形式	结构简图	组合形式	结构简图
A 型	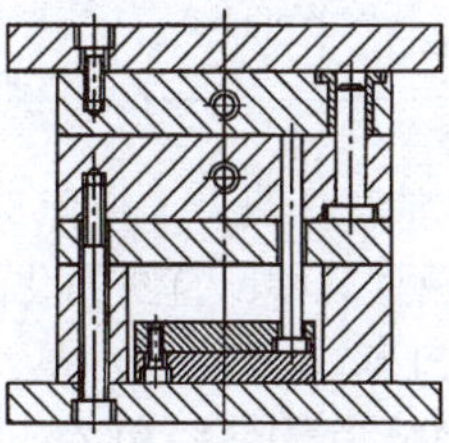	C 型	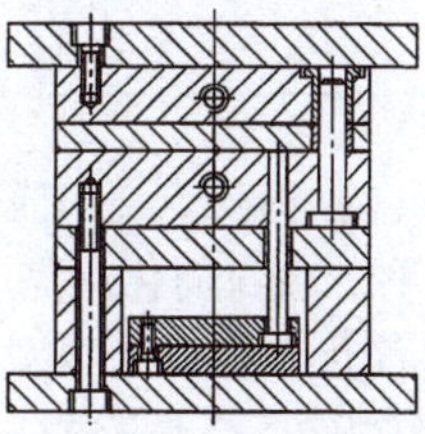
B 型	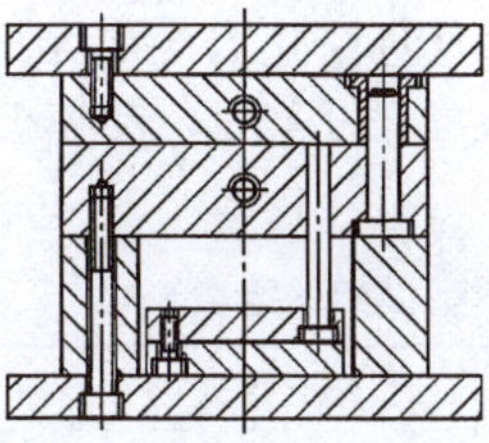	D 型	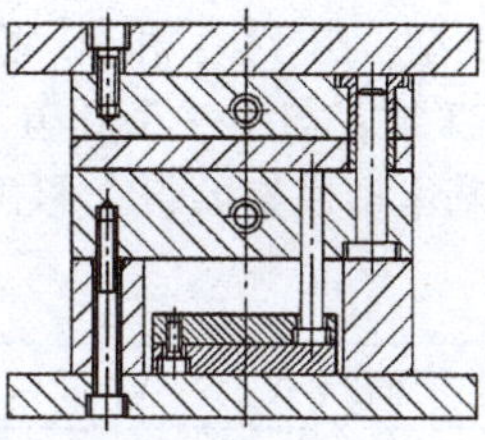

（2）点浇口模架。点浇口模架共有 16 种，其中点浇口基本型 4 种，直身点浇口基本型 4 种，点浇口无推料板型 4 种，直身点浇口无推料板型 4 种。

点浇口基本型分为 DA 型、DB 型、DC 型和 DD 型，其模板数量与直浇口基本型的 A 型、B 型、C 型和 D 型结构一一对应，区别在于点浇口基本型模架的定模部分没有 4 个紧固螺钉，而多了 4 根拉杆导柱（又称拉杆）及相应的导套、一块推料板（又称水口推板）。直身点浇口基本型分为 ZDA 型、ZDB 型、ZDC 型和 ZDD 型，与点浇口基本型的区别在于定、动模座板的尺寸分别与定、动模板的尺寸相同。点浇口无推料板型分为 DAT 型、DBT 型、DCT 型和 DDT 型，与点浇口基本型的区别是少了推料板。直身点浇口无推料板型分为 ZDAT 型、ZDBT 型、ZDCT 型和 ZDDT 型，与点浇口无推料板型的区别是定、动模座板的尺寸分别与定、动模板的尺寸一致。点浇口基本型模架的组合形式见表 2-25。

表 2-25　点浇口基本型模架的组合形式

组合形式	结构简图	组合形式	结构简图
DA 型	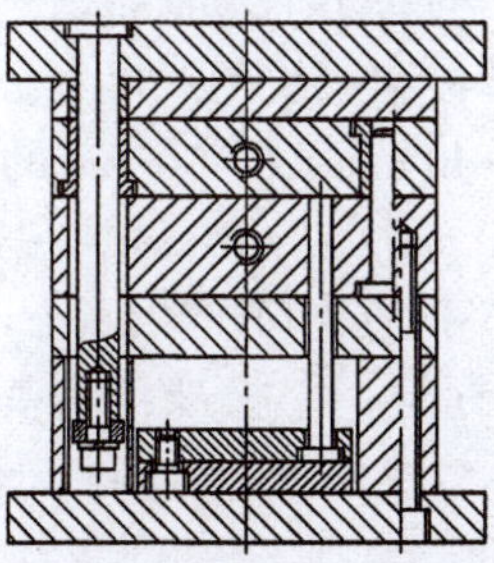	DB 型	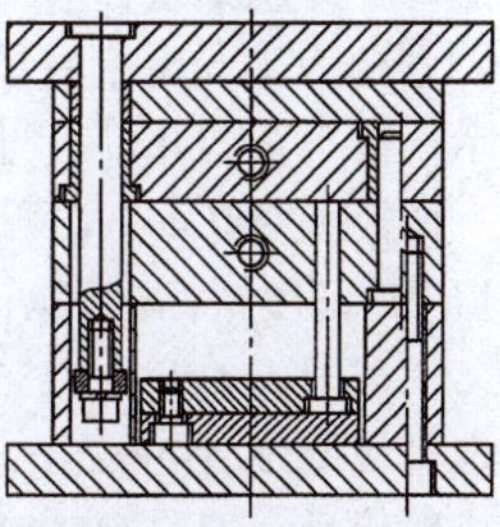

组合形式	结构简图	组合形式	结构简图
DC 型		DD 型	

（3）简化点浇口模架。简化点浇口模架又称简化细水口模架，共有 8 种，其中简化点浇口基本型 2 种，直身简化点浇口型 2 种，简化点浇口无推料板型 2 种，直身简化点浇口无推料板型 2 种。

简化点浇口基本型分为 JA 型和 JC 型，与点浇口基本型的 DA 型、DC 型的结构一一对应，区别在于少了 4 根导柱及其导套。直身简化点浇口型分为 ZJA 型和 ZJC 型，与 JA 型和 JC 型的区别在于定、动模座板的尺寸分别与定、动模板的尺寸一致。简化点浇口无推料板型分为 JAT 型和 JCT 型，与 JA 型和 JC 型的区别在于少了推料板。直身简化点浇口无推料板型分为 ZJAT 型和 ZJCT 型，与 JAT 型和 JCT 型的区别是定、动模座板的尺寸与定、动模板的尺寸一致。简化点浇口基本型模架的组合形式见表 2-26。

表 2-26　简化点浇口基本型模架的组合形式

组合形式	结构简图	组合形式	结构简图
JA 型		JC 型	

4. 基本型模架组合尺寸

（1）基本型模架的零件应符合塑料注射模零件国家标准（GB/T 4169.1~4169.23—2006）。

（2）基本型模架组合尺寸如图 2-200 所示，具体尺寸见表 2-27（仅列出部分系列，其余查阅国标《塑料注射模模架》（GB/T 12555—2006），模架代号为 1515~125200 共 99 个系列）。

（3）组合尺寸为零件的外形尺寸和孔径与孔位尺寸。

5. 模架的标记方法

每一种模架组合形式对应一个模架型号；同一型号中，根据定、动模板的周界尺寸（宽×长）划分为不同系列；同一系列中，根据定、动模板和垫块的厚度划分为不同规格。图 2-201 所示模板为宽 200 mm、长 250 mm，$A=50$ mm，$B=40$ mm，$C=70$ mm 的直浇口 A 型模架标记。

模板宽 200 mm、长 300 mm，$A=50$ mm，$B=60$ mm，$C=90$ mm，拉杆导柱长度 200 mm 的点浇口 DB 型模架标记如图 2-202 所示。其他字符含义同直浇口模架标记。

依据国标 GB/T 12555—2006，模架应有下列标记：①模架；②基本型号；③系列代号；④定模板厚度 A(mm)；⑤动模板厚度 B(mm)；⑥垫块厚度 C(mm)；⑦拉杆导柱长度（mm）；⑧标准代号，即 GB/T 12555—2006。

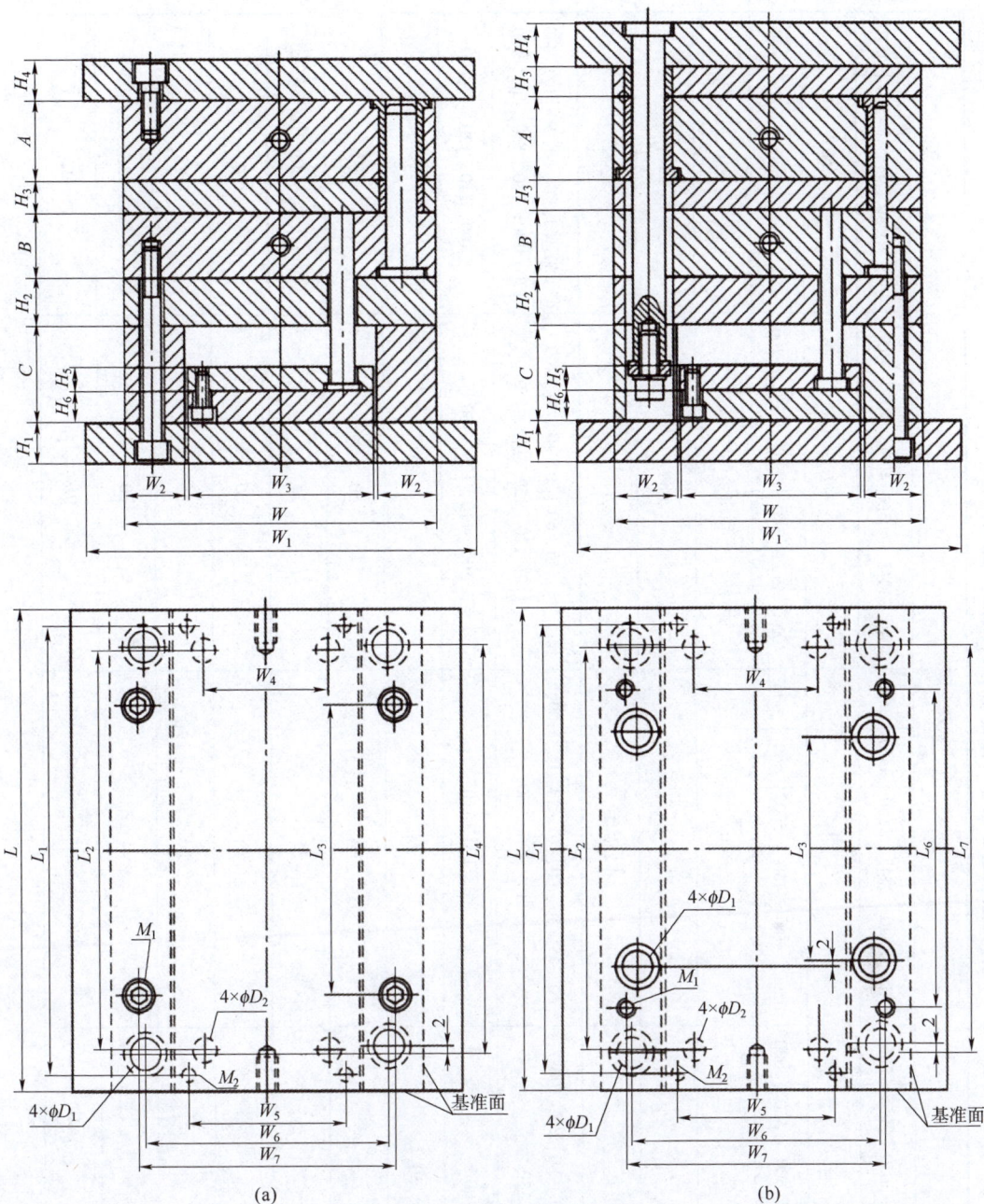

图 2-200　基本型模架组合尺寸

（a）直浇口模架组合尺寸；（b）点浇口模架组合尺寸

示例 1：直浇口 B 型模架，模板宽为 300 mm，$C = 80$ mm，则标记为模架 B 3040-60×50×80 GB/T 12555—2006。

示例 2：模板宽为 300 mm、长为 350 mm，$A = 50$ mm，$B = 60$ mm，$C = 90$ mm，拉杆导柱长度为 200 mm 的点浇口 DB 型模架，标记为模架 DB 3035-50×60×90-200 GB/T 12555—2006。

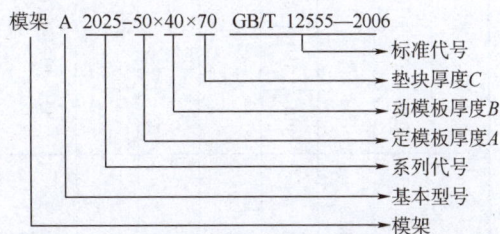

模架 A 2025-50×40×70　GB/T 12555—2006

- 标准代号
- 垫块厚度 C
- 动模板厚度 B
- 定模板厚度 A
- 系列代号
- 基本型号
- 模架

图 2-201　直浇口模架标记

表 2-27　基本型模架组合尺寸（摘自 GB/T 12555—2006）　　　　mm

系列

代号	3030	3035	3040	3045	3050	3055	3060	3535	3540	3545	3550	3555	3560	4040	4045	4050	4055	4060	4070	4545	4550	4555	4560	4570
W	300							350						400						450				
L	300	350	400	450	500	550	600	350	400	450	500	550	600	400	450	500	550	600	700	450	500	550	600	700
W_1	350							400						450						550				
W_2	58							63						68						78				
W_3	180							220						260						290				
A、B	35、40、45、50、60、70、80、90、100、110、120、130							40、45、50、60、70、80、90、100、110、120、130						40、45、50、60、70、80、90、100、110、120、130、140、150						45、50、60、70、80、90、100、110、120、130、140、150、160、180				
C	80、90、100							90、100、110						100、110、120、130						100、110、120、130				
H_1	25			30				30						35						35				
H_2	45							45						50						60				
H_3	30							35						35						40				
H_4	45							45			50			60						60				
H_5	20							20						25						25				
H_6	25							25						30						30				
W_4	134			164				198			226			198			226			226				

系列

代号	3030	3035	3040	3045	3050	3055	3060	3535	3540	3545	3550	3555	3560	4040	4045	4050	4055	4060	4070	4545	4550	4555	4560	4570
W_5	156							196						234						264				
W_6	234							284			324			364						364				
W_7	240							285						330						370				
L_1	276	326	376	426	476	526	576	326	376	426	476	526	576	374	424	474	524	574	674	424	484	524	574	674
L_2	240	290	340	390	440	490	540	290	340	390	440	490	540	340	390	440	490	540	640	383	434	484	534	634
L_3	138	188	238	288	338	388	438	178	224	274	308	358	408	208	254	304	354	404	504	236	286	336	386	486
L_4	234	284	334	384	434	484	534	284	474	474	334	474	524	324	384	424	474	524	624	364	414	464	514	614
L_5	98	148	198	244	394	344	394	244	268	318	368	344	154	168	218	268	318	368	468	194	244	294	344	444
L_6	164	214	264	312	362	412	462	212	262	312	344	394	444	244	294	344	394	444	544	276	326	376	426	526
L_7	234	284	334	384	434	484	534	284	334	384	424	474	524	324	374	424	474	524	624	364	414	464	514	614
D_1	30							30			35			35						40				
D_2	20			25				25			25			25						30				
M_1	4×M14	6×M14		4×M10		6×M16		4×M16			6×M16			4×M16			6×M16			4×M16		6×M16		
M_2								4×M16						4×M12						4×M12				

模架 DB 2030-50×60×90-200 GB/T 12555—2006

拉杆导柱长度

图 2-202 点浇口模架标记

二、标准模架的选用

1. 模架的选择原则

（1）直浇口模架和点浇口模架的选择。

1）能用直浇口模架便不用点浇口模架。这是因为直浇口模架结构简单，制造成本相对较低；而点浇口模架结构较复杂，模具在生产过程中发生故障的概率也大。但在不能确定选择直浇口模架还是点浇口模架时，应尽量选用点浇口模架，因为点浇口进料灵活性较大，便于熔体充型。

2）当制品必须采用点浇口浇注系统时，选择点浇口模架。

3）热流道注射模都用直浇口模架。

4）齿轮模大多采用点浇口模架。

（2）点浇口模架和简化点浇口模架的选择。

1）龙记集团模架中，3 种标准模架的最小尺寸：点浇口模架最小尺寸为长 200 mm、宽 250 mm；简化点浇口模架最小尺寸为长 150 mm、宽 200 mm；直浇口模架最小尺寸为长 150 mm、宽 150 mm。

2）简化点浇口模架无推件板。制品需要用推件板推出时，宜选择点浇口模架。

3）两侧有较大侧抽芯滑块（行位）时，可考虑选用简化点浇口模架，少 4 根短导柱，可以使模架长度尺寸减小。

4）采用斜滑块的模具在滑块推出时容易碰撞导柱，可选用简化点浇口模架。

5）精度、寿命要求高的模具，不宜采用简化点浇口模架，而应尽量采用点浇口模架。

6）简化点浇口模架中的 JAT 型和 JCT 型模架常用于采用侧浇口浇注系统及定模有侧向抽芯机构的注射模。

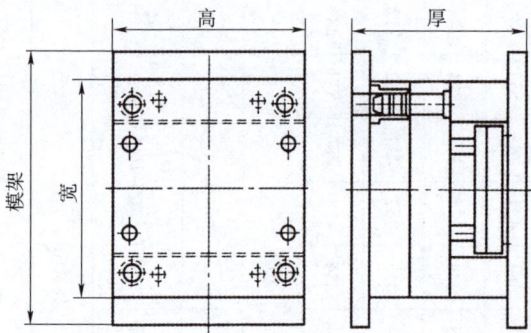

图 2-203 工字模架

（3）工字模架和直身模架的选择。所有模具按固定在注射设备上的需要，都有工字模架和直身模架之分。通常，模具宽度尺寸小于或等于 300 mm 时，宜选择工字模架，如图 2-203 所示；模具宽度尺寸大于 300 mm 时，宜选择直身模架，如图 2-204 所示。对于直浇口模架，模架宽度大于或等于 300 mm，且要开通框时，可采用有面板的直身模架（T形）。直身模架必须加工码模槽，码模槽的尺寸也已标准化，可查阅模架手册选取，也可以根据需要自行设计或加工。而对于点浇口模架，通常都采用工字模架。

模宽 450 mm 以下的工字模架，边缘单边高出 25 mm；模宽 450 mm 以上（含 450 mm）的工字模架，边缘单边高出 50 mm。选择直身模架且模架的宽度小于 50 mm 时，与之匹配的注射机可以小一些。

（4）模架支承板（托板）的选择。如图 2-205 所示，支承板装配在动模板的下面，其厚度已实现标准化。当内模镶件为圆形，或者动模板开框很深时，宜开通框，此时需要加装支承板。动模有内侧抽芯或斜抽芯时，锁紧块（又称楔紧块）和斜导柱安装在支承板上，需要选用

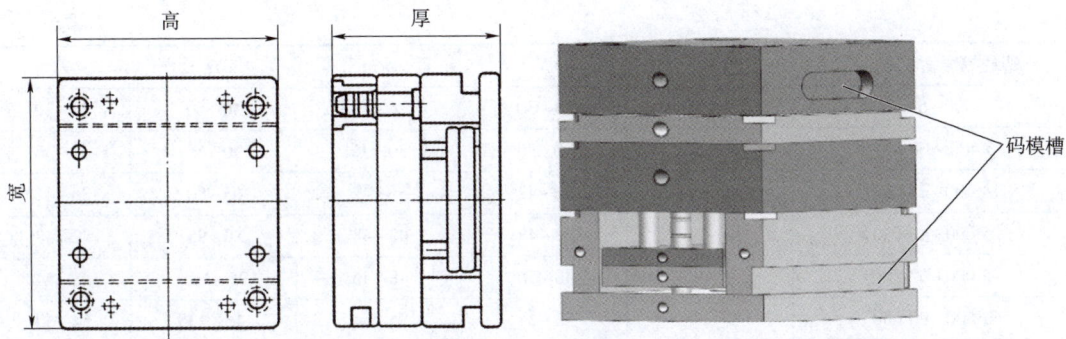

图 2-204 直身模架

有支承板的模架。

（5）模架推件板的选择。

1）成型薄壁、深腔类塑件时，用推件板或推件板加推杆推出，平稳可靠。

2）成型塑件的表面不允许有推杆痕迹时，必须采用推件板。

2. 标准模架的选择方法

（1）根据塑件尺寸及结构特点确定。根据塑件的外形尺寸（包括在分型面上的投影尺寸和高度）及结构特点（是否需要侧向抽芯），可以确定内模镶件的外形尺寸；当内模镶件的尺寸确定后，模架的尺寸就可以大致确定。对于一般的模具，内模镶件和定模板、动模板的尺寸可以参考表 2-28 确定，表 2-28 中各字母的含义如图 2-206 所示。

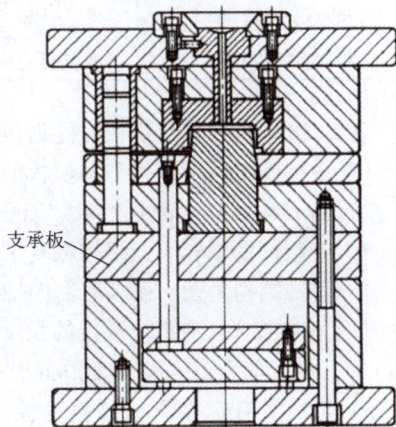

图 2-205 有支承板的模架

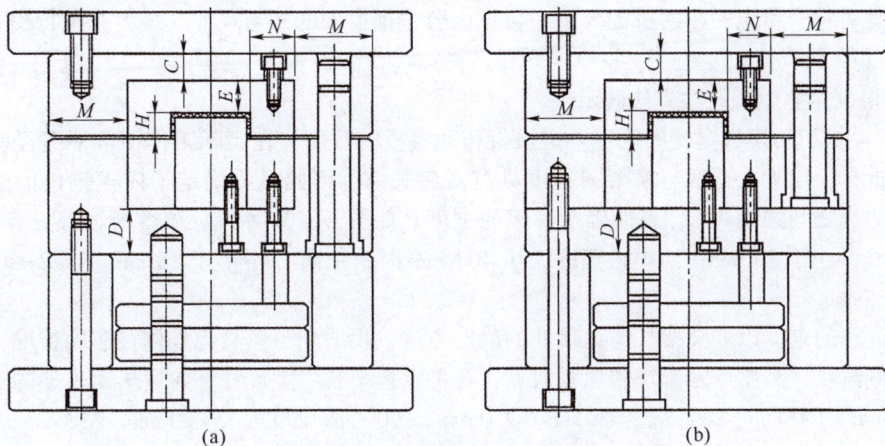

图 2-206 内模镶件和模架参数

(a) 动模板不开通框；(b) 动模板开通框

表 2-28 内模镶件和模架尺寸   mm

塑件投影面积/mm²	M	N	C	D	E
100~900	40	20	20	30	20
900~2 500	40~45	20~24	20~24	30~40	20~24

塑件投影面积/mm²	M	N	C	D	E
2 500~6 400	45~50	24~30	24~30	40~50	24~30
6 400~14 400	50~55	30~36	30~36	50~65	30~36
14 400~25 600	55~65	36~42	36~42	65~80	36~42
25 600~40 000	65~75	42~48	42~48	80~95	42~48
40 000~62 500	75~85	48~56	48~56	95~115	48~54
62 500~90 000	85~95	56~64	56~64	115~135	54~60
90 000~122 500	95~105	64~72	64~72	135~155	60~66
122 500~160 000	105~115	72~80	72~80	155~175	66~72
160 000~202 500	115~120	80~88	80~88	175~195	72~78
202 500~250 000	120~130	88~96	88~96	195~205	78~84

表 2-28 中的数据仅供设计注射模结构时参考，在实际设计过程中需要注意以下几点。

1）最终确定的定模板和动模板的长、宽、高尺寸，以及镶件的厚度尺寸一定要取标准值。

2）当 $H \geqslant N$ 时，塑件较高，应适当加大 N 值，加大值为 $\Delta N = (H-N)/2$。

3）若塑件壁厚较大，结构较复杂，有时为了冷却水道的需要，数据要作必要的调整。

4）塑件结构复杂，模具有侧向抽芯机构或需要特殊推出机构时，定模板和动模板的长、宽、高尺寸应相应加大。有滑块滑行的长度或宽度方向，应根据滑块大小一般加大 50 mm、100 mm 或 150 mm，高度加大 10 mm 或 20 mm。

5）定模没有定模座板的直身模，定模板厚度可以在以上基础上加大 5~10 mm，再取标准值。

6）在基本确定模架的规格型号和尺寸大小后，还应对模架的整体结构进行校核，检查所确定的模架是否符合给定的注射机的要求，校核内容包括模架的外形尺寸、最大开模行程、推出方式和推出行程等。

（2）根据企业生产经验方法确定。

1）定模板和动模板宽度的确定。定模板和动模板的宽度，在实际工作中常根据经验方法选取。由于推杆固定板的宽度与模架的宽度具有对应关系，因此只要确定了内模镶件的边缘与复位杆的孔边缘之间的距离 C，就能确定模架的宽度。如图 2-207 所示，当模板宽度小于 400 mm 时，距离 C 不小于 10 mm；当模板宽度大于 400 mm 时，距离 C 不小于 15 mm。图 2-207 中 $A = B \pm (0~10)$ mm。

需要注意的是，以上模架长、宽尺寸的确定方法，仅适用于模具无外侧抽芯的情况，如果模具采用外侧滑块，需设计完滑块和锁紧块后，再确定模架长、宽尺寸。龙记集团模架的宽度标准值有 150 mm、180 mm、200 mm、230 mm、250 mm、270 mm、290 mm、300 mm、330 mm、350 mm、400 mm、450 mm、500 mm，大于 500 mm 的尺寸用于特大型模具，宽度取值为 50 的倍数。长度标准值有 150 mm、180 mm、200 mm、230 mm、250 mm、270 mm、300 mm，之后取值都是 50 的倍数。

2）定模板和动模板厚度的确定。如图 2-208 所示，模架有定模座板时，定模板的厚度一般等于框深 $a + (20~30)$ mm；模架无定模座板时，定模板的厚度一般等于框深 $a + (30~40)$ mm。定模板的厚度尽量取小些，便于减小主流道长度，利于模具排气，缩短成型周期，在注射机上生产时能紧贴注射机固定模板，以减少变形。

动模板的厚度一般等于开框深度加 30~60 mm。动模板的厚度尽量取大些，以增加模具的强度和刚度。动模板开框后壁厚 C 的经验值参见表 2-29。

定、动模板的长、宽、高尺寸都已标准化，设计时应尽量取标准值，避免采用非标准模架。

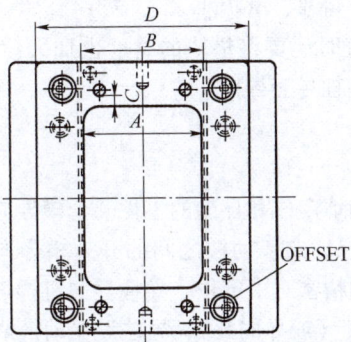

图 2-207　定模板和动模板宽度的确定

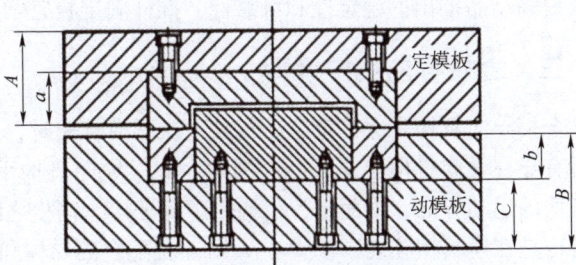

注：OFFSET 为防止模具装反的结构，偏移一定距离。

图 2-208　定模板和动模板厚度的确定

表 2-29　动模板开框后壁厚 C 的经验值

长×宽/(mm×mm)	框深/mm					
	<20	20~30	30~40	40~50	50~60	>60
<100×100	20~25	25~30	30~35	35~40	40~45	45~50
100×100~200×200	25~30	30~35	35~40	40~45	45~50	50~55
200×200~300×300	30~35	35~40	40~45	45~50	50~55	55~60
>300×300	35~40	40~45	45~50	50~55	=55	≈60

注：1. 表中"长""宽"和"框深"均指动模板开框后的长度、宽度和框深。

2. 动模板厚度等于开框深度加壁厚 C，应取较大标准值（一般为 10 的倍数）。

3. 如果动模有侧抽芯滑块 T 形槽，或因推杆太多而无法加装支承柱，则取值必须在表中数据基础上再加 5~10 mm。

3. 垫块的设计

垫块（见图 2-209）的高度 H，必须保证制品能顺利推出，并使推杆固定板距离动模板或支承板有 10 mm 左右的间隙，不能在推杆固定板碰到动模板时，才推出制品，因此须满足如下要求。

（1）垫块高度 H=推杆固定板厚度+推板厚度+限位钉头部高度+顶出距离+（10~15）mm。

（2）顶出距离=制品需要顶出高度+（5~10）mm。

（3）推杆固定板厚度和推板厚度由模架的大小确定，限位钉头部高度通常为 5 mm。

上述 10~15 mm 和 5~10 mm 为安全距离。

标准模架中的垫块高度已标准化，一般情况下，垫块高度只需符合模架标准即可，但下列情况中的垫块需要增高。

（1）制品高，顶出距离大，标准垫块高度不够时，需要加高垫块。

（2）双推板二次顶出时，因为垫块内有 4 块板，缩小了推件板的顶出距离，所以为将制品安全顶出，需要加高垫块。

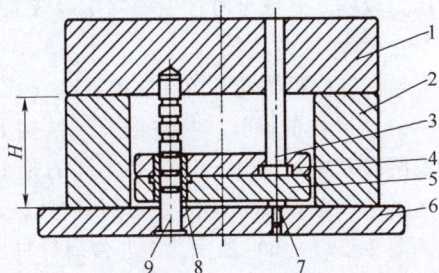

图 2-209　垫块（方铁）

1—动模板；2—垫块；3—复位杆；4—推杆固定板；
5—推板（推杆底板）；6—动模座板；7—限位钉；
8—推板导套；9—推板导柱

（3）螺纹自动脱模的模具中，因为垫块内有齿轮传动，所以有时也要加高垫块。

（4）采用斜顶抽芯的模具，斜顶倾斜角度和顶出距离成反比，若抽芯距较大，则可通过加大顶出距离来减小斜顶的倾斜角度，从而使斜顶顶出平稳、可靠，磨损小。

垫块加高的尺寸较大时，为提高模具的强度和刚度，有时还要将垫块的宽度也加大；此外，为了提高制品推出的稳定性和可靠性，推杆固定板宜增加导柱导套导向。

三、合模导向机构设计

合模导向机构是保证定、动模或上、下模合模时，正确地定位和导向的零件。合模导向机构主要有导柱导向机构和锥面定位机构。导柱导向机构用于保证定、动模之间的开合模导向和推出机构的运动导向，锥面定位机构用于保证定、动模之间的精密对中定位。导柱导向机构最常见的结构是在模具型腔周围设置2~4对互相配合的导柱和导套（或导向孔），导柱设在动模或定模均可，但一般设置在主型芯周围，在不妨碍脱模取件的前提下，导柱通常设置在型芯高出分型面较多的一侧，如图2-210所示。

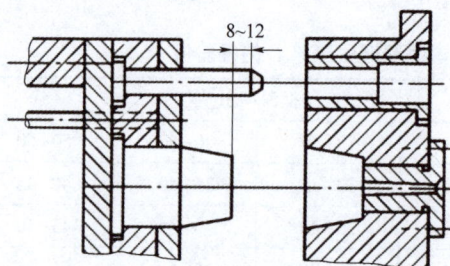

图 2-210　导柱导向机构

合模导向机构设计

1. 合模导向机构的作用

合模导向机构的作用主要是导向、定位和承受一定的侧向压力。

（1）导向作用。合模时，首先是导向零件接触，引导定、动模或上、下模准确闭合，避免型芯先进入型腔造成成型零件的损坏。为了使模具推出机构运动平稳、顺畅，大中型模具往往在推出机构也设置导向元件。

（2）定位作用。模具闭合后，须保证定、动模或上、下模位置正确，以及型腔的形状和尺寸精度。合模导向机构在模具装配过程中也会起到定位作用，便于模具的装配和调整。

（3）承受一定的侧向压力。塑料熔体在充型过程中可能产生单向侧压力，或者受成型设备精度的限制，使导柱承受了一定的侧向压力。严格来说，导柱和导套的作用主要是导向，承受侧向压力较弱。若成型时产生侧向压力较大，则需考虑锥面定位机构。

2. 导柱导向机构

导柱导向机构通常由导柱与导套（或导向孔）的间隙配合构成。

（1）导柱的设计。导柱的典型结构如图2-211所示。导柱沿长度方向分为固定段和导向段。两段基本尺寸相同但公差不同的是带头导柱，又称直导柱，如图2-211（a）所示；两段基本尺寸和公差都不同的是带肩导柱，又称台阶式导柱，如图2-211（b）、图2-211（c）所示。图2-211（b）所示为Ⅰ型带肩导柱，图2-211（c）所示为Ⅱ型带肩导柱，Ⅱ型带肩导柱还可起到模板间的定位作用，在导柱凸肩的另一侧有一段圆柱形定位段，可与另一模板相配合。导柱的导向段可以根据需要加工出油槽，如图2-211（c）所示，以便润滑和集尘，延长使用寿命。小型模具和生产批量小的模具多采用带头导柱。小批量生产也可不设置导套，导柱直接与模板中的导向孔配合；大批量生产时，应设置导套。大中型模具和生产批量大的模具多采用带肩导柱。

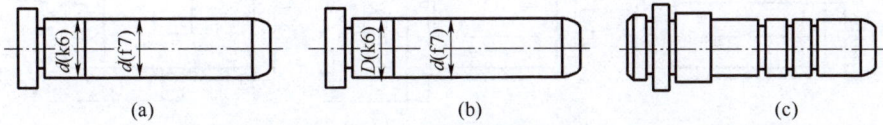

图 2-211 导柱的典型结构
（a）带头导柱；（b）Ⅰ型带肩导柱；（c）Ⅱ型带肩导柱

导柱的设计要求如下。

1）导柱头部为圆锥形，圆锥长度为导柱直径的 1/3，半锥角为 10°~15°，也有头部为半球形的导柱。导柱导向部分直径已标准化，具体参见 GB/T 4169.5—2006。设计时导柱直径根据模板尺寸确定，中小型模具的导柱直径约为模板两直角边之和的 1/35~1/20，大型模具的导柱直径约为模板两直角边之和的 1/40~1/30，圆整后取标准值。导柱长度应比主型芯高出至少 6~8 mm，以免型芯先进入型腔。

2）导向段与导套（或导向孔）采用间隙配合 H7/f7，固定段与模板孔采用过渡配合 H7/k6 或 H7/m6。导向段的表面粗糙度 Ra 为 0.4 μm，固定段的表面粗糙度 Ra 为 0.8 μm。

3）导柱应具有硬而耐磨的表面，坚韧而不易折断的芯部，多采用 20 钢经渗碳淬火处理，表面硬度达 55~60 HRC，或采用碳素工具钢 T8A、T10A 经淬火或表面淬火处理，表面硬度达 50~55 HRC。

4）对于单分型面模具，导柱数量可取 2~4 根，大中型模具中 4 根最常见，小型模具可采用 2 根。对于定、动模或上、下模在合模时没有方位限制的模具，可采用相同直径的对称布置；对于有方位限制的模具，为保证模具的定、动模正确合模，防止在装配或合模时因方位搞错而使型腔遭到破坏，可采用等直径导柱不对称分布，如图 2-212（a）所示，或不等直径导柱对称分布，如图 2-212（b）所示。

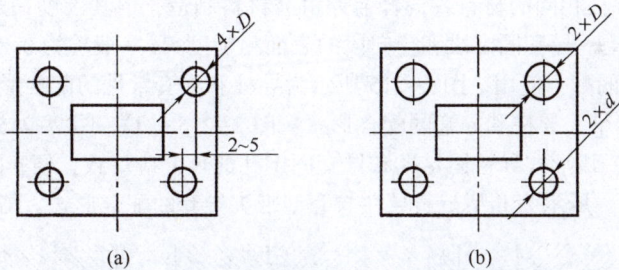

图 2-212 保证正确合模方向的导柱布置
（a）等直径导柱不对称分布；（b）不等直径导柱对称分布

（2）导套和导向孔的设计。导向孔直接开设在模板上，加工简单，但模板一般未淬火，耐磨性差，所以导向孔适用于生产批量小、精度要求不高的模具。大多数的导向孔都镶有导套，导套不但可以淬硬以延长寿命，而且在磨损后方便更换。导套有直导套和带头导套两类，如图 2-213 所示。图 2-213（a）所示为直导套，用于简单模具或导套后面没有垫块的模具；图 2-213（b）所示为Ⅰ型带头导套；图 2-213（c）所示为Ⅱ型带头导套，结构较复杂，用于精度较高的场合。Ⅱ型带头导套在凸肩的另一侧设定位段，起到模板间的定位作用。

导套的设计要求如下。

1）为了便于导柱进入导套和导套压入模板，在导套端面内外应倒圆角。导向孔前端也应倒圆角，且最好做成通孔，以便排出空气及意外落入的塑料废屑。当模板较厚，导向孔必须做成盲

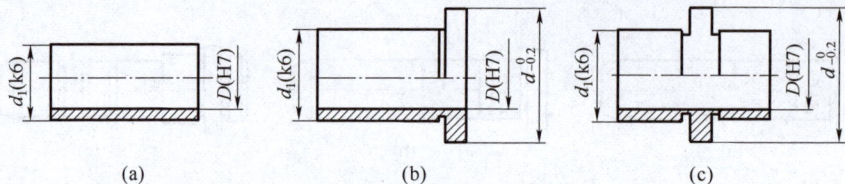

图 2-213　导套的典型结构

（a）直导套；（b）Ⅰ型带头导套；（c）Ⅱ型带头导套

孔时，可在盲孔的侧面打一个小孔排气。直导套的结构尺寸可查阅国标《塑料注射模零件　第 2 部分：直导套》（GB/T 4169.2—2006），根据相配合的导柱尺寸确定。

2）导套与模板为较紧的过渡配合，直导套与模板一般采用 H7/n6 配合，带头导套与模板一般采用 H7/k6 或 H7/m6 配合。带头导套因有凸肩，轴向固定容易。直导套固定后为防止被拉出，常用螺钉从侧面紧固，如图 2-214 所示。图 2-214（a）所示为将导套侧面加工成凹槽的形式，图 2-214（b）所示为用环形槽代替凹槽的形式，图 2-214（c）所示为在导套侧面开孔的形式。

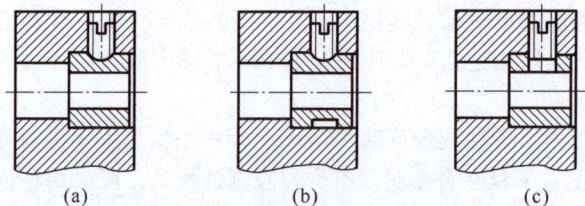

图 2-214　直导套的固定方式

（a）将导套侧面加工为凹槽；（b）用环形槽代替凹槽；（c）在导套侧面开孔

3）导套可用与导柱相同的材料或铜合金等耐磨材料制造，但其硬度一般稍低于导柱，以减少磨损，防止导柱拉毛。导套固定段和导向段的表面粗糙度 Ra 一般均为 $0.8\ \mu m$。

（3）导柱和导套的配合使用。图 2-215 所示为导柱和导套常见的配合形式。图 2-215（a）~图 2-215（c）所示为带头导柱和导套的配合形式；图 2-215（d）~图 2-215（f）所示为带肩导柱和导套的配合形式，该形式导柱固定孔和导套固定孔的尺寸应一致，便于配合加工，易于保证同轴度。图 2-215（f）所示为Ⅱ型带肩导柱与Ⅱ型带头导套的配合形式，结构比较复杂。

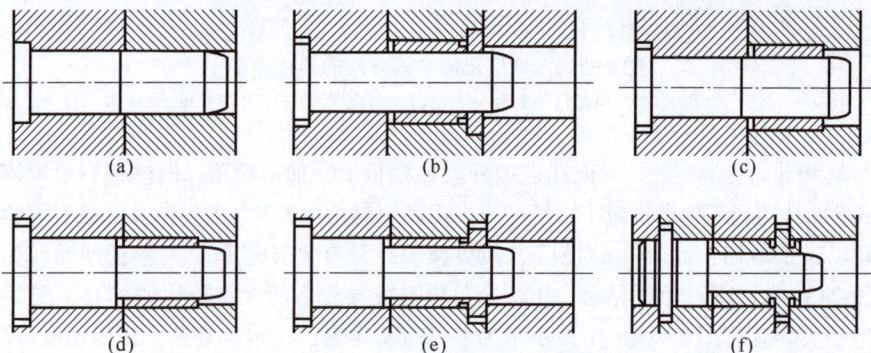

图 2-215　导柱和导套常见的配合形式

（a）~（c）带头导柱和导套的配合形式；（d）~（f）带肩导柱和导套的配合形式

3. 锥面定位机构

（1）锥面定位机构的作用。

注射模锥面定位机构的作用主要是保证凹模、型芯在合模时精确定位，分担导柱所承受的侧向压力，提高模具的刚度和配合精度，减少模具合模时所产生的误差，以及模具在注射成型时因胀型力而产生变形，提高模具的寿命，其尺寸越大、数量越多，效果就越好。

（2）锥面定位机构的使用场合。

一般模具仅用导柱导向机构即可，但下列情况下必须再增加锥面定位机构。

1）大型模具（模宽400 mm以上）、深腔或塑件精度要求很高的模具。

2）产品批量大，模具寿命要求高。

3）制品严重不对称，模腔配置偏心，存在不对称侧向抽芯或分型面为非规则的斜面、曲面。

4）存在多处插穿孔（模具闭合型芯和型腔之间在侧面紧密接触，成型通孔）。

5）定、动模镶件要外发铸造成型时，为保证定、动模镶件的位置精度，也常加锥面定位块定位。

（3）锥面定位机构的分类。

注射模锥面定位机构按其安装位置可分为定模板、动模板之间的定位和内模镶件之间的定位两大类。

1）定模板、动模板之间的锥面定位机构。定模板、动模板之间的锥面定位机构包括锥面定位柱、锥面定位块（安装在模板或模框的周边，又称边锁）和模架原身定位。

① 锥面定位柱。锥面定位柱装配于定模板、动模板之间，使用2~4个，对称或对角布置效果最好。其装配图和外形图如图2-216所示，具体尺寸参考国标《塑料注射模零件　第11部分：圆形定位元件》（GB/T 4169.11—2006），常用于大型模具或精密模具，用于提高定模板、动模板的配合精度及模具的整体刚度。

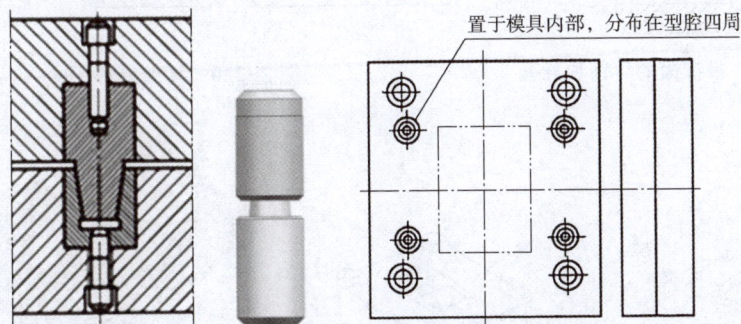

置于模具内部，分布在型腔四周

图 2-216　锥面定位柱

② 锥面定位块的装配位置、作用以及使用场合与锥面定位柱完全相同，数量为4个，如图2-217所示，锥面定位块两斜面的倾斜角度取5°~10°。图2-218所示为标准矩形定位元件（GB/T 4169.11—2006）。

③ 模架原身定位。对于中小模具，也可以采用带锥面的导柱和导套，如图2-219所示。但大型模具承受较大的侧向压力时，一般采用模架原身定位效果最好，如图2-220（a）所示。为防止锥面变形，可在两锥面间安装淬火镶块（见图2-220（b））。锥面角越小越有利于定位。但由于开模力的关系，锥面角也不宜过小，一般取5°~20°，配合高度在15 mm以上，两锥面都要淬火处理。在锥面定位机构设计中要注意锥面配合方向，使模板环抱型腔模块，从而使型腔模块无法向外胀开，在分型面上不会形成间隙。

2）内模镶件之间的锥面定位机构。内模镶件之间的锥面定位机构又称内模管位或虎口、定位角，常设计于内模镶件的四角上，定位效果好，如图 2-221 所示。这种锥面定位机构常用于精密模具，分型面为复杂曲面或斜面的模具，以及制品严重不对称或有较大侧向压力的模具。内模定位角的尺寸可根据镶件长度来取：当 $L<250$ mm 时，W 取 $15\sim20$ mm，H 取 $6\sim8$ mm；当 $L\geqslant250$ mm 时，W 取 $20\sim25$ mm，H 取 $8\sim10$ mm。

图 2-217　锥面定位块

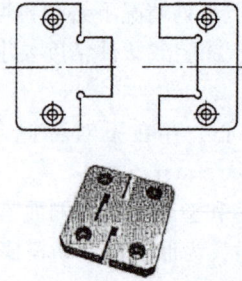

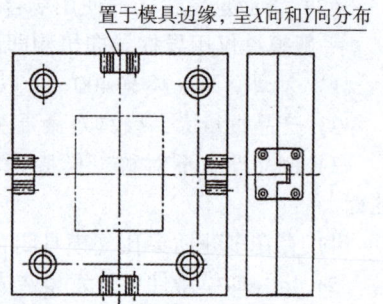

图 2-218　标准矩形定位元件

图 2-219　带锥面的导柱和导套

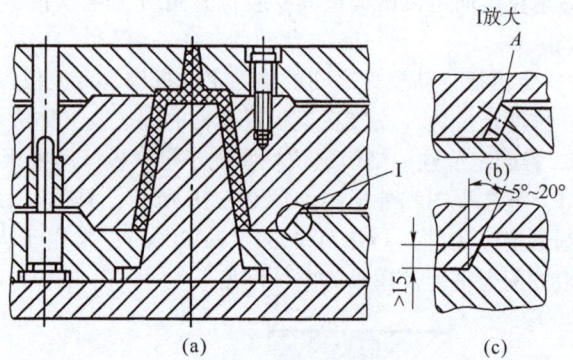

图 2-220　模架原身定位

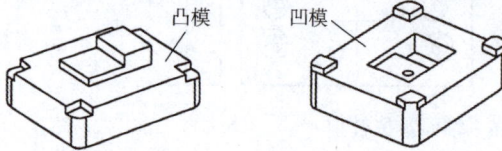

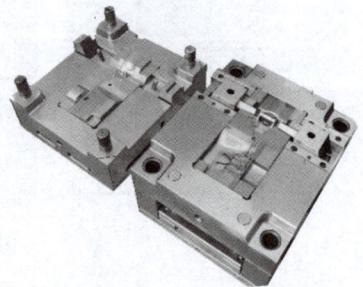

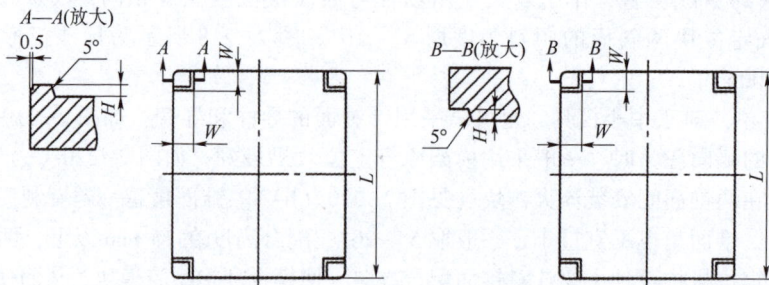

图 2-221　内模镶件定位

四、模架标准件的选择

1. 定位圈

定位圈用于模具安装在注射机上时与注射机定位孔的准确定位，从而保证注射机的喷嘴轴线与模具的中心线在同一条线上。此外，它还有压住浇口套的作用。定位圈的结构尺寸如图 2-222 所示。

定位圈的直径 D 一般为 100 mm、120 mm 和 150 mm。定位圈通常采用自制或外购标准件，常用规格为 35 mm×100 mm×15 mm。

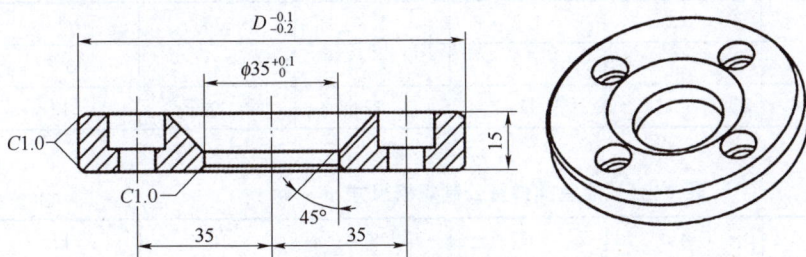

模架标准件的选择 1

模架标准件的选择 2

图 2-222　定位圈的结构尺寸

加厚的定位圈一般用于模具需要使用隔热垫板的情况，如图 2-223 所示，常用规格为 70 mm×100 mm×25 mm。定位圈可以装在定模座板表面，也可以沉入定模座板 5 mm，如图 2-224 所示。紧固螺钉规格一般选用 M6×20 mm，通常设置 2~4 个。

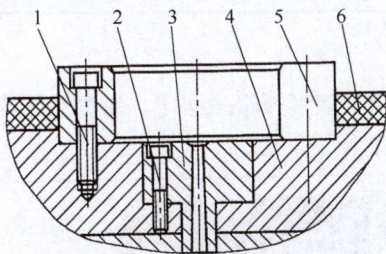

图 2-223　有隔热垫板的定位圈结构

1，2—紧固螺钉；3—浇口套；4—定模座板；
5—定位圈；6—隔热垫板

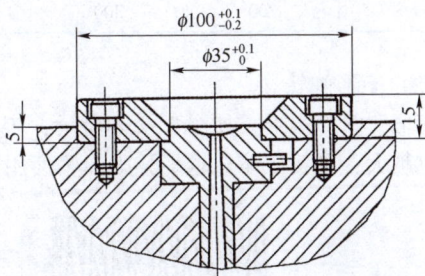

图 2-224　沉入定模座板的定位圈结构

2. 浇口套

浇口套的作用是使模具安装在注射机上时能很好地定位并与注射机喷嘴孔吻合，并经受塑料熔体的反向压力。浇口套的形式与尺寸请参考本项目任务四，在此不再赘述。

3. 弹簧

弹簧的主要作用是缓冲、减振、储存能量。

弹簧没有冲击力，且易疲劳失效，在模具中不允许单独使用。弹簧可装在复位杆上，在塑件推出后，将推杆拉回原位，恢复型腔的形状，且有复位的功能；弹簧用于侧向抽芯中的滑块定位时，与挡块一起使用；弹簧还用作活动板、流道推板等活动零件的辅助动力。

模具使用的弹簧主要有黑色圆弹簧和矩形蓝弹簧两种，相对于黑色圆弹簧，矩形蓝弹簧弹力较大，压缩比也较大，且不易疲劳失效。模具中常用的压缩弹簧是矩形蓝弹簧。

（1）黑色圆弹簧。

黑色圆弹簧基本形式如图 2-225 所示，其英制和公制规格尺寸分别见表 2-30 和表 2-31。因其压缩比较小，一般不超过32%，故在模具中使用不多，常根据实际需要从整条弹簧上截取所需尺寸。

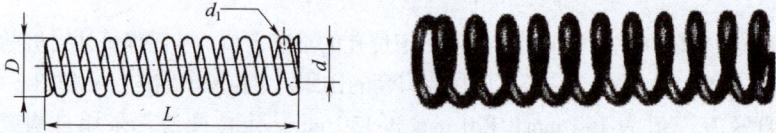

图 2-225　黑色圆弹簧基本形式

表 2-30　黑色圆弹簧英制规格尺寸

D/in	5/16	3/8	1/2	5/8	3/4	1
d_1/mm	1.2	1.5	1.8	2.5	3	3.5
L/in	12	12	12	12	12	12

表 2-31　黑色圆弹簧公制规格尺寸　　　　　　　mm

D	3	4	6	8	10	12
d	2	2.6	4	5.4	6.5	8
L	300	300	300	300	300	300
D	14	16	18	20	22	25
d	9.3	10.7	12	13.5	14.7	17
L	300	300	300	300	300	300

（2）矩形弹簧。

矩形弹簧基本形式如图 2-226 所示，表 2-32 列出了矩形弹簧压缩比。弹簧颜色越深，弹簧强度也越大；弹簧压缩比越小，则弹簧使用寿命就越长。

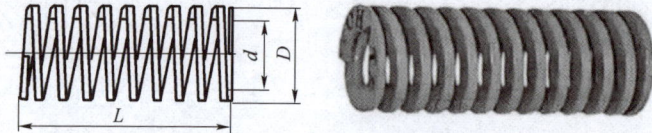

图 2-226　矩形弹簧基本形式

表 2-32　矩形弹簧压缩比

种类	轻小载荷	轻载荷	中载荷	重载荷	极重载荷
色别	黄色（TF）	蓝色（TL）	红色（TM）	绿色（TH）	咖啡色（TB）
压缩 100 万次压缩比（%）	40	32	25.6	19.2	16
压缩 50 万次压缩比（%）	45	36	28.8	21.6	18
压缩 30 万次压缩比（%）	50	40	32	24	20
最大压缩比（%）	58	48	38	28	24

（3）推杆固定板复位弹簧。

推杆固定板复位弹簧的作用是在注射机的顶杆退回后，模具的定模板和动模板合模之间，就将推杆固定板推回原位。复位弹簧常用矩形蓝弹簧，但如果模具较大、推杆数量较多，则必须考虑使用绿色或咖啡色的矩形弹簧。

复位弹簧装配的几种典型结构如图2-227所示。轻载荷弹簧选用时应注意以下几个方面。

1）预压量和预压比。当推杆固定板退回原位时，弹簧依然要保持对推杆固定板的弹力作用，这个力来源于弹簧的预压量，预压量一般要求为弹簧自由长度的10%左右。预压量除以自由长度就是预压比，直径较大的弹簧选用较小的预压比，直径较小的弹簧选用较大的预压比。

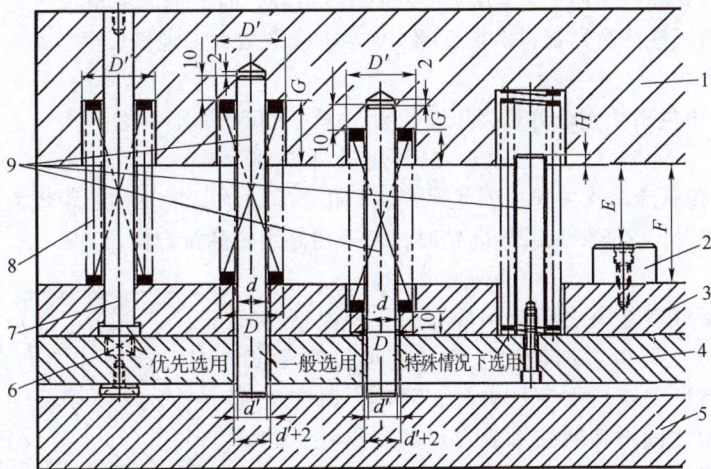

图2-227 复位弹簧装配的几种典型结构

1—动模板；2—限位柱；3—推杆固定板；4—推杆底板；5—动模座板；
6—先复位弹簧；7—复位杆；8—复位弹簧；9—弹簧导杆

在选用模具推杆固定板复位弹簧时，一般不采用预压比，而直接采用预压量，这样可以保证在弹簧直径尺寸一致的情况下，施加于推杆固定板上的预压力不受弹簧自由长度的影响。预压量一般取10.0～15.0 mm。

2）压缩量和压缩比。模具中常用压缩弹簧，推杆固定板推出塑件时弹簧受到压缩，压缩量等于塑件的推出距离。压缩比是压缩量和自由长度之比，一般根据寿命要求，矩形蓝弹簧的压缩比在30%～40%之间，压缩比越小，使用寿命越长。

3）复位弹簧数量和中径可按表2-33选取。

表2-33 复位弹簧数量和中径

模架宽度/mm	$L \leqslant 200$	$200 < L \leqslant 300$	$300 < L \leqslant 400$	$400 < L \leqslant 500$	$L > 500$
弹簧数量	2	4	4	4～6	4～6
弹簧中径/mm	25	25	30～40	40～50	50

4）弹簧自由长度的确定。

① 模具复位弹簧自由长度 L 的计算公式为

$$L = (E + P)/S \tag{2-39}$$

式中　E——推板行程，$E >$ 制品最小推出距离 + （15～20） mm；

P——预压量，一般取10～15 mm，根据复位时的阻力确定，阻力小则预压量小；

S——压缩比，一般取30%～40%，根据模具寿命、模具大小及制品尺寸等因素确定。

计算完成后，L 须取较大的规格长度。

② 推杆固定板复位弹簧的最小长度 L_{min} 必须满足藏入动模板或托板 $L_2 = 15 \sim 20$ mm，若计算长度小于最小长度 L_{min}，则以最小长度为准；若计算长度大于最小长度 L_{min}，则以计算长度为准。

自由长度必须是标准长度，不准切断使用，优先用 10 的倍数，不够时可用 2 根接用。

（4）侧向抽芯中的滑块定位弹簧。此类弹簧常用直径为 10 mm、13 mm、16 mm、20 mm，压缩比取值范围是 25%~30%，数量通常为 2 根，如图 2-228 所示。

滑块定位弹簧长度计算公式为

$$L=（抽芯距+预压量）/压缩比 \qquad (2-40)$$

预压量通过计算确定，预压量=压力/弹簧弹性系数。向上抽芯的滑块压力为滑块自重。左右侧向抽芯时，预压量可取弹簧自由长度的 10%。L 须取较大的规格长度。

需要注意以下几点。

1）图 2-228 中的滑块定位弹簧为压缩状态。压缩长度 B 的计算公式为

$$B=L-预压量-抽芯距 \qquad (2-41)$$

2）滑块定位弹簧应防止失稳，因此弹簧装配孔不宜太大；滑块抽芯距较大时，要加装导向销；滑块抽芯距较大，又不便加装导向销时，可采用外置式弹簧定位。

4. 支承柱

对于大型模架或者垫块之间跨距较大时，要保证动模部分的刚度和强度，可以增加动模板或者支承板的厚度，但这样既浪费材料，又会增加模具质量。通常可以在动模支承板和动模座板之间增加圆柱形或方形的支承柱，这样既可以减小动模板的厚度，也可以增强动模部分的强度和刚度。

图 2-228　滑块定位弹簧

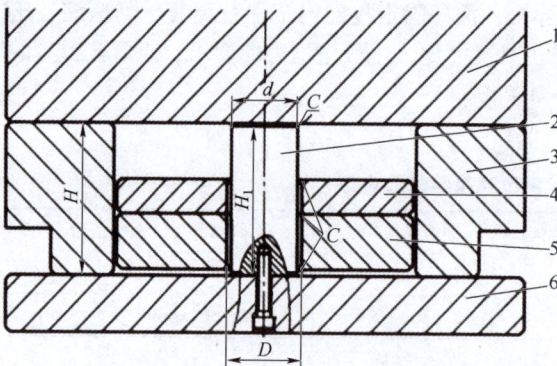

支承柱须用螺钉紧固在动模座板上，具体连接方式如图 2-229 所示，其数量越多，效果越好。支承柱的直径一般为 25~60 mm，一般设置在动模板所受注射压力集中的位置，并尽量布置在模板的中间位置或对称位置。支承柱不得与推杆、顶杆孔、斜顶、复位弹簧、推板导柱等零件发生干涉。

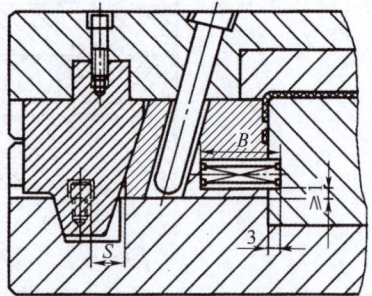

图 2-229　支承柱的连接方式
1—动模板；2—支承柱；3—垫块；4—推杆固定板；
5—推板；6—动模座板

如图 2-229 所示，支承柱与推杆固定板之间的间隙单边取 1.5~2.0 mm，即 $D=d+（3~4）$ mm。支承柱 H_1 一定要比垫块 H 高，关系为当模具宽度尺寸小于 300 mm 时，$H_1=H+0.05$ mm；当模具宽度尺寸为 300~400 mm 时，$H_1=H+0.1$ mm；当模具宽度尺寸在 400~700 mm 之间时，$H_1=H+0.15$ mm；当模具宽度尺寸大于 700 mm 时，$H_1=H+0.2$ mm。

5. 吊环螺孔

吊环螺孔是供模具吊装用的螺孔。模宽 300 mm 以下的模架，一般只需在动模板和定模板上、下端面各加工一个吊环螺孔。模宽 300 mm 以上的模架，模板每边最少应有 1 个吊环螺孔。当模架长度是宽度的 2 倍或以上时，模板两侧应各做 2 个吊环螺孔。吊环螺孔应放在每块模板边的中央，如图 2-230 所示。

吊环螺孔深度至少取螺孔直径的 1.5 倍，吊环螺钉不能与冷却水管及螺钉等其他结构发生干涉。吊环螺钉的主要尺寸及安全承载质量见表 2-34。

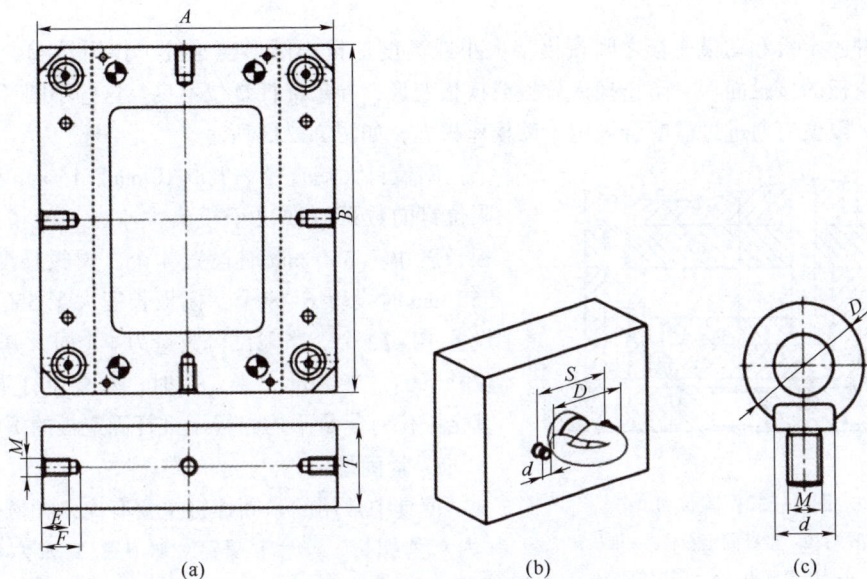

图 2-230　吊环螺孔及吊环螺钉

（a）吊环螺孔位置；（b）吊环螺钉的装配；（c）吊环螺钉尺寸

表 2-34　吊环螺钉的主要尺寸及安全承载质量

规格/mm	M12	M16	M20	M24	M30	M36	M42	M48	M64
D/mm	60	72	81	90	110	133	151	171	212
d/mm	30	36	40	45	50	70	75	80	108
承载质量/kg	180	480	630	930	1500	2300	3400	4500	900

6. 顶杆孔

模具注射完毕，经冷却、固化后开模，注射机顶杆通过顶杆孔，推动推杆固定板，将制品推离模具。顶杆孔加工在模具的动模座板上，如图 2-231（a）所示。当注射机有推杆固定板拉回功能时，在推板上加工连接螺孔，如图 2-231（b）所示。

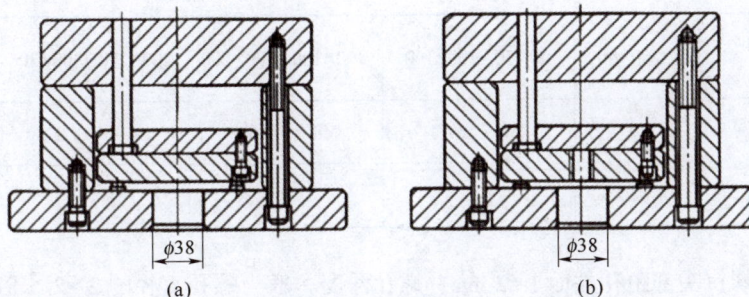

图 2-231　顶杆孔

（a）无拉回功能；（b）有拉回功能

顶杆孔的直径一般为 38 mm，或按需要自行确定直径尺寸。正常情况下顶杆孔数量为 1 个，但当模具型腔配置偏心、斜顶数量多、模具尺寸大、浇口套偏离模具中心及推杆数量严重不平衡时，顶杆孔至少应设置 2 个，以保持推出平稳、可靠。

7. 限位钉

在推杆固定板和动模座板之间按模架大小或高度加设小圆形支承柱，作用是减少推杆固定板和动模座板的接触面积，防止掉入垃圾或模板变形，导致推杆复位不良。这些小圆形支承柱称为限位钉。限位钉通过过盈配合固定于动模座板上，如图 2-232 所示。

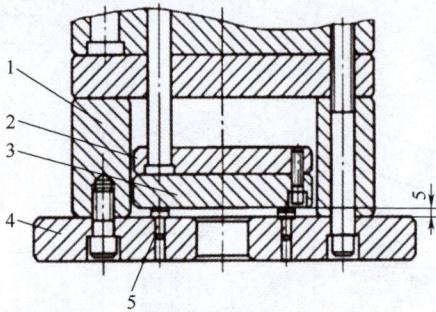

图 2-232　限位钉

1—垫块；2—推杆固定板；3—推板；
4—动模座板；5—限位钉

限位钉大端直径一般取 10 mm、15 mm 和 20 mm。限位钉的数量则取决于模具大小，一般情况下，模板长度小于 350 mm 时设置 4 个，模板长度为 350～550 mm 时设置 6～8 个，模板长度大于 550 mm 时宜设置 10～12 个。当限位钉数量为 4 个时，其位置在复位杆下面；当数量大于 4 个时，除复位杆下 4 个外，其余限位钉尽量平均布置于推杆固定板的下面。

8. 紧固螺钉

模具中常用的紧固螺钉主要有内六角圆柱头螺钉（内六角螺钉）、无头螺钉、杯头螺钉及六角头螺栓等，其中内六角螺钉和无头螺钉用得最多。

螺钉只能用来紧固，不能用来定位。在模具中，紧固螺钉应根据不同需要选用不同类型的优先规格，同时保证紧固力均匀、足够。下面仅就内六角螺钉和无头螺钉的使用情况加以说明。

（1）内六角螺钉。内六角螺钉常用的规格：公制中优先采用 M4、M6、M10、M12；英制中优先采用 5/32″、1/4″、3/8″和 1/2″。

内六角螺钉主要用于定、动模，内模镶件，型芯，小镶件及其他一些结构组件的连接。除定位圈、浇口套所用的螺钉外，其他如镶件、型芯、固定板等组件所用螺钉均以适用为主，并尽量满足优先规格。用于定、动模，内模镶件的紧固螺钉，应依照下述要求选用。

1）内六角螺钉尽量布置在内模四角上，如图 2-233 所示，动模有时需要通冷却水，因此螺钉可布置在镶件的中间，但不能放在型腔底部。螺钉中心离内模边缘的最小距离 $W_1 = (1～1.5)d$（d 为螺钉直径），螺钉孔与冷却水孔之间的壁厚不小于 3 mm。

2）内六角螺钉规格和数量的经验值见表 2-35。

表 2-35　内六角螺钉规格和数量的经验值

镶件尺寸（长×宽）/ （mm×mm）	≤50×50	50×50～100×100	100×100～200×200	200×200～300×300	>300×300
螺钉规格	M6（1/4″）	M6（1/4″）	M8（5/16″）	M10（3/8″）	M12（1/2″）
螺钉数量/个	2	4	4	4～6	4～8

3）内六角螺钉头部距孔端面 1～2 mm，螺孔深度一般为螺孔直径的 2～2.5 倍，标准螺钉螺纹部分的长度一般为螺钉直径的 3 倍，所以在绘制模具图时，不可把螺钉的螺纹部分画得过长或过短，必须按正确的装配关系绘制螺钉。如图 2-234 所示，螺钉长度 L 不包括螺钉的头部，螺纹旋入的长度 $H = (1.5～2.5)d$（d 为螺钉直径）。

（2）无头螺钉。无头螺钉主要用于型芯、拉料杆及推管的紧固。如图 2-235 所示，在标准件中，d 和 D 相互关联，d 是实际工作尺寸，通常以 d 作为螺钉的选用依据，见表 2-36。

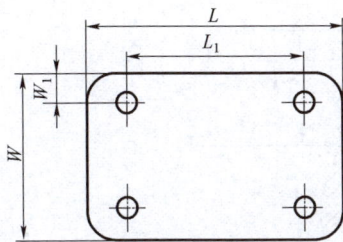

图 2-233　内六角螺钉的布置　　图 2-234　内六角螺钉连接　　图 2-235　无头螺钉连接

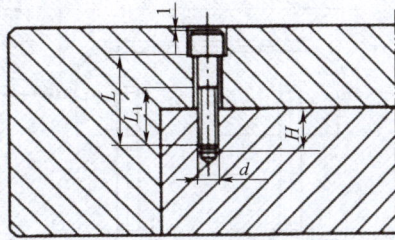

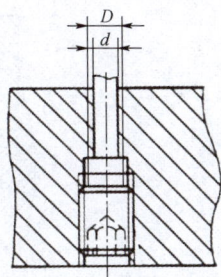

表 2-36　无头螺钉规格的确定

d/mm	≤3.0	>3~3.5	>3.5~7.0	>7.0~8.0	>8.0
螺钉规格	M8	M10	M12	M16	用压板固定

任务实施

1. 模架的选取

（1）模架组合形式的确定。

根据本项目任务一~任务五的分析，成型零件的凹模采用螺钉紧固，型芯采用台肩式结构，并用支承板固定，采用推杆和推件板同时将香皂盒底推出，因此选用直浇口基本型中的 B 型模架。B 型模架的定模有两块板，动模有三块板（一块推件板、一块动模板、一块支承板），适用于立式和卧式注射机，可用于直浇道，其分型面在合模面上，可以设置侧向抽芯机构。

（2）凹模镶件外形尺寸的确定。

由图 2-1 可知，尺寸取整，香皂盒底长 120 mm、宽 76 mm、高 25 mm，则可知一个香皂盒底在分型面上的投影面积为 120 mm×76 mm＝9 120 mm²。由图 2-206 及表 2-28 可知：M 取值范围为 50~55 mm，N、C、E 取值范围为 30~36 mm，D 取值范围为 50~65 mm，在此选择 M＝50 mm，N、C、E＝30 mm，D＝50 mm。由图 2-236 可知，凹模镶件的外形长度 X＝2N_1+香皂盒底宽度，外形宽度 Y＝M_2+M_3+香皂盒底长度。计算可得 X＝（2×30+76）mm＝136 mm，Y＝（15+30+120）mm＝165 mm。凹模镶件的高度为（25+30）mm＝55 mm，则凹模镶件的外形尺寸可取为 136 mm×165 mm×55 mm。

（3）定模板和动模板尺寸的确定。

由图 2-206 可知，模板的宽度 W＝2M+Y＝（2×50+165）mm＝265 mm，模板的长度 L＝2M+X＝（2×50+136）mm＝236 mm，因此选择模板尺寸为 300 mm×300 mm。再根据模架推杆固定板的宽度和凹模镶件宽度之差不小于 10 mm 的经验要求进行校核。查附表 4 可知，推杆固定板的宽度 W_3＝180 mm，而凹模镶件宽度为 165 mm，满足要求。

（4）模板厚度的确定。

1）定模板厚度的确定。选取的模架有定模座板时，定模板的厚度可以适当取小一些，其原因：①可以缩短主流道的长度，减轻模具的排气负担，缩短成型周期；②模具安装在注射机上时，可紧贴注射机的固定模板，没有变形隐患。

一般情况下，模架有定模座板时，定模板的厚度等于型腔深度再加上 20~30 mm。本任务中定模板的厚度可以确定为［55+（20~30）］mm，查附表 4，取定模板厚度的标准值为 80 mm。

2）动模板厚度的确定。本模具采用的是在动模开通框的结构，采用推件板推出机构，型芯底部用支承板支承。所以，动模板的厚度可以不用很厚。查附表 4，取动模板厚度的标准值为 45 mm。

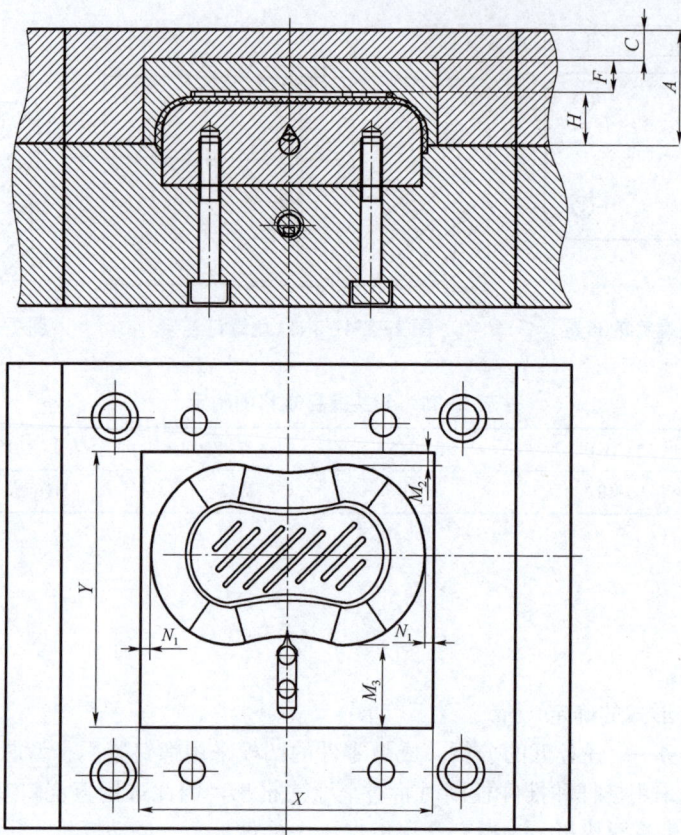

图 2-236　模架尺寸确定

3）垫块厚度的确定。垫块为塑件推出提供推出空间。垫块厚度=推杆固定板厚度+推板厚度+制品推出高度+（10~15） mm。塑件推出高度取 23.5 mm，余量选择 15 mm，查附表 4 可知推杆固定板厚度为 20 mm，推板厚度为 25 mm，则垫块厚度为（20+25+23.5+15） mm=83.5 mm。查附表 4，选择垫块厚度的标准值为 90 mm。

综上所述，香皂盒底塑件的模架为 B 3030-80×45×90 GB/T 12555—2006。

2. 标准件的选择

（1）螺钉。

1）紧固凹模镶件螺钉。紧固凹模镶件的内六角螺钉一般根据镶件尺寸确定，根据表 2-35，选用 M10 螺钉，共 4 个。

2）模架中的其他螺钉。模架中的其他螺钉根据标准模架可以方便查到，在此不再赘述。

（2）定位圈。定位圈按照常规尺寸进行选择，其规格为 35 mm×100 mm×15 mm。

（3）支承柱。支承柱的直径一般为 25~60 mm，尽量放置在注射压力集中的位置。本任务中支承柱选择对称布置，放置在两个型芯的正下方，直径选择 40 mm，高度比垫块高度高 0.1 mm，即 100.1 mm。

（4）吊环螺孔。在模架的每块板上都增加吊环螺孔，同时模板四周均设吊环螺孔，根据表 2-34 选择吊环螺孔与螺钉规格为 M16。

（5）顶杆孔。顶杆孔的直径取 38 mm，设置在模具中心位置。

（6）限位钉。限位钉的大端直径可为 10 mm、15 mm、20 mm，本任务中大端直径选择 15 mm。限位钉的数量根据模架尺寸进行选择，在此，限位钉的数量设为 6 个，其中 4 个均匀布置在复位杆（连接推杆）下面，其余2个对称布置。

3. 模具与注射机参数校核

在本项目任务一中已经校核了锁模力和注射压力。在本任务中进行开模行程、模具厚度及拉杆间距的校核。

（1）开模行程的校核。取出香皂盒底所需的开模行程为制品的推出距离+制品的总高度+(5~10) mm，其计算结果为 58.5 mm（按最大值计算），JN168-E 卧式螺杆注射机的最大开模行程为 400 mm，满足香皂盒底的顺利取出条件。

（2）模具厚度校核。根据选择的模架尺寸及定模板、动模板、垫块的厚度，计算出该香皂盒底模具的总厚度为 250 mm。JN168-E 卧式螺杆注射机的模具最大厚度为 450 mm，模具最小厚度为 160 mm，满足香皂盒底模具的尺寸要求。

（3）拉杆间距校核。查附表4可知，模具的周界尺寸为 300 mm×300 mm，JN168-E 卧式螺杆注射机的拉杆空间为 368 mm×290 mm，可以满足模具的安装要求，故需要根据拉杆间距重新选择注射机，再根据新选的注射机重新进行注射量、锁模力、注射压力、开模行程及模具厚度的校核，直到满足所有要求。

经过选择和重新校核，最终选用的注射机为 JN168-E，可满足香皂盒成型模具的所有使用要求。

任务评价

请填写模架选取与标准件选用任务评价表，见表 2-37。

表 2-37 模架选取与标准件选用任务评价表

项目名称			
任务名称			
姓名		班级	
组别		学号	
评价项目		分值	得分
模架的组成零件		10	
模架的组合形式		10	
合模导向机构设计		10	
模架选择原则		10	
模架选择方法		10	
模架标准件的选择		10	
模具与注射机参数校核		10	
工作实效及文明操作		10	
工作表现		10	
团队合作		10	
总计		100	
个人的工作时间		提前完成	
		准时完成	
		超时完成	

个人认为完成最好的方面		
个人认为完成最不满意的方面		
值得改进的方面		
自我评价	非常满意	
	满意	
	不太满意	
	不满意	
记录		

任务拓展

注射模结构件设计实例

扩展阅读

神舟十八号载人飞船发射取得圆满成功

思考与练习

（1）国家标准中模架分哪几类？

（2）简述直浇口模架、点浇口模架、简化点浇口模架的区别及用途。

（3）定、动模开框尺寸如何确定？

（4）简述模架选择的一般步骤。

（5）如何确定推杆固定板复位弹簧的自由长度？装配图中的弹簧长度与自由长度的关系是什么？

（6）顶杆孔的大小和数量如何确定？

（7）支承柱的高度如何确定？

（8）模具中的螺钉有什么作用？是否具有定位作用？螺钉的大小、数量和位置如何确定？

任务七 模具温度控制系统设计

任务目标

能力目标

1. 会分析模具温度对塑件质量的影响。
2. 能够合理设计模具冷却装置。
3. 会根据需要设计模具加热系统。

知识目标

1. 了解模具温度对塑料成型的影响。
2. 掌握加热与冷却系统的设计原则。
3. 掌握加热与冷却系统设计的计算方法和设计要点。

素质目标

1. 在掌握模具温度控制系统设计相关规范的过程中，帮助学生养成不能忽视每一个小细节的求真态度。
2. 培养学生善于总结、不断改进、追求卓越的良好职业习惯。

任务导入

注射模首先是一种生产工具，它能反复、大批量生产结构相同、尺寸精度相同的塑料制品；其次它还是一个热交换器，为保证塑料制品的成型质量和生产率，利用温度控制系统对模具进行加热或冷却，将模具温度控制在一个合理的范围内。

一般塑料都需在 200 ℃ 左右的料筒中加热，再由注射机的喷嘴注射到模具内，熔体在 60 ℃ 左右的模具内冷却固化、脱模，其热量除少数辐射、对流到大气环境外，大部分由通入模具内的冷却水带走，而有些塑料的成型工艺要求模具温度较高（80~120 ℃）时，模具不能仅靠塑料熔体来加热，此时需为注射模设计加热系统。

注射模的温度对塑料熔体的充模流动、固化定型、生产率、塑件的形状和尺寸精度都有重要影响。注射模中设置温度控制系统的目的是控制模具温度，使注射模具有良好的产品质量和较高的生产率。

本任务针对图 2-1 所示的香皂盒底，根据所设计的模具结构，进行模具温度控制系统设计。通过学习，学生应掌握模具温度控制系统的相关知识，具备合理设计温度控制系统的能力。

知识准备

一、模具温度控制系统的内涵

1. 模具温度控制系统的重要性

（1）不同塑料对模具温度要求不同。

对于 PE、PP、HIPS、ABS 等流动性好的塑料来说，降低模温可减少应力开裂，模温应控制

在60 ℃左右，为此模具必须设置冷却系统；对于PC、PPO、PSF等流动性差的塑料来说，提高模温有利于减小塑件的内应力，模温应控制在80~120 ℃之间，为此模具要设置加热系统。结晶型塑料（如PE、PP、POM等）和非结晶型塑料（如PS、HIPS、PVC等）的冷却过程不同。对于结晶型塑料，冷却经过塑料的结晶区时，热量释放，但塑料的温度保持不变，只有过了结晶区，塑料才能进一步冷却，因此结晶型塑料冷却时需要带走的热量要比非结晶型塑料多。

（2）对塑件精度的影响。

模具温度过高，会导致成型收缩不均，脱模后塑件变形大，还容易造成溢料和黏模。模具温度过低，则熔体流动性差，制品轮廓不清晰，表面会产生明显的银丝或流纹等缺陷。当模具温度不均匀时，成型制品在模具型腔内固化后的温度也不均匀，从而导致制品收缩不均匀，产生内应力，最终造成塑件脱模后变形、开裂，塑件翘曲变形，因此塑件的各部分冷却必须均衡。模具温度的波动对塑件的收缩率、尺寸稳定性、变形、应力开裂、表面质量等都有很大的影响。

（3）对成型周期的影响。

缩短成型周期就是提高成型效率。对于注射成型，在一个成型周期内，注射时间约占5%，冷却时间约占80%，脱模时间约占15%。可见，缩短成型周期的关键在于缩短冷却时间，而缩短冷却时间可通过调节塑料和模具的温差实现。因而在保证塑件质量合格和成型工艺顺利进行的前提下，适当降低模具温度有利于缩短冷却时间，提高生产率。

2. 模具温度控制系统设计原则

模具温度控制系统通过加热、冷却的方法使模具型腔和型芯的温度保持在规定的范围之内，以使塑件的性能良好。采用何种温度控制方式与塑料品种，塑件的结构形状、尺寸大小，生产率以及成型工艺对模具温度的要求等多方面因素有关。

（1）对于黏度低、流动性好的塑料，模具温度一般都不太高，通常可用常温水对模具进行冷却，并通过设计合理的冷却系统控制模具温度。如果塑件易于成型，为提高生产率也可以采用冷水对模具进行冷却。

（2）对于高黏度、流动性差或高熔点塑料，可用温水控制模温，这样做不仅可以使温水对塑件发挥冷却作用，而且它比常温水和冷水更有利于促使模温分布趋于均匀化。但如果需要改善熔体的充模流动性，或是为了解决某些成型质量方面的问题，也可以采用加热措施对模温进行控制。

（3）对于结晶型塑料，必须考虑模具温度对其结晶度以及物理、化学和力学性能的影响。

（4）对于热固性塑料，模温要求为150~220 ℃，因此必须对模具采取加热措施。

（5）由于塑件几何形状的影响，塑件在模具内各处的温度不一定相等，因此常常会因为温度分布不均匀导致成型产品质量出现问题。为此，可对模具采用局部加热或局部冷却方法，以改善塑件温度分布的均匀程度。

（6）对于流程很长、壁厚较大，或者成型面积很大的塑件，为了保证塑料熔体在充模过程中不因温度下降而产生流动的问题，也可对模具采用适当的加热措施。

（7）对于工作温度要求高于室温的大型模具，可在模内设置加热装置，以保证生产之前能够用较短的时间对模具进行预热。

（8）在精密模具生产中，为了实时准确地调节和控制模温，必要时可在模具中同时设置加热和冷却装置，进行分段、分时控制。

（9）对于小型薄壁，且成型工艺要求的模温也不太高的塑件，模具内可以不设置冷却装置，直接依靠自然冷却。

需要指出，模具中设置加热和冷却装置后，也会给注射成型生产带来一些问题。例如，采用冷却水调节控制模温时，大气中的水分容易凝聚在模腔表壁，从而影响塑件的表面质量；采用加热措施控制模温时，模温升高以后，模内一些采用间隙配合的滑动零件将会有所膨胀，预留的配合间隙将会减小或者消失，从而导致这些零件的运动发生故障。因此，在设计模具及其温度控制系统时，对于诸如此类的问题，均要想办法加以预防。表 2-38 列出部分热塑性塑料的成型温度与模具温度。

表 2-38　部分热塑性塑料的成型温度与模具温度　　　　　　　　　　　℃

塑料代号	成型温度	模具温度	塑料代号	成型温度	模具温度
LDPE	190~240	20~60	PS	170~280	20~70
HDPE	210~270	20~60	AS	220~280	40~80
PP	200~270	20~60	ABS	200~270	40~80
PA6	230~290	40~60	PMMA	170~270	20~90
PA66	280~300	40~80	硬 PVC	190~215	20~60
PA610	230~290	36~60	软 PVC	170~190	20~40
POM	180~220	90~120	PC	250~290	90~110

二、模具冷却系统设计

1. 加强模具冷却效果的措施

模具冷却系统的设计方式一般是在型腔、型芯等部位合理设计冷却回路，并通过调节冷却水的流量及流速来控制模温。冷却水一般为常温水，为加强冷却效率，还可先降低常温水温度（称为低温水），然后再通入模具。为了提高冷却系统的效率和使型腔表面温度分布均匀，设计冷却回路时应遵守以下原则。

模具冷却系统设计

（1）冷却管道数量尽量多，截面尺寸尽量大。

冷却管道的直径与间距直接影响模温分布。图 2-237 所示是在冷却管道数量和尺寸都不同的条件下通入不同温度（59.83 ℃和 45 ℃）的冷却水后，模具内温度分布的情况。由图可知，采用 5 个较大的冷却管道时，型腔表面温度比较均匀，出现 60~60.05 ℃ 的变化，如图 2-237（a）所示；而同一型腔采用 2 个较小的冷却管道时，型腔表面温度出现 53.33~61.66 ℃ 的变化，如图 2-237（b）所示。由此可见，为了使型腔表面温度分布趋于均匀，防止塑件不均匀收缩和产生内应力，在模具结构允许的情况下，应尽量多设冷却管道且使用较大的截面尺寸。

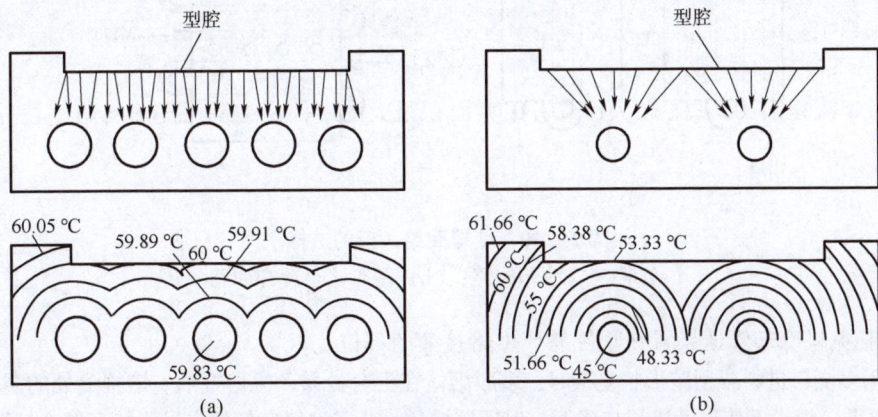

图 2-237　冷却管道数量和尺寸对模温分布的影响

（2）冷却管道的布置应合理。

当塑件的壁厚均匀时，冷却管道与型腔表面的距离最好相等，分布尽量与型腔轮廓相吻合，如图 2-238（a）所示。当塑件的壁厚不均匀时，则在壁厚处应加强冷却，冷却管道间距小且较靠近型腔，如图 2-238（b）所示。

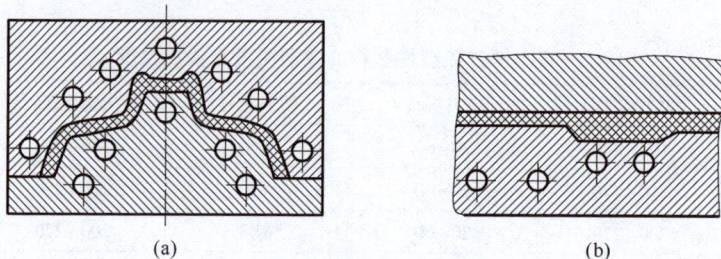

图 2-238　冷却管道的布置

（3）降低进、出口水的温差。

冷却管道两端进、出口水温差小，有利于型腔表面温度均匀分布。通常可通过改变冷却管道的排列形式来降低进、出口水的温差。图 2-239（a）所示的结构形式由于管道长，进口水与出口水的温差大，因此塑件的冷却不均匀；图 2-239（b）所示的结构形式由于管道长度缩短，进口水与出口水的温差小，因此冷却效果好。

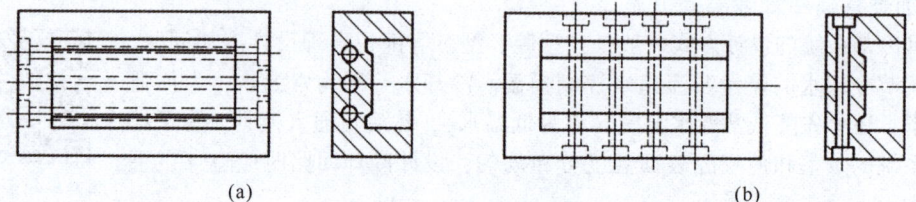

图 2-239　冷却管道的排列

（4）浇口处加强冷却。

塑料熔体在充模时，一般在浇口处附近的温度最高，而离浇口越远温度越低，因此应加强浇口处的冷却。通常将冷却回路的入口设在浇口附近，使浇口附近在较低水温下冷却，如图 2-240 所示。图 2-240（a）所示为侧浇口冷却回路的布置，图 2-240（b）所示为多点浇口冷却回路的布置。

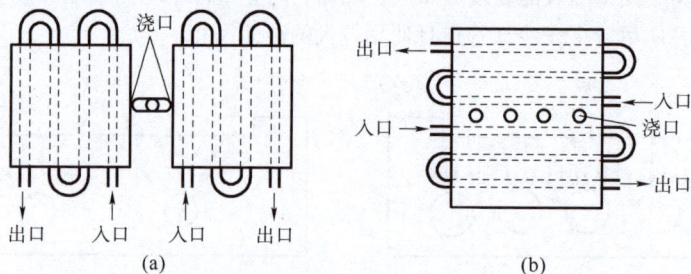

图 2-240　冷却回路入口的选择

（a）侧浇口冷却回路；（b）多点浇口冷却回路

（5）避免将冷却管道设置在塑件易产生熔接痕的部位。

当采用多浇口进料或型腔形状复杂时，多股熔体在汇合处易产生熔接痕。熔接痕处的温度一般较其他部位要低，为了不使温度进一步降低，保证熔接质量，在熔接痕部位应尽可能不设冷却管道。

（6）注意冷却管道的密封问题。

一般冷却管道不应穿过镶块，以免在接缝处漏水，若必须通过镶块，则应设套管密封。

（7）冷却管道应便于加工和清理。

为便于加工和操作，应将进、出口水管接头（又称喉嘴）尽量设在模具同一侧，通常设在注射机背面的模具一侧。同时冷却管道应畅通无阻，不应有存水和产生回流的部位。

2. 冷却水管的设计

采用水管冷却，就是在模具中钻圆孔，生产塑件时，向圆孔内通冷却水或冷却油，由水或油源源不断地将热量带走。这种冷却方式最常用，冷却效果也最好，其结构如图 2-241 所示。

模具冷却水管的直径有 5 mm（或 3/16 in）、6 mm（或 1/4 in）、8 mm（或 5/16 in）、10 mm（或 3/8 in）和 12 mm（或 1/2 in）等规格。冷却水进、出口常采用带锥度的英制管螺纹，其密封性比普通螺纹好。英制管螺纹通常采用 PT 1/8 in、PT 1/4 in 和 PT 3/8 in 三种规格，1/8 in、1/4 in、3/8 in 是指螺纹大径。PT 1/8 in 可用于直径为 5/16 in 及 1/4 in 的冷却水孔，PT 1/4 in 可用于直径为 29/64 in 及以下的冷却水孔，PT 3/8 in 不常用。冷却水管易生锈，可磷化处理或定期除锈，也可采用 S136H 防锈钢。

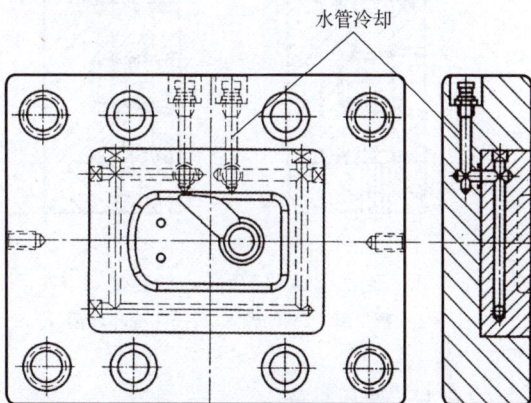

图 2-241 水管冷却结构

冷却水管直径的大小常凭经验确定，表 2-39 为根据模具尺寸确定的冷却水管直径经验值，在企业中比较常用。

表 2-39 根据模具尺寸确定的冷却水管直径经验值

模宽/mm	冷却水管直径/mm	模宽/mm	冷却水管直径/mm
<200	5	400~500	8~10
200~300	6	>500	10~13
300~400	6~8		

3. 冷却回路的设计

模具冷却回路的形式应根据塑件的形状、型腔内温度分布及浇口位置等情况设计成不同形式。通常有凹模冷却回路和型芯冷却回路两种形式。

（1）凹模冷却回路。

对于深度较浅的凹模，常采用直流式或直流循环式的单层式冷却回路，如图 2-242（a）所示。为避免在外部设置接头，冷却管道之间可采用内部钻孔沟通，非进、出口均用螺塞堵住，如图 2-242（b）所示。

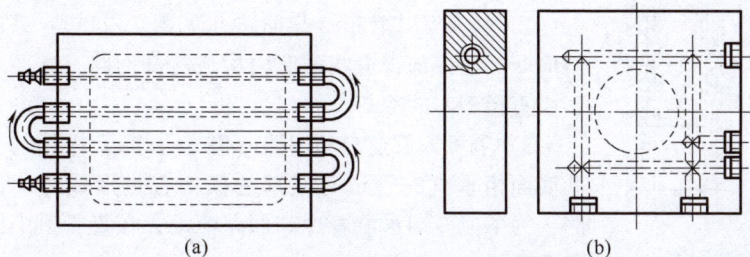

（a）　　　　　　　　　　　（b）

图 2-242 单层式冷却回路

常见冷却回路结构形式

对于镶块式组合凹模，如果镶块为圆形，一般不宜在镶块上钻出冷却孔道，此时可在圆形镶块的外圆上开设冷却环槽，这种结构如图2-243所示。图2-243（a）的结构比图2-243（b）的好，因为在图2-243（a）中冷却水与三个传热表面相接触，而在图2-243（b）中冷却水只与一个传热表面接触。

对于侧壁较厚的凹模，如圆筒形或矩形塑件的凹模型腔，通常采用与凹模型腔相同布置的矩形多层式冷却回路，如图2-244所示。

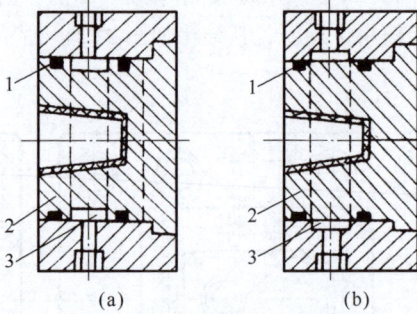

图 2-243　圆周式冷却回路

1—密封圈；2—凹模镶块；3—冷却环槽

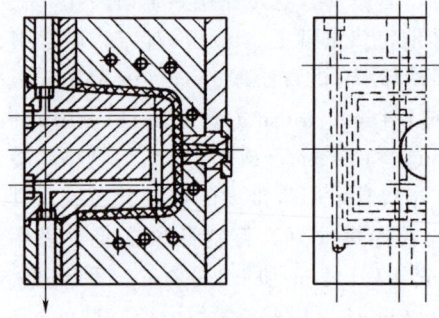

图 2-244　矩形多层式冷却回路

（2）型芯冷却回路。

对于很浅的型芯，通常是在定、动模两侧与型腔表面等距离钻孔构成冷却回路，如图2-245所示。

对于中等高度的型芯，可在型芯上开设一排矩形冷却沟槽构成冷却回路，如图2-246所示。

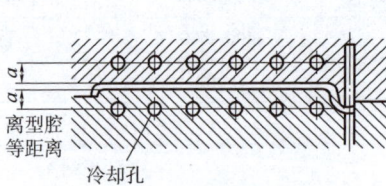

图 2-245　浅型芯的冷却回路　　图 2-246　中等高度型芯的冷却回路

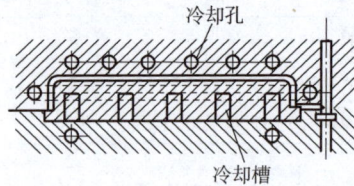

对于较高的型芯，为使型芯表面迅速冷却，应设法使冷却水在型芯内循环流动，其形式有以下几种。

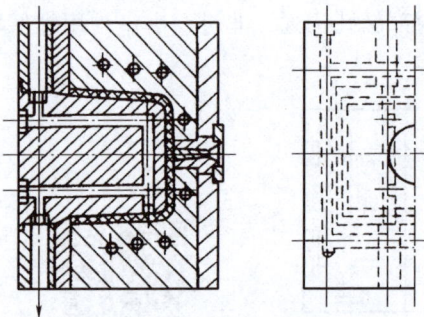

图 2-247　台阶式管道冷却回路

1）台阶式管道冷却回路（见图2-247）：在型芯内部靠近表面的部位开设出冷却管道，形成台阶式管道冷却回路。

2）斜交叉式管道冷却回路（见图2-248）：采用斜向交叉的冷却管道在型芯内构成冷却回路，主要用于小直径型芯的冷却。

3）隔板式管道冷却回路（图2-249）：采用与型芯底面相垂直的管道与底部的横向管道形成冷却回路，为了使冷却水沿着冷却回路流动，在直管道中设置有隔板。

图 2-248　斜交叉式管道冷却回路

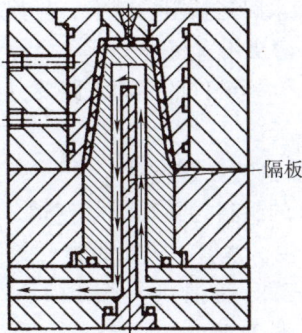

图 2-249　隔板式管道冷却回路

4）喷流式冷却回路（见图 2-250）：在型芯中间装有一个喷水管，冷却水从喷水管中喷出，分流后，向四周流动以冷却型芯侧壁，适用于高度大而直径小的型芯的冷却。

5）衬套式冷却回路（见图 2-251）：冷却水从型芯衬套的中间水道喷出，首先冷却温度较高的型芯顶部，然后沿侧壁的环形沟槽流动，冷却型芯四周，最后沿型芯的底部流出。该形式回路冷却效果好，但模具结构复杂，只适用于直径较大的圆筒形型芯的冷却。

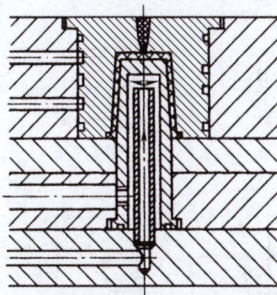

图 2-250　喷流式冷却回路

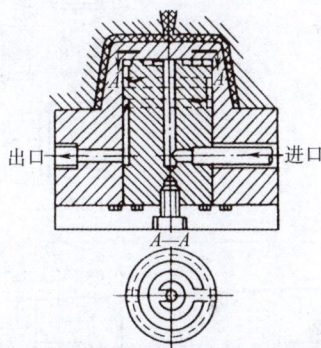

图 2-251　衬套式冷却回路

6）其他冷却方式。对于细小型芯，如果用水冷却，其管道很小，容易堵塞，此时可用间接冷却方式或压缩空气冷却方式。图 2-252 所示为间接冷却方式，在型芯中心压入热传导性能好的软铜或铍铜芯棒，并将芯棒的一端伸入冷却水孔中冷却，热量通过芯棒间接传递给水而使型芯冷却。图 2-253 所示为压缩空气冷却方式。

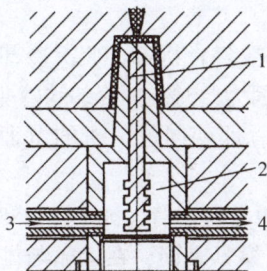

图 2-252　间接冷却方式

1—铍铜芯棒；2—冷却水；3—出口；4—进口

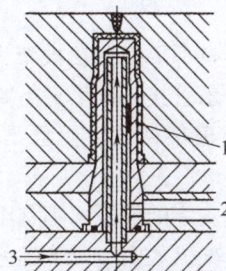

图 2-253　压缩空气冷却方式

1—空气；2—出口；3—进口

4. 冷却水路的长度设计

（1）冷却水路越长阻力越大，且拐弯处的阻力更大。一般来说，要提高冷却效果，冷却水路不宜太长，弯头不宜超过 5 个。

（2）定、动模镶件的冷却水路要分开，不能串联在一起，否则不但影响冷却效果，而且存在安全隐患。

5. 水管接头的位置设计

水管接头的材料为黄铜或结构钢，连接处为圆锥管螺纹。PT 为英制标准圆锥管螺纹，具有 1∶16 的锥度。水管接头需要缠上密封胶进行密封，水管接头的规格有 PT 1/8 in、PT 1/4 in 和 PT 3/8 in 三种。水管接头多用 PT 1/4 in，深度最小为 20 mm。常用水管直径、堵头与接头的规格及结构见表 2-40。

表 2-40　常用水管直径、堵头与接头的规格及结构

水管公称直径/mm	6	8	10	12
水管接头	PT 1/8 in	PT 1/8 in	PT 1/4 in	PT 1/4 in
水管堵头	PT 1/8 in	PT 1/8 in	PT 1/4 in	PT 1/4 in
水管接头螺纹	$\phi 6.00$ PT 1/8 in	$\phi 8.00$ PT 1/8 in	$\phi 10.00$ PT 1/4 in	$\phi 12.00$ PT 1/4 in

冷却水管接头位置应合理，避免影响模具的安装、固定。水管接头最好设置在模架上，冷却水通过模架进入内模镶件，中间加密封圈，如果直接将水管接头设置在内模镶件上，则水管接头太长，反复振动时容易漏水，每次维修内模都要将其拆下，并且会影响水管接头原有的配合精度。

水管接头尽量不要设置在模架上端面，因为水管接头要经常拆卸，装拆冷却水管时冷却水容易流入型腔。水管接头也尽量不要设置在模架下端面，因为此时装拆冷却水管非常不便。水管接头最好设置在模架两侧，而且是在不影响操作的一侧，即朝向注射机的背面，如图 2-254 所示。

两个水管接头之间的距离不宜小于 30 mm，以方便装拆冷却水管，如图 2-255 所示。冷却水管接头宜嵌入模架，如图 2-256 所示。若水管接头外凸于模具表面，在运输与维修时易发生损坏。对于直身模架，当水管接头外凸于模具表面时，须在模具外表面安装支承柱，以保护其不致损坏。表 2-41 为欧洲 DIN 标准（德国工业标准）的冷却水管接头设计参数，有英制及公制两种。

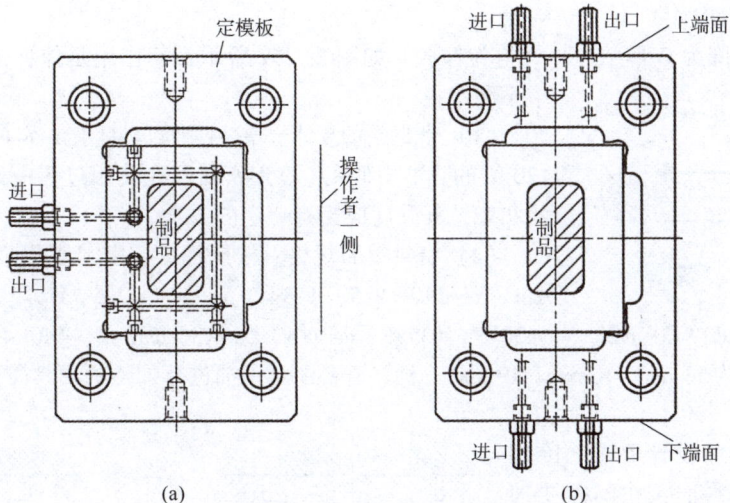

图 2-254 水管接头位置

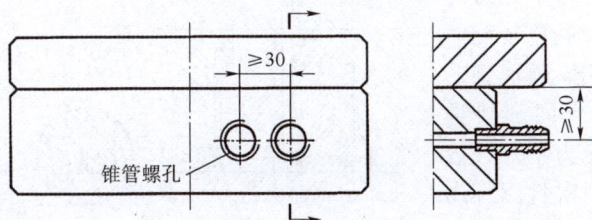

图 2-255 水管接头间距

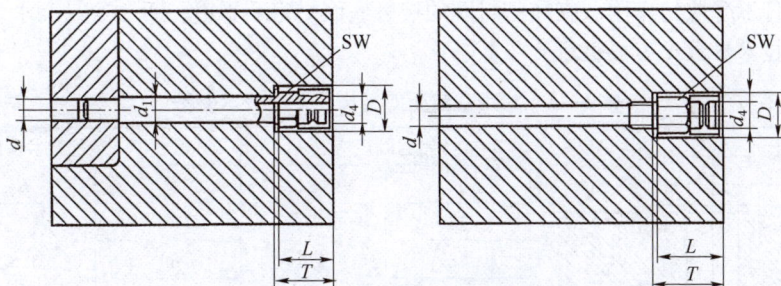

图 2-256 冷却水管接头嵌入模架

表 2-41 欧洲 DIN 标准的冷却水管接头设计参数

管螺纹规格		d_4/mm	d_1/mm	标准水管接头/mm				加长标准水管接头/mm			
英制/in	公制/mm			D	T	SW	L	D	T	SW	L
1/8	M8	9	10	19	23	11	21	25	35	17	32.5
1/4	M14										
1/4	M14	13	14	24	25	15	23	34	35	22	32.5
3/8	M16										
1/2	M20	19	21	34	35	22	33	—	—	—	—
3/4	M24										

6. 密封圈的设计

常用的密封圈为 O 形结构，材料为橡胶，如图 2-257 所示，其作用是保证模具在冷却过程中不漏水。

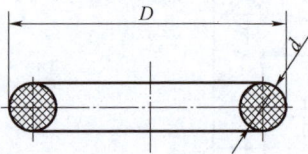

图 2-257　密封圈

（1）密封圈的要求。密封圈要求具有一定的耐热性，能在 120 ℃的热油中使用。O 形密封圈在使用过程中处于被钢件挤压的状态，其硬度应当有一定的要求。

（2）密封圈的规格。按照标准，密封圈规格（单位为 mm×mm）有 $\phi10×2.5$、$\phi13×2.5$、$\phi15×2.5$、$\phi16×2.5$、$\phi19×2.5$、$\phi13×3$、$\phi16×3$、$\phi19×3$、$\phi25×3$、$\phi30×3$、$\phi35×3$、$\phi40×3$、$\phi45×3$、$\phi50×3$、$\phi40×4$、$\phi50×4$ 等，常用的密封圈外径为 13 mm、16 mm、19 mm 三种。需要注意用油进行加热的模具需要采用耐高温的密封圈。

（3）密封圈的设计要点。冷却水路经过两个镶件时，中间需要加密封圈。钢件需要提供足够的正压力，以保证密封效果。对于圆形冷却水路的密封，应尽量避免装配时对密封圈的磨损和剪切。圆形型芯和内模镶件之间的配合间隙要适当，间隙过大会导致压力不足，容易泄漏；间隙过小，则密封圈容易被钢件切断，如图 2-258（b）所示。图 2-258（a）所示的密封圈比较容易安装，且不受剪切作用。安装密封圈的接触底面一定要平滑，否则容易漏水。常用密封圈的结构及装配技术参数见表 2-42。

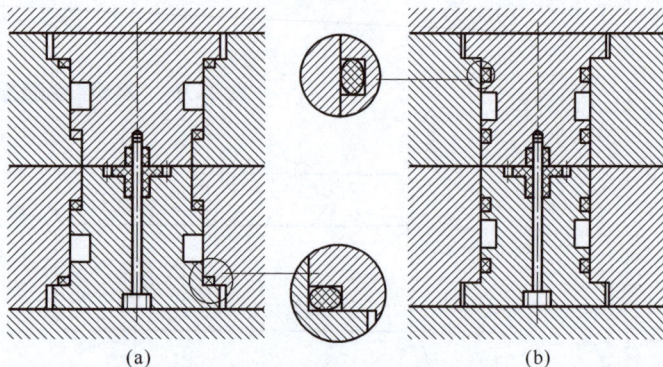

(a)　　　　　　(b)

图 2-258　密封圈应避免装配时受剪切

表 2-42　常用密封圈的结构及装配技术参数

mm

密封圈规格		装配技术参数		
D	d	D_1	H	W
13		8		
16	2.5	11	1.8	3.2
19		14		
16		9		
19	3.5	12	2.7	4.7
25		18		

7. 水管堵塞

堵塞起截流作用，常用 PT 1/4 in 的无头圆锥管螺纹连接，也可用铜或者铝制作堵塞。

三、模具加热系统设计

1. 模具加热方法

当注射成型工艺要求模具温度在 80 ℃以上、对大型模具进行预热或采用热流道注射模时，模具中必须设置加热装置。模具的加热方式有很多，如热水、热油、蒸汽、电阻加热和电感应加热等。如果加热介质采用各种流体，那么其结构设计类似于冷却水管的设计，这里就不再赘述。目前普遍采用的

模具加热系统设计

是电阻加热，主要采用如下方式。

（1）电热棒加热。电热棒是一种标准的加热元件，由具有一定功率的电阻丝和带有耐热绝缘材料的金属密封管组成，使用时只要将其插入模板上的加热孔内通电即可，如图2-259所示。电加热棒结构简单、紧凑，投资费用小，安装维修方便，温度容易调整，可以实现自动控制。

（2）电热圈加热。电热圈是将电热丝绕制在云母片上，再装夹在特制的金属外壳中制作而成的，电热丝与金属外壳之间用云母片绝缘，如图2-260所示。通常将电热圈套在模具外侧对模具进行加热，其特点是结构简单、更换方便，但缺点是电热丝与空气接触后易氧化，寿命较短，热效率较低，故适合小型压缩模、压注模的加热。

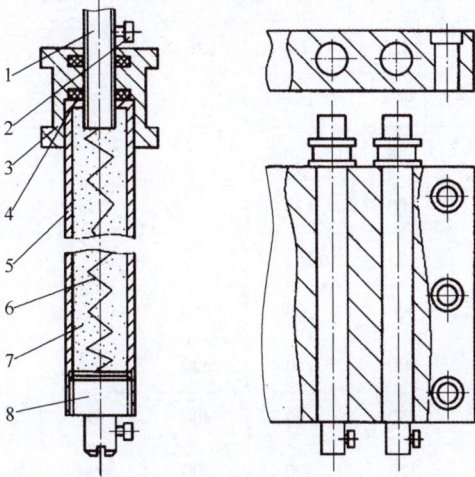

图 2-259 电热棒及其安装

1—螺钉；2—接线柱；3—接线帽；4—耐热绝缘垫片；
5—外壳；6—电阻丝；7—石英砂；8—塞子

图 2-260 电热圈的形式

2. 电阻加热装置的计算

模具加热所需的总功率公式为

$$P = mq \tag{2-42}$$

式中　P——电功率，W；

　　　m——模具质量，kg；

　　　q——单位质量模具加热至成型温度所需的电功率，W/kg。

电热棒加热的小型模具（$m < 40$ kg），q 为 35 W/kg；电热棒加热的中型模具（40 kg $\leqslant m \leqslant$ 100 kg），q 为 30 W/kg；电热棒加热的大型模具（$m > 100$ kg），q 为 20~25 W/kg；电热圈加热的小型模具，q 为 40 W/kg；电热圈加热的中型模具，q 为 50 W/kg；电热圈加热的大型模具，q 为 60 W/kg。

模具加热所需的功率确定之后，可根据电热板的尺寸确定电热棒的数量，进而计算每根电热棒的功率。设电热棒采用并联法，则

$$P_0 = P/n \tag{2-43}$$

式中　P_0——每根电热棒的功率，W；

　　　n——电热棒的根数。

根据表2-43选择适当的电热棒，也可先选择电热棒的适当功率再计算电热棒的根数。如果表2-43中无合适的电热棒可选，则需自行设计制造电加热元件。

表 2-43　电热棒标准

公称直径 d_1/mm	13	16	18	20	25	32	40	50
允许公差/mm	±0.1		±0.12		±0.2		±0.3	
盖板直径 d_2/mm	8	11.5	13.5	14.5	18	26	34	44
槽深 h/mm	1.5	2	3				5	
长度 l/mm	电功率/W							
60_{-3}^{0}	60	80	90	100	120			
80_{-3}^{0}	80	100	110	125	160			
100_{-3}^{0}	100	125	140	160	200	250		
125_{-4}^{0}	125	160	175	200	250	320		
160_{-4}^{0}	160	200	225	250	320	400	500	
200_{-4}^{0}	200	250	280	320	400	500	600	
250_{-5}^{0}	250	320	350	400	500	600	800	1 000
300_{-5}^{0}	300	375	420	480	600	750	1 000	1 250
400_{-5}^{0}		500	550	630	800	1 000	1 250	1 600
500_{-5}^{0}			700	800	1 000	1 250	1 600	2 000
650_{-6}^{0}				900	1 250	1 600	2 000	2 500
800_{-8}^{0}					1 600	2 000	2 500	3 200
1000_{-10}^{0}					2 000	2 500	3 200	4 000
1200_{-10}^{0}						3 000	3 800	4 750

任务实施

香皂盒底的材料为 PP，成型时要求的模具温度为 40~80 ℃，可以不用单独设置模具的加热系统，只需要设计模具的冷却系统即可。

由本项目任务六可知成型香皂盒底的模板宽度为 300 mm，长度为 300 mm，根据表 2-39 选择冷却水管的直径范围为 6~8 mm，在此选择管径为 8 mm。

为了尽量保证冷却均匀，根据模具结构形式，在型腔设计循环式的冷却系统；型芯受到推出机构的影响，省略其冷却系统的设计。香皂盒底模具冷却系统的具体结构如图 2-261 所示。

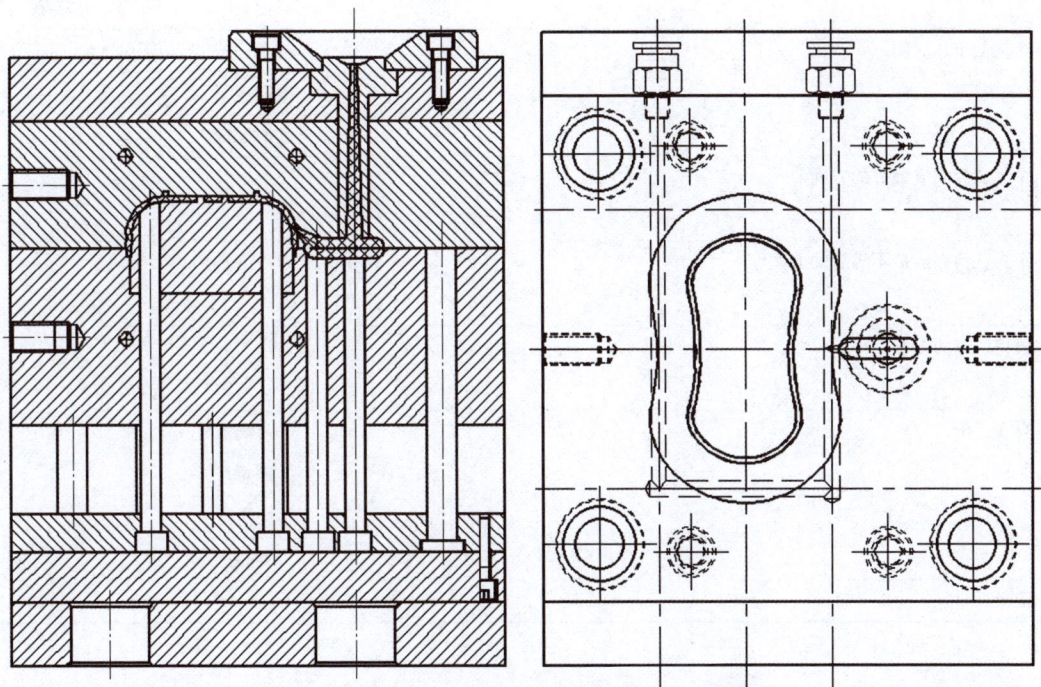

图 2-261　香皂盒底模具冷却系统的具体结构

任务评价

请填写模具温度控制系统设计任务评价表，见表 2-44。

表 2-44　模具温度控制系统设计任务评价表

项目名称			
任务名称			
姓名		班级	
组别		学号	
评价项目		分值	得分
模具温度及其控制系统对塑件质量的影响		10	
模具温度及其控制系统对成型周期的影响		10	
影响模具冷却时间的因素		10	
冷却时间的含义		10	
提高模具冷却效果的途径		10	
模具冷却系统设计		10	
模具加热系统设计		10	
工作实效及文明操作		10	
工作表现		10	
团队合作		10	
总计		100	

个人的工作时间		提前完成	
		准时完成	
		超时完成	
个人认为完成最好的方面			
个人认为完成最不满意的方面			
值得改进的方面			
自我评价		非常满意	
		满意	
		不太满意	
		不满意	
记录			

任务拓展

冷却水路应避免并联

扩展阅读

"中国青年五四奖章"获得者——何小虎

思考与练习

1. 简答题

（1）注射模为什么要设置模具温度控制系统？

（2）简述模具温度的控制对熔体流动性、塑件收缩率及成型周期的影响。

（3）请说出 ABS、PS-HI、PP、PA、PE、PC 和 PMMA 等常用塑料在注射时对模具温度的要求。

（4）冷却系统的设置原则是什么？

（5）常见冷却系统的结构形式有哪几种？分别适用于什么场合？

（6）简述型芯冷却的方法。

（7）在注射成型过程中，模具在什么情况下需要采用加热装置？

（8）简述常用的模具加热方法。

2. 综合题

冷却水路不宜采用并联，否则容易产生死水。图 2-262 就是采用并联水路冷却的实例，请在原来的基础上用堵头将它改为串联。

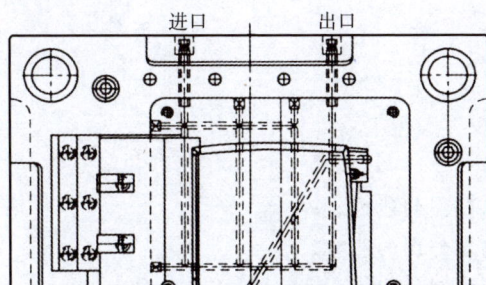

图 2-262　并联水路冷却

能力目标

1. 具有初步绘制模具工程图的能力。

2. 具有绘制非标准模具零件图的能力。

3. 能够合理选用模具零件材料。

知识目标

1. 了解模具行业工程图绘制习惯。

2. 熟悉模具工程图绘制要求。

3. 掌握模具零件的选择依据。

素质目标

1. 在模具工程图绘制及材料选择中，培养学生的创新意识、勇于克服困难的精神，并提高学生的动手能力。

2. 采用大国工匠案例教学，帮助学生了解并体悟工匠精神，引导学生形成坚守执着、投身专业的坚定信心。

任务导入

模具工程图由装配图和零件图两部分组成。装配图能清楚表达各零件之间的相互装配关系，并有足够说明模具结构的投影图、剖视图、局部放大图等，还应绘制塑件图，填写明细表和提出技术要求等。另外，由于模具零件的作用不同，因此所选用的材料也不同，如运动部件需要良好的耐磨性和较高的硬度，成型零件需要适当的硬度和良好的加工性，结构零件则要求有较好的综合力学性能。选择正确的零件材料就要求模具设计员具有丰富的材料方面知识。

本任务针对图 2-1 所示的香皂盒底，结合所设计的模具结构，进行模具工程图的绘制，并合理选择模具材料。

知识准备

一、模具工程图绘制的一般规定

1. 图纸格式和幅面尺寸

模具工程图与其他机械制图幅面和格式一样，有 A0、A1、A2、A3、A4 五种规格。绘制模具工程图时应优先采用这五种规格的基本幅面，具体图框格式和幅面尺寸见表 2-45。

表 2-45　图框格式和幅面尺寸（GB/T 14689—2008）

需要装订的图样	不需要装订的图样

基本幅面						加长幅面					
						第二选择		第三选择			
幅面代号	A0	A1	A2	A3	A4	幅面代号	尺寸 $B×L$/ mm×mm	幅面代号	尺寸 $B×L$/ mm×mm	幅面代号	尺寸 $B×L$/ mm×mm
宽度×长度 $(B×L)$/ mm×mm	841× 1 189	594× 841	420× 594	297× 420	210× 297			A0×2	1 189×1 682	A3×5	420×1 486
留装订边	装订边宽 a/mm	25				A3×3	420×891	A0×3	1 189×2 523	A3×6	420×1 783
						A3×4	420×1 189	A1×3	841×1 783	A3×7	420×2 080
	其他周边宽 c/ mm	10		5		A4×3	297×630	A1×4	841×2 378	A4×6	297×1 261
						A4×4	297×841	A2×3	594×1 261	A4×7	297×1 471
不留装订边	周边宽 e/mm	20		10		A4×5	297×1 051	A2×4	594×1 682	A4×8	297×1 682
								A2×5	594×2 102	A4×9	297×1 892

注：1. 加长幅面是由基本幅面的短边呈整倍数增加后得出。
　　 2. 加长幅面的图框尺寸，按所选用的基本幅面大一号的图框尺寸确定，如 A2×3 的幅面尺寸，按 A1 的图框尺寸确定，即 e 为 20 mm（或 c 为 10）mm。

2. 标题栏及明细表

模具装配图和模具零件图都有相应的标题栏，标题栏的内容应按统一要求填写，特别是设计者必须在相应的位置签名。不同公司有所不同，但大同小异，如图 2-263、图 2-264 所示。明细表如图 2-265 所示，只有装配图才有，必须包括序号、零件名称、材料、规格型号、备注等。其中，序号应自下往上进行顺序排列，选择材料时应注明牌号并尽量减少材料种类。标准件应按规定进行标记。

模具名称				产品名称			塑料		图号	
模具编号				产品编号			收缩率		版本	
模架规格				客户名称			绘图比例		单位	
设计	审核	批准	标准化	工艺			共 页 第 页		视图	⊕ ▱
(签名)	(签名)	(签名)	(签名)	(签名)		(公司徽标及名称)		中国××省××市××区××镇		
(日期)	(日期)	(日期)	(日期)	(日期)				Fax: Tel:		

图 2-263　模具装配图标题栏

零件名称				材料		热处理		备料尺寸		
零件编号				数量		质量		图 号		
设计	审核	批准	标准化	工艺		模具名称			版本	
(签名)	(签名)	(签名)	(签名)	(签名)		模具编号			单位	(mm)
(日期)	(日期)	(日期)	(日期)	(日期)		图纸比例		共 页 第 页	视图	⊕ ▱
未注公差					(公司徽标及名称)			中国××省××市××区××镇 Fax: Tel:		

图 2-264　模具零件图标题栏

09	斜导柱	STD	φ16×100	2	DME/EQUTV
08	滑块固定座	0-1	200×100×120	1	54~56 HRC
07	小型芯	STD	φ4×38	1	DME/EQUIV
06	备用镶件	S-7	200×100×120	1	
05	动模型芯	420	300×200×120	1	48~52 HRC
04	定模型芯	420	300×200×120	1	48~52 HRC
03	动模镶件	P20	300×200×120	1	
02	定模镶件	P20	300×200×120	1	
01	模架	STD	CH6060-A100-B100-C100	1	LKM
序号	零件名称	材料	规格型号	数量	备注

图 2-265　明细表

二、模具装配图绘制

模具装配图绘制

应按照机械制图 GB/T 14689—2008 标准《技术制图　图纸幅面和格式》（GB/T 14689—2008）中的相关规定绘制塑料模具装配图，其中准确、清晰地表达模具的基本构造及模具零件之间的装配关系是基本技能训练的重要内容。

模具装配图应有一个定模视图、一个动模视图、多个剖视图及塑件图。定模视图和动模视图都采用国家标准 GB/T 14689—2008 中的拆卸画法，即画定模视图时，假设将动模拆离；画动模视图时，假设将定模拆离。剖视图一般应包括正剖、侧剖视图各一个及根据需要而作的局部剖视图。一般正剖视图剖导柱、螺钉，侧剖视图剖复位杆、推板导柱、浇口套、弹簧等。在实际工作中，为清楚起见，模具装配图中各模板的剖视图都不画剖面线。

一般情况下，模具装配图用动模视图、定模视图、正剖视图、侧剖视图及塑件图等表示，若不能表达清楚，再增加其他视图。一般按 1∶1 的比例绘制装配图，并标明必要的尺寸和技术要求。装配图主要包含以下内容。

（1）模具装配图的布置。模具装配图的布置方式有两种（以下按第三视角投影）：① 动模视图在左，定模视图在右，正剖视图在动模视图的下方，侧剖视图在定模视图下方，如图 2-266（a）所示；② 动模视图在左，定模视图在右，侧剖视图在定模和动模视图中间，正剖视图在动模视图下方，如图 2-266（b）所示。以下以布置方式（一）介绍。

（2）动模视图。动模视图一般位于图样上侧偏左，与正剖视图相对应，通过动模视图可以了解模具的平面布置，顶出方式，浇注系统、冷却系统的布置，以及塑件及模具成型零件的轮廓形状等。

（3）定模视图。定模视图通常布置在图样的上侧偏右，与侧剖视图相对应。通过定模视图可以了解模具的平面布置，排样方式，浇注系统、冷却系统的布置，以及模具的轮廓形状等。

（4）剖视图。正剖视图是模具装配图的主体部分，应尽量在正剖视图中将结构表达清楚，力求将成型零件的形状画完整，并表达出顶出系统、导柱、螺钉等零部件的装配连接关系。侧剖视图应表达出复位杆、推板导柱、浇口套、弹簧等零部件的装配连接关系。

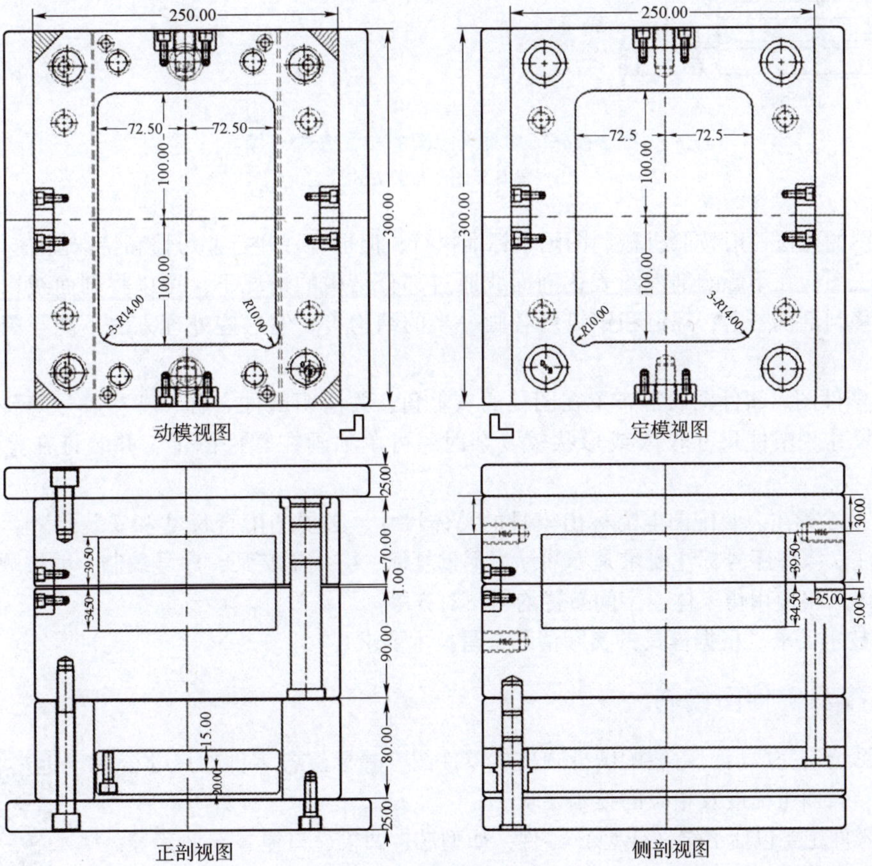

（a）

图 2-266　模具装配图的布置方式

（a）模具装配图布置方式（一）

动模视图

侧剖视图

定模视图

(b)

正剖视图

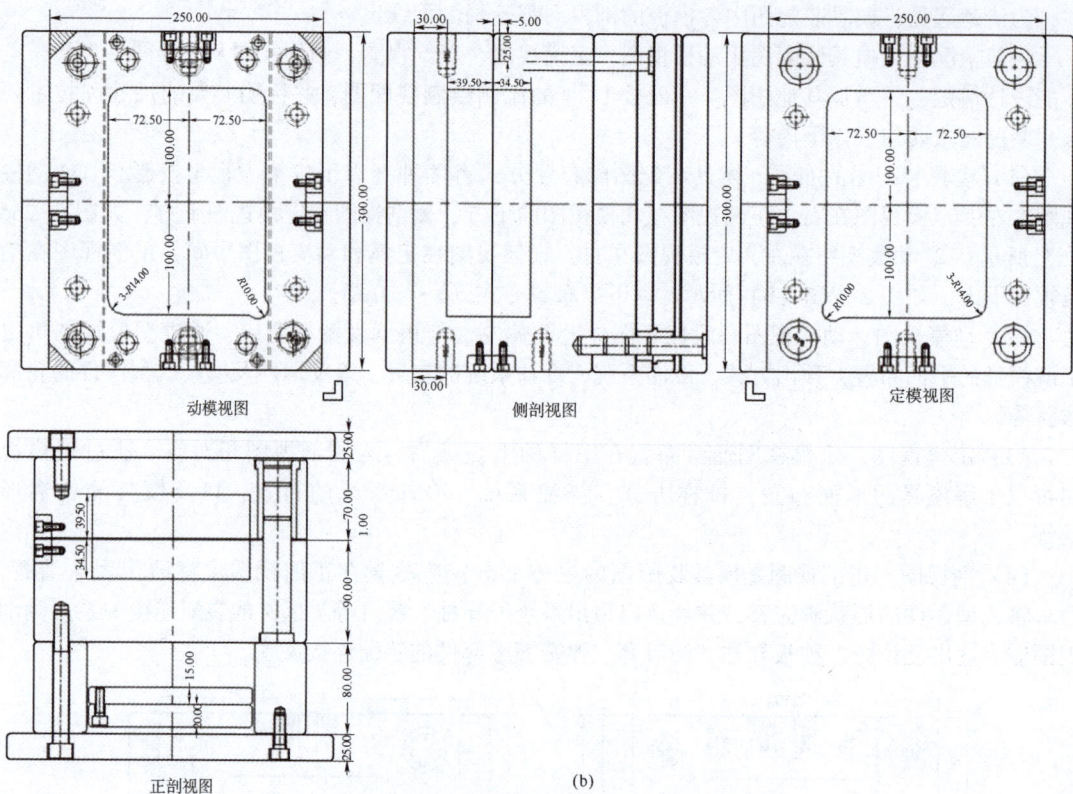

图 2-266　模具装配图的布置方式（续）

（b）模具装配图布置方式（二）

剖视图的画法一般按照机械制图国家标准执行，但也有一些行业习惯和特殊画法。例如，为减少局部视图，在不影响剖视图表达剖面线通过部分结构的情况下，可以将剖面线以外的部分旋转或平移到剖视图上；螺钉和销钉可各画一半的结构等。但这些处理方法不能与国家标准相矛盾。

（5）塑件图。塑件图通常布置在图样的右上角，并注明塑件名称、塑料牌号等要素，同时标注塑件尺寸。塑件尺寸较大或形状较复杂时，可单独画在零件图上，并装订在整套模具图样中。

（6）尺寸标注。装配图上需标出模具的总体尺寸、必要的配合尺寸和安装尺寸，其余尺寸一般不标注。零件序号标注要求是不漏标、不重复标、引线不交叉，序号编制一般按顺时针方向排列，字体严格使用仿宋体，字间布置均匀、对齐等。

（7）技术要求。根据模具的实际情况撰写技术要求。

三、模具零件图绘制

装配图绘制完成后，由装配图拆画出各零件图，并标注各零件的尺寸公差、形位公差、表面粗糙度及相应的技术要求。

模具零件主要包括工作（成型）零件，如型芯、凹模、口模、定型套等；结构零件，如固定板、卸料板、定位板、浇注系统零件、导向零件、分型与抽芯零件、冷却与加热零件等；标准紧固件，如螺钉、销钉等；以及模架、弹簧等零件。

模具零件图绘制

零件图的绘制和尺寸标注均应符合机械制图国家标准的规定，要注明全部尺寸、公差配合、形

位公差、表面粗糙度、材料、热处理要求及其他技术要求。绘制零件图时应注意以下几个方面。

1. 视图和比例的选择

（1）轴类零件通常仅需一个视图，按加工位置布置较好。

（2）板类零件通常需要主视图和俯视图两个视图，一般而言按装配位置布置较好。

（3）镶拼组合成型零件，通常画部件图，这样便于尺寸及偏差的标注，可按装配位置布置。零件图比例大都采用 1∶1，小尺寸零件或尺寸较多的零件则需放大比例绘制。

2. 尺寸标注的基本规范

标注尺寸是零件设计中一项极为重要的内容，尺寸标注要做到既不少标、不漏标，又不多标、不重复标，同时又使整套模具零件图上的尺寸布置清晰、美观。

（1）正确选择基准面。尽量使设计基准、加工基准、测量基准一致，避免加工时反复换算。成型零部件的尺寸标注基准应与塑件图中的标注基准一致。

（2）尺寸布置合理。大部分尺寸最好集中标注在最能反映零件特征的视图上。例如，对于板类零件，主视图上应集中标注厚度尺寸，而平面尺寸则应集中标注在俯视图上。

另外，同一视图中的尺寸应尽量归类布置。例如，某一模板俯视图上的大部分尺寸可归成 4 类：第 1 类是孔径尺寸，可考虑将其集中标注在视图的左方；第 2 类是纵向间距尺寸，可考虑将其集中标注在视图轮廓外右方；第 3 类是横向间距尺寸，可考虑将其集中标注在视图轮廓外下方；第 4 类是型孔大小尺寸，可考虑将其集中标注在型孔周围空白处。全套图样的尺寸布置应尽量一致。

（3）脱模斜度的标注。脱模斜度有 3 种标注方法：第 1 种是将大小端尺寸均标出；第 2 种是标出一端尺寸，再标注角度；第 3 种是在技术要求中注明。

（4）有精度要求的位置尺寸。与轴类零件相配合的通孔中心距、多型腔模具的型腔间距等有精度要求的位置尺寸，均需标注公差。

（5）螺纹尺寸及齿轮尺寸。对于螺纹成型件和齿轮成型件，还需在零件图上列出主要几何参数及其公差。

3. 表面粗糙度及形位公差

各表面的表面粗糙度均应注明。多个表面具有相同表面粗糙度要求时，可集中在图样的右下角统一标注。有形位公差要求的结构形状，需加注形位公差。

4. 技术要求及标题栏

零件图中技术要求标注在标题栏的上方，注明除尺寸、公差、表面粗糙度以外的加工要求。标题栏按统一规格填写，设计者必须在各零件图标题栏的相应位置上签名。

四、模具材料选择

1. 塑料模具的失效形式

塑料模具的失效形式主要有表面磨损、塑性变形和断裂，由于一般塑料制品对精度和表面粗糙度的要求较高，所以因表面磨损而失效的模具所占的比重很大。

（1）表面磨损。塑料模具的表面磨损一般体现在以下 3 个方面。一是模具型腔表面粗糙度恶化。塑料制品对塑料模具型腔会产生很严重的摩擦，使模具型腔的表面粗糙度变大，这样就会影响塑料制品的外观质量。所以模具型腔需及时抛光，但多次抛光会使型腔尺寸变大而失效。二是模具型腔尺寸超差。当塑料中含有石英砂、云母粉和玻璃纤维等固体无机填料时，会加剧模具型腔的磨损，造成型腔尺寸急剧变化。三是模具型腔表面被侵蚀。当塑料中含有氟、氯等元素时，在成型过程中，塑料受热分解会产生强腐蚀性的气体，侵蚀模具的表面，加剧模具的磨损失效。

（2）塑性变形。塑料模具在长时间受热、受压的情况下，很容易发生局部塑性变形而失效。例如，用渗碳钢和碳素工具钢制造的模具，特别是小型模具在大吨位压力机上超载工作时，容易产生表面凹陷、棱角堆塌和麻点等缺陷，棱角尤其容易产生塑性变形。为防止塑料模具的塑性变形，需要将模具处理到具有足够的硬度和硬化层深度。

（3）断裂。塑料制品的成型模具形状复杂，有很多薄壁和棱角等结构，这些位置在应力集中作用时很容易发生断裂。断裂失效是一种危害很大的快速失效形式。在设计和制造塑料模具时，除了要注意选择合适的热处理工艺外，还要注意选择韧性比较好的塑料模具钢，对于大中型复杂模具，应采用高韧度钢制造。

2. 塑料模具材料的性能要求

（1）加工性能好，热处理变形小。塑料模具结构一般很复杂，在淬火后加工很困难，有的根本无法加工，所以在选择塑料模具钢的时候，一般选择切削加工容易、热处理变形小的钢材。

（2）耐热性能好，线膨胀系数小。塑料模具一般都是长时间在高温下工作的，所以塑料模具材料要有较好的耐热性，且线膨胀系数要小，否则过大的变形会影响塑料制品的质量。

（3）高的强度和韧度。高强度和高韧度可防止塑料模具在工作过程中的塑性变形和冲击损坏。

（4）高的表面硬度和耐磨性。高的表面硬度和耐摩性可防止模具型腔和塑料制品的摩擦，导致模具的型腔尺寸变大失效。

（5）抛光性能好。塑料制品一般要求有很好的表面质量，所以模具的型腔表面必须研磨、抛光，而且型腔的表面粗糙度要求一般要高于塑料制品的表面粗糙度2~3级。

（6）花纹图案光蚀性好。一般塑料制品的表面都有花纹图案，为方便成型，就要求模具钢具有较好的花纹图案光蚀性能。

3. 常用的塑料模具钢

（1）塑料模具钢的选用。表2-46列出了目前各国企业常用的塑料模具钢牌号及用途。

表2-46 目前各国企业常用的塑料模具钢牌号及用途

模具钢牌号						用途
中国	德国	美国	瑞典	日本	奥地利	
3Cr2Mo	1.2311	P20	618			用于大中型精密模具、模架、固定板
3Cr2Mo+Ni	1.2738	P20+Ni	718			用于大型长寿命注射模、高光泽度的塑料模具，以及滑块、结构零件、轴等
40Cr13	1.2083		S136	SUS420J2		用于需耐腐蚀、耐锈蚀、耐醋酸盐类的注射模或在潮湿环境下工作及存放的模具，以及高光泽光学产品的模具
30Cr17Mo	1.2316	420			M310	用于镜面抛光模具、精密加工的模具、放电加工的模具，以及高精度要求透明产品的模具
4Cr5MoSiV	1.2344	H13	8402/8407	SKD61		用于高耐磨性塑料模具、热剪切模具及耐磨部件

选用塑料模具钢时，可以根据塑料模具钢的工作条件进行选择，见表2-47；也可以根据模具零件进行选择，具体见表2-48。

表 2-47　根据工作条件选择塑料模具钢

工作条件	模具钢牌号
塑件生产批量较小、精度要求不高、尺寸不大的模具	45、55、10（渗碳）、20（渗碳）
在使用过程中有较大的工作载荷、塑件生产批量较大、磨损较严重的模具	12CrNi3A、20Cr、20CrMnMo、20Cr2Ni4
大型、复杂、塑件生产批量较大的注射模和挤压成型模具	3Cr2Mo、4Cr3Mo3SiV、5CrNiMo、5CrMnMo、4Cr5MoSiV、4Cr5MoSiV1
热固性塑料成型模具及要求高耐磨、高强度的模具	9Mn2V、7CrMn2WMo、CrWMn、MnCrWV、GCr15、8Cr2MnWMoVS、Cr2Mn2SiWMoV、Cr6WV、Cr12、Cr12MoV
耐腐蚀和高精度的模具	40Cr13、95Cr18、90Cr18MoV、Cr14Mo、Cr14Mo4V
复杂、精密、高耐磨的模具	25CrNi3MoAl、18Ni-250、18Ni-300、18Ni-350

表 2-48　根据模具零件选择塑料模具钢

零件类别	零件名称	模具钢牌号	热处理方法	硬度
模板零件	支承板、模板、浇口板、锥模套	45	淬火	43~48 HRC
	动模座板、定模座板、动模板、定模板、推料板、固定板、推件板	45		28~32 HRC
浇注系统零件	浇口套、拉料杆、分流锥	45、T10A	淬火	50~55 HRC
		Cr12MoV1（SKD11）		60~62 HRC
导向零件	导柱、推板导柱、拉杆导柱	T10A、GCr15	淬火	56~60 HRC
		20Cr	渗碳、淬火	
	导套、推板导套	T10A、GCr15	淬火	50~55 HRC
		20Cr	渗碳、淬火	
抽芯机构零件	斜导柱、滑块、斜滑块、弯销	T10A、GCr15	淬火	54~58 HRC
	锁紧块	T8A，T10A		
		45		43~48 HRC
推出机构零件	推杆、推管	4Cr5MoSiV1、3Cr2W8V	淬火	45~50 HRC
	推件板、推块	45		43~48 HRC
	复位杆	T10A、GCr15		56~60 HRC
	推杆固定板	45、Q235		
定位零件	圆锥定位件	T10A、GCr15	淬火	58~62 HRC
	矩形定位件	GCr15、CrWMn		56~60 HRC
	定位圈	45		28~32 HRC
	定距螺钉、限位钉、限位块	45	淬火	43~48 HRC

零件类别	零件名称	模具钢牌号	热处理方法	硬度
支承零件	支承柱	45		28~32 HRC
	垫块	45、Q235		

塑料模具材料的选用和热处理要考虑很多的要求，新型模具材料应用越来越广泛，所以必须全面考虑实际要求和成本，既要满足要求，又要经济合理。

塑料模具一般都在一定的压力和温度下工作，所受的压力有合模压力、型腔内熔体的压力和开模压力等；各类型模具对温度的要求各不相同，热塑性塑料注射模温度一般要求在 150 ℃ 以下，而热固性塑料注射模温度一般要求达到 160～190 ℃，压缩模的温度一般也要求在 160～190 ℃ 范围内。流动性差的塑料快速成型时，会使模具局部温度变得很高。此外，塑料模具温度是周期变化的，注射时温度很高，脱模时温度较低。模具在上述工作条件下工作，容易产生摩擦磨损，定、动模对插部位的耦合磨损，过量变形和破裂，表面腐蚀等现象。一旦模具破裂，会使制品形状精度和表面粗糙度无法达到要求，溢料严重，飞边过大，而且模具又无法修复，因此直接导致模具失效。模具失效前所成型制品数量的总和即模具的寿命。模具的寿命直接影响塑料制品的成本，所以延长模具的寿命是减少塑料制品成本的一条捷径。

影响模具寿命的因素主要包括以下三个方面。

1）塑料种类。不同品种的塑料，其特点和成型时所需的工艺条件是不同的。随着工艺条件的不同，塑料种类对模具寿命的影响也不同。例如，以无机纤维材料为填料的增强塑料成型时，对模具的磨损较大。此外，塑料在加热的条件下容易产生一些腐蚀性气体，进而对模具的表面产生腐蚀。因此，在满足塑料制品使用的前提下，应尽量选择成型工艺条件好的塑料，这样既有利于成型，也有利于延长模具的寿命。

2）模具结构。不同结构的模具，其寿命也是不同的。特别是不同结构的凹模和型芯，其强度、刚度，以及易损坏部分的修理与更换方便与否也是不同的。从延长模具寿命的角度考虑，应采用强度和刚度较好，而且又便于修理的结构。

在设计模具时要注意以下两点。一是导向装置的结构设计。导向装置的结构直接影响型芯和凹模的合模，进而影响模具的寿命，所以必须选择适当的导向形式和导向精度。二是塑料模具中的各种孔在模板中的位置应尽量避开应力最大的位置，以防止工作时该部位所受应力过大而损坏。

3）模具材料的热处理。一般情况下，影响模具寿命的主要因素是模具材料的热处理。目前，除了部分热固性塑料和一些增强塑料成型模具，以及精密模具对强度、刚度、硬度和耐磨性要求较高外，大多数塑料成型对模具的加工工艺有着特殊的要求，这是由于塑料模具的型腔比较复杂，对其精度和表面粗糙度要求较高。

（2）模具的表面处理。为了提高模具表面的耐蚀性和耐磨性，常对其进行适当的表面处理。适用于塑料模具表面处理的方法有镀铬、渗氮、渗碳、化学镀镍、物理气相沉积（PVD）法或化学气相沉积（CVD）法沉积硬质膜或超硬膜等。

任务实施

香皂盒底注射模装配图如图 2-267 所示。各个零件的材料根据国家标准《工具模钢》（GB/T 1299—2014）和表 2-48 选用，在此不再赘述。香皂盒底模具凹模和型芯零件图分别如图 2-268 和图 2-269 所示。

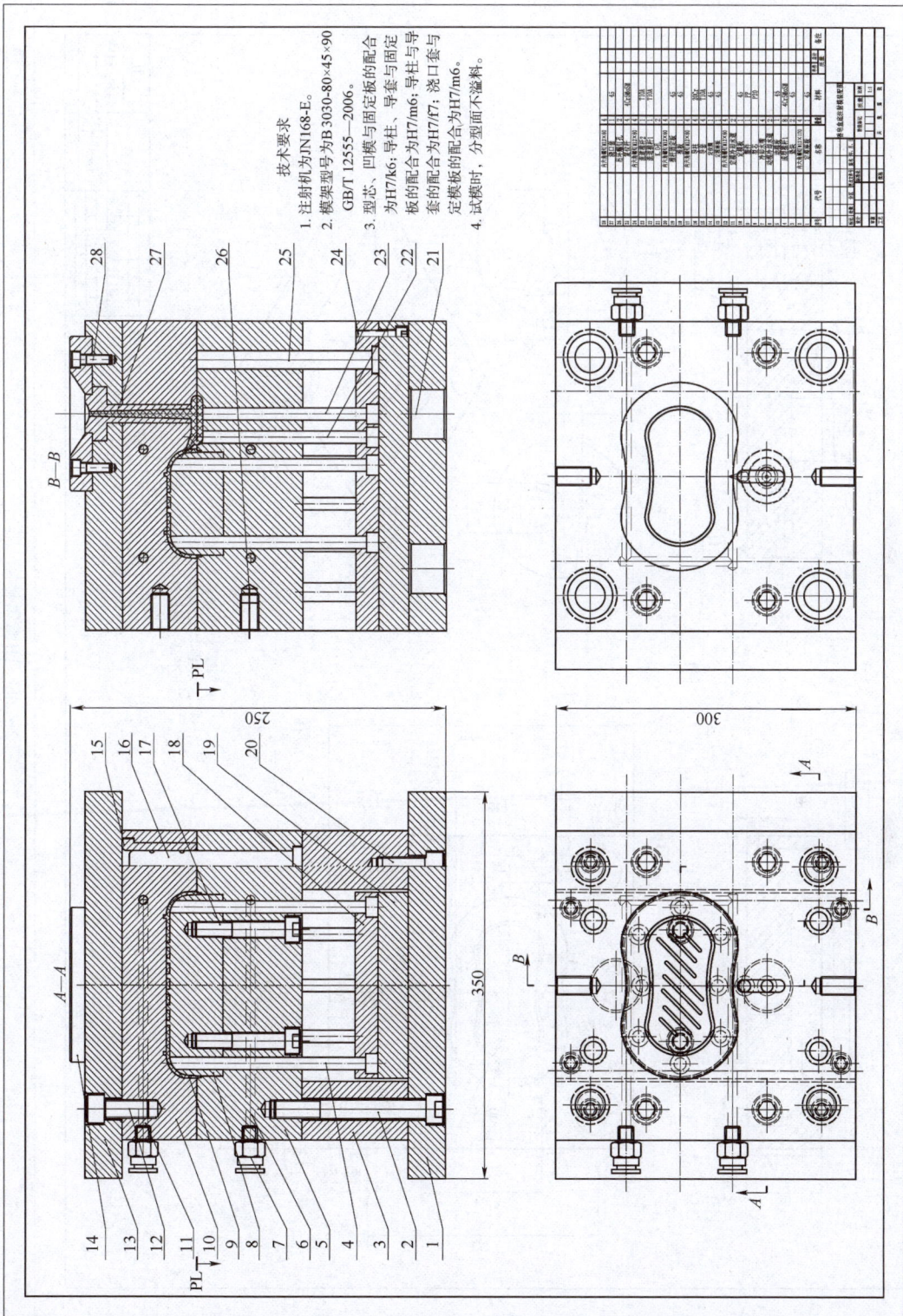

图 2-267 香皂盒底注射模装配示意图

技术要求

1. 注射机为JN168-E。
2. 模架型号为B 3030-80×45×90 GB/T 12555—2006。
3. 型芯、凹模与固定板的配合为H7/k6；导柱、导套与固定板的配合为H7/m6；导柱与导套的配合为H7/f7；浇口套与定模板的配合为H7/m6。
4. 试模时，分型面不溢料。

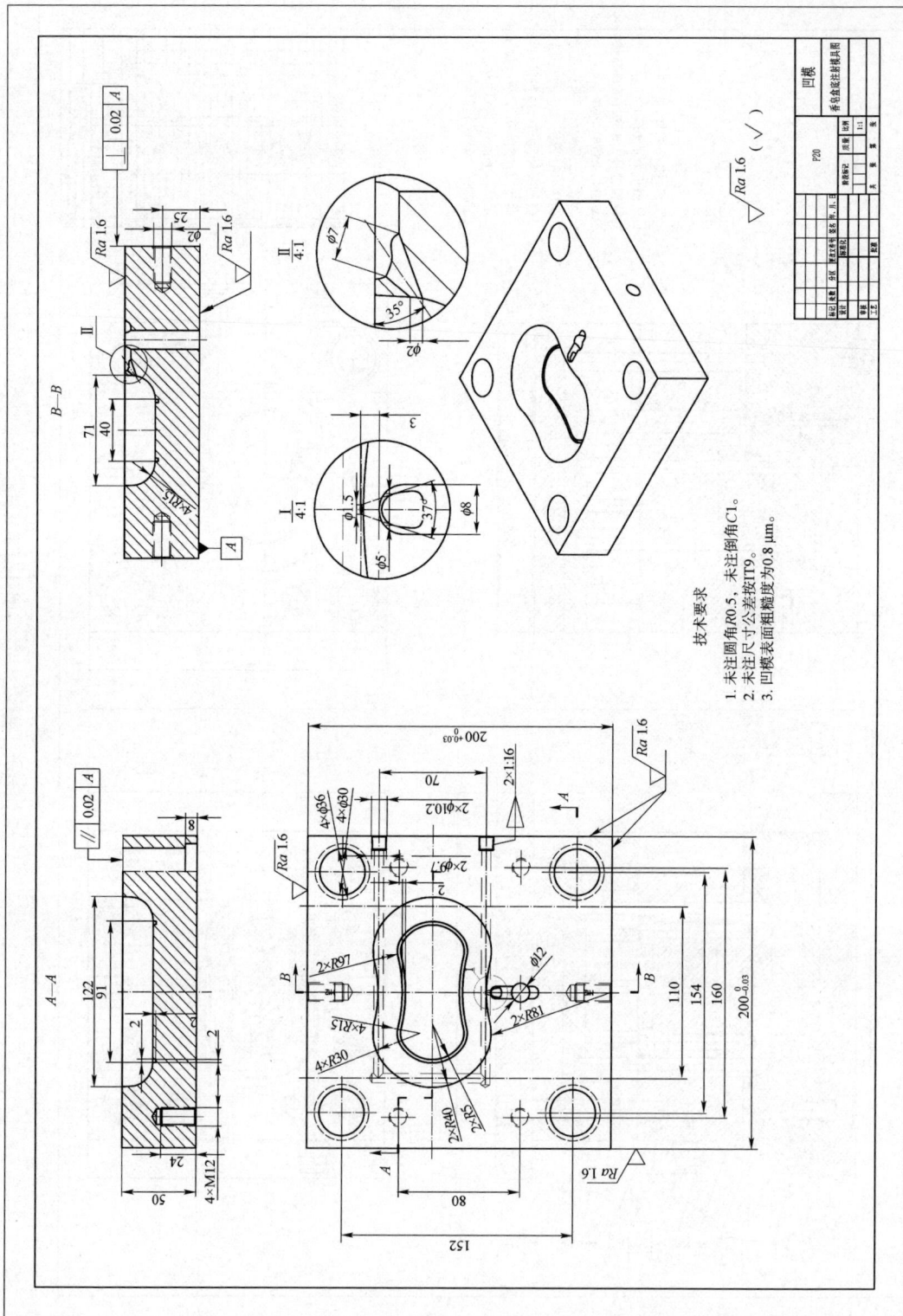

技术要求

1. 未注圆角R0.5，未注倒角C1。
2. 未注尺寸公差坡IT9。
3. 凹模表面粗糙度为0.8 μm。

图 2-268　凹模零件图

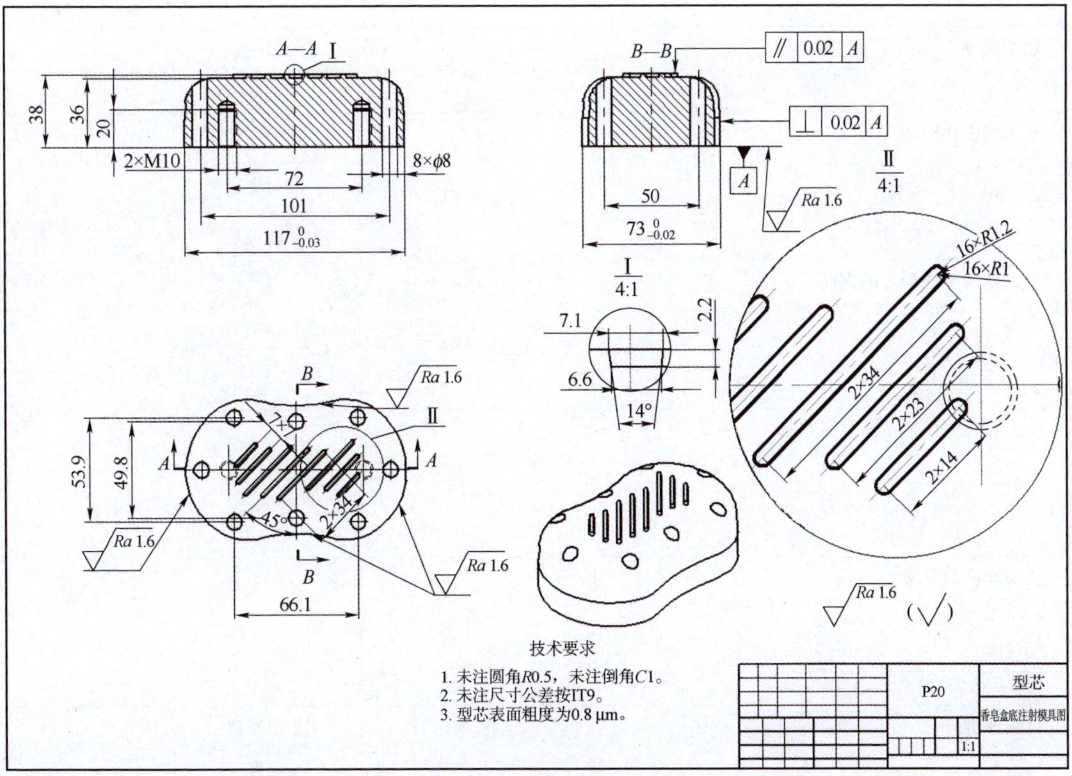

图 2-269 型芯零件图

任务评价

请填写模具工程图绘制及材料选择任务评价表，见表 2-49。

表 2-49 模具工程图绘制及材料选择任务评价表

项目名称			
任务名称			
姓名		班级	
组别		学号	
评价项目		分值	得分
模具装配图视图		10	
模具装配图尺寸标注和技术要求		10	
模具装配图标题栏		10	
模具装配图明细表		10	
模具零件图视图		10	
模具零件图尺寸标注		10	
模具零件图技术要求和标题栏		10	
模具材料选用		10	
工作表现		10	

创新思维	10	
总计	100	
个人的工作时间	提前完成	
	准时完成	
	超时完成	
个人认为完成最好的方面		
个人认为完成最不满意的方面		
值得改进的方面		
自我评价	非常满意	
	满意	
	不太满意	
记录	不满意	

任务拓展

注射模零件常用的形位公差

扩展阅读

中国核潜艇之父——黄旭华

思考与练习

1. 填空题

（1）模具装配图用于表明_____、_____、组成模具的全部零件及其相互_____关系和_____关系。

（2）塑料模具的主视图一般位于图样上侧偏左，按模具正对_____的方向绘制，采取_____画法，一般按_____进行绘制，在上、下模或定、动模之间绘有一个完成的塑件，塑件及流道部分画_____线。

（3）俯视图通常布置在图样的下侧偏左，与主视图相对应。通过俯视图可以了解模具的平面布置，_____，或浇注系统、冷却系统的布置，以及模具的_____等。

（4）塑料模具装配图上需标出模具的_____，必要的_____和_____，其余尺寸一般不标注。

（5）零件图的绘制和尺寸标注均应符合机械制图_____的规定，要注明全部尺寸、_____、_____、_____、_____要求及其他技术要求。

2. 简答题

（1）在绘制模具装配图时，应注意哪些事项？

（2）注射成型对模具材料有哪些要求？

（3）塑料模具的失效形式有哪些？

任务目标

能力目标

1. 能看懂各种侧向分型与抽芯机构结构图，并掌握其动作原理。

2. 具有设计斜导柱侧向分型与抽芯机构结构的初步能力。

3. 能够合理选择各类侧向分型与抽芯机构结构。

知识目标

1. 掌握各种斜导柱侧向分型与抽芯机构的类型与动作原理。

2. 了解其他各类侧向分型与抽芯机构的分类、应用范围。

素质目标

1. 在侧向分型与抽芯机构设计中，培养学生理论联系实际、学以致用、实事求是的态度，并将其运用到创新设计中。

2. 通过大国工匠案例教学引导学生树立"科技自立自强"必定有我、将小我融入大我的社会意识和奉献精神。

任务导入

一般塑件的脱模方向都与开合模方向相同。但是，当注射成型侧壁带有与开模方向不一致的孔、凹槽或凸台的塑件时，如图 2-270（a）所示，模具上成型该处的零件就必须做成可侧向移动的零件，如图 2-270（b）所示，以便在脱模之前或脱模之时抽出侧向成型零件，否则塑件就无法脱模。

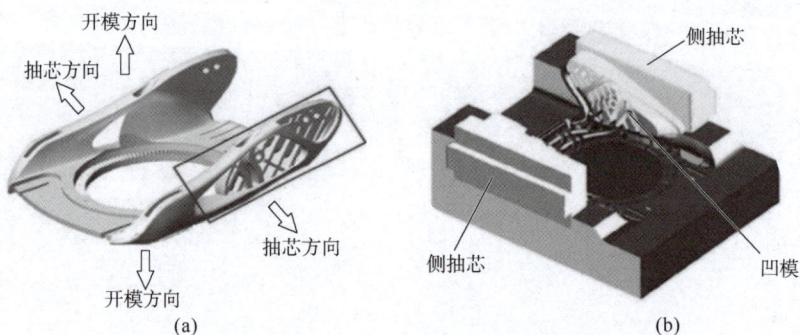

图 2-270 带侧凹塑件与侧向抽芯模具

完成侧向成型零件抽出和复位的整个机构称为侧向分型与抽芯机构。图 2-271 所示名片盒，材料为 ABS，采用注射成型大批量生产，进行模具总体结构设计，并进行侧向分型与抽芯机构的设计。通过本任务的学习，学生应掌握侧向分型与抽芯机构的相关知识，具备合理设计侧向分型与抽芯机构注射模的能力。

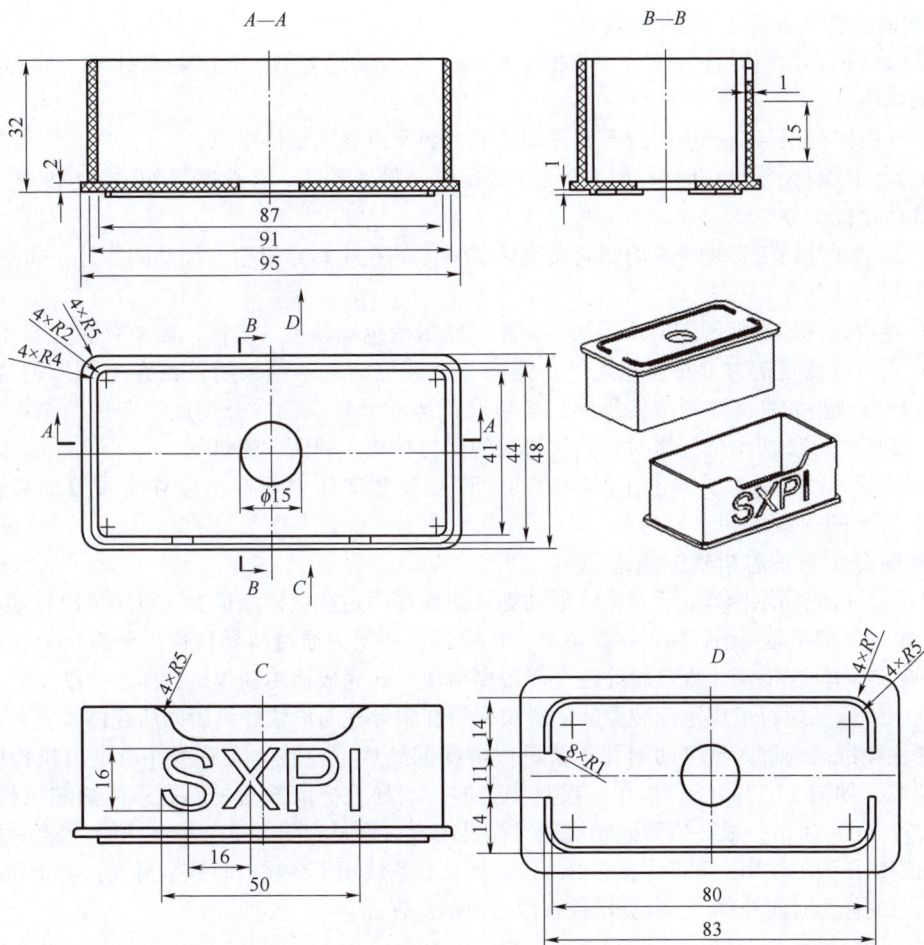

图 2-271　名片盒

知识准备

一、侧向分型与抽芯机构的分类及工作原理

1. 侧向分型与抽芯机构的分类

按照侧向抽芯动力来源不同，侧向分型与抽芯机构可分为机动、手动、液压或气动三大类。

（1）机动侧向分型与抽芯机构。机动侧向分型与抽芯机构是指利用注射机的开模、合模运动或顶出运动，通过一定的传动机构将侧型芯抽出的机构。机动抽芯抽拔力大、劳动强度小、生产率高、操作方便，容易实现自动化生产，所以在生产中广泛应用。

侧向分型抽
芯机构概述

（2）手动侧向分型与抽芯机构。手动侧向分型与抽芯机构是指用手工工具抽出侧型芯的机构。其模具结构简单、制造方便，但生产率低、劳动强度大，只适用于小型塑件的小批量生产。

（3）液压或气动侧向分型与抽芯机构。液压或气动侧向分型与抽芯机构以压力油或压缩空气作为抽芯动力，通过液压缸或气缸活塞的往复运动来实现抽芯。这种抽芯方式抽拔力大，抽芯距也较长，但需配置专门的液压或气动系统，费用较高，多适用于大型塑料模具的抽芯。

2. 侧向分型与抽芯机构的组成

图 2-272 所示为斜导柱侧向分型与抽芯机构，下面以此为例，介绍侧向分型与抽芯机构的组成及其作用。

斜导柱侧向分型与抽芯机构按各元件的功能，通常由五大部件组成。

（1）动力元件是指开模时带动运动元件做侧向分型或抽芯，合模时又使之复位的零件，如图 2-272 所示的斜导柱。

（2）运动元件是指安装并带动侧向成型块或侧型芯在模具导滑槽内运动的零件，如图 2-272 所示的滑块。

（3）导滑元件是指控制侧向成型块、侧型芯或滑块运动轨迹的零件，如导滑槽、压板。

（4）限位元件是指为了使运动元件在侧向分型或侧向抽芯结束后停留在所要求的位置上，以保证合模时成型元件能顺利使其复位，必须设置运动元件在侧向分型或侧向抽芯结束时的限位元件，如图 2-272 所示的弹簧拉杆挡块机构的限位挡块、弹簧、螺钉等。

（5）锁紧元件是指为了防止注射时运动元件受到侧向压力而产生位移所设置的零件，如图 2-272 所示的锁紧块。

3. 侧向分型与抽芯机构的原理

图 2-272（a）所示模具处于合模注射状态。斜导柱固定在定模座板上，滑块可以在动模板的导滑槽内滑动，侧型芯用销钉固定在滑块上。开模时，开模力通过斜导柱作用于滑块上，迫使滑块在动模板槽内向左滑动，直至斜导柱全部脱离滑块，即完成抽芯动作，如图 2-272（b）所示。限位挡块、弹簧及螺钉组成定位装置，使滑块保持在斜导柱与滑块脱离瞬间所在的位置，确保合模时斜导柱能准确地进入滑块的斜孔，使滑块再次回到成型位置。随后塑件由推出机构中的推管推离型芯，如图 2-272（c）所示。模具闭合时，斜导柱插入滑块的斜孔，使抽芯机构复位，如图 2-272（d）所示。最终依靠锁紧块完成模具闭合，恢复到图 2-272（a）所示状态。滑块受到型腔内熔体压力的作用，有产生位移的可能，因此锁紧块用于在注射时锁紧滑块，防止侧型芯受到成型压力的作用时向外移动，保证滑块在成型时的位置。

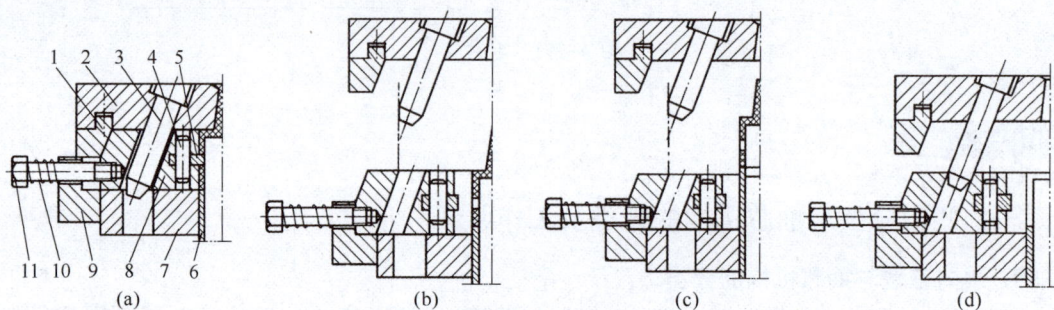

图 2-272　斜导柱侧向分型与抽芯机构
（a）合模注射状态；（b）开模后的状态；（c）推出塑件状态；（d）斜导柱重新插入滑块时的状态
1—锁紧块；2—定模座板；3—斜导柱；4—销钉；5—侧型芯；6—推管；
7—动模板；8—滑块；9—限位挡块；10—弹簧；11—螺钉

二、侧向分型与抽芯的相关计算

1. 抽芯力的计算

塑件在型腔内冷却收缩时逐渐包紧型芯，产生包紧力。因此，抽芯力必须克服包紧力和由包紧力产生的摩擦力。抽芯力的形成与脱模力完全相同，其计算方法参考脱模力的计算。

2. 抽芯距的计算

抽芯距又称抽拔距离，是指侧型芯从成型位置被抽至不妨碍塑件脱模的位置时，侧型芯沿抽拔方向所移动的距离。

（1）有侧孔、侧凹及侧凸的塑件的抽芯距计算。

一般抽芯距比侧孔、侧凹的深度或侧向凸台的高度大 2~5 mm（即安全距离），如图 2-273 所示，用公式表示为

$$S = h + (2\sim5)\,\text{mm} \tag{2-44}$$

式中　S——抽芯距；

　　　　h——塑件侧孔（侧凹）深度或侧向凸台高度。

（2）瓣合模抽芯距计算。

对于圆形线圈骨架或带外螺纹的塑件，其抽芯距具体计算如下。

1）两瓣合模的抽芯距计算。两瓣合模的抽芯距，可以根据图 2-274 所示的尺寸关系进行计算，即

$$S = S_1 + (2\sim5)\,\text{mm} = \sqrt{R^2 - r^2} + (2\sim5)\,\text{mm} \tag{2-45}$$

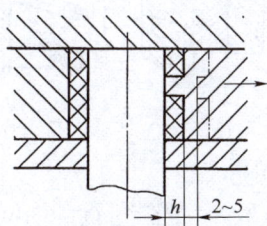

图 2-273　有侧孔塑件的抽芯距　　　　图 2-274　两瓣合模的抽芯距

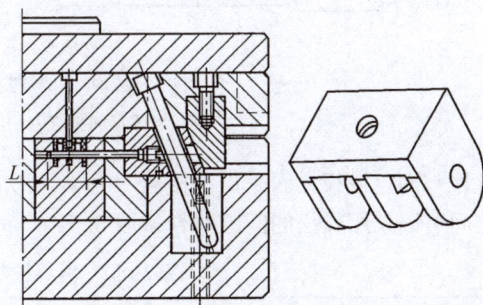

2）多瓣合模的抽芯距计算。多瓣合模的抽芯距，可以根据图 2-275 所示的尺寸关系进行计算，即

$$S = S_1 + (2\sim5)\,\text{mm} = \sqrt{R^2 - A^2} - \sqrt{r^2 - A^2} + (2\sim5)\,\text{mm} \tag{2-46}$$

（3）特殊情况的安全距离值。

1）当侧向分型面积较大，侧向抽芯会影响制品取出时，最小安全距离应取大一些，取 5~10 mm 甚至更大一些都可以。

2）当侧向抽芯需要侧型芯在内孔滑动（俗称隧道抽芯）时，如图 2-276 所示，安全距离取 1 mm 也是可以的。

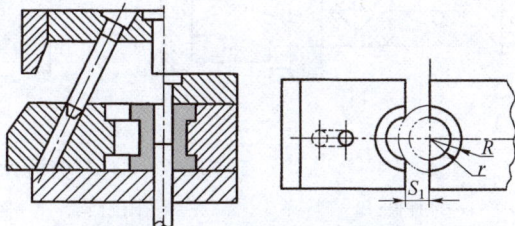

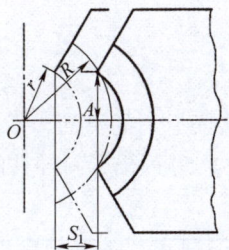

图 2-275　多瓣合模的抽芯距　　　　图 2-276　隧道抽芯

三、侧向分型与抽芯机构的结构设计

如图 2-277（a）所示，斜导柱 8 和 12 固定在定模板上，侧型芯 7 固定在侧型芯滑块 5 上。开模时，塑件包紧型芯 9 随动模部分一起向左移动，在斜导柱 8 和 12 的作用下，迫使侧型芯滑块 5 和侧型腔滑块 11 在推件板 1 的导滑槽内分别向两侧移动，完成抽芯动作，如图 2-277（b）所示。限位挡块 4、螺杆 3 和弹

簧 2 构成滑块的定位装置，使滑块保持抽芯后的最终位置，以便合模时斜导柱能准确地进入滑块的斜孔，实现侧型芯的复位。侧型腔滑块 11 的定位是利用自身的重力而停留于挡块 15 上。锁紧块 6 和 14 用于防止成型时滑块受到侧向压力而发生位移。

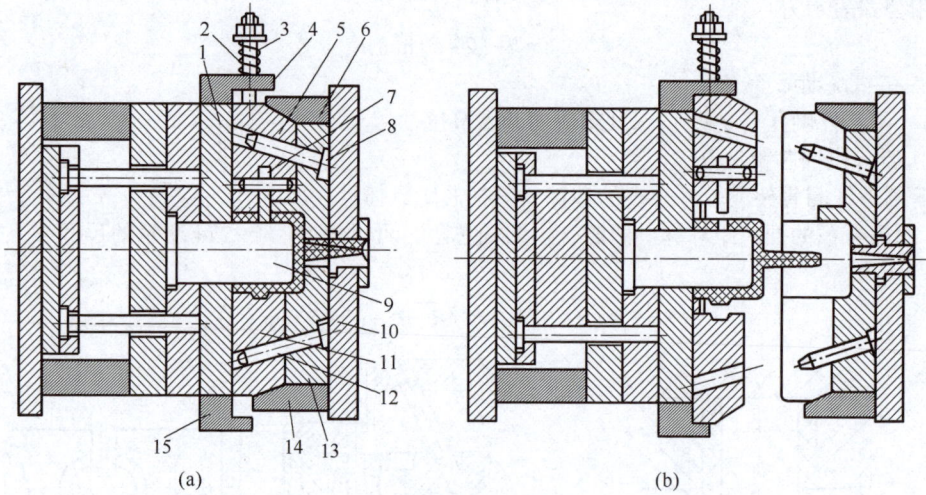

图 2-277　斜导柱侧向分型与抽芯机构

1—推件板；2—弹簧；3—螺杆；4—限位挡块；5—侧型芯滑块；6, 14—锁紧块；7—侧型芯；
8, 12—斜导柱；9—型芯；10—定模座板；11—侧型腔滑块；13—定模板；15—挡块

1. 斜导柱的设计

（1）斜导柱的结构。斜导柱的结构形式如图 2-278 所示，其工作端的结构可以设计成锥台形或半球形。当设计成锥台形时，必须注意倾斜角应大于斜导柱倾斜角，以免端部锥台参与侧向抽芯。为了减少斜导柱与滑块上斜导孔之间的摩擦，可在斜导柱工作长度部分的外圆轮廓铣出两个对称平面，如图 2-278（b）所示。

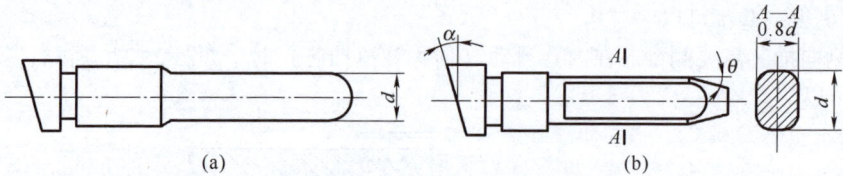

图 2-278　斜导柱的结构形式

（a）半球形斜导柱；（b）锥台形斜导柱

斜导柱与固定模板之间采用的配合一般为 H7/m6。为了保证运动的灵活，滑块上斜导孔与斜导柱之间可以采用较松的间隙配合或取 0.5~1 mm 间隙。表 2-50 列出了斜导柱的固定形式。

表 2-50　斜导柱的固定形式

简图	说明	简图	说明
	配合面较长，稳定性较好。 适用于模板较薄，且定模座板与定模板为一起的场合；两板模较多采用		配合长度 $L \geqslant$（1~5）D，稳定性较差，加工困难。 适用于模板厚度较大的场合；两板模、三板模均可用

简图	说明	简图	说明
	配合长度 $L \geq (1\sim5)$ D，稳定性较好。 适用于模板较厚、模具空间较大的场合；两板模、三板模均可用		配合面较长，稳定性好。 适用于模板较薄，且定模座板与定模板可分开的场合；两板模较多采用。

注：D 为斜导柱直径。

（2）斜导柱倾斜角。斜导柱轴向与开模方向的夹角称为斜导柱的倾斜角。确定时要综合考虑抽芯距以及斜导柱所受的弯曲力。

由图 2-279 可知

$$l_4 = S/\sin \alpha \tag{2-47}$$

$$H = S\cot \alpha \tag{2-48}$$

式中　α——斜导柱倾斜角；

　　　l_4——斜导柱工作部分长度，mm；

　　　S——抽芯距，一般比塑件厚度大 3 mm；

　　　H——完成抽芯距所需的开模行程，mm。

如果不考虑斜导柱与滑块以及滑块与导滑槽之间的摩擦力，则由图 2-279 所示斜导柱抽芯时的受力图可知

$$F_w = F_c/\cos \alpha \tag{2-49}$$

$$F_k = F_c\tan \alpha \tag{2-50}$$

式中　F_w——侧向抽芯时斜导柱所受的弯曲力，N；

　　　F_c——侧向抽芯时的抽芯力，N；

　　　F_k——侧向抽芯时所需的开模力，N。

由式（2-47）～式（2-50）可知，α 增大，l_4 和 H 减小，有利于减小模具尺寸，但 F_w 和 F_k 增大，影响斜导柱和模具的强度和刚度；反之，α 减小，斜导柱和模具受力减小，若要获得相同抽芯距，斜导柱的长度就要增长，开模距就要变大，因此模具尺寸会增大。综合两者考虑，α 通常取 15°～20°，一般不大于 25°。

（3）斜导柱的直径。斜导柱的直径取决于它所承受的最大弯曲力。根据斜导柱承受的最大弯曲应力应小于其许用弯曲应力的原则，可以推导出斜导柱直径的计算公式为

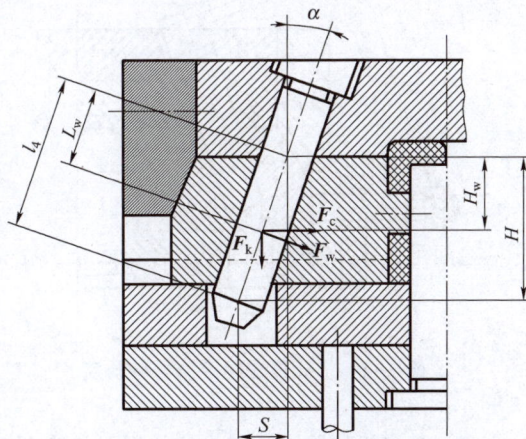

图 2-279　斜导柱侧向抽芯时的受力状态

$$d = \sqrt[3]{\frac{M_{max}}{0.1[\sigma]_w}} = \sqrt[3]{\frac{F_w L_w}{0.1[\sigma]_w}} \tag{2-51}$$

也可表示为

$$d = \sqrt[3]{\frac{F_w H_w}{0.1[\sigma]_w \cos \alpha}}$$ (2-52)

式中　d——斜导柱直径，mm；

　　　F_w——斜导柱所受弯曲力，N；

　　　L_w——斜导柱弯曲力臂，mm；

　　　H_w——抽芯力作用线与斜导柱根部的垂直距离，mm；

　　　$[\sigma]_w$——斜导柱材料的许用弯曲应力，MPa。

（4）斜导柱的长度 L。确定斜导柱长度有计算法和作图法两种方法，实际工作中，作图法较常用。

1）计算法：如图 2-280 所示，斜导柱的长度由侧型芯的抽芯距 S、斜导柱的大端直径 D、倾斜角 α 以及固定板厚度 h 来确定。其计算式为

$$L = l_1 + l_2 + l_4 + l_5 = \frac{D}{2} \tan \alpha + \frac{h}{\cos \alpha} + \frac{S}{\sin \alpha} + (5 \sim 10) \, \text{mm}$$ (2-53)

式中　l_1、l_2——斜导柱固定部分长度，mm；

　　　l_4——斜导柱工作部分长度，mm；

　　　l_5——斜导柱引导部分长度，mm；

　　　L——斜导柱总长度，mm；

　　　D——斜导柱固定部分大端直径，mm；

　　　h——斜导柱固定板厚度，mm；

　　　S——抽芯距，mm。

2）作图法：如图 2-281 所示，确定斜导柱的直径后，就可以画出滑块中的斜导柱孔，将孔口倒圆角 $R2$ mm，由圆角象限点 A 向下做直线 1，将直线 1 向滑块合模时的滑行方向平移抽芯距 S 得到直线 2，做圆 C 使之同时和直线 2 以及斜导柱的两条素线 3 和 4 相切，再将圆 C 在素线 3 和 4 中间的内凹部分去除，即得到斜导柱的下端面。

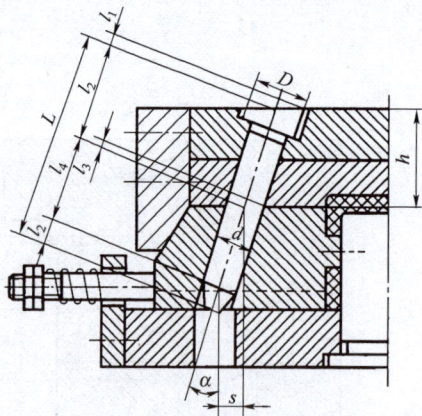

图 2-280　计算法确定斜导柱长度　　　　图 2-281　作图法确定斜导柱长度

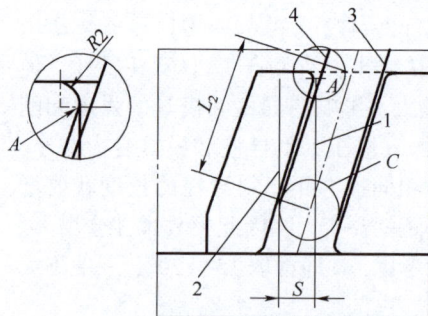

当定、动模板的厚度及斜导柱的倾斜角确定后，斜导柱固定部分的长度就可以量出。因此只要求出图 2-281 中 L_2，就可以得到斜导柱的总长度。

2. 滑块的设计

（1）滑块的结构。滑块分整体式和组合式两种。组合式是将型芯安装在滑块上，这样可以节省钢材，且加工方便，因而应用广泛。型芯与滑块的连接形式如图 2-282 所示。

图 2-282（a）所示为整体式结构，一般用于型芯尺寸较大、强度较好的场合；图 2-282（b）、图 2-282（c）所示为较小型芯的固定形式；多个小型芯可用图 2-282（d）、图 2-282（e）所示的固定形式；图 2-282（f）所示的燕尾槽固定形式，用于较大型芯；型芯为薄片时，可用图 2-282（g）所示的通用槽固定形式。滑块材料一般采用 45 钢或 T8 钢、T10 钢，热处理硬度为 40 HRC 以上。

（2）滑块的导滑形式。导滑槽应使滑块在侧向抽芯和复位过程中，运动平

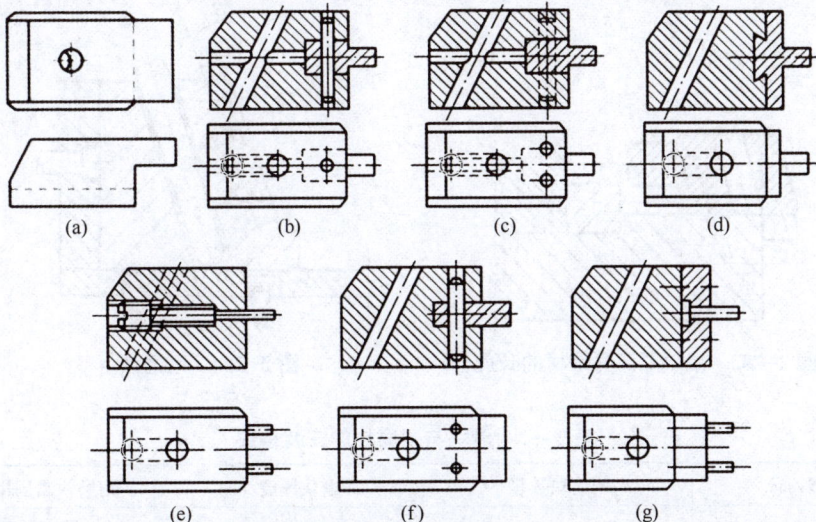

图 2-282　型芯与滑块的连接形式

稳可靠，不应发生上下窜动和卡紧现象，两者上下、左右各有一对平面配合，配合取 H7/f7，其余各面留有间隙。滑块的导滑槽深度一般为 5~8 mm。滑块常用的导滑形式见表 2-51。

表 2-51　滑块常用的导滑形式

简图	说明	简图	说明
	采用整体式，加工困难，一般用在模具尺寸较小的场合		采用压板和中央导轨形式，一般用在滑块较长和模温较高的场合
	采用矩形压板形式，加工简单，强度较高，应用广泛		采用 T 形槽结构，装在滑块内部，一般用于空间较小的场合，如内抽芯场合
	采用 7 字形压板，加工简单，强度较高，一般加销定位		采用镶嵌式的 T 形槽结构，稳定性较好，但加工困难

（3）滑块的尺寸及滑行距离。滑块的宽度不宜小于 30 mm，滑块的长度不宜小于滑块的高度，以保证滑块滑动稳定、顺畅，如图 2-283 所示，滑块滑离导滑槽的长度应不大于滑块长度的 1/4，即小于或等于 $L/4$。较大较高的滑块在塑件脱模后必须全部留在滑槽内，以保证复位安全可靠。

（4）滑块斜面上的耐磨块。如图 2-284 所示，滑块上安装耐磨块是为了减少滑块磨损并在其磨损之后便于更换。当滑块宽度达到 50 mm 及以上时，滑块的底面、斜面和斜顶面等摩擦面应尽量使用耐磨块，耐磨块在安装时要高于滑块斜面 0.5 mm。滑块与耐磨块的安装参数见表 2-52。

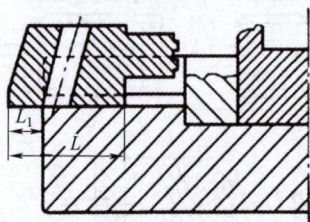

图 2-283　滑块滑离导滑槽的长度　　　图 2-284　耐磨块

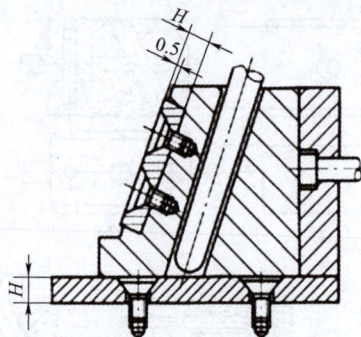

表 2-52　滑块与耐磨块的安装参数

滑块宽度/mm	耐磨块数量	耐磨块厚度/mm	耐磨块紧固用螺钉规格
50~100	1	8	杯头螺钉 M5
>100~200	2	8	杯头螺钉 M5
>200	3	12	杯头螺钉 M6

耐磨块常用的材料有 CrWMn 钢（淬火至 54~56 HRC）、P20 钢（表面渗氮）及 2510 钢（不变形耐磨油钢，淬火至 52~56 HRC）。

（5）滑块的冷却。相对比较大的滑块，其内部要尽量设计冷却系统，因为滑块与模板的配合是间隙配合，而间隙内的空气是热的不良导体，会使成型时的热量无法顺利地传出模具。因此，在尺寸允许的情况下，滑块内部应尽量设计冷却系统。冷却水的进、出口应尽量靠近滑块的底面（与底面间的距离大于 15 mm），锁紧块上要做避空位，防止水管接头被切断。滑块的冷却系统如图 2-285 所示。

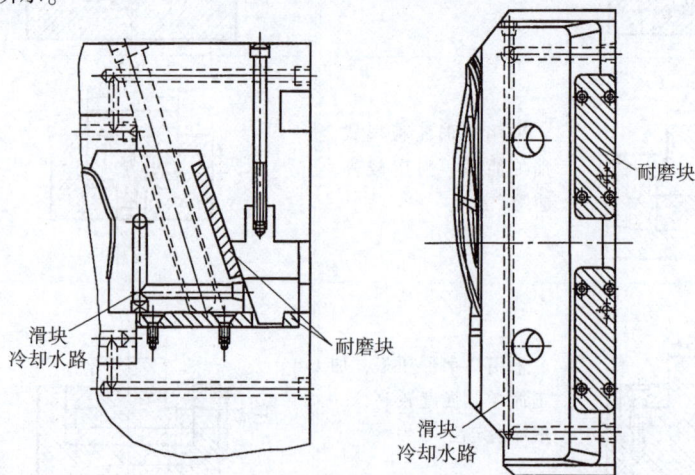

图 2-285　滑块的冷却系统

（6）滑块的定位。滑块的定位装置用于保证滑块在开模后停留在一定的位置，不再发生任何移动，以免合模时斜导柱不能准确地进入滑块的斜导孔内，造成模具损坏。滑块的定位装置因模具结构和滑块位置不同其形式也不同。滑块常用的定位装置见表2-53。

表 2-53　滑块常用的定位装置

简图	说明	简图	说明
	利用弹簧和钢球定位，适用于滑块较小或抽芯距较长的场合，多用于两侧抽芯的场合	 1—限位钉，2—弹簧，3—滑块	采用弹簧与螺钉定位，弹簧的弹力为滑块重量的 1.5～2 倍，常用于向下抽芯和侧向抽芯的场合
	利用弹簧、螺钉和挡板定位，弹簧的弹力应是滑块重量的 1.5～2 倍，适用于滑块在模具上面或侧面的情况		采用 DME 侧向抽芯夹定位，只适用于侧向抽芯和向下抽芯的场合
	利用弹簧和挡板定位，弹簧装入滑块的内部，其弹力是滑块重量的 1.5～2 倍，适用于滑块尺寸较大，滑块在模具上面或侧面的情况		
	利用弹簧和螺钉定位，弹簧的弹力为滑块重量的 1.5～2 倍，适用于向下抽芯和侧向抽芯的场合		SUPERIOR 标准的侧向抽芯只适用于侧向抽芯和向下抽芯的场合：SLK-8A 型适用于 3.6 kg（或 8 lb①）以下的滑块；SLK-25K 型适用于 11 kg（或 25 lb）以下的滑块

（7）滑块的滑动方向。滑块的滑动方向取决于塑件的结构和塑件在模具中的摆放位置。塑件的结构不同，滑块的滑动方向也有所差别，如图2-286所示。为方便讨论，将滑块滑动方向划分为四个主要方向：朝上（又称朝天行），朝下（又称朝地行），朝左（朝向操作者），朝右（背向操作者）。从滑块定位的角度看，抽芯方向应优先选侧向抽芯（其中背向操作者滑行是最好的选择），其次是向下抽芯，不得已时滑块才向上抽芯。其原因有如下三点。①滑块向上滑行时，必须靠弹簧定位，但弹簧很容易疲劳失效，弹簧一旦失效，滑块会在斜导柱离开后因重力作用而向下滑动，导致合模时斜导柱碰撞滑块，因此向上滑行是最差的选择。②模具维修时，向下滑行的滑块拆装困难，且操作者会处在比较危险的位置；另外，当塑件、塑料料粒或垃圾不慎卡在滑块的导滑槽上时，很容易发生损坏模具的事故。因此向下滑行也应尽量避免。③滑块滑动方向选择背向操作者的一侧时，不会影响取出塑件或喷射脱模剂等操作。

---

①　1 lb＝0.454 kg。

需要注意的是，以上原则适用于一般情形，当抽芯距大于 60 mm，需要采用液压抽芯时，滑块向上滑行为最佳选择，其原因是模具安装方便。

（8）滑块的配合尺寸。如图 2-287 所示，滑块高度为 H，导向肩部宽度为 D，导向肩部高度为 C。滑块镶入动模板的深度 B 一般不应小于 25 mm，滑块尺寸特别小时可取 20 mm。当并排有两个滑块抽芯时，滑块之间应有不小于 20 mm 钢料，以防止工作时模板变形。特殊情况下，滑块的导向深度 $B<20$ mm 时，可以采用镶拼压块，将压块加高到所需高度 A。压块的固定高度 $B \geqslant H/3$，压块的镶拼高度 $A \geqslant 2H/3$。

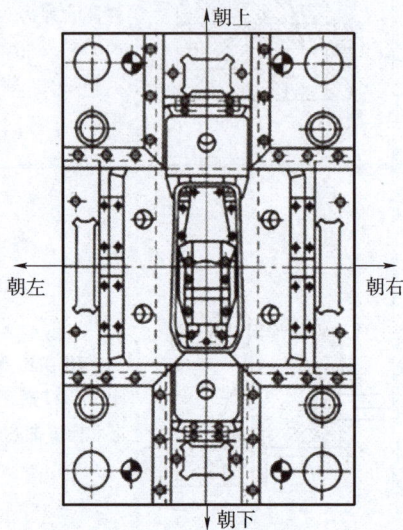

图 2-286　滑块的滑动方向

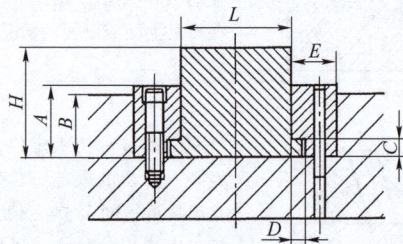

图 2-287　滑块的配合尺寸

滑块配合尺寸的经验值见表 2-54。

表 2-54　滑块配合尺寸的经验值

滑块宽度/mm	20~30	30~50	50~100	100~150	>150
斜导柱直径/mm	6~10	10~13	13~16	13~16	16~25
斜导柱数量	1	1	1	2	2
滑块肩宽/mm	3~5	5~7	7~8	8~10	10~15
滑块肩高/mm	5~8	8~10	8~12	10~15	15~20

滑块与斜导柱配合的斜孔直径应比斜导柱直径大 1~1.5 mm，在开模的瞬间有一个很小的空行程，在滑块和侧型芯抽动前强制塑料制品脱出凹模或凸模，并使锁紧块先脱离滑块，然后再进行抽芯。滑块的结构形式视模具结构和侧向抽芯力的大小确定。若滑块太高，则应降低滑块上斜导柱孔的起点，以保证滑块复位顺畅，如图 2-288 所示。

3. 压块的设计

压块又称压条。压块的作用是压住滑块的肩部，使滑块在给定的轨道内滑动。压块常常和模板做成一体，但下列情况中压块必须做成镶件：①产品批量大，模具寿命要求长，滑块导向肩部要求磨损后更换方便；②制品精度要求高，压块须用耐磨材料制作；③滑块尺寸较大，易磨损，压块须用耐磨材料制作；④当必须向模具中心抽芯时，内侧滑块压块须做成镶件，以便于安装滑块。

斜导柱侧向分型
抽芯机构设计 3

压块常用的材料是模具钢 AISI O1 或 DIN 1.2510，硬度为 54~56 HRC（油淬，二次回火）。

压块的固定通常采用两个螺钉加两个销钉的形式，如图 2-289 所示，各尺寸的经验值见表 2-55。

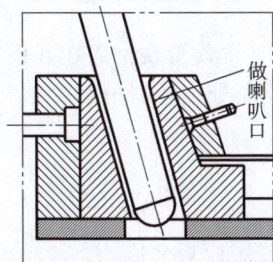

图 2-288　降低斜导柱孔起点

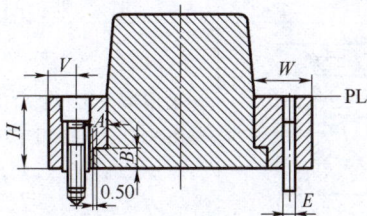

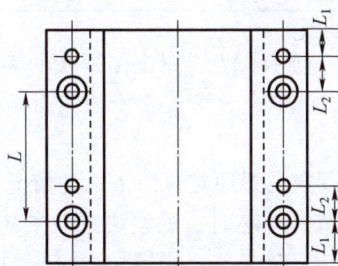

图 2-289　压块的固定

表 2-55　压块尺寸的经验值

H/mm	A/mm	B/mm	W/mm	V/mm	L/mm	L_1/mm	L_2/mm	E/mm	螺钉/规格
18、20、22	5	6	20	9	<80	15	12	6	M8
25、30、35	6	8	22.5	10					
40、45、50	8	10	25	10	<100	18	15	8	M10

4. 锁紧块的设计

锁紧块的作用是模具注射时锁紧滑块，阻止滑块在熔体胀型力的作用下产生位移，避免斜导柱受力弯曲变形。在多数情况下它还起到合模时将滑块推回原位、恢复型腔原状的作用。常用的锁紧块形式及固定见表 2-56 所示。

表 2-56　常用的锁紧块形式及固定

简图	说明	简图	说明
	采用整体式锁紧方式，结构牢固可靠，但钢材消耗多，适用于侧向推力较大的场合		采用螺钉和销钉固定在定模板上固定锁紧块的形式，结构简单、制造方便，应用较广，但承受的侧向力较小
	采用嵌入式锁紧方式，锁紧块从模板上方嵌入，适用于滑块较宽、侧向推力较大的场合		采用嵌入式锁紧方式，锁紧块从模板下方嵌入，适用于滑块较宽、侧向推力较大的场合

简图	说明	简图	说明
	采用楔形块和螺钉固定锁紧块的形式，适用于侧向推力非常大的场合		采用镶入式锁紧方式，加工容易，适用于空间较大、侧向推力较大的场合

如图 2-290 所示，为了保证锁紧块的斜面能在合模时压紧滑块，而在开模时又能迅速脱离滑块，锁紧块的倾斜角 β 应等于滑块斜面倾斜角度，且比斜导柱倾斜角 α 大 2°~3°（当滑块很高时可只大 1°）。

锁紧块的固定位置通常有以下三种情况：

（1）动模外侧抽芯时，锁紧块固定在定模板上；

（2）动模内侧抽芯时，锁紧块固定在动模支承板上或定模板上；

（3）定模内、外侧抽芯时，锁紧块固定在定模座板上。

锁紧块装配的宽度为 16~30 mm，一般取锁紧块厚度的 1/2 左右，装配深度小于或等于装配宽度。当滑块较高，装入定模板的深度大于或等于滑块高度的 2/3 时，可以用定模板自身作锁紧块，如图 2-291 所示。

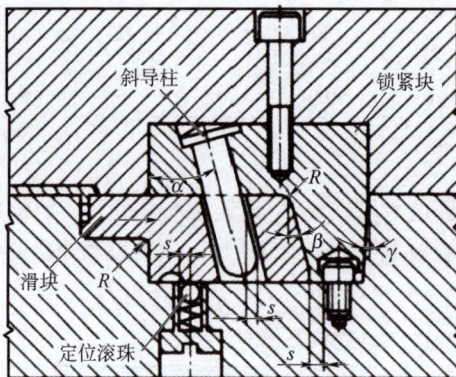

图 2-290 锁紧块结构

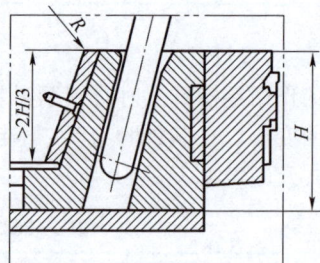

图 2-291 定模板自身作锁紧块

四、常见侧向分型与抽芯机构

侧向分型与抽芯机构按照结构形式不同又可分为斜导柱侧向分型与抽芯机构、弯销侧向分型与抽芯机构、斜滑块侧向分型与抽芯机构和齿轮齿条侧向分型与抽芯机构等。

1. 斜导柱侧向分型与抽芯机构

（1）斜导柱在定模、滑块在动模的结构。

斜导柱固定在定模、滑块安装在动模的结构如图 2-292 所示，是应用最广泛的形式。图 2-292（a）所示为注射结束的合模状态。开模时，动模部分向后移动，塑件包在凸模上随着动模一起移动，在斜导柱 7 的作用下，滑块 5 带动侧型芯 8 在导滑槽内向上方做侧向抽芯。与此同时，在斜导柱 11 的作用下，侧向成型块 12 在导滑槽内向下方做侧向分型。侧向分型与抽芯结束，斜导柱脱离滑块，如图 2-292（b）所示。此时滑块 5 在弹簧 3 的作用下拉紧在

机动侧向分型抽芯机构设计 1

限位挡块 2 上，侧向成型块 12 由于自身的重力紧靠在挡块 14 上，以便再次合模时斜导柱能准确地插入滑块的斜导孔中，迫使其复位。

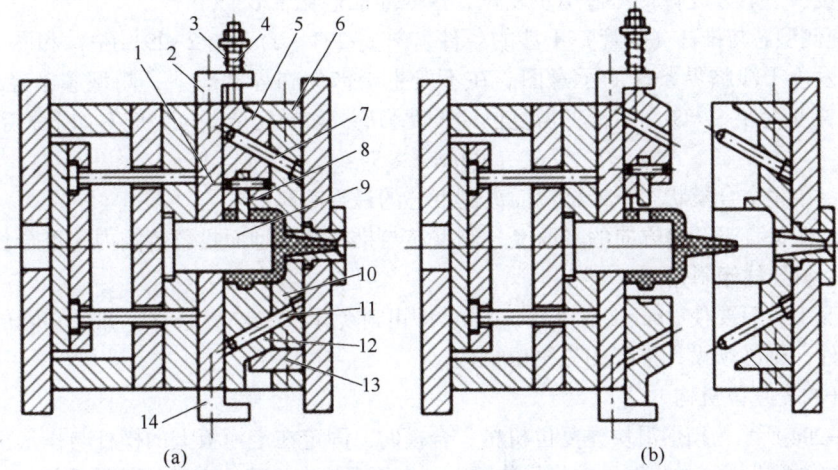

图 2-292　斜导柱固定在定模、滑块安装在动模的结构

1—推件板；2—限位挡块；3—弹簧；4—拉杆；5—滑块；6、13—锁紧块；7、11—斜导柱；
8—侧型芯；9—型芯；10—定模板；12—侧向成型块；14—挡块

这类结构中，如果采用推杆（推管）推出机构并依靠复位杆使推出机构复位，则很可能产生滑块复位先于推出机构复位的现象，导致滑块上的侧型芯与模具中的推出零件发生碰撞，造成侧型芯或推杆损坏，这种情况称为干涉现象。图 2-293（a）所示的推杆在侧型芯投影面下，图 2-293（b）所示为侧型芯复位时，推杆还未完全退回，则会发生滑块与推杆的碰撞。

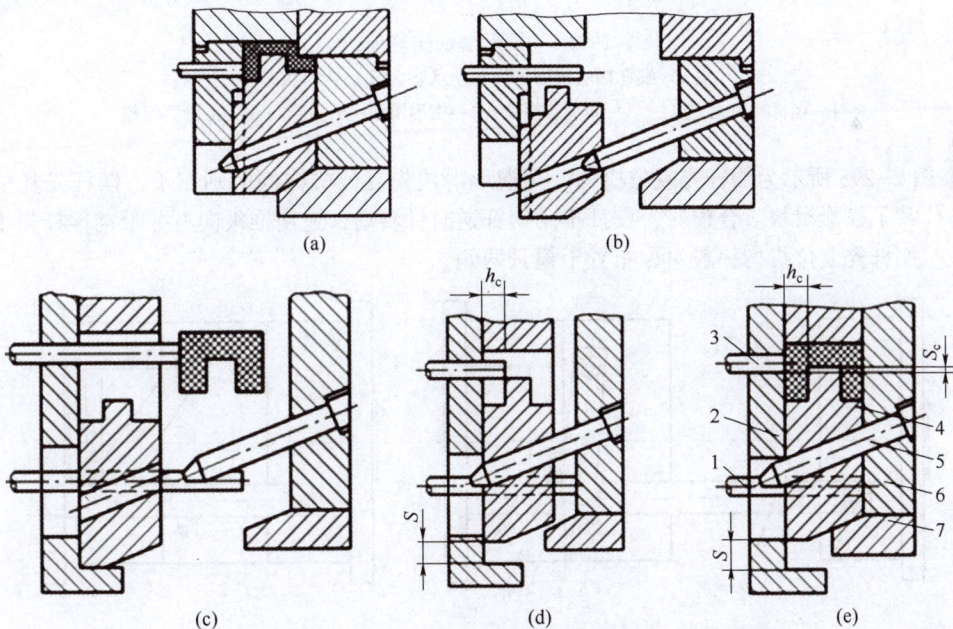

图 2-293　干涉现象及临界条件

1—复位杆；2—动模板；3—推杆；4—侧型芯（滑块）；5—斜导柱；6—定模座板；7—锁紧块

在模具结构允许时，应尽量避免在侧型芯分型面的投影范围内设置推杆。如果受到模具结构的限制，必须在侧型芯下设置推杆时，应首先考虑推杆推出塑件后能否使其端面仍低于侧型芯的最低面。当以上两种措施都不能实现时，就必须满足避免干涉的临界条件或采取措施使推出机构先复位，然后才允许侧型芯滑块复位，这样才能避免干涉。

1）避免侧型芯与推杆（推管）干涉的条件。图 2-293（c）、图 2-293（d）和图 2-293（e）所示为分析发生干涉临界条件的示意图。在不发生干涉的临界状态下，侧型芯已经复位了 S'，还需复位的长度为 $S-S'=S_c$，而推杆需复位的长度为 h_c，如果完全复位，应有如下关系

$$h_c \tan \alpha \geqslant S_c \tag{2-54}$$

式中　h_c——在完全合模状态下推杆端面离侧型芯的最近距离；

　　　S_c——在垂直于开模方向的平面上，侧型芯与推杆在分型面投影范围内的重合长度；

　　　α——斜导柱倾斜角。

一般情况下，只要使 $h_c \tan \alpha - S_c \geqslant 0.5$ mm，即可避免干涉的临界条件，如果实际的情况无法满足这个条件，则必须设计推杆的先复位机构。

2）推杆的先复位机构。

① 图 2-294 所示为楔形滑块先复位机构，合模时，固定在定模板上的楔杆与楔形滑块的接触先于斜导柱与侧型芯滑块的接触，在楔杆作用下，楔形滑块在推管固定板 6 的导滑槽内向上移动的同时迫使推管固定板向右移动，使推管先于侧型芯滑块复位，从而避免干涉现象。

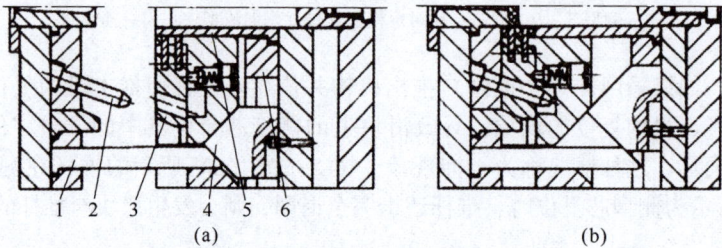

图 2-294　楔形滑块先复位机构
（a）楔杆接触楔形滑块初始状态；（b）合模状态
1—楔杆；2—斜导柱；3—侧型芯滑块；4—楔形滑块；5—推管；6—推管固定板

② 图 2-295 所示为摆杆先复位机构，与楔形滑块先复位机构的区别在于，摆杆先复位机构由摆杆代替了楔形滑块。合模时，楔杆推动摆杆逆时针转动，迫使推板向右并带动推杆先于侧型芯复位。摆杆先复位机构一般对称布置于模具两侧。

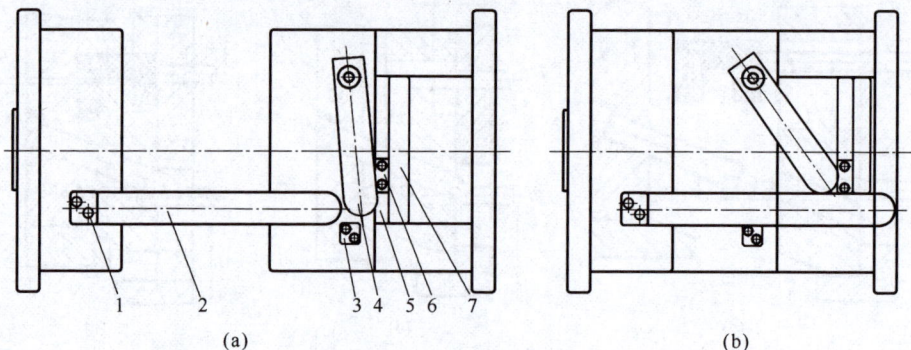

图 2-295　摆杆先复位机构
（a）楔杆接触摆杆初始状态；（b）合模状态
1—螺钉；2—楔杆；3—限位块；4—摆杆；5—推杆固定板；6—挡块；7—推板

③ 图 2-296 所示为连杆先复位机构，与摆杆先复位机构的区别在于，连杆先复位机构由连杆代替了摆杆。合模时，楔杆迫使连杆发生转动而使推板向右并带动推杆先于侧型芯复位。连杆先复位机构一般对称布置于模具两侧。

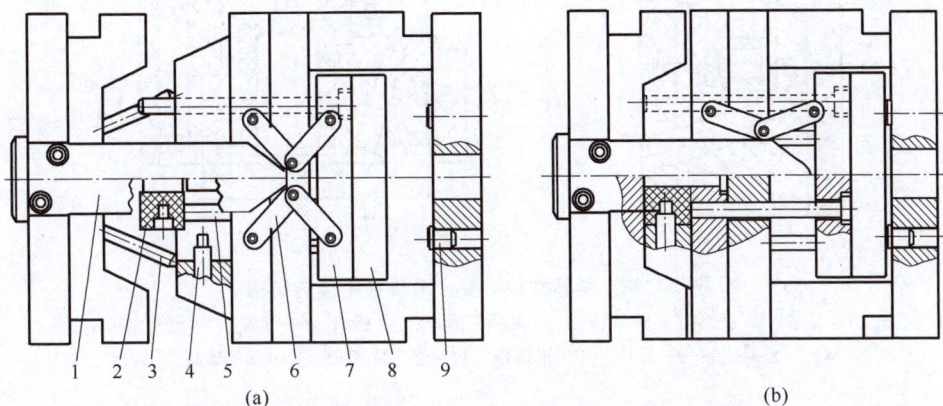

图 2-296　连杆先复位机构
（a）楔杆接触连杆初始状态；（b）合模状态
1—楔杆；2—塑件；3—斜导柱；4—侧型芯；5—推杆；6—连杆；7—推杆固定板；8—推板；9—限位钉

斜导柱侧向分型与抽芯机构除了完成塑件外侧抽芯外，还可以对塑件进行内侧抽芯，如图 2-297 所示。其中斜导柱固定于定模板上，侧型芯滑块安装在动模板上，开模时，塑件包紧型芯随动模一起移动，同时斜导柱驱动侧型芯滑块进行内侧抽芯，最后推杆将塑件从型芯上推出。

（2）斜导柱在动模、滑块在定模的结构。

斜导柱在动模、滑块在定模的典型结构如图 2-298（a）所示，其特点是没有推出机构。斜导柱和滑块斜导柱孔的配合间隙较大（$Z = 1.6 \sim 3.5$ mm），使得抽芯前，动模和定模先分开距离 l（$l = Z / \sin \alpha$），固定在动模上的型芯也从制品中抽出距离 l，然后靠斜导柱推动滑块，使滑块与制品脱离（抽芯动作），最后手工取出制品。这种形式的模具结构简单，加工容易，但需人工取件，仅适用于小批量简单制品的生产。

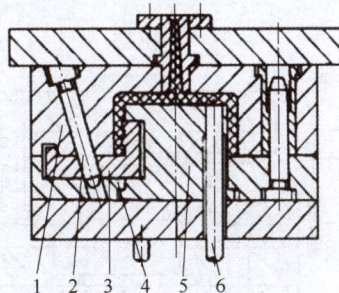

图 2-297　斜导柱侧向分型与抽芯
机构对塑件进行内侧抽芯
1—定模板；2—斜导柱；3—侧型芯滑块；
4—动模板；5—型芯；6—推杆

图 2-398（b）所示结构的特点是型芯与型芯固定板有一定距离的相对运动。开模时，首先在 A 面分型，型芯被制品包紧不动，型芯固定板相对型芯移动，制品仍留在定模型腔内。与此同时，侧型芯滑块在斜导柱的作用下从制品中抽出。继续开模，型芯台肩与型芯固定板相碰，型芯带动制品从定模型腔中脱出，模具在 B 面分型。最后由推件板将制品推出。这种结构适用于抽芯力不大、抽芯距较小的制品的成型。

（3）斜导柱与滑块同在定模的结构。

因制品结构的要求，滑块与斜导柱都需要设在定模部分，在这种情况下，滑块应带着侧型芯先从制品中抽出，若到动模和定模分型时再抽芯，会损坏制品的侧孔或凸台，或者使制品留在定模而难以取出。因此，在动模型芯带着制品脱离型腔前，型腔板与定模座板应先脱开（即定模部分先分型），此时需要用到定距分型拉紧机构。图 2-299 所示的结构采用弹压式定距分型拉紧机构，定距螺钉固定在定模板上。合模时，弹簧被压缩。弹簧压缩后的回复力要大于由斜导柱驱动侧型芯滑块侧向抽芯所需的开模力（忽略摩擦力）。开模时，在弹簧的作用下，先在 A 面分型，斜导柱驱动侧型芯滑块实现侧向抽芯，并由定距螺钉限位。动模继续移动，B 面分型，最后

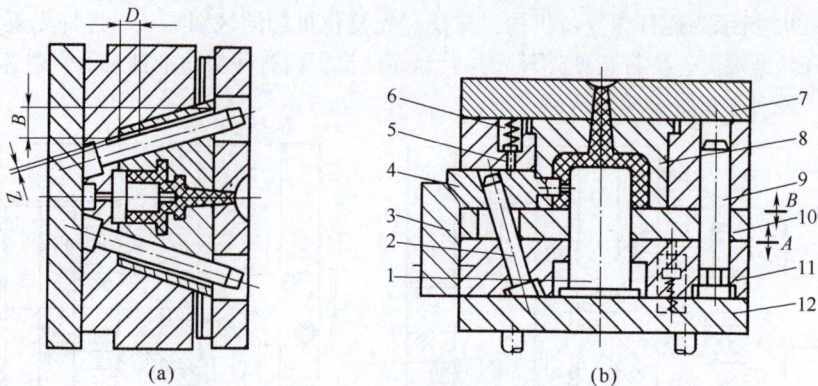

图 2-298 斜导柱在动模、滑块在定模的结构

1—型芯；2—斜导柱；3—挡板；4—侧型芯滑块；5—螺钉；6—弹簧；7—定模座板
8—凹模；9—导柱；10—推件板；11—型芯固定板；12—动模座板

推杆推动推件板将塑件从型芯 3 上脱出。

图 2-300 所示为采用摆钩式定距分型拉紧机构的斜导柱侧向分型与抽芯机构。合模时，在弹簧的作用下，由转轴固定在定模板上的摆钩钩住固定在动模板（型芯固定板）上的挡块。开模时，由于摆钩钩住挡块，模具在 A 面先分型，同时在斜导柱的作用下，侧型芯滑块开始侧向抽芯；侧抽芯结束后，固定在定模座板上的压块的斜面迫使摆钩做逆时针方向摆动而脱离挡块，在定距螺钉的限制下 A 面分型结束。动模继续移动，B 面分型，塑件随型芯保持在动模一侧，最后推件板在推杆的作用下使塑件脱模。

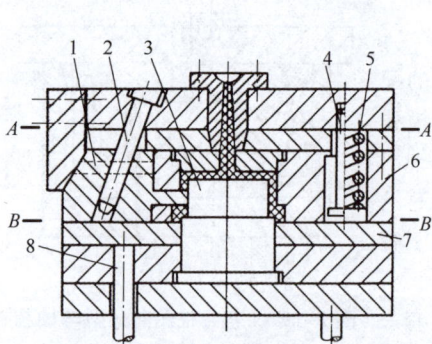

图 2-299 斜导柱与滑块同在定模的结构

1—侧型芯滑块；2—斜导柱；3—型芯；
4—定距螺钉；5—弹簧；6—凹模；
7—推件板；8—推杆

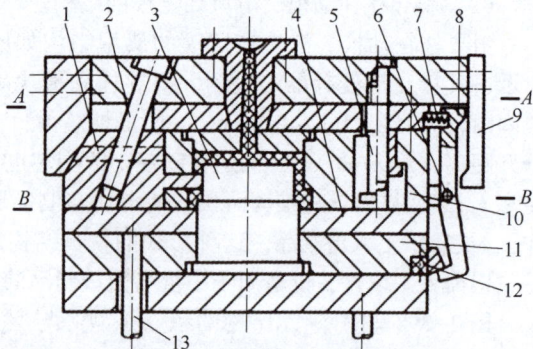

图 2-300 采用摆钩式定距分型拉紧机构的
斜导柱侧向分型与抽芯机构

1—侧型芯滑块；2—斜导柱；3—型芯；4—推件板；
5—定距螺钉；6—转轴；7—弹簧；8—摆钩；9—压块；
10—定模板；11—动模板（型芯固定板）；12—挡块；13—推杆

机动侧向分型抽芯机构设计 2

（4）斜导柱与滑块同在动模的结构。

斜导柱与滑块同时安装在动模的结构，一般通过推件板推出机构来实现斜导柱与侧型芯滑块的相对运动。如图 2-301 所示，斜导柱固定在动模板（型芯固定板）上，侧型芯滑块安装在推件板的导滑槽内，合模时，依靠设置在定模板上的锁紧块锁紧侧型芯滑块。开模时，侧型芯滑块和斜导柱一起随动模部分移动，同时，侧型芯滑块在斜导柱的作用下沿着推件板的导滑槽向两侧滑动。当推出机构工作时，推杆推动推件板使塑件脱模。这种模具结构中的斜导柱与滑

进行侧向抽芯。当推出机构工作时，推杆推动推件板使塑件脱模。这种模具结构中的斜导柱与滑

块不会脱离，因此不需要设置滑块定位装置。另外，这种利用推件板推出机构造成斜导柱与侧滑块相对运动的侧向分型与抽芯机构，主要适用于抽芯距和抽芯力均不大的场合。

2. 弯销侧向分型与抽芯机构

（1）弯销侧向分型与抽芯机构的基本结构。

弯销侧向分型与抽芯机构的基本结构和斜导柱侧向分型与抽芯机构相似，只是用弯销代替了斜导柱。由于弯销既可以抽芯，又可以压紧滑块，因此不需要设置锁紧块。这种抽芯机构的特点是倾斜角大，其抽芯距大于斜导柱机构的抽芯距，抽芯力也较大，必要时，弯销还可由不同斜度的几段组合而成，先以小斜度段获得较大的抽芯力，再

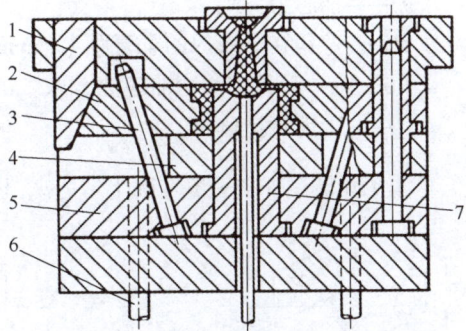

图 2-301　斜导柱与滑块同在动模的结构

1—锁紧块；2—侧型芯滑块；3—斜导柱；
4—推件板；5—动模板（型芯固定板）；
6—推杆；7—型芯

以大斜度段获得较大的抽芯距，从而可以根据需要控制抽芯力和抽芯距。弯销的结构形式如图 2-302 所示，其中，图 2-302（c）所示的结构可以安装在模外，从而减小模具的尺寸和质量。但弯销的制造较斜导柱困难，且安装时应增设销钉，以便准确定位。

（2）弯销侧向分型与抽芯机构的设计。

在设计弯销侧向分型与抽芯机构时，应使弯销和滑块孔之间的间隙稍大一些，避免合模时发生碰撞，间隙一般为 0.5~0.8 mm。弯销和支承板的强度应根据脱模力的大小或作用在型芯上的熔体压力来确定。如图 2-303 所示，弯销倾斜角 α 为 15°~25°，反锁角 β 为 5°~10°，配合长度 $H_1 \geqslant 1.5W$（W 为弯销宽度），抽芯距 $S = H\tan\alpha - \delta/\cos\alpha$（$H$ 为弯销在滑块内的垂直距离，δ 为弯销与滑块的径向间隙）。

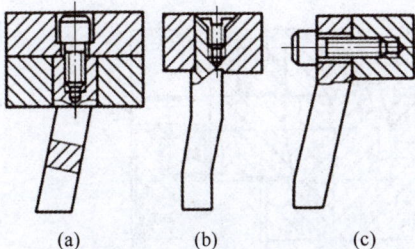

图 2-302　弯销的结构形式

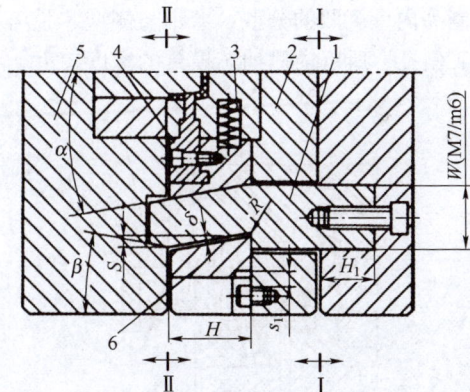

图 2-303　采用侧浇口浇注系统弯销定模外侧抽芯模具结构

1—弯销；2—定模板；3—弹簧；4—定模侧型芯；
5—动模板；6—定模滑块

弯销的工作段尺寸主要包括工作段截面的厚度 a 和宽度 b，弯销的受力状况与斜导柱相同，由于弯销的断面是矩形，因此其工作段厚度 a 为

$$a = \sqrt[3]{\frac{9FH}{[\sigma]_w \cos^2\alpha}} \qquad (2-55)$$

式中　a——弯销工作段厚度，mm；

F——抽芯力，N；

H——弯销在滑块内的垂直距离，mm；

$[\sigma]_w$——弯销许用弯曲应力，取 $[\sigma]_w = 137.2$ MPa；

α——弯销倾斜角，(°)。

弯销工作宽度 b 在一般情况下取 $\dfrac{2}{3}a$，以保持弯销工作的稳定性。

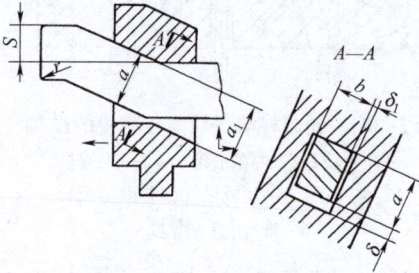

图 2-304　弯销工作段尺寸

如图 2-304 所示，弯销与侧滑块斜孔在斜孔方向上的配合尺寸 $a_1 = a + 1$ mm，在垂直方向上的配合尺寸 $\delta_1 = 0.5 \sim 1$ mm。

该机构的滑块设计与斜导柱侧向分型与抽芯机构的滑块设计相同。

（3）弯销侧向分型与抽芯机构的应用。

弯销侧向分型与抽芯机构常用于定模抽芯、动模内侧抽芯、延时抽芯、抽芯距较长和斜抽芯等场合，但滑块宽度不宜大于 100 mm。

图 2-303 所示为采用侧浇口浇注系统弯销定模外侧抽芯模具结构。合模时，弯销压住定模滑块。开模时，模具先从 I 面分型，弯销拨动定模滑块，定模滑块在定模板内滑动；侧向抽芯完成后，模具再从 II 面分型，最后推出制品。该机构需要采用定距分型拉紧机构。

图 2-305 所示为弯销延时抽芯结构。其侧向分型部分有一处加强筋，如果上下同时抽芯，容易将其拉断，因此需要采用弯销延时抽芯。开模时，滑块在斜导柱的拨动下先行抽芯，由于弯销有一段直身位，因此此时滑块保持不动，从而实现延时抽芯。

图 2-306 所示为弯销内侧抽芯结构。开模时，侧型芯在弯销的作用下向制品中心方向移动，完成对制品内壁侧凹的分型；弯销与侧型芯脱离后，侧型芯在弹簧的作用下定位。因为要在侧型芯上加工斜孔，所以内侧抽芯模具的宽度较大。A 处的钢材厚度应大于 5 mm，压块的厚度 H 应大于 8 mm。

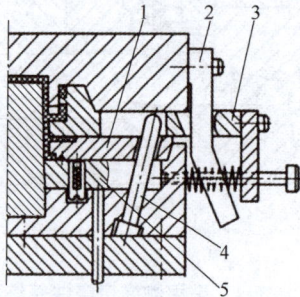

图 2-305　弯销延时抽芯结构

1—滑块 1；2—弯销；3—滑块 2；

4—斜导柱；5—推件板

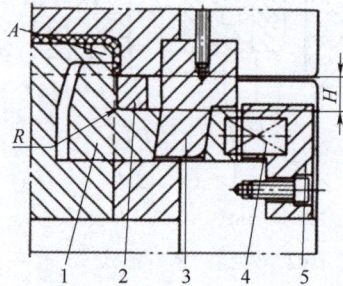

图 2-306　弯销内侧抽芯机构

1—侧型芯；2—压块；3—弯销；

4—弹簧；5-挡块

3. 斜滑槽侧向分型与抽芯机构

将弯销做成中间带有导槽的形式，便构成斜导槽侧向分型与抽芯机构，这时在滑块上装入圆柱销，可沿斜导槽滑动，使滑块产生侧向运动。斜导槽的形状如图 2-307 所示。图 2-307（a）所示为单一段斜导槽结构，开模一开始便进行侧抽芯，但这时斜导槽倾斜角 α 应小于 25°；图 2-307（b）所示为两段斜导槽结构，开模后，圆柱销先在直槽内运动，因此有一段延时抽芯动作，直至圆柱销进入斜槽部分，侧抽芯才开始；图 2-307（c）所示为两段 α_1、α_2 角斜导槽结构，开模时先在倾斜角较小的 α_1 斜导槽内侧抽芯，然后进入倾斜角较大的 α_2 斜导槽内侧抽芯，该结构用于抽芯距较大的场合，由于起始抽芯力较大，因此第一段的倾斜角一般在 12°～25° 内选取，第二段的抽芯力比较小，其倾斜角可适当增大，但仍应使 $\alpha_2 < 40°$。

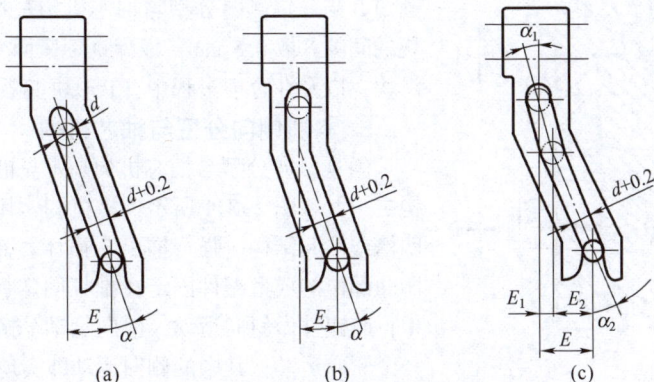

图 2-307　斜导槽的形状

图 2-308 所示为斜导槽侧向分型抽芯机构。开模时，侧型芯滑块随动模同时移动，待止动销全部离开侧型芯滑块后，侧型芯滑块才在斜导槽的作用下侧向移动，将侧型芯从塑件侧凹中抽出，然后推杆将塑件推出。止动销的作用是在成型时锁紧滑块，以防止其可能产生的位移。

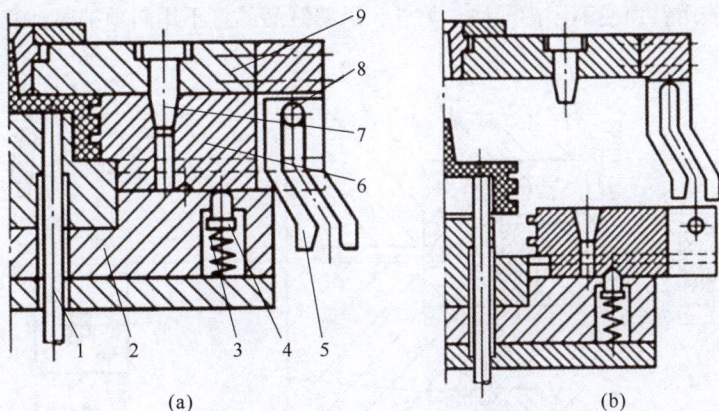

图 2-308　斜导槽侧向分型抽芯机构

1—推杆；2—动模板；3—弹簧；4—顶销；5—斜导槽板；6—侧型芯滑块；7—止动销；8—圆柱销；9—定模板

4. T 形块侧向分型与抽芯机构

T 形块侧向分型与抽芯机构和斜导柱侧向分型与抽芯机构的结构大致相同，其原理也基本相同，只是在结构上用 T 形块代替了斜导柱，如图 2-309 所示。T 形块既可以抽芯，又可以压紧滑块，因此不需要设置锁紧块。这种机构的特点是倾斜角大，其抽芯距大于斜导柱机构的抽芯距，抽芯力也较大。

图 2-310 所示为 T 形块侧向分型与抽芯机构定模侧向抽芯，采用没有流道推板的简化三板模架。

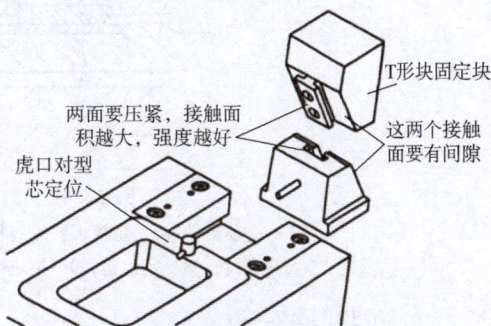

图 2-309　T 形块侧向分型与抽芯机构

开模时，定模座板和定模板先在Ⅰ面分型，定模滑块在T形块的拨动下向右抽芯。当定模滑块完成抽芯后，模具再在Ⅱ面分型，最后取出制品。合模时，T形块插入定模滑块的T形槽内，将滑块推回原位。需要说明的是，该模具需要设置定距分型拉紧机构。

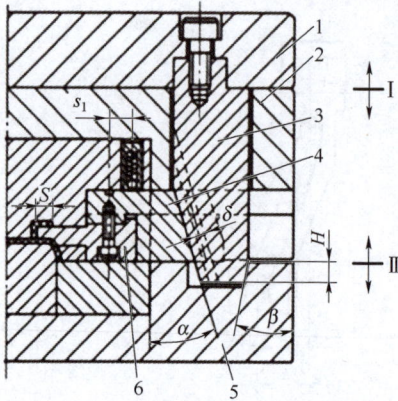

图 2-310 T形块侧向分型与
抽芯机构定模侧向抽芯

1—定模座板；2—定模板；3—T形块；
4—定模滑块；5—动模板；6—定模侧型芯

T形块侧向分型与抽芯机构的倾斜角 α、抽芯距 S、反锁角 β 与弯销侧向分型与抽芯机构基本一致，T形块与滑块的间隙 δ 取 0.5 mm，以保证锁紧面分离后T形块再拨动滑块，以及在合模过程中，T形块能顺利地进入滑块内。

5. 斜顶侧向分型与抽芯机构

斜顶侧向分型与抽芯机构是常见的侧向分型与抽芯机构之一，如图 2-311 所示。该机构常用于塑件内侧面存在凹槽或凸起结构、强行推出会损坏塑件的场合。它将侧向凹凸部位的成型镶件固定在推杆固定板上，在推出的过程中，此镶件做斜向运动，斜向运动分解为一个垂直运动和一个侧向运动，其中的侧向运动即实现侧向抽芯。

相对于内侧滑块抽芯，斜顶机构简单，且有推出塑件的作用。

有时外侧抽芯也用斜顶机构，但一般来说，由于斜顶加工复杂，工作量较大，模具生产时易磨损，维修麻烦，因此外侧倒扣结构应尽量避免使用斜顶抽芯。通常，设计侧向分型与抽芯机构时，能用外滑块便不用斜顶，能用斜顶便不用内滑块。另外，透明制品尽量不用斜顶抽芯，避免产生划痕。

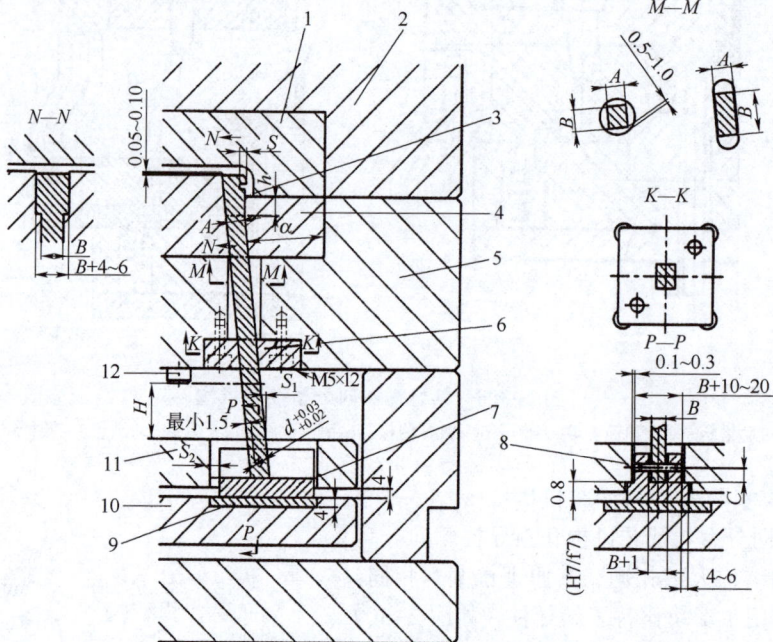

图 2-311 斜顶侧向分型与抽芯机构

1—定模镶件；2—定模板；3—斜顶；4—动模镶件；5—动模板；6—导向块；
7—滑块；8—定位销；9—垫块；10—推板；11—推杆固定板；12—限位柱

（1）斜顶的分类。

斜顶分整体式和二段式两种结构。二段式主要用于长而细的斜顶，此时采用整体式的斜顶易弯曲变形。整体式斜顶的典型结构如图 2-312 所示，二段式斜顶的典型结构如图 2-313

所示。整体式和二段式斜顶工作原理相同，但二段式斜顶设计时要注意以下几点。

1）在斜顶较长且单薄或倾斜角较大的情况下，通常采用二段式斜顶，以提高寿命。

2）在斜顶可向塑件外侧加厚的情况下，应向外加厚以增加强度，并使 B_1 有足够的位置，作为复位结构。

3）采用二段式斜顶时应设计限位块，保证 $H_3 = H_1 + 0.5$。

4）二段式斜顶常用结构如图 2-313 所示。可将斜顶杆和斜顶头分开加工，并采用键槽、燕尾槽、销、螺钉等多种形式进行定位或连接。斜顶杆可以是方形截面，也可以是圆形截面。由于加工方便，圆形斜顶杆的应用比较广泛。斜顶杆和斜顶头也可以做成大小不一的形状。

（2）斜顶倾斜角的确定。

斜顶的倾斜角 α 取决于侧向抽芯距 S 和塑件的推出距离 H。它们的关系如图 2-314 所示，计算公式为

$$\tan\alpha = S/H \tag{2-56}$$

$$S = S_1 + (2\sim3) \text{ mm} \tag{2-57}$$

式中　S_1——侧向凹凸深度。

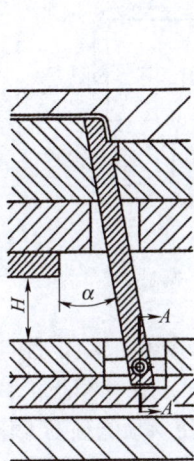

图 2-312　整体式斜顶　　　　图 2-313　二段式斜顶　　　　图 2-314　斜顶倾斜角

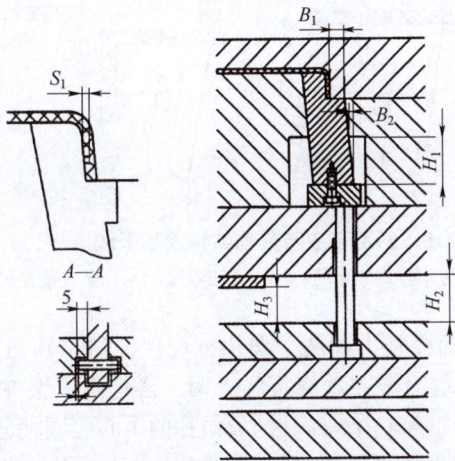

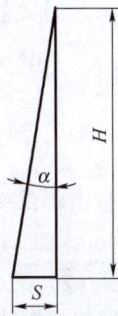

一般情况下，斜顶的倾斜角不能太大，否则斜顶会在推出过程中受到很大的扭矩作用，导致其磨损，甚至卡死或断裂。斜顶的倾斜角取值范围一般为 $3°\sim15°$，常用角度范围为 $8°\sim10°$。在设计过程中，斜顶的倾斜角宜选小而不选大。

（3）斜顶的设计。

1）斜顶的设计要保证复位可靠。如图 2-315 所示，可将整体式斜顶尺寸向外扩大 $5\sim8$ mm，合模时由定模将斜顶推回复位。如图 2-316 所示，组合式斜顶合模时由复位杆将斜顶推回复位，其中 $A = 8\sim10$ mm，$B = 6\sim8$ mm。

2）如图 2-315 所示，在斜顶靠近型腔的一端做 $6\sim10$ mm 的直身位，并做一个 $2\sim3$ mm 的挂台（凸台）起定位作用，避免注射时斜顶受压而移动。设计挂台便于模具的加工、装配及保证塑件内侧凹凸结构的精度。

3）斜顶上端面应比动模镶件低 $0.05\sim0.1$ mm，以保证推出时不损坏制品，如图 2-317 所示。

4）斜顶上端面侧向移动时，不能与制品内的其他结构（如圆柱、加强筋或型芯等）发生干涉，如图 2-318 所示，其中 $W = S + 2$ mm。

5）当斜顶上端面和镶件接触时，推出时不应碰到另一侧的制品（见图 2-318（d））。

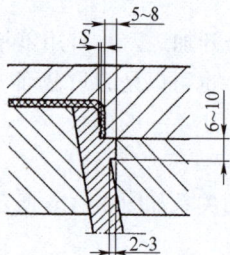

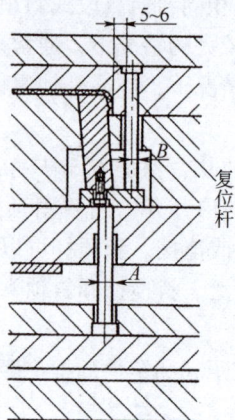

图 2-315　整体式斜顶可靠复位　　　　图 2-316　组合式斜顶可靠复位　　　　图 2-317　斜顶上端面尺寸

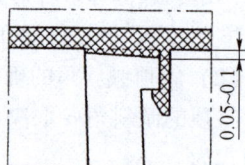

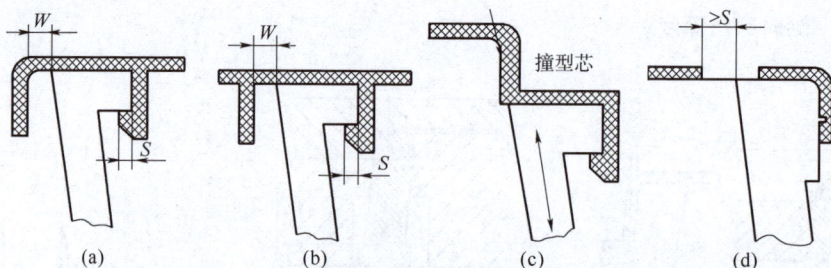

图 2-318　斜顶不应与其他结构发生干涉

（a）防止碰撞侧壁；（b）防止碰撞加强筋；（c）无法装配；（d）防止碰撞另一侧制品

6）当斜顶较长或较细时，在动模板上加装导向块，可保证斜顶顶出及复位的稳定性，如图 2-319 所示。加工时，先把导向块固定在动模板的下面，再把内模镶件固定在动模板上，然后再一起进行线切割加工，确保导向块和内模镶件的导向孔的中心线同轴，使斜顶能顺畅工作。

7）斜顶与内模的配合取 H7/f6，同时斜顶与模架接触处应该避空。斜顶过孔的大小与位置采用双截面法检查，如图 2-320 所示，尺寸应取较大的整数。过孔在平面装配图上必须画出，以检查与密封圈、水管、推杆、螺钉等是否干涉。

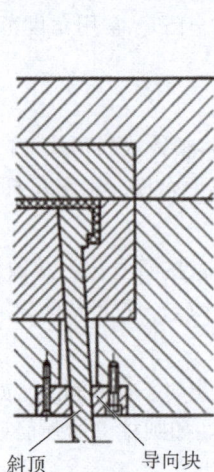

图 2-319　动模板加装导向块　　　　图 2-320　斜顶过孔的大小和位置

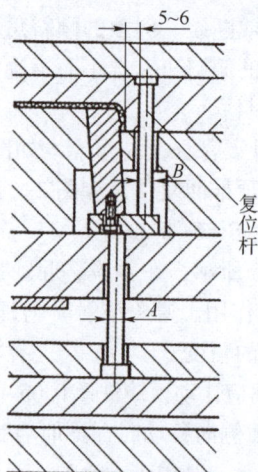

8）在结构允许的情况下，尽量加大斜顶横截面尺寸，以增强斜顶刚度。

9）斜顶的材料应与镶件材料不同，否则易磨损黏结，可选用铍铜合金。

10）斜顶及导向块的表面应进行氮化处理，以增强耐磨性。

6. 斜滑块侧向分型与抽芯机构

当塑件的侧凹比较浅，所需的抽芯距不大而抽芯力较大时，可以采用斜滑块机构进行侧向抽芯。它的特点是利用推出机构的推力，驱动滑块斜向运动，在塑件被推出的同时，由滑块完成侧向抽芯动作。斜滑块侧向分型与抽芯机构比斜导柱机构简单，通常可分为外侧分型与抽芯和内侧分型与抽芯两种类型。

机动侧向分型抽芯机构设计 3

（1）斜滑块外侧分型与抽芯机构。

如图 2-321 所示，塑件是一个线圈骨架，斜滑块本身就是瓣合式凹模镶块，型腔由两个斜滑块组成。开模后，在推杆的作用下斜滑块向右运动的同时实现侧向分型。与此同时，塑件也从主型芯上脱出，其中限位钉是为了防止斜滑块从模套中脱出而设置的。这种机构主要适用于塑件对主型芯的包紧力较小、侧凹的成型面积较大的场合，否则斜滑块很容易把塑件的侧凹拉坏。

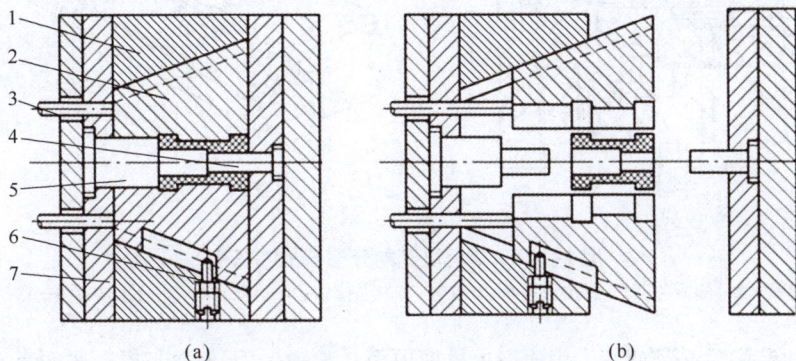

（a）

（b）

图 2-321　斜滑块外侧分型与抽芯机构

（a）合模状态；（b）分型后推出状态

1—模套；2—斜滑块；3—推杆；4—定模型芯；5—动模型芯；5—动模型芯；6—限位钉；7—动模型芯固定板

（2）斜滑块内侧分型与抽芯机构。

如图 2-322 所示，滑块型芯的上端为侧型芯，它安装在型芯固定板的斜孔中，开模后，推杆推动滑块型芯向上运动，由于型芯固定板上的斜孔作用，斜滑块同时还会向内侧移动，从而在推杆推出塑件的同时，滑块型芯完成内侧抽芯动作。

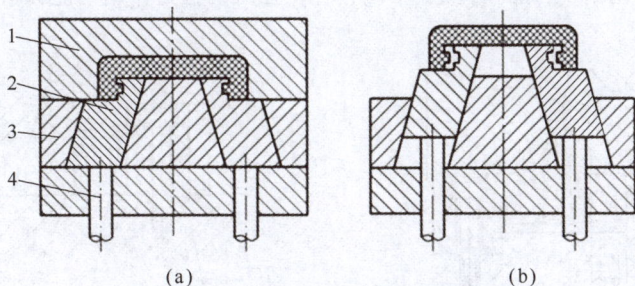

（a）

（b）

图 2-322　斜滑块内侧分型与抽芯机构

（a）合模状态；（b）抽芯推出状态

1—型腔；2—滑块型芯；3—型芯固定板；4—推杆

（3）斜滑块侧向分型与抽芯机构的设计。

1）如图 2-323 所示，斜滑块推出长度一般不超过导滑槽总长度的 1/3，否则会影响斜滑块的导滑及复位安全。

2）斜滑块推出距离 $W=S/\tan\alpha$，S 为抽芯距。

3）斜滑块倾斜角一般取 15°～25°。由于斜滑块刚度好，能承受较大的脱模力，因此斜滑块的倾斜角可以尽量取大些，但最大不能超过 30°。

4）制品脱模时不能留在其中任意一个滑块上。

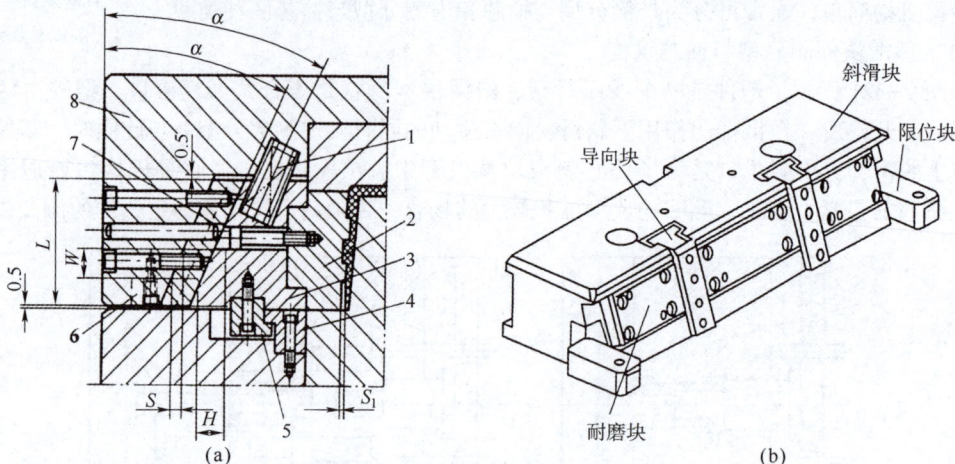

图 2-323　斜滑块侧向分型与抽芯机构

1—弹簧；2—侧型芯；3—斜滑块；4—下拉钩；5—上拉钩；6—定位块；7—导向块；8—定模板

5）斜滑块装配后必须使其上表面高出模框顶面 0.5 mm，下表面与模框底面有 0.5 mm 的间隙，以保证合模时斜滑块的拼合面密合，避免产生飞边，有利于修模。当斜滑块与导滑槽磨损之后，可通过修磨斜滑块下端面继续保持其密合性。

6）斜滑块推出时应有导向及限位机构，如图 2-323 所示机构中的导向块 7 和定位块 6。

7）斜滑块机构中的弹簧直径一般取 5/8～3/4 in，弹簧斜向放置，其倾斜角和斜滑块相等。

8）因为弹簧没有冲击力，而且容易疲劳失效，所以斜滑块不能靠弹簧推出。当滑块较大时，设计拉钩机构（见图 2-324 和图 2-325）。拉钩材料为模具钢 CrWMn，淬火至 54～58 HRC，其内转角处需倒圆角 $R0.5$ mm，以免淬火后裂开。图 2-324 中 $W_1<S$，β 一般取 10°～15°。图 2-325 所示的拉钩机构，在活动销 3 后加弹簧 4，活动销 3 在强大的拉力作用下能够后退，因此不易拉断。

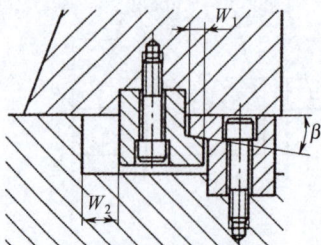

图 2-324　拉钩机构（一）

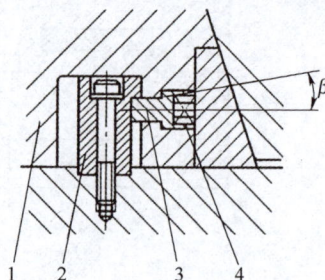

图 2-325　拉钩机构（二）

1—斜滑块；2—拉钩；3—活动销；4—弹簧

9）当定模斜滑块和动模推杆在分型面上的投影有重叠时，应设置先复位机构。

10）斜滑块的导滑形式根据导滑部分的形状可分为矩形、半圆形和燕尾形，如图 2-326 所示。当斜滑块宽度小于 60 mm 时，应做成图 2-326（d）~图 2-326（f）所示的矩形扣、半圆形扣和燕尾形扣；当斜滑块宽度大于 60 mm 时，应做成图 2-326（a）~图 2-326（c）所示的矩形槽、半圆形槽和燕尾形槽；当斜滑块宽度大于 120 mm 时，为增强滑动的稳定性，应设置两个导滑槽。

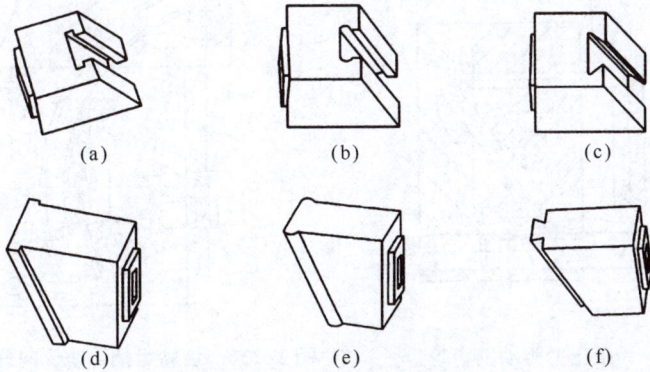

图 2-326　斜滑块的导滑形式

（a）矩形槽；（b）半圆形槽；（c）燕尾形槽；（d）矩形扣；（e）半圆形扣；（f）燕尾形扣

7. 齿轮齿条侧向分型与抽芯机构

齿轮齿条侧向分型与抽芯机构可以获得较大的抽芯距和抽芯力，满足斜向抽芯的要求，但制造成本较高，一般不用于中小型模具。

（1）齿轮齿条水平侧向分型与抽芯机构。图 2-327 所示为齿轮齿条水平侧向分型与抽芯机构。开模时，同轴齿轮上的大齿轮在大齿条的作用下做逆时针旋转，同方向旋转的小齿轮则带动小齿条向右运动，从而完成侧抽芯动作。

（2）齿轮齿条倾斜侧向分型与抽芯机构。图 2-328 所示为齿轮齿条倾斜侧向分型与抽芯机构。传动齿条固定在定模座板上，齿轮和齿条型芯固定在动模板内。开模时，动模部分向下移动，齿轮在传动齿条的作用下做逆时针方向转动，从而使与之啮合的齿条型芯向下运动而抽出侧型芯。推出机构动作时，推杆将塑件从主型芯上推出。合模时，传动齿条插入动模板对应的孔内并与齿轮啮合，顺时针转动的齿轮带动齿条型芯复位，然后由锁紧装置将齿轮或齿条型芯锁紧。

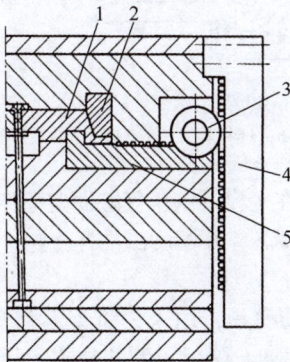

图 2-327　齿轮齿条水平侧向分型与抽芯机构

1—滑块；2—锁紧块；3—同轴齿轮；
4—大齿条；5—小齿条

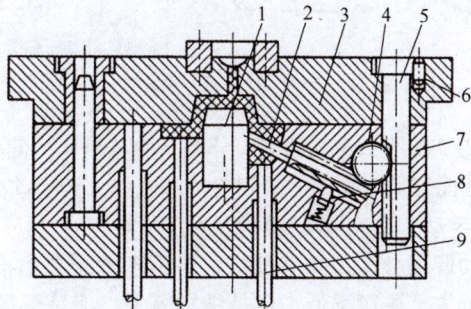

图 2-328　齿轮齿条倾斜侧向分型与抽芯机构

1—主型芯；2—齿条型芯；3—定模座板；4—齿轮；
5—传动齿条；6—止动销；7—动模板；
8—定位销；9—推杆

利用推出力驱动的齿轮齿条倾斜侧向分型与抽芯机构如图 2-329 所示。

齿轮齿条弧线侧向分型与抽芯机构如图 2-330 所示。

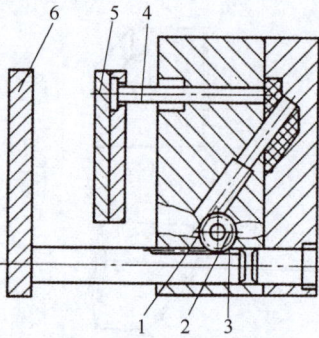

图 2-329　用推出力驱动的齿轮齿
条倾斜侧向分型与抽芯机构
1—型芯齿条；2—齿轮；3—传动齿轮；
4—推杆；5—推板；6—齿条推板

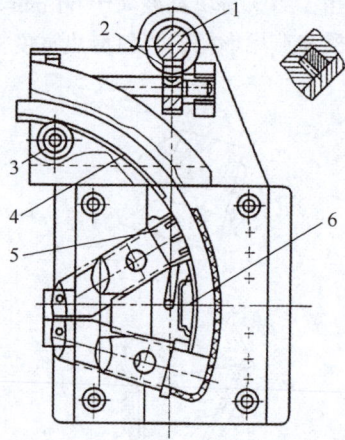

图 2-330　齿轮齿条弧线侧向分型与抽芯机构
1—齿条；2, 3—直齿轮；
4—弧形齿条型芯；5—滑块；6—主型芯

8. 液压或气动侧向分型与抽芯机构

液压或气动侧向分型与抽芯机构是通过液压缸或气缸活塞及控制系统实现侧向分型与抽芯的。图 2-331 所示为液压侧向分型与抽芯机构，侧型芯固定在动模一侧。注射成型时，侧型芯由定模板上的锁紧块锁紧，开模时，锁紧块离开侧型芯，然后由液压侧向分型与抽芯机构抽出侧型芯。液压侧向分型与抽芯机构需要在模具上配置专门的抽芯液压缸。目前注射机上均带有侧向抽芯的液压管路和控制系统，所以液压侧向分型与抽芯机构十分方便。

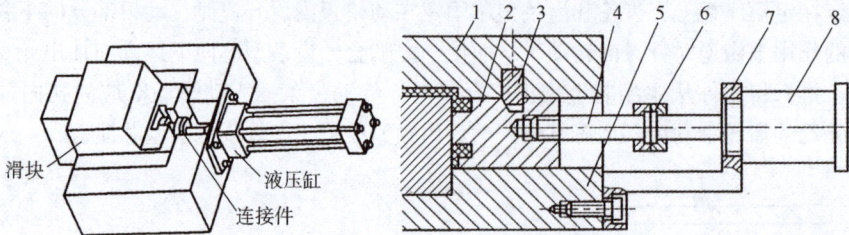

滑块　　液压缸　　连接件

图 2-331　液压侧向分型与抽芯机构
1—定模板；2—侧型芯；3—锁紧块；4—拉杆；5—动模板；6—连接器；7—支架；8—液压缸

图 2-332 所示为气动侧向分型与抽芯机构，侧型芯固定在定模一侧，气缸固定于定模而省去锁紧块，它能完成定模部分的侧向抽芯工作。开模前先抽出侧型芯，开模后由推杆将塑件推出。

9. 手动侧向分型与抽芯机构

手动侧向分型与抽芯机构主要用于试制和小批量生产的模具，用人力将型芯从塑件上抽出，劳动强度大，生产率低，但是结构简单，缩短了模具加工周期，降低了制造成本。手动抽芯多用于侧型芯、螺纹型芯、成型镶块的抽出，可分为模内手动侧向分型与抽芯机构、模外手动侧向分型与抽芯机构两种。

（1）模内手动侧向分型与抽芯机构。

模内手动侧向分型与抽芯机构是指在开模前，用手扳动模具上的侧向分型与抽芯机构完成抽芯动作，然后开模，推出制品。图2-333所示为模内螺纹手动侧向分型与抽芯机构，它利用螺母与螺杆的配合，把旋转运动转化为型芯的进退直线移动。图2-333（a）所示的机构用于圆形型芯的抽芯；图2-333（b）所示的机构用于非圆形型芯的抽芯；图2-333（c）所示的机构用于多型芯同时抽芯；图2-333（d）所示的机构用于成型面积大而抽芯距较小的场合；图2-333（e）所示的机构用于成型面积大的场合，当支架承受不起成型压力时，采用锁紧块锁紧侧滑块。此外，还可以采用齿轮齿条等类型的手动侧向分型与抽芯机构。

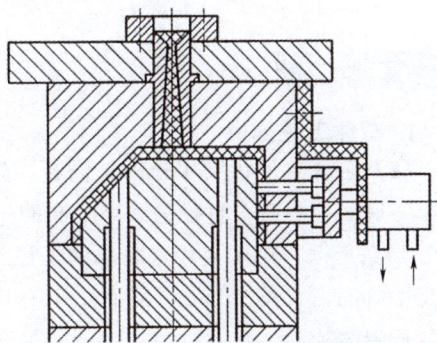

图2-332　气动侧向分型与抽芯机构

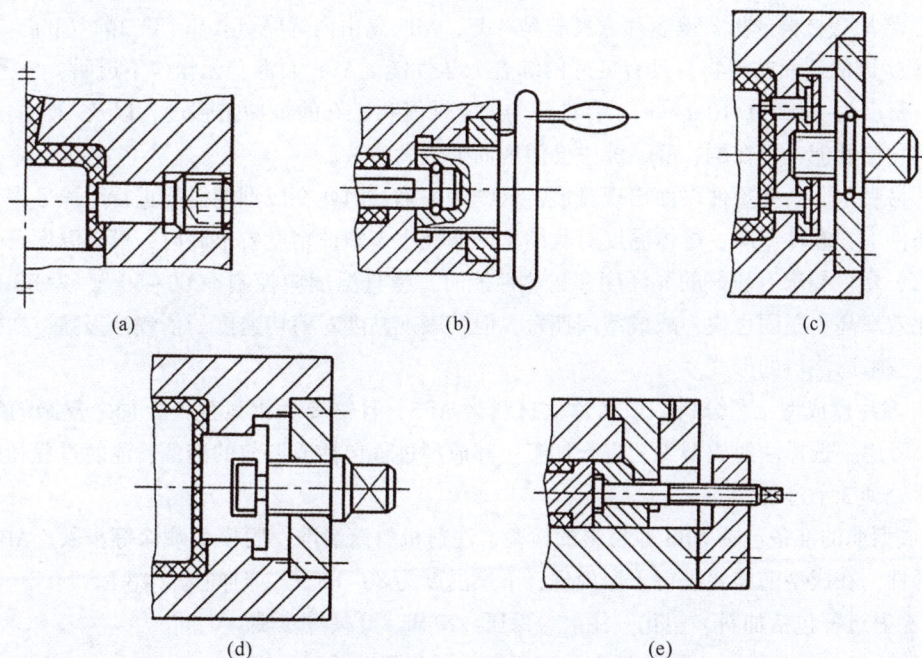

(a)　　　　　　　　(b)　　　　　　　　(c)

(d)　　　　　　　　(e)

图2-333　模内螺纹手动侧向分型与抽芯机构

（2）模外手动侧向分型与抽芯机构。

模外手动侧向分型与抽芯机构是指将镶块或型芯、螺纹型芯等部件和制品一起推出模外，然后通过人工或简单机械将镶块或型芯从制品中取出的一种结构。图2-334所示为模外手动侧向分型与抽芯机构，该模具中的制品内带凸台，采用活动镶块成型。开模时，制品与流道凝料同时留在活动镶块上，同动模板一起运动，当动模和定模分型一定距离后，注射机推出机构推动推板，从而推动推杆，将活动镶块同制品一起推出模外，然后通过人工或其他装置使制品与镶块分离。最后将活动镶块重新装入动模，在镶块装入动模前推杆已在弹簧的作用下复位。型芯座上的锥孔（面）可保证镶块定位准确、可靠。

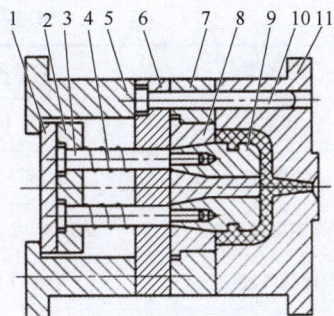

图2-334　模外手动侧向分型与抽芯机构

1—推板；2—推杆固定板；3—推杆；4—弹簧；
5—支架；6—支承板；7—动模板；8—型芯座；
9—活动镶块；10—导柱；11—定模座板

1. 塑件工艺分析

（1）名片盒形状尺寸分析。该名片盒外形为长方体，尺寸为 95 mm×48 mm×32 mm，尺寸较小。底面中心有一直径为 φ15 mm 的中心孔；底面均布两个长 83 mm、宽 14 mm、高 1 mm 的 U 形条形框，用于名片盒底部的平稳放置；前面正中设置有学院英文简写字母 SXPI，整体字高 16 mm，字长 50 mm；前面正中有梯形凹槽，上部、下部两侧为半径 R5 mm 的圆弧，以方便放置名片。

该塑件表面光滑，无划痕，未标注壁厚为 2 mm，未注圆角为 R1 mm，脱模斜度为 3°，未注尺寸公差等级为 MT5，生产批量为 50 万件。

（2）名片盒材料分析。该名片盒材料是 ABS，ABS 是由丙烯腈（A）、丁二烯（B）、苯乙烯（S）共聚生成的三元共聚物，具有良好的综合力学性能。ABS 无毒、无味、不透明，色泽微黄，可燃烧，密度为 1.02~1.10 g/cm^3；有良好的力学性能和极好的抗冲击强度，以及一定的耐油性和稳定的化学性能；但在酮、醛、酯中会溶解而形成乳浊液。

ABS 易吸水，会使塑件表面出现斑痕、云纹等缺陷，因此在成型前需要进行干燥处理。在正常成型条件下，塑件壁厚、熔体温度对收缩率影响极小。塑件精度要求高时，模具温度可控制在 50~60 ℃，塑件要求有较好的光泽度和耐热性能时，模具温度应控制在 60~80 ℃。ABS 比热容低，塑化效率高，凝固也快，故成型周期短，但其表观黏度对剪切速度的依赖性很强，在模具设计时要注意考虑浇口的形式。

（3）名片盒成型工艺分析。该名片盒材料为 ABS，且需要大批量生产，加之复杂的结构特征，综合考虑，选择注射成型工艺进行加工。其成型过程包括成型前的准备、注射过程和成型后的塑件后处理 3 个过程。

1）成型前的准备包括 ABS 原材料的检验、注射机料筒清洗、脱模剂喷涂等步骤。ABS 材料具有吸湿性，在成型前需要进行干燥处理，干燥温度为 80~85 ℃，时间为 2~3 h。

2）注射过程包括加料、塑化、注射、保压、冷却、开模等步骤。

3）关于塑件后处理，本塑件没有特殊要求，因此不需要后处理。

ABS 的注射成型工艺参数见表 2-57。

表 2-57　ABS 的注射成型工艺参数

工艺参数	取值范围	工艺参数	取值范围
密度	1.02~1.10 g/cm^3	模具温度	50~80 ℃
收缩率	0.4%~0.7%	注射压力	60~100 MPa
干燥温度及时间	80~85 ℃，2~3 h	塑化压力	5~15 MPa
料筒后段温度	150~170 ℃	保压压力	取注射压力的 30%~60%
料筒中段温度	165~180 ℃	注射时间	2~5 s
料筒前段温度	180~200 ℃	保压时间	15~30 s
喷嘴温度	170~180 ℃	冷却时间	15~30 s

2. 模具结构设计

（1）分型面位置的确定。根据分型面一般选在塑件外形轮廓最大处的原则，确定该塑件的分型面如图 2-335 所示。分型面选择在 A 面有利于塑件脱模，有利于侧向分型与抽芯，又便于成型零件加工。

（2）型腔数量和排位方式的确定。塑件尺寸较小，质量较小，生产批量大，且塑件两侧各有侧孔和侧凸，需要采用侧向分型与抽芯机构成型，若采用一模两腔结构，会增大模具尺寸，增加制造成本。综合考虑，该塑件成型选择一模一腔结构，便于模具装配。

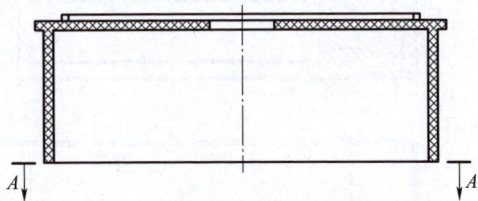

图 2-335　名片盒分型面

（3）初选注射机。通过 UG 软件建模可知该塑件的质量约为 25 g。浇注系统凝料质量在设计之前无法确定，可以根据经验按照塑件质量的 0.2~1 倍估算，考虑到本塑件尺寸较小，按照塑件质量约 0.5 倍进行估算，因此浇注系统凝料的质量大约为 13 g。由此得到塑件成型时一次注入模具型腔的塑料熔体的总质量为（25+13）g=38 g。

塑料注射成型一次注射所需的注射量应该不大于注射机最大注射量的 80%，因此注射机的最大注射量应大于 38 g/0.8=47.5 g，初选最大注射量为 300 g 的 JN168-E 卧式螺杆注射机，其主要技术参数见表 2-2。

（4）成型零件的设计。

1）成型零件结构设计。该塑件生产批量大，为了方便加工和维修，选择组合式的凹模和型芯，并用螺钉紧固。凹模与定模板、型芯与动模板的配合采用 H7/m6，凹模、型芯及型芯镶件结构如图 2-336 所示。侧面字母标记 SXPI 采用滑块机构成型。

2）成型零件工作尺寸计算。取 ABS 的平均收缩率 0.6%，按照平均值法进行凹模和型芯尺寸的计算，塑件未注尺寸公差等级为 MT5，部分工作尺寸计算见表 2-58。

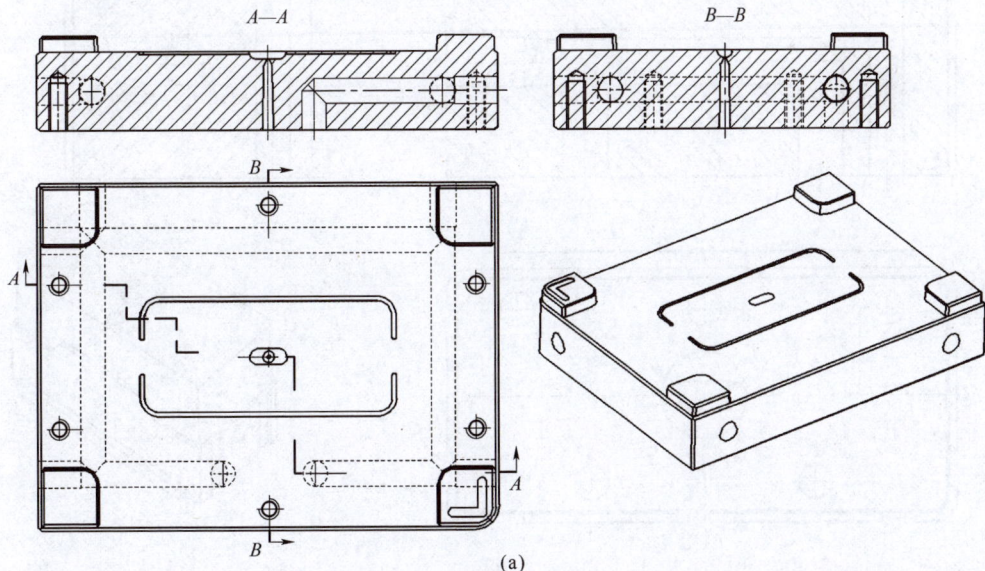

(a)

图 2-336　凹模、型芯及型芯镶件结构

(a) 凹模

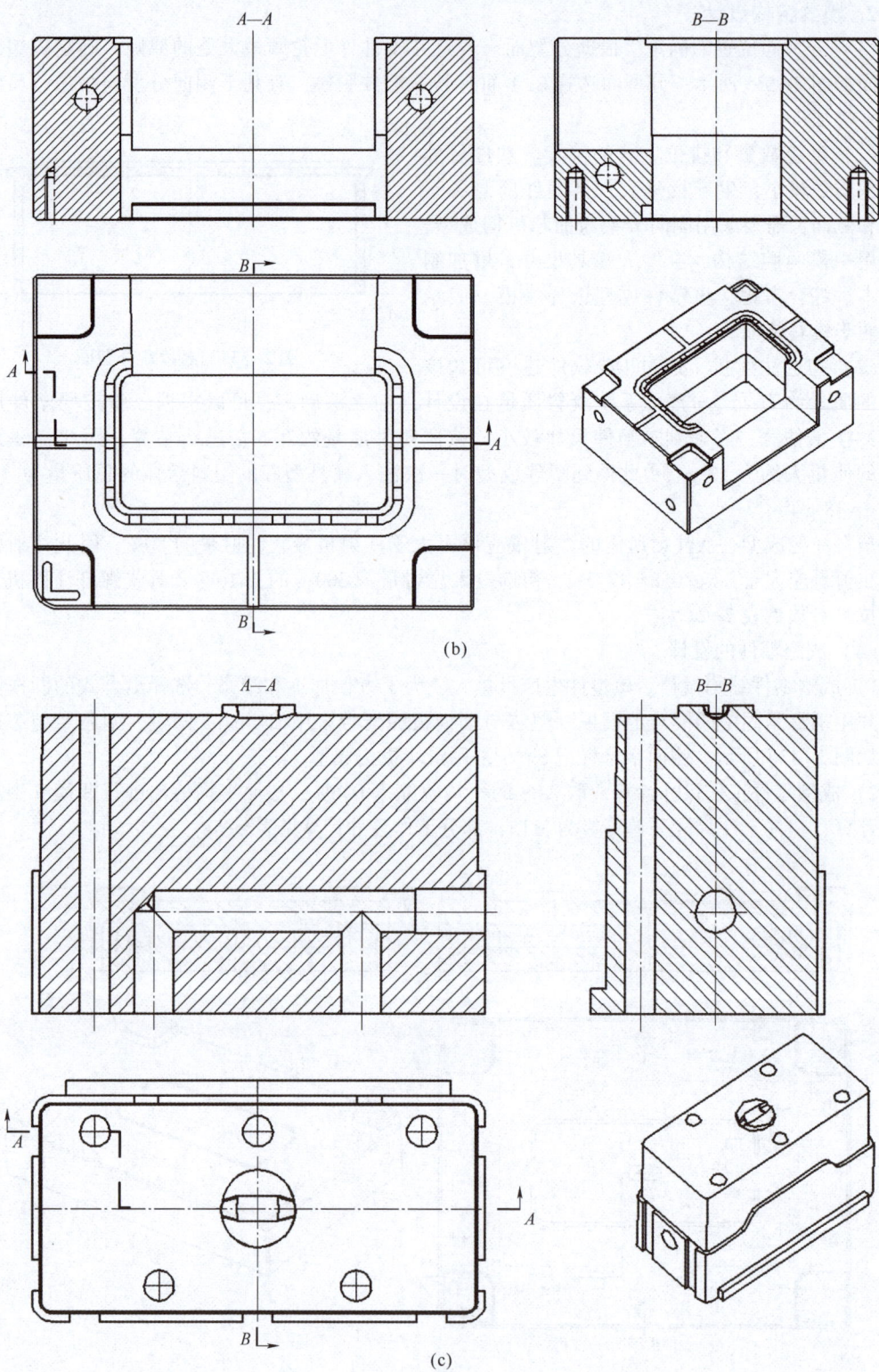

图 2-336 凹模、型芯及型芯镶件结构（续）

（b）型芯；（c）型芯镶件

表 2-58　名片盒成型零件部分工作尺寸计算

成型零件	名片盒尺寸/mm	计算公式	成型零件工作尺寸/mm
凹模	$95_{-1}^{\ 0}$	$L_{m}=\left(L_{s}+L_{s}S-\dfrac{3}{4}\Delta\right)_{\ 0}^{+\delta_{z}}$	$94.82_{\ 0}^{+0.33}$
	$91_{-1}^{\ 0}$	$L_{m}=\left(L_{s}+L_{s}S-\dfrac{3}{4}\Delta\right)_{\ 0}^{+\delta_{z}}$	$90.80_{\ 0}^{+0.33}$
	$48_{-0.64}^{\ 0}$	$L_{m}=\left(L_{s}+L_{s}S-\dfrac{3}{4}\Delta\right)_{\ 0}^{+\delta_{z}}$	$47.81_{\ 0}^{+0.21}$
	$44_{-0.64}^{\ 0}$	$L_{m}=\left(L_{s}+L_{s}S-\dfrac{3}{4}\Delta\right)_{\ 0}^{+\delta_{z}}$	$43.78_{\ 0}^{+0.21}$
	$83_{-1}^{\ 0}$	$L_{m}=\left(L_{s}+L_{s}S-\dfrac{3}{4}\Delta\right)_{\ 0}^{+\delta_{z}}$	$82.75_{\ 0}^{+0.33}$
	$80_{-0.86}^{\ 0}$	$L_{m}=\left(L_{s}+L_{s}S-\dfrac{3}{4}\Delta\right)_{\ 0}^{+\delta_{z}}$	$79.83_{\ 0}^{+0.29}$
	$14_{-0.32}^{\ 0}$	$L_{m}=\left(L_{s}+L_{s}S-\dfrac{3}{4}\Delta\right)_{\ 0}^{+\delta_{z}}$	$13.84_{\ 0}^{+0.11}$
	$R7_{-0.28}^{\ 0}$	$L_{m}=\left(L_{s}+L_{s}S-\dfrac{3}{4}\Delta\right)_{\ 0}^{+\delta_{z}}$	$R6.83_{\ 0}^{+0.09}$
	$R5_{-0.24}^{\ 0}$	$L_{m}=\left(L_{s}+L_{s}S-\dfrac{3}{4}\Delta\right)_{\ 0}^{+\delta_{z}}$	$R4.85_{\ 0}^{+0.08}$
	$R1_{-0.20}^{\ 0}$	$L_{m}=\left(L_{s}+L_{s}S-\dfrac{3}{4}\Delta\right)_{\ 0}^{+\delta_{z}}$	$R0.86_{\ 0}^{+0.07}$
	$2_{-0.20}^{\ 0}$	$L_{m}=\left(L_{s}+L_{s}S-\dfrac{2}{3}\Delta\right)_{\ 0}^{+\delta_{z}}$	$1.86_{\ 0}^{+0.07}$
	$1_{-0.20}^{\ 0}$	$L_{m}=\left(L_{s}+L_{s}S-\dfrac{2}{3}\Delta\right)_{\ 0}^{+\delta_{z}}$	$0.86_{\ 0}^{+0.07}$
	11 ± 0.16	$C_{m}=\left(C_{s}+C_{s}S-\dfrac{1}{2}\Delta\right)_{\ 0}^{+\delta_{z}}$	11.07 ± 0.05
型芯	$15_{\ 0}^{+0.38}$	$l_{m}=\left(l_{s}+l_{s}S+\dfrac{3}{4}\Delta\right)_{-\delta_{z}}^{\ 0}$	$15.38_{-0.13}^{\ 0}$
	$87_{\ 0}^{+1}$	$l_{m}=\left(l_{s}+l_{s}S+\dfrac{3}{4}\Delta\right)_{-\delta_{z}}^{\ 0}$	$88.27_{-0.33}^{\ 0}$
	$41_{\ 0}^{+0.64}$	$l_{m}=\left(l_{s}+l_{s}S+\dfrac{3}{4}\Delta\right)_{-\delta_{z}}^{\ 0}$	$41.73_{-0.21}^{\ 0}$
	$2_{\ 0}^{+0.40}$	$H_{m}=\left(h_{s}+h_{s}S+\dfrac{2}{3}\Delta\right)_{-\delta_{z}}^{\ 0}$	$2.28_{-0.13}^{\ 0}$
	$30_{\ 0}^{+0.70}$	$H_{m}=\left(h_{s}+h_{s}S+\dfrac{2}{3}\Delta\right)_{-\delta_{z}}^{\ 0}$	$30.65_{-0.23}^{\ 0}$
侧型芯	$16_{-0.38}^{\ 0}$	$L_{m}=\left(L_{s}+L_{s}S-\dfrac{3}{4}\Delta\right)_{\ 0}^{+\delta_{z}}$	$15.81_{\ 0}^{+0.13}$
	$1_{-0.40}^{\ 0}$	$H_{m}=\left(L_{s}+L_{s}S-\dfrac{2}{3}\Delta\right)_{\ 0}^{+\delta_{z}}$	$0.74_{\ 0}^{+0.13}$
	16 ± 0.19	$C_{m}=\left(C_{s}+C_{s}S\right)\pm\dfrac{1}{2}\delta_{z}$	16.10 ± 0.06
	50 ± 0.32	$C_{m}=\left(C_{s}+C_{s}S\right)\pm\dfrac{1}{2}\delta_{z}$	50.30 ± 0.11

3）凹模外形尺寸确定。名片盒塑件的深度为 32 mm，塑件在分型面上的投影面积为 4 560 mm^2（大致估算），由图 2-206 和表 2-28 可知，凹模的侧壁厚度 N=24~30 mm，型腔底板厚度 E=24~30 mm，选择 N=25 mm，E=24 mm，则凹模的整体尺寸为 150 mm×110 mm×30 mm，型芯的外形尺寸为 150 mm×110 mm×60 mm。

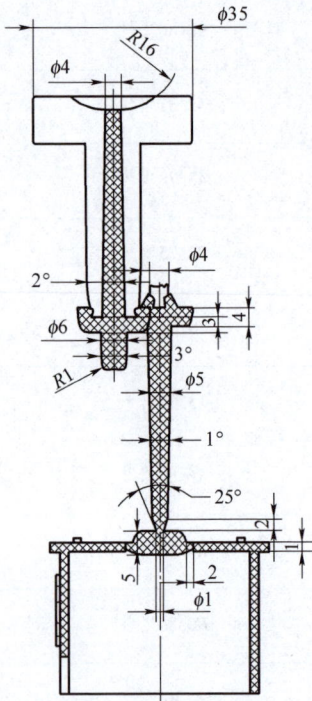

图 2-337　浇注系统结构

（5）浇注系统的设计。名片盒塑件采用一模一腔结构，将浇口设置在塑件圆形孔内部的两侧，采用一级点浇口拉断凝料、二级侧浇口中心孔进胶，如图 2-337 所示。选用规格为 35 mm 的浇口套，主流道锥度取 2°，主流道小端直径比注射机喷嘴孔直径大 0.5~1 mm，主流道的圆弧半径比喷嘴球半径大 1~2 mm，结合注射机技术参数（见表 2-2），取主流道的小端直径及圆弧半径分别为 4.0 mm 和 16 mm，表面粗糙度 Ra 为 0.4 μm。一级点浇口截面直径为 φ1 mm，其余尺寸如图 2-337 所示。二级浇口采用矩形截面，长度为 2 mm，宽度为 3 mm，厚度为 1 mm。分流道处采用倒锥形拉料杆，直径为 4 mm。

（6）推出机构的设计。开模时，分流道拉料杆将点浇口凝料拉断，二级分流道和侧浇口同名片盒塑件一起留在型芯上，推出机构设置在动模一侧。推杆推出机构结构简单，使用方便，选用 4 根直径为 6 mm 的推杆和 7 根截面尺寸为 1.5 mm×5 mm 的矩形推杆共同作用，将塑件和分流道、二级侧浇口凝料推出，模外将分流道、二级侧浇口凝料和塑件分离即可。

（7）模架的选择。

1）模架初选。根据模架选用原则，选用点浇口模架，型芯、凹模为组合式结构且采用推杆推出机构，因此选用 DC 型模架。

塑件在分型面上的投影面积为 4 560 mm^2（大致估算），由图 2-206 和表 2-28 可知：M=45~50 mm，则模板宽度尺寸为 2M+凹模宽度=［2×(45~50) +110］mm=200~210 mm，模板长度尺寸为 2M+凹模长度=［2×(45~50) +150］mm=240~250 mm。考虑到该模具采用弯销侧向分型与抽芯机构，需要将模架选大些，查附表 4，选择模架的标准值，即模板宽度为 250 mm，模板长度为 250 mm。

依据塑件投影面积，由图 2-206 和表 2-28 可知，壁厚尺寸 C=24~30 mm，D=40~50 mm。定模板的厚度 A=凹模厚+C=［30+(24~30)］mm=54~60 mm，在此选择 60 mm。动模板的厚度 B=型芯厚+D=［60+(40~50)］mm=100~110 mm，选择 B=110 mm。垫块厚度 C=推杆固定板的厚度+推板厚度+推出高度+限位钉高度+(10~15) mm。查模架 2525 的相应尺寸可得 C=［15+20+35+5+(10~15)］mm=85~90 mm，选 C=90 mm。即模架为 DC 2525-60×110×90 GB/T 12555—2006。

2）模具与注射机参数校核。

① 注射压力校核。ABS 塑料的注射压力范围为 60~100 MPa，所用的 JN168-E 卧式螺杆注射机的最大注射压力为 147 MPa，注射机压力满足要求。

② 锁模力校核。由表 2-1 可知，ABS 塑料成型时的型腔压力为 40 MPa，而名片盒在分型面上的投影面积为 4 560 mm^2，则 ABS 塑料成型所需的锁模力 F=40×4 560 N=182.4 kN，而 JN168-E 卧式螺杆注射机的锁模力为 1 600 kN，注射机锁模力满足要求。

③ 模具厚度校核。通过查表计算名片盒注射模的总厚度 H=(25+25+50+110+90+25) mm=325 mm，而 JN168-E 卧式螺杆注射机的模具最大厚度为 450 mm，模具最小厚度为 160 mm。注射

机模具厚度满足要求。

④ 开模行程校核。塑件推出高度取 35 mm，塑件所需的开模行程＝塑件的推出高度+塑件总高度+(5~10) mm＝[35+33+(5~10)] mm＝73~78 mm，而 JN168-E 卧式螺杆注射机的最大开模行程为 400 mm，注射机开模行程满足要求。

⑤ 拉杆间距校核。查附表 4 可知，名片盒塑件模具的周界尺寸为 250 mm×250 mm。JN168-E 卧式螺杆注射机的拉杆空间为 290 mm×368 mm，能够安装本模具，注射机拉杆间距符合要求。

(8) 冷却系统设计。名片盒材料为 ABS，要求注射成型的模具温度为 50~80 ℃，模具不用设置加热系统，只需要考虑冷却系统。

本模具尺寸不大，为了节省生产成本，便于冷却系统加工，凹模采用循环式冷却方式，如图 2-336 (a) 所示，冷却水孔直径为 8 mm。

(9) 侧向分型与抽芯机构设计。名片盒两侧分别有侧孔和侧凸结构，模具需要设置相应的侧向分型与抽芯机构。侧孔部分位于塑件外侧，抽芯距较小，可以优先选用斜导柱侧向分型与抽芯机构。而侧凸的结构位于塑件内侧，若选用斜导柱侧向分型与抽芯机构会影响其他零部件的动作，因此选择弯销侧向分型与抽芯机构成型。

1）抽芯力的计算。由式（2-35）、式（2-36）可计算侧抽芯力为

$$F_c = AP(f\cos \alpha - \sin \alpha)$$
$$= 6.5 \times 10^{-3} \times 1 \times 10^7 \times (0.2\cos0.5° - \sin0.5°) \text{N}$$
$$= 1.24 \times 10^4 \text{ N}$$

2）抽芯距计算。抽芯距 $S = H\tan \alpha - \delta/\cos \alpha$，其中间隙 δ 一般为 0.5~0.8 mm，在此选择 δ＝0.6 mm。弯销在滑块内的垂直距离 H 为 50 mm，弯销的倾斜角 α 一般取 15°~25°，在此选择 α＝18°。因此，抽芯距 $S = H\tan \alpha - \delta/\cos \alpha$＝（50tan18°-0.6/cos18°）mm＝16 mm。

3）弯销设计。弯销结构如图 2-338 所示。为方便脱模，将弯销装配于定模一侧定模板上。根据抽芯力和抽芯距的计算结果，弯销的倾斜角 α 确定为 18°。弯销的工作段尺寸包括工作段厚度、工作段宽度及弯销与滑块孔之间的配合间隙。

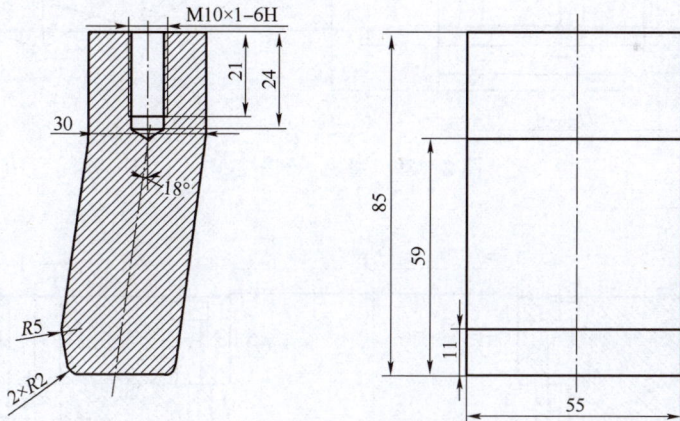

图 2-338 弯销结构

弯销的工作段厚度 a 可按式（2-55）计算

$$a = \sqrt[3]{\frac{9FH}{[\sigma]_w \cos^2\alpha}} = \sqrt[3]{\frac{9 \times 1.24 \times 10^4 \times 50}{137.2\cos^2 18°}} \text{mm} = 36 \text{ mm}$$

为保证弯销工作的稳定性，在一般情况下，弯销工作段宽度按下式计算

$$b = \frac{2}{3}a = \frac{2}{3} \times 36 \text{ mm} = 24 \text{ mm}$$

弯销与侧滑块上导向孔的配合尺寸为 $a_1 = (a+1)$ mm = 37 mm，在垂直方向上与滑块孔之间的配合间隙为 $\delta_1 = 0.8$ mm。

4）滑块设计。根据名片盒侧向文字 SXPI 结构，设计的滑块形状及尺寸如图 2-339 所示。滑块与侧型芯设计成一个整体，滑块的长度、宽度、高度分别为 40 mm、40 mm、35 mm。

滑块的导滑机构为标准压块和动模板形成的导滑槽。压块由 $\phi6$ mm 的销钉定位，并由 M6 的螺钉紧固在动模板上。滑块与导滑槽在宽度和高度方向上采用 H7/f8 的配合，以保证滑块平稳、灵活地运动，如图 2-340 所示。

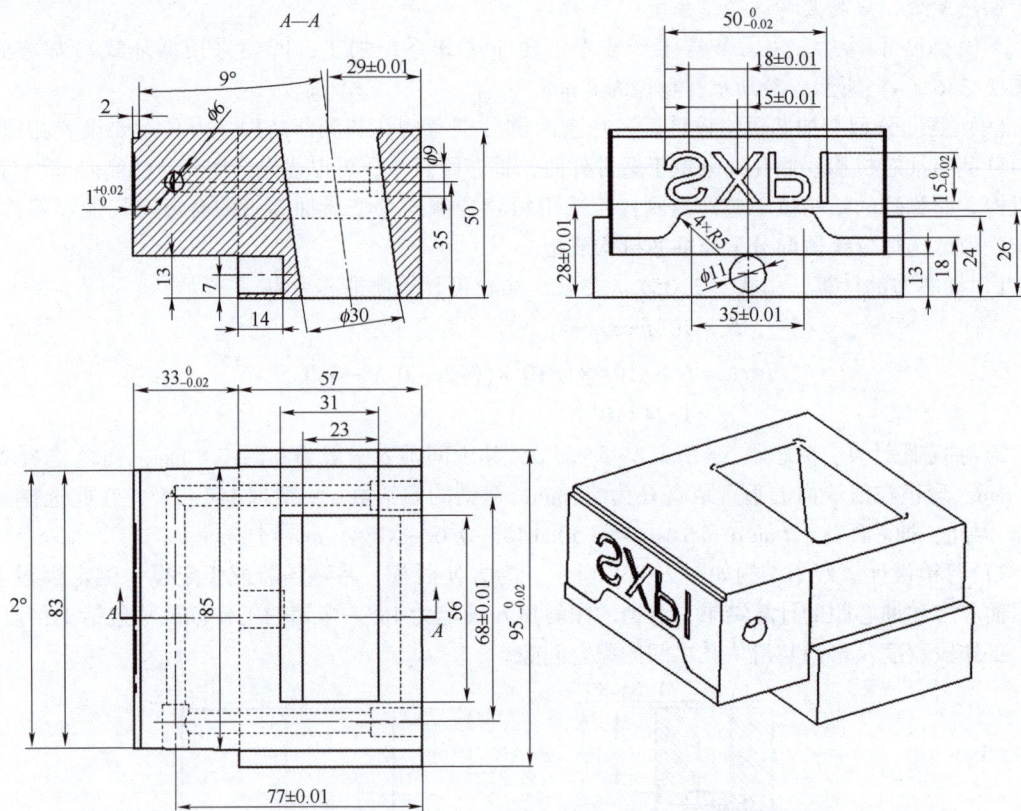

图 2-339　滑块（侧型芯）

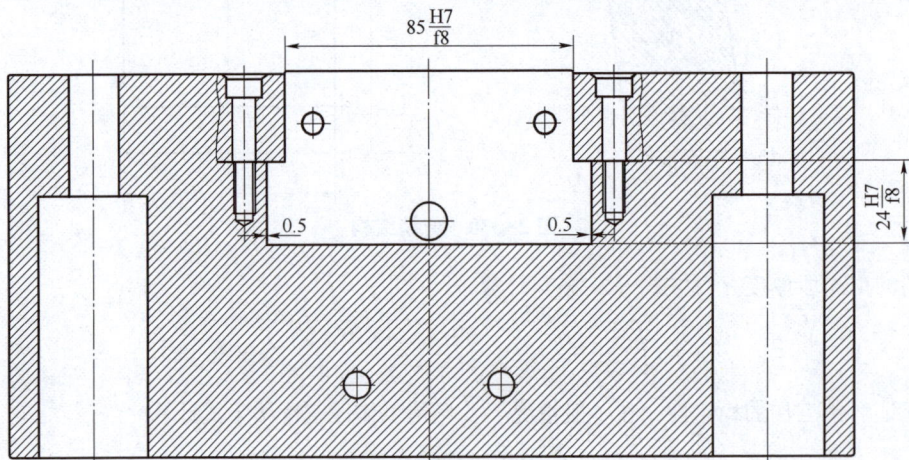

图 2-340　导滑机构

开模时，滑块在弯销的作用下沿着弯销孔中心线的方向滑动，从而完成侧向抽芯，采用标准件螺钉对滑块进行限位，保证合模时斜导柱能够顺利进入滑块的斜孔并使滑块复位。

5）干涉检查。根据以上设计，在完全合模的状态下，侧型芯与推杆在分型面的投影完全不重合，因此不会产生干涉现象。为了保证推出机构顺利复位，可在复位杆上安装复位弹簧，使推出机构先复位。

3. 模具装配图

根据上述模具设计流程，名片盒的模具装配图如图 2-341 所示。

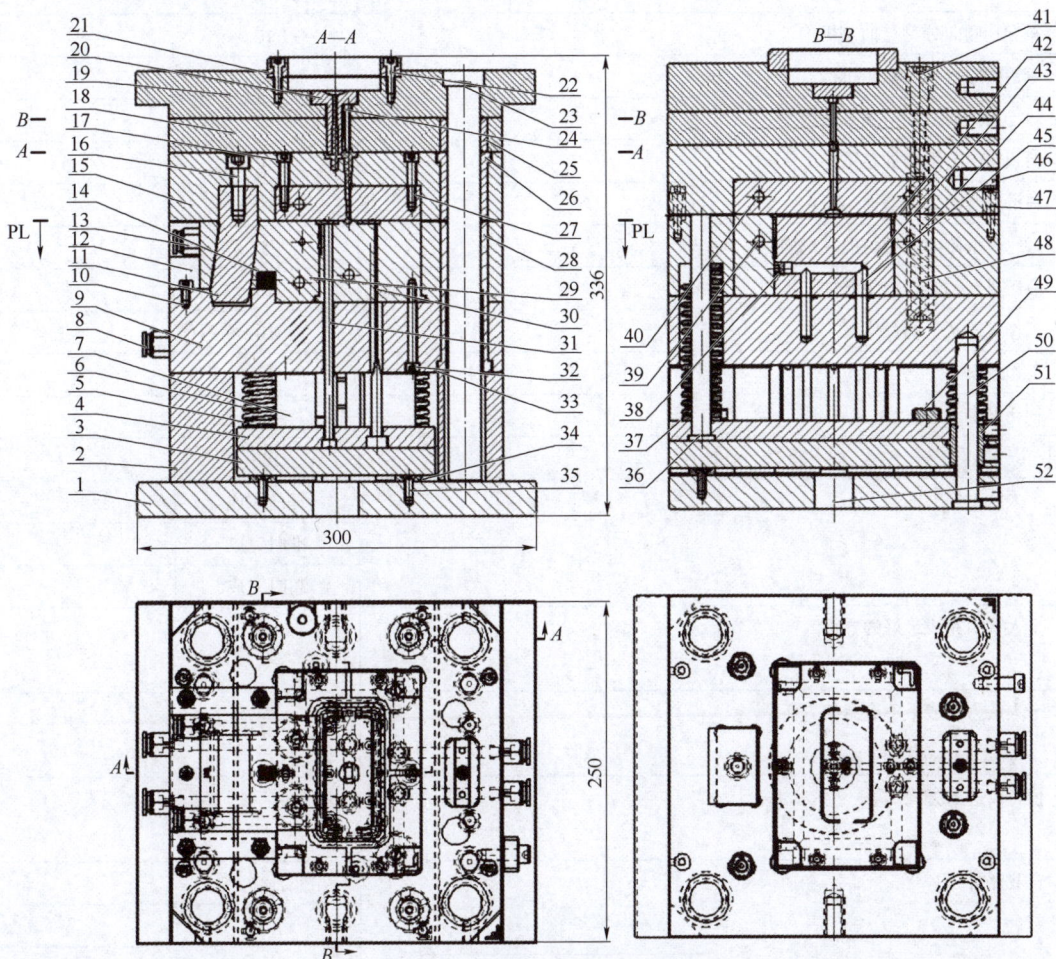

图 2-341　名片盒的模具装配图

1—动模座板；2—垫块；3—推板；4—推杆固定板；5，14，37—弹簧；6—推板导柱；7—支承柱；8—冷却水嘴；
9—支承板；10—限位钉；11—弯销；12，29—动模板；13—侧滑块；15—定模板；16，17，22，32—紧固螺钉；
18—中间板（脱胶板）；19—定模座板；20—浇口套；21—定位圈；23—导柱；24—分流道拉料杆；25，28—直导套；
26，33—带肩导套；27—凹模；30—矩形推杆；31—推杆；34—限位钉垫圈；35—限位钉紧固螺钉；36—复位杆；
38—堵头；39—型芯冷却水道；40—凹模冷却水道；41—定距螺钉；42—塑件；43—型芯镶件；44—型芯；
45—型芯镶件冷却水道；46—吊环螺孔；47—开闭器；48—定距拉杆；49—推板支承块；
50—推板导柱；51—推板导套；52—顶杆孔

任务评价

请填写侧向分型与抽芯机构设计任务评价表，见表 2-59。

表 2-59 侧向分型与抽芯机构设计任务评价表

项目名称			
任务名称			
姓名		班级	
组别		学号	
评价项目		分值	得分
侧向分型与抽芯机构分类		10	
斜导柱侧向分型与抽芯机构		10	
弯销侧向分型与抽芯机构		10	
斜导槽侧向分型与抽芯机构		5	
斜顶侧向分型与抽芯机构		10	
斜滑块侧向分型与抽芯机构		10	
齿轮齿条侧向分型与抽芯机构		5	
液压或气动侧向分型与抽芯机构		10	
工作实效及文明操作		10	
工作表现		10	
创新思维		10	
总计		100	
个人的工作时间		提前完成	
		准时完成	
		超时完成	
个人认为完成最好的方面			
个人认为完成最不满意的方面			
值得改进的方面			
自我评价		非常满意	
		满意	
		不太满意	
		不满意	
记录			

任务拓展

手柄侧向抽芯注射模设计实例

大国重器，探秘未来空间

思考与练习

1. 选择题

（1）斜导柱侧向分型与抽芯机构包括（　　）等部分。

A. 导柱、滑块、导滑槽、锁紧块、滑块的定位装置

B. 导套、滑块、导滑槽、锁紧块、滑块的定位装置

C. 推杆、滑块、导滑槽、锁紧块、滑块的定位装置

D. 滑块、导滑槽、锁紧块、滑块的定位装置、斜导柱

（2）侧向分型与抽芯机构按动力来源不同分为（　　）。

A. 机动侧向分型与抽芯机构　　　　　B. 液压或气动侧向分型与抽芯机构

C. 手动侧向分型与抽芯机构　　　　　D. 以上全是

（3）机动侧向分型与抽芯机构的类型包括（　　）。

A. 斜导柱侧抽芯、弯销侧抽芯、斜滑槽侧抽芯、液压控制侧抽芯

B. 斜导柱侧抽芯、弯销侧抽芯、斜滑槽侧抽芯、气压控制侧抽芯

C. 斜导柱侧抽芯、弯销侧抽芯、斜滑槽侧抽芯、斜滑块侧抽芯

D. 不确定

（4）液压或气动侧向分型与抽芯机构多用于抽芯力（　　）、抽芯距比较（　　）。

A. 小；短　　　　　B. 大；短　　　　　C. 小；长　　　　　D. 大；长

（5）斜导柱的倾斜角与锁紧块的锁紧角的关系是（　　）。

A. $\alpha > \beta + (2° \sim 3°)$　　　　　　C. $\alpha < \beta + (2° \sim 3°)$

B. $\beta = \alpha + (2° \sim 3°)$　　　　　　D. $\alpha = \beta$

（6）将（　　）从成型位置抽至不妨碍塑件脱模的位置所移动的距离称为抽芯距。

A. 主型芯　　　　　B. 侧型芯　　　　　C. 滑块　　　　　D. 推杆

（7）滑块的定位装置包括（　　）形式。

A. 2种　　　　　B. 3种　　　　　C. 4种　　　　　D. 6种

（8）斜导柱侧向分型与抽芯机构中，锁紧块的作用是（　　）。

A. 承受侧压力　　　　　　　　　　B. 模具闭合后锁住滑块

C. 定位　　　　　　　　　　　　　D. A和B

2. 简答题

（1）斜导柱侧向分型与抽芯机构由哪几部分组成？各部分的作用是什么？请绘制草图加以说明，并注明配合精度。

（2）滑块脱离斜导柱时的定位装置有哪几种形式？说明各自的使用情况。

（3）滑块与推出机构为什么会发生干涉？应该如何解决？

（4）为什么滑块锁紧面的倾斜角要比斜导柱的倾斜角大2°～3°？

（5）简述斜导柱、斜滑块和斜顶的设计要点。

（6）弯销侧向分型与抽芯机构的特点是什么？

（7）指出斜滑块侧向分型与抽芯机构的设计注意事项。

（8）指出斜导槽侧向分型与抽芯机构的特点，并画出斜导槽的常见形式，分别指出其侧抽芯的特点。

3. 综合题

（1）图 2-342 所示连接座为电器产品配套零件，需求量大，要求外形美观、使用方便、质量小、品质可靠。材料为 PP，生产 15 万件，未注公差为 MT5，请设计该连接座的成型注射模。

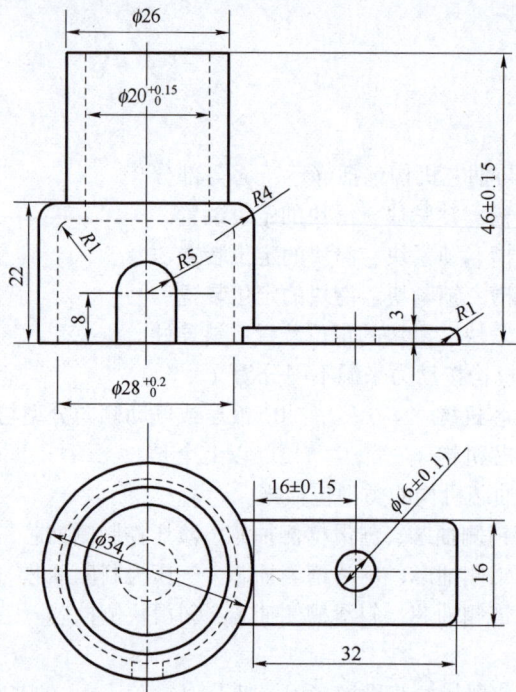

图 2-342　连接座

（2）图 2-343 所示盒盖，材料为 POM，要求表面光滑，尺寸公差等级为 MT4，生产 20 万件。请对此塑件进行成型模具总体结构设计。

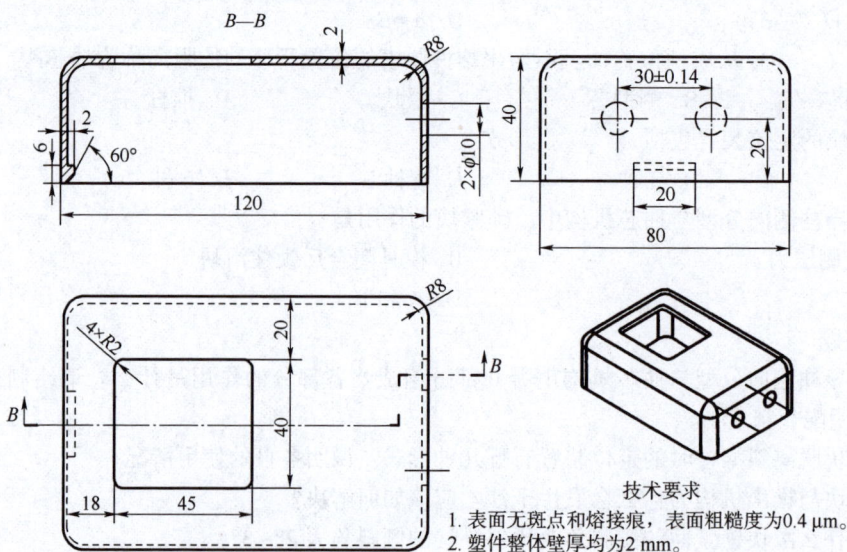

技术要求

1. 表面无斑点和熔接痕，表面粗糙度为 0.4 μm。
2. 塑件整体壁厚均为 2 mm。

图 2-343　盒盖

任务十 热流道注射模设计

任务目标

能力目标

1. 能看懂热流道注射模结构图，并掌握其动作原理。

2. 具有设计热流道注射模结构的初步能力。

3. 能够进行热流道浇注系统的隔热结构、热喷嘴及热流道板的设计。

4. 能够合理选用热流道注射模零件材料。

知识目标

1. 了解热流道注射模的分类及特点。

2. 了解热流道注射成型对塑料原料的要求。

3. 熟悉热流道注射模的结构组成及热流道系统的特点。

4. 掌握热流道注射模结构设计步骤和要点。

素质目标

1. 在热流道注射模设计中，培养学生的专业实践能力，同时使学生对专业职业能力有深入的理解，并能够优化设计热流道浇注系统。

2. 培养学生严谨细致、不怕失败的钻研精神，以及持之以恒的工作态度和爱岗敬业的工匠情怀。

任务导入

热流道注射模是在传统的两板模或三板模的主流道与分流道内设计加热装置，在注射过程中不断加热，使流道内的塑料始终处于高温熔融状态，塑料不会冷却凝固，也不会形成浇注系统凝料与塑件一起脱模，从而达到无浇注系统凝料或少浇注系统凝料的目的。热流道注射模通过热流道板、热喷嘴（又称热射嘴）及其温度控制系统，来有效控制从注射机的喷嘴到模具型腔之间的塑料流动，使模具在成型时能够加快生产速度，降低生产成本，制造出尺寸更大、结构更复杂、精度更高的塑件。

热流道注射模在日本、美国等发达国家的应用非常广泛，在注射模中所占比例已超过70%。热流道注射模在我国的应用也越来越广泛，已成为我国注射模发展的一个重要方向。

本任务针对图2-344所示的印制电路板封装外壳（第一壳体），进行热流道浇注系统设计，并进行模具总体结构设计。已知印制电路板封装外壳的材料为阻燃ABS，质量为160 g，要求表面光滑，翘曲变形量要求严格，大批量生产。

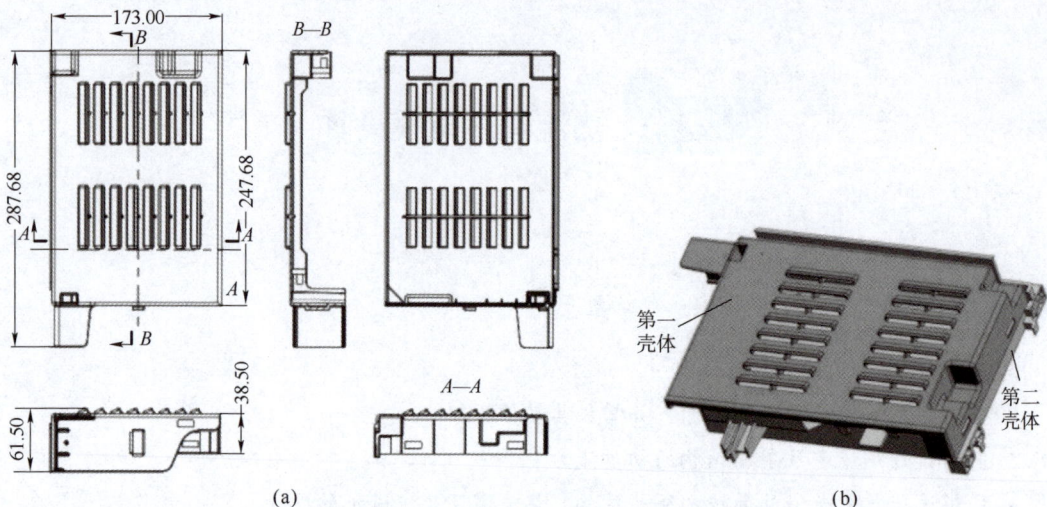

图 2-344　印制电路板封装外壳（第一壳体）

（a）零件图；（b）印制电路板封装外壳整体结构

知识准备

一、热流道注射模的分类和特点

1. 分类

热流道注射模（无流道模）分为绝热流道注射模（见图 2-345）和加热流道注射模（见图 2-346）。绝热流道浇注系统是在流道的外层包上绝热层，防止热量散发出去，它本身并不加热。生产时，熔体从注射机喷嘴进入绝热流道套或绝热流道板，再进入型腔。这种系统优点是结构简单，设计不复杂，制造成本低。其缺点如下。①有时浇口会形成凝结，为了维持熔融状态，需要很快的工作周期，同时为了达到稳定的熔融温度，需要很长的准备时间。②很难取得注射的一致性，或者说无法保证注射的一致性。③系统内无加热，因此需要较高的注射压力，时间一长就会造成内模镶件和模板的变形或弯曲。④绝热流道注射模使用的塑料品种受到一定的限制（仅适用于热稳定性好且固化速度慢的塑料，如 PE 及 PP），在终止成型时，流道部分会固化，在每次开机前，都要清理上次注射时留下的流道凝料，很麻烦。因此绝热流道注射模目前很少采用，本任务不作介绍。

加热流道浇注系统即对浇注系统进行加热，使从注射机喷嘴到型腔入口的这一段流道中的塑料，在生产期间始终保持熔融的状态，从而开模时只需取出塑件，不必取出流道凝料，或者只有少部分流道凝料。加热流道注射模停机后，下次开机采用加热方法，将流道凝料熔化，即可开始生产。它相当于将注射机的喷嘴一直延长到模具型腔。

热流道浇注系统的加热方式有两种：一种是外加热式，即加热元件在热流道外；另一种是内加热式，即加热元件在热流道内。

热流道浇注系统常用的加热元件有电加热圈、电加热棒以及热管等。

目前所说的热流道注射模，主要就是指加热流道注射模，它也是本任务探讨的重点。为叙述方便，以下将加热流道注射模简称为热流道注射模。

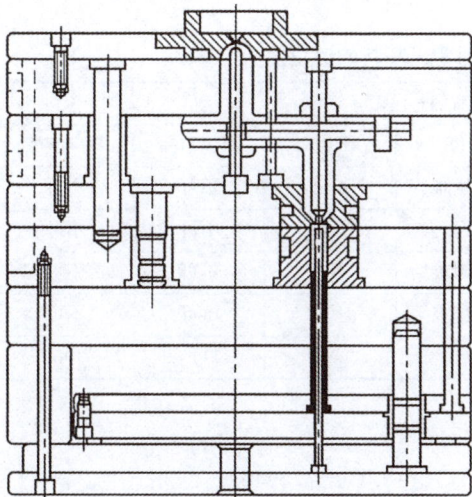

图 2-345 绝热流道注射模

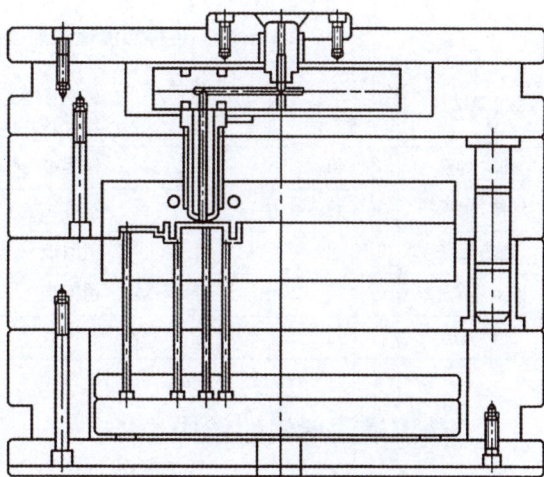

图 2-346 加热流道注射模

2. 特点

热流道注射模的特点如下。

（1）节约材料和劳动力。热流道注射模对模具的整个或局部浇注系统采用绝热和加热方法，使其内部的塑料熔体始终保持熔融状态，从而没有流道凝料或仅有少量流道凝料，热固性塑料成型时消耗较少，热塑性塑料成型时则免除了因产生流道凝料而导致的废料回收利用步骤，故节约材料和劳动力。

（2）保证塑件质量。热流道注射模中流道内的塑料始终处于熔融状态，可缩短熔体流程，利于向型腔传递压力；使型腔内压力分布更均匀，熔体温差减小；可避免或改善熔接痕现象；缩短保压时间，减小补料应力，使浇口痕迹减到最小。

（3）缩短成型周期。热流道注射模没有流道凝料或少流道凝料，使开合模行程缩短，可缩短成型周期；流道内的熔体始终保持熔融状态，使保压补料容易进行，尤其是较厚的塑件可采用更小的浇口，可缩短冷却时间。

热流道注射模结构较复杂，要求严格的温度控制，否则容易使塑料分解、烧焦，而且制造成本较高，不适于小批量生产。

二、热流道注射成型对塑料的性能要求

几乎所有的热塑性塑料都可利用热流道注射成型，要求塑料具有以下性能。

（1）塑料的热稳定性要好，即熔融温度范围宽、黏度变化小，对温度变化不敏感，即使在较低的温度下也能有较好的流动性，并在高温下不易分解。

（2）塑料的熔体黏度对压力敏感，即不施加注射压力时塑料熔体不流动，但施加较低的注射压力时塑料熔体就会流动。

（3）塑料的固化温度和热变形温度较高，即塑料在比较高的温度下才会固化，可缩短成型周期。

（4）塑料比热容小，即塑料既能快速冷却固化，又能快速熔融。

（5）塑料的导热性能要好，即能把热量快速传给模具，以加速固化。

目前，在热流道注射成型中应用最多的有聚乙烯、聚丙烯、聚苯乙烯和聚氯乙烯等。表 2-60 为各

种热流道注射模结构对常见塑料的适用性。

表 2-60　各种热流道注射模结构对常见塑料的适用性

热流道结构	塑料品种						
	聚乙烯	聚丙烯	聚苯乙烯	ABS	聚甲醛	聚氯乙烯	聚碳酸酯
井式喷嘴	可	可	稍困难	稍困难	不可	不可	不可
延伸式喷嘴	可	可	可	可	不可	不可	不可
绝热流道	可	可	稍困难	稍困难	不可	不可	不可
半绝热流道	可	可	稍困难	稍困难	不可	不可	不可
加热流道	可	可	可	可	可	可	可

三、热流道注射模的结构

1. 绝热流道注射模

绝热流道注射模的特点是主流道和分流道的截面都十分粗大，因此在注射过程中，靠近流道表壁的塑料熔体因温度较低而迅速冷凝成一个完全或半熔化的固化层，起到绝热作用，而流道中心部位的塑料在连续注射时仍然保持熔融状态，熔融的塑料通过流道中心部分顺利填充型腔。绝热流道注射模可分为单型腔绝热流道注射模和多型腔绝热流道注射模。

（1）单型腔绝热流道注射模又称绝热主流道注射模，常采用井式喷嘴，是绝热流道注射模中最简单的一种。这种模具的特点是在注射机喷嘴与模具入口之间装有一个主流道杯，杯外采用空气间隙绝热，杯内有截面较大的储料井（约为塑件体积的 1/3～1/2）。在注射过程中，与井壁接触的熔体很快固化而形成一个绝热层，使位于中心部位的熔体保持良好的流动状态，在注射机压力作用下，熔体通过点浇口填充型腔。井式喷嘴的结构形式和主流道杯的主要尺寸如图 2-347 所示，它主要适用于成型周期较短（每分钟注射次数不少于 3 次）的塑件。

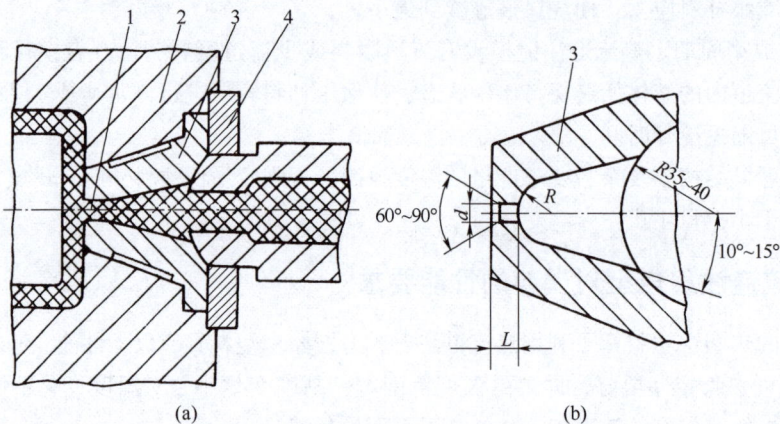

图 2-347　井式喷嘴的结构形式与主流道杯的主要尺寸
1—点浇口；2—定模；3—主流道杯；4—定位圈

注射机的喷嘴工作时伸进主流道杯中，其长度由杯口的凹球半径 R 决定，两者应很好地贴合。储料井直径不能太大，要防止熔体反压力使喷嘴后退产生漏料。井式喷嘴的改进形式如图 2-348 所示，图 2-348（a）所示是一种浮动式井式喷嘴，每次注射完毕喷嘴后退时，主流道杯在弹簧作用下也将随喷嘴后退，这样可以避免因两者脱离而引起储料井内塑料固化；图 2-348（b）所示是一种注射机喷嘴伸入主流道杯的形式，可增加对主流道杯传导热量；图 2-348（c）

所示是一种将注射机喷嘴伸入主流道的部分制成反锥度的形式，这种形式除具有图2-348（b）井式喷嘴的作用外，还可以使主流道杯内凝料随注射机喷嘴一起拉出模外，便于清理流道。

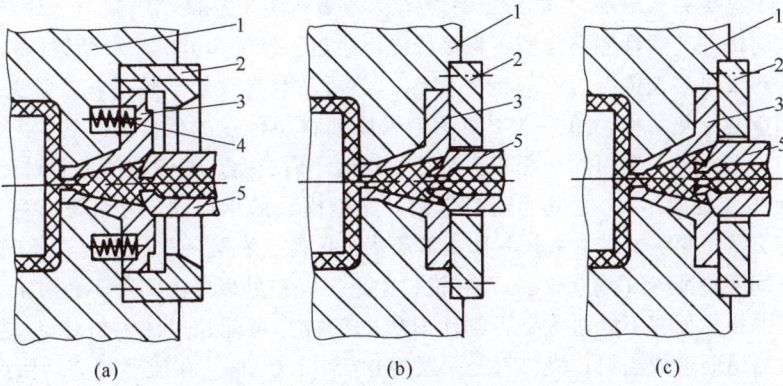

图 2-348　井式喷嘴的改进形式

1—定模板；2—定位圈；3—主流道杯；4—弹簧；5—注射机喷嘴

（2）多型腔绝热流道注射模又称绝热分流道注射模，主要有直浇口式和点浇口式两种类型。为了使流道对内部的塑料熔体起到绝热作用，其截面形状多采用圆形并且设计得相当大。分流道直径常取16~32 mm，成型周期越长，直径越大。在模具设计上，一般要增设一块分流道板。在注射机工作之前，必须把分流道两侧的模板打开，以便取出分流道凝料并清理干净。为了减小分流道板对模具型腔部分的传热面积，可在分流道板与定模型腔板接触处开设一些凹槽。

图2-349（a）所示为直浇口式绝热流道注射模，这种形式的绝热流道的缺点是脱模后，塑件上会带有一小段浇口凝料（类似主流道的形状），必须用后加工的方法把它去除。图2-349（b）所示为点浇口式绝热流道注射模，其缺点是在浇口处很容易冻结，仅适用于成型周期短的塑件。

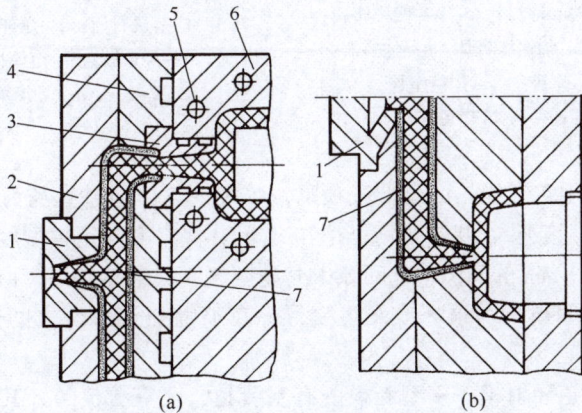

图 2-349　多型腔绝热流道注射模

1—浇口套；2—定模座板；3—二级浇口套；4—分流道板；
5—冷却水孔；6—定模型腔板；7—固化绝热层

为了克服浇口熔体容易凝固的缺点，可在浇口处设置加热体。图2-350所示为带加热探针的绝热流道注射模，又称半绝热流道注射模。加热探针使浇口部分塑料始终保持熔融状态，而分流道仍处于绝热状态。模具中，加热探针的尖端伸到浇口中心时不能与浇口壁部接触，否则尖端温度将迅速降低而失去加热作用。模具流道部分温度应高于型腔部分温度。

2. 加热流道注射模

（1）单型腔加热流道注射模。对于单型腔模，最常见的热流道结构是延伸式喷嘴，采用点浇口进料。为了克服井式喷嘴"井坑"中熔体易冷凝和浇口易堵塞的缺点，该结构将"井坑"去掉，而把注射机的喷嘴延伸到与型腔相接的浇口附近，使浇口处的塑料始终保持熔融状态。为了防止喷嘴的热量过多地传给温度较低的型腔，必须采取有效的绝热措施，常见的绝热方法有塑料层绝热和空气绝热两种。图 2-351 所示为采用塑料层绝热的延伸式喷嘴，它在国内一些单位已成功地用于聚乙烯、聚丙烯、聚苯乙烯等塑料的注射成型。喷嘴和模具之间有一个环形接触面（图 2-351 中 A 处所示），它既起密封作用，又是模具的承压面。该环形接触面面积不宜太大，以减少传热量；喷嘴的球面和模具间留有不大的间隙，在第一次注射时，此间隙充满塑料而形成绝热层，间隙最薄处（约 0.5 mm）在浇口附近，浇口处以外的间隙不超过 1.5 mm。设计时应注意绝热层的投影面积不能过大，否则注射机的反推力可能超过注射机移动注射座液压缸的推力，使喷嘴后退而造成溢料。浇口直径一般为 0.75 ~ 1.0 mm。在成型时应严格控制喷嘴温度。与井式喷嘴相比，延伸式喷嘴的浇口不易堵塞，应用范围较广。但由于绝热层存有塑料，所以不适用于热稳定性差、容易分解的塑料。

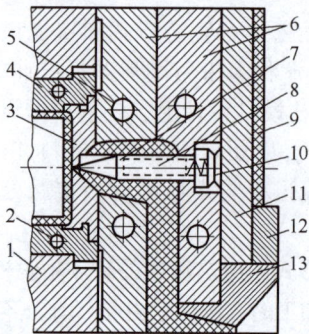

图 2-350　带加热探针的绝热流道注射模

1—定模板；2—冷却水孔；3—浇口衬套；4—凹模镶块；
5—温控孔；6—流道板；7—加热探针体；8—加热器；
9—绝热层；10—蝶形弹簧；11—定模座板；
12—定位圈；13—浇口套

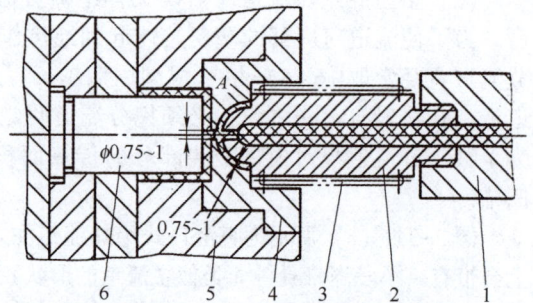

图 2-351　采用塑料层绝热的延伸式喷嘴

1—注射机料筒；2—延伸式喷嘴；3—加热器；
4—浇口套；5—定模型腔板；6—型芯；
A—环形承压面

图 2-352 所示为采用空气绝热的延伸式喷嘴。喷嘴内熔体通过直径为 0.75 ~ 1.2 mm、长度为 1 mm 左右的点浇口直接进入型腔。喷嘴与浇口套间，浇口套与定模型腔板间除了必要的定位面接触之外，都要留出 1 mm 的间隙，此间隙中充满空气，起绝热作用。由于喷嘴端部接触的型腔壁很薄，为防止型腔壁被喷嘴顶坏或发生变形，在喷嘴与浇口套之间也应设置环形承压面（图 2-352 中 A 处所示）。

（2）多型腔加热流道注射模。多型腔模既有主流道，又有分流道，其截面多为圆形。一般将主、分流道做在同一块板上，这块板称为热流道板，该板设有加热装置。按热流道板加热方法的不同，加热流道注射模可分为外加热式和内加热式两类；喷嘴按绝热情况的不同又分为半绝热式喷嘴和全绝热式喷嘴两类。图 2-353 所示为外加热半绝热式喷嘴多型腔热流道注射模。热流道板中开设有加热孔道，孔内插入管式加热器（电热棒），可使流道内的塑料始终保持熔融状态。二级喷嘴由导热性优良、强度高的铍铜合金制造，利于热量传至前端。二级喷嘴前端的塑料绝热层起绝热作用，由于二级喷嘴与型腔外壁间的环形部分未隔热，故又称半绝热式喷嘴。二级喷嘴与热流道板采用滑动配合，用密封圈密封。注射成型时，塑料的压力使二级喷嘴与浇口套很好地贴合，不会产生溢料。

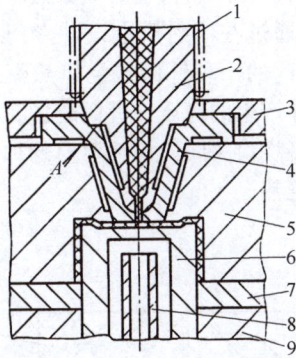

图 2-352 采用空气绝热的延伸式喷嘴

1—加热器；2—延伸式喷嘴；3—定模座板；
4—浇口套；5—定模型腔板；6—型芯；
7—推件板；8—型芯冷却管；
9—型芯固定板；A—环形承压面

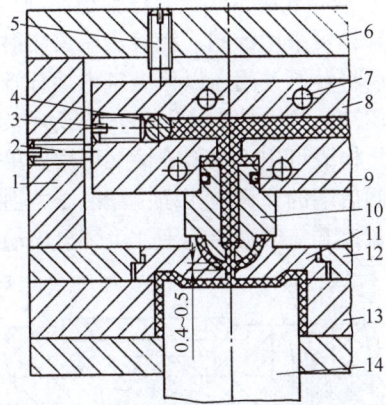

图 2-353 外加热半绝热式喷嘴多型腔热流道注射模

1—支架；2—紧定螺钉；3—压紧螺钉；4—流道密封
钢球；5—定位螺钉；6—定模座板；7—加热孔道；
8—热流道板；9—胀圈；10—二级喷嘴；11—浇口套；
12—浇口板；13—定模型腔板；14—型芯

图 2-354 所示为外加热全绝热式喷嘴多型腔热流道注射模。其结构与图 2-353 所示的结构相似，但铍铜合金制造的二级喷嘴不与型腔外壁直接接触，两者由滑动压环隔开，二级喷嘴全部由塑料绝热层绝热，所以它又称全绝热式喷嘴。图 2-354（b）所示为喷嘴的局部放大图，图示浇口尺寸适用于生产小型制品，如果生产大型制品，浇口尺寸应增大。

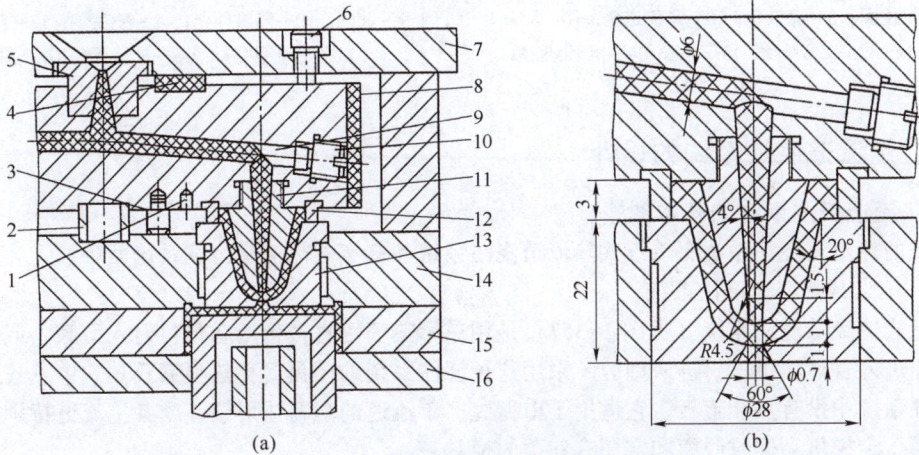

(a)

(b)

图 2-354 外加热全绝热式喷嘴多型腔热流道注射模

1—热电偶测温孔；2—定位环；3—支承柱；4—石棉垫圈；5—浇口套；6—定位螺钉；
7—定模座板；8—加热圈；9—堵头；10—紧定螺钉；11—二级喷嘴；12—滑动压环；
13—浇口套；14—浇口板；15—定模板；16—推件板

上述二级喷嘴均不单独带加热器，热量由热流道板传导而来，故又称导热二级喷嘴。

图 2-355 所示为内加热式多型腔热流道注射模。它不仅在整个流道内装有加热器，而且在二级喷嘴内部也设置管式加热器，并延伸到浇口中心，即整个浇注系统都被加热；其绝热依靠熔体与模具接触形成的冷凝层。这种结构的流道热量损失小，热效率高，即使成型周期较长，熔体仍不会凝固。这类热流道注射模的流道直径较大，以便放置加热器，可采用交错穿通的办法安排流道。

（3）针阀式浇口热流道注射模。注射成型熔融黏度很低的塑料（如尼龙）时，为避免出现流涎现象，可采用针阀式浇口热流道注射模。这种注射模在注射和保压阶段将针阀开启，而在保压结束后将针阀关闭，以免浇口内熔体流出。针阀的启闭可以通过在注射模上设计专门的液压或机械驱动机构来控制。图2-356所示为我国自行设计并已推广的一种针阀式浇口热流道注射模，该结构既可用于多型腔模又可用于单型腔模。注射时，熔体产生的高压使针阀退回，浇口开启，针阀后端的弹簧被压缩；注射压力消除后，靠弹簧的压力将浇口关闭。该注射模的加热元件装在主流道和流道喷嘴周围，由环氧玻璃钢压制成的罩壳进行绝热。

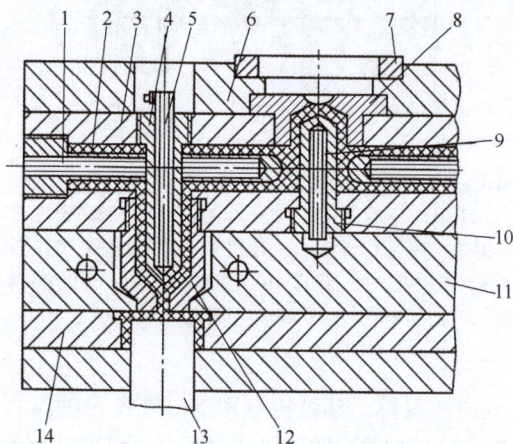

图2-355　内加热式多型腔热流道注射模

1，5，9—管式加热器；2—分流道鱼雷体；
3—热流道板；4—喷嘴鱼雷体；6—定模座板；
7—定位圈；8—浇口套；10—主流道鱼雷体；
11—浇口板；12—二级喷嘴；13—型芯；14—定模型腔板

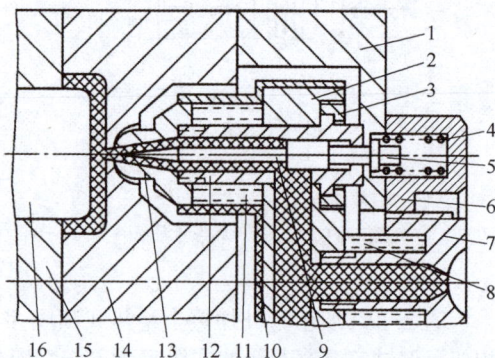

图2-356　针阀式浇口热流道注射模

1—定模座板；2—热流道板；3—喷嘴盖；4—压力弹簧；
5—活塞；6—定位圈；7—浇口套；8、11—加热器；
9—针阀；10—隔热外壳；12—喷嘴体；13—喷嘴头；
14—定模型腔板；15—推件板；16—型芯

四、热流道浇注系统的设计

1. 热流道浇注系统的基本形式

常见的热流道浇注系统有单点式热流道浇注系统和多点式热流道浇注系统两种。

（1）单点式热流道浇注系统。

单点式热流道浇注系统（见图2-357）是用单一热喷嘴直接把熔融塑料射入型腔，或熔体由热喷嘴先进入普通流道，再进入型腔。采用这种浇注系统的模具简称热喷嘴模具。单点式热流道注射浇注系统中没有热流道板，它适用于单型腔、单流道的塑料注射模，或者主流道特别长的定模推出模、定模机动螺纹脱模和定模有斜顶的模具。

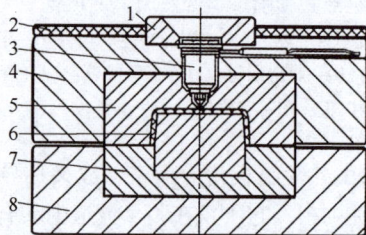

图2-357　单点式热流道浇注系统

1—定位圈；2—隔热板；3—热喷嘴；4—定模板；
5—凹模；6—塑件；7—型芯；8—动模板

热流道注射模设计

（2）多点式热流道浇注系统。

多点式热流道浇注系统通过热流道板把熔融塑料分流到各热喷嘴中，再进入型腔或普通流道，它适用于单型腔多点式进料或多型腔注射模，其基本结构如图 2-358 所示。采用这种浇注系统的模具有热流道板、二级热喷嘴，简称热流道板注射模。

2. 热流道浇注系统的隔热结构设计

热喷嘴、热流道板应与模具定模座板、定模板等其他部分有较好的隔热，隔热方式可视情况选用空气隔热和绝热材料隔热，也可两者兼用。

隔热介质可用陶瓷、石棉板、空气等。除定位、支承、型腔密封等需要接触的部位外，热喷嘴的隔热空气间隙厚度 D 通常在 3 mm 左右；热流道板的隔热空气间隙厚度 D 应不小于 8 mm。隔热结构如图 2-359、图 2-360 所示。

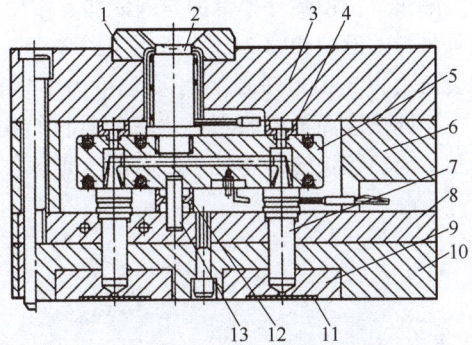

图 2-358　多点式热流道浇注系统

1—定位圈；2——级热喷嘴；
3—定模座板；4—隔热垫块；5—热流道板；
6—支承板；7—二级热喷嘴；8—垫板；9—凹模；
10—定模座板；11—塑件；12—中心隔热垫块；
13—中心定位销

如图 2-360 所示，热流道板与定模座板、定模板之间的支承采用具有隔热性质的隔热垫块，隔热垫块由热导率较低的材料制作。热流道板注射模的定模座板上一般应设 6~10 mm 的石棉板或电木板作为隔热板，隔热板的厚度一般取 10 mm。为了保证良好的隔热效果，结构中的各间隙应满足下列要求：$D_1 \geq 3$ mm；D_2 依据热喷嘴台阶的尺寸而定；$D_3 \geq 8$ mm，依中心隔热垫块的厚度而定；$D_4 \geq 8$ mm。

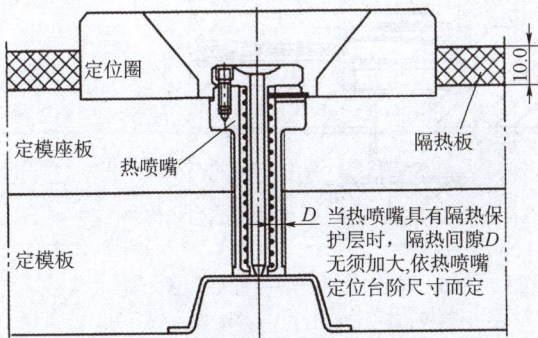

图 2-359　隔热结构（一）

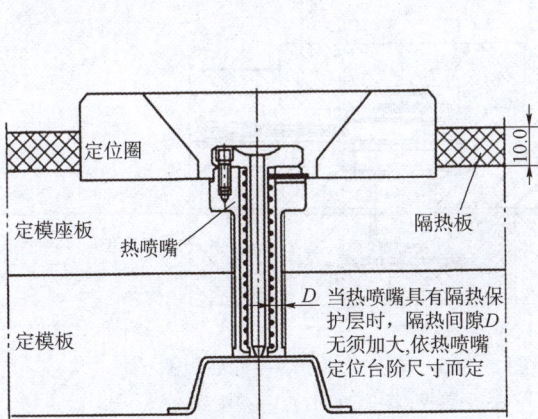

图 2-360　隔热结构（二）

热流道板与模具其他部分之间的隔热垫块不仅起隔热作用，而且对热流道板起支承作用，支承点要尽量少，且受力平衡，以防止热流道板变形。为此，应尽量减小隔热垫块与模具其他部分的接触面积。常用钢质隔热垫块如图 2-361 所示。图 2-362 所示为专用于模具中心的中心隔热垫块，它还具有中心定位的作用。

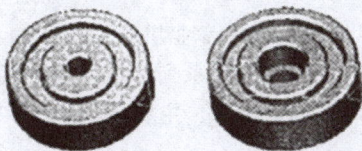

图 2-361　常用钢质隔热垫块

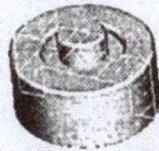

图 2-362　专用于模具中心的中心隔热垫块

隔热垫块由热导率低的材料制作，常用材料为钢和陶瓷。钢质隔热垫块常采用不锈钢、高铬钢等材料，形状如图 2-361 所示。图 2-363 所示为陶瓷隔热垫块，陶瓷热导率约为钢的 7%，可承受压力为 2 100 MPa，可承受温度为 1 400 ℃。

不同供应商提供的隔热垫块的具体结构可能有差异，但其基本装配关系相同，如图 2-364 所示。隔热垫块的具体尺寸可向供应商索取。

图 2-363　陶瓷隔热垫块

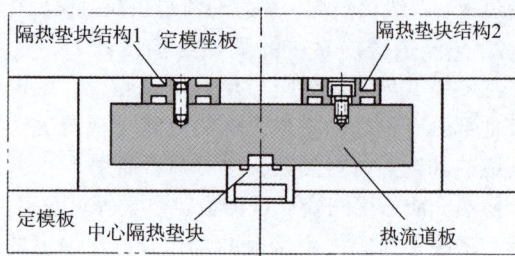

图 2-364　隔热垫块的装配

3. 热喷嘴的设计

（1）热喷嘴的装配。图 2-365 所示为单点式热喷嘴实物装配图。图 2-366 所示为单点式热喷嘴平面装配图，热喷嘴装配时径向只有 D_1 和 D_3 两个圆柱面与模具配合，配合公差分别为 H7/h6 和 H7/f8，以减少热量传递。图 2-366 中尺寸 H 因热喷嘴型号不同而不同，可查阅有关说明书。

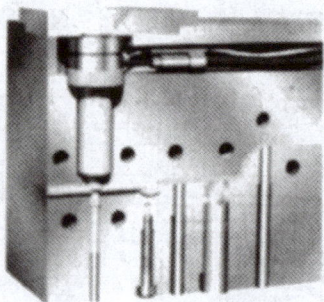

图 2-365　单点式热喷嘴实物装配图

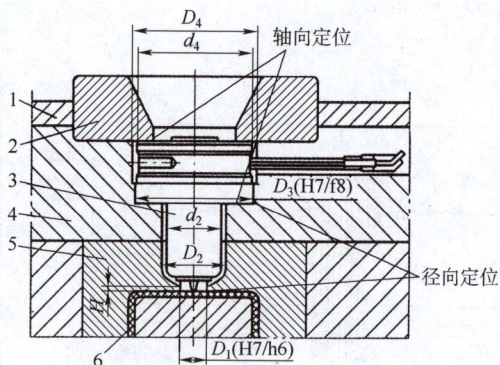

图 2-366　单点式热喷嘴平面装配图

1—隔热板；2—定位圈；3—热喷嘴；
4—定模座板；5—凹模；6—制品

图 2-367 所示为多点式热喷嘴实物装配图。图 2-368 所示为多点式热喷嘴平面装配图。它比单点式热喷嘴多一块热流道板，其装配方法与单点式热喷嘴相同，热流道板上下分别要加隔热垫块、中心隔热垫块及定位销。此外，为了方便装拆，多点式热喷嘴增加了支承板。

（2）热喷嘴的选用。用于热流道注射模的一级热喷嘴、二级热喷嘴，虽然结构形式略有不同，但其作用及选用方法相同。

热喷嘴的结构及制造较为复杂，设计、制作模具时通常选用专业供应商提供的不同规格的系列产品，热喷嘴实物如图 2-369 所示。各个供应商可提供不同系列标准的热喷嘴，其结构、规格标识均不相同。因此，在选用热喷嘴时一定要明确其规格标识，主要从以下三个方面确定热喷嘴的规格。

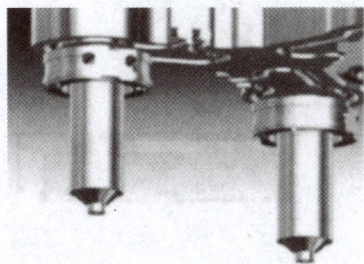

图 2-367　多点式热喷嘴实物装配图

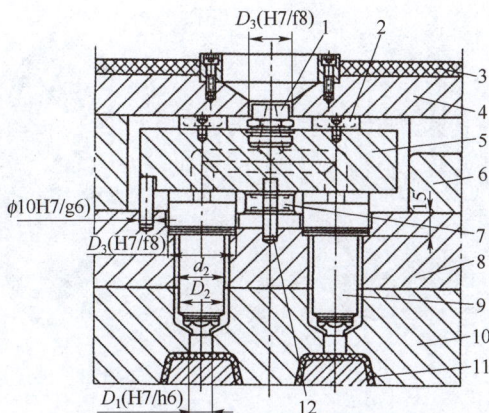

图 2-368　多点式热喷嘴平面装配图

1——一级热喷嘴；2——隔热垫块；3——隔热板；4——定模座板；
5—热流道板；6—支承板；7—中心隔热垫块；8—定模板；
9—二级热喷嘴；10—凹模；11—制品；12—定位销

1）热喷嘴的最大注射量。不同规格的热喷嘴具有不同的最大注射量，因此模具设计要根据所要成型制品的尺寸、所需流道的尺寸、塑料种类选择合适的规格，并考虑一定的保险系数（一般取 0.8 左右）。

2）制品允许的流道形式。热喷嘴的顶端参与成型，因此热喷嘴顶端结构形状会影响其规格选择，且制品允许的流道形式将影响热喷嘴的长度选择。

3）流道与热喷嘴轴向固定位的距离。热喷嘴轴向固定位是指模具上安装、限制热喷嘴轴向移动的平面，此平面的位置直接影响热喷嘴的长度尺寸。

图 2-369　热喷嘴实物图

4. 热流道板的设计

（1）热流道板的分类。热流道板按其形状可分为 O 形、I 形、Y 形、X 形和 H 形等多种结构，如图 2-370 所示。模具设计时应根据型腔数量和排位方式进行选用。

（2）热流道板的装配。热流道板的装配可参照图 2-368，热流道板装在支承板之间，与定模座板、定模板之间的支承采用具有隔热性质的隔热垫块，隔热垫块由热导率较低的材料制作。图 2-371 所示为热流道板装配的分解图。

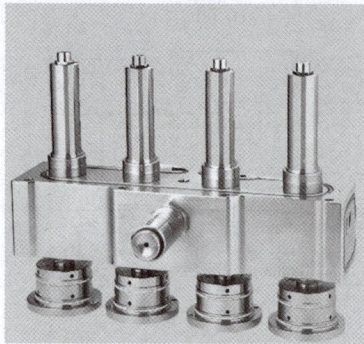

图 2-370 热流道板结构

（3）热流道板的设计要点。

1）热流道板必须定位。为防止热流道板的转动及整体偏移，考虑热流道板的受热膨胀，通常采用中心定位和槽型定位的联合定位方式对热流道板进行定位，具体结构如图 2-372 所示。受热膨胀的影响，起定位作用的长形槽的中心线必须通过热流道板的中心，如图 2-373 所示。

2）热流道板和热流道套要选用热稳定性好、线膨胀系数小的材料。

3）合理选用加热组件，热流道板的加热功率要足够大。

4）在需要部位配备温度控制系统，以便根据工艺要求监测与调节工作温度，保证热流道板在理想状态下工作。

图 2-371 热流道板装配的分解图

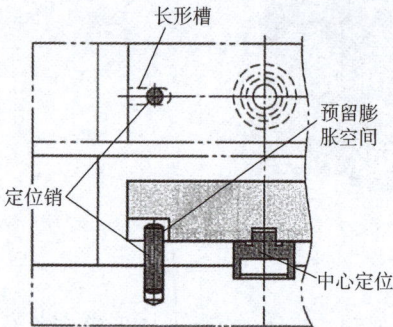

5）应装拆方便。热流道浇注系统除了热流道板，还有热喷嘴、热组件和温控装置，结构复杂，发生故障的概率也较大，设计时要考虑装拆和检修方便。图 2-368 所示结构中将支承板和定模板分开制作装配便是为了防止装拆板件时损坏加热线圈。

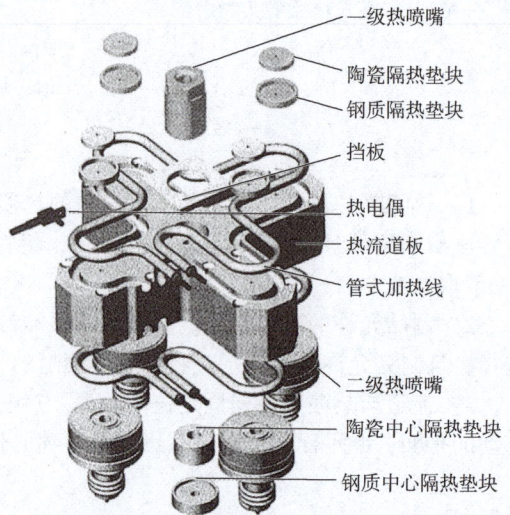

图 2-372 热流道板的定位

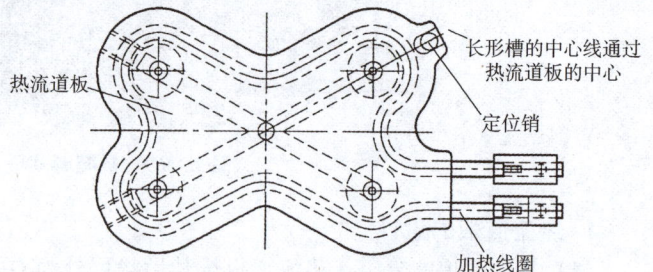

图 2-373 长形槽的中心线穿过热流道板的中心

5. 热流道注射模设计的关键参数

（1）注射量的选择。

应根据制品体积及塑料种类选用合适的热喷嘴，供应商一般会给出每种热喷嘴用于不同流动性塑料时的最大注射量。另外，应注意热喷嘴尺寸的大小，如果喷嘴口过小，会延长成型周期；如果喷嘴口过大，不易封闭，易导致流涎或拉丝。

（2）温度的控制。

热喷嘴和热流道板温度控制的合理与否直接关系到模具能否正常运转。生产过程中出现加工及产品质量问题的直接原因往往是热流道浇注系统的温度控制得不好。可能出现的问题包括采用热针式浇口注射成型时产品浇口质量差、采用阀式浇口成型时阀针关闭困难、多型腔模具中的零件填充时间与质量不一致等。所以，应尽量选择可多区域分别控温的热流道浇注系统，以增强使用的灵活性及应变能力。不论采用内加热还是外加热方式，热喷嘴、热流道板的温度应保持均匀，避免出现局部过冷、过热现象。另外，加热器的功率应保证热喷嘴、热流道板在 0.5～1 h 内从常温升到所需的工作温度。

（3）熔料流动性的控制。

熔料在热流道浇注系统中应平衡流动，各浇口要同时打开，从而使熔料同步填充各型腔。对于成型塑件质量悬殊的模具，要进行流道尺寸平衡的设计，否则就会出现有的塑件充模保压不够，有的塑件却充模保压过度。热流道的流道尺寸设计要合理，尺寸太小时充模压力损失过大，尺寸太大则热流道体积过大。熔料在热流道浇注系统中停留时间不能过长，否则材料的性能会受到影响，从而导致塑件成型后不能满足使用要求。

（4）热膨胀量的调节。

由于热喷嘴、热流道板会受热膨胀，所以模具设计时应预算膨胀量，修正设计尺寸，使膨胀后的热喷嘴、热流道板尺寸符合设计要求。另外，模具中应预留一定的间隙，不能存在限制膨胀的结构。如图 2-374 和图 2-375 所示，热喷嘴主要考虑轴向热膨胀量，其径向热膨胀量通过配合部位的间隙来补正；热流道板主要考虑长度、宽度方向的热膨胀量，厚度方向的热膨胀量由隔热垫块与模板之间的间隙调节。

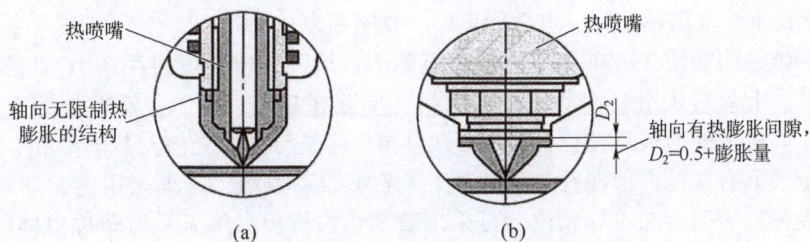

（a）   （b）

图 2-374　热膨胀结构（一）

（a）不合理结构；（b）合理结构

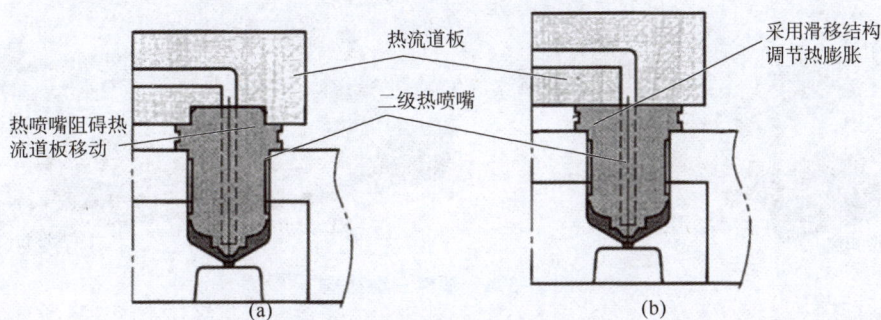

（a）   （b）

图 2-375　热膨胀结构（二）

（a）不合理结构；（b）合理结构

6. 热流道注射模的设计步骤

设计热流道注射模时，除了浇注系统，其他组成部分的设计皆可参照普通浇注系统注射模。在此，主要介绍热流道浇注系统的设计步骤。

（1）确定塑料制品质量。塑料制品的形状、尺寸大小是模具设计的基础，应根据塑料制品体积及塑料原材料种类选用合适的热喷嘴。

（2）确定热喷嘴型号。可按照具体要求或者产品质量、产品设计要求、产品材料、模具、循环周期、浇口、喷嘴、流道、温度控制器和注射机性能等选择热喷嘴型号。

（3）确定热喷嘴位置。根据塑料制品的布局排列确定热喷嘴位置。

（4）确定热流道板的形状。根据塑料制品的布局确定热流道板的形状。

（5）确定流道尺寸。根据本任务相关知识确定热流道直径。

（6）确定加热器的布局。首先计算热流道板的热量，其次确定热流道板的加热区，最后确定加热器的数量和型号。

（7）确定测温孔的位置。确定测温孔的位置，合理布置测温电偶。

（8）确定隔热板的位置。考虑热流道板热胀冷缩的性质，计算并选取合理的安装间隙，避免热流道板与热喷嘴、模板之间由于错位产生安装死角、热量泄漏、应力集中等缺陷。

（9）确定支承块、定位销的位置。由于支承块不仅要传递注射压力，还要使模具受热均匀。因此，在保证足够强度、刚度的前提下，应尽量减小其接触面积，且布置位置对称均匀。

任务实施

1. 塑件结构分析

图 2-376 所示为印制电路板封装外壳（第一壳体）的塑件图，塑件轮廓最大尺寸为 173 mm×287.68 mm×61.50 mm，平均壁厚为 2.2 mm，质量为 160 g，材料为阻燃 ABS，特点包括抗冲击强度高、化学稳定性（阻燃）好、电性能良好，收缩率为 0.5%。

该塑件三维结构如图 2-376 所示。其特点如下：第一，塑件正面存在 16 处条形通孔，为电路板散热孔，此处可采用定、动模插穿结构，不存在扣位；第二，塑件外侧 3 个方向上存在 6 处扣位，其中 1 处为圆形扣位，5 处为方形扣位，是与第二壳体安装的卡扣；第三，塑件左上角上、下表面有 2 处方形深孔（不通透），考虑加工困难，这里采用定、动模镶件结构；第四，塑件左侧内表面存在 1 处扣位，可采用斜顶机构拆模；第五，该塑件整体结构较规整，但翘曲变形量要求严格，且塑件批量大，考虑到经济性和实用性，本任务模具采用热流道浇注系统。

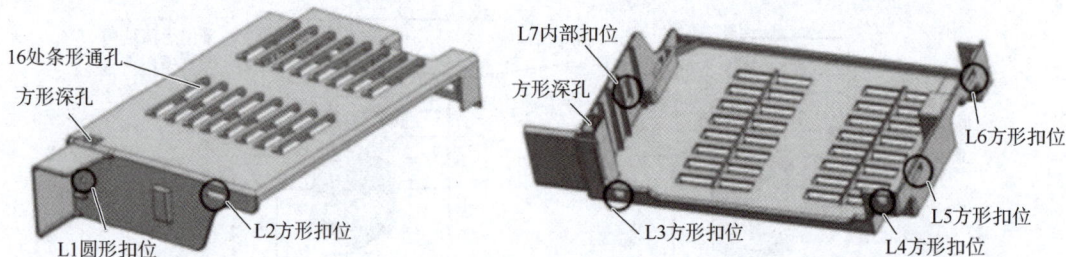

图 2-376 塑件三维结构

2. 模具结构设计

（1）浇注系统设计。

塑件尺寸相对较大且属于大批量塑件，模具为出口模，排位一模一腔，进胶方式为热流道，为避免出现流涎现象，喷嘴最终选择针阀式热喷嘴，喷嘴终端直径为 4 mm，如图 2-377 所示。

将塑件划分网格导入 CAE 分析软件中，分析结果如图 2-378 所示，进胶点为塑件几何中心，塑料熔体充满型腔的时间为 1.669 s，流动前沿处的温度为 230.5 ℃，出现熔接痕的位置尚可接受，未出现短射的情况。

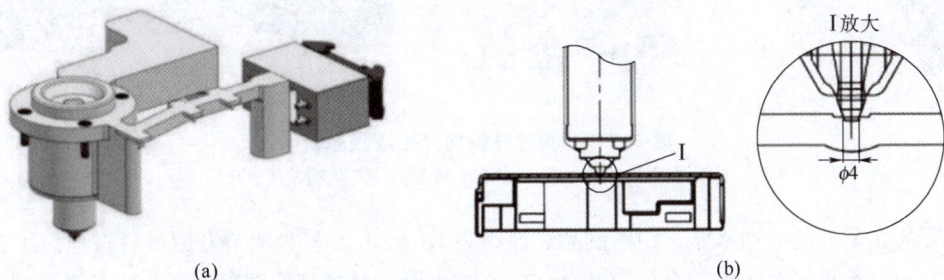

(a)　　　　　　　　　　　　　　　　(b)

图 2-377　针阀式热喷嘴
（a）三维喷嘴图；（b）二维喷嘴图

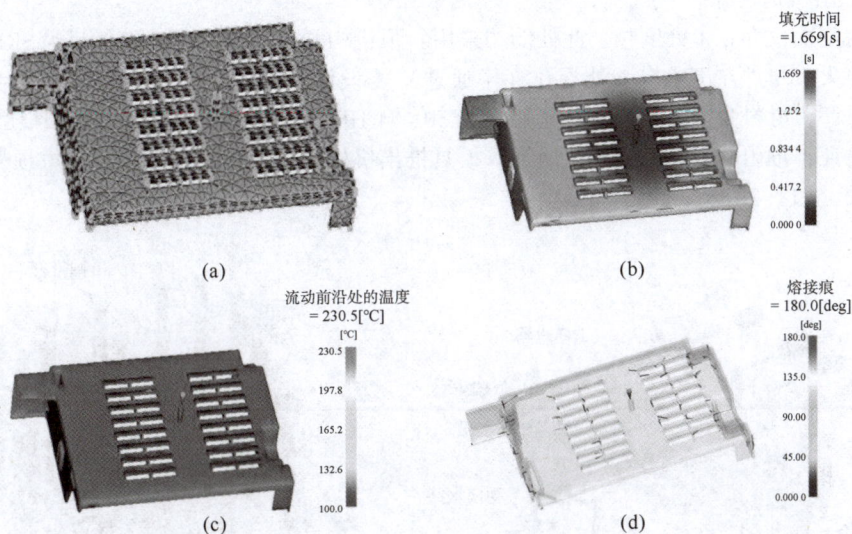

(a)　　　　　　　　　　　　　　　　(b)

(c)　　　　　　　　　　　　　　　　(d)

图 2-378　CAE 分析结果
（a）浇口位置；（b）填充时间；（c）流动前沿温度；（d）熔接痕

（2）侧向分型与抽芯机构设计。

塑件外侧大滑块处抽芯距为 60 mm，小滑块处抽芯距为 26 mm，设计为斜导柱侧向分型与抽芯机构。如图 2-379 所示，塑件左侧采用大滑块+斜导柱抽芯，其余两个方向，采用小滑块+斜导柱抽芯。考虑到大滑块侧的可靠性，大滑块材料采用 718H 钢（小滑块材料采用 P20 钢），并对接触塑件成型部位进行碳氮共渗处理，增加其耐腐蚀性，防止高温注射材料对其产生腐蚀。滑块的斜面以及底部装有耐磨片，材料为 40Cr 钢，热处理至 48~52 HRC，起耐压、耐磨、润滑作用。实际生产过程中，定、动模开模时，滑块在斜导柱的作用下向远离塑件成型位的方向运动，接触限位块后停止，此时滑块脱离塑件。

（3）冷却系统设计。

为保证塑件冷却均匀，翘曲变形量小，冷却水路排布需要有良好的平衡性。此塑件整体结构规整，壁厚相对均匀，因此，冷却水路布置应与塑件形状相吻合。如图 2-380 所示，定模处布置

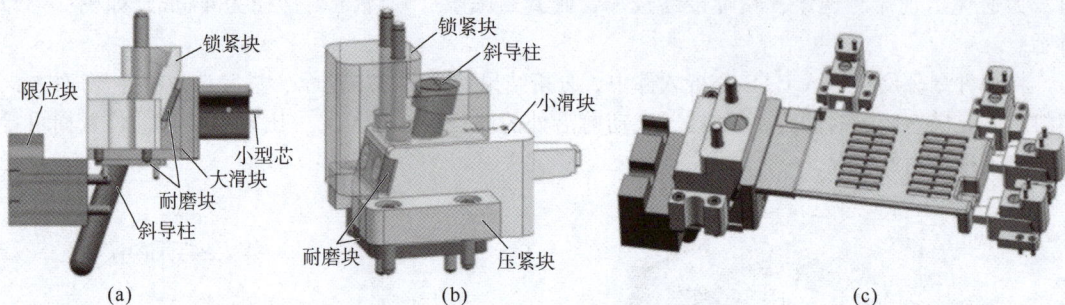

图 2-379　斜导柱侧向分型与抽芯机构

（a）大滑块抽芯；（b）小滑块抽芯；（c）机构整体分布

5 条直径为 10 mm 的直通水路，距离制品表面约为 16 mm；动模处为避开镶件、斜顶、推杆等动模机构，布置 5 条间距不等、直径为 10 mm 的直通水路，且塑件两侧存在半开放式侧壁，为提高冷却效果，两侧加设水井机构；侧抽芯处，模具侧面设有 1 处大滑块，为保证冷却效果，此处设计 1 条直径为 6 mm 的环形小水路。

（4）推出机构设计。

塑件内侧面仅存在 1 处倒扣，此处倒扣采用斜顶机构脱模，角度为 7°，材料为 SKD61，热处理为高频淬火。塑件左下角有 2 处深孔（不通透）需设计镶件，考虑到推出的可靠性，此处设计 1 根方顶杆，材料为 P20 钢，热处理硬度为 50~54 HRC。其余各处均匀分布 16 根圆推杆，经实际生产验证，推出状态良好。综上所述，模具推出机构采用"推杆（圆推杆、方顶杆)+斜顶"的组合方式，如图 2-381 所示。

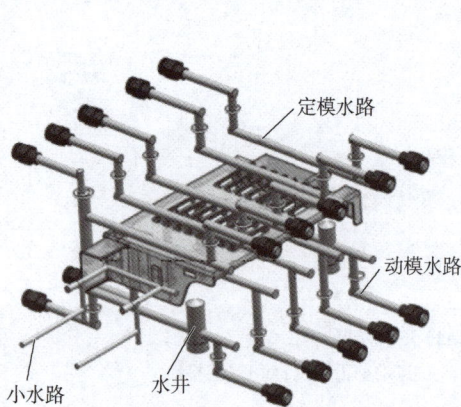

图 2-380　冷却水路布置

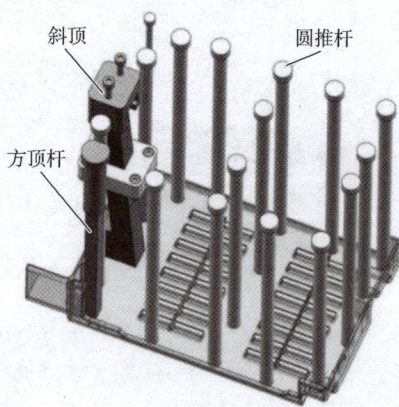

图 2-381　推出机构设计

3. 模具工作过程

模架选用直浇口模架，尺寸为 550 mm×450 mm×490 mm，拟选用 600T 型号注射机，二维模具结构如图 2-382 所示。模具工作过程如下。注射时，塑料熔体经注射机由热流道进入，随着压力增大，针阀式浇口开启，熔体进入型腔，塑件经保压冷却后开模。开模时，在注射机滑块的带动下，动模后退，模具在分型面处开模，同时在斜导柱和导向块的作用下，滑块和斜顶装置同步侧向抽出，完成内、外侧倒扣脱模。随后，动模继续做开模运动，注射机顶杆推动推杆固定板，推杆固定板驱动推杆运动，将塑件推出动模型腔，推出距离为 65 mm。之后模具闭合，推出机构复位，侧向分型与抽芯机构复位。合模完毕，准备下一次注射成型周期。

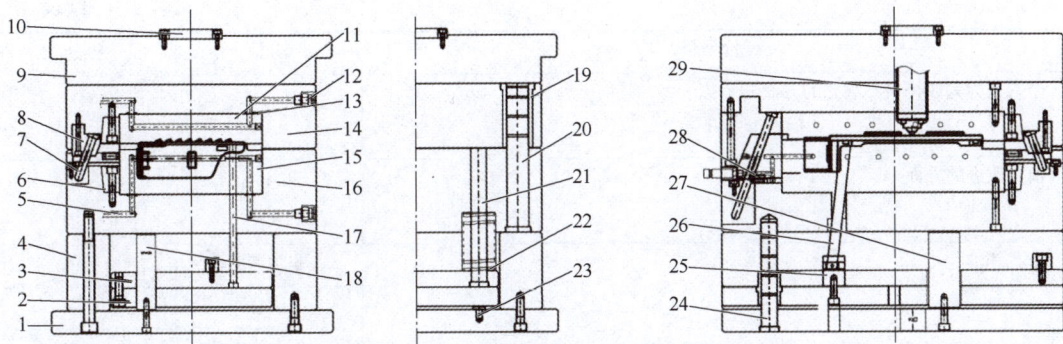

图 2-382 二维模具结构

1—动模座板；2—推杆垫板；3—推杆固定板；4—方铁；5—冷却水路；6—压块；7—斜导柱；8—锁紧块；
9—定模座板；10—定位环；11—型腔；12—水管接头；13—胶圈；14—定模板；15—型芯；16—动模板；
17—推杆；18—限位块；19—导套；20—导柱；21—复位杆；22—弹簧；23—限位钉；24—中托司；
25—导向块；26—斜顶杆；27—撑头；28—复位小弹簧；29—热喷嘴

任务评价

请填写热流道注射模设计任务评价表，见表 2-61。

表 2-61 热流道注射模设计任务评价表

项目名称			
任务名称			
姓名		班级	
组别		学号	
评价项目		分值	得分
热流道注射模的分类及特点		10	
热流道注射成型对塑料原料的要求		10	
热流道注射模的结构		12	
热流道浇注系统的设计		12	
热流道注射模设计的关键参数		13	
热流道注射模的设计步骤		13	
工作实效及文明操作		10	
工作表现		10	
创新思维		10	
总计		100	
个人的工作时间		提前完成	
		准时完成	
		超时完成	
个人认为完成的最好的方面			

评价项目	分值	得分
个人认为完成得最不满意的方面		
值得改进的方面		
自我评价	非常满意	
	满意	
	不太满意	
	不满意	
记录		

任务拓展

汽车保险杠热流道注射模

扩展阅读

保护海洋环境，从减少使用塑料瓶做起

思考与练习

（1）热流道注射模可以分为哪几类？

（2）热流道注射模与普通流道注射模相比有哪些优点？

（3）热流道浇注系统有哪些组成部分？

（4）设计热流道注射模时需要注意哪些因素？

（5）热流道注射模的设计步骤是怎样的？

任务十一 气体辅助注射模设计

任务目标

能力目标

1. 能看懂气体辅助注射模结构图，并掌握其动作原理。

2. 具有设计气体辅助注射模结构的初步能力。

3. 能够进行气体辅助注射成型工艺编制、气体辅助注射模结构的设计。

4. 能够合理选用气体辅助注射成型设备。

知识目标

1. 了解气体辅助注射成型设备的组成。

2. 了解气体辅助注射成型的特点。

3. 熟悉气体辅助注射成型原理和气体辅助注射成型工艺过程。

4. 掌握气体辅助注射模的设计要点。

素质目标

1. 在气体辅助注射模设计中，培养学生的专业实践能力，同时使学生对专业职业能力有深入的理解，并能够优化设计气体辅助注射模的结构。

2. 引导学生向大国工匠学习，培养学生精益求精、追求极致的工匠初心，以及严谨细致、缜密周全的工匠作风。

任务导入

气体辅助注射成型（gas assisted injection molding，GAIM）简称气辅成型，是在传统注射成型的基础上发展起来的一种创新技术，近年来才开始进入实用阶段。气体辅助注射成型是把高压气体经主辅控制器（分段压力控制系统）直接注射入模腔内正在塑化的塑料里，使塑料件内部膨胀而造成中空，但仍然保持产品和外形完整无缺。

一般的注射成型方法要求塑件的壁厚尽量均匀，否则在壁厚处容易产生缩孔和凹陷等缺陷。对于厚壁塑件，为了防止凹陷产生，需要加强保压补料时间，但是若厚壁的部位离浇口较远，即使过量保压，也常常难以奏效。同时，浇口附近由于保压压力过大，残余应力升高，容易造成塑件翘曲变形或开裂。

采用气体辅助注射成型可以减小塑件质量，加快冷却速度，降低锁模力，简化模具设计，从而大大降低成本。在提高塑件质量方面，它可以消除表面缩痕，减小塑件的内应力和翘曲变形，并能够通过设置附有气道的加强筋提高塑件的强度和刚度，而不增加塑件的质量。气体辅助注射成型目前在欧洲和北美应用广泛，亚洲的日本和韩国也已相继扩大对该技术的应用，我国很多厂家也已经开始应用这项新技术。

本任务针对图 2-383 所示的储物箱进行气体辅助注射模设计。储物箱的材料为 PC，有两个侧孔，需要侧向抽芯。

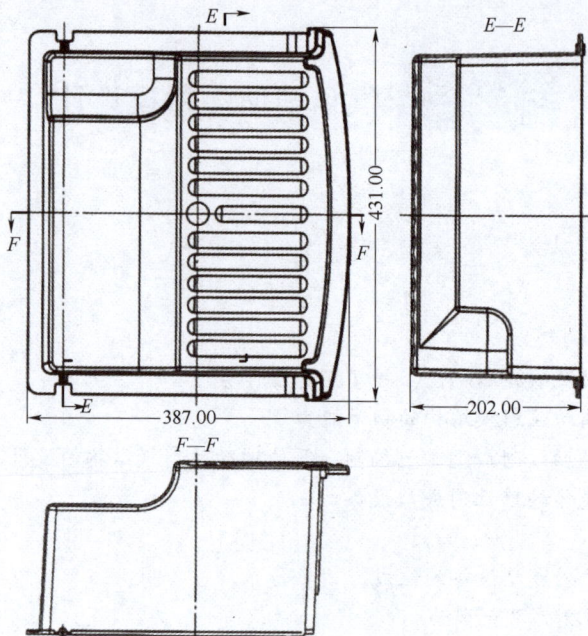

图 2-383　储物箱

知识准备

一、气体辅助注射成型原理

气体辅助注射成型就是在注射充模过程中，向熔体内注入比注射压力低的低压气体，利用气体的压力实现保压补缩，注入的气体压力通常为几十兆帕。

气体辅助注射成型原理如图 2-384 所示。成型时首先向型腔内注入经准确计量的熔体，然后经特殊的喷嘴在熔体中注入气体（一般为氮气），气体扩散推动熔体充满型腔。充模结束后，熔体内气体的压力保持不变或者有所升高进行保压补料，冷却后排除塑件内的气体便可脱模。在气体辅助注射成型中，熔体的精确定量十分重要。若注入熔体过多，则会造成壁厚不均匀；反之，若注入熔体过少，则气体会冲破熔体使成型无法进行。

气动辅助注射成型概述

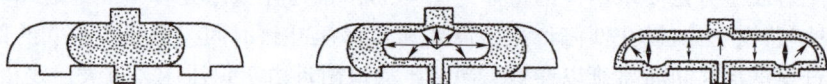

图 2-384　气体辅助注射成型原理

二、气体辅助注射成型工艺

气体辅助注射成型工艺过程是在普通注射成型过程中加入气体注射，其具体过程如下（见图 2-385）。

1. 填充阶段

填充阶段包括熔体注射和气体注入。在熔体注射期，用一定量的熔体填充型腔，按注入熔体体积的不同可分为三种类型。

（1）中空成型：注入的熔体占型腔容积的 60%~70%。

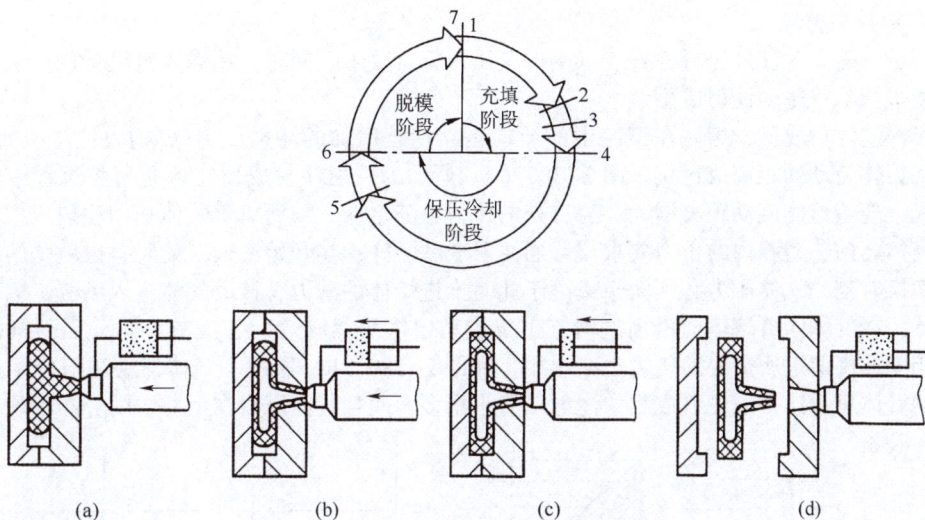

图 2-385 气体辅助注射成型具体过程

（a）注射阶段；（b）充气阶段；（c）保压冷却阶段；（d）脱模阶段

1—周期开始；1~2—熔体注射期；2—熔体注射期结束；2~3—延时；3—气体注入开始；3~4—气体注入；

4—填充阶段结束；4~5—保压冷却阶段；5~6—气压下降、气体回收；6~7—脱模阶段

（2）短射：注入的熔体占型腔容积的90%~98%，如彩色电视机前壳即采用短射（占容率为95%~98%）。

（3）满射：注入的熔体充满型腔，此时，气体仅起保压补缩作用。

满射还可分为两种：一种是副型腔注射成型法，即熔体注满型腔后，注入气体，将多余的熔体排入副型腔，然后关闭副型腔，保压冷却；另一种是熔体回流法，即熔体注满型腔后，注入气体，使多余的熔体回流到注射机料筒内。以上成型设备均需安装特殊装置和控制系统。

具体采用哪一种方法，应根据塑料制品的用途及要求而定，并确保在充气时不把制品表层冲破。熔体注射量应经试验后确定，注入量一经确定，应准确计量。

进入充气期时，将定容和定压的氮气注入型腔，充气时间很短，但对气辅成型能否成功起着至关重要的作用。需要准确确定熔体注射到氮气注入的切换时间，正确确定气体的压力等，这些都直接关系到制品的质量，制品的许多缺陷都可能在这一阶段产生。短时间的延时切换是为了控制冷凝层厚度，调节气体流动空间，并使浇口处塑料熔体降温固化，以防气体"倒灌"（气体从浇注系统倒流而不是按预定气道流动）。

2. 保压冷却阶段

在型腔填充结束后，仍要保持一定的气体压力，使成型制品在一定压力下冷却。在保压冷却阶段仍需继续注入气体，以弥补制品的冷却收缩，保证塑料贴紧型腔。保压冷却阶段的最后将氮气释放（回收）。

3. 脱模阶段

气体辅助注射成型的脱模阶段是成型过程中的一个重要环节，脱模过程与操作具体包括以下过程：

（1）释放气体压力

在脱模前，需要先将塑件中的高压气体释放，使模具型腔内的气体压力降至大气压力。这是为了确保在脱模过程中，气体不会对塑件或模具造成损坏。

（2）推出塑件

当气体压力释放完毕后，可以使用模具的推出机构将塑件从型腔中推出。推出机构的设计应确保能够均匀、平稳地施加力量，以免塑件在脱模过程中发生变形或损坏。

（3）检查与整理

脱模后，需要对塑件进行检查，以确保其质量符合要求。同时，还需要对模具进行清理和保养，以便进行下一轮的注射成型。

对于普通注射成型，熔体在型腔中的流动是靠持续增加的注射压力来维持的，压力的增加基本上和熔体流动的距离成比例。图2-386（a）所示为普通注射成型在填充型腔过程中的压力变化情况，随着熔体流动距离增大，浇口处的压力也随之增大。而对于气体辅助注射成型，在开始注入气体之前，型腔内的压力要求与普通注射成型一样；在开始注入气体时，也就是熔体、气体注入切换时刻，气体压力必须大于或等于此时推进熔体的压力，接着气体进入型腔，取代高黏度的熔体；在气体向着熔体前沿前进时，由于流动熔体的"有效"长度减小了，因而维持熔体前沿以相同速度前进所需要的压力也减小了，如图2-386（b）所示。气体辅助注射成型填充型腔所需的气体压力比普通注射成型的注射压力小得多，而且气体压力在型腔中的分布很均匀。

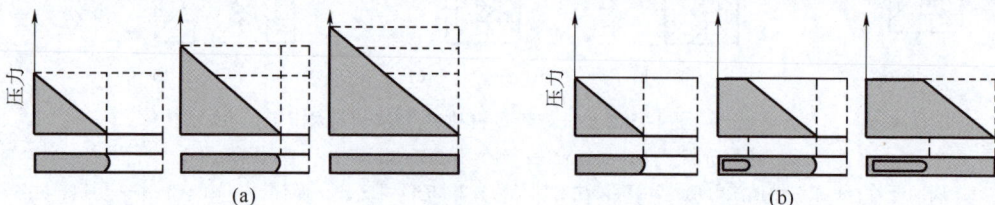

图2-386　两种注射成型压力分布比较

（a）普通注射成型；（b）气体辅助注射成型

三、气体辅助注射成型设备

气体辅助注射成型所用设备主要有注射机、氮气制备设备、气体注射装置等。气体注射装置包括气体增压系统、气压控制系统、喷气系统（模具上安装喷嘴（气针）或注射机上安装喷嘴（气针））等。较先进的设备可实现压力分段控制（可达7段），以满足注射工艺的需要。

图2-387所示为气体辅助注射成型的气体注射装置示意图，其中比例阀4的驱动形式是液压驱动，气体换向阀5的驱动形式是气压驱动。氮气经柱塞式储气缸Ⅰ预压缩，使其压力完全能满足注射预充气的需要。氮气在柱塞式储气缸Ⅱ内被压缩到充气所需要的高压压力。

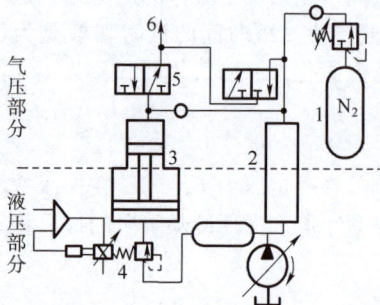

图2-387　气体辅助注射成型的气体注射装置示意图

1—氮气瓶；2—柱塞式储气缸Ⅰ；
3—柱塞式储气缸Ⅱ；4—比例阀；
5—气体换向阀；6—喷嘴

四、气体辅助注射成型的特点

气体辅助注射成型适用于几乎所有的热塑性塑料和部分热固性塑料。

（1）与普通注射成型相比，气体辅助注射成型有如下优点。

1）能够成型壁厚不均匀的塑件及复杂的三维中空塑件。

2）气体从浇口至流动末端形成连续的气流通道，无压力损失，能够实现低压注射成型，由此能获得低残余应力的塑件，塑件翘曲变形小，尺寸稳定，刚度高。

3）气流的辅助充模作用提高了塑件的成型性能，因此，采用气体辅助注射有助于成型薄壁塑件，减小了塑件的质量，节约了塑料原材料。

4）由于注射成型压力较低，因此可在锁模力较小的注射机上成型尺寸较大的塑件。

5）可简化塑件和模具设计，降低模具加工难度；成型时型腔压力降低，锁模减小，可延长模具使用寿命。

（2）气体辅助注射成型的缺点如下。

1）需要增设供气装置和喷嘴（气针），提高了设备的成本。

2）采用气体辅助注射成型技术时，对注射机的精度和控制系统有一定的要求。

3）塑件有气体注入部分与无气体注入部分的表面会产生不同的光泽。

五、气体辅助注射模的设计

气体辅助注射模设计与普通注射模设计的理念及方法并没有太大差别，两者的设计原则是一致的。采用气体辅助注射成型技术时，模具结构上的特殊之处是装有气针且连接气体压力控制系统，因此两者在设计要求方面稍有差别。由于气道直接影响气体的流动和气体对熔体流动的干涉，从而最终影响成型制品的质量，因此合理设计气道的尺寸、截面形状和位置布置至关重要。

1. 进气方式的确定

进气方式的选择是模具设计的关键问题之一，直接影响气体辅助注射成型的可行性。气辅成型的进气方式可分为喷嘴进气和模具进气两种。采用喷嘴进气需改造注射机的喷嘴，使其既有熔体通道也有气体通道，以便在熔体注射结束后可切换到气体通道，实现气体注射（见图2-388）；采用模具进气则不需改造注射机的喷嘴，但需在模具中开设气体通道并加设专门的进气元件（气针），在气体压力控制下工作，引导气体进入模具型腔。

进气方式的选用要视制品的具体情况而定，采用喷嘴进气方式，熔体与气体通过同一流道，具有相同的流动方向和压力梯度；采用模具进气方式，会有气体的流动方向与熔体流动方向相反的情况。模具进气方式一般用于热流道注射或制品加强部位离浇口比较远的情况，如电视机后壳成型模具及一些熔体流动长度较大的长条形制品。

图2-388　改造后的喷嘴

2. 注气点的选择

喷嘴进气不存在注气点的选择问题，但对制品设计和开模有较高的要求。模具进气的方式灵活多样，型腔进气的注气元件通常采用气针。注气点的选择也是模具设计的关键问题之一，同样会直接影响气辅成型的可行性，成型过程中常出现的困气和气针堵塞现象都与此有直接关系。通常，注气点的选择原则如下。

（1）注气点的位置要尽可能靠近浇口，注气点越靠近浇口，塑件的充气效果越好。可保持大约30 mm以上的距离，同时确保气体的流动方向与熔体的流动方向一致。

（2）如果交叉气道不能避免，则只能在交叉位置处设置1个注气点。

（3）熔体注射采用短射方式时，熔体和气体注射最好采用自上向下或水平的注射方式，避免采用自下向上的方式，防止因熔体自重产生的流涎现象。

（4）注气点应避免设置在与熔体注入口轴线相对的位置，防止气针堵塞。

（5）注气点的选择一般要保证气针堵塞后可以方便拆卸。

（6）对于多型腔成型，每个型腔应采用单独的注气点。

（7）注气点位置应选择在不影响表面美观和不承受外界载荷的地方。对于分流道进气，为了防止气体在浇注系统内产生穿透现象，可以设置扼流段，如图2-389所示。型腔进气可以采用薄膜浇口，或通过浇口位置加速冷却的方法，加快浇口处熔体的凝固，以防止熔体回流。

3. 气针及进气结构设计

气针是气体辅助注射模上的重要元件，所用材料一般为不锈钢或淬硬钢。性能优良的气针应具有安装拆卸简便、密封可靠和不易堵塞等特点。气针的作用是将气体从模具引入制品的气道，从而阻止熔体倒流到模具的气孔内，防止模具损坏。一般来说，气针本身要能够调节气流的大小，可以控制气体流量，达到多个进气点之间的平衡，其可调部分与固定部分的间隙一般为

气动辅助
注射模设计

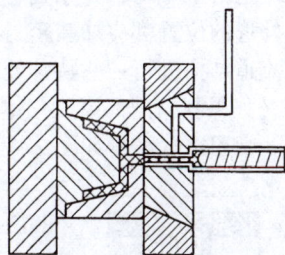

0.02~0.04 mm。气针原理如图 2-390 所示。

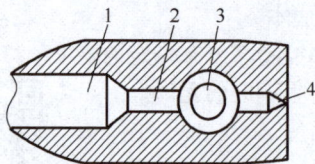

图 2-389　扼流段

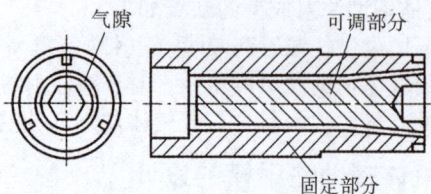

图 2-390　气针原理

1—分流道；2—扼流段；3—气针；4—型腔

目前气针都是作为标准件来使用的，市场上有各类标准的气针可供选用。世界上主要的气辅成型设备生产厂家有英国的 Cinpres 公司、Gas Injection 公司和德国的 Battenfeld 公司等。

气针结构的设计原则是保持充气的顺畅和密封，并且如果进气结构位于流道上，必须确保充气时气体不能进入喷嘴前的主流道。在设计气针结构时，通常会在进气位置设置一个环形肋位包住气针头部，确保充气时不会因头部漏气造成气体注射失败。肋位厚度的确定应以该肋位在注射时不缺熔料为原则，可尽量薄，厚度为 6 mm 左右即可。此外，进气通道上凡可能出现气体外逸的位置都应加装密封圈。当进气结构位于流道上时，还需要将浇口设计得相对大一些并对流道结构进行一些特殊处理，使气体能从浇口进入型腔熔料内部而不会进入主流道及排气孔内（如果制品内部高压气体不能及时排出，易导致制品爆裂）。

常用进气结构如图 2-391~图 2-393 所示。

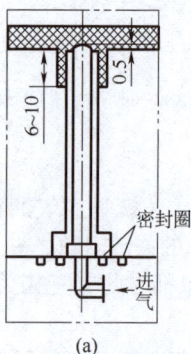
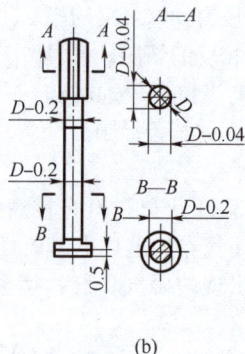

（a）　　　　　　　（b）

图 2-391　套筒式进气结构

（a）装配图；（b）气针

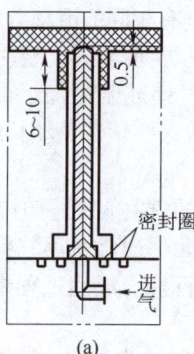
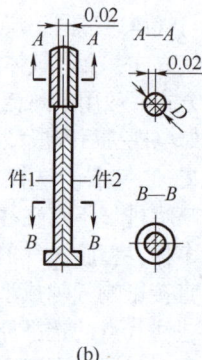

（a）　　　　　　　（b）

图 2-392　拼合式进气结构

（a）装配图；（b）气针（由两个半圆拼合）

4. 气道的设计

气道是引导气体流动的通道，同时它也是制品的一部分。气道设计是气辅成型技术中最关键的设计因素之一，不仅影响制品的刚度，同时也影响其加工性能。由于预先规定了气体的流动状态，所以气道也会影响初始注射阶段熔体的流动。合理的气道设计对成型较高质量的制品至关重要。在设计上，影响气体流动的主要因素包括气道的几何形状、尺寸大小和位置。

（1）气道的几何形状。气道的几何形状根据所在位置的不同可分为图 2-394 所示的几种。

（2）气道的尺寸大小。气道处制品截面宽度一般为壁厚的 2~3 倍，但也要根据制品的结构、大小做具体调整。如果气道太小，气体就不会沿气道方向流动而渗透到薄壁处，导致产品强度降低并影响表面质量。如果气道太大，则会形成跑道效应，即熔体在填充时因气道处厚度大，有加速流动的趋势。跑道效应过于明显会使薄壁处填充减速而产生各种问题，如困气、烧焦、气体渗透或吹穿等。

气道尺寸的推荐值：气道处制品截面宽度为制品平均壁厚的 2~3 倍，气道处制品截面高度为气道处制品截面宽度的 0.7~1 倍；加强筋截面宽度为制品平均壁厚的 0.5~1 倍，加强筋截面高度为制品平均壁厚的 5 ~ 10 倍。如图2-395所示，$b = (2 ~ 3)s$，$h = (0.7 ~ 1)b$，$c = (0.5 ~ 1)s$，$d = (5 ~ 10)s$。

（3）气道的位置。气体在浇口处压力较高，在填充的最末端压力较低，气体沿最短路径从高压处向低压处（最后填充处）流动，同时气道布置也要充分考虑产品表面质量及强度问题。所以气道的布置应遵循以下原则。

1）气道要根据塑料熔体的流动方向布置，尽量使气体流动方向与熔体流动方向一致。

2）气道要避免形成回路。

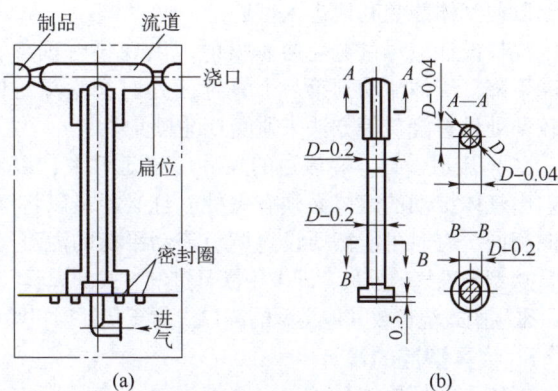

图2-393　细长杆端部进气结构
(a) 装配图；(b) 气针

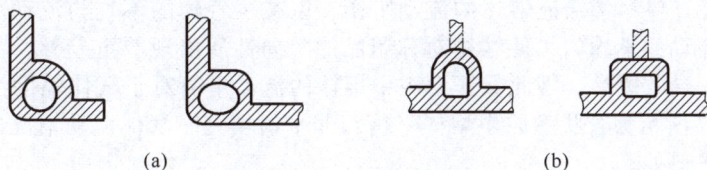

图2-394　气道的几何形状
(a) 角部气道截面；(b) 平面或筋根部气道截面

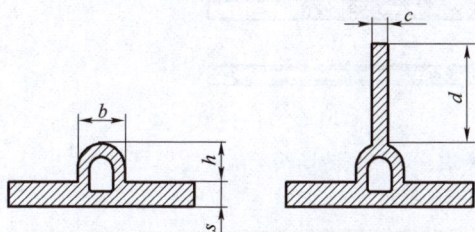

图2-395　气道的尺寸

图2-396（a）所示的对角气道比较好，该结构能引导气体向四个角流动，应力分布均匀，制品翘曲变形小。图2-396（b）所示的十字气道会使气体出现二次穿透，进入制品薄壁部分，从而降低制品强度，并在制品表面形成不同的光泽度。

3）气道要布置均衡，使气道末端也能流通气体，同时又保证气体只在气道中流动，不进入制品薄壁部分。

4）主气道可沿角部或筋位设计，设计应尽量简单，便于气体流动。

5）气道末端截面尺寸要缩小。

对于图2-396所示的矩形制件，如果选择两条加强筋的交叉处作为熔体和气体的入口，采用

5. 浇注系统的设计

（1）浇口设计。浇口数目应尽量少，一般制品只设置一个浇口。要选择合适的浇口位置，以保证欠料注射的熔体能均匀地充满型腔。如果浇口和气体注入

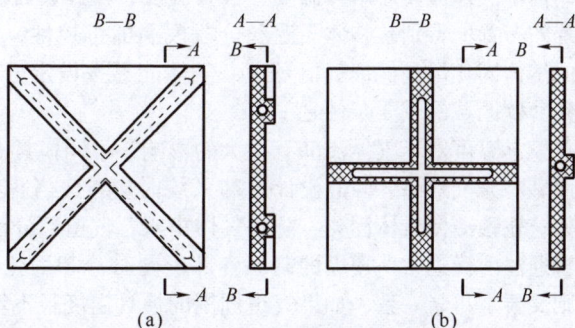

图2-396　气道位置选择示意图
(a) 对角气道；(b) 十字气道

点分开设计，则浇口应尽量使型腔最后的填充点靠近气道终点。对于气针安装在注射机喷嘴和浇注系统中的模具，浇口尺寸必须足够大，以防止熔体在气体注入前在浇口凝结，特别是潜伏式浇口一般要比普通模具的浇口大一些。侧浇口和扇形浇口内部有气道时，其截面尺寸也要足够

大，以便气体能顺利地进入型腔。

浇口设计应尽量避免熔体喷射。出现喷射现象时熔体会发生叠合，而叠合部分的熔体表面温度下降，气体流动到第一个叠合面处时会吹穿熔体表面。可通过逆重力方向填充型腔或在制品较薄处设置浇口等方法来避免产生喷射。

（2）流道设计。冷流道的尺寸应该足够大，以便把一定量的熔体以理想的模式填充到型腔中。由气体推动的熔体必须有去处，且必须足以将型腔充满，所以气体流动方向必须与熔体流动方向相同，有时可能需要设置调节流动平衡的溢流空间，以得到理想的空心通道。

从型腔进气的模具，即采用模具进气方式的模具，可以采用热流道浇注系统，根据气道位置的不同可采用阀式浇口或其他类型的浇口。对于从注射机喷嘴进气的模具，一般不采用热流道浇注系统。

6. 模具型腔的设计

气体不能把熔体从一个型腔推进另一个型腔中，但气辅成型要求每个型腔的欠料注射量必须相等。模具型腔数量越多，对进入各型腔的熔体注射量就越难以控制，欠料注射的精确控制有时可能难以达到。因此气体辅助注射模一般以一模一腔为佳，最好不要超过一模四腔。

模具型腔的设计应尽量保证熔体的流动平衡，以减少气体的不均匀流动。熔体填充的不平衡会加剧气体流动的不均匀，使结构对称制品的各向性质出现严重差异，甚至在制品的某一方向出现吹穿，导致废品。因此保证型腔中熔体的流动平衡对于气体辅助注射模的设计更加重要。图2-397所示为管状型腔中熔体平衡与非平衡填充时气体流动情况的对比，箭头处为熔体和气体的入口处。

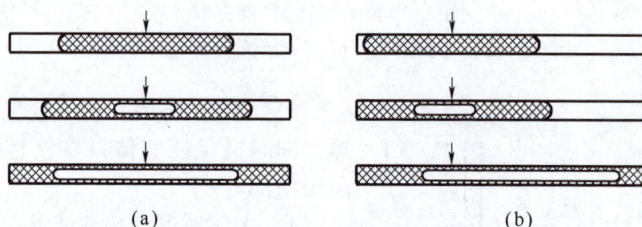

图2-397　管状型腔中熔体平衡与非平衡填充时气体流动情况的对比
（a）平衡填充；（b）非平衡填充

7. 冷却系统的设计

由于气体流动对熔体温度、模具温度、模具表面粗糙度等因素较敏感，所以应充分考虑冷却系统的布置，特别是整体模温和分段模温的可控性，因为在一定时间内保持型腔壁面有一定厚度的熔体固化层是保证气道畅通、气体能够按设定方向流动，以及气体不会穿透制品表面或渗透到薄壁区域的重要条件之一。

模具温度对于气体流动有很大的影响，不同模具温度会导致制品外表面固化层的厚度变化，从而影响充气效果，因此设计冷却系统时应首先考虑充气需要及效果。在不需要充气的制品薄壁处应先预冷使熔体固化，防止气体窜入；气道部分模温稍高，以利于气体流动和制品成型。这与普通注射模通常所遵循的制品各部位同时冷却固化的原则有所不同。但对气道周围的模具温度则又要求尽量一致，如果气道周围的模具温度很不均衡，会使熔体冷却速度不一致，将导致固化层厚度分布不均，从而影响制品壁厚的一致性。因此气体辅助注射模比普通注射模对局部温度一致性的要求更高。

8. 考虑工艺参数的影响

与普通注射成型相比，气辅成型对工艺参数敏感得多。在气辅成型中，模壁温度或注射体积的不同会导致对称制品中气体流动的不对称。对于图2-398（a）所示的对称制品，开始上下两侧注入相同体积的塑料熔体（见图2-398（b）），假设由于冷却水路串联布置导致上下两侧模壁温度状态为上冷下热，则上侧熔体黏度将比下侧大，导致下侧气体流动性较上侧强

（见图 2-398（c）），随着气体的不断注入，这种倾向越来越明显，最后上下两侧将出现不同程度的气体流动状态（见图 2-398（d））。

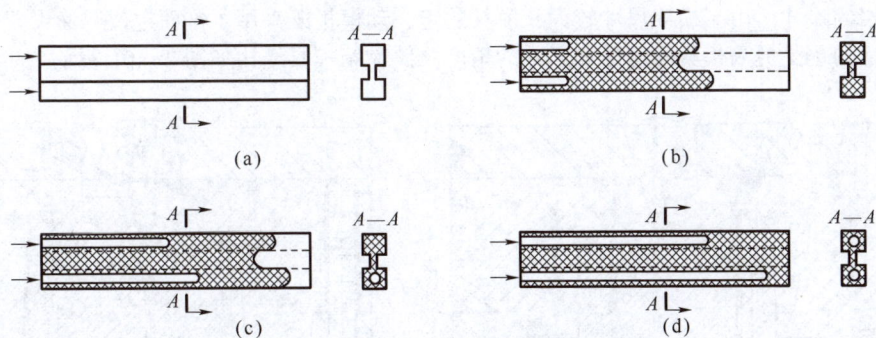

图 2-398　模壁温度的微小差异引起的气体流动不均匀

任务实施

1. 塑件结构分析

本任务塑件为一个大型箱体类零件，即图 2-399 所示的储物箱。材料为 PC，收缩率取 0.6%。PC 的流动性差，熔体的填充是一个难题。塑件有两个侧孔，需要侧向抽芯。塑件较深，对模具的包紧力较大，塑件的脱模是一个难题。

2. 模具结构分析

由于塑件尺寸大，PC 熔体流动性差，为了提高成型质量，降低注射压力及成型周期，模具采用了热流道浇注系统以及气体辅助注射。气阀在模具内，由弹簧控制气阀的开和关，如图 2-400 所示，定、动模两边均设置了两道气道，进气口共四处。这种结构的优点是每个进气口可单独进行控制，并且适用于热流道。其缺点是气体的控制单元不可用单独设备控制，成本较高。塑件壁厚 2.5 mm，气道直径 7 mm。气体辅助注射模冷却系统的设计非常重要，本模冷却水道较为均匀，力求做到塑件内外壁温度相等。气体辅助注射模气体进入时浇口必须封闭，否则熔体会倒流回浇注系统，因此热喷嘴必须加油缸控制阀门，当注射结束后气体进入型腔前，要关闭热喷嘴内的阀门。

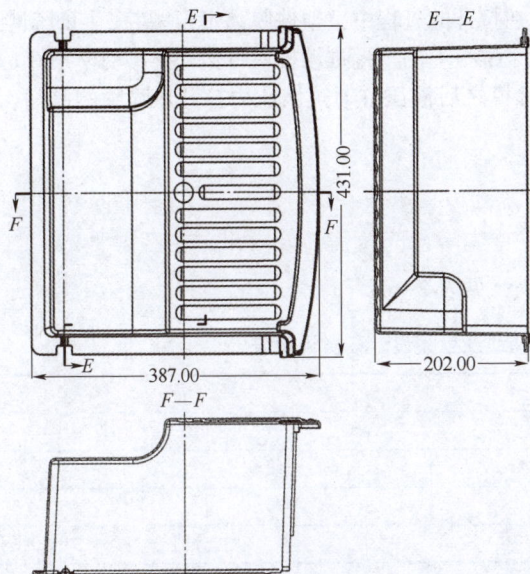

图 2-399　储物箱

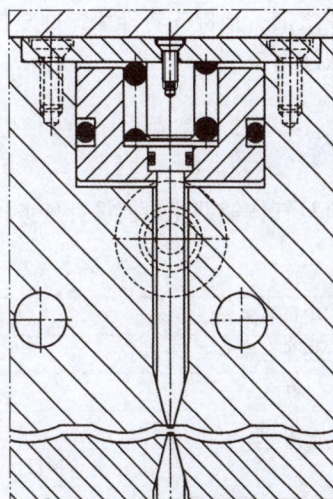

图 2-400　模具气阀

塑件最后由推块推出，模具没有复位弹簧，推块的前进和后退均由注射机顶棍控制。

模具采用两板模模架，定模型腔直接做在定模板上，这样可以提高模具的整体刚性，同时可以减小模架的尺寸。由于模架尺寸较大，模具的定、动模板既采用了锥面定位，又设置了四个直身边锁，目的也是提高模具的刚性和塑件的精度。储物箱模具结构如图 2-401 所示。

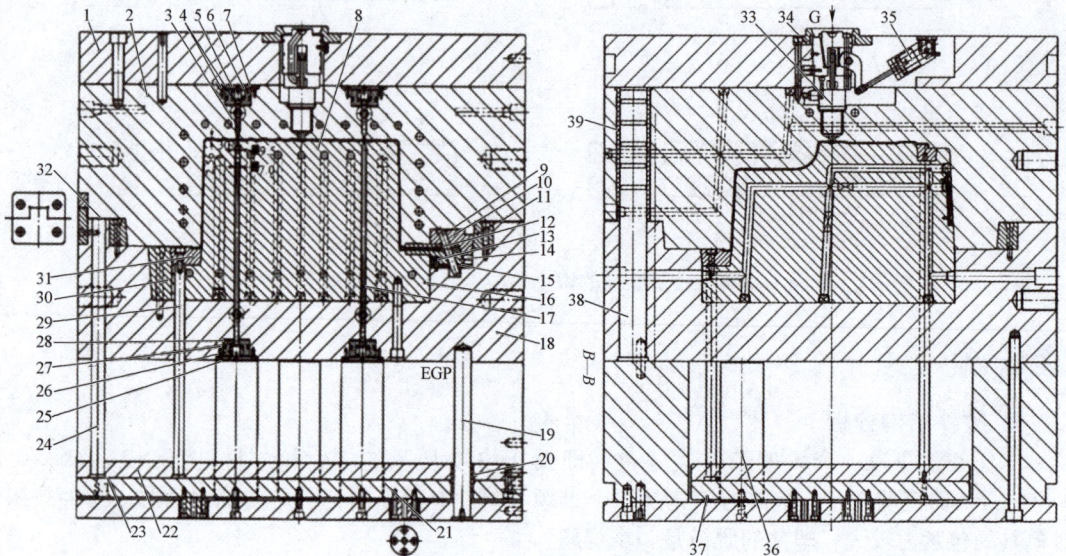

图 2-401　储物箱模具结构

1—面板；2—定模板；3—阀针；4，27—密封圈；5，13，26—弹簧；6—弹簧套；7，25—压块；8，16—动模镶件；9—斜导柱；10—斜导柱锁紧块；11—耐磨块；12—侧型芯；14—滑块；15—耐磨块；17—动模阀针；18—动模板；19，38—导柱；20，39—导套；21—顶棍连接柱；22—推杆固定板；23—推杆底板；24—复位杆；28—镶套；29—推杆；30—锁紧块；31—推块；32—定位块；33—热喷嘴；34—定位圈；35—气缸；36—支承柱；37—限位钉

3. 模具工作过程

如图 2-401 所示，熔体经热喷嘴进入型腔，充满型腔后，液压缸通过液压推动阀门将进浇口关闭，同时气阀打开，高压氮气通过定、动模内的气道进入型腔，推动熔体进行保压、冷却。当塑件固化至足够刚性后，模具的定、动模打开，在打开的过程中，塑件脱离定模型腔，同时斜导柱拨动滑块进行侧向抽芯。完成开模行程后，固定于推板上的顶棍推动推块将塑件推离动模镶件。

合模之前，顶棍先将推块拉回复位，合模之后液压缸通过液压力打开热喷嘴的阀门，模具进行下一次注射成型。

任务评价

请填写气体辅助注射模设计任务评价表，见表 2-62。

表 2-62　气体辅助注射模设计任务评价表

项目名称				
任务名称				
姓名		班级		
组别		学号		
评价项目			分值	得分
气体辅助注射成型原理			10	
气体辅助注射成型设备			10	

评价项目	分值	得分
气体辅助注射成型工艺	15	
气体辅助注射成型特点	10	
气体辅助注射模设计要点	15	
气体辅助注射模设计思路及原则	10	
工作实效及文明操作	10	
工作表现	10	
创新思维	10	
总计	100	
个人的工作时间	提前完成	
	准时完成	
	超时完成	
个人认为完成最好的方面		
个人认为完成最不满意的方面		
值得改进的方面		
自我评价	非常满意	
	满意	
	不太满意	
	不满意	
记录		

任务拓展

气体辅助注射模实例

扩展阅读

大国工匠——郑朝阳

思考与练习

（1）气体辅助注射成型的原理及工艺是什么？

（2）气体辅助注射模的设计原则是什么？

（3）气体辅助注射成型的特点是什么？

项目三　其他类型塑料模设计

任务一　压缩模设计

任务目标

能力目标

1. 能读懂压缩模的典型结构图，并掌握其工作原理。

2. 具有设计简单压缩模的能力。

3. 能正确计算压缩模成型零件工作尺寸及加料腔尺寸。

4. 能正确选择压缩成型工艺所需的设备。

知识目标

1. 掌握压缩模的结构特点、应用场合。

2. 掌握压缩模的设计要点。

3. 了解压缩成型新技术。

素质目标

1. 在压缩模设计中，培养学生的创新意识、勇于克服困难的精神，并提高学生的动手能力。

2. 采用大国工匠案例教学，帮助学生了解并体会工匠精神，引导学生形成坚守执着、投身专业的坚定信心。

任务导入

压缩模是塑料成型模具中比较简单的一种模具，主要用于热固性塑料的成型。在成型前，根据压缩工艺条件将模具加热到成型温度，然后将塑料原料加入模具型腔内进行加热、加压，塑料原料在热和压力的作用下充满型腔，同时发生化学交联反应而固化成型，最后开模得到塑件。

本任务针对图 3-1 所示的热固性塑料盒形件，该塑料制品为某基座零件上的一个连接件，表面无要求，精度 5 级以下。要求根据塑料制品的结构特征和使用要求，进行塑件的压缩模结构设计。该塑件材料为酚醛 D141，大批量生产。

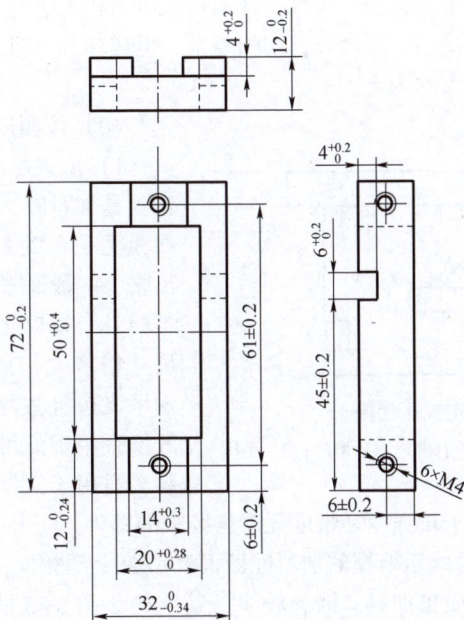

图 3-1　热固性塑料盒形件

知识准备

一、压缩模的分类及结构

1. 压缩模的分类

压缩模的分类方法很多，在这里介绍两种常见的分类方式。

（1）按照压缩模在压力机上的固定方式分类。

1）移动式压缩模。移动式压缩模的特点是在成型时将压缩模放在压力机上、下模板之间，成型后将压缩模移出压力机，用卸模工具开模后取出塑件，其结构如图 3-2 所示。模具整体结构简单、成本低，但劳动强度大，效率低，模具容易磨损，适用于生产批量较小的中小型塑料制品，模具质量通常不超过 20 kg。模具内部可设置较多的嵌件，或者螺纹孔、侧向分型与抽芯机构等较复杂结构，不易实现自动或者半自动操作。

2）半固定式压缩模。半固定式压缩模的特点是压缩模合模时构成型腔的两大部分，采用一部分固定在压力机上，另一部分可以移出压力机的组合方式，其结构如图 3-3 所示。在成型之后可将移动部分移到压力机外的工作台上进行开模、取件、安放嵌件和加料等操作，然后再将其推入压力机内，进入下一个工作循环。此类压缩模可以与通用模架配合使用，适用于压力机开模行程受限制、嵌件多、加料不便等场合。

3）固定式压缩模。固定式压缩模的特点是压缩模合模时构成型腔的两大部分，分别固定在压力机的上、

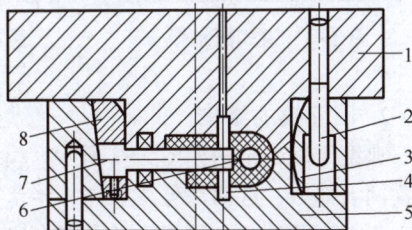

图 3-2　移动式压缩模

1—上凸模；2—导柱；3—凹模；4—型芯；
5—下凸模；6，7—侧型芯；8—凹模拼块

下模板上，合模、加热、保压、冷却、排气、开模均在压力机上进行，可以实现机械化或半自动化操作。该模具效率高，磨损小，寿命长，结构复杂，但成本高，且放置嵌件比较困难，适用于塑件生产批量大或者尺寸较大的场合。

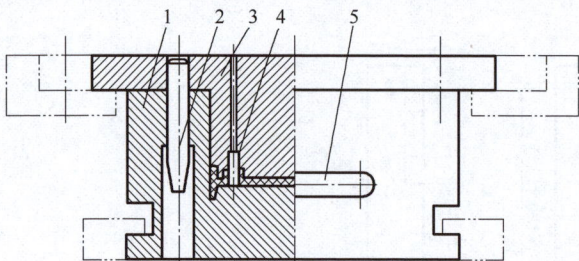

图 3-3　半固定式压缩模

1—凹模；2—导柱；3—凸模（上模）；4—型芯；5—手柄

（2）按照压缩模的闭合特征分类。

1）溢式压缩模。溢式压缩模的型腔本身就是加料腔，如图 3-4 所示。该模具凸、凹模无配合关系，多余的塑料从承压面溢出来，一般通过体积加料法进行加料。此类模具合模时溢料量波动大，生产的塑件尺寸精度差、密度低，物理性能较差，有水平飞边且去除比较困难。溢式压缩模一般不宜用于纤维浸渍料等较蓬松的塑料材料，适用于尺寸较小、生产批量小、形状扁平的盘形零件，尤其适用于对强度和精度无严格要求的塑件。

2）不溢式压缩模。不溢式压缩模的加料腔断面和型腔上部相同，无挤压边缘，凸模压力全部作用在塑件上，一般按照质量加料，溢料较少，其结构如图 3-5 所示。不溢式压缩模的特点是塑件承受压力大，密实性好，力学性能好；塑件有少量垂直飞边，易于去除，一般要求模具有推出装置；凸模与加料腔侧壁摩擦造成的划痕，会损伤塑件外观。不溢式压缩模一般适用于形状复杂、薄壁、流程长的深腔制品，也可用于单位比压高，以及流动性差的纤维状、碎屑状塑料的成型。

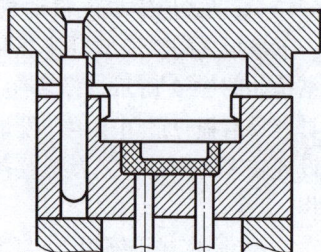

3）半溢式压缩模。半溢式压缩模的加料腔断面尺寸大于型腔尺寸，如图 3-6 所示。型腔顶部有挤压边缘，塑件的尺寸精度易于保证。脱模时塑件与加料腔没有摩擦，可以避免塑件外观的损坏，一般采用体积法进行加料。半溢式压缩模应用较广，适用于流动性较好、具有较大压缩比的塑料，不适用于纤维状或者碎屑状的填充塑料。此外，它也适用于塑件形状复杂的场合，并且生产的塑件尺寸精度和物理性能、力学性能均较好。

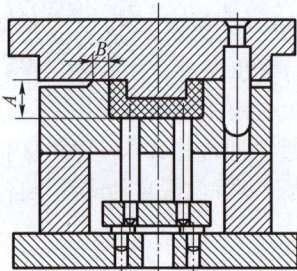

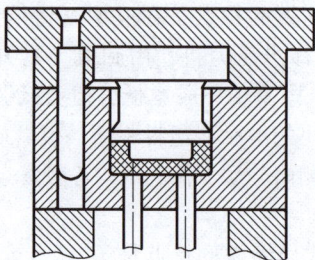

图 3-4　溢式压缩模　　　　图 3-5　不溢式压缩模　　　　图 3-6　半溢式压缩模

2. 压缩模的结构

典型压缩模结构如图 3-7 所示。模具可分为固定于压力机上模板的上模和固定于工作台的下模两大部分，这两部分靠导柱、导套导向。开模时，上模部分上移，凹模脱离下模一段距离，手工将侧型芯抽出，推板推动推杆将塑料制品推出。加料前，先将侧型芯复位，加料、合模后，热固性塑料在加料腔和型腔中受热受压，成为熔融状态而充满型腔，冷却固化后开模，取出制品，依此循环，进行压缩模塑成型。

按零件作用的不同，压缩模通常包含以下几个部分。

（1）成型零件。成型零件是直接成型塑料制品的零件，在加料时与加料腔一同起装料的作用，在模具闭合时形成所要求的型腔。图 3-7 所示结构中的凹模、型芯、凸模、凹模镶件、侧型芯为成型零件。

（2）加料腔。如图 3-7 所示，加料腔指凹模镶件的上半部。由于塑料原料与制品相比密度较小，成型前单靠型腔往往无法容纳全部原料，因此在型腔上设一段加料腔。对于多型腔压缩模，其加料腔有两种结构形式，如图 3-8 所示。一种是每个型腔都有自己的加料腔，而且彼此分开［见图 3-8（a）、图 3-8（b）］，其优点是凸模与凹模的配合定位较方便，且如果个别型腔损坏，可以修理、更换或停止对其加料，不影响压缩模的继续使用；但这种模具要求每个加料腔加料准确，因而费时，另外，模具外形尺寸较大，装配要求较高。另一种结构形式是多个型腔共用一个加料腔［见图 3-8（c）］，其优点是加料方便、迅速，飞边把各个制品连成一体，可以一次推出，且模具轮廓尺寸较小；但个别型腔损坏时，会影响整副模具的使用，此外，统一加料时，制品边角往往缺料。

（3）导向机构。图 3-7 所示结构中有两种导向机构，一种由布置在模具上模周边的导柱和布置在下模的导套组成，用于上、下模合模导向；另一种是为了保证推出机构顺利地上下滑动，在下模座板上设有两根推板导柱，在推板和推杆固定板上装有推板导套，用于推出机构导向。

（4）侧向分型与抽芯机构。当压制带有侧孔或侧凹的制品时，模具必须设有各种侧向分型与抽芯机构，制品才能脱出。图 3-7 所示制品带有侧孔，在推出制品前需手动转动螺杆，抽出侧型芯。

（5）推出机构。图 3-7 所示结构中，推出机构由推杆、推杆固定板、推板、压力机顶杆等零件组成。

（6）加热系统。热固性塑料压制成型需要在较高的温度下进行，因此，模具必须设置加热系统，常用的加热方法是电加热。图 3-7 所示结构中加热板 5、10 的圆孔中插有电加热棒，分别对凹模、凸模进行加热。

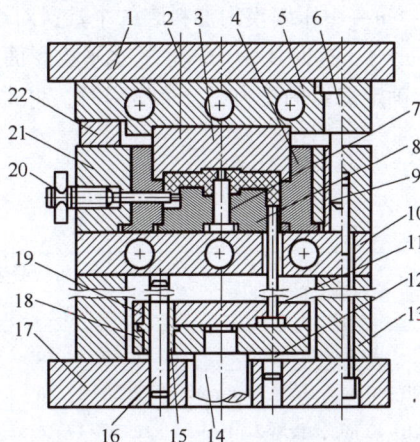

图 3-7　典型压缩模结构

1—上模座板；2—螺钉；3—凹模；4—凹模镶件；5，10—加热板；6—导柱；7—型芯；8—凸模；9—导套；11—推杆；12—挡钉；13—垫块；14—压力机顶杆；15—推板导套；16—推板导柱；17—下模座板；18—推板；19—推杆固定板；20—侧型芯；21—凹模固定板；22—承压块

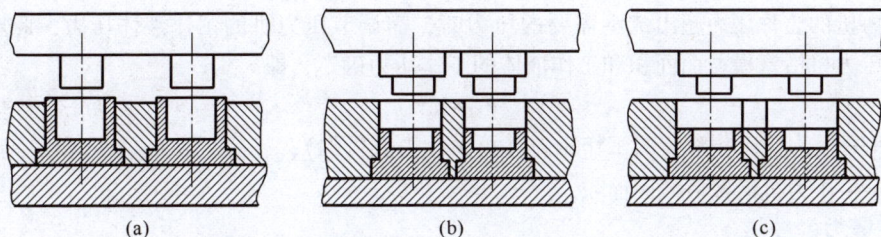

图 3-8　多型腔压缩模及其加料腔的结构形式

二、压缩模与压力机的关系

1. 压力机最大压力的校核

校核压力机最大压力是为了在已知压力机的公称压力和制品尺寸的情况下确定型腔的数目，或在已知型腔数目和制品尺寸时，确定压力机的公称压力。

压制塑料制品所需要的总成型压力应小于或等于压力机的公称压力，其关系为

$$F_模 \leqslant KF_机 \qquad (3-1)$$

式中　$F_模$——压制塑料制品所需的总成型压力；

　　　$F_机$——压力机的公称压力；

　　　K——修正系数，取值范围为 $0.75 \sim 0.90$，根据压力机新旧程度确定。

$F_模$ 可按照式（3-2）计算，即

$$F_模 = pAn \qquad (3-2)$$

式中　p——压塑时的单位成型压力，其值可根据表3-1选取；

　　　A——单个型腔水平投影面积，对于溢式和不溢式压缩模，A 等于塑料制品最大轮廓的水平投影面积，对于半溢式压缩模，A 等于加料腔的水平投影面积；

　　　n——压缩模内加料腔的个数，对于单型腔压缩模，$n=1$，对于共用加料腔的多型腔压缩模，$n=1$，这时 A 为加料腔的水平投影面积。

确定需要的压力机公称压力时，将式（3-2）代入式（3-1）可得

$$F_机 \geqslant \frac{pAn}{K} \qquad (3-3)$$

表 3-1　压缩时的单位成型压力 p　　　　　　　　　　　MPa

塑料制品的特征	粉状酚醛塑料		布基填料的酚醛塑料	氨基塑料	酚醛石棉塑料
	不预热	预热			
扁平厚壁制品	12.26~17.16	9.81~14.71	29.42~39.23	12.26~17.16	44.13
高 20~40 mm，壁厚 4~6 mm	12.26~17.16	9.81~14.71	34.32~44.13	12.26~17.16	44.13
高 20~40 mm，壁厚 2~4 mm	12.26~17.16	9.81~14.71	39.23~49.03	12.26~17.16	44.13
高 40~60 mm，壁厚 4~6 mm	17.16~22.06	12.26~15.40	49.03~68.65	17.16~22.06	53.94
高 40~60 mm，壁厚 2~4 mm	22.06~26.97	14.71~19.61	58.84~78.45	22.06~26.97	53.94
高 60~100 mm，壁厚 4~6 mm	24.52~29.42	14.71~19.61	—	24.52~29.42	53.94
高 60~100 mm，壁厚 2~4 mm	26.97~34.32	17.16~22.06	—	26.97~34.32	53.94

当压力机的公称压力已确定时，可按式（3-4）确定多型腔压缩模的型腔个数，即

$$n \leqslant \frac{KF_机}{pA} \qquad (3-4)$$

当压力机的公称压力超出成型需要的压力时，需调节压力机的工作液体压力，此时压力机的压力由压力机活塞横截面面积和工作液体的工作压力确定，即

$$F_机 = p_1 A_机 \qquad (3-5)$$

式中　p_1——压力机工作液体的工作压力（可由压力表得到）；

　　　$A_机$——压力机活塞横截面面积。

2. 开模力的校核

开模力的大小与成型压力成正比，其值关系到压缩模连接螺钉的数量及大小。因此，对于大型模具，在布置螺钉前需计算开模力。

（1）开模力计算公式。

$$F_开 = K_1 F_模 \qquad (3-6)$$

式中　$F_开$——开模力；

　　　K_1——压力系数，对于形状简单的制品，配合环不高时取0.1；配合环较高时取0.15；对于形状复杂的制品，配合环较高时取0.2。

（2）连接螺钉数量的确定。

$$n_{螺} = \frac{F_{开}}{f}$$（3-7）

式中　$n_{螺}$——连接螺钉数量；

f——每个螺钉所能承受的载荷，其值可根据表3-2查取。

表3-2　连接螺钉规格及载荷　　　　　　　　　　　　　　　　　　　N

螺纹规格	材料：45钢	材料：T10A钢	备　注
	$\alpha_b = 490.33$ MPa	$\alpha_b = 980.67$ MPa	
M5	1 323.90	2 598.76	
M6	1 814.23	3 628.46	
M8	3 432.33	6 766.59	
M10	5 393.66	10 787.32	
M12	7 943.39	15 788.71	对于成型压力大于500 kN的大型模具，连接螺钉材料可选T10A钢、T10钢，但不应淬火
M14	10 787.32	21 770.76	
M16	15 200.31	30 302.55	
M18	18 240.37	36 480.74	
M20	23 634.03	47 268.05	
M22	29 714.15	59 428.30	
M24	34 127.14	68 156.22	

注：α_b为抗拉强度。

3. 脱模力的校核

脱模力可按式（3-8）进行计算，所选压力机的顶出力应大于脱模力，即

$$F_{脱} = A_1 P_1$$（3-8）

式中　$F_{脱}$——塑料制品的脱模力；

A_1——塑料制品的侧壁面积之和；

P_1——塑料制品与金属表面的单位摩擦力，对于以木纤维和矿物为填料的塑料，取0.49 MPa，对于以玻璃纤维为填料的塑料，取1.47 MPa。

4. 压力机闭合高度与压缩模闭合高度关系的校核

压力机上（动）模板的行程和上、下模板间的最大、最小开距直接关系到能否完全开模和取出塑料制品。如图3-9所示，设计模具时须满足

$$h \geq H_{min} + (10 \sim 15) \, \text{mm}$$（3-9）

$$h = h_1 + h_2$$（3-10）

式中　h——压缩模的闭合高度；

H_{min}——压力机上、下模板间的最小距离；

h_1——凹模高度；

h_2——凸模台肩高度。

如果 $h < H_{min}$，则凹、凸模无法闭合，这时应在上、下模板之间加垫板，并保证 $h+$垫板厚度 $\geq H_{min} + (10 \sim 15)$ mm。

压缩模闭合高度除满足式（3-9）外，还应满足

$$H_{max} \geq h + L$$（3-11）

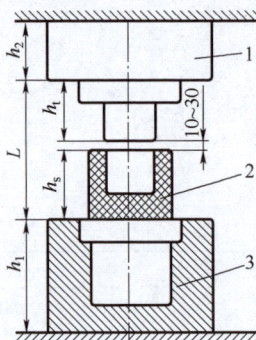

图 3-9　模具闭合高度与开模行程

1—凸模；2—塑料制品；3—凹模

$$L=h_s+h_t+(10\sim30)\,\text{mm} \tag{3-12}$$

将式（3-12）代入式（3-11）得

$$H_{max}\geqslant h+h_s+h_t+(10\sim30)\,\text{mm} \tag{3-13}$$

式中　H_{max}——压力机上、下模板间的最大距离；

　　　　h_s——塑料制品高度；

　　　　h_t——凸模高度；

　　　　L——压缩模最小开距。

对于利用开模力完成侧向分型与抽芯的模具，以及利用开模力脱出螺纹型芯的模具，模具所要求的开模距离可能还要大一些，需视具体情况而定。对于移动式模具，当卸模架安放在压力机上开模时，应考虑模具与上、下卸模架组合后的高度，以能放入上、下模板之间为宜。

5. 压力机台面结构及尺寸与压缩模关系的校核

压缩模的宽度应小于压力机立柱或框架间的距离，从而使压缩模可顺利通过立柱或框架进行安装。压缩模的最大外形尺寸不宜超出压力机上、下模板的尺寸，以便压缩模安装固定。压力机的上、下模板上常开设平行的或沿对角线交叉的 T 形槽。压缩模的上、下模座板可以直接通过螺钉分别固定在压力机的上、下模板上，此时模具上的固定螺钉过孔（或长槽、缺口）应与压力机上、下模板上的 T 形槽对应。压缩模也可用压板、螺钉压紧固定，这时压缩模的座板尺寸比较自由，只需设置宽为 15~30 mm 的凸缘台阶即可。

6. 压力机顶出机构与压缩模推出机构关系的校核

固定式压缩模制品的推出一般由压力机顶出机构驱动模具推出机构来完成。如图 3-10 所示，压力机顶出机构通过尾轴或中间接头、拉杆等零件与模具推出机构相连。设计模具时，应了解压力机顶出机构和连接模具推出机构的方式及有关尺寸，以使模具的推出机构与压力机顶出机构相适应，即推出塑料制品所需行程要小于压力机最大顶出行程。压力机的顶出行程必须保证制品能被推出型腔，可高出型腔表面10~15 mm，以便取件。

图 3-10 所示结构中各尺寸关系为

$$l=h+h_1+(10\sim30)\,\text{mm}\leqslant L \tag{3-14}$$

式中　L——压力机最大顶出行程；

　　　　l——塑料制品所需推出行程；

　　　　h——塑料制品最大高度；

　　　　h_1——加料腔高度。

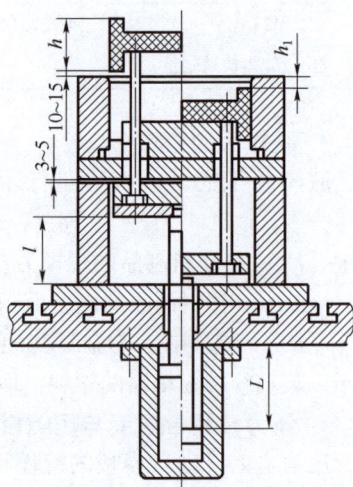

图 3-10　固定式压缩模制品推出

三、压缩模的设计

1. 加压方向的确定

加压方向，即凸模的作用方向。加压方向对塑件的质量、模具的结构和脱模的难易程度都有较大的影响，所以在确定加压方向时，应考虑下述因素。

（1）有利于压力传递。在加压过程中，要避免压力传递距离过长，以致压力损失太大。圆筒形塑料制品一般沿轴线加压，如图 3-11（a）所示。

若圆筒太长，成型压力不易均匀地作用于整个制品，若仍从上端加压，则

压缩模设计 1

塑料制品下部压力小，易产生制品局部疏松或角落填充不足的现象。这种情况下，可采用不溢式压缩模，增大型腔压力或采用上、下凸模同时加压，以增大制品底部的密度。但当制品仍由于长度过长而在中段出现疏松时，需将制品横放，采用横向加压的方法，如图3-11（b）所示，即可克服上述缺陷，但在制品表面将会产生两条飞边，影响外观。

（2）便于加料。图3-12所示为同一制品的两种加料方法。图3-12（a）所示结构的加料腔直径大而浅，便于加料；图3-12（b）所示结构的加料腔直径小而深，不便于加料。

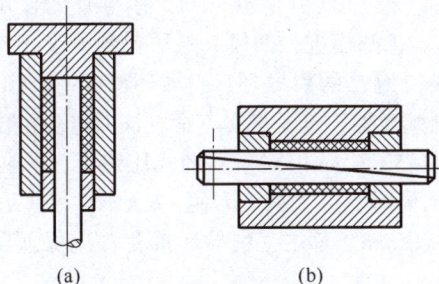

（a）	（b）

图 3-11　有利于压力传递的加压方向

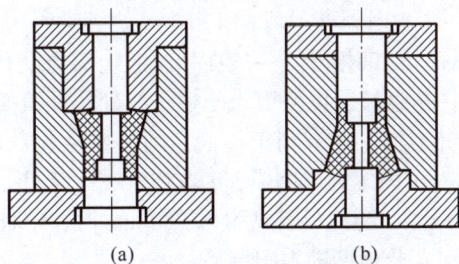

（a）	（b）

图 3-12　便于加料的加压方向

（3）便于安装和固定嵌件。当塑料制品上有嵌件时，应优先考虑将嵌件安装在下模。若将嵌件安装在上模［见图3-13（a）］，既不方便操作，又可能因安装不牢而落下，导致模具损坏。将嵌件安装在下模［见图3-13（b）］，不但操作方便，而且可利用嵌件推出制品，在制品表面不会留下推出痕迹。

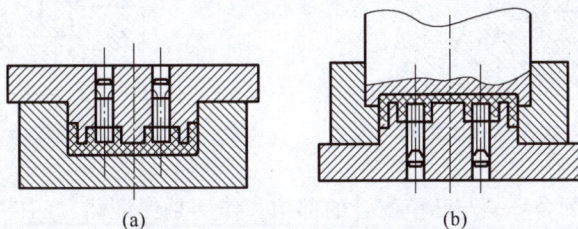

（a）	（b）

图 3-13　便于安装嵌件的加压方向

（4）便于制品脱模。有的制品无论从正面还是反面加压都可以成型，为了便于制品脱模和简化上凸模，制品的复杂部分宜朝下。如图3-14所示，图3-14（a）所示结构比图3-14（b）所示结构要好。

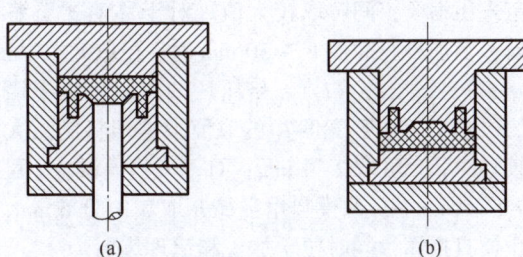

（5）长型芯沿加压方向设置。当利用开模力进行机动侧向分型与抽芯时，宜将抽拔距离长的型芯设置在加压方向上（即开模方向），而将抽拔距离短的型芯设置在侧向，进行侧向分型与抽芯。

（a）	（b）

图 3-14　便于制品脱模的加压方向

（6）保证重要尺寸精度。塑料制品沿加压方向的高度尺寸会因飞边厚度不同和压力不同而变化（特别是不溢式压缩模），故精度要求较高的尺寸不宜设在加压方向上。

（7）便于塑料的流动。为便于塑料流动，应使料流方向与加压方向一致。如图3-15所示，图3-15（a）所示结构将型腔设在下模，加压方向与料流方向一致，能有效利用压力；图3-15（b）所示结构将型腔设在上模，加压时，塑料逆着加压方向流动，同时会在分型面上产

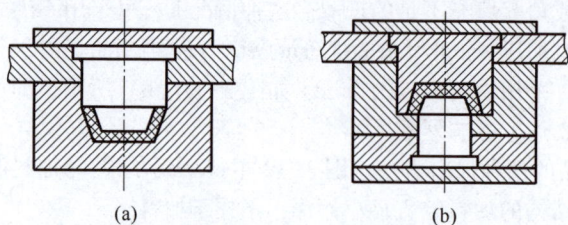

图 3-15　便于塑料流动的加压方向

生飞边，故需增大压力。

2. 凸模与凹模配合形式的确定

（1）凸模与凹模组成部分及其作用。图 3-16 和图 3-17 所示结构分别为不溢式压缩模与半溢式压缩模的常用组合形式。其各部分作用及参数如下。

1）引导环（l_2）。引导环的作用是导正凸模进入凹模。除加料腔很浅（深度小于 10 mm）的凹模外，一般在加料腔上部均设有一段长为 l_2 的引导环。引导环都有一个倾斜角，并采用圆角过渡，以便引入凸模，减少凸、凹模的侧壁摩擦，延长模具寿命，同时避免推出制品时损伤其表面，并有利于排气。圆角半径 R 一般取 1.5~3 mm。对于移动式压缩模，α 取 20′~1°30′；对于固定式压缩模，α 取 20′~1°；有上、下凸模时，为了加工方便，α 取 4°~5°。l_2 一般取 5~10 mm；当加料腔高度 $h_1 > 30$ mm 时，l_2 取 10~20 mm。总之，引导环长度 l_2 应保证压塑粉料熔融时，凸模已进入配合环。

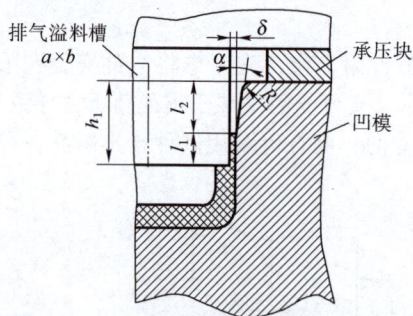

图 3-16　不溢式压缩模常用组合形式

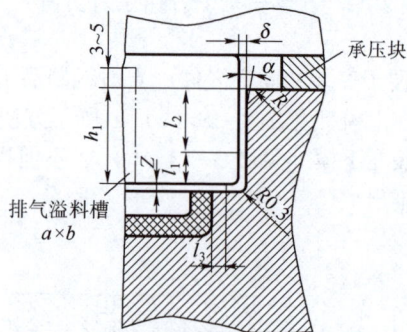

图 3-17　半溢式压缩模常用组合形式

2）配合环（l_1）。配合环是与凸模配合的部位，作用是保证凸、凹模正确定位，防止溢料，保证排气通畅。凸、凹模的配合间隙 δ 以不产生溢料和不擦伤模壁为原则选值，单边间隙一般取 0.025~0.075 mm，也可采用 H8/f8 或 H9/f9 配合。对于移动式压缩模，间隙取较小值，对于固定式压缩模，间隙取较大值。对于移动式压缩模，配合环长度 l_1 取 4~6 mm；对于固定式压缩模，当加料腔高度 $h_1 \geqslant 30$ mm 时，l_1 取 8~10 mm；配合间隙小 l_1 取小值，配合间隙大 l_1 取大值。

3）挤压环（l_3）。挤压环的作用是在半溢式压缩模中限制凸模的下行位置，并保证最薄的飞边。挤压环宽度 l_3 的取值根据塑料制品大小及模具用钢确定。一般中小型制品，模具用钢较好时，l_3 可取 2~4 mm；对于大型模具，l_3 可取 3~5 mm。采用挤压环时，凸模圆角半径 R 取 0.5~0.8 mm，凹模圆角半径 R 取 0.3~0.5 mm，这样可增加模具强度，便于凸模进入加料腔，防止模具损坏，同时便于加工和清理废料。

4）储料槽（Z）。凸、凹模配合后留有高度为 Z 的小空间，以储存排出的余料，若 Z 的取值过大，易导致制品缺料或不致密，取值过小则影响制品精度并导致飞边增厚。

5）排气溢料槽。为了减小飞边，保证制品质量，成型时必须将产生的气体及余料排出模外。一般可在压制过程中安排排气操作或利用凸、凹模配合间隙排气。但当压制形状复杂的制品及流动性较差的、有纤维填料的塑料时，则应在凸模上选择适当位置开设排气溢料槽。一般可按试模情况确定排气溢料槽的开设位置及尺寸，槽的尺寸及位置要适当。排气溢料槽的形式如图 3-18 所示，其中图 3-18（a）、图 3-18（b）所示为移动半溢式压缩模排气溢料槽；图 3-18（c）~图 3-18（f）所示为固定半溢式压缩模排气溢料槽。

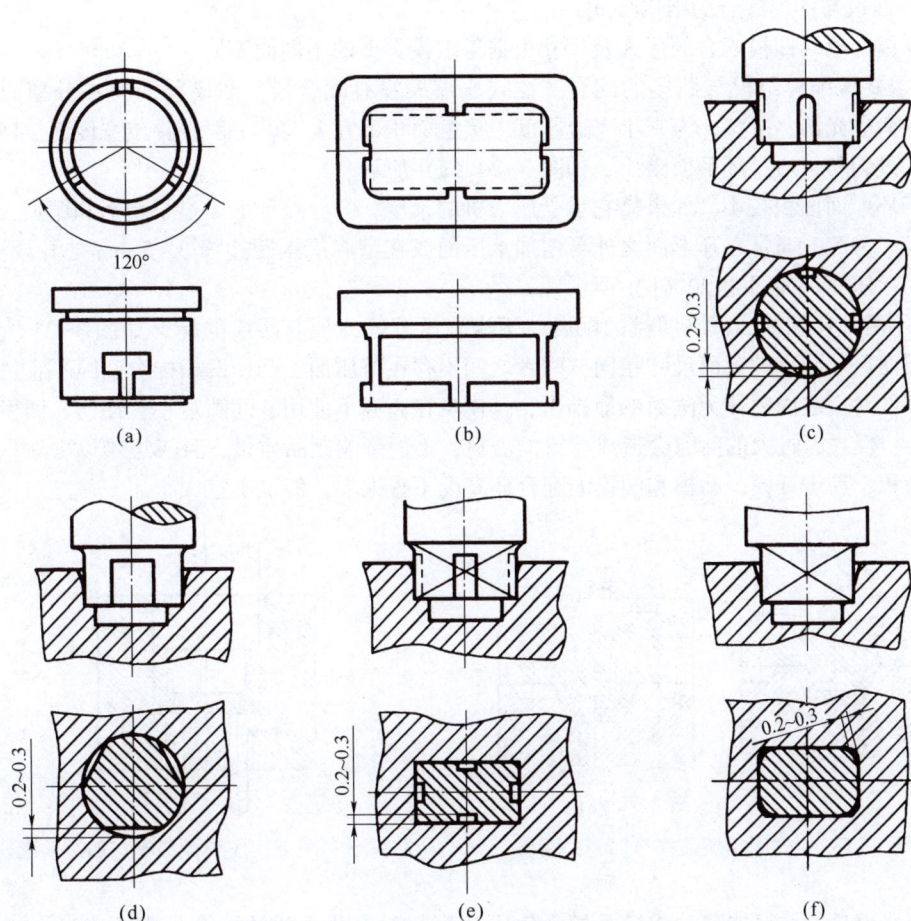
图 3-18　排气溢料槽

6) 加料腔。加料腔用来盛装塑料，其容积应保证装入压制塑料制品所用的塑料后，还留有 5~10 mm 深的空间，以防止压制时塑料溢出模外。加料腔可以是型腔的延伸，也可根据具体情况按型腔形状扩大成圆形、矩形等。

7) 承压面。承压面的作用是减轻挤压环的载荷，延长模具使用寿命，其结构形式如图 3-19 所示。图 3-19 (a) 所示结构以挤压环为承压面，承压部位易变形甚至压坏，但飞边较薄；图 3-19 (b) 所示结构中凸、凹模之间留有 0.03~0.05 mm 的间隙，以凸模固定板与凹模上端面作为承压面，承压面大、变形小，但飞边较厚，主要用于移动式压缩模；固定式压缩模最好采用图 3-19 (c) 所示的结构形式，可通过调节承压块厚度控制凸模进入凹模的深度，以减小飞边厚度。

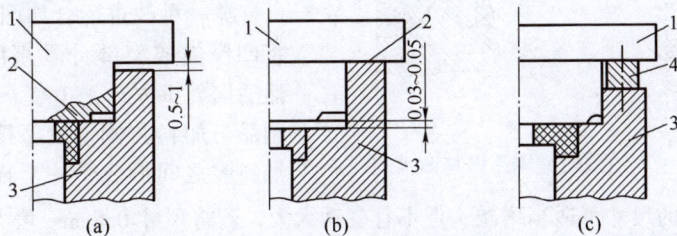
图 3-19　承压面的结构形式
1—凸模；2—承压面；3—凹模；4—承压块

（2）凸模与凹模配合的结构形式。

压缩模凸模与凹模配合的形式及尺寸根据压缩模类型的不同而不同。

1）溢式压缩模凸模与凹模的配合。溢式压缩模没有配合段，凸模与凹模在分型面水平接触，接触面应光滑、平整。为减小飞边厚度，接触面积不宜太大，一般设计成宽度为 3~5 mm 的环形面，过剩料可通过环形面溢出，如图 3-20（a）所示。

由于环形面面积较小，如果靠它承受压力机的余压，会导致环形面过早变形和磨损，使制品脱模困难。为此，通常在环形面之外再增加承压面或在型腔周围距边缘 3~5 mm 处开设溢料槽，槽以外为承压面，如图 3-20（b）所示。

2）不溢式压缩模凸模与凹模的配合。不溢式压缩模凸模与凹模的配合如图 3-21 所示。其加料腔截面尺寸与型腔截面尺寸相同，两者之间不存在挤压面。凸、凹模配合间隙不宜过小，否则压制塑件时型腔内气体无法通畅地排出，且模具在高温下使用，间隙过小会使凸、凹模极易擦伤、咬合；反之，过大的间隙会造成严重的溢料，不但影响制品质量，且飞边难以去除。为了减小摩擦面积，易于开模，凸模和凹模的配合环高度不宜太大，但也不宜太小。

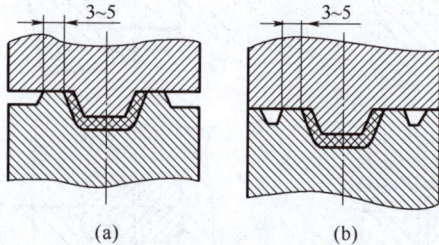

图 3-20　溢式压缩模凸模与凹模的配合

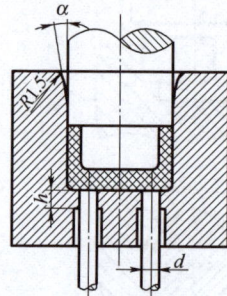

图 3-21　不溢式压缩模凸模与凹模的配合

固定式模具的推杆或移动式模具的活动下凸模与对应孔之间的配合长度不宜过大，其有效配合长度 h 可按表 3-3 选取。孔的下段不配合部分可加大孔径，或将该段做成 4°~5° 的锥孔。

表 3-3　推杆或下凸模直径与配合长度的关系　　　　　　　　　　　　　　　　　mm

推杆或下凸模直径 d	≤5	>5~10	>10~50	>50
配合长度 h	4	6	8	10

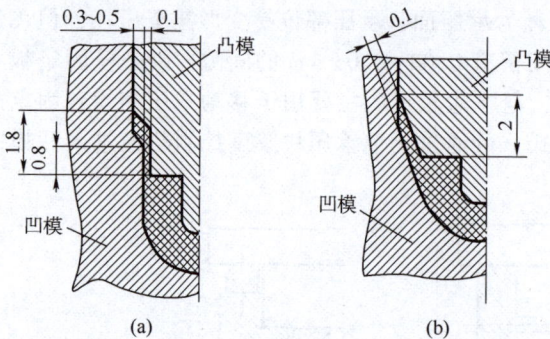

图 3-22　改进后的不溢式压缩模凸模与凹模的配合

上述不溢式压缩模凸、凹模配合形式的最大缺点是凸模与加料腔侧壁有摩擦，不但制品脱模困难，且制品的外表面易被擦伤。为了克服这一缺点，可采用以下方法改进配合形式。

第一种改进配合如图 3-22（a）所示，将凹模内成型部分垂直向上延伸 0.8 mm，然后向外扩大 0.3~0.5 mm，以减小脱模时制品与加料腔侧壁的摩擦，此时在凸模和加料腔之间形成了一个环形储料槽。设计时，凹模延伸部分的尺寸可适当增减，但不宜变动太大，若将尺寸 0.8 mm 增大太多，则单边间隙 0.1 mm 部分太高，凸模下压时环形储料槽中的塑料不易通过间隙进入型腔。

第二种改进配合如图 3-22（b）所示，这种配合最适用于压制带斜边的塑料制品。将型腔上端按与塑料制品侧壁相同的斜度适当扩大，高度增加 2 mm 左右，横向增加值由塑料制品侧壁的斜度决定。这样，塑料制品在脱模时可不与加料腔侧壁摩擦。

3）半溢式压缩模凸模与凹模的配合。如图 3-23 所示，半溢式压缩模凸、凹模配合的最大特点是带有水平的挤压面。挤压面的宽度不应太小，否则压制时塑料所承受的单位压力太大，会导致凹模边缘向内倾斜而形成倒锥，阻碍塑料制品顺利脱模。

为了使压力机的余压不全由挤压面承受，在半溢式压缩模上还需要设计承压板。

图 3-23　半溢式压缩模凸模与凹模的配合

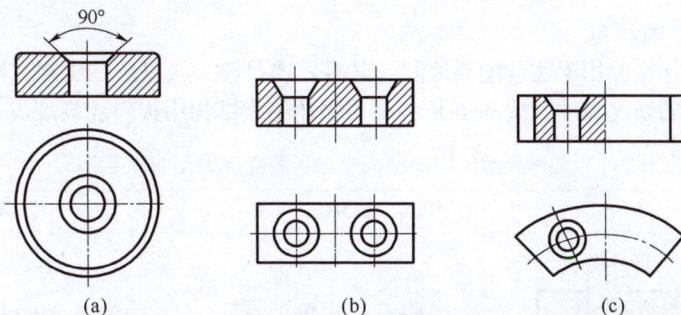

承压板通常只有几个小块，对称布置在加料腔的上平面，其形状可为圆形、矩形或弧形，如图 3-24 所示，承压板的厚度一般为 8~10 mm。

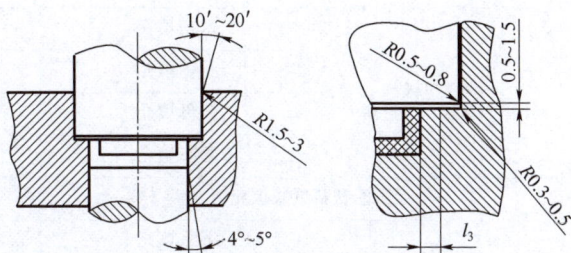

图 3-24　承压板

四、压缩模相关尺寸计算

有关成型零件尺寸的计算，可参考注射模成型零件设计部分，在此不再赘述。

1. 塑料原料体积的计算

塑料原料体积的计算公式为

$$V_{料} = mv = V\rho v \tag{3-15}$$

式中　$V_{料}$——塑料制品所需原料的体积；

　　　V——塑料制品的体积（包括溢料）；

　　　v——塑料的比体积，其值可查表 3-4；

　　　ρ——塑料的密度，其值可查表 3-5；

　　　m——塑料制品的质量（包括溢料）。

塑料原料的体积也可按塑料原料在成型时的体积压缩比来计算，即

$$V_{料} = VK \tag{3-16}$$

式中　K——塑料的压缩比，其值可查表 3-5。

表 3-4　常用压制用塑料的比体积

塑料种类	比体积 $v/(cm^3 \cdot g^{-1})$
酚醛塑料（粉料）	1.8~2.8
氨基塑料（粉料）	2.5~3.0
碎布塑料（片状料）	3.0~6.0

表 3-5　常用热固性塑料的密度和压缩比

塑料种类		密度 $\rho/(\text{g}\cdot\text{cm}^{-3})$	压缩比 K
酚醛塑料	木粉填充	1.34~1.45	2.5~3.5
	石棉填充	1.45~2.00	2.5~3.5
	云母填充	1.65~1.92	2~3
	碎布填充	1.36~1.43	5~7
脲醛塑料纸浆填充		1.47~1.52	3.5~4.5
三聚氰胺甲醛塑料	纸浆填充	1.45~1.52	3.5~4.5
	石棉填充	1.70~2.00	3.5~4.5
	碎布填充	1.5	6~10
	棉短线填充	1.5~1.55	4~7

2. 加料腔尺寸的计算

在压缩模中，加料腔用于盛装塑料原料，其容积要足够大，以防在压制时原料溢出模外，一般需要考虑加料腔的高度尺寸。表 3-6 是各种典型压缩模结构中加料腔高度 H 计算的经验公式。

表 3-6　各种典型压缩模结构中加料腔高度 H 计算的经验公式

压缩模结构形式	简图	经验公式	符号说明
不溢式压缩模		$H = h + (10\sim20)$ mm	h——塑料制品高度
		$H = \dfrac{V_{料}+V_1}{A} + (5\sim10)$ mm	$V_{料}$——塑料原料的体积；V_1——下凸模凸出部分的体积；A——加料腔的横截面面积
半溢式压缩模		$H = \dfrac{V_{料}-V_0}{A} + (5\sim10)$ mm	V_0——加料腔以下型腔的体积
		$H = \dfrac{V_{料}-(V_2+V_3)}{A} + (5\sim10)$ mm	V_2——塑料制品在凹模内的体积；V_3——塑料制品在凸模凹入部分的体积（实际使用时可不考虑此项）
		$H = \dfrac{V_{料}+V_4-(V_2+V_3)}{A} + (5\sim10)$ mm	V_4——加料腔内导柱的体积

压缩模结构形式	简图	经验公式	符号说明
多型腔压缩模		$$H = \frac{V_料 - nV_5}{A} + (5{\sim}10) \ \text{mm}$$	V_5——单个型腔能容纳的塑料体积； n——一个共用加料腔可压制的塑料制品数量

五、压缩模推出机构设计

压缩模的推出机构用于推出留在凹模内或凸模上的制品。模具设计时应根据制品的形状和所选用的压力机采用不同的推出机构。

1. 塑料制品的脱模方法及常用的推出机构

塑料制品的脱模方法有手动、机动和气动等形式。常用的脱模装置及推出机构有以下几种。

（1）移动式、半固定式模具的脱模装置。

1）卸模架。制品压制成型后被移出压缩模并放置在卸模架上，通过人工撞击脱模或把压缩模和卸模架一起再推入压力机内加压脱模。

2）机外脱模装置。机外脱模装置是安装在压力机前面的一种通用的脱模装置，主要用于移动式或半固定式压缩模，以减少体力劳动。机外脱模装置有液压式和机械式等形式。

（2）固定式模具的推出机构。

1）下推出机构。下推出机构包括推杆推出机构、推管推出机构、推件板推出机构等，与注射模相似，也有二级推出机构。

2）上推出机构。开模后，如果塑料制品留在上模，则应设置上推出机构。有些塑料制品开模后不确定留在上模还是下模，为了脱模可靠，除设置下推出机构外，还需设计上推出机构以作备用。上推出机构包括上推件板定距推出机构、杠杆手柄推杆推出机构等。

2. 压力机顶杆与压缩模推出机构的连接方式

设计固定式压缩模的推出机构时，必须了解压力机顶出机构与压缩模推出机构的连接方式。多数压力机都带有顶出机构，但每台压力机的最大顶出行程都是有限的。当压力机带有液压顶出机构时，液压缸的活塞杆即压力机的顶杆，顶杆上升的极限位置是其端部与工作台表面相平齐。当压力机带有托架顶出机构或装有齿轮传动的手动顶出机构时，顶杆可以伸出压力机工作台表面。

压力机顶杆与压缩模推出机构有以下两种连接方式。

（1）间接连接。间接连接是指压力机顶杆与压缩模推出机构不直接连接，如图3-25所示。如果压力机顶杆能伸出压力机工作台表面且伸出高度足够［见图3-25（b）］，则在模具安装好后直接调节顶杆顶出距离即可。如图3-25（a）所示，当压力机顶杆端部上升极限位置与工作台表面平齐时，必须在压力机顶杆端部旋入一个适当长度的尾轴，尾轴长度等于制品推出高度加上压缩模

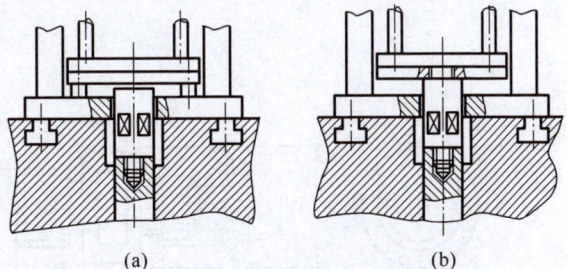

| (a) | (b) |

图3-25 压力机顶杆与压缩模推出机构间接连接

座板厚度和挡销高度。

在模具装入压力机前可预先将尾轴装在压力机顶杆上，由于尾轴可以沉入压力机工作台表面，并与压缩模相连接，故模具安装较方便。这种连接方式仅在压力机顶杆上升时起作用，顶杆返回时，尾轴与压缩模的推板脱离。压缩模的推板和推杆的复位靠复位杆完成。

（2）直接连接。压力机顶杆与压缩模推出机构直接连接如图 3-26 所示。压力机顶杆不仅在推出制品时起作用，而且在回程时也能将压缩模的推出机构拉回。

图 3-26（a）所示结构通过尾轴的轴肩连接推板，尾轴可在推板内旋转，以便装模时可将其螺纹一端旋入顶杆的螺纹孔中。当压力机顶杆端部为 T 形槽时，可采用图 3-26（b）所示的连接方式。也可在带中心螺纹孔的顶杆端部连接一个带 T 形槽的轴，然后再与尾轴连接，如图 3-26（c）所示。

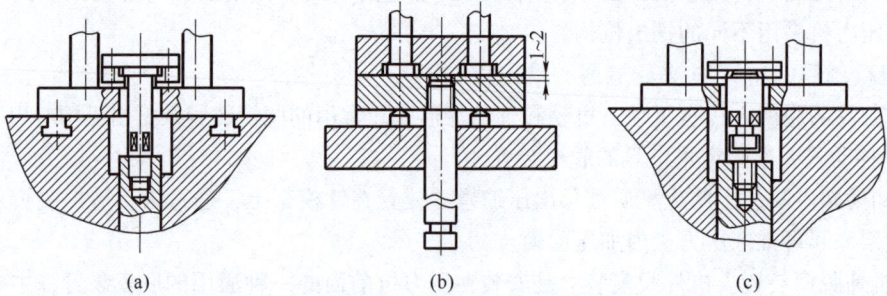

(a)　　　　　　　　　(b)　　　　　　　　　(c)

图 3-26　压力机顶杆与压缩模推出机构直接连接

T 形槽与尾轴的连接尺寸如图 3-27 所示。连接尾轴与推板的螺纹直径 d 视具体情况而定，一般选 M16~M30 为宜，螺纹长度 l 应比推板厚度小 0.5~1.0 mm。尾轴的直径 D 比压力机顶杆直径小 1.0~2.0 mm。尾轴细颈部分直径 D_1 和接头直径 D_2 比 T 形槽相应尺寸小 1.0~2.0 mm。尾轴细颈部分高度 h_1 比 T 形槽相应尺寸大 0.5~1.0 mm，接头部分高度 h_2 比 T 形槽相应尺寸小 0.5~1.0 mm。尾轴高度 h 应由顶出高度和压缩模座板厚度等因素决定。

3. 固定式压缩模的推出机构

固定式压缩模的推出机构种类很多，常用的有以下几种。

（1）推杆推出机构。常用的热固性塑料制品具有良好的刚性，因此，推杆推出机构是热固性塑料压缩模最常用的推出机构。选择推出位置时应注意塑料制品的外观及安装基准面，当推杆设置在塑料制品的安装基准面上时，应深入制品 0.1 mm 左右。图 3-28 所示为一种常见的推杆推出机构，这种机构用于推杆直径 $d<8$ mm 的中小型固定式压缩模。为防止模具因受热膨胀卡死推杆，该机构采用能自由调整中心的推杆结构，为此，推杆与其固定孔间应留 0.5~1.0 mm 的间隙。推杆推出机构的配合如图 3-29 所示。

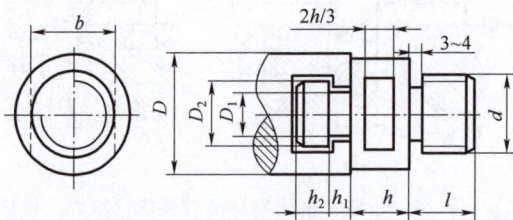

图 3-27　T 形槽与尾轴的连接尺寸

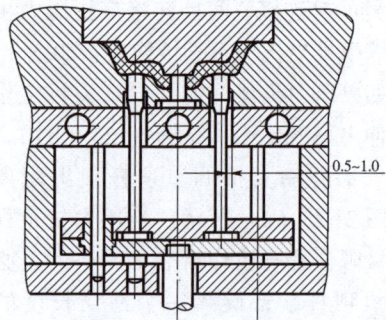

图 3-28　推杆推出机构

（2）推管推出机构。推管推出机构（见图 3-30）常用于空心薄壁塑料制品，其特点是推出机构动作时制品受力均匀，运动平稳、可靠。

（3）推件板推出机构。对于脱模时容易产生变形的薄壁零件，开模后制品留在型芯上时，可采用推件板推出机构。由于压缩模的凸模多设在上模，因此推件板也多装在上模，其结构如图 3-31 所示。如凸模装在下模，则推件板也应装在下模。

推件板的运动距离由限位螺母调节。这种推出机构适用于单型腔或型腔数较少的压缩模，因为型腔数较多时，推件板可能由于不均匀热膨胀而卡在凸模上。

图 3-29　推杆推出机构的配合

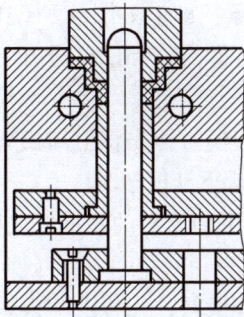

（4）其他推出机构。

1）凹模推出机构。图 3-32 所示为采用凹模推出机构的双分型面固定式压缩模。上模分型后，制品留在凹模内，然后利用推出机构将凹模推起，进行二次分型。塑料制品因冷却收缩，很容易从凹模内取出。

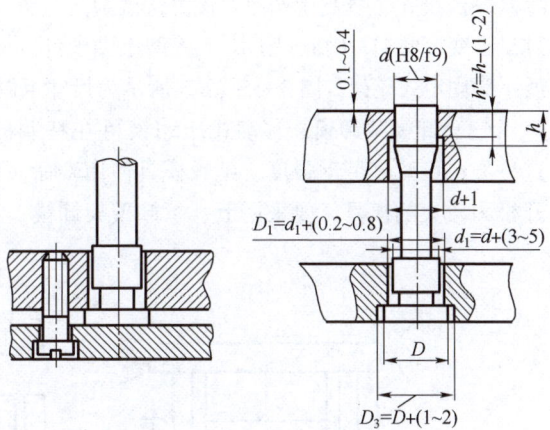

图 3-30　推管推出机构

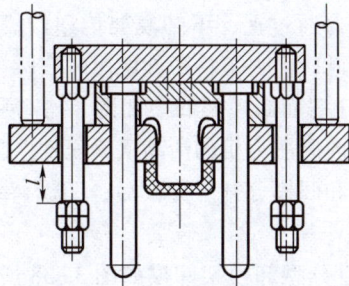

图 3-31　推件板推出机构

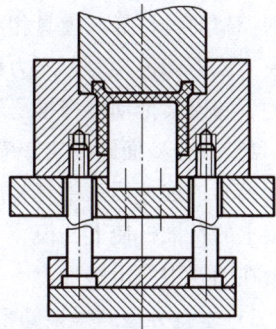

图 3-32　采用凹模推出机构的双分型面固定式压缩模

2）二级推出机构。如图 3-33 所示，由于塑料制品表面带筋，所以压制成型后用一次推出机构脱模比较困难，因而采用二级推出机构。开始推出时，推板上的固定推杆和弹簧支承的推杆同时作用，将制品连同活动下模推起，使制品的外表面与型腔分离，待推杆上的螺母碰到加热板（支承板）后，推杆与活动下模停止运动，固定推杆继续上行，使制品与活动下模分离而脱模。

4. 移动式压缩模的脱模装置

移动式压缩模常用的脱模方式有撞击架脱模和卸模架卸模两种。

（1）撞击架脱模。撞击架脱模如图 3-34 所示。制品压缩成型后，将模具移至压力机外，在特定的支架上进行撞击，使上、下模分开，然后通过手工或简易工具取出塑件。撞击架脱模的优点是模具结构简单，成本低，可几副

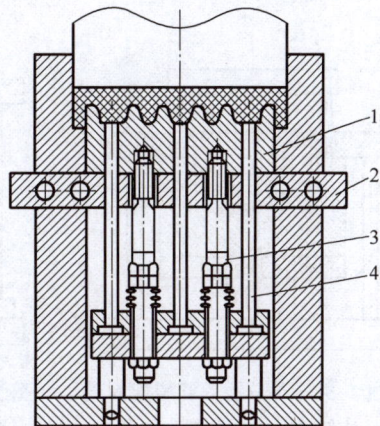

图 3-33　二级推出机构

1—活动下模；2—加热板（支承板）；
3—推杆；4—固定推杆

模具轮流操作，提高生产率；该方法的缺点是劳动强度大，振动大，而且由于不断撞击，易使模具过早地变形磨损，因此只适用于成型小型塑件。撞击架脱模采用的支架形式有两种，图 3-35（a）所示为固定式支架，图 3-35（b）所示为尺寸可调节的支架。

（2）卸模架卸模。移动式压缩模可在特制的卸模架上利用压力机的压力进行开模和卸模，这种方法可减轻劳动强度，延长模具使用寿命。对于开模力不大的模具，可采用单向卸模；对于开模力较大的模具，要采用上、下卸模架卸模。上、下卸模架卸模有下列几种形式。

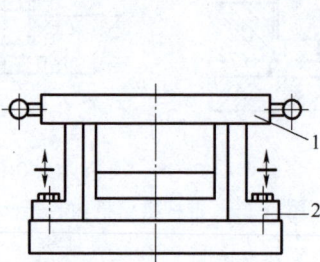

图 3-34 撞击架脱模
1—模具；2—支架

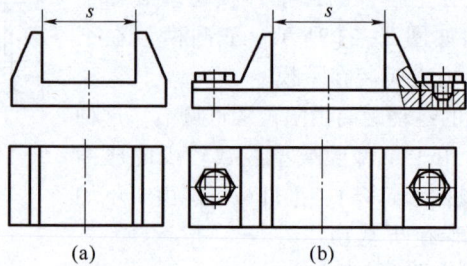

图 3-35 支架形式

1）单分型面卸模架卸模。单分型面卸模架卸模如图 3-36 所示。卸模时，先将上卸模架和下卸模架的推杆插入模具相应的孔内。在压力机内，当压力机的活动横梁，即上工作台，压到上卸模架或下卸模架时，压力机的压力通过上、下卸模架传递给模具，使得凸模和凹模分开，同时，下卸模架推动推杆推出塑件，最后由人工将塑件取出。

2）双分型面卸模架卸模。双分型面卸模架卸模如图 3-37 所示。卸模时，先将上卸模架和下卸模架的推杆插入模具相应的孔内。压力机的活动横梁压到上卸模架或下卸模架时，上、下卸模架上的长推杆使上凸模、下凸模和凹模分开。分模后，凹模留在上、下卸模架的短推杆之间，最后在凹模中取出塑件。

3）垂直分型卸模架卸模。垂直分型卸模架卸模如图 3-38 所示。卸模时，先将上卸模架和下卸模架的推杆插入模具相应的孔内。压力机的活动横梁压到上卸模架或下卸模架时，上、下卸模架上的长推杆首先使下凸模和其他部分分开，分型到达一定距离后，再使上凸模、模套和瓣合凹模分开。最后打开瓣合凹模，取出塑件。

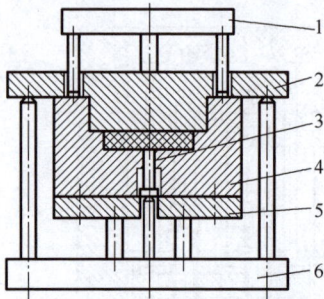

图 3-36 单分型面卸模架卸模
1—上卸模架；2—凸模；3—推杆；
4—凹模；5—下模座板；6—下卸模架

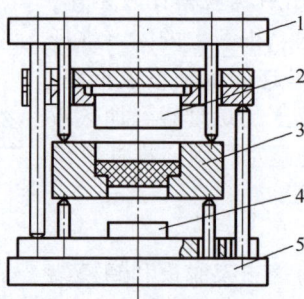

图 3-37 双分型面卸模架卸模
1—上卸模架；2—上凸模；3—凹模；
4—下凸模；5—下卸模架

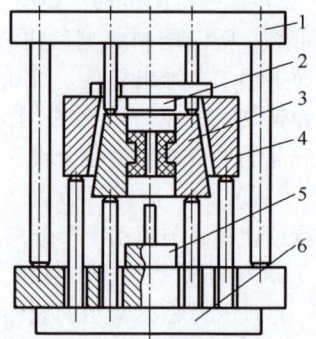

图 3-38 垂直分型卸模架卸模
1—上卸模架；2—上凸模；3—瓣合凹模；
4—模套；5—下凸模；6—下卸模架

六、压缩模温度控制系统设计

1. 压缩模加热系统的设计

压缩模的加热方式有很多种，但是在实际生产中，主要以电加热为主。压缩模的热量计算需要考虑反应热、散失热、辐射热的热量，还有一些未知因素，因此计算结果的准确性很低。在实际工程中，大多采用简易计算法，使加热功率稍有富余，配上相应的温度调节装置，从而使压缩模达到所要求的准确温度。

模具加热所需功率的计算公式为

$$P = qm \tag{3-17}$$

式中　q——单位质量模具维持成型温度所需的电功率，W/kg，其值可查表3-7。

表3-7　单位质量模具维持成型温度所需的电功率 q　　　　　　　　W/kg

模具类型	采用加热棒时	采用加热圈时
小型（40 kg 以下）	35	40
中型（40~100 kg）	30	50
大型（100 kg 以上）	25	60

当压缩模所需总加热功率确定后，即可选择电热棒型号，确定电热棒的数量。标准电热棒的规格与尺寸见表2-43。

设计时可先根据压缩模加热板尺寸确定电热棒尺寸及数量，然后计算出每根电热棒的功率。压缩模上的电热棒通常为并联，则有

$$P_1 = P/n \tag{3-18}$$

式中　P_1——每根电热棒的功率；

　　　n——电热棒数量。

一般情况下，先确定电热棒数量，然后根据表2-43选取所需电热棒的标准直径和长度。也可以先确定电热棒功率，再计算电热棒数量。上、下模所需加热功率应分别计算，并分别设计电热棒排布。

2. 压缩模冷却系统的设计

只有热塑性塑料压缩成型时，压缩模才需要设置冷却系统。最常见的有聚氯乙烯片材层压板、透明聚苯乙烯板材等压缩模塑。此外，还有一些热塑性塑料因其熔点和黏度很高（如超高分子量聚乙烯、聚酰亚胺、聚苯醚），一般注射很难成型，只好选用压缩成型。此时，压缩模必须具有加热系统和冷却系统。

对于既有加热系统又有冷却系统的压缩模，最佳设计方案是在压缩模（或模板）上钻孔，构成加热与冷却回路，用于适应高压蒸汽加热和水冷的周期性循环系统。蒸汽加热的优点是传热效率高、温度容易控制，加热与冷却可以选用同一管路系统；缺点是系统的压力高，在150~200 ℃时蒸汽压力约为0.5~1.2 MPa，这对管路的密封性要求很高。另外，蒸汽积聚的冷凝水还会影响传热效率，积水处的温度偏低。当用热水加热时，温度调节比较容易实现，因没有冷凝的相变过程发生，故温度比较均匀，但是系统压力仍然很高。

七、侧向分型与抽芯机构设计

压缩模的侧向分型和抽芯机构与注射模相似，但不完全相同。注射模是先合模后注入塑料，而压缩模是先加料后合模。因此，注射模某些侧向分型与抽芯机构不能用于所有结构形式的压

缩模。例如，开合模驱动的斜导柱侧向分型与抽芯机构如果用于采用瓣合凹模的压缩模，则加料时由于瓣合凹模处于开启状态，必将引起严重漏料。对于压缩模，目前国内广泛使用手动侧向分型与抽芯机构，机动侧向分型与抽芯机构仅用于大批量生产的塑料制品。

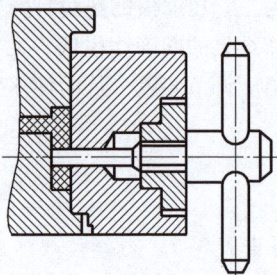

1. 手动侧向分型与抽芯机构

图 3-39 所示为手动螺杆侧抽螺纹型芯机构。在模具工作前，先将螺纹型芯手动拧入指定位置，然后加料进行压制。成型后手动将螺纹型芯拧出，取出制品。此类抽芯机构结构简单，但劳动强度大，效率低。

图 3-39　手动螺杆侧
抽螺纹型芯机构

2. 机动侧向分型与抽芯机构

（1）斜导柱、弯销侧向分型与抽芯机构。斜导柱和弯销侧抽芯机构的工作原理相似，图 3-40 所示为弯销侧向分型与抽芯机构。滑块上有两个侧型芯，凸模下降到最低位置时，侧型芯向前的运动才会结束。弯销有足够的刚度，侧型芯截面面积又不大，因此不再用锁紧块。滑块的抽出位置由限位块定位。

（2）斜滑块侧向分型与抽芯机构（见图 3-41）。当抽芯距不大时，可采用这种结构。此类抽芯机构结构比较坚固，分型和抽芯两个动作可以同时进行，而且需要多面抽芯时，模具可做得简单、紧凑。但受合模高度和开模距离的限制，斜滑块间的开距不能太大。

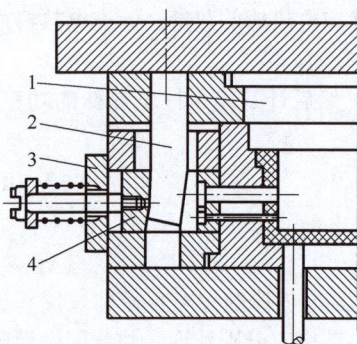

图 3-40　弯销侧向分型与抽芯机构

1—凹模；2—弯销；3—限位块；4—滑块

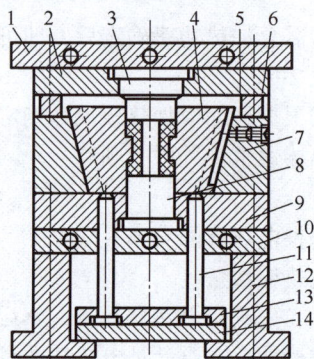

图 3-41　斜滑块侧向分型与抽芯机构

1—上模座板；2—上凸模固定板；3—上凸模；4—斜滑块；
5—定位螺钉；6—承压块；7—模框；8—下凸模；
9—下凸模固定板（垫板）；10—加热板（支承板）；
11—推杆；12—支架；13—推杆固定板；14—推板

任务实施

1. 塑件的结构、尺寸精度与表面质量分析

从图 3-1 所示的热固性塑料盒形件结构来看，该塑件为框形，上、下表面各有一槽，并在塑件两侧面和上凹槽处镶嵌有 6×M4 的螺母。该塑件的最小壁厚为 4 mm，塑件的精度等级为 5 级以下，要求不高，表面质量也无特殊要求。从整体上分析该塑件结构相对比较简单，精度要求一般，故容易压制成型。

2. 模塑方法的选择及工艺流程的确定

由于酚醛 D141 属于热固性塑料，因此既可用压缩成型，也可用压注成型，但是由于压缩成型性能比较好，故采用压缩成型方法比较理想。此外由于该塑件的年产量不高，采用简易的压缩

基座类零件压缩成型
工艺与成型

模比较经济。

该塑件的精度等级不高，表面质量也无特殊要求，从整体上分析该塑件结构相对比较简单，因此选用半溢式压缩模结构。

该塑件压缩成型工艺流程需经预热和压制两个过程，一般不需要进行后处理操作。

3. 压缩成型设备型号与主要参数的确定

该塑件所选用的压缩模采用单型腔半溢式压缩模结构，设备采用液压压力机，现对压力机有关参数选择如下。

（1）计算塑件水平投影面积。经计算得塑件水平投影面积 = 23.04 cm^2。

（2）初步确定延伸加料腔水平投影面积。根据塑件尺寸和加料腔的结构要求初步选定加料腔的水平投影面积为 32 cm^2。

（3）压力机公称压力的选择。

单位成型压力取 $p = 12$ MPa；型腔个数取 $n = 1$；修正系数取 $K = 0.85$。根据式（3-3）计算得

$$F_{机} = \frac{pAn}{K} = \frac{12 \times 3\,200 \times 1}{0.85} N = 45\,176\ N = 45.2\ kN$$

根据计算所得数值，选择型号为 45-58 的液压压力机。该型号液压压力机的主要参数：公称压力为 450 kN，封闭高度（动梁至工作台最大距离）为 650 mm，动梁最大行程为 250 mm。由封闭高度和动梁最大行程两个参数可知，压缩模的最小闭合高度为 400 mm。本任务压缩模压制的塑件较小，模具闭合高度不会太大，实际操作时可通过加垫块的形式来达到压力机闭合高度的要求。

本任务拟采用移动式压缩模，故开模力和脱模力可不进行校核。

4. 加压方向与分型面的选择

根据压缩模加压方向和分型面选择的原则，同时考虑便于安装嵌件，采用图 3-42 所示的加压方向和分型面。选择这样的加压方向有利于压力传递，便于加料和安放嵌件，分型面塑件外表面无接痕，可保证塑件质量。

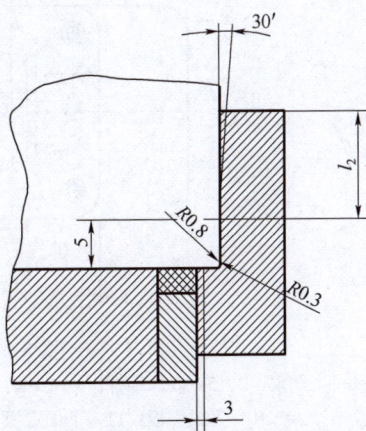

5. 凸模与凹模配合的结构形式

为了便于排气溢料，在凹模上设置一段引导环，斜角为 30′；为使凸、凹模定位准确和控制溢料，在凸、凹模之间设置一段配合环，其长度为 5 mm，取圆角半径 $R = 0.3$ mm。采用 H8/f7 配合。此外，在凸模与加料腔接触表面处设有挤压环，其长度为 3 mm。

综上所述，本模具凸模与凹模配合的结构形式如图 3-43 所示。

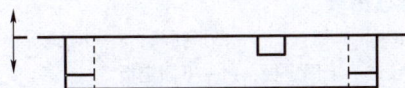

图 3-42　塑件的加压方向和分型面　　图 3-43　凸模与凹模配合的结构形式

6. 确定成型零件的结构形式

为了降低模具制造难度，本模具拟采用组合型腔的结构，如图 3-44 所示。此外，由于塑件上需要螺母，根据图 3-44 所示型腔结构，需在凹模 2、型芯拼块 3 上设置嵌件安装的零件。型芯拼块结构如图 3-45 所示。

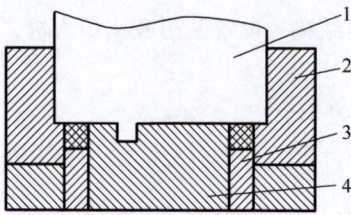

图 3-44 模具型腔结构示意图
1—凸模；2—凹模；3—型芯拼块；4—型芯

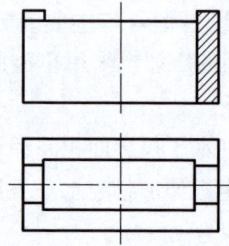

图 3-45 型芯拼块结构

7. 绘制模具图

本任务所设计的压缩模如图 3-46 所示。工作时打开模具，将称量过的塑料原料加入型腔，然后合模，将闭合后的模具移至液压压力机工作台面的垫板上（加入垫板是为了满足液压压力机闭合高度的要求）。将模具进行加热，待塑件固化成型后，将模具移出，并在专用卸模架上脱模（卸模架对上、下模同时卸模）。

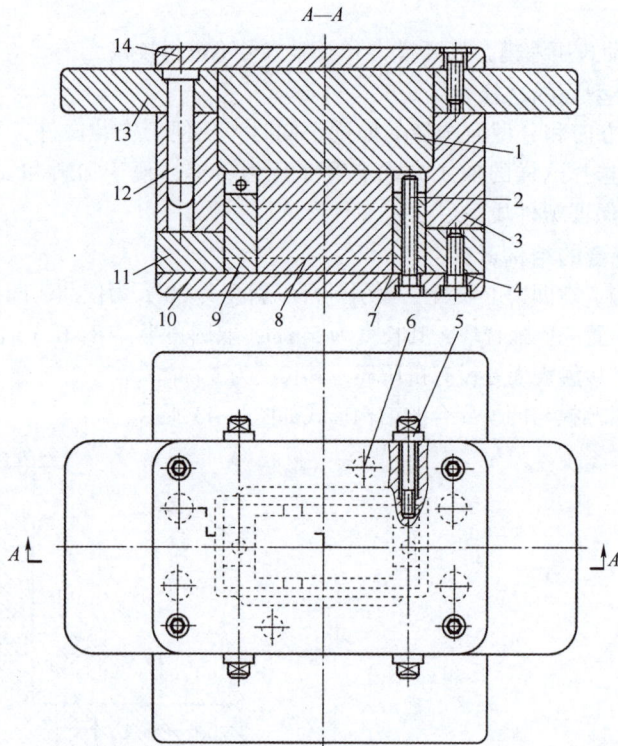

图 3-46 盒形件压缩模
1—上凸模；2，5—嵌件螺杆；3—凹模；4—螺钉；6—导向销；7，9—凸模拼块；8—下凸模；
10—下模座板；11—下固定板；12—导柱；13—上固定板；14—下固定板

请填写压缩模设计任务评价表，见表3-8。

表 3-8　压缩模设计任务评价表

项目名称			
任务名称			
姓名		班级	
组别		学号	
评价项目		分值	得分
压缩模的分类		10	
压缩模的结构		10	
压缩模与压力机的关系		10	
压缩模加压方向的确定		10	
凸、凹模配合形式的确定		10	
加料腔的设计		5	
推出机构的设计		5	
侧向分型与抽芯机构的设计		10	
工作实效及文明操作		10	
工作表现		10	
创新思维		10	
总计		100	
个人的工作时间		提前完成	
		准时完成	
		超时完成	
个人认为完成最好的方面			
个人认为完成最不满意的方面			
值得改进的方面			
自我评价		非常满意	
		满意	
		不太满意	
		不满意	
记录			

SYP3780 型接线板压缩模设计

中华神功 倪志福钻头发威

1. 选择题

（1）压缩模与注射模的结构区别在于压缩模有（　　），没有（　　）。

A. 成型零件；加料腔　　　　　　　　　　B. 导向机构；加热系统

C. 加料腔；支承零部件　　　　　　　　　D. 加料腔；浇注系统

（2）压缩模主要是用于成型（　　）的模具。

A. 热塑性塑料　　B. 热固性塑料　　C. 通用塑料　　　D. 工程塑料

（3）压缩模按模具的（　　）分为溢式压缩模、不溢式压缩模、半溢式压缩模。

A. 导向方式　　　B. 固定方式　　　C. 加料腔形式　　D. 安装形式

（4）压缩模一般按（　　）和（　　）两种形式分类。

A. 溢式；不溢式　　　　　　　　　　　　B. 固定方式；导向方式

C. 导向方式；加料腔形式　　　　　　　　D. 固定方式；加料腔形式

2. 填空题

（1）按模具在压力机上的固定方式分类，压缩模可分为_____、_____、_____三类。

（2）压缩模由_____、_____、_____、_____、_____、_____等部分组成。

（3）按模具加料腔的形式分类，压缩模可分为_____、_____、_____三类。

（4）压力机顶杆与压缩模推出机构的连接方式有_____、_____两种。

3. 简答题

（1）压缩成型过程中施加成型压力的目的是什么？

（2）压制时间的长短对塑件性能有什么影响？

（3）简述溢式、半溢式和不溢式压缩模的特点和应用场合。

（4）为什么多型腔压缩模不宜采用溢式结构？

（5）如何选择压缩模中的加压方向？

（6）压缩模的导向机构与注射模的导向机构相比有什么特点？

（7）移动式、半固定式和固定式压缩模常用的脱模方式有哪些？

（8）溢式、半溢式和不溢式压缩模的凸、凹模配合形式有什么不同？

（9）压缩模由哪几部分组成？

（10）影响压缩模加压方向的因素有哪些？

4. 综合题

（1）如图3-47所示，压缩成型一个回转体塑件，该塑件材料为木粉填充的酚醛树脂，计算加料腔高度尺寸 H。

（2）图3-48所示为某电器盖，塑件材料为酚醛树脂，要求模具寿命为15万次，试设计该塑件成型的压缩模结构，要求该塑件表面不得有飞边、凹陷，内部不得有导电介质。

（3）图3-49所示为支脚，材料为氨基塑料，要求模具寿命达到10万次，试设计该塑件成型的压缩模结构。已知该塑件的圆角为 $R0.1 \sim 0.2$ mm，要求表面不得有飞边、凹陷，脱模斜度为 $2°$。

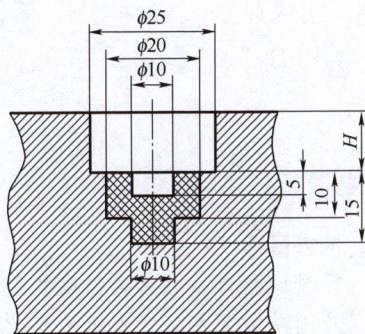

图 3-47 回转体

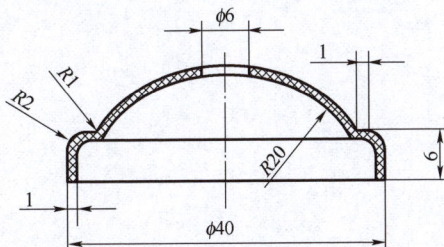

图 3-48 电器盖

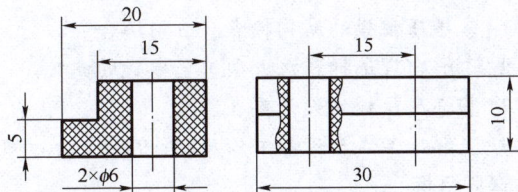

图 3-49 支脚

任务目标

能力目标

1. 能读懂压注模的典型结构图，并掌握其工作原理。
2. 具有确定压注成型工艺参数和设计简单压注模的能力。
3. 能正确计算压注模成型零件工作尺寸及加料腔尺寸。
4. 能区分各类压注成型设备。

知识目标

1. 掌握压注模的结构特点、应用场合。
2. 了解合理选择压注成型工艺参数的意义。
3. 掌握压注模的设计要点。
4. 了解压注成型设备工作原理、规格。

素质目标

1. 在压注模设计中，培养学生的创新意识、勇于克服困难的精神，并提高学生的动手能力。
2. 采用大国工匠案例教学，帮助学生了解并体会工匠精神，引导学生形成坚守执着、投身专业的坚定信心。

任务导入

压注模通常用于热固性塑料的压注成型。压注成型工艺与注射成型工艺相似，但又有区别。压注成型时，塑料在模具的加料腔内受热和塑化；而注射成型时，塑料在注射机的料筒内受热和塑化。与压缩成型不同，压注成型在加料前模具便已经闭合（下加料腔式除外），然后再将热固性塑料（最好是预压锭料或预热的原料）加入模具独立的加料腔内，使其受热熔融，随即在压力作用下通过模具的浇注系统高速挤入型腔；塑料在型腔内继续受热、受压而固化成型，最后打开模具取出塑料制品。

压注模的成型温度一般为 130~190 ℃，熔融塑料在 10~30 s 内迅速充满型腔。压注成型时塑料所受单位压力较高，酚醛塑料的单位压力为 49~78 MPa，有纤维填料的塑料的单位压力为 78~117 MPa。压注成型时塑料制品的收缩率比压缩成型大，如酚醛塑料压缩成型时的收缩率一般为 0.8%，而压注成型时则为 0.9%~1%，并且压注成型塑料制品收缩的方向性也较明显。

压注成型的优点是分型面处的飞边薄，易于清除，成型周期短，制品的尺寸精度高，并且因塑料通过浇注系统时会产生摩擦热，故压注成型的模具温度可比压缩成型的模具温度低 15~30 ℃。压注成型适用于壁薄、高度大而且嵌件多的复杂塑料制品。压注成型的缺点是压注后总会有一部分余料留在加料腔内，原料消耗大；压注成型的压力比压缩成型的压力高，压注成型的压力约为 70~200 MPa，而压缩成型的压力仅为 15~35 MPa；压注模的结构也比压缩模的结构复杂，制造成本较高。

本任务针对图 3-50 所示某企业大批量生产的圆形塑料罩壳进行压注模结构设计。该罩壳选用以木粉为填料的热固性酚醛塑料制作，要求其具有优良的电气性能和较高的机械强度，中等精度，要求模具寿命达 10 万次。

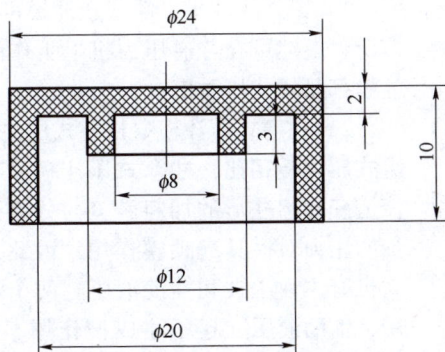

图 3-50　圆形塑料罩壳

知识准备

一、压注模的分类及结构

1. 压注模的分类

（1）压注模按照在压力机上的固定方式分类，可分为固定式压注模和移动式压注模。

1）固定式压注模。图 3-51 所示为固定式压注模结构，工作时，上模部分和下模部分分别固定在压力机的上工作台和下工作台上，分型和脱模随着压力机液压缸的动作自动进行。加料腔在模具的内部，与模具不能分离。该模具装在普通压力机上就可以成型。

固定式压注模工作过程如下。合模后塑化，压力机上工作台带动上模座板使压柱下移，熔料通过浇注系统压入型腔后固化定型。开模时，压柱随上模座板向上移动，A 分型面分型，加料腔敞开，压柱把浇注系统的凝料从浇口套中拉出；当上模座板上升到一定高度时，拉杆上的螺母迫使拉钩转动，使其与下模部分脱开，接着定距导柱使 B 分型面分型，最后压力机下部的液压顶出缸开始工作，驱动推出机构将塑件推出模外。合模后将塑料加入加料腔内进行下一次的压注成型。

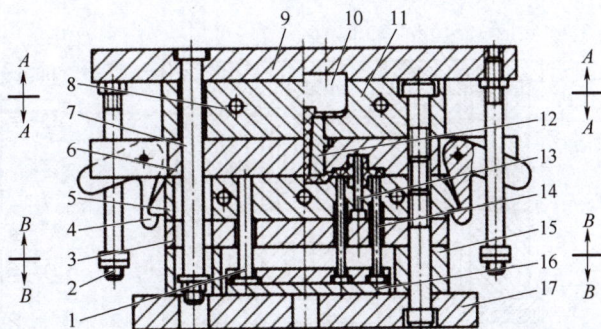

图 3-51　固定式压注模结构

1—复位杆；2—拉杆；3—支承板；4—拉钩；5—下模板；
6—上模板；7—定距导柱；8—加热器安装孔；9—上模座板；
10—压柱；11—加料腔；12—浇口套；13—型芯；14—推杆；
15—垫块；16—推板；17—下模座板

2）移动式压注模。移动式压注模结构如图 3-52 所示，加料腔与模具本体可分离。工作时，模具闭合后安装加料腔，将塑料加入加料腔后再把压柱放入其中；然后把模具推入压力机的工作台加热，接着利用压力机的压力将塑化好的塑料通过浇注系统高速挤入型腔；塑料固化定型后，取下加料腔和压柱，通过手工或专用工具（卸模架）将塑件取出。移动式压注模对成型设备没有特殊的要求，装在普通压力机上就可以成型。

（2）压注模按照加料腔的结构特征分类，可分为罐式压注模和柱塞式压注模。

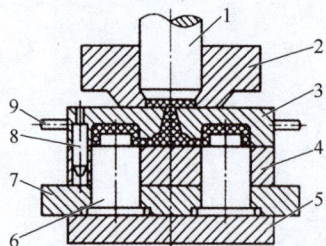

图 3-52　移动式压注模结构

1—压柱；2—加料腔；3—凹模板；
4—下模板；5—下模座板；6—凸模；
7—凸模固定板；8—导柱；9—手把

1）罐式压注模。罐式压注模可用普通压力机成型，使用较广泛，上述可在普通压力机上工作的固定式压注模和移动式压注模都是罐式压注模。

2）柱塞式压注模。柱塞式压注模需用专用压力机成型，与罐式压注模相比，柱塞式压注模没有主流道，只有分流道，主流道变为圆柱形的加料腔，与分流道相通。成型时，柱塞所施加的压力对模具起锁模作用，因此，需要用专用的压力机。压力机有主液压缸和辅助液压缸两个液压缸，主液压缸起锁模作用，辅助液压缸起压注成型作用。此类模具既可以是单型腔，也可以是多型腔。

根据辅助液压缸所处的位置不同，柱塞式压注模又可分为上加料腔式压注模和下加料腔式压注模。

① 上加料腔式压注模。上加料腔式压注模结构如图 3-53 所示，压力机的主液压缸在压力机的下方，自下而上合模；辅助液压缸在压力机的上方，自上而下将熔料挤入型腔。合模加料后，当加入加料腔内的塑料受热成熔融状态时，压力机辅助液压缸工作，柱塞将熔料挤入型腔；固化成型后，辅助液压缸带动柱塞上移，主液压缸带动下工作台将模具分型开模，塑件与浇注系统凝料留在下模，推出机构将塑件从凹模镶块中推出。使用此结构成型所需压力小，成型质量好。

② 下加料腔式压注模。下加料腔式压注模结构如图 3-54 所示，模具所用压力机的主液压缸在压力机的上方，自上而下合模；辅助液压缸在压力机的下方，自下而上将熔料挤入型腔。下加料腔式压注模使用时是先加料，后合模，最后压注成型；而上加料腔式压注模是先合模，后加料，最后压注成型。该结构中的余料和分流道凝料与塑件一同被推出，因此清理方便，节省材料。

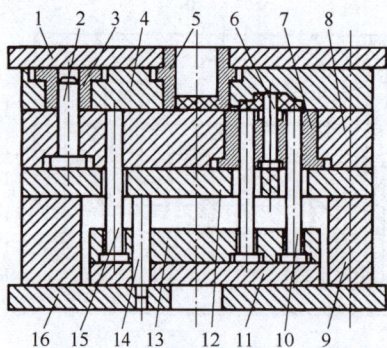

图 3-53　上加料腔式压注模结构

1—上模座板；2—导柱；3—导套；4—上模板；
5—加料腔；6—型芯；7—凹模镶块；8—下模板；
9—垫块；10—推杆；11—推板；12—支承板；
13—推杆固定板；14—推板导柱；15—复位杆；
16—下模座板

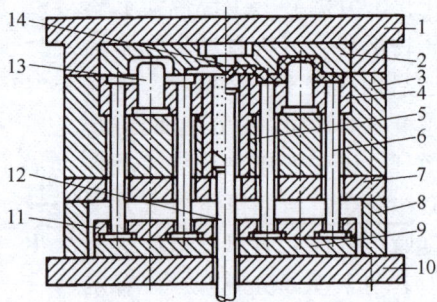

图 3-54　下加料腔式压注模结构

1—上模座板；2—上凹模；3—下模板；
4—下凹模；5—加料腔；6—推杆；7—支承板；
8—垫块；9—推板；10—下模座板；11—推杆
固定板；12—柱塞；13—型芯；14—分流锥

2. 压注模的结构

固定式压注模的结构如图 3-51 所示，主要由以下几个部分组成。

（1）成型零件。成型零件是直接与塑件接触的零件，如凹模、凸模、型芯等。

（2）加料装置。加料装置由加料腔和压柱组成，移动式压注模的加料腔和模具是可分离的，固定式压注模的加料腔与模具做成一体。

（3）浇注系统。压注模的浇注系统与注射模相似，主要由主流道、分流道、浇口组成。

（4）导向机构。导向机构由导柱、导套组成，对上、下模起定位、导向作用。

（5）推出机构。注射模中采用的推杆、推管、推件板等各种推出机构，在压注模中也同样适用。

（6）加热系统。压注模的加热元件主要是电热棒、电热圈，加料腔、上模、下模均需要加热。移动式压注模主要靠压力机上、下工作台的加热板进行加热。

（7）侧向分型与抽芯机构。如果塑件带有侧向凹凸形状，则必须采用侧向分型与抽芯机构，具体设计方法与注射模的相关机构类似。

二、压注模的结构设计

压注模的结构设计原则与注射模、压缩模基本相似，分型面的选择，导向机构、推出机构的设计等可以参照上述两类模具的设计方法，下面主要介绍压注模特有结构的设计。

压注模设计1　　压注模设计2

1. 加料腔的结构设计

压注模与注射模的不同之处在于它有加料腔，压注成型之前塑料必须加到加料腔内进行预热、加压，才能压注成型。压注模的结构不同，其加料腔的形式也不相同。加料腔的截面大多为圆形，也有矩形及腰圆形结构，主要取决于型腔结构及数量，其定位及固定形式则取决于所选设备。

（1）移动式压注模加料腔。移动式压注模的加料腔可单独取下，有一定的通用性。图3-55（a）所示是一种比较常见的结构，加料腔的底部为一个带有40°~45°斜角的台阶，当压柱向加料腔内的塑料施压时，压力也同时作用在台阶上，使加料腔与模具的模板贴紧，防止塑料从加料腔的底部溢出，防止溢料飞边的产生。

移动式压注模加料腔在模具上的定位方式有以下几种：①如图3-55（a）所示，加料腔与模板之间没有定位，加料腔的下表面和模板的上表面均为平面，这种结构的特点是制造简单，清理方便，适用于小批量生产；②如图3-55（b）所示，用定位销定位，定位销采用过渡配合固定在模板上或加料腔上，定位销与配合端采用间隙配合，此结构的加料腔与模板能精确配合，缺点是拆卸和清理不方便；③如图3-55（c）所示，采用四个圆柱挡销定位，圆柱挡销与加料腔的配合间隙较大，此结构的特点是制造和使用都比较方便；④如图3-55（d）所示，模板通过一个3~5 mm的凸台与加料腔进行配合，其特点是既可以准确定位又可以防止溢料，应用比较广泛。

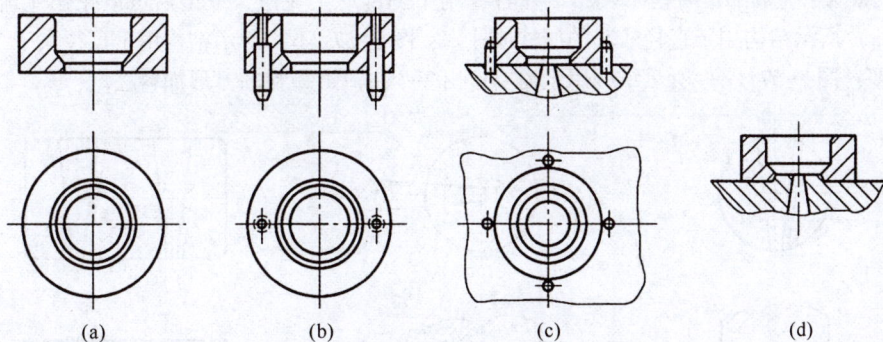

(a)　　　　(b)　　　　(c)　　　　(d)

图3-55　移动式压注模加料腔的定位方式

（2）固定式压注模加料腔。罐式固定压注模的加料腔与上模连成一体，在加料腔底部开设的浇注系统流道通向型腔。当加料腔和上模分别在两块模板上时，应设置浇口套，如图3-51所示。

柱塞式固定压注模的加料腔截面为圆形，其安装形式通常如图3-53和图3-54所示。由于采用专用压力机，而压力机上有主液压缸，所以加料腔的截面尺寸与锁模无关。加料腔的截面尺寸较小，高度较大。

加料腔的材料一般选用 T8A 钢、T10A 钢、CrWMn 钢、Cr12 钢等，热处理硬度为 52~56 HRC，加料腔内腔应抛光镀铬，表面粗糙度 Ra 低于 0.4 μm。

2. 压柱的结构设计

压柱的作用是将塑料从加料腔中压入型腔，常见的移动式压注模的压柱结构如图 3-56（a）所示，其顶部与底部是带倒角的圆柱形，结构十分简单。图 3-56（b）所示为带凸缘结构的压柱，承压面积大，压注平稳，既可用于移动式压注模，又可用于普通的固定式压注模。图 3-56（c）和图 3-56（d）所示为组合式压柱，用于普通的固定式压注模，以便固定在压力机上，模板的面积较大时，常采用这种结构。其中图 3-56（d）所示为带环形槽的压柱，在压注成型时，溢出的塑料充满环形槽并固化在槽中，该结构可以防止塑料从间隙中溢料，工作时起活塞环的作用。图 3-56（e）和图 3-56（f）所示为柱塞式压注模压柱（称为柱塞）的结构，前者为柱塞的一般形式，一端带有螺纹，可以拧在压力机辅助液压缸的活塞杆上；后者为柱塞柱面有环形槽的结构，可防止从侧面溢料，其头部的球形凹面有使料流集中的作用。

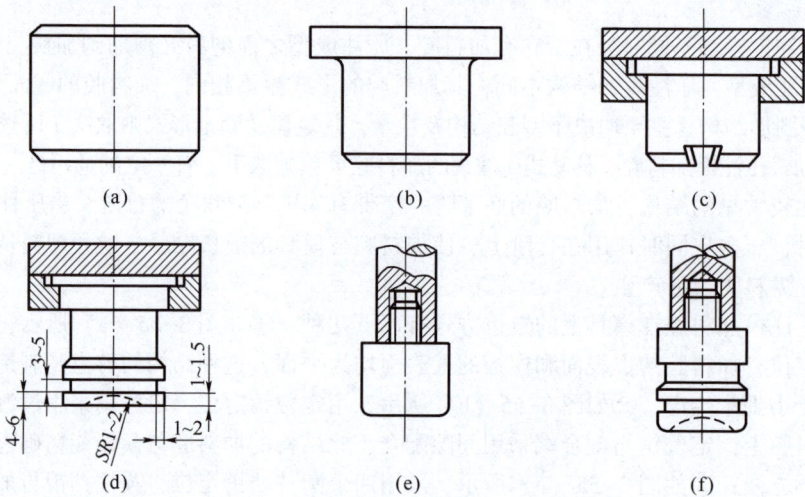

图 3-56　压柱结构

图 3-57 所示为端部带有楔形沟槽的压柱，用于倒锥形主流道，成型后可以拉出主流道凝料。图 3-57（a）所示结构用于直径较小的压柱或柱塞；图 3-57（b）所示结构用于直径大于 75 mm 的压柱或柱塞；图 3-57（c）所示结构用于需要拉出多个主流道凝料的方形加料腔。

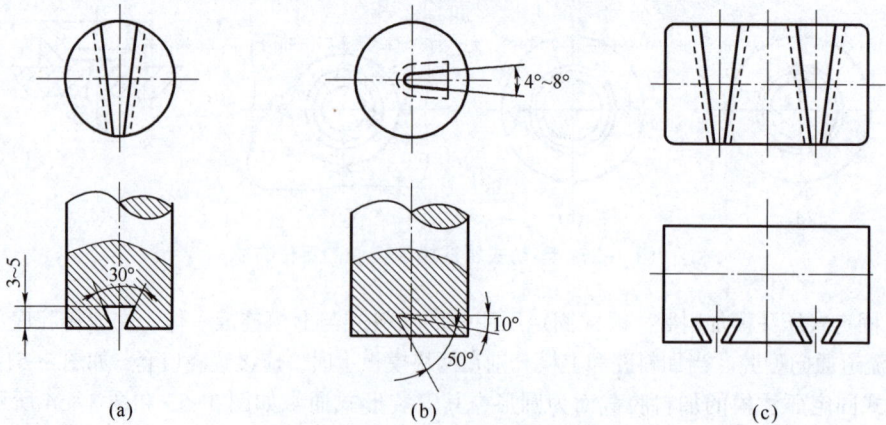

图 3-57　端部带有楔形沟槽的压柱

压柱或柱塞是承受压力的主要零件，压柱材料的选择和热处理要求与加料腔相同。

加料腔与压柱的配合如图 3-58 所示。加料腔与压柱的配合通常采用 H8/f9 或 H9/f9，也可采用 0.05 ~ 0.1 mm 的单边间隙配合。压柱的高度 H_1 应比加料腔的高度 H_2 小 0.5 ~ 1 mm，避免压柱直接压到加料腔上。加料腔与定位凸台的配合高度之差为 0 ~ 0.1 mm，加料腔底部斜角 $\alpha = 40° \sim 45°$。

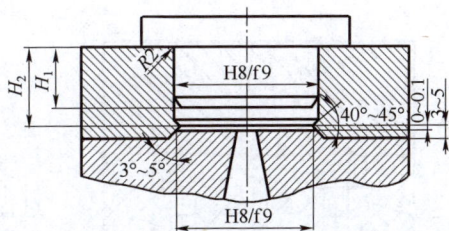

图 3-58 加料腔与压柱的配合

3. 加料腔尺寸计算

加料腔的尺寸计算包括截面面积计算和高度尺寸计算，加料腔的形式不同，尺寸计算方法也不同。

(1) 塑料原材料的体积。

塑料原材料的体积计算公式为

$$V_{a1} = KV_s \tag{3-19}$$

式中　V_{a1}——塑料原材料的体积；

　　　K——塑料的压缩比；

　　　V_s——塑件的体积。

(2) 加料腔截面面积。

1) 罐式压注模加料腔截面面积计算。罐式压注模加料腔截面面积的计算从加热面积和锁模力两个方面考虑。

从塑料加热面积考虑，加料腔的加热面积取决于加料量，根据经验，每克未经预热的热固性塑料需约 140 mm² 的加热面积，加料腔总表面积为加料腔内腔投影面积的 2 倍与加料腔装料部分侧壁面积之和。由于罐式压注模加料腔的高度较低，可将侧壁面积略去不计，因此，加料腔截面面积为所需加热面积的一半，即

$$A = m \cdot 70 \ \text{mm}^2/\text{g} \tag{3-20}$$

式中　A——加料腔的截面面积，mm²；

　　　m——成型塑件所需的加料质量，g。

从锁模力角度考虑，成型时为了保证型腔分型面密合，不发生因型腔内塑料熔体成型压力将分型面顶开而产生溢料的现象，加料腔的截面面积必须为浇注系统与型腔在分型面上投影面积之和的 1.10 ~ 1.25 倍，即

$$A = (1.10 \sim 1.25)A_1 \tag{3-21}$$

式中　A_1——浇注系统与型腔在分型面上投影面积之和。

2) 柱塞式压注模加料腔截面面积计算。柱塞式压注模的加料腔截面面积与成型压力、辅助液压缸额定压力有关，关系为

$$A \leqslant KF_p/p \tag{3-22}$$

式中　F_p——压力机辅助液压缸的额定压力；

　　　p——压注成型时所需的成型压力；

　　　K——系数，通常取 0.7 ~ 0.8。

(3) 加料腔的高度尺寸。加料腔的高度计算公式为

$$H = V_{a1}/A + (10 \sim 15) \ \text{mm} \tag{3-23}$$

式中　H——加料腔的高度。

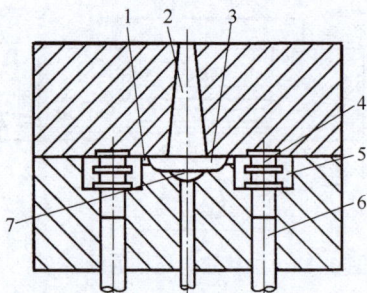

图 3-59 压注模的典型浇注系统
1—浇口；2—主流道；3—分流道；4—嵌件；
5—型腔；6—推杆；7—冷料室

三、压注模浇注系统的设计

压注模浇注系统与注射模浇注系统相似，也是由主流道、分流道及浇口等部分组成的，它的作用及设计与注射模浇注系统基本相同，但两者也有不同之处：在注射成型过程中，希望熔体与流道的热交换越少越好，压力损失要少；但在压注成型过程中，为了使塑料在型腔中的塑化速度加快，反而希望熔体与流道有一定的热交换，提高塑料熔体的温度，使其进一步塑化，以理想的状态进入型腔。图 3-59 所示为压注模的典型浇注系统。

设计浇注系统时要注意浇注系统的流道应光滑、平直，减少弯折，流道总长要满足塑料流动性的要求。主流道应位于模具的压力中心，保证型腔受力均匀，多型腔的模具要对称布置。分流道的设计要有利于塑料加热，增大摩擦热，使塑料升温。浇口的设计应使塑件美观，浇口清除方便。

1. 主流道的设计

主流道的横截面形状一般为圆形，有正圆锥形主流道和倒圆锥形主流道两种结构形式，如图 3-60 所示。

图 3-60（a）所示为正圆锥形主流道，主流道的对面可设置钩形拉料杆，将主流道凝料拉出。由于热固性塑料塑性差，截面面积不宜太小，否则会使料流的阻力增大，不易充满型腔，造成欠压。正圆锥形主流道常用于多型腔模具，有时也设计成

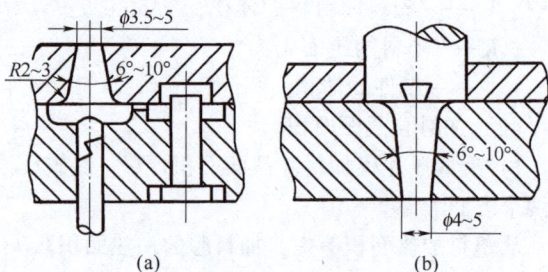

图 3-60 压注模主流道结构形式
（a）正圆锥形主流道；（b）倒圆锥形主流道

直浇口的形式，用于流动性较差的塑料。主流道有 6°~10° 的锥度，与分流道的连接处应有半径为 2~3 mm 的圆弧过渡。

图 3-60（b）所示为倒圆锥形主流道，它常与端面带楔形沟槽的压柱配合使用，开模时，主流道与加料腔中的残余废料由压柱带出，便于清理，这种流道既可用于一模多腔的模具，又可用于单型腔模具或同一塑件有几个浇口的模具。

2. 分流道的设计

压注模梯形分流道结构形式如图 3-61 所示。压注模的分流道比注射模的分流道浅而宽，一般对于小型塑件，深度取 2~4 mm，对于大型塑件，深度取 4~6 mm，最浅不小于 2 mm。分流道过浅会使塑料提前固化，流动性降低。分流道的宽度取深度的 1.5~2 倍。常用的分流道横截面为梯形或半圆形。对于梯形截面分流道，其截面面积应取浇口截面面积的 5~10 倍。分流道多采用平衡式布置，流道应光滑、平直，尽量避免弯折。

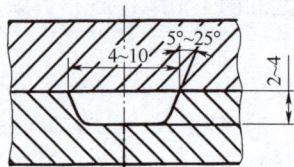

图 3-61 压注模梯形分流道结构形式

3. 浇口的设计

浇口是浇注系统中的重要部分，与型腔直接相连，对熔料填充、塑件质量以及熔体的流动状态有很重要的影响。因此，浇口设计应根据塑料原料的特性、塑件质量要求及模具结构等多方面来考虑。

（1）浇口形式的选择。压注模的浇口与注射模基本相同，可以参照注射模的浇口进行设计，

但由于热固性塑料的流动性较差，所以应取较大的截面尺寸。压注模常用的浇口有点浇口、侧浇口、扇形浇口、环形浇口及轮辐式浇口等几种形式。

（2）浇口尺寸的确定。浇口截面形状有圆形、半圆形及梯形三种形式。圆形浇口加工困难，导热性不好，不便去除，适用于流动性较差的塑料，浇口直径一般大于 3 mm；半圆形浇口的导热性比圆形浇口好，机械加工方便，但流动阻力较大，浇口较厚；梯形浇口的导热性好，机械加工方便，是最常用的浇口形式，梯形浇口深度一般取 0.5~0.7 mm，宽度不大于 8 mm。

如果浇口过薄、过小，则熔体压力损失较大，会导致提前固化，从而造成填充成型性不好；如果浇口过厚、过大，则会造成熔体流速降低，易出现熔接不良，使制品表面质量不佳，去除困难，但适当增厚浇口有利于保压补料、排除气体、降低塑件表面粗糙度及适当提高熔接质量。所以，浇口尺寸应综合考虑塑料性能，塑件的形状、尺寸、壁厚和浇口形式以及熔体流程等因素，凭经验确定。在实际设计时一般先取较小值，经试模后修正到适当尺寸。

梯形浇口的常用截面尺寸见表 3-9。

表 3-9　梯形浇口的常用截面尺寸

浇口截面面积/mm²	2.5	2.5~3.5	3.5~5	5~6	6~8	8~10	10~15	15~20
宽×厚/(mm×mm)	5×0.5	5×0.7	7×0.7	6×1	8×1	10×1	10×1.5	10×2

（3）浇口位置的选择。由于热固性塑料流动性较差，因此为了减小其流动阻力，有助于补缩，浇口应开设在塑件壁厚最大处。塑料在型腔内的最大流动距离应尽可能限制在拉西格流动指数范围内，对于大型塑件，应多开设几个浇口以减小流动距离，浇口间距应不大于 140 mm。热固性塑料在流动中会产生填料定向作用，造成塑件变形、翘曲甚至开裂，特别是长纤维填充材料的塑件，定向作用更严重，因此应注意浇口位置。此外，浇口应开设在塑件的非重要表面，不影响塑件的使用及美观。

四、压力机的选择

压注模必须安装在压力机上才能进行压注成型，设计模具时必须了解压力机的技术规范和使用性能，才能使模具顺利地安装。

1. 普通压力机的选择

罐式压注模压注成型所用的设备主要是塑料成型用压力机。选择压力机时，要根据所用塑料及加料腔的截面面积计算出压注成型所需的总压力，然后再选择压力机。

压注成型所需的总压力为

$$F_\mathrm{m} = pA \leqslant KF_\mathrm{n} \tag{3-24}$$

式中　F_m——压注成型所需的总压力；

　　　p——压注成型所需的成型压力；

　　　A——加料腔的截面面积；

　　　K——修正系数，一般取 0.8 左右，根据压力机新旧程度确定；

　　　F_n——压力机的额定压力。

2. 专用压力机的选择

柱塞式压注模成型时，需要采用专用压力机，专用压力机有分别用于成型和锁模的两个液压缸，因此在选择设备时要从成型和锁模两个方面进行考虑。

压注成型所需的总压力要小于所选压力机辅助液压缸的额定压力，即

$$F_\mathrm{m} = pA \leqslant K'F \tag{3-25}$$

式中　F——压力机辅助液压缸的额定压力；

K'——压力机辅助液压缸的压力损耗系数，一般取 0.8 左右。

锁模时，为了保证型腔内压力不将分型面顶开，必须有足够的锁模力，所需的锁模力应小于压力机主液压缸的额定压力（一般均能满足），即

$$pA_1 \leqslant KF_n \tag{3-26}$$

式中 A_1——浇注系统与型腔在分型面上投影面积不重合部分之和；

F_n——压力机主液压缸的额定压力。

五、排气槽和溢料槽的设计

1. 排气槽的设计

热固性塑料压注成型时，由于发生化学交联反应会产生一定量的气体和挥发性物质，同时型腔内原有的气体也需要排出，通常利用模具零件间的配合间隙及分型面之间的间隙进行排气，当不能满足要求时，必须开设排气槽。

排气槽应尽量设置在分型面上或型腔最后填充处，也可设在料流汇合处或有利于清理飞边及排出气体处。

排气槽的截面形状一般为矩形，对于中小型塑件，分型面上的排气槽深度可取 0.04~0.13 mm，宽度取 3~5 mm，具体的位置及深度尺寸一般经试模后再确定。

排气槽的截面面积可按经验公式计算，即

$$A = \frac{0.05V_s}{n} \tag{3-27}$$

式中 A——排气槽截面面积，mm^2；

V_s——塑件体积，mm^3；

n——排气槽数量。

排气槽截面推荐尺寸见表 3-10。

表 3-10　排气槽截面推荐尺寸

排气槽截面面积/mm^2	排气槽截面尺寸 （槽宽×槽深）/（mm×mm）	排气槽截面面积/mm^2	排气槽截面尺寸 （槽宽×槽深）/（mm×mm）
0.2	5×0.04	0.8~1.0	10×0.1
0.2~0.4	5×0.08	1.0~1.5	10×0.15
0.4~0.6	6×0.1	1.5~2.0	10×0.2
0.6~0.8	8×0.1		

2. 溢料槽的设计

成型时，为了避免嵌件或配合孔中渗入更多塑料，防止塑件产生熔接痕迹，或者避免多余塑料溢出，需要在接缝处或适当的位置开设溢料槽。

溢料槽的截面宽度一般取 3~4 mm，深度取 0.1~0.2 mm，设计时深度先取小一些，经试模后再修正。溢料槽尺寸过大会使溢料量过多，导致塑件组织疏松或缺料；尺寸过小又会导致溢料不足。

任务实施

1. 选择塑件成型方式

酚醛塑料属于热固性塑料，制品需要中批量生产。酚醛塑料注射成型技术已经成熟，生产周

期短、效率高，容易实现自动化生产，但对设备、成型工艺有特殊要求，而且注射模结构较复杂，成本较高，一般用于大批量生产。而压缩成型、压注成型主要用于生产热固性塑料，且压注成型生产的塑件性能较好，塑件尺寸精度高、表面质量好，成型周期短、生产率高；挤出成型主要用于成型具有恒定截面形状的连续型材；气动成型用于生产中空的塑料瓶、罐、盒、箱类等热塑性塑料的制件。综上分析，根据塑件要求，图 3-50 所示圆形塑料罩壳可以选择压缩成型也可以选择压注成型，本任务选择压注成型。

2. 塑件成型工艺过程

压注成型工艺过程和压缩成型工艺过程基本相同，它们的主要区别在于，压缩成型过程是先加料后合模，而压注成型则一般要求先合模后加料。

3. 分析塑件结构工艺性

本任务塑件外形简单，为扁圆形结构，平均厚度为 2 mm，所有尺寸均为无公差要求的自由尺寸，材料为酚醛塑料，便于进行压注成型（详细分析略）。

4. 选用压注成型压力机

本任务选用压力机的计算方法与本项目任务一中选用压缩成型压力机基本相同。

5. 设计导向机构

导向机构采用导柱和导向孔构成，两个直径相同的导柱通过过盈配合安装在下模板上，型芯固定板和模套上加工出导向孔，使上、下模准确合模，起到导向和承受侧压力的作用。导柱尺寸可按国家标准《塑料注射模零件　第 14 部分：推板导柱》（GB/T 4169.14—2006）选取。

6. 确定设计方案

本任务塑件批量不大，并且形状简单，要求不高，因此可采用移动式压注模。该模具结构简单，节省模具制作材料，可降低生产费用。同时该模具对设备无特殊要求，可以采用普通压力机进行生产。

塑件结构较小，可采用多型腔模具，此处采用一模两腔形式。采用罐式压注模，把加料腔设计成形状简单、易于加工的圆形结构。分型面采用水平分型面。浇注系统中主流道采用正圆锥形结构，分流道采用梯形截面，浇口采用矩形截面。成型后，把模具移出机外，去除加料腔，人工分型后取出塑件及浇注系统。

7. 绘制模具图

在模具总体结构及相应零部件结构形式确定后，便可以绘制模具的装配图和零件图。首先绘制模具的装配图，要清楚地表达各零件之间的装配关系以及固定连接方式，然后根据装配图拆绘零件图，绘制出所有非标准件的零件图。罩壳成型压注模装配图如图 3-62 所示，模具零件图略。

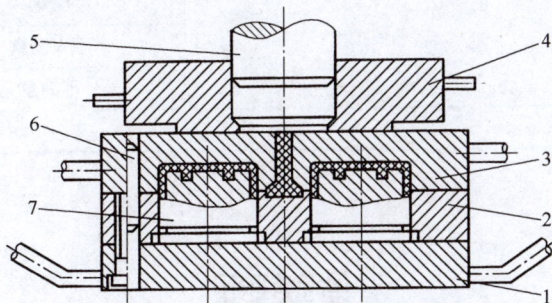

图 3-62　罩壳成型压注模装配图

1—下模板；2—固定板；3—模套；4—加料腔；
5—柱塞；6—导柱；7—型芯

请填写压注模设计任务评价表，见表3-11。

表 3-11　压注模设计任务评价表

项目名称				
任务名称				
姓名		班级		
组别		学号		
评价项目		分值	得分	
压注模的分类		10		
压注模的结构		10		
压注模的结构设计		15		
压注模浇注系统的设计		15		
压注模排溢系统的设计		10		
压力机的选择		10		
工作实效及文明操作		10		
工作表现		10		
创新思维		10		
总计		100		
个人的工作时间		提前完成		
		准时完成		
		超时完成		
个人认为完成最好的方面				
个人认为完成最不满意的方面				
值得改进的方面				
自我评价		非常满意		
		满意		
		不太满意		
		不满意		
记录				

任务拓展

断路器极柱环氧树脂压注模

思考与练习

1. 选择题

（1）压注模主要是用于成型（　　）的模具。

A. 热塑性塑料　　　B. 热固性塑料　　　C. 通用塑料　　　D. 工程塑料

（2）压注模按加料腔的结构特征可分为（　　）两种形式。

A. 上加料腔式和下加料腔式　　　　　B. 固定式和移动式

C. 罐式和柱塞式　　　　　　　　　　D. 手动式和机动式

（3）压注模的结构组成为（　　）。

A. 成型零件、加料装置、浇注系统、导向机构、推出机构、加热系统和侧向分型与抽芯机构

B. 成型零件、加料装置、浇注系统、导向机构、推出机构、冷却系统和侧向分型与抽芯机构

C. 成型零件、加料装置、推出机构、冷却系统、导向机构、加热系统和侧向分型与抽芯机构

D. 成型零件、推出机构、冷却系统、浇注系统、导向机构、加热系统和侧向分型与抽芯机构

2. 简答题

（1）如何选择压注成型工艺？

（2）压注模的浇注系统有哪几个组成部分？设计时应注意什么问题？

（3）压注模排气槽的开设原则是什么？

（4）采用长纤维填充塑料压注成型大平面、长条形塑件时，浇口开设在塑件的中部还是端部好？为什么？

（5）上加料腔式压注模和下加料腔式压注模有什么区别？

能力目标

1. 能够正确阐述挤出成型工艺的工作原理。
2. 具有确定管材挤出成型工艺参数和设计管材挤出模的能力。
3. 会设计异型材、电线电缆挤出成型简易模具。

知识目标

1. 了解管材、异型材及电线电缆挤出工艺方法。
2. 掌握管材、异型材及电线电缆挤出模的设计要点。
3. 了解挤出成型新技术。

素质目标

1. 在挤出模设计中，培养学生的创新意识、勇于克服困难的精神，并提高学生的动手能力。
2. 采用大国工匠案例教学，帮助学生了解并体会工匠精神，引导学生形成坚守执着、投身专业的坚定信心。

任务导入

　　塑料挤出成型是用加热的方法使塑料成为流动状态，然后使其在一定压力的作用下通过模塑，经定型制得连续的型材。挤出成型具有效率高、投资少、制造简便、可连续化生产、占地面积少、环境清洁等优点。通过挤出成型生产的塑料制品得到了广泛的应用，其产量占塑料制品总量的1/3以上。因此，挤出成型在塑料加工工业中占有很重要的地位。

　　采用挤出成型的塑料大多是热塑性塑料，也有部分热固性塑料，如聚氯乙烯、聚乙烯、聚丙烯、尼龙、ABS、聚碳酸酯、聚砜、聚甲醛、氯化聚醚等热塑性塑料，以及酚醛、脲醛等热固性塑料。

　　本任务针对图 3-63 所示的扣板塑料型材进行挤出模的结构设计。该塑件材料为 PVC，长度为（500±0.5）mm，宽度为（10±0.3）mm，壁厚为 0.7 mm，要求外表面光滑平整，无缺陷。该塑件安装方式采用拼合式，上表面平面度误差为±0.2 mm。本任务生产设备选用 SJ-65X25 型单螺杆挤出机。

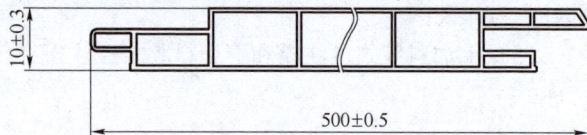

图 3-63　扣板塑料型材断面

知识准备

一、挤出成型机头的结构、分类及设计原则

1. 挤出成型机头的结构

　　机头是挤出成型模具的主要部件，它使塑料由螺旋运动变为直线运动，产生必要的成型压力，保证制品密实，并使塑料进一步塑化，成型所需断面形状的制品。

现以管材挤出成型机头为例分析机头的结构，如图 3-64 所示。

（1）口模和芯棒。口模成型制品的外表面，芯棒成型制品的内表面，故口模和芯棒的定型部分决定制品的横截面形状和尺寸。

（2）多孔板（过滤板、栅板）。多孔板的作用是将塑料由螺旋运动变为直线运动，同时还能阻止未塑化的塑料和机械杂质进入机头。此外，多孔板还能形成一定的机头压力，使制品更加密实。

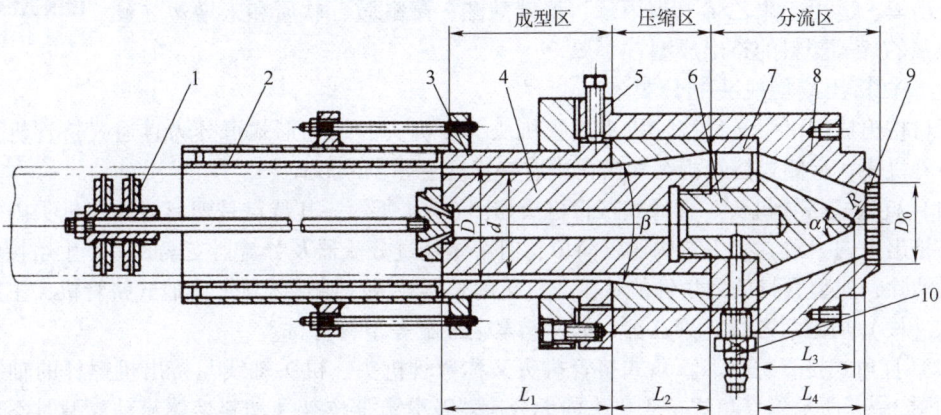

（3）分流器和分流器支架。分流器又称鱼雷头。塑料熔体通过分流器变成薄环状，便于进一步加热和塑化。大型挤出机的分流器内部还装有加热装置。

分流器支架主要用来支承分流器和芯棒，同时也使料流分散以加强搅拌作用。小型机头的分流器支架可与分流器设计成一个整体。

（4）调节螺钉。调节螺钉用来调节口模与芯棒之间的间隙，以保证制品壁厚均匀。

（5）机头体。机头体用来组装机头各零件及实现挤出机连接。

（6）定径套。制品通过定径套获得良好的表面粗糙度、正确的尺寸和几何形状。

（7）堵塞。堵塞防止压缩空气泄漏，保证管内具有一定的压力。

图 3-64　直通式管材挤出成型机头

1—堵塞；2—定径套；3—口模；4—芯棒；5—调节螺钉；6—分流器；

7—分流器支架；8—机头体；9—多孔板；10—空气进口接头

2. 挤出成型机头的分类及设计原则

（1）挤出成型机头的分类。由于挤出制品的形状和要求不同，因此要有相应的机头满足制品的要求。机头种类很多，大致可按以下三种特征进行分类。

1）按机头用途分类：分为挤管机头、吹管机头、挤板机头等。

2）按制品出品方向分类：分为直向机头和横向机头，前者机头内的料流方向与挤出机螺杆轴向一致，如硬管挤出成型机头；后者机头内的料流方向与挤出机螺杆轴向呈某一角度，如电缆挤出成型机头。

3）按机头内压力大小分类：分为低压机头（料流压力在 3.92 MPa 以下）、中压机头（料流压力在 3.92~9.8 MPa）和高压机头（料流压力在 9.8 MPa 以上）。

（2）挤出成型机头的设计原则。

1）流道呈流线型。为使塑料熔体能沿着机头的流道充满并均匀挤出，同时避免塑料过热分解，机头内的流道应呈流线型。流道不能急剧地扩大或缩小，更不能有死角和停滞区，流道应加工得十分光滑，表面粗糙度 Ra 在 0.4 μm 以下。

2）足够的压缩比。为使制品密实和消除由分流器支架造成的结合缝，根据制品和塑料种类不同，应设计足够的压缩比。

3）正确的断面形状。机头成型部分的设计应保证塑料挤出后具有规定的断面形状，由于塑料的物理性能和压力、温度等因素的影响，机头成型部分的断面形状并非制品相应的断面形状，即两者有相当的差异，设计时应考虑此因素，使成型部分有合理的断面形状。由于制品断面形状的变化与成型时间有关，因此控制必要的成型长度是一个有效的方法。

4）结构紧凑。在满足强度条件的前提下，机头结构应紧凑，其形状应尽量做得规则且对称，使传热均匀，装卸方便且不漏料。

5）选材要合理。由于机头磨损较大，有的塑料又有较强的腐蚀性，所以机头材料应选较耐磨、硬度较高的碳钢或合金钢，有的甚至要镀铬，以提高机头的耐蚀性。

此外，机头的结构尺寸还和制品的形状、加热方法、螺杆形状、挤出速度等因素有关。设计者应根据具体情况灵活应用上述原则。

二、管材挤出成型机头设计

在挤出成型中，管材挤出成型的应用最广泛。管材挤出成型机头是成型管材的挤出模，适用于聚乙烯、聚丙烯、聚碳酸酯、聚酰胺、软质和未增塑（硬质）聚氯乙烯等塑料的挤出成型。

1. 管材挤出成型机头的分类

管材挤出成型机头又称挤管机头或管机头，按机头的结构形式可分为直通式挤管机头、直角式挤管机头、旁侧式挤管机头和微孔流道挤管机头等多种形式。

（1）直通式挤管机头。直通式挤管机头如图3-64所示，其特点是塑料熔体在机头内的流动方向与挤出方向一致，机头结构比较简单，但熔体经过分流器及分流器支架时易产生熔接痕，且不容易消除，成型管材的力学性能较差，机头的长度较大、结构笨重。直通式挤管机头主要用于成型软（硬）质聚氯乙烯、聚乙烯、尼龙、聚碳酸酯等塑料管材。

（2）直角式挤管机头。直角式挤管机头又称弯管机头，机头轴线与挤出机螺杆的轴线呈直角，如图3-65所示。直角式挤管机头内无分流器及分流器支架，塑料熔体流动成型时不会产生分流痕迹，成型管材的力学性能较高、尺寸精度高、成型质量好，其缺点是机头的结构比较复杂，制造困难。直角式挤管机头适用于成型聚乙烯、聚丙烯等塑料管材。

（3）旁侧式挤管机头。如图3-66所示，采用旁侧式挤管机头时，挤出机的供料方向与出管方向平行，机头位于挤出机的下方。旁侧式挤管机头的体积较小，结构复杂，熔体流动阻力大，适用于直径大、管壁较厚的管材挤出成型。

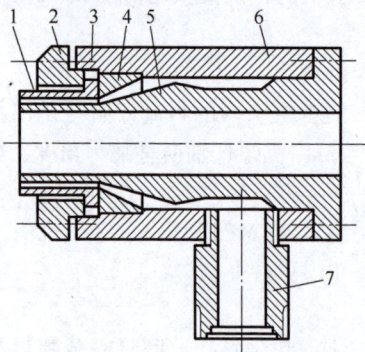

图3-65　直角式挤管机头

1—口模；2—压环；3—调节螺钉；
4—口模座；5—芯棒；6—机头体；7—机颈

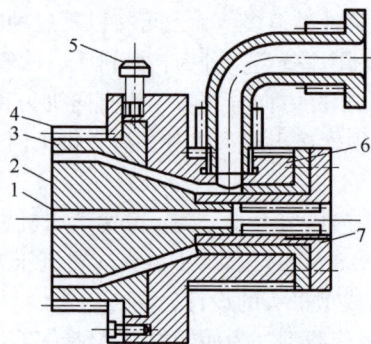

图3-66　旁侧式挤管机头

1—进气口；2—芯棒；3—口模；4—电加热器；
5—调节螺钉；6—机头体；7—熔体侧湿孔

（4）微孔流道挤管机头。如图 3-67 所示，微孔流道挤管机头内无芯棒，熔体的流动方向与挤出机螺杆的轴线方向一致，熔体通过微孔管上的微孔进入口模而成型，特别适用于成型直径大、熔体流动性差的塑料（如聚烯烃）管材。微孔流道挤管机头体积小、结构紧凑，但由于管材直径大、管壁厚，容易发生偏心，所以口模与芯棒的下侧间隙比上侧间隙要小 10%~18%，以克服由管材自重引起的壁厚不均匀。

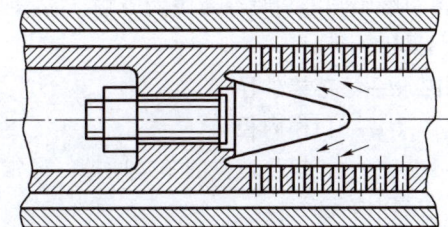

图 3-67　微孔流道挤管机头

2. 管材挤出成型机头的结构设计

管材挤出成型机头主要由口模和芯棒两部分组成，下面以直通式挤管机头（见图 3-64）为例介绍机头的结构设计。

（1）口模的设计。口模主要成型塑件的外表面，结构如图 3-64 所示，其主要尺寸为口模的内径和定型段长度。在进行结构设计前，必须已知的条件是所用的挤出机型号、塑料制品的内外直径及精度要求。

1）口模的内径 D。口模的内径为

$$D = kd \tag{3-28}$$

式中　D——口模的内径；

　　　d——塑料管材的外径；

　　　k——补偿系数，见表 3-12。

管材从机头中挤出时，处于被压缩和被拉伸的弹性恢复阶段，伴随离模膨胀和冷却收缩现象，所以 k 值是经验数据，用于补偿管材外径的变化。

表 3-12　补偿系数 k

塑料品种	塑件内径定径	塑件外径定径
聚氯乙烯（PVC）		0.95~1.05
聚酰胺（PA）	1.05~1.10	
聚乙烯（PE）、聚丙烯（PP）	1.20~1.30	0.90~1.05

2）定型段长度 L_1。定型段长度 L_1 一般按经验公式计算，即

$$L_1 = (0.5~3.0)d \tag{3-29}$$

或者

$$L_1 = nt \tag{3-30}$$

式中　L_1——口模定型段长度；

　　　t——管材的壁厚；

　　　n——计算系数，见表 3-13。

式（3-29）中，系数 0.5~3.0 的选取，一般对于外径较大的管材取小值，反之则取大值。

表 3-13　计算系数 n

塑料品种	硬质聚氯乙烯	软质聚氯乙烯	聚乙烯	聚丙烯	聚酰胺
计算系数 n	18~33	15~25	14~22	14~22	13~23

（2）芯棒的设计。芯棒成型管材的内表面，其结构如图 3-64 所示，其主要尺寸有芯棒外径 d、压缩段长度 L_2 和压缩角 β。

1）芯棒外径 d。芯棒外径就是定型段的直径，管材的内径由芯棒的外径决定。考虑到管材

的离模膨胀和冷却收缩效应的影响，芯棒外径可按经验公式计算，即

采用外径时， $$d = D - 2\delta \tag{3-31}$$

式中　d——芯棒外径；

　　　D——口模内径；

　　　δ——口模与芯棒的单边间隙，通常取 $0.83 \sim 0.94$ 倍的管材壁厚。

采用内径时， $$d = d_0 \tag{3-32}$$

式中　d_0——管材内径。

2）压缩段长度 L_2。芯棒的长度分为定型段长度和压缩段长度两部分。定型段长度与口模定型段长度 L_1 取值相同。压缩段与口模中相应的锥面部分构成压缩区域，其作用是消除塑料熔体经过分流器时所产生的分流痕迹。压缩段长度 L_2 可按经验公式计算，即

$$L_2 = (1.5 \sim 2.5)D_0 \tag{3-33}$$

式中　L_2——芯棒的压缩段长度；

　　　D_0——多孔板出口直径。

3）压缩角 β。压缩区的锥角 β 称为压缩角，一般在 $30° \sim 60°$ 范围内选取。压缩角过大会使管材表面粗糙，失去光泽。对于黏度低的塑料，β 取较大值，一般为 $45° \sim 60°$；对于黏度高的塑料，β 取较小值，一般为 $30° \sim 50°$。

（3）分流器的设计。分流器结构如图 3-64 所示，熔体经过多孔板后，经过分流器初步形成管状。分流器的作用是对塑料熔体进行分层减薄，进一步加热和塑化。分流器的主要尺寸有扩张角 α、分流锥长度 L_3 和顶部圆角半径 R。

1）扩张角 α。分流器扩张角 α 的选取与塑料的黏度有关，通常取 $30° \sim 90°$。塑料黏度较低时，可取 $30° \sim 80°$；塑料黏度较高时，可取 $30° \sim 60°$。扩张角 α 过大，熔体的流动阻力大，容易产生过热分解；扩张角 α 过小，不利于熔体均匀加热，机头体积也会增大。分流器的扩张角 α 应大于芯棒压缩角 β。

2）分流锥长度 L_3。分流锥长度 L_3 可按经验公式计算，即

$$L_3 = (0.6 \sim 1.5)D_0 \tag{3-34}$$

式中　L_3——分流器的分流锥长度；

　　　D_0——多孔板出口直径。

3）顶部圆角 R。分流器顶部圆角半径 R 一般取 $0.5 \sim 2.0$ mm。

三、异型材挤出成型机头设计

塑料异型材在建筑、交通、家用电器、汽车配件等领域已经广泛使用，如门窗、轨道型材。一般把除圆管、圆棒、片材、薄膜等塑件外的具有其他截面形状的塑料型材称为异型材，常见的塑料异型材如图 3-68 所示。

塑料异型材具有优良的使用性能和技术特性，异型材的截面形状不规则，几何形状复杂，尺寸精度要求高，成型工艺困难，模具结构复杂，所以成型效率较低。异型材根据截面形状不同可以分为异型管材、中空异型材、空腔异型材、开放式异型材和实心异型材五大类。

1. 异型材挤出成型机头的分类

异型材挤出成型机头是所有挤出成型机头中最复杂的一种，由于型材截面形状不规则，塑料熔体挤出机头时各处的流速、压力、温度不均匀，型材的质量受到影响，容易产生应力及出现型材壁厚不均匀现象。常用的异型材挤出成型机头可分为板式机头和流线型机头两种形式。

（1）板式机头。图 3-69 所示为典型的板式机头，其特点是结构简单、制造方便、成本低、安装调整容易。在结构上，板式机头内的流道截面变化急剧，从进口的圆形变为接近塑件截面的

图 3-68　常见的塑料异型材

形状，若塑料熔体的流动状态不好，则容易造成塑料滞留；对于热敏性塑料（如硬质聚氯乙烯）等塑料，则容易发生热分解。该机头一般用于熔融黏度低且热稳定性高的塑料（如聚乙烯、聚丙烯、聚苯乙烯）异型材挤出成型。对于硬质聚氯乙烯，只有在塑件形状简单、生产批量小时才使用板式机头。

（2）流线型机头。流线型机头如图 3-70 所示。这种机头由多块钢板组成，为避免机头内流道截面的急剧变化，将机头内腔加工成光

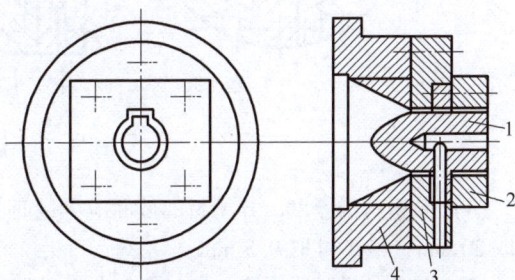

图 3-69　板式机头
1—芯棒；2—口模；3—支承板；4—机头体

滑过渡的曲面，各处不能有急剧过渡的截面或死角，使熔体流动顺畅。由于流道内腔光滑过渡，因此挤出成型时流线型机头没有塑料滞留的缺陷，挤出型材质量好，特别适用于热敏性塑料的挤出成型，适用于大批量生产；但该机头结构复杂，制造难度较大。流线型机头分为整体式和分段拼合式两种形式。图 3-70 所示为整体式流线型机头，机头内流道截面形状由圆环形渐变过渡到所要求的形状，各截面形状如图 3-70 中各断面图所示。制造整体式流线型机头显然要比制造分段式流线型机头困难。

当异型材截面复杂时，整体式流线型机头加工很困难，为了降低机头的加工难度，可以采用分段拼合式流线型机头成型，分段拼合式流线型机头需要将机头体分段分别加工再装配，可以降低流道加工的难度，但在流道拼接处易出现不连续的截面尺寸过渡，工艺过程的控制比较困难。

2. 异型材结构设计

异型材结构的合理性是决定异型材质量的关键，设计机头结构之前，应考虑塑件的结构形式。要想获得理想状态的异型材，必须保证异型材的结构工艺性合理、熔体在机头中流动顺畅，以及挤出成型工艺过程中温度、压力、速度等条件满足要求。

设计异型材时应考虑以下几方面问题。

（1）尺寸精度。异型材的尺寸精度与截面形状有关，由于异型材的结构比较复杂，因此很难得到较高的尺寸精度，在满足使用要求的前提下，应选择较低的公差等级（MT7 或 MT8）。

（2）表面粗糙度。异型材的表面粗糙度一般取 $Ra \geqslant 0.8\ \mu m$。

（3）加强筋的设计。中空异型材设置加强筋时，筋板厚度应取较小值，常取塑件厚度的 80%，过厚会使塑件出现翘曲、凹陷现象。

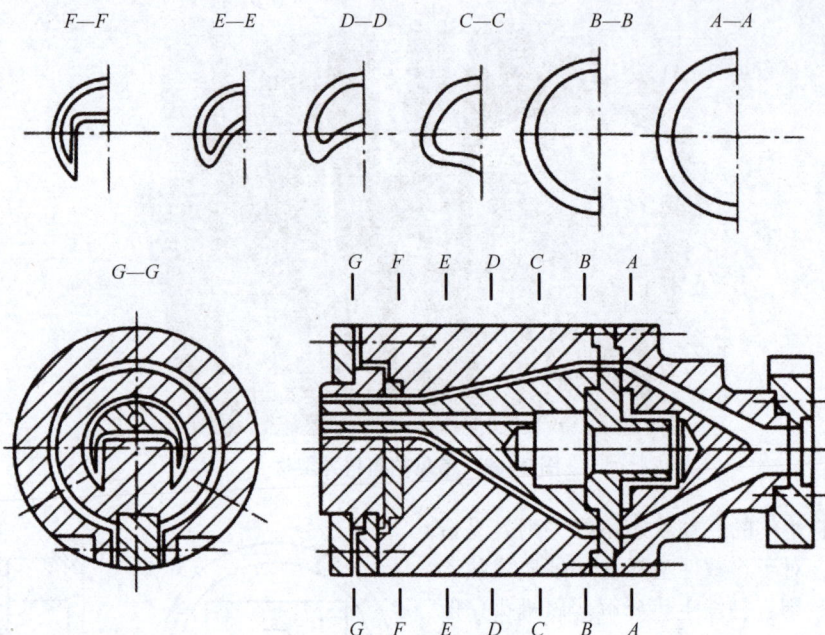

图 3-70　流线型机头

（4）异型材的厚度。异型材的截面应尽量简单，壁厚要均匀，一般壁厚为 1.2~4.0 mm，最大可取 20 mm，最小可取 0.5 mm。

（5）圆角的设计。异型材的转角如果是直角，易产生应力集中现象，因此在连接处应采用圆角过渡。增大圆角半径，可改善料流的流动性，避免塑件变形。一般外侧圆角半径应大于 0.5 mm，内侧圆角半径应大于 0.25 mm；圆角半径的大小还取决于塑料原材料，条件允许时，可选择较大的圆角半径。

3. 异型材挤出成型机头结构设计

为了使挤出的型材满足质量要求，既要充分考虑塑料的物理性能、型材的截面形状、温度、压力等因素对机头的影响，又要考虑定型模对异型材质量的影响。

（1）机头设计要点。

1）机头口模成型区的形状修正。理论上异型材口模成型处的截面形状应与异型材规定的截面形状相同，但由于塑料性能，成型过程中的压力、温度、流速以及离模膨胀和冷却收缩等因素的影响，从口模中挤出的异型材型坯可能发生严重的形状畸变，导致塑料型材的质量不合格。因

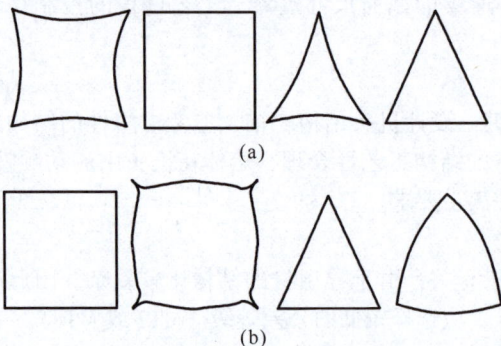

（a）

（b）

图 3-71　口模形状与塑件形状的关系

（a）口模截面形状；（b）塑件截面形状

此，必须对口模成型区的截面形状进行修正。如图 3-71 所示，图 3-71（a）所示为口模截面形状，图 3-71（b）所示为对应的塑件截面形状。

2）机头口模尺寸的确定。只考虑离模膨胀时，机头口模的截面尺寸应按膨胀比设计得比制品的截面尺寸小；但为了便于调节牵引速度，同时补偿由冷却收缩导致的截面尺寸变小，通常将口模的截面尺寸设计得稍大些。由于口模的截面尺寸与制品的截面尺寸关系随塑料种类、成型温度、成型速度等条件的变化而改变，

所以口模的截面尺寸很难确定，设计时可参考表 3-14 选取，并在试模时进行修正。

表 3-14 口模截面尺寸的经验设计值

口模截面尺寸	塑料品种				
	软质聚氯乙烯	硬质聚氯乙烯	聚乙烯	聚苯乙烯	醋酸纤维素
宽度增加量	10%~20%	7%~20%	10%	20%	5%~15%
高度增加量	15%~30%	3%~10%	15%	20%	10%~25%
壁厚增加量	12%~20%	5%~10%			

根据熔体流动理论可知，口模定型段越长，熔体流动阻力越大，流量越小；而口模流道间隙越大，熔体流动阻力越小，流量越大。所以在挤出薄厚不均的异型材时，厚的部分定型段长，薄的部分定型段短，可使口模截面各处的料流速度均匀一致。口模定型段的长度 L_1 和口模流道间隙 δ 可参考表 3-15 选取，并在试模时进行修正。

表 3-15 口模结构尺寸的经验设计关系

尺寸关系	塑料品种				
	软质聚氯乙烯	硬质聚氯乙烯	聚乙烯	聚苯乙烯	醋酸纤维素
L_1/δ	6~9	20~70	14~20	17~22	17~22
t/δ	0.85~0.90	1.1~1.2	0.85~0.90	1.0~1.1	0.75~0.90
注：t 为塑件厚度。					

（2）机头结构参数。

1）扩张角 α。机头内分流器的扩张角 α 一般小于 70°，对于硬质聚氯乙烯等成型条件要求严格的塑料，应控制在 60°左右。

2）压缩比 ε。与管机头相似，机头压缩比 ε 的取值范围为 3~13。

3）压缩角 β。为了保证熔体流经分流器后能很好地融合，消除熔接痕，一般 β 的取值范围为 25°~50°。

（3）定型模的设计。从机头中挤出的型材温度都比较高，形状很难保持，必须经过冷却定型装置，即定型模才能保证型材的尺寸、形状及光亮的表面。异型材的挤出成型质量不仅取决于机头设计的合理性，还与定型装置有着密切的关系，它是保障产品质量和挤出生产率的关键因素。

采用真空吸附法定型，从机头中挤出的异型材通过定型装置上的真空孔完全吸附在定型装置上，并充分冷却。定型装置入口至出口的真空吸附面积应由大到小，真空孔数应由密变疏。

定型模的冷却方式有很多种，常用的冷却方法为冷却水冷却。冷却水孔的直径一般为 10~20 mm。为了保证冷却效果，在条件允许的情况下，水孔直径越大越好，而且冷却水最好保持紊流状态。冷却水孔在定型装置中应对称布置，以保证异型材均匀冷却。

四、电线电缆挤出成型机头设计

电线与电缆是日常生活中应用较多的塑料产品，它们一般在挤出机上挤出成型。电线是在单股或多股金属芯线外包覆一层塑料绝缘层的挤出制品；电缆是在一束互相绝缘的导线或不规则的芯线外包覆一层塑料绝缘层的挤出制品。挤出电线电缆的机头与挤管机头结构相似，但由于电线电缆的内部夹有金属芯线及导线，所以常采用直角式机头。下面介绍电线电缆挤出成型机头的两种结构形式。

1. 挤压式包覆机头

挤压式包覆机头（见图 3-72）用来生产电线。这种机头呈直角式，又称十字机头，熔融塑料通过挤出机多孔板进入机头体，转向 90°，沿着芯线导向棒流动，汇合成一个封闭料环后，经口模成型段包覆在金属芯线上。通过导向棒的连续运动，芯线包覆动作连续进行，从而得到连续的电线产品。

这种机头结构简单，调整方便，广泛应用于电线的生产。但该机头结构的缺点是芯线塑料包覆层的同轴度不好，包覆层不均匀。

口模与芯棒的尺寸计算方法与挤管机头相同，定型段长度 L 为口模出口直径 D 的 $1.0\sim1.5$ 倍，包覆层厚度取 $1.25\sim1.60$ mm，芯棒前端到口模定型段之间的距离 M 与定型段长度相等。定型段较长时，塑料与芯线接触较好，但是挤出机料筒的螺杆背压较高，塑化量低。

2. 套管式包覆机头

套管式包覆机头（见图 3-73）用来生产电缆。与挤压式包覆机头的结构类似，这种机头也是直角式机头，区别在于套管式包覆机头是将塑料挤成管状，一般在口模外靠塑料管的冷却收缩而包覆在芯线上，也可以通过抽真空使塑料管紧密地包覆在芯线上。导向棒成型管材的内表面，口模成型管材的外表面，挤出的塑料管与导向棒同轴，塑料管被挤出口模后立即包覆在芯线上。由于金属芯线连续地通过导向棒，因而包覆动作也就连续地进行。

包覆层的厚度随口模尺寸、芯棒头部尺寸、挤出速度、芯线移动速度等因素的变化而改变。口模定型段长度 L 应小于口模出口直径 D 的 0.5 倍，否则螺杆背压过大，会使产量降低，同时电缆表面易出现流痕，影响产品质量。

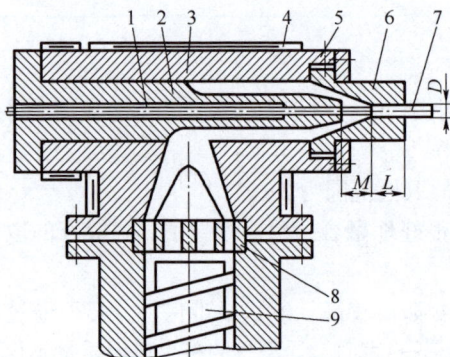

图 3-72　挤压式包覆机头

1—芯线；2—导向棒；3—机头体；4—电热器；5—调节螺钉
6—口模；7—包覆塑件；8—多孔板；9—挤出机螺杆

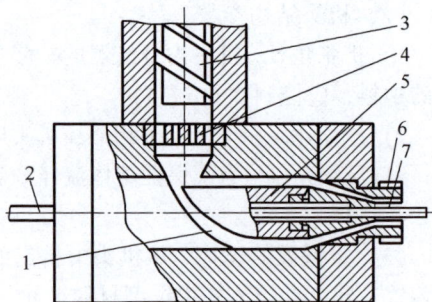

图 3-73　套管式包覆机头

1—螺旋面；2—芯线；3—挤出机螺杆；
4—多孔板；5—导向棒；6—电热器；7—口模

任务实施

1. 塑件工艺性能分析

本任务扣板塑料型材的横截面形状简单、对称且连续，壁厚也较均匀，中空部分也不小，因此采用异型材挤出成型可满足产品结构工艺性要求。但其平面度要求较高，所以关键是设计挤出模机头口模的流道，确定冷却定型方式及各部分尺寸。

2. 设计模具结构

（1）口模结构设计。

如图 3-74 所示，本任务口模主要由口模 1、口模 2、压缩板、过渡板、连接头通过螺钉、定位销等连接而成。连接头通过法兰、衬套依靠螺栓实现与挤出机机头对接。整个口模最大外形尺寸为 700 mm×260 mm×530 mm。按普通不锈钢密度 7 850 kg/m³ 计算（一般不锈钢密度为 7 700~8 000 kg/m³），不难得出口模质量在 600 kg 以上，而常规口模质量仅在 150 kg 以内。所以如果口模仍同常规模具一样仅通过法兰螺栓固定在机头上是远远不够的，不仅会使挤出机机头承受口模过大的重力而变形损坏，而且一旦口模脱落还会带来极大的安全隐患。所以口模需设计辅助支承机构，如图 3-75 所示。

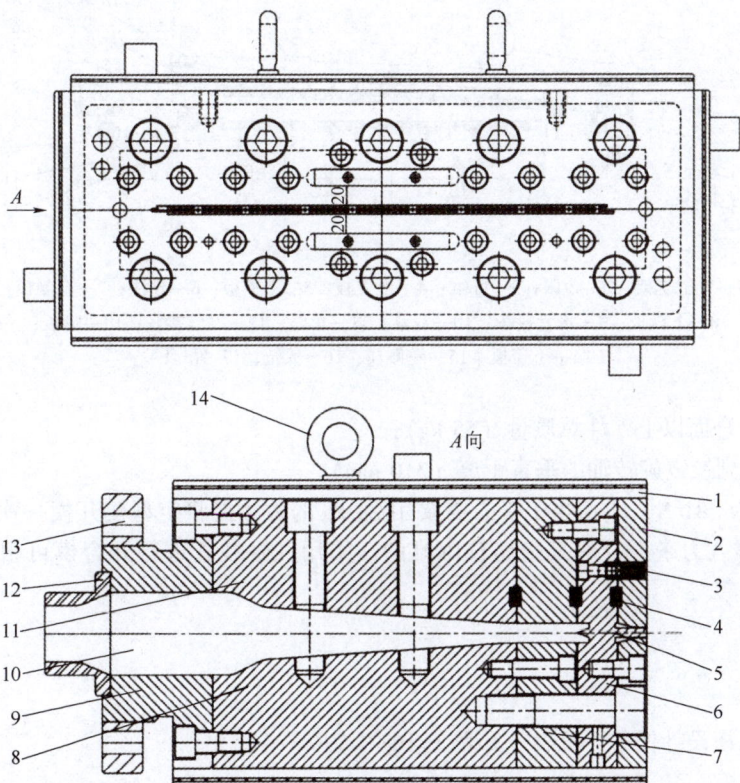

图 3-74　口模模具结构图

1—加热板；2—口模 1；3—导柱；4—支承块；5—型芯；6—口模 2；7—压缩板；
8—过渡板下拼块；9—连接头；10—流道；11—过渡板上拼块；12—衬套；13—法兰；14—吊环

（2）定型模结构设计。

如图 3-76 所示，定型模主要由上、下模板，侧模板，上、下盖板，脚板以及相关附件组成。模板型腔周围有冷却水孔，表面有真空槽，水孔与真空槽相通，真空槽将型材吸附在型腔表面，使周围水孔对型材起到一定冷却效果。

通常在生产调试过程中，由于各种原因塑件在定型模合模过程中或者合模后有时会发生刮料、阻料现象，这样就必须及时将定型模开模进行调整。所以，定型模的开合操作在生产调试中是经常发生的。每节定型模开合面以上主要由上模板、上盖板、吊环组成。经计算其总质量约为 55 kg。设每次开启上模板所用的力为 F_1，以铰链旋转轴为支点，据杠杆原理公式

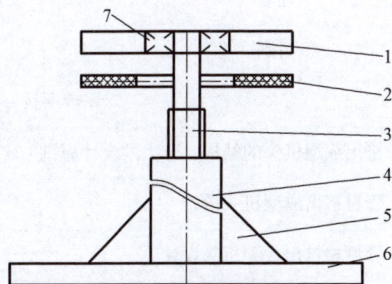

图 3-75　口模辅助支承机构

1—支承托盘；2—旋转手柄；3—导杆；
4—支承杆；5—加强筋；6—底座；7—轴承

$$F_1 L_1 = F_2 L_2 \tag{3-35}$$

式中　L_1——F_1 到铰链旋转轴的垂直距离（595 mm）；

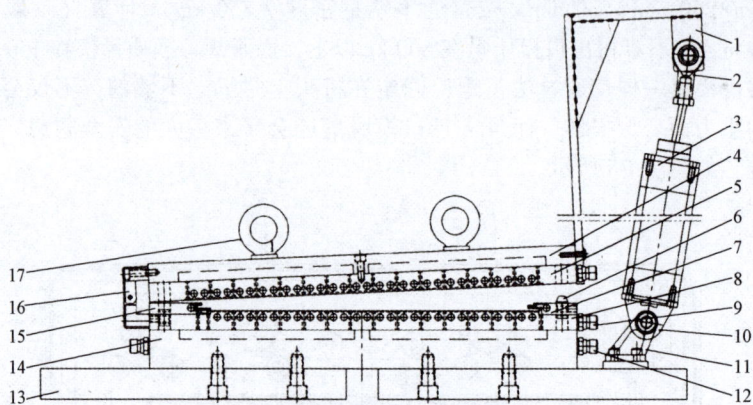

图 3-76　定型模结构

1—气缸支架；2—鱼眼；3—气缸；4—上盖板；5—上模板；6—导柱；7—右侧模；
8—下模板；9—水管接头；10—双耳；11—单耳；12—气管接头；13—脚板；
14—下盖板；15—左侧模；16—铰链；17—吊环

F_2——开合面以上零件总质量（55 kg）；

L_2——F_2 到铰链旋转轴的垂直距离（310 mm）。

计算得出 F_1 约为 281 N，即相当于工人需要用 28 kg 的力才能将定型模开模一次，所以在调试生产过程中仅靠人力来开合模具是比较困难的。采用气缸装置进行开合模可很好地解决这一问题。

任务评价

请填写挤出模设计任务评价表，见表 3-16。

表 3-16　挤出模设计任务评价表

项目名称			
任务名称			
姓名		班级	
组别		学号	
评价项目		分值	得分
挤出成型机头的结构、分类及设计原则		10	
管材挤出成型机头设计		20	
异型材挤出成型机头设计		20	
电线电缆挤出成型机头设计		20	
工作实效及文明操作		10	
工作表现		10	
创新思维		10	
总计		100	

个人的工作时间		提前完成	
		准时完成	
		超时完成	
个人认为完成最好的方面			
个人认为完成最不满意的方面			
值得改进的方面			
自我评价		非常满意	
		满意	
		不太满意	
		不满意	
记录			

任务拓展

CPVC 管材挤出模设计

扩展阅读

国家卓越工程师——万步炎

思考与练习

1. 选择题

（1）机头的结构包括（　　）。

A. 多孔板、分流器、口模、型芯、机头体

B. 多孔板、分流器、型腔、型芯、机头体

C. 多孔板、分流器、口模、芯棒、机头体

D. 推出机构、分流器、口模、型芯、机头体

（2）机头的作用是将熔融塑料由（　　）运动变为（　　）运动，并将熔融塑料进一步塑化。

A. 螺旋　　　　　　B. 慢速　　　　　　C. 直线　　　　　　D. 快速

（3）机头应使熔体沿着流道（　　）地流动，机头的内表面必须呈光滑的（　　）。

A. 快速　　　　　　B. 匀速平稳　　　　C. 曲线型　　　　　D. 流线型

（4）口模主要成型塑件的（　　）表面，口模的主要尺寸为口模的（　　）尺寸和定型段的长度。

A. 内部　　　　　　B. 外部　　　　　　C. 内径　　　　　　D. 外径

（5）分流器的作用是对塑料熔体进行（　　），进一步（　　）。

A. 分流　　　　　　B. 成型　　　　　　C. 加热和塑化　　　D. 分层减薄

（6）管材从口模挤出后，温度（　　），由于自重及（　　）的影响，会产生变形。

A. 较低　　　　　　B. 较高　　　　　　C. 热胀冷缩　　　　D. 离模膨胀

（7）挤出成型中所用的主要设备是（　　），压缩成型中用到的主要设备是（　　）。

A. 注射机　　　　　B. 压力机　　　　　C. 压缩机　　　　　D. 挤出机

2. 简答题

（1）挤出成型的原理是什么？可应用于哪些材料成型？

（2）挤出成型机头的结构以及各部分的作用是什么？

（3）挤出成型机头的分类及设计原则是什么？

（4）为什么管材和棒材挤出成型都需要设置定径套？定径套的长短对挤出过程和塑件质量有什么影响？

（5）电线、电缆分别采用什么类型的机头挤出成型？各有什么特点？

3. 综合题

图 3-77 所示为窗帘杆截面图，该塑件材料为 ABS。请结合尺寸结构及技术要求设计该型材的挤出成型机头与定型模，要求绘制机头及定型模结构图并编写设计说明书。

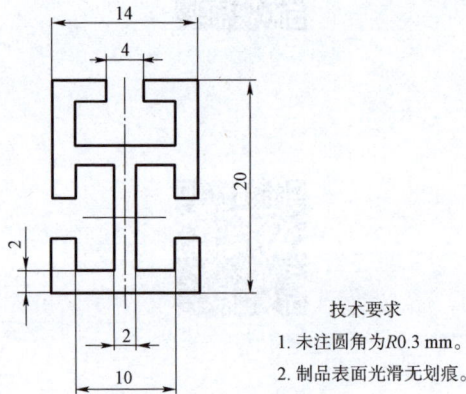

技术要求
1. 未注圆角为 $R0.3$ mm。
2. 制品表面光滑无划痕。

图 3-77　窗帘杆截面图

任务目标

能力目标

1. 能够正确阐述气动成型工艺的工作原理。

2. 具有确定气动成型工艺参数和设计气动成型模具的能力。

3. 会设计中空吹塑、真空成型、压缩空气成型等简易模具。

知识目标

1. 了解中空吹塑、真空成型、压缩空气成型工艺方法。

2. 掌握中空吹塑、真空成型、压缩空气成型模具的设计要点。

3. 了解气动成型新技术。

素质目标

1. 在气动成型模具设计中，培养学生的创新意识、勇于克服困难的精神，并提高学生的动手能力。

2. 采用大国工匠案例教学，帮助学生了解并体会工匠精神，引导学生形成坚守执着、投身专业的坚定信心。

任务导入

气动成型是借助压缩空气或通过抽真空来成型塑料瓶、罐、盒类制品的方法，主要包括中空吹塑、真空成型及压缩空气成型等。

本任务结合气动成型的相关知识，以图 3-78 所示中空瓶为载体进行气动成型。已知中空瓶的材料为 PC，壁厚为 2.0 mm，要求确定气动成型模具的结构。

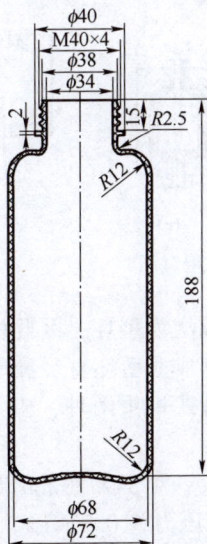

图 3-78　中空瓶及实物图

一、中空吹塑成型工艺与模具设计

中空吹塑成型根据成型方法不同可分为挤出吹塑成型、注射吹塑成型、拉伸吹塑成型、多层吹塑成型等，其中挤出吹塑成型是我国目前成型中空塑料制品的主要方法。

气动成型模具概述

1. 挤出吹塑成型

（1）吹塑过程。图 3-79 所示为挤出吹塑成型工艺过程示意图。其中，图 3-79（a）所示为挤出机挤出管状型坯；图 3-79（b）所示为对开的模具；图 3-79（c）所示为将型坯引入对开的模具中；图 3-79（d）所示为模具闭合，夹紧型坯上、下两端；图 3-79（e）所示为向型腔中吹入压缩空气，使型坯膨胀贴模而成型；图 3-79（f）所示为经保压和冷却定型，放气并取出制品。可见，挤出吹塑所用设备包括塑化挤出机、挤出型坯用机头、挤出吹塑模具、供气装置、冷却装置等。

挤出吹塑成型方法的优点是模具结构简单，投资少，操作容易，适用于多种热塑性塑料中空制品的吹塑成型；缺点是制品壁厚不均匀，需要后加工以去除飞边和余料。

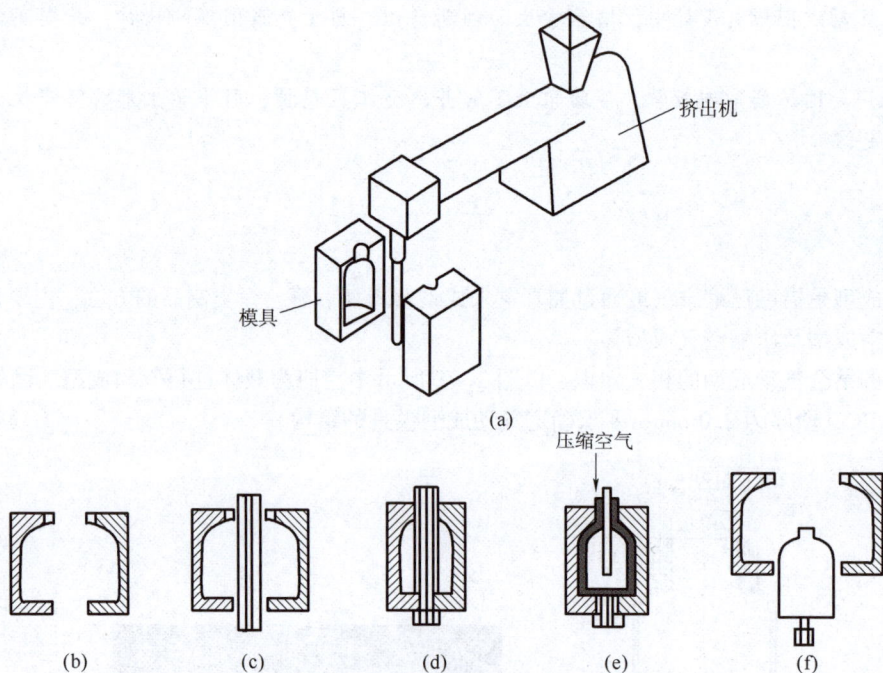

挤出机

模具

(a)

压缩空气

(b)　　　(c)　　　(d)　　　(e)　　　(f)

图 3-79　挤出吹塑成型工艺过程示意图

（2）挤出型坯用机头。挤出机塑化的熔体经机头挤出成型为型坯，因此机头对型坯和吹塑制品的性能影响很大，是挤出吹塑成型的重要装备。机头应根据型坯直径和壁厚的不同予以更换。常用的机头有中心进料的弯管式机头和侧向进料的弯管式机头两种，相关结构可参考本项目任务三，在此不再赘述。

（3）挤出吹塑模具。挤出吹塑模具通常由两瓣凹模组成，对于大型挤出吹塑模具，应设冷却水道。由于挤出吹塑模具型腔受力不大（一般压缩空气的压力为 0.7 MPa），故可供选择的模具材料较多，最常用的有铝合金、铍铜合金、锌合金等。由于锌合金易于铸造和机械加工，所以可用于制造形状不规则容器的模具。大批量生产硬质塑料制品的模具可选用钢材制造，热处理硬度至 40~44 HRC，型腔需抛光镀铬。图 3-80 所示为典型的挤出吹塑模具结构，压缩空气由上端吹入型腔。根据制品的结构需要，还可以进行下端吹气和气针吹气，或气针吹气和上端吹气相结合。

挤出吹塑模具的设计要点如下。

1）型腔。

① 分型面。分型面的选择原则是保证两瓣型腔对称，型腔浅，易于制品脱模。对于圆形截面的容器，分型面应通过其轴线；对于椭圆形截面的容器，分型面应通过椭圆的长轴；对于矩形截面的容器，分型面应通过中心线或对角线。一副模具一般有一个分型面，但对于某些截面形状复杂的制品，有时需要选择不规则分型面，甚至需要两个或更多的分型面。

② 型腔表面。对于不同塑料原料和不同表面要求的制品，模具型腔表面的要求是不同的。吹塑制品外表面一般都要求进行艺术造型，如设有图案、波纹、绒纹、文字等，其加工方法有喷砂、照相腐蚀、刻字等。吹塑高透明度的塑料制品，型腔应抛光镀铬。

③ 型腔尺寸。型腔尺寸要考虑塑料吹塑成型时的收缩率对制品尺寸的影响。常用塑料吹塑制品的收缩率见表 3-17。

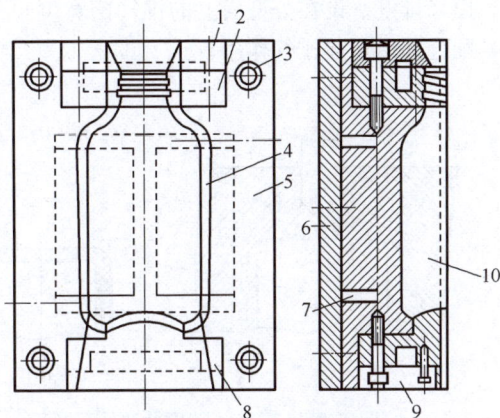

图 3-80　挤出吹塑模具结构

1，2—模具颈部镶块；3—导柱；4—分型面；5—型腔体；
6—盖板；7—冷却水路；8，9—模底镶块；10—型腔

表 3-17　常用塑料吹塑制品的收缩率

塑料代号	制品收缩率（%）	塑料代号	制品收缩率（%）	塑料代号	制品收缩率（%）
PE-HD	1~6	PC	0.5~0.8	PS	0.6~0.8
PE-LD	1~3	PA	0.5~2.2	SAN	0.6~0.8
PP	1~3	ABS	0.6~0.8	CA	0.6~0.8
PVC	0.6~0.8	POM	1~3		

2）模底镶块。挤出吹塑模具底部的作用是挤压、封接型坯的一端，切去尾部余料，一般单独设模底镶块。模底镶块的关键部位是夹坯口刃与余料槽。

① 夹坯口刃。挤出吹塑模具夹坯口刃如图 3-81（a）所示，夹坯口刃宽度 b 是一个重要参数，b 过小会减小制品接合缝的厚度，降低其接合强度，甚至出现裂缝（见图 3-81（b））。对于小型挤出吹塑件，b 取 1~2 mm；对于大型挤出吹塑件，b 取 2~4 mm。

② 余料槽。余料槽的作用是容纳剪切下来的多余塑料。余料槽通常开设在夹坯口刃后面的分型面上。余料槽单边深度（$h/2$）取型坯壁厚的 80%~90%；余料槽夹角 α 常取 30°~90°，夹坯口刃宽度大时取大值，相反取小值。夹角 α 小有助于把少量塑料挤入制品接合缝中，以增强接合强度。

3）模具颈部镶块。成型塑料容器颈部的镶块主要有模颈圈和剪切块，如图 3-82 所示。剪切块位于模颈圈之上，有助于切去颈部余料，减少模颈圈磨损。有的模具模颈圈与剪切块做成整体式。剪切块的口部为锥形，锥角一般取 60°。模颈圈与剪切块用工具钢制成，热处理硬度至 56~58 HRC。定径进气杆插入型腔时，把颈部的塑料挤入模颈圈的螺纹槽而形成制品颈部螺纹。剪切块锥面与进气杆上的剪切套配合，切除颈部余料。

4）排气孔槽。模具闭合后，应考虑在型坯吹胀时，型腔内原有空气的排除问题。排气不良会使制品表面出现斑纹、麻坑和成型不完整等缺陷。为此，挤出吹塑模具要考虑在分型面上开设排气槽和一定数量的排气孔。排气孔一般设在模具型腔的凹坑和尖角处，或设在塑料最后贴模的地方，排气孔直径常取 0.1~0.3 mm。也可以将多孔性的粉末冶金材料镶嵌在型腔需要排气处，用来排气。设在分型面上的排气槽宽度可取 5~25 mm，其深度取值可参见表 3-18。此外，模具配合面也可起排气作用。

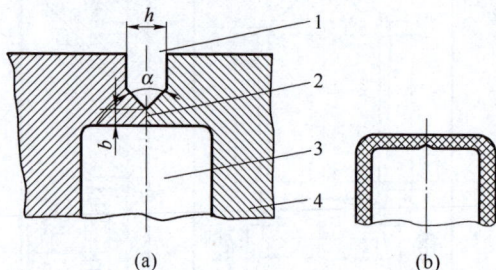

图 3-81　挤出吹塑模具夹坯口刃

（a）夹坯口刃；（b）裂缝
1—余料槽；2—夹坯口刃；3—型腔；4—模具体

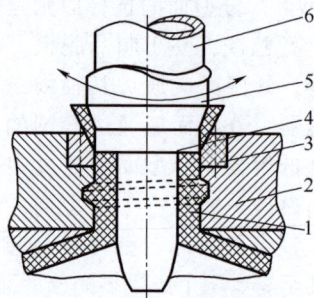

图 3-82　挤出吹塑模具颈部镶块

1—塑料容器颈部；2—模颈圈；3—剪切块；
4—剪切套；5—带齿旋转套筒；6—定径进气杆

表 3-18　分型面排气槽深度

塑料容器容积 V/dm^3	排气槽深度 h/mm
<5	0.01~0.02
5~10	0.02~0.03
10~30	0.03~0.04
30~100	0.04~0.1
100~500	0.1~0.3

5）模具的冷却。模具冷却是保证挤出吹塑成型工艺正常进行，保证产品外观质量和提高生产率的重要措施。对于大型模具，可采用箱式冷却槽，即在型腔背后铣一个空槽，再用一个盖板盖上，中间加密封件。对于小型模具，可以开设冷却水道，通水冷却。需要加强冷却的部位，最好根据制品壁厚对模具进行分段冷却，如挤出吹塑成型塑料瓶时，其瓶口部分一般比较厚，应考虑加强瓶口冷却。应该指出，吹塑成型聚碳酸酯、聚甲醛等工程塑料制品时，模具不但不需要冷却，反而要加热并保持一段时间。

2. 注射吹塑成型

注射吹塑是一种综合注射工艺与吹塑工艺的成型方法，主要用于成型容积较小的包装容器。

（1）吹塑过程。注射吹塑成型工艺过程如图 3-83 所示。首先，注射机将熔融塑料注入注射模内形成型坯（见图 3-83（a）），型坯成型用的芯棒（型芯）是壁部带微孔的空心零件；接着，趁热将型坯连同芯棒转位至吹塑模具内（见图 3-83（b））；然后向芯棒的内孔通入压缩空气，压缩空气经过芯棒壁部微孔进入型坯内，使型坯膨胀并贴于吹塑模具的型腔壁上（见图 3-83（c））；再经保压、冷却定型后放出压缩空气，开模取出制品（见图 3-83（d））。这种成型方法的优点是制品壁厚均匀，无飞边，不必进行后加工。由于注射得到的型坯有底，故制品底部没有接合缝，强度高，生产率高；但设备与模具投资大，多用于小型塑料制品的大批量生产。

（2）注射吹塑成型机械。注射吹塑成型机械主要包括注射系统、型坯模具、注射吹塑模具、

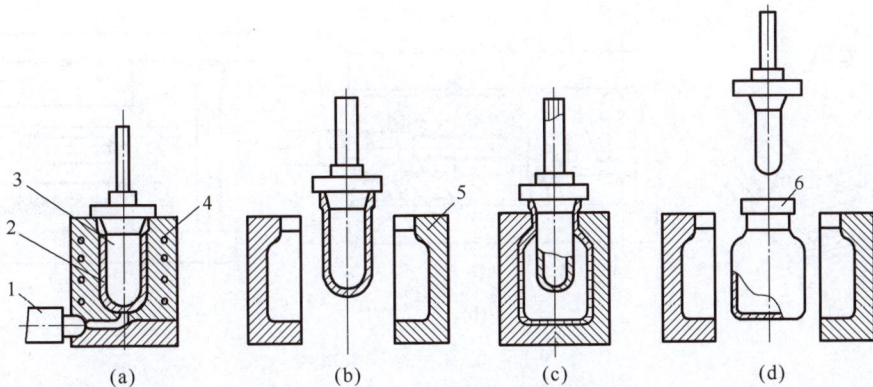

图 3-83　注射吹塑成型工艺过程

1—注射机喷嘴；2—型坯；3—型芯；4—加热器（温控）；5—吹塑模具；6—塑料制品

模架（合模装置）、脱模装置及转位装置等。根据注射工位和吹塑工位的换位方式，注射吹塑成型机械可分为往复移动式和旋转式两种。

1）注射系统。注射系统主要由注射机、支管装置、充模喷嘴构成。

① 注射机。普通三段式螺杆注射机塑化性能较差，熔体混炼不均匀，熔化段螺槽内聚合物温度分布不均匀，平均温度较高，在较高产量下难以保证制品性能要求。因此，在注射吹塑中多用混炼型螺杆注射机进行注射成型，其熔体塑化速度比普通螺杆高，熔体温度较均匀。

② 支管装置。支管装置部件分解如图 3-84 所示，熔体通过注射机喷嘴注入支管装置的流道内，再经充模喷嘴注入型坯模具。支管装置主要由支管体、支管底座、支管夹具、充模喷嘴夹板及管式加热器构成。支管装置安装在型坯模具的模架上，其作用是将熔体从注射机喷嘴引入型坯模具型腔内，一次注射可成型多个型坯。

③ 充模喷嘴。充模喷嘴把支管流道引来的熔体注入型坯模具，其孔径较小，相当于针点式浇口。喷嘴长度应小于 40 mm，以免熔体停留时间过长。充模喷嘴一般通过与被加热支管体及型坯模具的接触而得到加热，也可单独设加热器加热。

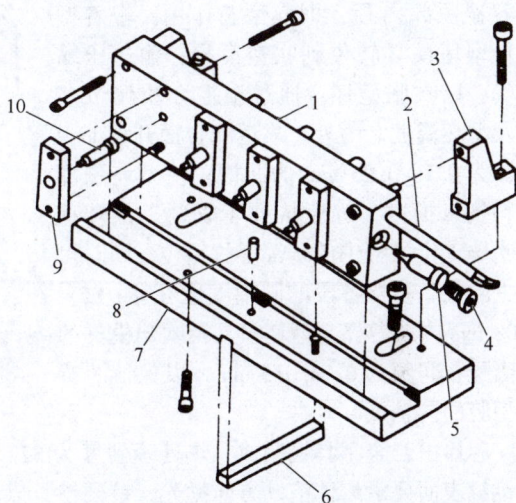

图 3-84　支管装置部件分解

1—支管体；2—管式加热器；3—支管夹具；4—螺钉；
5—流道塞；6—键；7—支管底座；8—定位销；
9—充模喷嘴夹板；10—充模喷嘴

2）型坯模具。注射吹塑模具结构如图 3-85 所示。可知，型坯模具和吹塑模具均装在类似冲模的后侧模架上。型坯模具（见图 3-85（b））主要由型坯模型腔体、型坯模颈圈与芯棒构成。

① 型坯模型腔体。型坯模型腔体由定模与动模两部分构成，如图 3-86（a）所示。型坯在注射成型时，受到较高的注射压力（70 MPa 或更高），所以对于软质塑料成型，型腔体可由碳素工具钢或结构钢制成，硬度为 31～35 HRC；对于硬质塑料成型，型腔体由合金工具钢制成，热处理硬度为 52～54 HRC。型腔需抛光，加工硬质塑料时还要镀铬。

② 型坯模颈圈。型坯模颈圈用于成型容器颈部（含螺纹），并支承芯棒，如图 3-86（a）零件 4 所示。一般用键或定位销保证型坯模颈圈的位置精度；为确保芯棒与型腔的同轴度，要求型

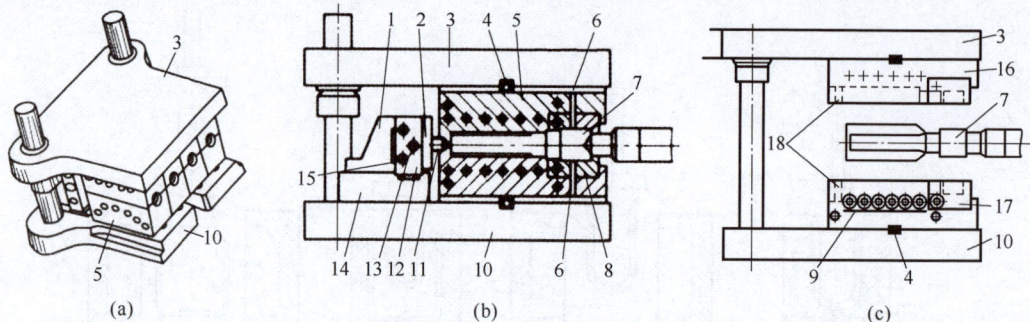

图 3-85　注射吹塑模具结构

（a）模具及模架；（b）型坯模具；（c）吹塑模具

1—支管夹具；2—充模喷嘴夹板；3—上模板；4—键；5—型坯模型腔体；6—芯棒温控介质入口、出口
7—芯棒；8—型坯模颈圈；9—冷却孔道；10—下模板；11—充模喷嘴；12—支管体；13—流道；
14—支管底座；15—加热器；16—吹塑模型腔体；17—吹塑模颈圈；18—模底镶块

坯模颈圈内外圆有较高的同轴度。型坯模颈圈一般由合金工具钢制成，并经抛光镀铬。

③ 芯棒。芯棒结构如图 3-87 所示。芯棒有以下作用：成型型坯内部形状与塑料容器颈部内径，即起型芯作用；带着型坯从型坯模具转位到吹塑模具；输送压缩空气，以吹胀型坯；通过温控介质调节芯棒及型坯温度。另外，靠近配合面开设 1~2 圈深为 0.1~0.25 mm 的凹槽，使型坯颈部塑料楔入槽内，避免从型坯成型工位转移至吹塑工位过程中的颈部螺纹错位，同时可减少漏气。芯棒各段的同轴度应在 $\phi 0.05$ ~ 0.08 mm 内。芯棒与型坯模具及吹塑模具的颈圈配合间隙为 0~0.015 mm，以保证芯棒与型腔的同轴度。

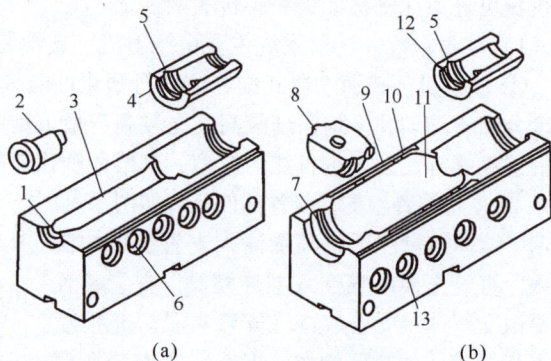

图 3-86　型坯模具和吹塑模具

（a）型坯模具；（b）吹塑模具

1—喷嘴座；2—充模喷嘴；3—型坯模型腔体；4—型坯模颈圈；
5—颈部螺纹；6—孔道（加热介质调温）；7—模底镶块槽；
8—模底镶块；9—槽；10—排气槽；11—吹塑模型腔体；
12—吹塑模颈圈；13—冷却孔道

芯棒由合金工具钢制成，热处理硬度为 52~54 HRC，比型坯模颈圈的硬度稍低。芯棒与熔体接触表面要沿熔体流动方向抛光、镀硬铬，以利于熔体充模与型坯脱模。

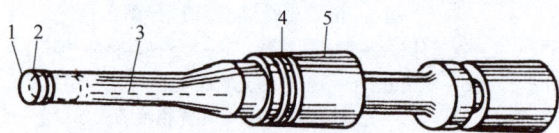

图 3-87　芯棒结构

1—压缩空气出口处；2—芯棒底部；3—芯棒（型芯）；
4—凹槽；5—芯棒颈部配合面

芯棒和型坯模型腔的形状及尺寸根据型坯形状与尺寸确定，因而型坯的设计与成型是注射吹塑成型的关键。型坯的长度和颈部直径之比取决于芯棒的长径比，芯棒的长径比一般不超过10。型坯的直径根据塑料制品的直径确定，注射吹塑的吹胀比一般取 3。芯棒和型坯模型腔的横截面形状取决于型坯横截面形状，对于横截面为椭圆形的制品，且椭圆长短轴之比小于 1.5 的，采用横截面为圆形的芯棒和型坯模型腔来成型型坯；而椭圆长短轴之比大于 1.5 而小于 2 的，则采用横截面为圆形的芯棒和横截面为椭圆形的型坯模型腔来成型型坯；当椭圆长短轴之比大于 2 时，芯棒和型坯模型腔的横截面一般均设计成椭圆形。除颈部外，型坯的壁厚一般取 2~5 mm，型坯横截面上最大壁厚与最小壁厚之比应小于 2；型坯纵截面上最大壁厚与最小壁厚之比应不大于 3。设计型坯的颈部尺寸和型坯模型腔时，应考虑塑料成型后的收缩，收缩率与塑料品种及成型工艺条件有关，PE、PP 等软质塑料的收缩率为 1.6%~2.0%，PC、PS、PAN 等硬质塑料的收缩率约为 0.5%。

（3）注射吹塑模具。注射吹塑模具与挤出吹塑模具基本相同，但前者不需设置夹坯口刃，因为其型坯长度及形状已由型坯模具确定，如图 3-85（b）、图 3-85（c）所示。吹塑模型腔所承受的压力要比型坯模型腔小得多。吹塑模颈圈螺纹的直径比相应型坯模颈圈大 0.05~0.25 mm，以免容器颈部螺纹变形。模具材料与挤出吹塑型腔体的材料基本相同。注射吹塑模具的冷却方式与挤出吹塑模具相同。

3. 拉伸吹塑成型

按型坯成型方法不同，拉伸吹塑成型可分为挤出拉伸吹塑成型与注射拉伸吹塑成型，分别采用挤出与注射方法成型型坯。

按成型所用设备不同，拉伸吹塑成型可分为一步法与两步法。在一步法拉伸吹塑成型中，型坯的成型、冷却、加热、拉伸、吹塑、取出制品均在同一设备上完成。两步法则先采用挤出或注射方法成型型坯，并使之冷却至室温，成为半成品，然后再进行加热、拉伸、吹塑，即型坯的生产与拉伸吹塑在不同设备上完成。

图 3-88 所示为注射拉伸吹塑中空成型过程。首先在注射工位注射成型空心带底型坯（见图 3-88（a））；然后打开注射模将型坯迅速移到拉伸吹塑工位，用拉伸芯棒进行拉伸（见图 3-88（b）），并吹塑成型（见图 3-88（c））；最后经保压、冷却后开模，取出制品（见图 3-88（d））。经过拉伸吹塑的塑料制品，其透明度、冲击强度、刚度、表面硬度都有很大提高，但透气性有所降低。

在生产中，许多热塑性塑料都可用于拉伸吹塑成型，如聚对苯二甲酸乙二（醇）酯、聚氯乙烯、聚丙烯、聚丙烯腈、聚酰胺、聚碳酸酯、聚甲醛、聚砜等，前四种塑料的拉伸吹塑成型工艺性能较好。为了提高容器的综合性能，可采用共混塑料进行拉伸吹塑成型。

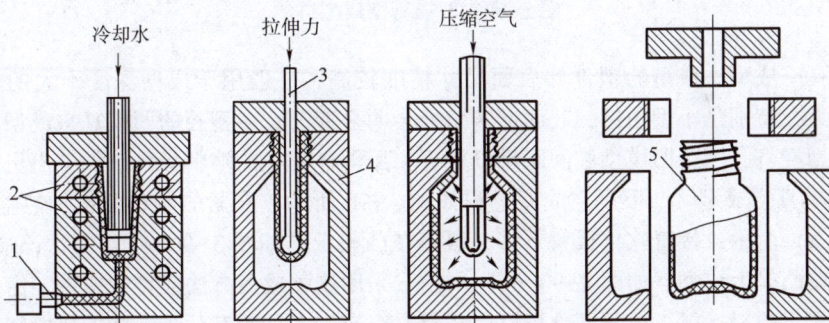

图 3-88　注射拉伸吹塑中空成型过程
1—注射机喷嘴；2—注射模；3—拉伸芯棒；4—吹塑模；5—塑料制品

4. 多层吹塑成型

多层吹塑成型是指用不同种类的塑料，经特定的挤出成型机头形成一个型坯壁分层而又黏结在一起的型坯，再经中空吹塑获得壁部多层的中空塑料制品的成型方法。

多层吹塑成型可解决单一塑料不能满足使用要求的问题。例如，聚乙烯容器虽然无毒，但气密性较差，所以不能装有香味的食品；而聚氯乙烯的气密性优于聚乙烯，所以可以采用双层吹塑获得外层为聚氯乙烯、内层为聚乙烯的容器，这样容器既无毒，气密性又好。

可以分别采用透气性不同的材料进行复合、着色层与本色层复合、发泡层与非发泡层复合、回料层与新料层复合以及透明层与非透明层复合等多层吹塑成型方法，以达到提高气密性，进行着色装饰，回料利用等目的。

多层吹塑成型的主要难点在于保证层间的熔接质量及接缝强度。为此，除了注意选择塑料品种外，还要严格控制工艺条件及型坯的成型质量。另外，由于多种塑料的复合，塑料的回收利用较困难，挤出成型机头结构复杂，设备投资大。

二、真空成型工艺与模具设计

1. 真空成型的分类及特点

真空成型是把热塑性塑料板（或片材）固定在模具上，用辐射加热器加热至软化，然后用真空泵把塑料板和模具之间的空气抽掉，从而使塑料板贴在型腔上而成型，冷却后借助压缩空气使塑件从模具中脱出。

真空成型方法主要有凹模真空成型、凸模真空成型、凹凸模先后抽真空成型、吹泡真空成型等。

（1）凹模真空成型。凹模真空成型是一种最常用、最简单的成型方法，其过程如图3-89所示。把塑料板固定并密封在型腔的上方，加热器位于塑料板上方，将塑料板加热至软化，如图3-89（a）所示；然后移开加热器，在型腔内抽真空，塑料板就贴在凹模型腔上，如图3-89（b）所示；冷却后由抽气孔通入压缩空气，将成型好的塑件吹出，如图3-89（c）所示。

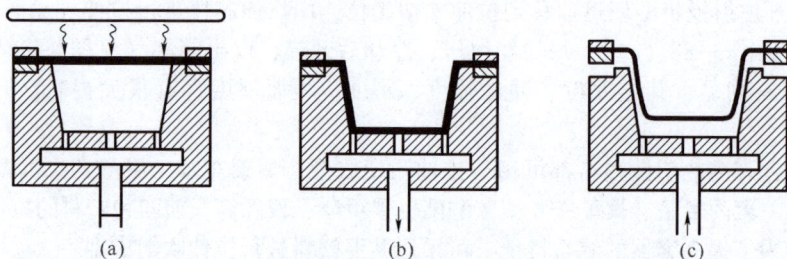

图3-89　凹模真空成型过程

用凹模真空成型法成型的塑件外表面尺寸精度较高，一般用于成型深度不大的塑件。如果塑件深度很大，特别是小型塑件，其底部转角处会明显变薄。多型腔的凹模真空成型比同个数的凸模真空成型经济，因为凹模型腔间距可以较近，用同样面积的塑料板可以加工出更多的塑件。

（2）凸模真空成型。凸模真空成型过程如图3-90所示。夹紧的塑料板被加热器加热软化，如图3-90（a）所示；接着软化板料下移，覆盖在凸模上，如图3-90（b）所示；最后抽真空，塑料板紧贴在凸模上成型，如图3-90（c）所示。采用这种成型方法成型的塑件，由于成型过程中冷的凸模先与板料接触，故其底部稍厚。凸模真空成型多用于有凸起形状的薄壁塑件，成型塑件的内表面尺寸精度较高。

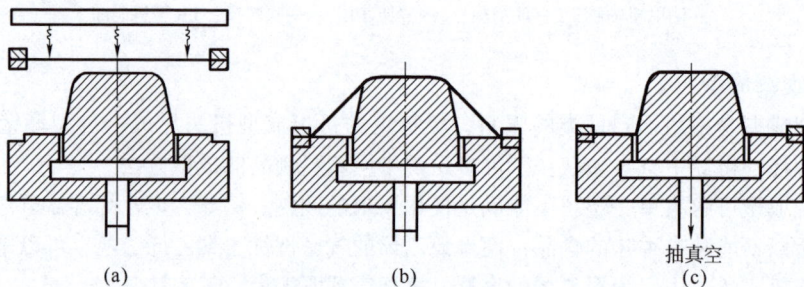

图3-90　凸模真空成型过程

（3）凹凸模先后抽真空成型。凹凸模先后抽真空成型过程如图 3-91 所示。首先把塑料板紧固在凹模上加热，如图 3-91（a）所示；塑料板软化后将加热器移开，然后通过凸模吹入压缩空气，而凹模抽真空使塑料板鼓起，如图 3-91（b）所示；最后凸模向下插入鼓起的塑料板中并且从中抽真空，同时凹模通入压缩空气，使塑料板贴附在凸模的外表面成型，如图 3-91（c）所示。采用这种成型方法，将软化了的塑料板吹鼓，使塑料板延伸后再成型，塑件壁厚比较均匀，可用于成型深型腔塑件。

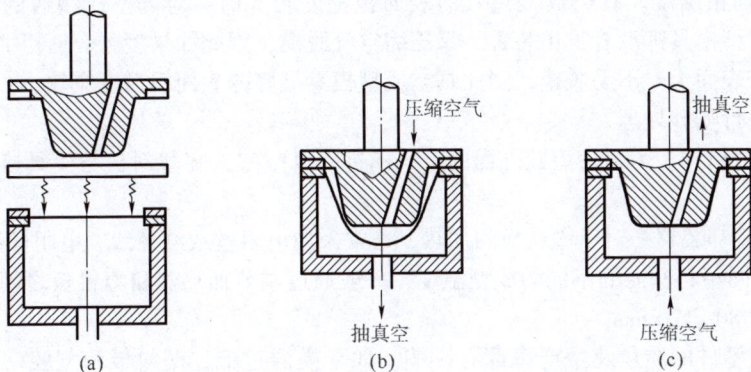

图 3-91　凹凸模先后抽真空成型过程

（4）吹泡真空成型。吹泡真空成型过程如图 3-92 所示。首先将塑料板紧固在模框上，并用加热器对其加热，如图 3-92（a）所示；待塑料板加热软化后移开加热器，通过模框吹入压缩空气，将塑料板吹鼓后用凸模顶起，如图 3-92（b）所示；停止吹气后凸模抽真空，塑料板贴附在凸模上成型，如图 3-92（c）所示。这种成型方法的特点与凹凸模先后抽真空成型基本类似。

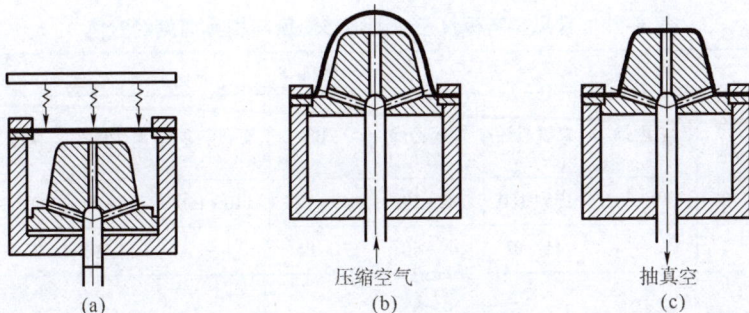

图 3-92　吹泡真空成型过程

2. 真空成型模具设计

真空成型模具设计包括恰当地选择真空成型的方法和设备，确定模具的形状和尺寸，了解成型塑件的性能和生产指标，选择合适的模具材料。

（1）模具的结构设计。

1）抽气孔的设计。抽气孔的大小应满足成型塑件的需要，一般对于熔体流动性好、厚度薄的塑料板，抽气孔要小些；反之可大些。总之抽气孔的大小要满足在短时间内将空气抽出，又不留下抽气孔痕迹的要求。常用的抽气孔直径为 0.5~1 mm，最大不超过塑料板厚度的 50%。抽气孔应位于塑料板最后贴模的地方，孔间距可视塑件大小而定。对于小型塑件，孔间距可在 20~30 mm 之间选取，对于大型塑件则应适当增加距离。轮廓复杂处，抽气孔应适当密一些。

2）型腔尺寸。真空成型模具的型腔尺寸同样要考虑塑料的收缩率，其计算方法与注射模型腔尺寸相同。真空成型塑件的收缩量，大约有50%是塑件从模具中取出时产生的，25%是塑件取出后在室温下1 h内产生的，其余的25%是在之后的5~24 h内产生的。凹模真空成型的塑件相较于凸模真空成型的塑件，其收缩量要大25%~50%。影响塑件尺寸精度的因素很多，除了型腔的尺寸精度外，还与成型温度、模具温度等因素有关，因此要预先精确地确定塑件收缩率是很困难的。如果生产批量比较大，尺寸精度要求又较高，最好先用石膏模型试制出产品，测得其收缩率，以此为模具型腔设计的依据。

3）型腔表面粗糙度。真空成型模具的表面粗糙度较大时，对真空成型后的塑件脱模很不利。一般真空成型模具都没有推出装置，靠压缩空气脱模，因此如果型腔表面粗糙度较大，则塑料板黏附在型腔表面上，不易脱模，因此真空成型模具型腔的表面粗糙度应较小。型腔表面加工完毕后，最好进行喷砂处理。

4）边缘密封结构。为了使型腔外面的空气不进入真空室，在塑料板与模具接触的边缘应设置密封装置。

5）加热、冷却装置。对于塑料板的加热，通常采用电阻丝或红外线。电阻丝温度可达350~450 ℃，对于不同塑料所需的不同的成型温度，一般通过调节加热器和塑料板之间的距离进行调控，距离通常为80~120 mm。

模具温度对塑件的质量及生产率都有影响。如果模温过低，塑料板和型腔一接触就会产生冷斑或内应力，以致产生裂纹；而模温太高，塑料板可能黏附在型腔上，塑件脱模时会变形，而且延长了生产周期。因此，模温应控制在一定范围内，一般为50 ℃左右。常见塑料板真空成型加热温度与模具温度经验值见表3-19。塑件的冷却一般不能单靠接触模具后的自然冷却，而是要增设风冷或水冷装置加速冷却。风冷设备简单，采用压缩空气即可。水冷可采用喷雾式，或在模内开设冷却水道。冷却水道应距型腔表面8 mm以上，以免产生冷斑。冷却水道的开设有不同的方法，可以将铜管或钢管铸入模具内，也可在模具上打孔或铣槽。采用铣槽的方法必须使用密封元件并加盖板。

表3-19 常见塑料板真空成型加热温度与模具温度经验值　　　　　　　　℃

温度	塑料								
	低密度聚乙烯	聚丙烯	聚氯乙烯	聚苯乙烯	ABS	有机玻璃	聚碳酸酯	聚酰胺-6	醋酸纤维素
加热温度	121~191	149~202	135~180	182~193	149~177	110~160	227~246	216~221	132~163
模具温度	49~77	—	41~46	49~60	72~85	—	77~93	—	52~60

（2）模具材料的选择。和其他成型方法相比，真空成型的主要特点是成型压力极低，通常压缩空气的压力为0.3~0.4 MPa，故模具材料的选择范围较宽，既可选用金属材料，又可选用非金属材料，主要取决于塑件形状和生产批量。

1）非金属材料。对于试制或小批量生产，可选用木材或石膏作为模具材料。木材便于加工，但易变形，表面粗糙度较大，一般常用桦木、椴木等木纹较细的木材。石膏模具制作方便，价格便宜，但强度较差。为提高石膏模具的强度，可在其中混入10%~30%的水泥。用环氧树脂制作真空成型模具，有加工容易、生产周期短和修整方便等优点，而且强度较高，相对于木材和石膏而言，适合生产批量较大的场合。

非金属材料导热性差，可以防止塑件出现冷斑，但所需冷却时间长，生产率低，而且模具寿命短，不适合大批量生产。

2）金属材料。用于大批量高效率生产的模具应选用金属材料制作。铜虽有导热性好、易加工、强度高、耐蚀性好等诸多优点，但由于其成本高，一般不采用。铝容易加工、耐用、成本低、耐蚀性较好，故真空成型模具多用铝制造。

三、压缩空气成型工艺与模具设计

1. 压缩空气成型工艺特点

压缩空气成型是借助压缩空气的压力，将加热软化的塑料板压入型腔而成型的方法，其工艺过程如图3-93所示。图3-93（a）所示为开模状态；图3-93（b）所示为合模后的加热过程，从型腔通入微压空气，使塑料板直接接触加热板加热；图3-93（c）所示为塑料板加热后，由模具上方通入预热的压缩空气，使已软化的塑料板贴在模具型腔的内表面成型；图3-93（d）所示为塑件在型腔内冷却定型后，加热板下降一小段距离，切除余料；图3-93（e）所示为加热板上升，最后借助压缩空气取出塑件。

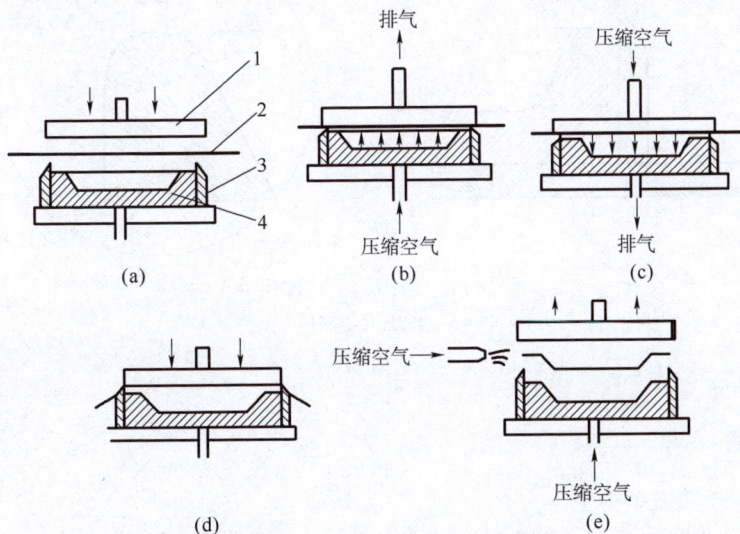

图3-93 压缩空气成型工艺过程

1—加热板；2—塑料板；3—型刃；4—凹模

2. 压缩空气成型模具设计

（1）压缩空气成型模具结构。图3-94所示为压缩空气成型模具，它与真空成型模具的不同点是增加了型刃，因此塑件成型后，在模具上就可将余料切除；另一个不同点是将加热板作为模具结构的一部分，塑料板直接接触加热板，因此加热速度快。

采用压缩空气成型的塑件，其壁厚的不均匀程度随成型方法不同而异。采用凸模成型时，塑件的底部厚，如图3-95（a）所示；而采用凹模成型时，塑件的底部薄，如图3-95（b）所示。

（2）模具设计要点。压缩空气成型模具型腔与真空成型模具型腔基本相同。压缩空气成型模具的主要特点是在模具边缘设置型刃，型刃的形状和尺寸如图3-96所示。型刃角度以20°~30°为宜，顶端削平0.10~0.15 mm，两侧以$R0.05$ mm的圆弧相连。型刃不可太锋利，避免与塑料板刚一接触就将其切断；型刃也不能太钝，否则会造成余料切不下来。型

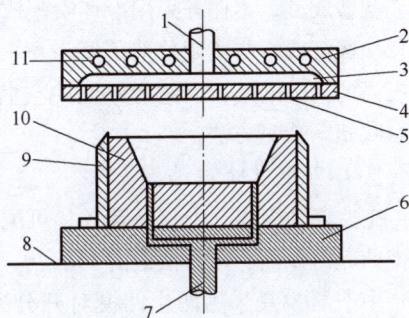

图3-94 压缩空气成型模具

1—压缩空气管；2—加热板；3—热空气室；
4—面板；5—空气孔；6—底板；
7—通气孔；8—工作台；9—型刃；
10—凹模；11—加热棒

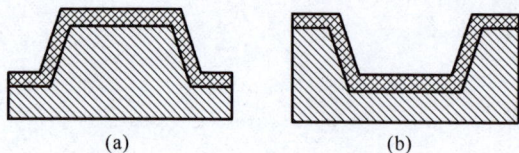

图 3-95　压缩空气成型塑件壁厚

刃顶端比型腔端面高出的距离 h 为塑料板的厚度加上 0.1 mm，这样在成型期间，放在凹模型腔端面上的塑料板同加热板之间就能形成间隙，此间隙可使塑料板在成型期间不与加热板接触，避免塑料板过热而造成产品缺陷。型刃的安装也很重要。型刃和型腔之间应有 0.25~0.5 mm 的间隙，作为空气的通路，也易于模具的安装。为了压紧塑料板，要求型刃与加热板有极高的平行度与平面度，以免出现漏气现象。

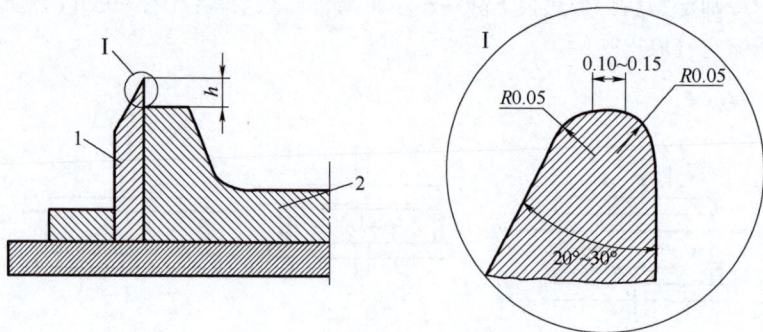

图 3-96　型刃的形状和尺寸

1—型刃；2—凹模

任务实施

1. 选择中空吹塑成型方法

吹塑成型可分为热坯吹塑成型和冷坯吹塑成型。若将所制得的型坯直接在加热状态下立即送入吹塑模具内吹胀成型，则称为热坯吹塑成型；若不用热的型坯，而是将挤出所得的管坯或注射所得的型坯重新加热到类似橡胶态后，再放入吹塑模具内吹胀成型，则称为冷坯吹塑成型。本任务采用冷坯吹塑成型。

从经济成本与实用价值角度考虑，采用注射吹塑成型方法；由于中空瓶采用的原料为透光率极高的聚碳酸酯，因此为保证中空瓶的透明度、抗冲击强度和刚度等，决定采用"注射—拉伸—吹塑"成型方法。

2. 中空瓶的模具结构

中空瓶为容器，上口有螺纹，可配上盖子，中腰部是中空瓶的主体，有一些图案标志，底部为带凸起的弧面，作为摆放的支承点。

中空瓶模具采用两半凹模对开分型的结构形式，如图 3-97 所示。由于中空瓶上口部有螺纹，底部有凸起的弧面，因此模具在口部和底部需要设置镶件，即在模具上部镶有左、右螺纹镶件，用于成型瓶口螺纹，底部镶有左、右底部镶件（切口），用于成型凸起的弧面。

中空瓶模具实物如图 3-98 所示。其中图 3-98（a）所示为未放置型坯的实物图，图 3-98（b）所示为放置型坯的实物图。

中空瓶口部的螺纹不是吹塑成型的，而是在注射型坯时就已成型。吹塑成型时，口部螺纹部分与吹塑模具口部镶件紧密贴合，以防止空气逸出；模具的对接采用四根导柱进行对正，模具的冷却采用四孔水道循环冷却。

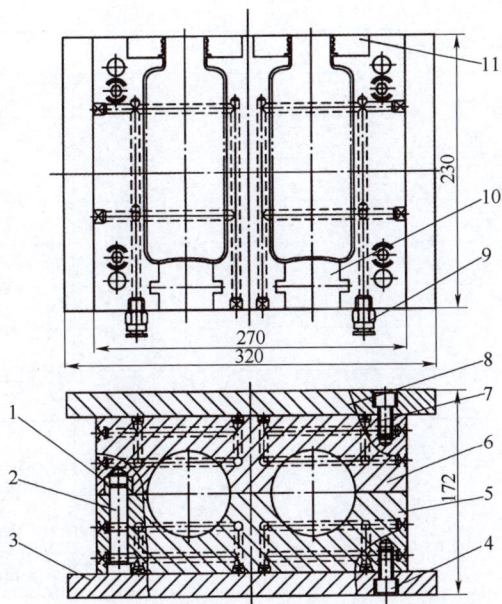

图 3-97　中空瓶模具

1—导套；2—导柱；3—动模座板；4—动模螺钉；5—动模板；6—定模板；
7—定模螺钉；8—定模座板；9—水嘴；10—底部镶件；11—口部螺纹镶件

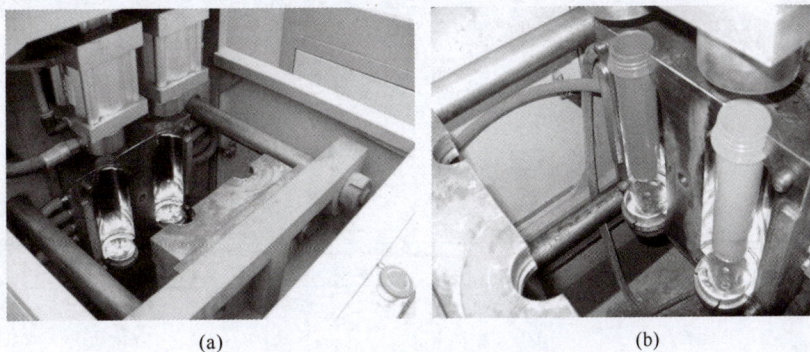

图 3-98　中空瓶模具实物图

任务评价

请填写气动成型模具设计任务评价表，见表 3-20。

表 3-20　气动成型模具设计任务评价表

项目名称				
任务名称				
姓名		班级		
组别		学号		
评价项目			分值	得分
中空吹塑成型的分类及特点			10	

评价项目	分值	得分
挤出吹塑模具设计要点	14	
真空成型的分类及特点	10	
真空成型模具设计要点	13	
压缩空气成型工艺特点	10	
压缩空气成型模具设计要点	13	
工作实效及文明操作	10	
工作表现	10	
创新思维	10	
总计	100	
个人的工作时间	提前完成	
	准时完成	
	超时完成	
个人认为完成最好的方面		
个人认为完成最不满意的方面		
值得改进的方面		
自我评价	非常满意	
	满意	
	不太满意	
	不满意	
记录		

任务拓展

吹塑模型腔加工方案

扩展阅读

清华大学基础工业训练中心实践课教师——邢小颖

1. 选择题

（1）中空吹塑成型是将处于（ ）状态的塑料型坯置于模具型腔中，通入压缩空气吹胀，（ ）得到一定形状的中空塑件的加工方法。

A. 塑性；冷却定型   B. 流动；冷却定型

C. 塑性；加热成型   D. 流动；加热成型

（2）中空吹塑成型的类型有（ ）。

A. 挤出吹塑成型   B. 注射吹塑成型

C. 多层吹塑成型   D. 以上全是

（3）吹胀比是指塑件（ ）直径与型坯（ ）直径之比。

A. 最小；最小   B. 最小；最大

C. 最大；最小   D. 最小；最大

（4）挤出吹塑模具的设计内容有（ ）。

A. 夹坯口刃   B. 余料槽   C. 排气孔槽   D. 以上全是

2. 填空题

（1）对吹塑过程和吹塑制品品质有重要影响的工艺因素是＿＿＿＿、＿＿＿＿、＿＿＿＿、＿＿＿＿等。

（2）注射吹塑成型方法的优点是＿＿＿＿、不需后加工，由于注射成型的型坯有底，因此其底部＿＿＿＿、＿＿＿＿、＿＿＿＿。

（3）中空吹塑成型根据成型方法不同可分为＿＿＿＿、＿＿＿＿、＿＿＿＿、＿＿＿＿四种。

3. 简答题

（1）简述气动成型的原理。常用的气动成型方法有哪些？

（2）中空吹塑模具分为哪几类？各自的成型特点是什么？

（3）设计中空吹塑模具时应注意哪些问题？

（4）真空成型的方法有哪些？有何异同点？

（5）如何确定真空成型模具抽气孔的位置？

（6）设计压缩空气成型模具的型刃时应注意哪些问题？

（7）压缩空气成型与真空成型相比，其成型原理、成型特点、加热方式及模具结构有何异同？

附　　录

常用热塑性塑料的成型工艺参数见附表1。

附表1　常用热塑性塑料的成型工艺参数

项目		塑料							
		PE-LD	PE-HD	乙丙共聚PP	PP	玻纤增强PP	软质PVC	未增塑（硬质）PVC	PS
注射机类型		柱塞式	螺杆式	柱塞式	螺杆式	螺杆式	柱塞式	螺杆式	柱塞式
螺杆转速/(r·min⁻¹)		—	30~60	—	30~60	30~60	—	20~30	—
喷嘴	形式	直通式	直通式	直通式	直通式	直通式	直通式	直通式	直通式
	温度/℃	150~170	150~180	170~190	170~190	180~190	140~150	150~170	160~170
料筒温度/℃	前段	170~200	180~190	180~200	180~200	190~200	160~190	170~190	170~190
	中段	—	180~200	190~220	200~220	210~220	—	165~180	—
	后段	140~160	140~160	150~170	60~170	160~170	140~150	160~170	140~160
模具温度/℃		30~45	30~60	50~70	40~80	70~90	30~40	30~60	20~60
注射压力/MPa		60~10	70~100	70~100	70~120	90~130	40~80	80~130	60~100
保压力/MPa		40~50	40~50	40~50	50~60	40~50	20~30	40~60	30~40
注射时间/s		0~5	0~5	0~5	0~5	2~5	0~8	2~5	0~3
保压时间/s		15~60	15~60	15~60	20~60	15~40	15~40	15~40	15~40
冷却时间/s		15~60	15~60	15~50	15~50	15~40	15~30	15~40	15~30
成型周期/s		40~140	40~140	40~120	40~120	40~100	40~80	40~90	40~90

项目		塑料							
		PS-HI	ABS	高抗冲ABS	耐热ABS	电镀级ABS	阻燃ABS	透明ABS	ACS
注射机类型		螺杆式	螺杆式	螺杆式	螺杆式	螺杆式	螺杆式	螺杆式	螺杆式
螺杆转速/(r·min⁻¹)		30~60	30~60	30~60	30~60	20~60	20~50	30~60	20~30
喷嘴	形式	直通式	直通式	直通式	直通式	直通式	直通式	直通式	直通式
	温度/℃	160~170	180~190	190~200	190~200	190~210	180~190	190~200	160~170
料筒温度/℃	前段	170~190	200~210	200~210	200~220	210~230	190~200	200~220	170~180
	中段	170~190	210~230	210~230	220~240	230~250	200~220	220~240	180~190
	后段	140~160	180~200	180~200	190~200	200~210	170~190	190~200	160~170
模具温度/℃		20~50	50~70	50~80	60~85	40~80	50~70	50~60	50~60

项目	塑料							
	PS-HI	ABS	高抗冲 ABS	耐热 ABS	电镀级 ABS	阻燃 ABS	透明 ABS	ACS
注射压力/MPa	60~10	70~90	70~120	85~120	70~120	60~100	70~100	80~120
保压力/MPa	30~40	50~70	50~70	50~80	50~70	30~60	50~60	40~50
注射时间/s	0~3	3~5	3~5	3~5	0~4	3~5	0~4	0~5
保压时间/s	15~40	15~30	15~30	15~30	20~50	15~30	15~40	15~30
冷却时间/s	10~40	15~30	15~30	15~30	15~30	10~30	10~30	15~30
成型周期/s	40~90	40~90	40~70	40~70	40~90	30~70	30~80	40~70

项目		塑料						
		SAN（AS）	PMMA	PMMA/PC	氯化聚醚	均聚 POM	共聚 POM	PET
注射机类型		螺杆式	螺杆式	柱塞式	螺杆式	螺杆式	螺杆式	螺杆式	螺杆式
螺杆转速/(r·min⁻¹)		20~50	20~30	—	20~30	20~40	20~40	20~40	20~40
喷嘴	形式	直通式	直通式	直通式	直通式	直通式	直通式	直通式	直通式
	温度/℃	180~190	180~200	180~200	220~240	170~180	170~180	170~180	250~260
料筒 温度/℃	前段	200~210	180~210	210~240	230~250	180~200	170~190	170~190	260~270
	中段	210~230	190~210	—	240~260	180~200	170~190	180~200	260~280
	后段	170~180	180~200	180~200	210~230	180~190	170~180	170~190	240~260
模具温度/℃		50~70	40~80	40~80	60~80	80~110	90~120	90~100	100~140
注射压力/MPa		80~120	50~120	80~130	80~130	80~110	80~130	80~120	80~120
保压力/MPa		40~50	40~60	40~60	40~60	30~40	30~50	30~50	30~50
注射时间/s		0~5	0~5	0~5	0~5	0~5	2~5	2~5	0~5
保压时间/s		15~30	20~40	20~40	20~40	15~50	20~80	20~90	20~50
冷却时间/s		15~30	20~40	20~40	20~40	20~50	20~60	20~60	20~30
成型周期/s		40~70	50~90	50~90	50~90	40~110	50~150	50~160	50~90

项目		塑料						
		PBT	玻纤增强 PBT	PA6	玻纤增强 PA6	PA11	玻纤增强 PA11	PA12	PA66
注射机类型		螺杆式	螺杆式	螺杆式	螺杆式	螺杆式	螺杆式	螺杆式	螺杆式
螺杆转速/(r·min⁻¹)		20~40	20~40	20~50	20~40	20~50	20~40	20~50	20~50
喷嘴	形式	直通式	直通式	直通式	直通式	直通式	直通式	直通式	直通式
	温度/℃	200~220	210~230	200~210	200~210	180~190	190~200	70~180	250~260
料筒 温度/℃	前段	230~240	230~240	220~230	220~240	185~200	200~220	185~220	255~265
	中段	230~250	240~260	230~240	230~250	190~220	220~250	190~240	260~280
	后段	200~220	210~220	200~210	200~210	170~180	180~190	160~170	240~250
模具温度/℃		60~70	65~75	60~100	80~120	60~90	60~90	70~110	60~120
注射压力/MPa		60~90	80~100	80~100	90~130	90~120	90~130	90~130	80~130
保压力/MPa		30~40	40~50	30~50	30~50	30~50	40~50	50~60	40~50
注射时间/s		0~3	2~5	0~4	2~5	0~4	2~5	2~5	0~5
保压时间/s		10~30	10~20	15~50	15~40	15~50	15~40	20~60	20~50
冷却时间/s		15~30	15~30	20~40	20~40	20~40	20~40	20~40	20~40
成型周期/s		30~70	30~60	40~100	40~90	40~100	40~90	50~110	50~100

项目		塑料							
		玻纤增强 PA66	PA610	PA612	PA1010		玻纤增强 PA1010		透明 PA
注射机类型		螺杆式	螺杆式	螺杆式	螺杆式	柱塞式	螺杆式	柱塞式	螺杆式
螺杆转速/$(r \cdot min^{-1})$		20~40	20~50	20~50	20~50	—	20~40	—	20~50
喷嘴	形式	直通式	自锁式	自锁式	自锁式	自锁式	直通式	直通式	直通式
	温度/℃	250~260	200~210	200~210	190~200	190~210	180~190	180~190	220~240
料筒温度/℃	前段	260~270	220~230	210~220	200~210	230~250	210~230	240~260	240~250
	中段	260~290	230~250	210~230	220~240	—	230~260		250~270
	后段	230~260	200~210	200~205	190~200	180~200	190~200	190~200	220~240
模具温度/℃		100~120	60~90	40~70	40~80	40~80	40~80	40~80	40~60
注射压力/MPa		80~130	70~100	70~120	70~100	70~120	90~130	100~130	80~130
保压力/MPa		40~50	20~40	30~50	20~40	30~40	40~50	40~50	40~50
注射时间/s		3~5	0~5	0~5	0~5	0~5	2~5	2~5	0~5
保压时间/s		20~50	20~50	20~50	20~50	20~50	20~40	20~40	20~60
冷却时间/s		20~40	20~40	20~50	20~40	20~40	20~40	20~40	20~40
成型周期/s		50~100	50~100	50~110	50~100	50~100	50~90	50~90	50~110

项目		塑料							
		PC		PC/PE		玻纤增强 PC	PSU	改性 PSU	玻纤增强 PSU
注射机类型		螺杆式	柱塞式	螺杆式	柱塞式	螺杆式	螺杆式	螺杆式	螺杆式
螺杆转速/$(r \cdot min^{-1})$		20~40	—	20~40	—	20~30	20~30	20~30	20~30
喷嘴	形式	直通式	直通式	直通式	直通式	直通式	直通式	直通式	直通式
	温度/℃	230~250	240~250	220~230	230~240	240~260	280~290	250~260	280~300
料筒温度/℃	前段	240~280	270~300	230~250	250~280	260~290	290~310	260~280	300~320
	中段	260~290	—	240~260	—	270~310	300~330	280~300	310~330
	后段	240~270	260~290	230~240	240~260	260~280	280~300	260~270	290~300
模具温度/℃		90~110	90~110	80~100	80~100	90~110	130~150	80~100	130~150
注射压力/MPa		80~130	110~140	80~120	80~130	100~140	100~140	100~140	100~140
保压力/MPa		40~50	40~50	40~50	40~50	40~50	40~50	40~50	40~50
注射时间/s		0~5	0~5	0~5	0~5	2~5	0~5	0~5	2~7
保压时间/s		20~80	20~80	20~80	20~80	20~60	20~80	20~70	20~50
冷却时间/s		20~50	20~50	20~50	20~50	20~50	20~50	20~50	20~50
成型周期/s		50~130	50~130	50~140	50~140	50~110	50~140	50~130	50~110

项目		塑料						
		聚芳砜	聚醚砜	PPO	改性PPO	聚芳酯	聚氨酯	聚苯硫醚
注射机类型		螺杆式	螺杆式	螺杆式	螺杆式	螺杆式	螺杆式	螺杆式
螺杆转速/(r·min⁻¹)		20~30	20~30	20~30	20~50	20~50	20~70	20~30
喷嘴	形式	直通式	直通式	直通式	直通式	直通式	直通式	直通式
	温度/℃	380~410	240~270	250~280	220~240	230~250	170~180	280~300
料筒温度/℃	前段	385~420	260~290	260~280	230~250	240~260	175~185	300~310
	中段	345~385	280~310	260~290	240~270	250~280	180~200	320~340
	后段	320~370	260~290	230~240	230~240	230~240	150~170	260~280
模具温度/℃		230~260	90~120	110~150	60~80	100~130	20~40	20~150
注射压力/MPa		100~200	100~140	100~140	70~110	00~130	80~100	80~130
保压力/MPa		50~70	50~70	50~70	40~60	50~60	30~40	40~50
注射时间/s		0~5	0~5	0~5	0~8	2~8	2~6	0~5
保压时间/s		15~40	15~40	30~70	30~70	15~40	30~40	10~30
冷却时间/s		15~20	15~30	20~60	20~50	15~40	30~60	20~50
成型周期/s		40~50	40~80	60~140	60~130	40~90	70~110	40~90

项目		塑料					
		聚酰亚胺	醋酰纤维素	醋酸丁酸纤维素	醋酸丙酸纤维素	乙基纤维素	F46
注射机类型		螺杆式	柱塞式	柱塞式	柱塞式	柱塞式	螺杆式
螺杆转速/(r·min⁻¹)		20~30	—	—	—	—	20~30
喷嘴	形式	直通式	直通式	直通式	直通式	直通式	直通式
	温度/℃	290~300	150~180	150~170	160~180	160~180	290~300
料筒温度/℃	前段	290~310	170~20	70~200	180~210	180~220	300~330
	中段	300~300	—	—	—	—	270~290
	后段	280~300	150~170	150~170	150~170	150~170	170~200
模具温度/℃		120~150	40~70	40~70	40~70	40~70	110~130
注射压力/MPa		100~150	60~130	80~130	80~120	80~130	80~130
保压力/MPa		40~50	40~50	40~50	40~50	40~50	50~60
注射时间/s		0~5	0~3	0~5	0~5	0~5	0~8
保压时间/s		20~60	15~40	15~40	15~40	15~40	20~60
冷却时间/s		30~60	15~40	15~40	15~40	15~40	20~60
成型周期/s		60~130	40~90	40~90	40~90	40~90	50~130

矩形凹模壁厚尺寸见附表2。

矩形凹模内壁短边 b	整体式凹模侧壁壁厚 s	镶拼式凹模	
		凹模壁厚 s_1	模套壁厚 s_2
≤40	25	9	22
>40~50	25~30	9~10	22~25
>50~60	30~35	10~11	25~28
>60~70	35~42	11~12	28~35
>70~80	42~48	12~13	35~40
>80~90	48~55	13~14	40~45
>90~100	55~60	14~15	45~50
>100~120	60~72	15~17	50~60
>120~140	72~85	17~19	60~70
>140~160	85~95	19~21	70~80

注：表中数据适用于淬硬钢凹模，若未采用淬硬钢，相关数据应乘系数 1.2~1.5。

圆形凹模壁厚尺寸见附表3。

圆形凹模内壁直径	整体式凹模侧壁壁厚	镶拼式凹模	
		凹模壁厚	模套壁厚
≤40	20	8	18
>40~50	25	9	22
>50~60	30	10	25
>60~70	35	11	28
>70~80	40	12	32
>80~90	45	13	35
>90~100	50	14	40
>100~120	55	15	45
>120~140	60	16	48
>140~160	65	17	52
>160~180	70	19	55
>180~200	75	21	58

注：表中数据适用于淬硬钢凹模，若未采用淬硬钢，相关数据应乘系数 1.2~1.5。

部分基本型模架尺寸组合（摘自 GB/T 12555—2006）见附表 4。

附表 4　部分基本型模架尺寸组合（摘自 GB/T 12555—2006）

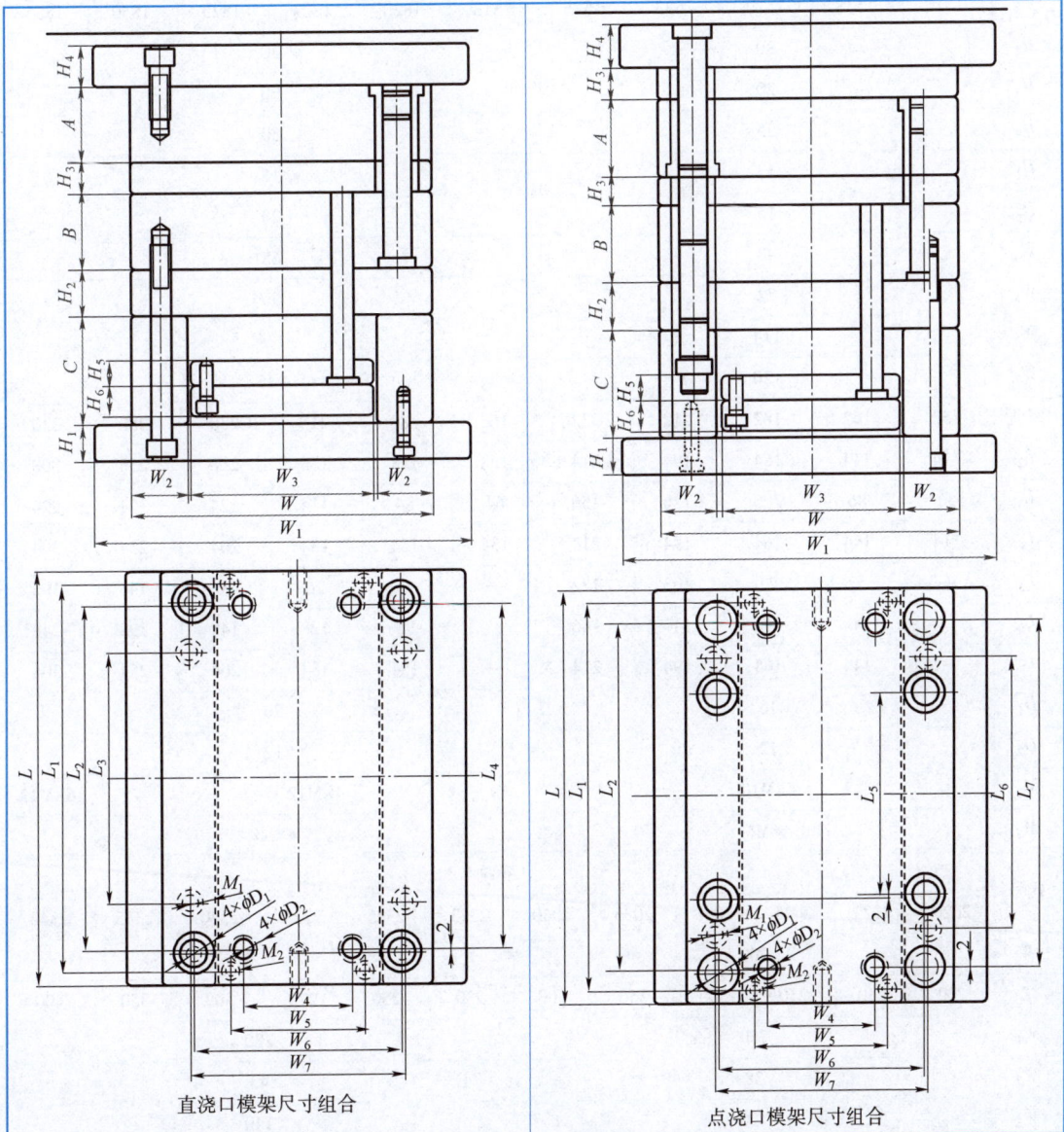

直浇口模架尺寸组合

点浇口模架尺寸组合

代号	系列										
	1515	1518	1520	1523	1525	1818	1820	1823	1825	1830	1835
W	150					180					
L	150	180	200	230	250	180	200	230	250	300	350
W_1	200					230					
W_2	28					33					
W_3	90					110					
A、B	20、25、30、35、40、45、50、60、70、80					25、30、35、40、45、50、60、70、80					
C	50、60、70					60、70、80					
H_1	20					20					

代号	系列										
	1515	1518	1520	1523	1525	1818	1820	1823	1825	1830	1835
H_2	30					30					
H_3	20					20					
H_4	25					30					
H_5	13					15					
H_6	15					20					
W_4	48					68					
W_5	72					90					
W_6	114					134					
W_7	120					145					
L_1	132	162	182	212	232	160	180	210	230	280	330
L_2	114	144	164	194	214	138	158	188	208	258	308
L_3	56	86	106	136	156	64	84	114	124	174	224
L_4	114	144	164	194	214	134	154	184	204	254	304
L_5	—	52	72	102	122	—	46	76	96	146	196
L_6		96	116	146	166		98	128	148	198	248
L_7	—	144	164	194	214	—	154	184	204	254	304
D_1	16					20					
D_2	12					12					
M_1	4×M10					4×M12					6×M12
M_2	4×M6					4×M8					

代号	系列										
	2020	2023	2025	2030	2035	2040	2323	2325	2327	2330	2335	2340
W	200						230					
L	200	230	250	300	350	400	230	250	270	300	350	400
W_1	250						280					
W_2	38						43					
W_3	120						140					
$A、B$	25、30、35、40、45、50、60、70、80、90、100						25、30、35、40、45、50、60、70、80、90、100					
C	60、70、80						70、80、90					
H_1	25						25					
H_2	30						35					
H_3	20						20					
H_4	30						30					
H_5	15						15					
H_6	20						20					
W_4	84	80					106					

代号	系列											
	2020	2023	2025	2030	2035	2040	2323	2325	2327	2330	2335	2340
W_5	100						120					
W_6	154						184					
W_7	160						185					
L_1	180	210	230	280	330	380	210	230	250	280	330	380
L_2	150	180	200	250	300	350	180	200	220	250	300	350
L_3	80	110	130	180	230	280	106	126	144	174	224	274
L_4	154	184	204	254	304	354	184	204	224	254	304	354
L_5	46	76	96	146	196	246	74	94	112	142	192	242
L_6	98	128	148	198	248	298	128	148	166	196	246	296
L_7	154	184	204	254	304	354	184	204	224	254	304	354
D_1	20						20					
D_2	12	15					15					
M_1	4×M12			6×M12			4×M12			4×M14		6×M14
M_2	4×M8						4×M8					

代号	系列												
	2525	2527	2530	2535	2540	2545	2550	2727	2730	2735	2740	2745	2750
W	250							270					
L	250	270	300	350	400	450	500	270	300	350	400	450	500
W_1	300	320											
W_2	48							53					
W_3	150							160					
$A、B$	30、35、40、45、50、60、70、80、90、100、110、120							30、35、40、45、50、60、70、80、90、100、110、120					
C	70、80、90							70、80、90					
H_1	25							25					
H_2	35							40					
H_3	25							25					
H_4	35							35					
H_5	15							15					
H_6	20							20					
W_4	110							114					
W_5	130							136					
W_6	194							214					
W_7	200							215					
L_1	230	250	280	330	380	430	480	246	276	326	376	426	476
L_2	200	220	250	298	348	398	448	210	240	290	340	390	440
L_3	108	124	154	204	254	304	354	124	154	204	254	304	354

代号	系列												
	2525	2527	2530	2535	2540	2545	2550	2727	2730	2735	2740	2745	2750
L_4	194	214	244	294	344	394	444	214	244	294	344	394	444
L_5	70	90	120	170	220	270	320	90	120	170	220	270	320
L_6	130	150	180	230	280	330	380	150	180	230	280	330	380
L_7	194	214	244	294	344	394	444	214	244	294	344	394	444
D_1	25							25					
D_2	15		20					20					
M_1	4×M14		6×M14					4×M14			6×M14		
M_2	4×M8							4×M10					

代号	系列												
	3030	3035	3040	3045	3050	3055	3060	3535	3540	3545	3550	3555	3560
W	300							350					
L	300	350	400	450	500	550	600	350	400	450	500	550	600
W_1	350							400					
W_2	58							63					
W_3	180							220					
$A、B$	35、40、45、50、60、70、80、90、100、110、120、130							40、45、50、60、70、80、90、100、110、120、130					
C	80、90、100							90、100、110					
H	25	30						30					
H_2	45							45					
H_3	30							35					
H_4	45							45			50		
H_5	20							20					
H_6	25							25					
W_4	134			128				164			152		
W_5	156							196					
W_6	234							284			274		
W_7	240							285					
L_1	276	326	376	426	476	526	576	326	376	426	476	526	576
L_2	240	290	340	390	440	490	540	290	340	390	440	490	540
L_3	138	188	238	288	338	388	438	178	224	274	308	358	408
L_4	234	284	334	384	434	484	534	284	334	384	424	474	524
L_5	98	148	198	244	294	344	394	144	194	244	268	318	368
L_6	164	214	264	312	362	412	462	212	262	312	344	394	444
L_7	234	284	334	384	434	484	534	284	334	384	424	474	524
D_1	30							30			35		
D_2	20			25				25					

代号	系列												
	3030	3035	3040	3045	3050	3055	3060	3535	3540	3545	3550	3555	3560
M_1	4×M14	6×M14		6×M16				4×M16	6×M16				
M_2	4×M10							4×M10					

代号	系列										
	4040	4045	4050	4055	4060	4070	4545	4550	4555	4560	4570
W	400						450				
L	400	450	500	550	600	700	450	500	550	600	700
W_1	450						550				
W_2	68						78				
W_3	260						290				
$A、B$	40、45、50、60、70、80、90、100、110、120、130、140、150						45、50、60、70、80、90、100、110、120、130、140、150、160、180				
C	100、110、120、130						100、110、120、130				
H_1	30	35					35				
H_2	50						60				
H_3	35						40				
H_4	50						60				
H_5	25						25				
H_6	30						30				
W_4	198						226				
W_5	234						264				
W_6	324						364				
W_7	330						370				
L_1	374	424	474	524	574	674	424	474	524	574	674
L_2	340	390	440	490	540	640	384	434	484	534	634
L_3	208	254	304	354	404	504	236	286	336	386	486
L_4	324	374	424	474	524	624	364	414	464	514	614
L_5	168	218	268	318	368	468	194	244	294	344	444
L_6	244	294	344	394	444	544	276	326	376	426	526
L_7	324	374	424	474	524	624	364	414	464	514	614
D_1	35						40				
D_2	25						30				
M_1	6×M16						6×M16				
M_2	4×M12						4×M12				

参 考 文 献

［1］ 史勇.注射模复杂结构设计及运动仿真［M］.北京：化学工业出版社，2023.

［2］ 吴梦陵，陈叶娣，周宝誉.塑料成型工艺与模具结构［M］.北京：机械工业出版社，2021.

［3］ 刘彦国.塑料成型工艺与模具设计［M］.北京：人民邮电出版社，2018.

［4］ 王春艳，陈国亮.塑料成型工艺与模具设计［M］.北京：机械工业出版社，2018.

［5］ 张维合，邓成林.汽车注射模设计要点与实例［M］.北京：化学工业出版社，2016.

［6］ 熊建武，张建卿.塑件成型方案拟定与模具设计［M］.北京：机械工业出版社，2014.

［7］ 郭新玲，董海东.塑料模具设计与制作［M］.北京：机械工业出版社，2012.

［8］ 杨占尧.塑料成型工艺与模具设计［M］.北京：航空工业出版社，2012.

［9］ 张维合.注射模设计实用教程［M］.2版.北京：化学工业出版社，2011.

［10］ 曾欣，刘咸超.SYP3780型接线板的压缩模设计［J］.模具制造，2015（5）：54-57.

［11］ 郭新玲.塑料模具设计［M］.北京：清华大学出版社，2006.

［12］ 赖营章.断路器极柱环氧树脂压注模设计［J］.模具工业，2015（3）：47-50.

［13］ 王涛，王佳丽.大型扣板塑料型材挤出模设计［J］.模具制造，2013（1）：72-75.

［14］ 徐岩，李强，秦波.吹塑模型腔加工方案浅析［J］.模具制造，2006（4）：65-67.

［15］ 黄开旺.注射模设计实例教程［M］.2版.大连：大连理工大学出版社，2014.

［16］ 查鸿达.老查做模一千零一招第一卷［M］.北京：机械工业出版社，2009.

［17］ 李学锋.注射模设计与制造［M］.2版.北京：机械工业出版社，2015.